디지털 천상열차분야지도

디지털 천상열차분야지도

양홍진 지음

경북대학교출판부

●

천상열차분야지도 태조 석각본(국보 제228호) 앞면

天象列次分野之圖 太祖 石刻本(國寶 第228號) 前面 | CheonSangYeolChaBunYaJiDo_Stone Star Chart

1395년 / 가로 124cm, 세로 211cm, 두께 13cm / 청석 / 국립고궁박물관 소장

태조 석각본 천상열차분야지도는 고구려에서 전해진 천문도 인본을 기초로 태조 4년(1395) 권근(權近)과 류방택(柳方澤) 등 12명이 돌에 새겨 만든 석각 천문도이다. 천상열차분야지도는 하늘의 모습인 천상(天象)을 동양의 별자리인 12차(次)와 땅의 영역인 12분야(分野)로 배열해 놓은 그림이라는 뜻으로, 가운데 둥근 원 안에는 크고 작은 별 1,467개가 새겨져 있다. 천상열차분야지도는 동양의 전통 별자리 체계에 따라 만든 고법천문도(古法天文圖)이며 원주는 365도 1/4로 나뉘어 있다. 별을 그려 넣은 성도(星圖)의 아래위에는 동양의 우주구조론, 28수 별자리 설명과 북극까지의 거극도(去極度), 천문도의 역사, 천문도 제작자 등이 적혀 있다. 태조본 석판의 앞뒤 면에는 천문도가 하나씩 새겨져 있는데, 제목이 성도의 아래쪽(중간 부분)에 새겨진 면(이상 앞면)이 바르게 세워져 있다. 앞면은 뒷면에 비해 마모가 덜해서 별과 명문이 비교적 잘 남아 있다. 오른쪽 위에서 아래쪽으로 석판이 갈라져 있어 천문도가 석판의 왼쪽에 치우쳐 새겨져 있다. 천상열차분야지도 태조 석각본은 현재 국보 제228호로 지정되어 있으며 국립고궁박물관에 전시되어 있다.

天象列次分野之圖

●

천상열차분야지도 태조 석각본(국보 제228호) 뒷면

天象列次分野之圖 太祖 石刻本(國寶 第228號) 後面 | CheonSangYeolChaBunYaJiDo_Stone Star Chart

1395년 / 가로 124cm, 세로 211cm, 두께 13cm / 청석 / 국립고궁박물관 소장

태조 석각본 천상열차분야지도는 고구려에서 전해진 천문도 인본을 기초로 태조 4년 1,467개의 별을 돌에 새겨 만든 석각 천문도이다. 천상열차분야지도 태조본 석판의 뒷면에는 앞면 성도의 방향과 반대로 위아래가 뒤집힌 천문도가 새겨져 있다. 앞면과 비교해 제목, 성도(星圖), 논천(論天)의 위치 등이 다르게 배치되어 있지만 내용은 같은 것으로 알려져 있다. 이후에 만들어진 선조 목판본이나 숙종대 석각본 천문도의 배치는 태조 석각본 뒷면을 따랐다. 성도는 석판의 중심에서 약간 위쪽에 새겨져 있다. 앞면에 비해 표면이 심하게 마모되어 눈으로 별과 명문을 알아보기 어려운 부분이 많다. 현재 국보 제228호로 지정되어 있으며 국립고궁박물관에 전시되어 있다.

天象列次分野之圖

●

천상열차분야지도 태조 석각 고탁본

天象列次分野之圖 太祖 石刻 古拓本 | CheonSangYeolChaBunYaJiDo_Star Chart

국립해양박물관 소장

천상열차분야지도 태조 석각본 뒷면의 탁본이다. 현재 태조 석각본 뒷면은 표면이 많이 훼손되어 별자리와 명문 등을 눈으로 확인하기 어려운 상태지만 탁본에서는 제목을 비롯해 성도와 명문 등 상당 부분의 내용을 알아볼 수 있다. 탁본에서는 석판에서 확인하기 어려운 별자리 연결선과 이름 등을 확인할 수 있어 석판의 뒷면이 완전한 천문도의 형태를 가지고 있었음을 보여 준다. 탁본에 보이는 별자리나 명문이 명확하지 않은 것은 탁본할 당시 석판의 표면이 이미 훼손되어 있었기 때문으로 짐작된다. 특히, 천문도의 성도와 논천(論天)의 우측 일부는 탁본의 상태가 매우 안 좋은데, 이는 석판의 해당 부분이 심하게 훼손된 사실과 일치한다. 현재 국립해양박물관에 소장되어 있다.

天
次分野之圖

●

천상열차분야지도 선조 목판 고탁본

天象列次分野之圖 宣祖 木版 古拓本 | CheonSangYeolChaBunYaJiDo_Star Chart

1571년 / 국립고궁박물관 소장

『선조실록』에 따르면, 선조 4년(1571) 관상감에서 천문도 120축을 만들어 진상하였다는 기록이 있다. 진상하고 남은 30축의 천문도는 2품 이상의 문신 51명 가운데 30명에게 나누어 준 것으로 기록되어 있다. 지금까지 알려진 선조 목판본 천문도는 두 개로, 일본의 텐리대학교(天理大學校)와 국내의 국립고궁박물관에 하나씩 소장되어 있다. 텐리대학교에 있는 목판 인쇄본은 선조 때 관상감에서 제작한 천문도 가운데 하나로 알려졌다. 국립고궁박물관에 있는 목판본 천문도는 제목과 12분야 일부가 훼손되기는 하였지만 성도(星圖)와 논천(論天) 등 대부분이 비교적 잘 보존되어 있다. 은하수를 제외한 성도의 바탕은 옅은 청색을 띠고 있으며 적도와 28수 별자리, 그리고 몇 개의 별자리는 붉은색으로 칠해져 있다. 천문도의 전체적인 구성과 내용은 태조 석각본 뒷면과 같다.

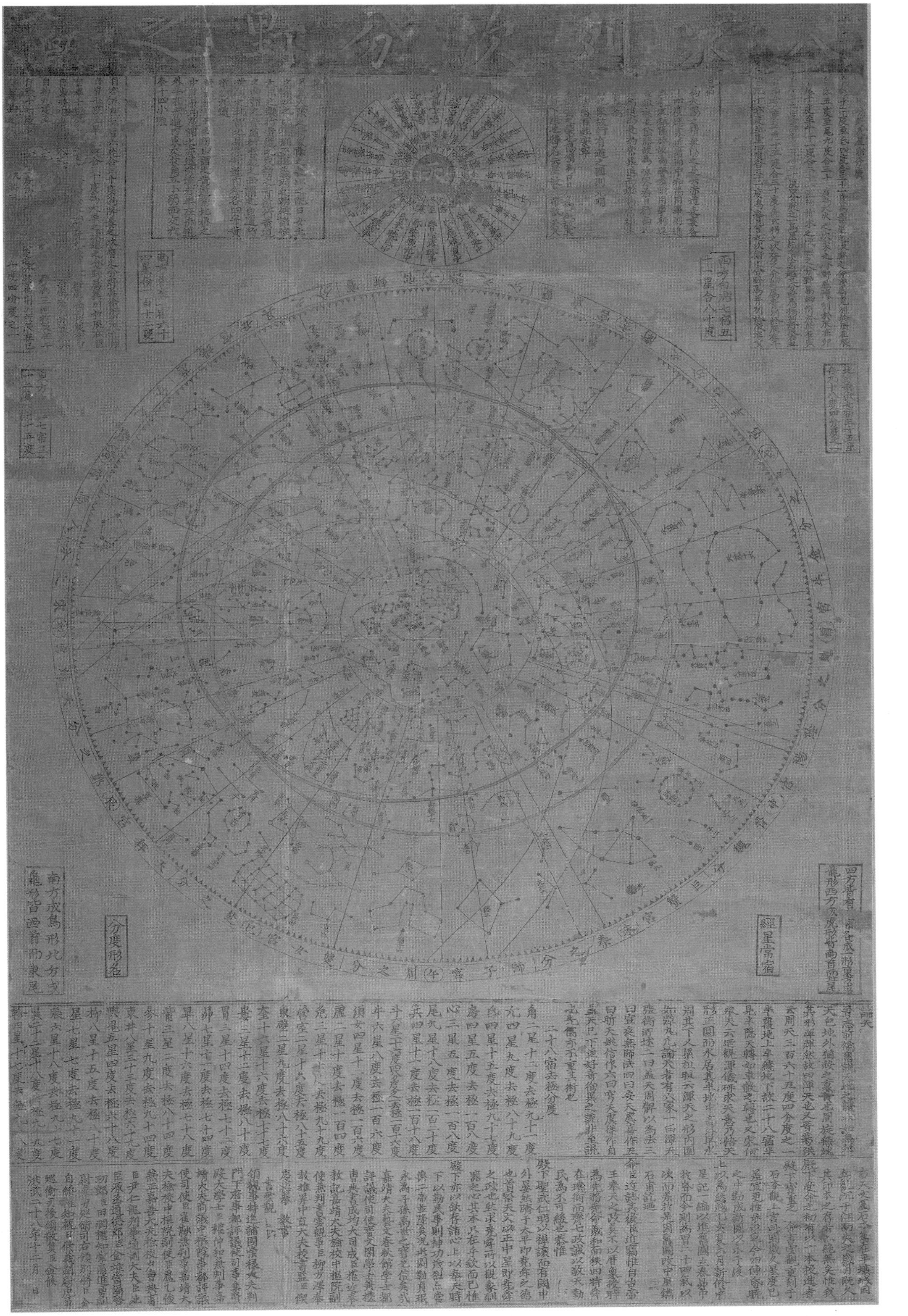
天象列次分野之圖
分度形名
經星常宿

천상열차분야지도 숙종 석각본(보물 제837호)

天象列次分野之圖 肅宗 石刻本(寶物 第837號) | CheonSangYeolChaBunYaJiDo_Stone Star Chart

17~18C / 가로 110(86)cm, 세로 207(141)cm, 두께 29cm / 대리석 / 국립고궁박물관 소장

태조 석각본 천상열차분야지도가 세월이 흘러 표면이 닳고 별이 잘 보이지 않게 되자 숙종대에 그 인본(印本)을 이용해 새로운 돌에 천상열차분야지도를 복각하였다. 숙종본 천문도는 태조본과 달리 청석이 아닌 대리석에 새겨져 있으며, 전체적인 구성은 태조본 뒷면이나 선조 목판본과 같다. 숙종 석각본 천문도는 현종 13년(1672)에 돌을 구해서 다듬기 시작하여 숙종대에 완성하였는데, 지금까지 모든 명문과 별이 잘 보이는 상태로 보존되어 있다. 천문도의 가운데에는 성도(星圖)가 있고 성도에는 이중선으로 그려진 적도, 황도와 함께 은하수가 선으로 그려져 있다. 성도에는 1,467개의 별이 다양한 크기로 새겨져 있다. 별자리와 명문은 태조 석각본을 그대로 옮겨 놓았다. 숙종 석각본 천상열차분야지도는 보물 제837호로 지정되어 있는데, 세종대왕기념관을 거쳐 현재 태조 석각본 천문도와 함께 국립고궁박물관에 전시되어 있다.

天象列次分野之圖

●

천상열차분야지도 숙종 석각 채색 고탁본

天象列次分野之圖 肅宗 石刻 彩色 古拓本 | CheonSangYeolChaBunYaJiDo_Star Chart

성신여자대학교 박물관 소장

천상열차분야지도는 여러 탁본과 필사본이 남아 전하고 있다. 본 자료는 숙종 석각본을 채색 탁본한 것이다. 검은색 바탕에 별과 명문은 옅은 갈색으로 되어 있고 은하수는 옅은 푸른색으로 칠해져 있다. 제목을 비롯해 명문과 별자리 등 전체적인 내용이 선명하게 잘 남아 있는데, 특히 성도 부분은 현재 알려진 숙종 석각 채색 탁본 중에서 가장 깨끗한 상태이다. 논천(論天)의 28수 거극분도(去極分度)를 기록한 우수(牛宿)에서 묘수(昴宿)의 아랫부분이 훼손되어 있으나 훼손된 글자가 보이도록 보수되어 있다. 국내에 남아 있는 숙종 석각 탁본 중에서 규장각본과 더불어 보존 상태가 가장 좋다. 현재 성신여자대학교 박물관에 소장되어 있다.

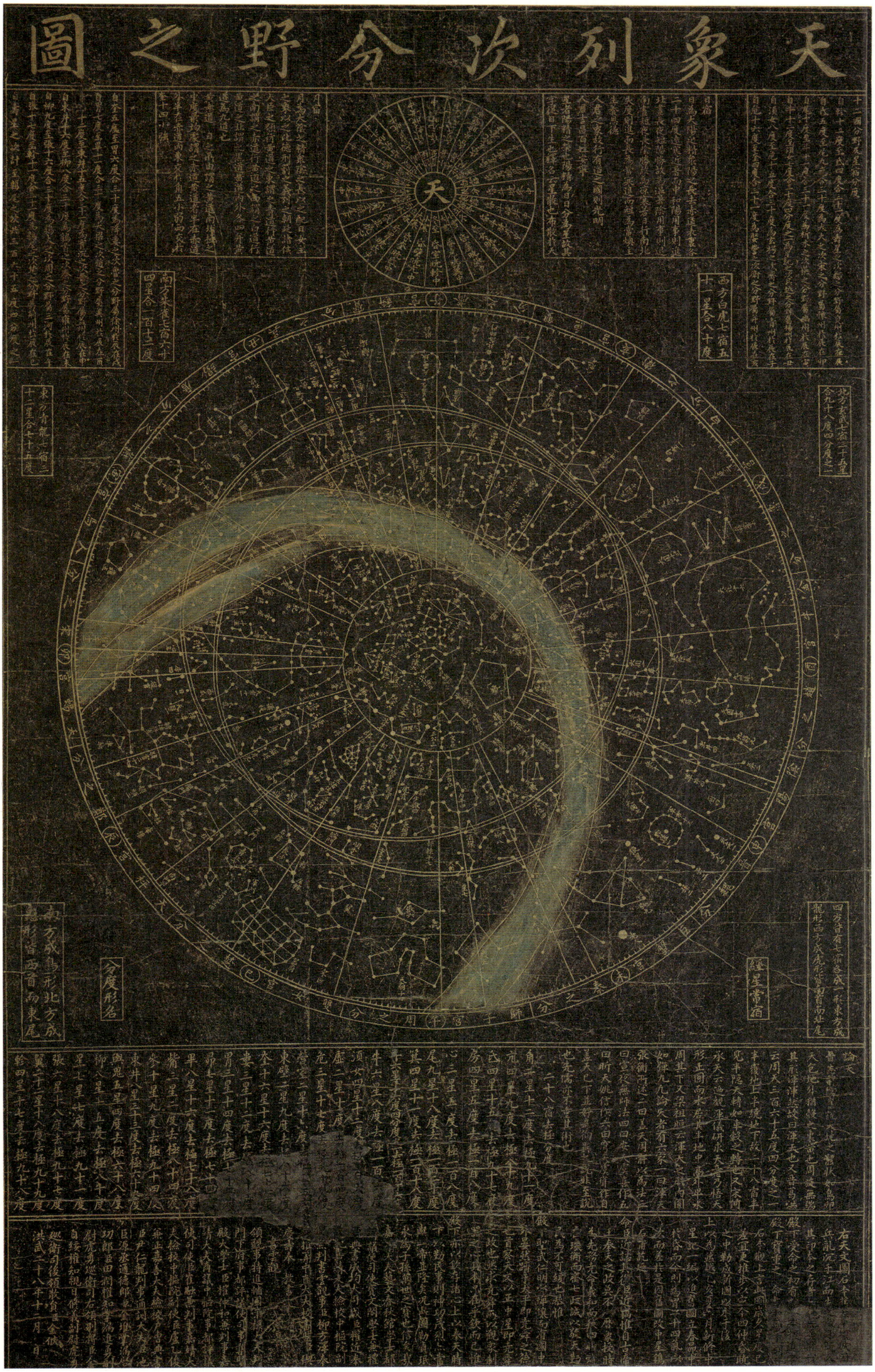

天象列次分野之圖
天

천상열차분야지도 숙종 석각 채색 고탁본

天象列次分野之圖 肅宗 石刻 彩色 古拓本 | CheonSangYeolChaBunYaJiDo_Star Chart

서울대학교 규장각 소장

천상열차분야지도는 여러 탁본과 필사본이 남아 전하고 있다. 본 자료는 숙종 석각본을 채색 탁본한 것이다. 성신여대본과 거의 유사하게 검은색 바탕에 별과 명문은 옅은 갈색으로 되어 있고 은하수는 옅은 푸른색으로 칠해져 있다. 탁본에는 심수(心宿) 위쪽 일부가 떨어져 나가 천시원(天市垣)의 한 별과 곡(斛)의 두 별이 보이지 않는다. 그러나 그것을 제외한 다른 부분은 선명하게 잘 보이는 상태이다. 국내에 남아 있는 숙종 석각 탁본 중에서 성신여대본과 더불어 보존 상태가 가장 좋다. 현재 규장각에 소장되어 있다.

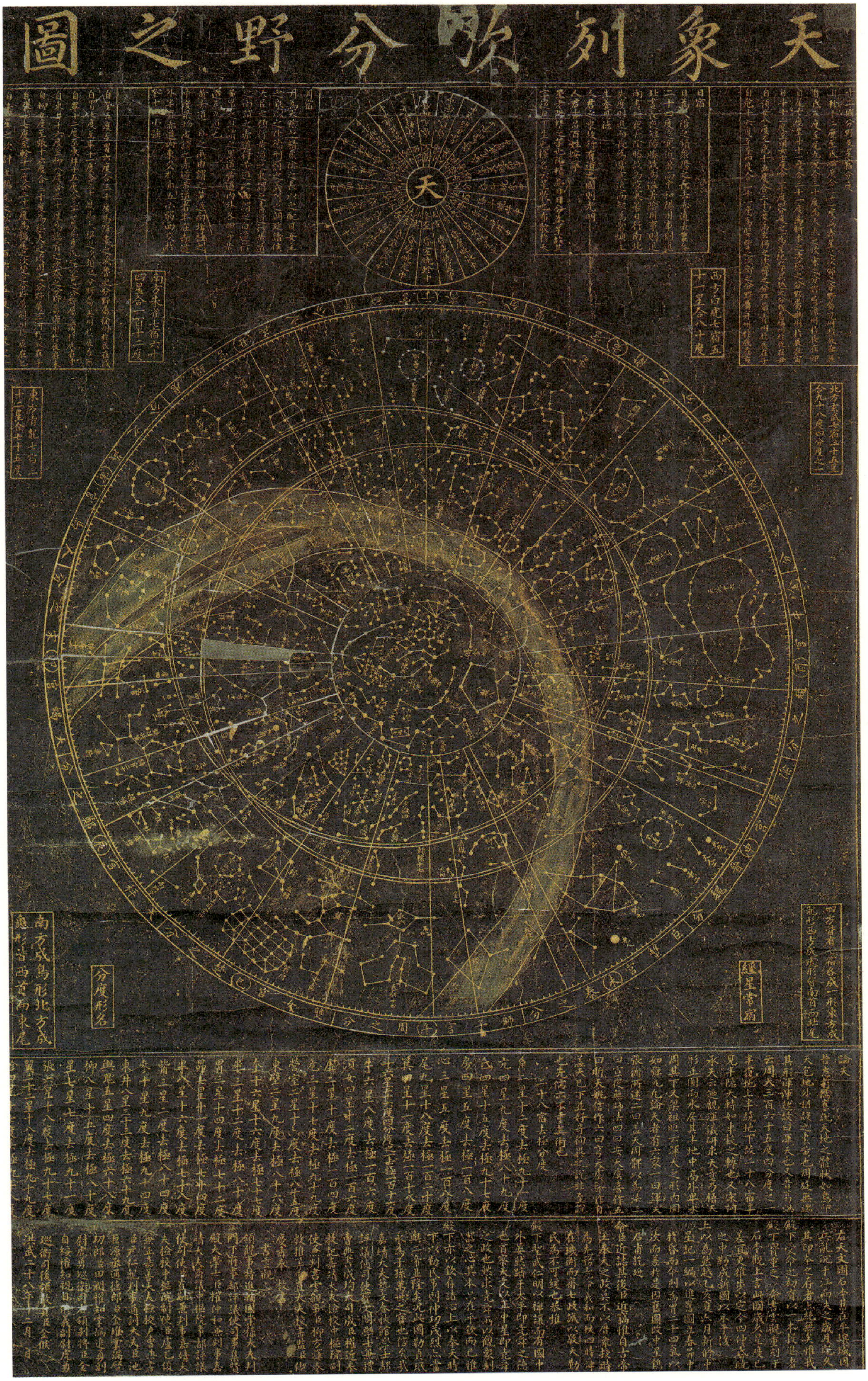
天象列次分野之圖

●

천상열차분야지도 숙종 석각 채색 고탁본

天象列次分野之圖 肅宗 石刻 彩色 古拓本 | CheonSangYeolChaBunYaJiDo_Stone Star Chart

신라역사과학관 소장

천상열차분야지도는 여러 탁본과 필사본이 남아 전하고 있다. 본 자료는 성신여대본이나 규장각본과 마찬가지로 숙종 석각본을 채색 탁본한 것이다. 검은색 바탕에 별과 명문은 옅은 갈색으로 되어 있고 은하수는 짙은 푸른색으로 칠해져 있다. 액자 표구 과정에서 방수(房宿)에서 두수(斗宿)에 걸친 적도(赤道) 부분이 어긋나게 연결되어 있고 월수(月宿)의 일부 내용이 훼손되어 있지만 전체적으로 명문이나 별이 선명하게 잘 보인다. 성신여대와 규장각에 소장된 채색 탁본과 더불어 대표적인 숙종 석각 채색 탁본이다. 현재 경주 신라역사과학관에 소장되어 있다.

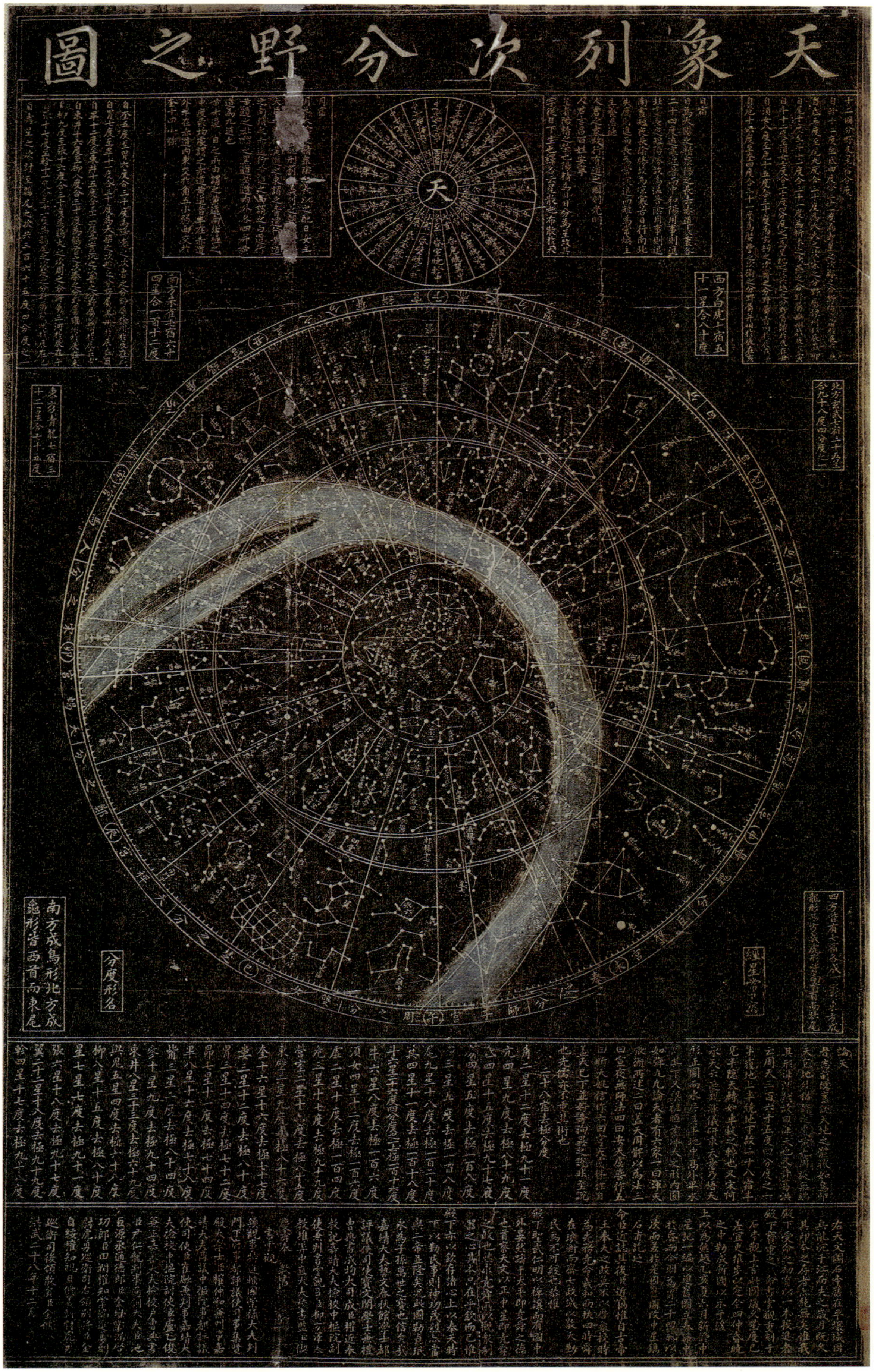
天象列次分野之圖
南方成鳥形北方成龜形皆西首而東尾
分度形名

●

천상열차분야지도 숙종 석각 탁본

天象列次分野之圖 肅宗 石刻 拓本 | CheonSangYeolChaBunYaJiDo_Star Chart

세종대왕기념관 소장

천상열차분야지도는 여러 탁본과 필사본이 남아 전하고 있다. 본 자료는 숙종 석각본을 탁본한 것이다. 세 장의 종이를 이어 만들었으며 현대에 탁본한 자료이다. 성신여대나 규장각 그리고 신라역사과학관에 소장된 채색 고탁본에 비해 별자리와 명문이 선명하게 보이지는 않지만 대부분의 내용은 확인할 수 있는 상태이다. 천문도의 우측 하단부는 석판의 표면 상태로 인해 명문이 선명하게 보이지 않지만 석판에서는 모든 명문을 확인할 수 있다.

天象列次分野之圖
天

●

천상열차분야지도 숙종 석각본 별그림의 디지털 이미지

天象列次分野之圖 肅宗 石刻本 模寫 | CheonSangYeolChaBunYaJiDo_Star Chart

본 자료는 숙종 석각 채색 고탁본과 숙종 석각본 성도를 스캔한 디지털 자료를 이용해 만든 것이다. 따라서 모든 천문도의 명문과 별자리는 천상열차분야지도 숙종 석각본과 동일하다. 성도의 별은 숙종 석각본을 3차원 스캔한 측정 자료를 이용해 그렸으며, 별자리 이름은 크기와 위치를 고려해 석각본과 비슷한 글자체로 입력하였다. 성도에 그려진 별은 모두 1,467개이며 석판에 새겨진 별의 크기를 그대로 표현하였다. 성도 이외의 제목과 명문은 숙종 석각 탁본 자료를 사용하였다.

天象列次分野之圖

十二國分野及星宿分度

自軫十二度至氐四度合三十一度為壽星之次鄭之分野屬兗州於辰在辰

自氐五度至尾九度合三十度為大火之次宋之分野屬豫州於辰在卯

自尾十度至斗十一度合三十一度為析木之次燕之分野屬幽州於辰在寅

自斗十二度至須女七度合三十度四分度之一為星紀之次吳越之分野屬揚州於辰在丑

自須女八度至危十五度合三十度為玄枵之次齊之分野屬青州於辰在子

自危十六度至奎四度合三十一度為娵訾之次衛之分野屬并州於辰在亥

日宿

日為大陽之精衆陽之長去赤道表裏各二十四度遠寒近暑而中和陽用事則進北晝長夜短陽勝故為溫暑陰用事則退南晝短夜長陰勝故為涼寒若日行南北失度則進而長為常寒退而短為常燠主生養恩德

人君之象故行有道之國則光明

人君吉昌百姓安寧

星者陽精之榮也陽精為日日分為星故其字從日下生也釋名云星散也布散於天

月宿

月為大陰之精衆陰之長以之配日女主之象以之比德刑罰之義列之朝廷諸侯大臣之類行黃道之東謂之青道行黃道之南謂之赤道行黃道之西謂之白道行黃道之北謂之黑道黃道內外各四并黃道為九道也

黃赤道　日之所由謂之黃道南北極之中度最均處謂之赤道黃道者半在赤道外半在赤道內東交於角五小弱西交於奎十四小強

自奎五度至胃六度合三十度為降婁之次魯之分野屬徐州於辰在戌

自胃七度至畢十一度合三十度為大梁之次趙之分野屬冀州於辰在酉

自畢十二度至東井十五度合三十一度為實沈之次晉之分野屬益州於辰在申

自東井十六度至柳八度合三十度為鶉首之次秦之分野屬雍州於辰在未

自柳九度至張十六度合三十度為鶉火之次周之分野屬三河於辰在午

自張十七度至軫十一度合三十一度為鶉尾之次楚之分野屬荊州於辰在巳

自壽星之次計至鶉尾之次共三百六十五度四分度之一

西方白虎七宿五十一星合八十度

南方朱雀七宿六十四星合一百十二度

北方玄武七宿三十五星合九十八度四分度之一

東方青龍七宿三十二星合七十五度

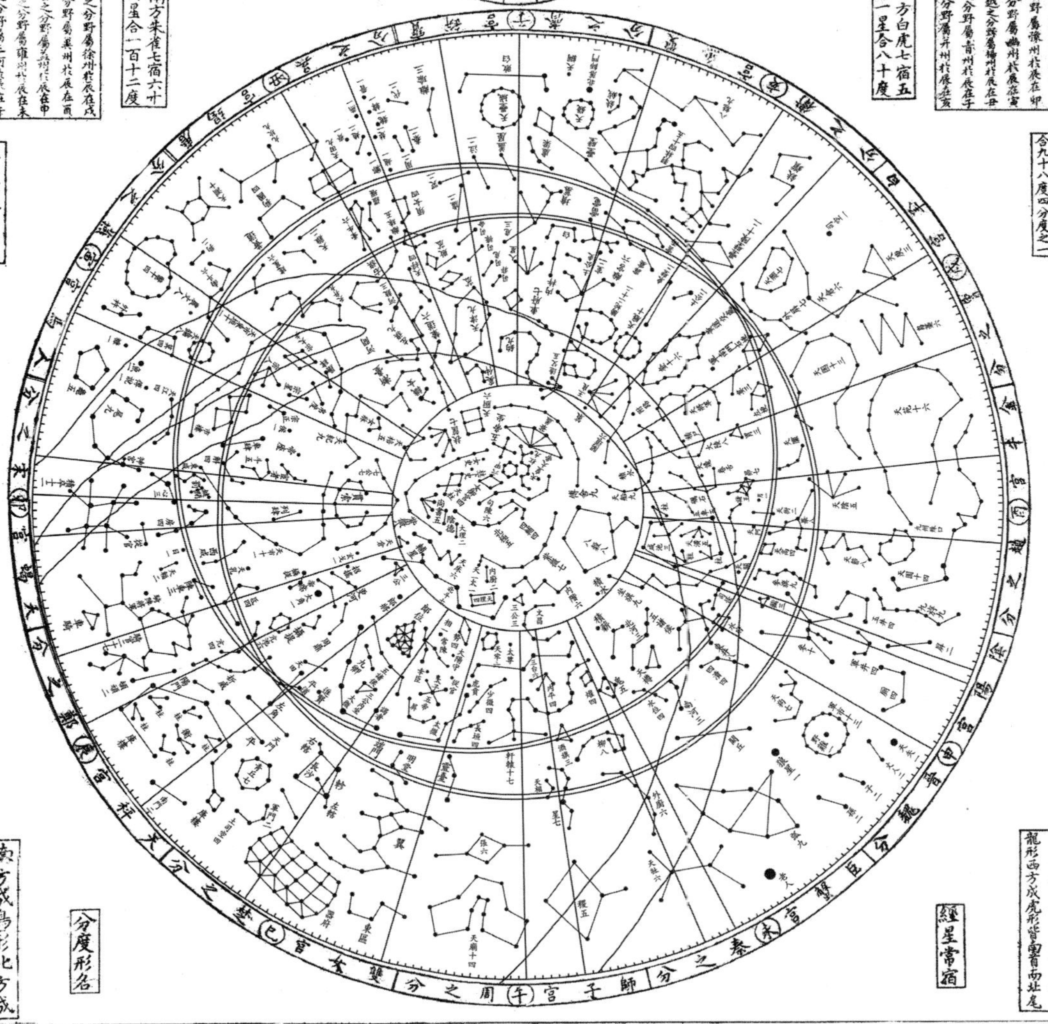

四方皆有七宿各成一形東方成龍形西方成虎形皆南首而北尾

經星常宿

分度形名

南方成鳥形北方成龜形皆西首而東尾

論天

晉志前儒舊說天地之體狀如鳥卵天包地外猶殼之裹黃也周旋無端其形渾渾然故曰渾天也又晉葛洪云周天三百六十五度四分度之一半覆地上半繞地下故二十八宿半見半隱天轉如車轂之轉也又宋梅承天云過觀渾儀研求天意乃悟天形正圓而水居其半地中高外卑水周其下又梁祖暅云渾天之形內圓如彈丸論天者有六家一曰渾天張衡所述二曰蓋天周髀以為法三曰宣夜無師法四曰安天虞喜作五曰昕天姚信作六曰穹天虞聳作自渾天已下並好奇徇異之說非至論也先儒亦不重其術也

二十八宿去極分度

角二星十二度去極九十一度

亢四星九度去極八十九度

氐四星十五度去極九十七度

房四星五度去極一百八度

心三星五度去極一百八度

尾九星十八度去極一百二十度

箕四星十一度去極一百十八度

斗六星二十六度四分度之一去極一百十六度

牛六星八度去極一百六度

須女四星十二度去極一百六度

虛二星十度去極一百四度

危三星十七度去極九十九度

營室二星十六度去極八十五度

東壁二星九度去極八十六度

奎十六星十六度去極七十七度

婁三星十二度去極八十度

胃三星十四度去極七十二度

昴七星十一度去極七十四度

畢八星十六度去極七十八度

觜三星二度去極八十四度

參十星九度去極九十四度

東井八星三十三度去極六十九度

輿鬼五星四度去極六十八度

柳八星十五度去極八十度

星七星七度去極九十一度

張六星十八度去極九十七度

翼二十二星十八度去極九十九度

軫四星十七度去極九十八度

右天文圖石本舊在平壤城因兵亂沉于江而失之歲月既久其印本之存者亦絶無矣惟我
殿下受命之初有以一本投進者
殿下寶重之　命書雲觀重刻于石本觀上言此圖歲久星度已差宜更推步以定今四仲昏曉之中勒成新圖以示于後
上以為然越乙亥夏六月新修中星記一編以進舊圖立春昴中於昏而今則為胃二十四氣以次而差於是因舊圖改中星鐫石甫訖迺
命臣近誌其後臣近竊惟自古帝王奉天之政莫不以曆象授時為先務堯命羲和而秩四時舜在璣衡而齊七政誠以敬天勤民為不可緩也恭惟
殿下聖武仁明以禪讓而有國中外晏然躋于太平即堯舜之德也首察天文以正中星即堯舜之政也然求堯舜所以觀象制器之心其本只在乎欽而已惟
殿下亦以欽存諸心上以奉天時下以勤民事則神功茂烈亦當與二帝並隆矣況此圖勒貞珉永為子孫萬世之寶也信矣哉

嘉靖大夫藝文春秋館學士都評議使司使寶文閣學士兼禮曹典書成均大司成臣權近奉
教記嘉靖大夫檢校中樞院副使兼判書雲觀事臣柳方澤奉
教推算中直大夫校書監臣偰慶壽奉　教書

書雲觀

領觀事特進輔國崇祿大夫判門下府事都評議使司事集賢殿大學士臣權仲和兼判事嘉靖大夫商議中樞院事都評議使司使臣崔融兼判事嘉靖大夫檢校中樞院副使臣盧乙俊兼正嘉善大夫檢校戶曹典書臣尹仁龍判事通訓大夫臣池臣源丞通德郎臣金堆掌漏啓功郎臣田潤權知掌漏進勇副尉虎勇巡衛司右領別將臣金自綏權知視日修義副尉虎勇巡衛司後領散員臣金候

洪武二十八年十二月　日

들어가는 말

우리 역사에서 천문학은 매우 중요한 학문이다. 왕실을 중심으로 이어진 학문적 특성을 감안하더라도 『삼국사기』와 『고려사』, 『조선왕조실록』 등 사서에 기록된 15% 이상의 천문 관련 기록은 우리 역사에서 천문학의 가치를 잘 보여 준다. 우리 민족은 2천 년 이상 하늘을 꾸준히 관측하고 기록해 왔으며 다양하고 많은 유산을 남겨 왔다. 이것은 세계사에 보기 드문 일이다. 우리의 천문 유산은 천문학이라는 학문 분야를 넘어 당시의 문화를 함께 담고 있는 소중한 문화 자산인 것이다. 비록 여러 전란을 겪으면서 소중한 천문 유물과 기록이 많이 소실되었지만 여전히 많은 천문 자산이 남아 전해지고 있다.

현존하는 국내 천문 유물 중에서 가장 널리 알려져 있는 것은 신라 선덕여왕 때 만든 경주 첨성대이다. 현존하는 천문대 가운데 세계에서 가장 오래된 것이라는 상징성과 함께, 아름답고 과학적인 건축 구조, 거의 완벽하게 보존된 원형 등 경주 첨성대는 여러 면에서 대표적인 천문 유산의 모습을 보여 준다. 그러나 첨성대 외에 다른 천문 유물은 그 가치에 비해 상대적으로 덜 알려져 있다. 첨성대와 더불어 우리 역사에서 대표적인 천문 유물을 꼽으라면 사서에 기록된 천문 관측 기록과 함께 천상열차분야지도를 꼽을 수 있다. 첨성대가 대표적인 천문대라면 천문 관측 기록과 천상열차분야지도는 2천 년 동안의 천문 관측이 집약된 천문 자료들이기 때문이다.

필자가 천상열차분야지도를 본격적으로 알게 된 것은 1995년 한국천문학회에서 주최한 '천상열차분야지도 600년' 학술대회에서였다. 태조 4년(1395)에 천문도를 돌에 새겼는데, 그 600돌을 기념하기 위해 열린 이 학술대회는 과학사와 고천문학 연구의 전문가와 원로 학자분들이 대거 참여한 천상열차분야지도만을 위한 전문 학술대회였다. 천문도에 얽힌 역사 속 이야기와 천문학적 연구 결과 등을 들으며 천상열차분야지도에 대해 어렴풋이 이해하고 천문도의 의미를 새롭게 생각할 수 있었다. 학술대회를 기념해 발간한 『한국의 천문도』는 국내 최초의 전통 천문도 도록집으로, 많은 사람들에게 천상열차분야지도를 알리는 역할을 하였다. 천상열차분야지도 학술대회는 필자가 처음으로 참석한 고천문 관련 학회이기도 했지만 뒤에 석박사 논문을 지도해 주신 박창범 교수님과 사제의 인연이 시작된 뜻깊은 학회였다.

한국천문연구원에서 천문도 워크숍을 준비하고 석각 천문도 복제를 담당하면서 천상열차분야지도 연구를 시작하게 되었다. 석각 천문도 복제를 준비하면서 기존에 제작된 석각 천문도를 조사하였고, 그 과정에서 몇 글자가 원본의 글자와 다르게 새겨진 오류를 확인하게 되었다. 이는 천문도 제작 과정에서 컴퓨터 인쇄본 자료를 활용해 복제하였기 때문이다. 대부분 정자체(해서)로 쓰인 글자와 달리 흘림체(행서)로 쓰인 글자가 컴퓨터 입력 과정에서 해서체로 바뀌어 복제할 때 그대로 새겨진 것이다. 원형대로 복제해야겠다는 생각과 온전한 복제 자료의 필요성을 느꼈다.

석각 천문도 제작 과정에서 돌에 글자를 새기는 각자(刻字) 작업 현장에 직접 가게 된 것도 이러한 이유에서였다. 하루는 필자가 천문도를 제작하는 석재 공장에서 각자 작업 전에 두세 시간을 야외에서 글자를 교정하고 있었다. 쪼그려 앉아 돌에 새겨질 글자를 한 글자씩 원문과 비교하며 오류를 수정하고 있었는데, 마침 그 장면을 전상운 선생님께서 지켜보고 계셨던 모양이다. 천문도의 글자 비교를 모두 끝내고 일어나자 선생님은 추운 날씨에도 끝까지 뒤에서 지켜보고 계시다가 웃으시며 필자의 이름을 물으셨는데, 그것이 전상운 선생님과의 인연의 시작이었다. 성신여자대학교 총장을 역임하신 전상운 선생님은 천상열차분야지도를 국보로 지정하는 데 주도적인 역할을 하셨던 분으로, 석각 천문도에 누구보다 애착을 가지고 계신 과학사학계 원로이셨다. 천문도에 대해 여쭈면 늘 열정적으로 답해 주셨고 필자가 유경로, 박창범 선생님의 뒤를 이어 고천문을 연구하는 천문학자라며 대견해하시고 격려해 주셨다. 천상열차분야지도라는 소중한 천문 유산을 열정을 가지고 부족하나마 꾸준히 연구할 수 있었던 것은 이러한 분들의 관심과 도움 덕분이었다.

고구려에서 이어진 천문도가 조선 초에 돌에 새겨지고 다시 600년이 지나 천문도에 새겨진 별을 디지털 자료로 만들게 되었다. 이 자료는 천상열차분야지도 별자리를 최초로 목록화한 자료이며, 나아가 우리 전통 천문도 최초의 별자리 catalogue이다. 현대 천문학을 공부하며 외국에서 만들어진 별자리 catalogue를 보며 부러웠는데, 이제 우리 전통 별자리도 과학적이고 체계적으로 활용할 수 있는 객관적 자료가 만들어졌다. 이 책이 우리의 과학 문화재 천상열차분야지도를 연구하고 이해하는 데 도움이 되었으면 하는 바람이다. 아울러 이 책에 담겨 있는 정밀 측정 자료를 활용해 천상열차분야지도 정밀 복제와 문화 콘텐츠 제작 등이 활발히 이루어지기를 기대한다.

한편, 소남 유경로 선생님의 유지와 지원금으로 세워진 소남천문학사연구소(召南天文學史硏究所)는 국내의 여러 과학사와 고천문 학자들이 학술 교류를 하는 장소이다. 현재 연구소에서는 천상열차분야지도 학술 논문집 발간을 계획하고 있다. 몇몇 학자들이 학술 논문집 발간에 참여하고 있고 필자도 자료집 준비를 돕고 있다. 현재 계획 중인 학술 논문집이 발간된다면 이 책과 더불어 천문도에 대한 다각적 연구 자료로 활용될 수 있을 것이라 기대된다.

이 책 『디지털 천상열차분야지도』가 만들어지기까지 많은 분들의 도움이 있었다. 진심으로 감사드린다. 책의 핵심 내용인 3차원 측정값을 여러 차례 다시 분석하고 확인해 주신 최원호 박사님께 깊이 감사드리며,

자료 수집에서 정리까지 꼼꼼히 읽고 도와준 한국천문연구원 최고은, 전준혁 후배들께도 감사드린다. 책의 제목을 직접 지어 주시고 제자의 책 출간을 누구보다 기뻐해 주신 경북대학교 박명구 교수님과 고등과학원 박창범 교수님 그리고 책의 세세한 것까지 읽고 조언해 주신 소남천문학사연구소 이용복 소장님께 다시 한 번 감사드린다. 천상열차분야지도 사진과 탁본 이미지를 제공해 주신 신라역사과학관, 세종대왕기념관, 국립해양박물관과 자료 사용을 허락해 주신 국립고궁박물관, 규장각, 성신여자대학교 박물관에 감사드린다. 마지막으로 천문학 분야에서도 낯선 전통 천문 관련 서적을 출판할 수 있도록 배려해 주시고 도와주신 경북대학교출판부에 진심으로 감사드린다.

2014년 10월

화봉산 자락, 세종홀 연구실에서

양 홍 진

차례

天象列次分野之圖

I

천상열차분야지도 개론

1. 천상열차분야지도(天象列次分野之圖)
2. 천상열차분야지도의 역사
3. 천상열차분야지도의 구성과 내용
4. 천상열차분야지도의 별자리 목록
5. 동서양 별자리 비교

1. 천상열차분야지도(天象列次分野之圖)[1]

우리에게 잘 알려진 조선의 대표적인 지도는 대동여지도이다. 대동여지도가 땅을 그린 그림이라면, 조선을 대표하는 하늘을 그린 그림이 바로 '천상열차분야지도'이다. 조선이 나라를 세우고 처음으로 계획한 일 가운데 하나가 바로 하늘의 지도인 천문도를 만드는 것이었다. 조선 태조 4년(1395) 음력 12월에 천상열차분야지도를 돌에 새겨 만들었는데, 이 천문도에는 우리나라 온 하늘에서 볼 수 있는 1,467개의 별이 새겨져 있다. 시간이 흘러 태조본 석각이 닳고 훼손되자 숙종대에 태조본을 본떠 천문도를 다시 돌에 새겼다. 동아시아 전통 방법으로 만들어진 두 개의 석각 천상열차분야지도는 현재 국보 제228호(태조본)와 보물 제837호(숙종본)로 지정되어 있다. 조선시대에 만들어진 '천상열차분야지도'는 1247년 돌에 새겨 만든 중국의 '소주천문도(蘇州天文圖)'[2]와 더불어 동양의 전통 별자리를 새긴 대표적인 석각 천문도이다.

태조본 천상열차분야지도 석판의 앞뒤 면에는 천문도가 하나씩 남아 있다. 두 천문도의 전체적인 구성은 다르지만 그 내용은 같다고 알려져 있다. 천문도의 구성뿐 아니라 앞뒤 면에 새겨진 성도의 위아래도 서로 반대로 되어 있어 현재 한쪽(뒷면)의 천문도는 뒤집혀 있는 모습이다. 석판 앞면의 천문도는 중심에서 왼쪽으로 치우쳐 새겨져 있는데 이것은 균열이 남아 있는 석판의 우측 상단을 피해서 새겼기 때문으로 보인다. 현재 바르게 놓여 있는 앞면의 천문도는 성도가 가장 위쪽에 있으며, 그 아래에 '天象列次分野之圖'라는 이름과 천문도에 대한 설명문인 논천(論天)이 새겨져 있다. 석판 뒷면에 새겨진 천문도는 이름이 제일 상단에 새겨져 있으며, 그 아래에 성도와 논천이 차례로 배치되어 있다.

석판에 새겨진 태조본 천문도가 닳고 훼손되자 숙종대에 태조본 천문도를 복각했는데, 숙종본은 태조본의 뒷면 구성을 따라 만들었다. 천상열차분야지도 성도는 석각본 외에도 목판본과 석각탁본 그리고 여러 필사본이 만들어졌다. 『조선왕조실록』에 따르면 선조 4년(1571) 임금이 신하들에게 관상감에서 만든 천문도 120축을 나누어 주었다는 기록이 있다. 당시의 목판 탁본으로 여겨지는 천문도가 서울 국립고궁박물관과 일본의 텐리대학교(天理大學校)에 남아 전해지고 있다. 또한 국내에는 잘 보존된 채색 탁본 여러 점이 남아 있는데, 검은색 바탕에 별과 28수 경계선은 노란색으로 은하수는 푸른색으로 칠해져 있다. 채색 탁본은 대부분 숙종본 석각본을 모본으로 하고 있으며, 대표적인 것으로는 규장각, 성신여자대학교 박물관, 신라역사과학관, 숭실대학교 박물관 등에 남아 있다. 필사본은 다양한 시기의 여러 형태가 남아 있는데 건상열차분야지도(乾象列次分野之圖), 대천도(大天圖), 구장천상열차분야지도(舊藏天象列次分野之圖) 등 여러 이름으로 전해지고 있다.

천상열차분야지도는 다음과 같은 두 가지 중요한 특징이 있다.

첫째, 비록 조선 초에 만들어졌지만 이 천문도의 별 그림은 고구려의 천문도에서 유래했다. 천상열차분야지도의 설명문에 "이 천문도는 원래 평양성에 있던 것으로, 전란으로 강에 빠뜨려 원본을 잃어버렸으나 그

1 천상열차분야지도(天象列次分野之圖)는 하늘의 모습, 즉 천상(天象)을 12차(十二次: 동양의 별자리)와 분야(分野: 역대 왕조에 대응하는 땅의 영역)로 배열해 놓은 그림이라는 뜻이다.

2 중국의 석각 천문도인 소주천문도(蘇州天文圖)에 대해서는 네이버캐스트(Navercast)에 소개된 '소주천문도' 내용을 참고하라. 소주천문도는 절강성(浙江省) 소주(蘇州)의 문묘 비각박물관에 보관되어 있으며 순우천문도(淳祐天文圖)로도 불린다.

사본을 전해 주는 사람이 있어 조선에 이르러 다시 만들게 되었다."라는 기록이 있다. 고구려의 천문학이 전해져 만들어진 천문도인 셈이다.

둘째, 중국의 천문도와 달리 천상열차분야지도는 밝기에 따라 별의 크기를 다르게 새겨 놓았다. 별의 크기를 달리 표현한 이런 방법은 청동기 시대 별그림에서 시작하여 고구려 무덤 벽화를 거쳐 전해 내려온 우리나라의 전통적인 별그림 표현 방법이며, 당시까지 다른 나라의 별그림에서 찾아보기 힘든 과학적 표현방식이다. 이 외에도, 천상열차분야지도의 구성과 별그림에는 중국의 천문도와 다른 모습이 보인다. 천문도의 유래와 세차운동에 따른 별의 위치 수정에 관한 내용, 그리고 은하수가 갈라지는 곳에 위치한 '종대부(宗大夫)' 별자리를 비롯해 다르게 그려진 여러 별자리 모양 등은 중국의 석각 천문도와 다른 특징적인 것이다.

한편 천상열차분야지도에 새겨진 주극원과 적도, 지평선, 그리고 별의 위치를 정밀하게 측정하여 계산하면 천문도에 새겨진 별들이 언제 어디에서(위도) 관측된 것인지 확인할 수 있다.[3] 최근 천문학적 연구결과에 의하면 이 천문도는 두 시기에 다른 위치에서 관측한 결과임을 알 수 있다. 천문도의 중심에 해당하는 북극 주변은 14세기(조선 초기) 서울(한양)에서 관측한 별자리와 일치하며, 천문도의 바깥쪽은 1세기(고구려 초기) 평양에서 관측한 별들을 그린 것이다.[4] 이는 천상열차분야지도가 고구려 천문도에서 유래했으며 조선 초에 고쳐 그렸다는 천문도의 설명문과 일치한다.

우리나라에는 오랜 천문역사 시기 동안 다양하고 많은 천문 유물과 유산이 남아 있다. 청동기 시대의 고인돌에서 비롯된 우리의 별그림 역사는 25기(基)의 고구려 무덤 벽화의 별그림으로 이어져 조선시대에 화려한 꽃을 피우게 된다. 천상열차분야지도는 우리 전통 천문학에 있어 대표적 천문도일 뿐만 아니라, 천문도의 역사를 고구려까지 이어 주는 소중한 과학문화유산이다.

2. 천상열차분야지도의 역사

석각 천상열차분야지도는 조선 태조 4년(1395) 음력 12월에 제작된 것으로 알려져 있다. 이 천문도는 권근(權近, 1352~1409)을 비롯한 천문학자 류방택(柳方澤, 1320~1402)과 서운관 관원 등 모두 12명에 의해

3 천상열차분야지도의 제작 시기를 연구한 주요 논문은 아래와 같다.
Rufus, W. C., 1913, "The Celestial Planisphere of King Yi Tai Jo", Transactions of the Korea Branch of the Royal Asiatic Society, 4(3), p. 21.
Rufus, W. C., 1915, "Korea's Cherished Astronomical Chart", Popular Astronomy, 23(4), p. 192.
Rufus, W. C., 1944, A Korean Star Map, Isis, 35(4), p. 316.
전상운 등 12인, 1984, 「한국의 과학문화재 조사보고」, 『한국과학사학회지』, 6권 1호, pp. 58-118.
리준걸, 1982, 「천상열차분야지도에 대한 약간의 고찰」, 『역사과학』, 1집, p. 45.
나일성, 1984, 「조선시대 천문의기 연구(천문도편)」, 『동방학지』, 42집, pp. 205-237.
이은성, 1986, 「천상열차분야지도의 분석」, 『세종학연구』, 1호, pp. 63-114.
박성환, 1987, 「태조의 석각천문도와 숙종의 석각천문도와의 비교」, 『동방학지』, 54-56, p. 329.
박명순, 1995, 「天象列次分野之圖에 대한 고찰」, 『한국과학사학회지』, 17(1), p. 3.
박창범, 1998, 「천상열차분야지도의 별그림 분석」, 『한국과학사학회지』, 20(2), p. 113.
이 외에도 천상열차분야지도 연구에 대한 전반적인 쟁점과 토론은 아래의 논문을 참고하면 된다.
구만옥, 2007, 「천상열차분야지도 연구의 쟁점에 대한 검토와 제언」, 『동방학지』, 140, p. 89.

4 이에 관한 구체적인 연구 결과는 위의 박창범(1998)의 논문을 참고하면 된다.

만들어졌다. 비록 『조선왕조실록』에 석각 천문도의 제작에 관한 기록은 없지만 권근이 저술한 『양촌집(陽村集)』에 천문도 제작에 관한 기록과 명문 내용이 남아 있다. '天象列次分野之圖'라 이름 붙여진 이 천문도에는 별자리뿐만 아니라 24절기에 따른 혼효중성(昏曉中星)[5], 28수의 설명과 해당 분야(分野), 그리고 해와 달, 동양의 우주구조론, 28수 거극도수(去極度數)[6]와 천문도 제작 경위, 제작자에 관한 내용들이 성도 주변과 아래쪽 명문에 적혀 있다.

천문도 아래쪽 명문에 따르면 태조본 석각 천문도는 고구려에서 유래된 인본을 기초로 제작되었다. 태조 4년 석각본 천상열차분야지도가 만들어진 뒤 선조 4년(1571)에는 목판본 천상열차분야지도 120축을 인쇄해 신하들에게 나누어 주었다. 『승정원일기』에 따르면 인조대에 이르러 전란(병자호란)으로 고구려에서 전해진 인본이 없어지자 경복궁에 묻혀 있던 태조본 석각 천문도를 발굴했던 것으로 보인다. 묻혀 있던 태조본 천문도가 닳고 훼손되자 숙종대에 복각본을 만들어 이를 관상감에 보관하게 하였다. 이후, 영조대에는 경복궁에 방치했던 태조본과 숙종본을 함께 모아 흠경각을 지어 보관하게 하였다는 기록이 남아 있다. 한편 조선시대에는 여러 천문도 탁본과 필사본이 만들어졌는데, 규장각과 성신여자대학교, 신라역사과학관 그리고 숭실대학교에서 소장하고 있는 천문도 채색 탁본은 모두 숙종 석각본을 모본으로 한 것으로 확인되었다.

태조본과 숙종본 석각 천상열차분야지도는 1985년 국보(제228호)와 보물(제837호)로 각각 지정되었다. 숙종본 석각 천문도는 창덕궁에서 1973년 9월 홍릉의 세종대왕기념관으로 옮겨져 보관되다가 2006년 6월 국립고궁박물관으로 자리를 옮겨 현재 태조본 석각 천문도와 함께 전시되고 있다.

〈그림 1〉 고궁박물관에 전시 중인 두 개의 석각 천상열차분야지도
앞쪽은 국보로 지정된 태조본 석각 천문도이며, 뒤쪽에 보이는 것은 보물로 지정된 숙종본 천문도이다.

5 혼효중성(昏曉中星): 초저녁 해 질 무렵과 새벽 해 뜰 무렵에 남중(南中: 정남에 위치)하는 별(자리). 초저녁과 새벽에 남중하는 별자리를 관측해 혼효중성에 기록된 별자리와 비교하면 절기를 알 수 있다.

6 거극도수(去極度數): 천구의 북극에서 각 28수 수거성(宿巨星: 대표 별)까지의 거리로서, 각도로 표시한다. 전통 천문도에서 원주는 360°가 아닌 365.25°를 기준으로 한다.

1) 천문도시(天文圖詩) – 권근의 『양촌집』

陽村先生文集卷之二十二

跋語類

天文圖詩

右天文圖石本舊在平壤城因兵亂沉于江而失之歲月旣久其印本之存者亦絶無矣惟我殿下受命之初有以一本投進者殿下寶重之命書雲觀重刻于石本觀上言此圖歲久星度已差宜更推步以定今四仲昏曉之中勒成新圖以示于後上以爲然越乙亥夏六月新修中星記一編以進舊圖立春昴中於昏而今則爲胃二十四氣以次而差於是因舊圖改中星鐫石甫訖乃命臣近誌其後臣近竊惟自古帝王奉天之政莫不以曆象授時爲先務堯命羲和而秩四時舜在璣衡而齊七政誠以敬天勤民爲不可緩也恭惟殿下聖武仁明以禪讓而有國中外晏然躋于大平即堯舜之德也首察天文以正中星即堯舜之政也然求堯舜所以觀象制器之心其本只在乎欽而已恭惟殿下亦以欽存諸心上以奉天時下以勤民事則神功茂烈亦當與二帝並隆矣況此圖勒貞珉永爲子孫萬世之寶也信矣哉洪武二十八年冬十有二月日

陽村集卷二十二

천문도 석본은 옛날 평양성(平壤城)에 있었는데 병란으로 강물에 잠겨 유실되었고, 세월이 오래 지나 남아 있던 인본마저도 없어졌다. 우리 전하께서 즉위하신 처음에 어떤 이가 한 본을 올리므로, 전하께서는 이를 보배로 귀중히 여겨 서운관에 명하여 돌에다 다시 새기게 하매, 본관(本觀)이 상언(上言)하기를, "이 그림은 세월이 오래되어 별의 도수가 차이가 나니, 마땅히 다시 도수를 측량하여 4중월(四仲月)의 저녁과 새벽에 나오는 중성(中星)을 측정하여 새 그림을 만들어 후인에게 보이소서." 하니, 상께서 옳게 여기므로 지난 을해년(태조 4년, 1395) 6월에 새로 「중성기(中星記)」 한 편을 지어 올렸다. "옛 그림에는 입춘(立春)에 묘성(昴星)이 저녁의 중성이 되는데 지금은 위성(胃星)이 되므로 24절기가 차례로 어긋난다." 이에 옛 그림에 의하여 중성을 고쳐서 돌에 새기기가 끝나자 신(臣) 근(近)에게 명하여 그 뒤에다 지(誌)를 붙이라 하였다.

신 권근이 삼가 생각건대, 자고로 제왕이 하늘을 받드는 정사는 역상(曆象)으로 천시(天時)를 알려주는 것을 급선무로 삼지 않는 이가 없다. 요(堯)는 희화(羲和)에게 명하여 사시(四時)의 차례를 조절하게 하고, 순(舜)은 기형(璣衡)을 살펴서 칠정(七政)을 고르게 하였으니, 진실로 하늘을 공경하고 백성의 일에 부지런함을 늦추어서는 안 되기 때문이다.

삼가 생각건대, 전하께서는 성스럽고 인자하시므로 선위를 받아 나라를 두신지라, 중외가 안일하여 태평을 누리니 이는 곧 요·순(堯舜)의 덕이며, 먼저 천문을 살펴 중성을 바루니 이는 곧 요·순의 정치이다. 그러나 요·순이 천문을 보고 지구를 만들던 마음을 구한다면 그 근본은 다만 공경에 있을 뿐이니, 전하께서도 또한 공경을 마음에 두어 위로 천시(天時)를 받들고 아래로 민사를 부지런히 하시면, 그 신성한 공렬(功烈)이 또한 요·순과 같이 높아질 것이다. 하물며 이 그림을 정민(貞珉: 굳고 고운 돌)에 새겼음에랴! 길이 자손만대에 보배로 삼을 것이 분명하다.

[權近 陽村集/민족문화추진회 고전국역총서 175 국역양촌집 Ⅲ, 164-165쪽]

2) 천상열차분야지도의 제작자

권근(權近): 천문도 논설 기록, 제작 책임

류방택(柳方澤): 별자리 추산(推算: 별의 세차운동 계산)

설경수(偰慶壽): 천문도 글씨를 씀

서운관 관원

권중화(權仲和), 최융(崔融), 노을준(盧乙俊), 윤인룡(尹仁龍), 지거원(池巨源)

김퇴(金堆), 전윤(田潤)[7], 김자수(金自綏), 김후(金候)

권근(權近) 1352~1409(고려 공민왕 1~조선 태종 9)

고려 말~조선 초의 학자, 문신

처음 이름은 권진(權晉). 자는 가원(可遠), 사숙(思叔)이고 호는 양촌(陽村)이며 시호는 문충(文忠)이다. 1368년(고려 공민왕 17) 성균시(成均試)에 합격하고 1369년 문과에 급제하여 춘추관검열(春秋館檢閱)이 되고, 우왕 때 예문관응교(藝文館應敎) 좌사의대부(左司議大夫) 성균대사성(成均大司成) 예의판서(禮儀判書) 등을 역임하였다. 1375년(우왕 1)에는 정도전(鄭道傳)·정몽주(鄭夢周) 등과 함께 친명정책(親明政策)을 주장하였으며, 공양왕이 즉위하자 창왕의 외조부 이림(李琳) 일파로 몰려 극형을 받게 되었으나 이성계(李成桂)의 도움으로 위기를 모면하였다. 1390년(공양왕 2) 윤이·이초(李初)의 옥(獄)에 연루되어 익주(益州)에 유배되었는데, 이때 『입학도설(入學圖說)』을 저술했다. 1392년 이성계가 조선을 개국한 후 예문춘추관학사(藝文春秋館學士)·대사성(大司成)·중추원사(中樞院使) 등을 지냈고, 1396년 표전문제(表箋問題)가 발생하자 정도전을 대신하여 명나라에 가 해명을 잘하여 명나라 황제의 예우를 받고 돌아왔다. 이 일로 정도전 일파의 미움을 샀으나, 제1차 왕자의 난으로 그들이 숙청되고, 1401년 태종이 즉위하자 좌명공신(佐命功臣) 1등으로 길창부원군(吉昌府院君)에 봉해졌다. 이후 예문관대제학(藝文館大提學)·대사성(大司成)·의정부찬성사(議政府贊成事)·세자좌빈객(世子左賓客)·이사(貳師) 등을 지냈으며, 왕명으로 『동국사략(東國史略)』을 편찬했다. 이색(李穡)의 문하에서 당대 석학들과 교유하면서 성리학 연구에 힘을 기울였는데, 성리학자이면서도 사장(詞章)을 중시하여 경학과 문학을 아울러 연마하였다. 작품으로는 경기체가인 「상대별곡(霜臺別曲)」이 있고 이 밖에 『양촌집(陽村集)』, 『오경천견록(五經淺見錄)』 등이 있다.

[한국민족문화대백과사전에서 발췌]

류방택(柳方澤) 1320~1402(고려 충숙왕 7~태종 2)

고려 후기의 관리, 천문학자, 공신

호는 금헌(琴軒), 본관은 서산(瑞山)이며 경학(經學)과 천체 관측에 능했다. 1393년(태조 2) 태조는 "류방

7 지금까지 천문도 제작자를 소개할 때 '전윤권(田潤權)'으로 해석하였으나 이 책에서는 '전윤(田潤)'으로 해석한다.(각주 94 참조)

택은 일관(日官)으로서 천시(天時)를 점쳐 태조가 대위(大位)에 오르도록 권고한 공이 있으니 은전(恩典)을 주라."는 내용의 교지를 내렸다. 이에 따라 당시 검교밀직부사(檢校密直副使)를 맡고 있던 그는 태조의 포상을 받았다. 〈천상열차분야지도〉에는 천문도 제작자의 이름이 새겨져 있는데, 그의 이름은 권근(權近), 설경수(偰慶壽)와 함께 앞쪽에 소개된다. 석각 천문도 제작에서 권근은 글(記)을 짓고, 설경수는 글씨(書)를 쓴 것으로 되어 있으며, 류방택은 천문 계산을 담당하였다고 기록되어 있다. 석각 천문도 제작 당시 그의 직함은 가정대부(嘉靖大夫) 검교중추원부사 겸 판서운관사(檢校中樞院副使兼判書雲觀事)였으며, 천문도를 완성한 공적으로 좌명공신(佐命功臣)에 녹훈(錄勳)되고 서산군(瑞山君)으로 봉해졌다. 이후 벼슬에 나아가지 않고 취령산(鷲嶺山)으로 들어가 은둔 생활을 하다 생을 마쳤다.

조여(趙旅)의 『어계집(漁溪集)』에는 그가 충청남도 공주(公州)의 동학서원(東學書院)에 배향되었다는 기록이 있다. 동학서원은 본래 동학사(東學寺)라는 절이었다. 효종 초 지방 유생들이 단종 때 사육신을 기리기 위하여 동학사 내 초혼각(招魂閣) 자리에 동학서원을 지었으며 이 일로 인하여 연루자들이 처벌된 후 서원은 헐리고, 다시 동학사(東鶴寺)로 개칭되었다. 동학사 경내의 삼은각(三隱閣)은 류방택이 고려 말에 절의를 지킨 삼은(三隱: 포은 정몽주, 목은 이색, 야은 길재)을 모셔 제(祭)를 올린 곳으로 전해진다.

[한국학중앙연구원 한국역대인물에서 발췌/금헌류방택기념사업회에서 영정 제공]

설경수(偰慶壽)
고려 후기의 문신

자는 천우(天祐)이고 호는 용재(傭齋)이다. 본관은 경주(慶州)로 위구르계의 귀화 성씨이다. 조부는 설철독(偰哲篤), 부친은 설손(偰遜)이며 형으로 설장수(偰長壽)가 있다. 천성이 어질고 영리하여 재덕을 겸비하였으며 문장과 글씨가 뛰어났다. 1376년(고려 우왕 2) 병진방(丙辰榜)으로 고려 문과에 급제하여 벼슬이 직제학(直提學)에 이르렀다. 공예에도 출중하여 태조 이성계의 명으로 당시 훼손되었던 용상의 용 무늬를 옛것대로 재생하여 조각하였다. 이에 공적을 기리어 필원(筆苑)에 그의 이름을 실었다. 1395년(태조 4)에 만들어진 〈천상열차분야지도(天象列次分野之圖)〉의 글씨를 직접 썼다.

『대동서법(大東書法)』에 그의 해서(楷書)가 전한다. 아들 설순(偰循)은 태종 때 문과 중시에 급제하여 동지중추부사(同知中樞府事)를 지냈다.

[한국학중앙연구원 한국역대인물에서 발췌]

권중화(權仲和) 1322~1408(충숙왕 9~태종 8)
고려 말과 조선 초의 문신·의료인

본관은 안동(安東), 자는 용부(容夫), 호는 동고(東皐)이며 아버지는 도첨의정승(都僉議政丞) 한공(漢功)이다. 1353년(공민왕 2) 문과에 을과로 급제해 우·좌부대언(右左副代言)을 거쳐 지신사(知申事)로 전선(銓選)을 담당하였다. 1377년(우왕 3)에는 정당문학으로 동지공거(同知貢擧)가 되어 과거시험을 주관했으며, 문하에서 이름난 선비가 많이 배출되었다. 그 뒤 삼사좌사(三司左使)·문하찬성사 등을 역임하였다.

1393년(태조 2)에 삼사좌복야로서 영서운관사(領書雲觀事)를 겸임하면서, 새 도읍지 한양의 종묘·사직·

궁전·조시(朝市)의 형세도(形勢圖)를 올렸다. 그 뒤 영삼사사(領三司事)를 거쳐 판문하부사가 되었으며, 1396년에는 사은진표사(謝恩進表使)로 명나라에 다녀왔다.

한편, 의약에 정통해 고려 말경 전해 온『삼화자향약방(三和子鄕藥方)』이 너무 간요하다 하여 조선 초에 서찬(徐贊) 등과 함께 다시『향약간이방(鄕藥簡易方)』을 편집하였다. 개성에 있는 광통보제선사비(廣通普濟禪師碑)의 전액(篆額)의 글씨를 남겼다. 시호는 문절(文節)이다.

[한국민족문화대백과사전에서 발췌]

| 지거원(池巨源)

혜성(彗星)의 꼬리가 매우 컸다. 임금이 하윤(河崙)에게 말하기를, "서운 판사(書雲判事) 황하중(黃河濬)과 지거원(池巨源) 등은 모두 천문(天文)과 지리(地理)를 잘 알지 못하는 자들인데도 오래도록 서운 판사로 있으니 나이 젊고 영오(穎悟)한 사람을 뽑아 천문과 지리를 가르침이 옳겠다." 하니, 하윤이 대답하였다. "진실로 성상의 말씀과 같습니다."

[조선왕조실록 태백산사고본 1책 3권 7장]

| 김자수(金自綏)

목성(木星)이 저성(氐星)에 들어가고, 화성(火星)이 도수(度數)를 잃었다. 서운 주부(書雲注簿) 김자수(金子綏)[8]가 실봉(實封)하여 아뢰었다. "밤 4경(四更)에 목성이 저성에 들어가고, 화성이 도수를 잃었습니다. 저성은 천자(天子)의 정침(正寢)이요, 휴해(休解)의 방(房)인데, 후궁(後宮)에 속하고 여주(女主)에 속합니다."

[조선왕조실록 태백산사고본 1책 6권 10장]

3) 천상열차분야지도 관련 역사 기록[9]

시기	내용	그림	참고
고구려 (추정)	◆ 전란으로 평양성 근처 강에 천문도 석본을 빠뜨려 잃어버렸다. 右天文圖石本舊在平壤城因兵亂沉于江而失之 [천상열차분야지도(논설)]	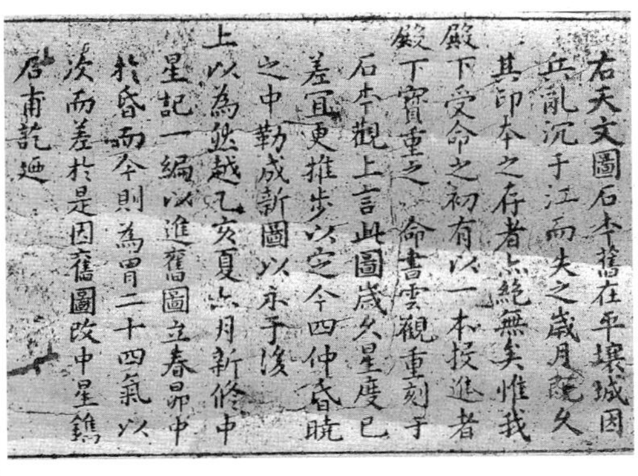 右天文圖石本舊在平壤城因 兵亂沉于江而失之歲月既久 其印本之存者亦絶無矣惟我 殿下受命之初有以一本投進者 殿下寶重之命書雲觀重刻于 石本觀上言此圖歲久星度已 差宜更推步以定今四仲昏曉 之中勒成新圖以示于後 上以為然越乙亥夏六月新修中 星記一編以進舊圖立春昴中 於昏而今則為胃二十四氣以 次而差於是因舊圖改中星鐫 石甫訖迺	천상열차분야지도 (논설)
태조 4년 (1395)	◆ 석각 천상열차분야지도 제작에 세차에 따른 별자리 위치를 보정하도록 하였다. 觀上言此圖歲从星度已差宜更推步以定今四仲昏曉之中勒成新圖以示于後上以為爲然越乙亥夏六月新修中星記一編以進舊圖立春昴中於昏而今則為胃二十四氣以次而差於是因舊圖改中星鐫石甫訖迺 [천상열차분야지도(논설)]		별자리 세차 보정 기록(논설)

8 천문도의 도설에는 서운관 김자수(金自綏)로 기록되어 있으나,『조선왕조실록』의 기사에는 비슷한 시기 서운관 주부 김자수(金子綏)의 기록만 남아 있다.

9『조선왕조실록』(『세종실록』,『선조실록』,『인조실록』)의 해당 원문 사진은 국사편찬위원회 자료를 사용하였으며,『한경지략』과『이재난고』의 원문 사진은 한국학중앙연구원 디지털 아카이브 자료를 사용하였다.

시기	내용	그림	참고
세종 15년 (1433)	◆ 세종 15년 신법(수시력)에 따라 천문도를 돌에 새겼다.[10] 世宗十五年 刻新法天文圖: 上裁酌古今天文圖 其二十八宿距度及十二次交宮宿度一依授時所測勒 成新圖鐫于石 又命 李純之輯先儒議論 歷代制度爲儀象晷漏天文曆法諸書 [증보문헌비고(增補文獻備考) 권2 31]	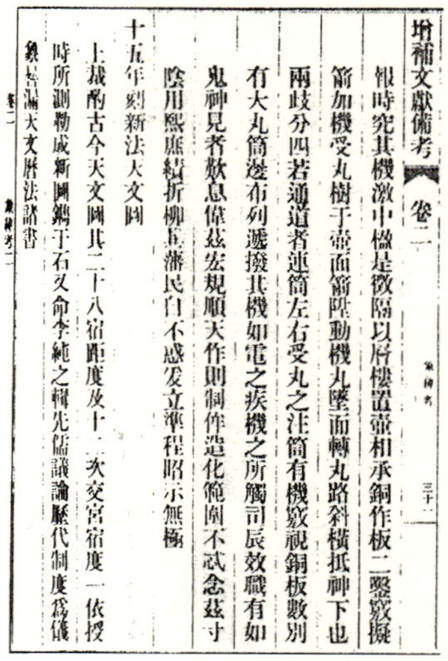	
세종 27년 (1445)	◆ 세종 27년 3월 30일 계묘 세종실록, 제가역상집 발문에는 별자리를 새로 측정하고 고쳐서 수시력에 따라 수정해 석본(石本)을 간행했다고 기록되어 있다. 帝王之政 莫大於曆象授時也 而吾東國日官之 疎於其術久矣 宣德癸丑秋 我殿下發於宸衷 凡諸儀象晷漏之器天文曆法之書 靡不講究 皆極精緻 在儀象則曰大小簡儀日星定時儀渾儀及渾象也 在晷漏則曰天平日晷 懸珠日晷 定南日晷 仰釜日晷 大小圭表及欽敬閣漏 報漏閣漏 行漏也 天文則於七政列舍 中外官入宿去極度分 皆測之 又將古今天文圖 參別同異 測定取正 而其二十八宿度分及十二次宿度 一依授時曆修改 以刊石本矣 曆法則於大明曆回回曆通軌通徑 諸書 竝加讎校 且撰七政算內外篇矣 然 猶未也 又命臣搜索 其天文曆法儀象晷漏書之雜出於傳記者 刪其重複 取其切要 分門類聚 作爲一帙 以便觀覽 苟因是書而究其理 則思過半矣 尤以見殿下敬天勤民之政無所不用其極也 [세종실록(世宗實錄) 권107 / 제가역상집(諸家曆象集)]	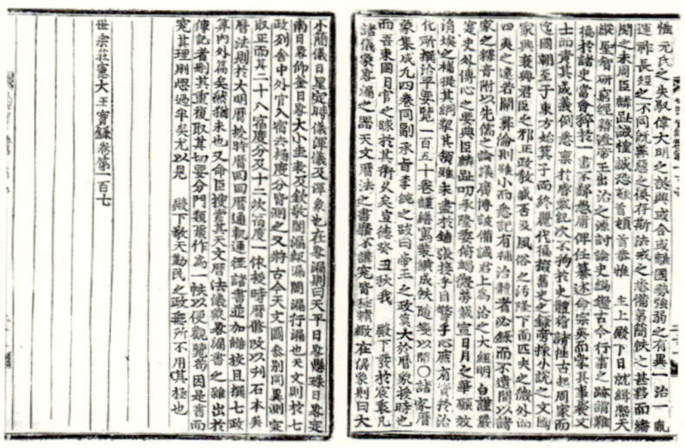	

10 세종 15년의 『증보문헌비고』 기사는 『세종실록』 기록을 옮겨 적은 것이다.
여기에서 언급한 석본(石本)이 태조본 천상열차분야지도 석판의 한 면에 새겨진 천문도일 가능성이 있다는 주장이 제기되었지만 세종 시대의 석각 천문도에 대한 실체는 아직 밝혀지지 않았다. 『세종실록』 기록 이후 태조본 석각 천문도에 대해서는 기록이 많이 남아 있는 반면, 어떤 역사 기록에도 세종 시대의 석각 천문도에 대한 언급이 없다. 따라서 이 기사에서 언급한 석본은 일반 천문 서적을 간행한 석본일 가능성이 높아 보인다.

시기	내용	그림	참고
선조 4년 (1571)	◆ 선조 4년 10월 19일 무신 관상감에서 천문도[11] 120축을 만들어 진상하고 이를 신하들에게 나누어 주었다. 觀象監 天文圖 一百二十軸進上 政院啓曰 天文圖 餘數三十件 而文臣二品已上五十一員 而其中三十員落點 傳曰 知道 [선조실록(宣祖實錄) 권5]	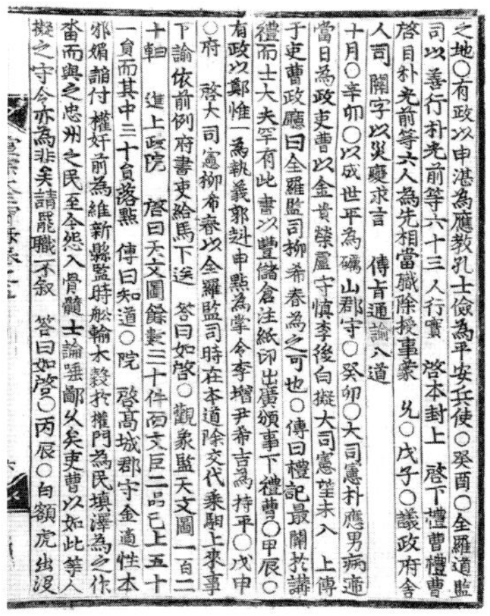	선조 탁본 국립 고궁 박물관 전시
인조 7년 (1629)	◆ 인조 7년 4월 23일 무신 舊圖(태조본 천문도)의 별의 위치가 세월의 흐름에 따라 차이가 많이 나므로 천문도를 사용할 때 다시 추산하여 관측하게 하였다. 觀象監啓曰 各更中星 今已推算 而與天文圖星度 或有異同處 故去年本監 請自四月三十日小滿爲始測候至明年小滿爲期 以驗差否矣。自前年小滿測候 至今年立夏 則間或雲陰達夜 未得測候 然二十四氣 可以類推矣 但與天文圖不合 有差二三度者 大概星度 歲久必差自乙亥至今年 凡二百三十六年 昏曉星度 未免有差 而舊圖中星 視天文圖 已差一氣俱不合用 宜令日官 自明年辛未爲始 更加推算測候 上從之 [인조실록(仁祖實錄) 권22]	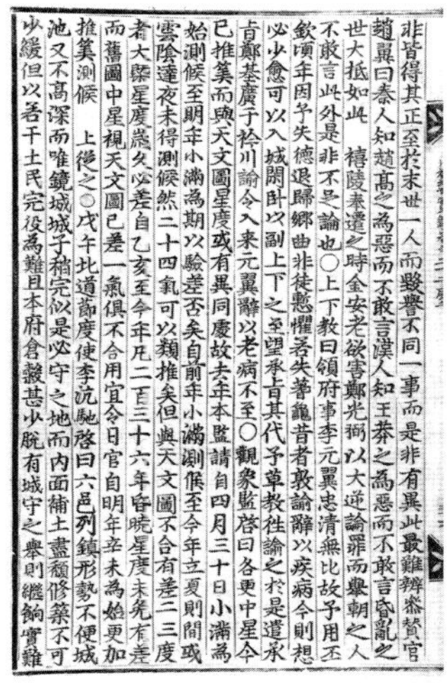	
인조 17년 (1639)	◆ 인조 17년 3월 8일 을축 전란으로 천문도 인본이 없어지자 관상감에서 경복궁에 매몰되어 있는 석판 천문도를 발굴하겠다는 보고를 올렸다. 趙緯韓 以觀象監官員 以領事提調意啓曰 本監天文圖 監象測候之所不可無也 往在辛未年間 因其印久殆盡 令各該曹 辦其容入之物 入啓印出 而今又散失於兵亂 絶無遺在之處 星象庶幾無所取考 極爲可慮當此多事之時 該曹物力 似難煩費 故自本監某條拮据 將爲印出若干張 藏置本監 日官等處 亦爲分給 使之都目學習推占之術 而石版埋在於景福宮中 卽爲撥出始役之意 敢啓 傳曰 知道 [승정원일기(承政院日記) 68책]	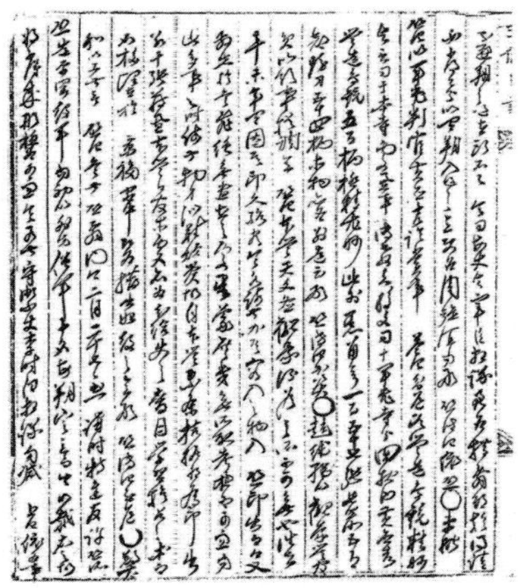	

11 선조대에 제작한 천문도는 목판본으로 알려져 있다. 현재 알려진 목판본 탁본은 두 개가 남아 전하는데, 경복궁 옆에 위치한 국립고궁박물관과 일본의 텐리대학교(天理大學校)에 있다.

시기	내용	그림	참고
현종 13년 (1672)	◆ 현종 13년 8월 26일 무진 관상감에서 天冬圖(天文圖)를 새길 석판을 옮길 군인 200명을 요청하였다. 備邊司啓曰 司鑰手本 據淑安公主房造成所 今番到防軍 沒數赴役事 啓下 而觀象監天冬圖[天文圖]所刻石板輸入軍二百名 以到防軍定送事 自監牒呈 此亦不可已之事 今當番元軍逢點之數 七百九名 而老病兒弱 計除 實役軍五百八十四名內 四百名 則淑安公主房造成所定送 其餘一百八十四名 則觀象監運石軍定送之意 敢啓 傳曰 知道 [승정원일기 230책]	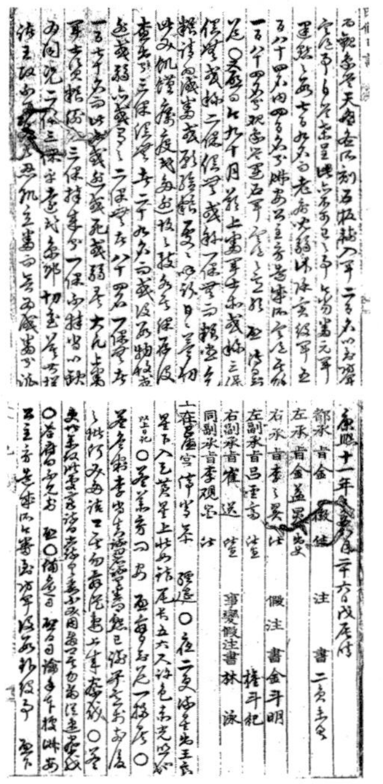	
	◆ 현종 13년 10월 20일 신유 천문도를 새롭게 석각할 석판을 봄에 요청하였으나 10월 말에야 돌을 갈고 다듬는 일을 시작하였다. 慶最 以觀象監官員 以提調意啓曰 天文圖改刻事 春間曾已定奪 石刻可合之石 令所産邑伐出以送 而該邑趁不擧行 故待其輸來 今纔磨治始役矣 刻手李琇一 最善石刻 擔當是役 而琇一以大王大妃殿別監 値其番次 則刻役未免停輟 姑令除番 以爲完役之地 何如傳曰 允 [승정원일기 230책]	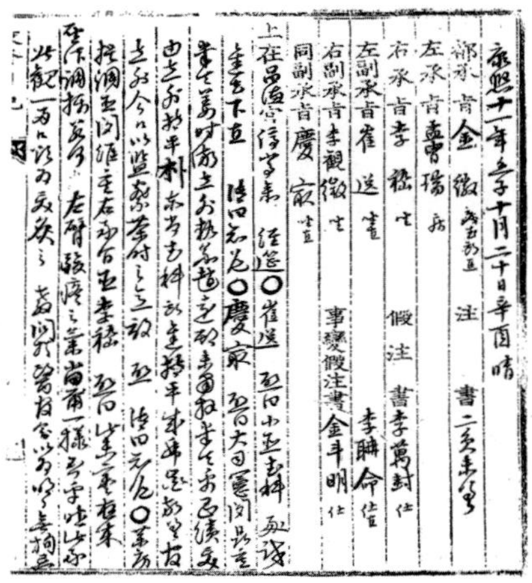	
숙종	◆ 태조 을해년에 돌에 새긴 천문도가 경복궁에 있었는데 세월이 오래되어 닳아 부서졌다. 숙종 때에 인본(印本)을 얻어 다른 돌에 다시 새기고 관상감에 보관하였다. 初太祖朝乙亥 所定石鐫天文圖 在景福宮 歲久磨泐 肅宗朝 取印本改鐫他石 置于本監 [서운관지 권4 석각 천문도]	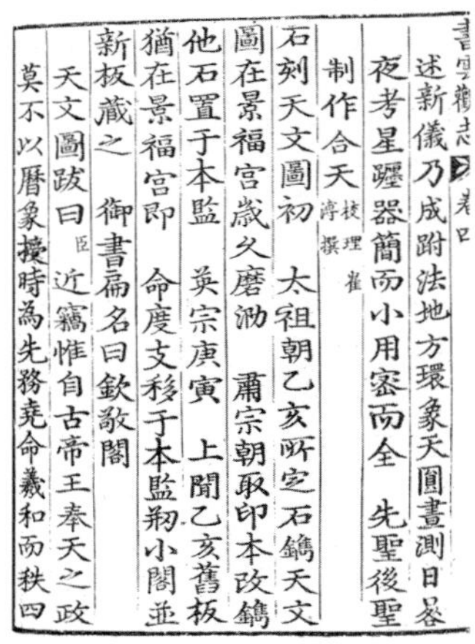 書雲觀志 卷四 述新儀乃成跗法地方環象天圓晝測日晷 夜考星躔器簡而小用密而全 先聖後聖 制作合天 校理崔濬撰 石刻天文圖初 太祖朝乙亥所定石鐫天文 圖在景福宮歲久磨泐 肅宗朝取印本改鐫 他石置于本監 英宗庚寅 上聞乙亥舊板 猶在景福宮即 命度支移于本監刱小閣並 新板藏之 御書扁名曰欽敬閣 天文圖跋曰臣近竊惟自古帝王奉天之政 莫不以曆象授時為先務堯命羲和而秩四	

영조 45년 (1769)	◆ 영조 45년 제조(提調) 서명응(徐命膺)이 경복궁 섬돌 사이에서 석판 천문도를 찾았는데 권근(權近)이 글을 짓고 설경수(偰慶壽)가 글을 쓴 것이었다. 왕명에 의해 새 건물을 지어 옮겨 보관하게 하고 흠경(欽敬)이라는 편액을 하사하였다. 又於己丑 提調徐命膺 求得天文圖石刻於景福宮階砌間 刻文則權近撰 偰慶壽所書也 上命建閣移奉于雲觀 賜扁曰欽敬 [한경지략(漢京識略) 권2]	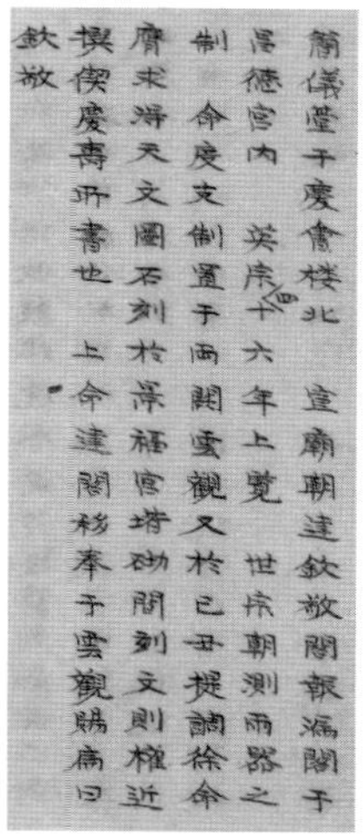 簡儀臺于慶會樓北 宣廟朝建欽敬閣報漏閣于 昌德宮內 英廟四十六年上覽 世宗朝測雨器之 制 命度支制置于兩闕雲觀又於己丑提調徐命 膺求得天文圖石刻於景福宮堦砌間刻文則權近 撰偰慶壽所書也 上命建閣移奉于雲觀賜扁曰 欽敬
	◆ 영조 45년 9월 22일 신축 국초에 설경수(偰慶壽)가 글을 쓴 석각 천문도는 금천교(錦川橋) 강가에 있었는데, 이제는 흠경각을 창경궁 안으로 옮겼다. 錦川橋水邊 有國初所刻天文圖石本 乃偰慶壽所書也 慶會樓 平時最高俯瞰 光化門外六曹大街 故民有訴冤者 不須擊鼓 只就大街伏地則有 命引而 問之 今以石柱之高推之 可知當時宏傑之狀也 欽敬閣 今移在昌慶宮中 而舊制蕩然 [황윤석 이재난고(頤齋亂藁) 권13]	
영조 46년 (1770)	◆ 영조 46년에 작성한 「흠경각기(欽敬閣記)」에는 태조 을해년에 만든 석전천문도(石鐫天文圖)가 닳고 낡아서 숙종대에 그 인본(印本)을 이용해 다른 돌에 새겨 관상감에 설치하고 작은 집을 지어 이를 보호하였다고 기록되어 있다. 初太祖朝乙亥所定石鐫天文圖在景福宮,歲久磨泐.肅宗朝 取印本改鐫他石 置于觀象監 構小室鐫之 [증보문헌비고 권3 상위고 / 국조역상고 권3 의상]	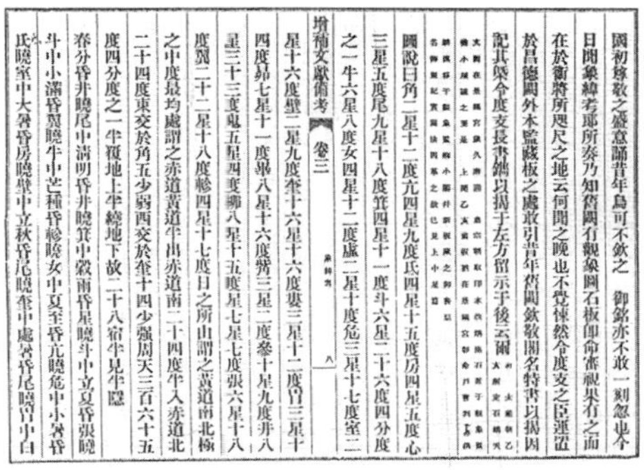 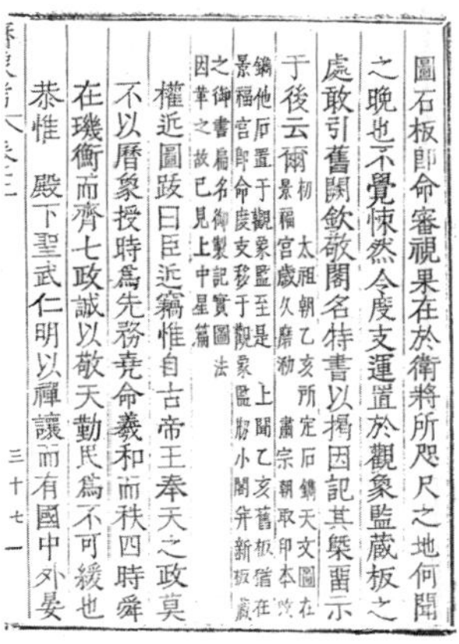

<table>
<tr><th>시기</th><th>내용</th><th>그림</th><th>참고</th></tr>
<tr><td rowspan="4">영조 46년
(1770)</td><td>◆ 영조 46년에 작성한 「흠경각기」에는 상위고랑이 보고하길 구궐(舊闕)에 석판 천문도가 있다 하여 찾아보니 위장소(衛將所) 가까운 곳에 있었다고 기록되어 있다.
今日聞象衛考郞所奏 乃知舊闕有觀象圖石板 卽命審視 果有之 而在於衛將所咫尺之地云 何聞之晩也 不覺悚然
[증보문헌비고 권3 상위고 의상]</td><td></td><td></td></tr>
<tr><td>◆ 영조 46년 경인년
임금께서 을해년(1395) 옛날 천문도판이 아직도 경복궁에 있다는 사실을 듣고 곧 탁지에게 명하여 본감으로 옮기고 작은 누각을 새로 지어서 신판과 아울러 보관하게 했다. 흠경각이라는 편명(扁名)을 하사하였다.
至是上聞 乙亥舊版猶在景福宮 卽命戶曹判書洪鳳漢 移于觀象監 刱小閣 幷新板藏之 御書扁名 御製記實
[증보문헌비고 권3 상위고 / 서운관지 권4 석각 천문도]</td><td>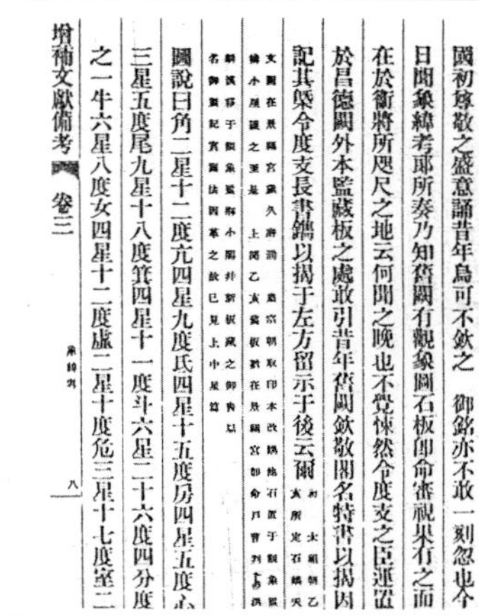</td><td></td></tr>
<tr><td>◆ 영조 46년 2월 23일 경오
홍인한이 상소하여 관상감으로 천문도 석본을 옮겨 왔는데, 보관 장소가 비좁고 누추하며 민가에 근접해 있어 천문도를 보관할 건물(흠경각) 몇 칸을 짓기로 했다.
啓曰 觀象監今番天文圖石移 置處極其窄陋 且近閭家 御製御筆奉安 甚爲未安 本監領事 與臣往復 欲爲稟建數間閣矣 領事未及登筵 臣不得不仰稟 而本監之內 亦有淨僻處云 自臣曹議于領事 從便擧行 何如 上曰 依爲之 勿設丹靑 可也
[승정원일기 1301책]</td><td>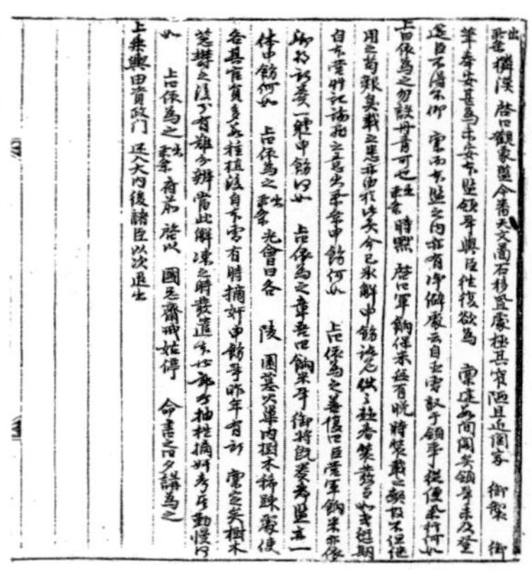</td><td></td></tr>
<tr><td>◆ 영조 46년 4월 20일 정묘
서운관에 흠경각을 만들어 경복궁에 있던 乾象板(천문도)과 숙종본 석각 천문도를 함께 보관하였다.
景福宮得乾象板 設閣藏置 於雲觀 此石 卽測候之石 非藏者也。置於此 豈昔年 烏可不欽之御銘乎 噫 興仁之鍾 景福之鍾 予皆命設閣 光化門內乾象石 旣令藏置雲觀 昨見此石 莫知幾百人之足踏 其尤凜然者 卽所刻中 崇禎年號 聞其年則心若隕墜 依乾象石 令度支 作數箇層石 於昌德闕外雲觀 正方位 安於層石之上事 言于雲觀度支[12]
[승정원일기 1303책]</td><td>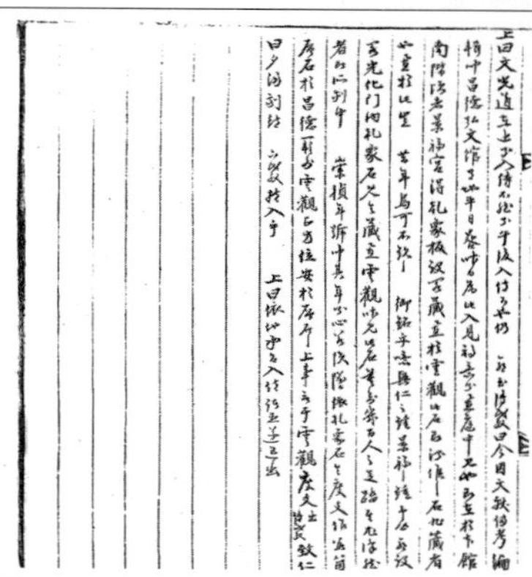</td><td></td></tr>
</table>

시기	내용	그림	참고
	◆ 영조 46년 5월 1일 정축 옛 궁궐인 경복궁에 있던 乾象石(천문도)이 이제 서운관 흠경각에 같이 있는데, 옛 것은 서쪽에 지금 것은 동쪽에 위치하여 하나의 전각 안에서 둥글게 모여 있다. 上曰 今因文獻備考 初得乾象石於景福舊闕 同藏雲觀欽敬閣 而古則石西 今則石東 團圓於一閣中 次得日影石於弘文館 同置於雲觀 而古石曾置於本監大廳前 今石置於欽敬閣前 [승정원일기 1304책]	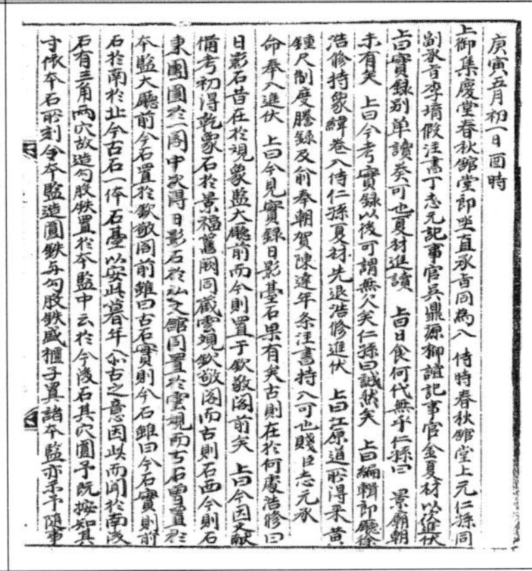	
1985년	◆ 국보(태조본)와 보물(숙종본)로 지정되었다.		국가문화재 국보, 보물 지정
현재	◆ 석각 태조본과 숙종본이 국립고궁박물관에 전시되어 있다.		

4) 석각 천상열차분야지도의 현대적 발견

제1회 召南天文學史硏究所 심포지엄 기념강연 / 2007. 01. 19.

天象列次分野之圖 刻石에 얽힌 사연

전상운(전 성신여자대학교 이사장)

제가 〈천상열차분야지도〉 석각본을 처음 대한 것은 1960년대 초였습니다. 그때 이 천문도는 창경궁(昌慶宮) 명정전(明政殿) 뒤 노천에 있었습니다. 얼마 후에 이것을 조사하려고 다시 가 보니까 태조 때의 석각본과 숙종 때의 석각본 두 개가 거기 놓여 있었고, 그 밖에 몇 개의 돌에 새긴 천문의기(天文儀器)가 놓여 있었습니다. 그런데 그날 가족을 데리고 소풍을 나온 사람들이 가랑비를 피해 그 돌 위에 앉아서 도시락을 먹고 있었습니다. 길이 2m, 너비 1m 반쯤 되는 넓적한 돌이니까 올라가서 도시락을 먹기에 아주 알맞았던 셈입니다.

얼마 안 되어 홍이섭(洪以燮) 선생님을 뵐 기회가 있어서 그때 본 광경을 선생님께 이야기해 드렸더니 "아, 그 정도는 약과"라고 하시면서 "내가 한번 갔을 때는 그 석판 위에다 어린애들이 벽돌을 굴리면서 놀 정도로 방치되어 있었다."라며 비분강개(悲憤慷慨)하셨습니다.

후에도 〈천상열차분야지도〉를 조사하기 위해서 몇 번 갔었는데, 그때마다 늘 아쉬운 것이 실내에 들여 유리장 속에 보존해도 시원치 않을 텐데 그렇게 밖에 방치돼 있다는 점이었습니다. 그래서 기회가 닿을 때마다 문화재 관계자들에게 호소하였습니다.

---

12 한자 원문은 구만옥(2007)의 논문(「천상열차분야지도 연구의 쟁점에 대한 검토와 제언」『동방학지』, 140, p. 119)을 참조하였다. 구만옥(2007)의 논문에서는 여러 천문도 연구자들의 다양한 연구 결과와 의견뿐 아니라 천문도 관련 역사 기록을 자세히 소개하고 있다.

그런 덕분인지 이 천문도가 세계에서 그렇게 흔하지 않다는 것을 우리나라 문화계와 학계가 조금씩 인식하게 되었습니다. 그리고 1980년대 초에 〈천상열차분야지도〉를 문화재로 지정하는 작업을 추진하게 되었습니다. 당시 제가 문화재위원이 되고 또 우리 과학문화재에 관심을 가진 이원홍 씨가 문공부장관으로 취임을 하였는데, 그분으로부터 '과학문화재' 중에서 좋은 것을 국가문화재로 지정하는 작업을 하면 어떻겠느냐 하는 얘기가 나왔던 것이 계기였습니다.

이러한 예를 통해 볼 때, 과학문화재가 인정을 받는 데는 정부 고위 인사들의 문화재에 대한 이해가 매우 중요합니다. 이원홍 씨가 KBS 사장으로 취임한 다음에 KBS PD들에게 우리나라의 과학기술이 우리가 생각하는 것보다 굉장히 훌륭하니 거기에 대해 취재도 하고 특별기획도 마련해 보라고 몇 번을 얘기했다고 합니다. 그 덕분에 저하고 박성래 교수가 세 번에 걸쳐 한국의 전통과학에 대한 프로그램을 만든 일이 있습니다. 그러고 나서 이원홍 씨가 문공부장관이 되어 바로 착수한 것이 과학문화재를 국가문화재로 지정하는 일이었습니다.

과학문화재를 선정할 당시 제가 제일 첫 번째로 꼽은 것이 태조 때에 만든 〈천상열차분야지도〉 각석(刻石)이었습니다. 제가 문화재위원회에서 역설한 내용은 다음과 같습니다.

① 태조가 한양(漢陽)에 도읍을 정하고 나서 그다음 해에 이 천문도를 만들었다. 이것은 말하자면 왕조의 권위의 표상(表象)으로서, 하늘이 세운 나라의 임금임을 과시하는 아주 상징적인 의미가 있는 천문도이다.

② 지금 이 천문도는 중국에 남아 있는 송나라 때의 〈순우천문도(純祐天文圖)〉와 함께 세계에서 가장 오래된 천문도 각석의 하나로서, 여기에 육안으로 보이는 별자리가 다 망라되어 있다. 따라서 하늘의 별들을 600년 전 조선시대의 학자들이 어떻게 알았는가 하는 사실을 이것을 보면 그대로 알 수 있다.

③ 그리고 이것을 통해 한국 사람들의 과학에 대한 지적 수준이 어떠했는지를 그대로 평가받을 수 있다. 그러므로 이것은 반드시 국보로 지정돼야 한다.

그 결과 〈천상열차분야지도〉 각석을 문화재위원들이 잘 이해하고 받아들여 주어 국보 제228호로 지정할 수 있었습니다.

그 후 이 천문도는 세종대왕기념관에서 덕수궁 궁중유물전시관으로 옮겨지게 되었습니다. 그리고 이 과정에서 새로운 사실이 알려졌습니다. 전에 조사한 팀이 이 각석의 뒷면에도 성도를 새긴 것이 있다고 보고했지만, 세상에 잘 알려지지 않았고, 정밀한 조사도 이루어지지 않았습니다. 그런데 이것을 궁중유물전시관으로 옮기려고 움직이다 보니 뒷면에 또 하나의 별자리 그림이 있다는 것을 분명하게 확인할 수 있게 되었습니다. 그래서 누운 상태로 있던 유물을 이제는 양면이 다 보이도록 세워서 전시하게 된 것입니다.

(이하 생략)

[2007년 소남천문학사연구소 제1회 심포지엄 프로시딩에서 발췌]

5) 태조본 천상열차분야지도 문화재 지정 보고서: 국보 제228호

動產文化財指定報告書 ('84~'85 지정편)

문화공보국 문화재관리국, 1989, 56~63쪽

보고서 수록 과학기기 및 지도류 문화재 조사자: 전상운(문화재위원, 전 성신여자대학교 총장)

天象列次分野之圖刻石

- 指定番號: 國寶 第228號
- 指定年月日: 1985. 3. 3.
- 所 在 地: 서울特別市 鐘路區 世宗路 1 國立中央博物館
- 所 有 者: 國有
- 數 量: 1點
- 材 料: 烏石
- 製作年代: 朝鮮 太祖 4年(1395, 洪武 28年)

천문도(天文圖)는 왕조의 권위의 표상(表象)으로, 고대 왕조는 천체 관측 결과를 규격화하여 성도(星圖)를 작성하였다. 우리나라에서는 제일 먼저 고구려가 천문도를 석각하였던 것으로 생각된다. 이 사실은 조선조 태조 4년(1395)에 제작한 천상열차분야지도석각본(天象列次分野之圖石刻本)에 새겨진 권근(權近)의 글에 의하여 알려지고 있다.

『양촌집(陽村集)』에도 그 글, 즉 「천문도시(天文圖詩)」가 실려 있다. 그것에 의하면, 이 천문도의 제작 경위는 다음과 같다.

조선조에는 고구려가 망할 때 천문도 석각본이 전란에 의해서 대동강 물에 빠져 버렸다는 말이 전해지고 있었다. 그런데 평양성에 있었던 고구려 천문도 석각본의 인본(印本)은 있었다. 그 인본은 고려에 계승되었다.

조선 왕조를 세운 태조는 즉위해서부터 하늘의 뜻에 의하여 세워진 새 왕조의 왕자(王者)로서의 권위의 표상으로 새로운 천문도를 갖기를 염원했었다. 고구려 천문도의 인본(印本)은 조선 초에는 매우 희귀하게 여겨 그것을 중각(重刻)하게 하였으나 서운관(書雲觀)에서는 그 연대가 오래되어 성도(星度)에 오차가 생겼으므로 새로운 관측에 따라 오차를 교정하여 새 천문도를 작성하기로 하고, 새로 「중성기(中星記)」 한 편을 편찬하여 그에 따라 성도를 석각하여 완성한 것이다.

천문도를 만든 서운관의 학자들은 다음 12명이다.

嘉靖大夫 藝文春秋館 學士 權近(敎記)

嘉靖 檢校中樞院 副士 柳方澤(敎推算)

中直大夫 校書監 偰慶壽(敎書)

書雲觀

集賢殿 大學士 權仲和

兼判事 嘉靖大夫 崔融

兼判事 嘉靖大夫 盧乙俊

兼正 嘉靖大夫 尹仁龍[13]

判事 通訓大夫 池巨[14]源

丞[15]通德郎 金堆

掌漏啓功郎 田潤權

知掌漏 進勇副尉 金自綏

司後領散員 金候

천상열차분야지도(天象列次分野之圖)는 대체로 다음과 같이 구성되어 있다.

석판(石板)을 크게 위아래 두 부분으로 나누어 모든 내용을 배치하였다. 윗부분에는 12도(圖) 분야(分野) 및 성수분도(星宿分度), 일수(日宿), 월수(月宿), 천(天), 그리고 8개 방향에 대한 짧은 설명이 사방에 있고, 석판의 중앙에 지름이 76cm의 3중원이 그려져 있어 그 안에 모두 1,464개의 별들이 점으로 표시되어 있고, 성수(星宿)의 이름이 해당한 위치에 새겨져 있다.

윗부분에서 46cm의 간격을 두고 3단으로 된 아랫부분이 있는데, 여기에는 천상열차분야지도(天象列次分野之圖)라는 천문도의 이름이 큰 글자로 첫째 단에, 논천(論天)과 28수(宿) 거극분도(去極分度)가 중간 단에, 천문도 작성의 역사적 배경과 경과, 그리고 제작에 참여한 사람들의 관직 성명이 맨 아래 단에 기록되어 있고, 끝으로 제작 연월(製作年月)인 홍무(洪武) 28년(年) 12월(月)이 적혀 있다.

이 천문도 석각본은 현재 그 표면이 심하게 마모되어 상태가 좋은 편이 아니다. 글자는 완전히 판독하기 어려운 것들이 많고, 석판 위쪽 끝의 두 모서리는 깨졌고, 십이국분야급성수분도(十二國分野及星宿分度), 일수(日宿), 월수(月宿), 천(天)의 기사들은 거의 모두 마모되었고, 큰 원 안에 새겨진 별들은 절반 정도만 완전히 알아볼 수 있다. 논천 기사는 거의 완전히 마모되었으나, 이십팔수거극분도(二十八宿去極分度)는 거의 다 판독할 수 있을 정도이다. 제일 아래 단의 천문도 설명 부분과 서운관(書雲觀) 부분에는 557자 중에서 78자만 해독할 수 있을 뿐 나머지는 완전히 마모되었다.

이러한 상태는 『증보문헌비고』의 표현대로 세월이 오래되어 마멸되어, 숙종 때 새로 다시 새길 수밖에 없

13 보고서에는 猷으로 적혀 있으나 천문도 석본과 탁본에는 모두 龍으로 되어 있다.

14 보고서에는 臣으로 적혀 있으나 천문도 석본과 탁본에는 모두 巨로 되어 있다.

15 보고서에는 承으로 적혀 있으나 천문도 석본과 탁본에는 모두 丞으로 되어 있다.

긴 하였지만, 해방 후 혼란과 6·25 한국전쟁을 거치고, 60년대 초의 과학문화재에 대한 무관심 속에서 더 심하게 마멸 훼손되었다.

1961년에서 1963년 사이만 해도 창경원 명정전(明政殿) 뒤에 보관되어 있어 그 넓적한 석판에 비가 오는 날이면 사람들이 올라앉아 도시락 먹는 장소가 되기 일쑤였다. 그보다 더 심한 것은 어린이들이 석판 위에 모래를 뿌리고 벽돌을 밀고 자갈을 굴리는 놀이를 하기도 했다는 목격자의 증언이 있을 정도였다.

그렇긴 하지만, 이 석각 천문도는 중국의 남송(南宋) 순우(淳祐) 정미(丁未, 1247) 천문도에 이어 세계에서 두 번째로 오래된 석각 천문도로 매우 귀중한 유물이다.

학문적으로는, 고구려 석각 천문도의 전통을 계승한, 그 원형을 짐작게 하는 유물이며, 『양촌집(陽村集)』의 기록을 실증하는 것이기도 하다.

이 천문도의 『증보문헌비고』「상위고」의 기록을 옮겨 보면 다음과 같다.

영조 46년(1770)에 관상감(觀象監)에 각(閣)을 세우고, 그 속에 국초(國初)의 석각 천문도를 보관하였다. 임금이 액자를 써서 흠경각(欽敬閣)이라 이름하였다.

임금이 지은 「흠경각기(欽敬閣記)」에 이르기를, "내가 아침이나 저녁이나 공경하는 것은 곧 하늘의 현상이다. 해와 달이 비치고 별이 임하는 데 대하여, 지금 내가 비록 노쇠하였으나, 감히 존경함을 조금도 게을리하지 않는다. 요즈음 날씨가 비록 매우 더워도 창을 열지 않는 것은 늘 누워 있기 때문이다. 더구나 국초(國初)에 하늘을 존경하던 큰 뜻을 받들어 옛 일을 되풀이할 때, 어찌 공경하지 않으랴? 따라서 어명(御銘)에 대해서도 한 시각도 소홀하게 여겨 본 적이 없었다. 그런데 오늘 상위고랑이 아뢴 것을 듣고서야 비로소 옛 대궐에 관상도(觀象圖)의 석판이 있었음을 알고 즉시 자세히 살피도록 명하였는데 과연 그것이 위장소(衛將所)에서 매우 가까운 곳에 있다 하니, 어째서 이렇게 늦게야 듣게 되었는지 마음에 송구함을 금할 수가 없다. 그래서 도지(度支) 신(臣)에게 명하여 그것을 창덕궁 밖의 관상감에 석판을 보관하고 있는 곳으로 옮겨 놓게 하고, 감히 옛날의 흠경각(欽敬閣)의 이름을 인용하여 특별히 써서 걸게 하고, 이어 그 전후 사실의 줄거리를 기록하고 도지(度支)의 장(長)을 시켜 그것을 판(板)에 써서 조각하여 왼쪽에 걸어 놓고 후세에 보여 주도록 하게 하였다."라고 하였다.

도설(圖說)에 이르기를, "각수(角宿)의 두 별은 12도, 항수(亢宿)의 네 별은 9도, 저수(氐宿)의 네 별은 15도, 방수(房宿)의 네 별은 5도, 심수(心宿)의 세 별은 5도, 미수(尾宿)의 아홉 별은 18도, 기수(箕宿)의 네 별은 11도, 두수(斗宿)의 여섯 별은 26도 1/4, 우수(牛宿)의 여섯 별은 18도, 여수(女宿)의 네 별은 12도, 허수(虛宿)는 두 별은 10도, 위수(危宿)의 세 별은 17도, 실수(室宿)의 두 별은 16도, 벽수(壁宿)의 두 별은 9도, 규수(奎宿)의 열여섯 별은 16도, 루수(婁宿)의 세 별은 12도, 위수(胃宿)의 세 별은 14도, 묘수(卯宿)의 일곱 별은 11도, 필수(畢宿)의 여덟 별은 16도, 자수(觜宿)의 세 별은 2도, 삼수(參宿)의 열 별은 9도, 정수(井宿)의 여덟 별은 33도, 귀수(鬼宿)의 다섯 별은 4도, 류수(柳宿)의 여덟 별은 15도, 성수(星宿)의 일곱 별은 7도, 장수(張宿)의 여섯 별은 18도, 익수(翼宿)의 스물두 별은 18도, 진수(軫宿)의 네 별은 17도이다. 태양이 지나는 길을 황도(黃道)라 하며, 남북극(南北極) 가운데의 가장 중간이 되는 곳을 적도(赤道)라고 한다. 황도의 반은 적도 남쪽으로 24도 나갔고, 반은 적도 북쪽으로 24도 들어갔다. 동쪽에서는 각수(角宿)와 5도 1/4 미만에서 서로 만나고, 서쪽에서는 규수(奎宿)와 14도 1/4 조금 지나서 서로 만난다. 하늘의 둘레는 365도 1/4

인데, 반은 땅 위를 덮고 있고, 반은 땅 아래를 누르고 있다. 그러므로 28수(宿)가 반은 보이고 반은 보이지 않는다.

춘분(春分)에는 초저녁[昏]에는 정수(井宿), 새벽[曉]에는 미수(尾宿)가 남중(南中, 자오선(子午線)의 중앙에 온다는 말)하고, 청명(淸明)에는 초저녁에는 정수(井宿), 새벽에는 기수(箕宿)가 남중하며, 곡우(穀雨)에는 초저녁에는 성수(星宿), 새벽에는 두수(斗宿)가 남중한다. 입하(立夏)에는 초저녁에는 장수(張宿), 새벽에는 두수(斗宿), 소만(小滿)에는 초저녁에는 익수(翼宿), 새벽에는 우수(牛宿), 망종(芒種)에는 초저녁에는 진수(軫宿), 새벽에는 여수(女宿)가 남중한다. 하지(夏至)에는 초저녁에는 항수(亢宿), 새벽에는 위수(危宿), 소서(小暑)에는 초저녁에는 저수(氐宿), 새벽에는 실수(室宿)가 남중하며, 대서(大暑)에는 초저녁에는 방수(房宿), 새벽에는 벽수(壁宿)가 남중한다. 입추(立秋)에는 초저녁에는 미수(尾宿), 새벽에는 규수(奎宿), 처서(處暑)에는 초저녁에는 미수(尾宿), 새벽에는 위수(胃宿)가 남중하며, 백로(白露)에는 초저녁에는 기수(箕宿), 새벽에는 묘수(昴宿)가 남중한다. 추분(秋分)에는 초저녁에는 두수(斗宿), 새벽에는 삼수(參宿), 한로(寒露)에는 초저녁에는 두수(斗宿), 새벽에는 정수(井宿)가 남중하며, 상강(霜降)에는 초저녁에는 두수(斗宿), 새벽에는 정수(井宿)가 남중한다. 입동(立冬)에는 초저녁에는 여수(女宿), 새벽에는 성수(星宿), 소설(小雪)에는 초저녁에는 허수(虛宿), 새벽에는 장수(張宿)가 남중하며, 대설(大雪)에는 초저녁에는 위수(危宿), 새벽에는 익수(翼宿)가 남중한다. 동지(冬至)에는 초저녁에는 실수(室宿), 새벽에는 진수(軫宿), 소한(小寒)에는 초저녁에는 벽수(壁宿), 새벽에는 항수(亢宿)가 남중하며, 대한(大寒)에는 초저녁에는 규수(奎宿), 새벽에는 저수(氐宿)가 남중한다. 입춘(立春)에는 초저녁에는 위수(胃宿), 새벽에는 저수(氐宿)가 남중하고, 우수(雨水)에는 초저녁에는 필수(畢宿), 새벽에는 심수(心宿)가 남중하며, 경칩(驚蟄)에는 초저녁에는 삼수(參宿), 새벽에는 미수(尾宿)가 남중한다."라고 하였다.

권근(權近)의 성도발(星圖跋)에 이르기를, "신(臣)이 삼가 생각하건데, 예로부터 제왕(帝王)이 하늘을 받드는 정치는 역상(曆象)과 수시(授時)를 선무(先務)로 삼지 않음이 없었습니다. 요(堯) 임금은 희화(羲和)에게 명하여 사시(四時)의 절후를 바로잡게 하였고, 순(舜) 임금은 선기옥형(璇璣玉衡)으로 칠정(七政)을 관측하였으니, 이는 참으로 하늘을 공경하고 백성을 권장함에 있어서 시기를 늦추지 아니한 것입니다. 공손히 생각하건대, 전하(殿下)께서는 성무(聖務)·인명(仁明)하시어 선양(禪讓)으로 나라를 이어받으시니, 나라 안팎 다 평안하여 태평하게 되었습니다. 이는 요 임금과 순 임금의 정치를 본받은 것이지만, 요·순이 천상을 관찰하고 기계를 만든 본 마음을 추구해 보면 그 근본은 다만 하늘을 공경하는 데에 있을 뿐입니다. 삼가 생각하건데 전하께서도 역시 공경함을 마음에 두어, 위로는 천시(天時)를 받들고 아래로는 백성의 일에 힘쓰면, 그 신공(神功)이 성대하게 빛나서 마땅히 요·순과 같이 융성하게 될 것입니다. 더구나 이 성도(星圖)를 정민(正珉)에 새겨서 영원히 자손 만대의 보배로 삼으려 함이겠습니까? 참으로 위대하십니다."라고 하였다.

이 천문도의 구성과 배치를 그려 보면 그림과 같다.

천상열차분야지도(天象列次分野之圖)라는 명칭은 "천상(天象)을 차(次)와 분야(分野)에 따라(列하여) 그린 그림"이라는 뜻이다. 이 천문도에 나타나는 차(次)는 황도 부근의 하늘을 12등분하여 일(日)·월(月)·5행성(行星)들의 운행이나 절기를 알아보기 위해서 설정하였음을 뜻한다. 또한 분야(分野)라 함은 하늘의 성수(星宿)들을 중국의 춘추전국시대(春秋戰國時代)의 주국(州國)들과 짝을 지어 부른 이름이다. 천문도를 이런 식으로 부른 것은 조선에서 그린 것에서만 볼 수 있는 것으로 알려져 있다. 고구려의 천문도 석각본의 명칭이 그랬는지는 알 수 없으나, 이 천문도의 이름은 그 후 조선 천문도의 한 전통을 이루고 있다.

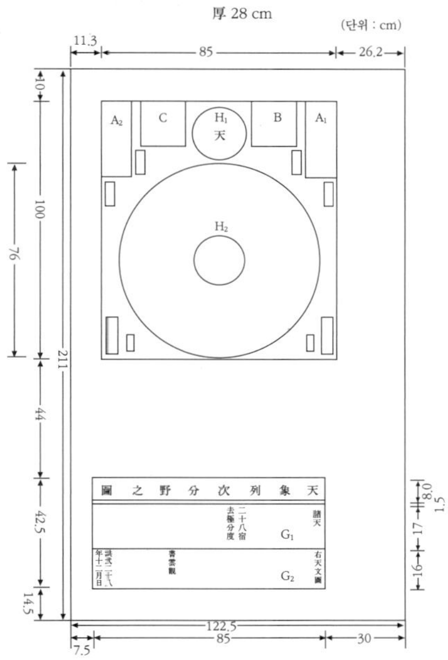

천상열차분야지도 각석(동산문화재지정보고서, 1989)

6) 숙종본 천상열차분야지도 문화재 지정 보고서: 보물 제837호

> 動産文化財指定報告書('84~'85 지정편)
>
> 문화공보국 문화재관리국, 1989, 212~219쪽
>
> 보고서 수록 과학기기 및 지도류 문화재 조사자: 전상운(문화재위원, 전 성신여자대학교 총장)

複刻天象列次分野之圖刻石

- 指定番號 : 寶物 第837號
- 指定年月日 : 1985. 8. 9.
- 所 在 地 : 서울特別市 東大門區 淸涼里洞 山 1~157 世宗大王記念館
- 所 有 者 : 國有
- 數 量 : 1點
- 規 格 : 가로 108.5cm, 세로 206.5cm, 두께 20cm
- 材 料 : 대리석
- 製作年代 : 朝鮮 肅宗 13年(1687)

이 천문도는 『증보문헌비고(增補文獻備考)』 「상위고(象緯考)」와 『서운관지(書雲觀志)』에 그 제작 경위가 다음과 같이 설명되어 있다. 처음에 태조조(太祖朝) 을해년(乙亥年, 1395년-태조 4년)에 정한 바 석전(石鐫) 천문도는 경복궁에 있었는데, 세월이 오래되자 마멸되었다. 그래서 숙종조(肅宗朝)에 인본(印本)을 가지고 다른 돌에 다시 새겨서 관상감에 설치하고 조그마한 집을 지어 이를 보호하게 하였는데, 지금에 이르러 임금이 을해년(乙亥年)의 옛 판이 아직도 경복궁에 있다 함을 듣고 즉시 호조판서 홍인한(洪麟漢)에게 명하여 이를 관상감에 옮겨 조그마한 집을 새로 짓고 이에 아울러 새 판도 보관하게 하고, 친히 편명을 쓰고 전후의 사실을 기록하였다. 도법(圖法)을 그대로 사용하거나 개혁한 이유는 이미 상권의 중성편(中星篇)에 보인다. 천문도의 구성과, 적혀 있는 기사의 내용은 다음과 같다.

$A_{1,2}$

十二國分野及星宿分度

自軫十二度至氐四度合三十一度為壽星之次鄭之分野屬兗州於辰[16]在辰

自氐五度至尾九度合三十度為大火之次宋之分野屬豫州於辰在卯

自尾十度至斗十一度合三十一度為析木之次燕之分野屬幽州於辰在寅

自斗十二度至須女七度合三十度四分度之一為星紀之次吳越之分野屬楊州於辰在丑

自須女八度至危十五度合三十度為玄枵之次齊之分野屬青州於辰在子

自危十六度至奎四度合三十一度為娵訾之次衛之分野屬幷[17]州於辰在亥

自奎五度至胃六度合三十度為降婁之次魯之分野屬徐州於辰在戌[18]

自胃七度至畢十一度合三十度為大梁之次趙之分野屬冀州於辰在酉[19]

自畢十二度至東井十五度合三十一度為實沈之次晋之分野屬益州於辰在申

自東井十六度至柳八度合三十度為鶉首之次秦之分野屬雍州於辰在未

自柳九度至張十六度合三十度為鶉火之次周之分野屬三河於辰在午

自張十七度至軫十一度合三十一度為鶉尾之次楚之分野屬荊州於辰在巳

自壽星之次計至鶉尾之次共三百六十五度四分度之一

B

日宿

日為大[20]陽之精衆陽之長去赤道表裏各

二十四度遠寒近暑而中和陽用事則進

16 보고서에는 展으로 적혀 있으나 석각본에는 辰으로 되어 있다.

17 보고서에는 弁으로 적혀 있으나 석각본에는 幷으로 되어 있다.

18 보고서에는 戎으로 적혀 있으나 석각본에는 戌로 되어 있다.

19 보고서에는 西로 적혀 있으나 석각본에는 酉로 되어 있다.

20 보고서에는 太로 적혀 있으나 석각본에는 大로 되어 있다.

北晝[21]長夜短陽勝故為溫暑陰用事則退

南晝短夜長陰勝故為凉寒○日行南北

失度則進而長爲常寒退而短為常燠主

生養恩德

人君之象故行有道之國則光明

人君吉昌百姓安寧

星者陽精之榮也陽精為日日(月?)分為星故其

字從日下生也釋名云星散也布散於天

C

月宿

月為大陰之精衆陰之長以之配日[22]女主

之象以之比德刑罰之義列之朝廷諸侯[23]

大臣之類行黃道之東謂之靑道行黃道

之南謂之赤道行黃道之西謂之白道行

黃道之北謂之黑道黃道內外各四幷黃

道為九道也

黃赤道　日之所謂之黃道南北極之

中度最均○謂之赤道黃道者半在赤道

外半在赤道內東交於角五小弱西交於

奎十四小強

D_1

北方玄武七[24]宿三十五星

合九十八度四分度之一

D_2

西方白虎七宿五

十一星合八十度

---

21 보고서에는 書로 적혀 있으나 석각본에는 晝로 되어 있다.
22 보고서에는 曰로 적혀 있으나 석각본에는 日로 되어 있다.
23 보고서에는 候로 적혀 있으나 석각본에는 侯로 되어 있다.
24 보고서에는 九로 적혀 있으나 석각본에는 七로 되어 있다.

D_3

南方朱雀七宿六十

四星合一百十二度

D_4

東方靑龍七宿三

十二星合七十五度

E_1

四方皆有七宿各成一形東方成

龍形西方成虎形皆南首而北尾

E_2

南方成鳥形北方成

龜形皆西首而東尾

F_1

經星常宿

F_2

分度形名

G_1

論[25]天

晉志前儒舊說天地之體狀如鳥卵[26]

天包地外猶𣪊之裹黃也周旋無端

其形渾渾然故曰渾天也又晋葛洪

云周天三百六十五度四分度之一

半覆地上半繞地下故二十八宿半

見半隱天轉如車轂之轉也又宋何

承天云洒觀渾儀研求[27]天意乃悟天

25 보고서에는 諸로 적혀 있으나 석각과 탁본에는 모두 論으로 되어 있다.
26 보고서에는 卯로 적혀 있으나 석각과 탁본에는 모두 卵으로 되어 있다.
27 보고서에는 究로 적혀 있으나 석각과 탁본에는 모두 求로 되어 있다.

形正圓而水居其半地中高外**卑**[28]水
周其下又梁祖暅云渾天之形內圓
如彈丸**几**[29]論天**者有**[30]六家一曰渾天
張衡所述二**曰**[31]盖天周髀以為法三
曰宣夜無師法四曰安天虞喜作五
曰昕天姚信作六**曰**[32]穹天虞聳作自
盖天已下並好奇徇異之說非至設
也先儒亦不重其術也

二十八宿去極分度
角二星十二度去極九十一度
亢四星九度去極八十九度
氐四星十五度去極一百八度
房四星五度去極九十七度
心三星五度去極一百八度
尾九星十八度去極一百二十度
箕四星十一度去極一百十八度
斗六星二十六度四分度之一去極一百十六度
牛六星八度去極一百六度
須女四星十二度去極一百六度
虛二星十度去極**一百四**[33]度
危三星十七度去極九十九度
營室二星十六度去極八十五度
東壁二星九度去極八十六度
奎十六星十六度去極七十七度
婁三星十二度去極八十度
胃三星十四度去極七十二度
昴[34]七星十一度去極七十四度

---

28 보고서에는 界로 적혀 있으나 석각과 탁본에는 모두 卑로 되어 있다.
29 보고서에는 凡으로 적혀 있으나 석각과 탁본에는 모두 几로 되어 있다.
30 보고서에는 有者로 적혀 있으나 석각과 탁본에는 모두 者有로 되어 있다.
31 보고서에는 日로 적혀 있으나 석각과 탁본에는 모두 曰로 되어 있다.
32 보고서에는 日로 적혀 있으나 석각과 탁본에는 모두 曰로 되어 있다.
33 보고서에는 九十九로 적혀 있으나 석각과 탁본에는 모두 一百四로 되어 있다.
34 보고서에는 昴으로 적혀 있으나 석각과 탁본에는 모두 昴로 되어 있다.

畢八星十六度去極七十八度

觜三星二度去極八十四度

參十星九度去極八[35]十四度

東井八星三十三度去極六十九度

輿鬼五星四度去極六十八度

柳八星十五度去極八十度

星七星七度去極九十一度

張六星十八度去極九十七度

翼二十二星十八度去極九十九度

軫四星十七度去極九十八度

G_2

右天文圖石本舊在平壤城因

兵亂沉于江而失之歲月既久

其印[36]本之存者亦绝無矣惟我

殿下受命[37]之初有以一本投進者

殿下寶重之 命書雲觀重刻于

石本觀上言此圖歲久星度已

差冝[38]更推步以之[39]今四仲昏曉

之中勒成新圖[40]以示于後

上以為然越乙亥夏月新修中

星記一編以進舊圖立春昴[41]中

於昏而今則為胃二十四氣以

次而差於是因舊圖改中星鐫

石甫訖迺

命臣近誌其後臣近竊惟自古帝

王奉天之政莫不以曆象授時

為先務堯命羲和而秩四時舜

35 보고서에는 九로 적혀 있으나 석각과 탁본에는 모두 八로 되어 있다.
36 보고서에는 卯로 적혀 있으나 석각과 탁본에는 모두 印으로 되어 있다.
37 보고서에는 明으로 적혀 있으나 석각과 탁본에는 모두 命으로 되어 있다.
38 보고서에는 宜로 적혀 있으나 석각과 탁본에는 모두 冝로 되어 있다.
39 보고서에는 定으로 적혀 있으나 석각과 탁본에는 모두 之로 되어 있다.
40 보고서에는 固로 적혀 있으나 석각과 탁본에는 모두 圖로 되어 있다.
41 보고서에는 昴으로 적혀 있으나 석각과 탁본에는 모두 昴로 되어 있다.

在璣衡而齊七政誠以敬天**勤**[42]

民為不可緩也恭惟

殿**下**[43]聖武仁明以禪讓而有國中

外晏然躋于太平即堯舜之德

也首察天文以正中星即堯舜

之政也然求堯舜所以觀象制

器之心其本只在乎欽而已惟

殿下本(亦?)以欽存諸心上以奉天時

下以[44]勤民事則神功茂烈亦當

與二帝並隆矣况此圖勒貞珉

永為子孫萬世之寶也信矣哉

嘉靖大夫藝文春秋館學士都

評議使司使寶文閣學士兼禮

曺典書成均大司成臣權近奉

敎[45]記嘉靖大夫檢校中樞院副

使兼判書雲觀使臣柳方澤奉

敎推算中直大夫校書監臣偰

慶壽奉 敎書

書雲觀

領觀事特進**輔**[46]國崇祿大夫判

門下府事都評議使司事集賢

殿大學士臣權仲和兼判事嘉

靖大夫商議中樞院事都評議

使司使臣崔融兼判事嘉靖大

夫檢校中樞院副使臣盧乙俊

兼正嘉善大夫檢校戶曺典書

臣尹仁龍判事通訓大夫臣池

巨源**丞**[47]通德郎臣金堆掌漏啓

功郎臣田潤權知掌漏進勇副

---

42 보고서에는 勒으로 적혀 있으나 석각과 탁본에는 모두 勤으로 되어 있다.
43 보고서에는 上으로 적혀 있으나 석각과 탁본에는 모두 下로 되어 있다.
44 보고서에는 '○○'로 비워져 있으나 석각과 탁본에는 모두 '下以'로 되어 있다.
45 보고서에는 敢로 적혀 있으나 석각과 탁본에는 모두 敎로 되어 있다.
46 보고서에는 補로 적혀 있으나 석각과 탁본에는 모두 輔로 되어 있다.
47 보고서에는 承으로 적혀 있으나 석각과 탁본에는 모두 丞으로 되어 있다.

尉虎勇巡衛司右領別將臣金

自綏權知視日修[48]義副尉虎勇

巡衛司後領散員臣金候

洪武二十八年十二月 日

이 천문도는 그 구성과 내용이 말해 주듯 태조대(太祖代) 천상열차분야지도의 복각본이다. 그 제작경위는 위에서 인용한『증보문헌비고』의 기사가 잘 말해 준다. 그 내용은 태조대(太祖代)의 것과 똑같아 더 첨가된 것도 없으나, 다만 그 배열이 조금 다를 뿐이다. 천문도의 명칭인「천상열차분야지도」가 석판의 제일 윗부분으로 옮겨졌고「논천(論天)」,「이십팔수거극분도(二十八宿去極分度)」,「서운관(書雲觀)」등이 그대로 천문도의 큰 원 밑에 바싹 붙어 있어서, 그 전체의 구성이 구각본(舊刻本)보다 더 좋고 당당하다.

이 천문도의 기본 구성은 선조(宣祖) 4년(1571)에 만든 인본(印本)을 대본으로 했음에 틀림없다. 그 목판본(木版本)은 지금 일본(日本) 천리대학도서관(天理大學圖書館)에 1폭이 소장되어 있는데, 숙종대(肅宗代) 석각본에 의하여 만든 탁본으로 인정되는 검은색 바탕의 천상열차분야지도 인본과 흑백바탕이 다를 뿐 똑같다.

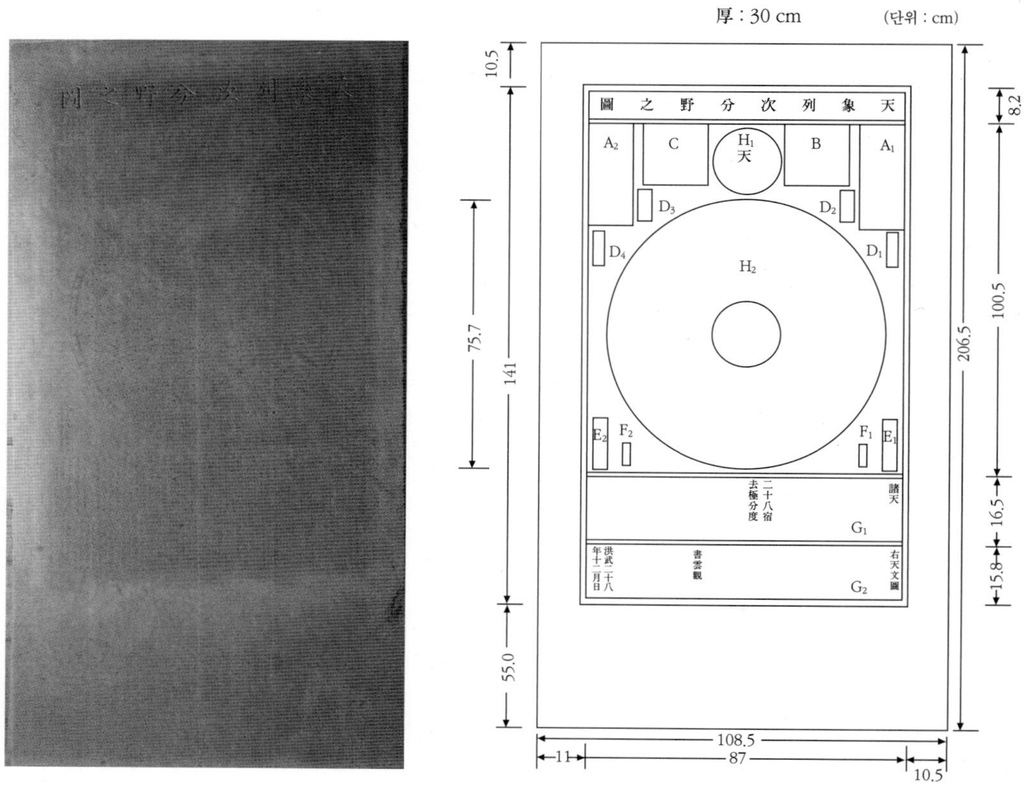

복각 천상열차분야지도 각석(동산문화재지정보고서, 1989)

48 보고서에는 脩로 적혀 있으나 석각과 탁본에는 모두 修로 되어 있다.

3. 천상열차분야지도의 구성과 내용

1) 천문도의 구성[49]

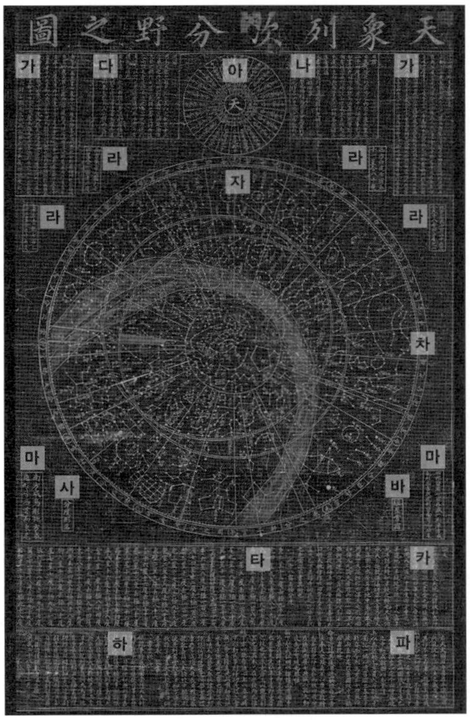

(가) 十二國分野及星宿分度(12국 분야와 성수분도)

(나) 日宿(일수)

(다) 月宿(월수)

(라) 四方各七宿星數度(사방 각7수 성수도)

(마) 四方皆有七宿各成一形(사방개유 7수 각성일형)

(바) 經星常宿(경성상수)

(사) 分度形名(분도형명)

(아) 節氣別昏曉中星(절기별 혼효중성)

(자) 星座圖(별자리 그림)

(차) 黃道十二宮及十二國分野(황도 12궁과 12국 분야)

(카) 論天(논천)

(타) 二十八宿去極分度(28수 거극분도)

(파) 天文圖由來(천문도 유래)

(하) 書雲觀(서운관)

〈그림 2〉 천상열차분야지도(숙종본 탁본: 규장각본 사진)

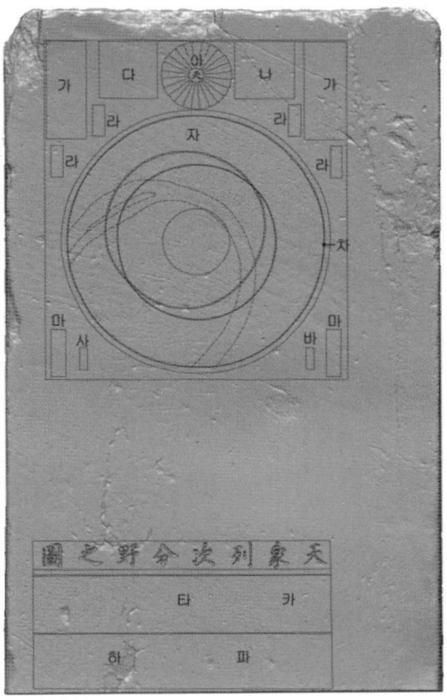

〈그림 3〉 태조본 앞면 천문도 구성

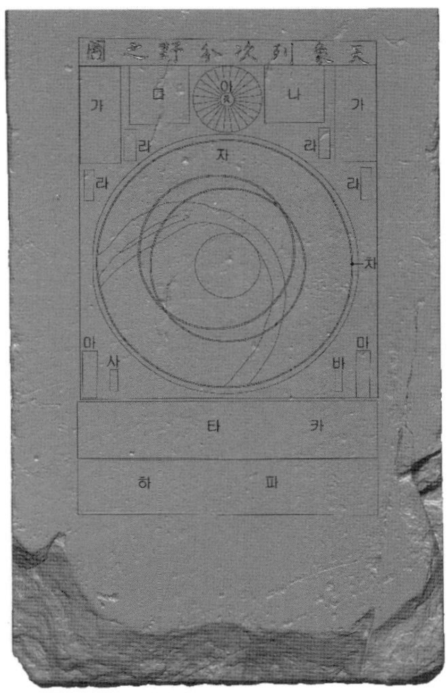

〈그림 4〉 태조본 뒷면 천문도 구성

49 〈그림 2〉와 설명은 아래 책을 참조하였다.
김상혁 외, 2013, 〈천상열차분야지도〉(양홍진), 『천문을 담은 그릇』, 한국천문연구원.

조선 태조 때 만들어진 천문도 석판의 앞면과 뒷면은 〈그림 3〉, 〈그림 4〉와 같이 구성되어 있다. 두 천문도는 위아래가 서로 반대로 새겨져 있는데, 고궁박물관에 전시 중인 천문도는 앞면[50](그림 3)이 바르게 보이도록 전시되어 있다. 천문도 제목이 성도 아래쪽에 새겨진 앞면은 반대편에 비해 상대적으로 마모가 덜 되어 천문도와 명문 일부의 판독이 가능하다. 그러나 천문도 석판의 뒷면(그림 4)은 전체 구성과 일부 별자리만 선명하게 보일 뿐, 대부분의 내용과 아래쪽 명문은 눈으로 알아보기 어려운 상황이다. 숙종본 석각 천문도는 석판의 한쪽에만 천문도가 새겨져 있는데, 그 구성은 태조본 뒷면과 같다.

천문도를 구성하고 있는 각 영역의 내용은 모두 같으며, 다음과 같다.

(가)는 중국의 역대 12나라와 지역에 동양의 전통 별자리를 대응시키고 해당 별자리의 영역과 방향을 설명하고 있다. (나)와 (다)는 해와 달에 대한 전통적인 천문지식과 시간 변화에 따른 해와 달의 운행 경로를 설명하고 있으며, (라)와 (마)는 각 방위 별자리를 사신(四神)에 맞추어 별의 개수와 영역을 적고 있다. (바)와 (사)에는 각각 '경성상수(經星常宿)', '분도형명(分度形名)'이라는 한자가 새겨져 있다. (아)는 천문도 제목 아래에 있는 작은 원으로, 24절기 초저녁과 새벽에 남중하는 별을 적어 넣은 '혼효중성(昏曉中星)'이다. 천문도에서 가장 중요한 별자리(星座圖)는 가운데 큰 원인 (자)에 새겨져 있다. 지름 76cm의 원 안에는 1,467개의 별이 다양한 크기로 새겨져 있으며, 은하수도 실선으로 그 위치와 영역이 표시되어 있다. 성도 가장 안쪽의 작은 원은 관측자가 항상 볼 수 있는 밤하늘 영역인 주극원(週極圓, circumpolar circle)을 표현한 것이며, 주극원 바깥의 두 원은 적도(赤道, equatorial)와 황도(黃道, ecliptic)를 나타낸다. 적도는 주극원의 중심과 같이 별 그림 중심에 위치하는 데 반해, 황도를 그린 원은 약간 벗어나 있는데 두 선 모두 이중선으로 새겨져 있다. (차)는 별자리 바깥 부분으로 전통 별자리에 해당하는 황도 12궁과 12나라를 적어 놓았다. (카)~(하)는 천문도의 논설(論說)로 두 단에 걸쳐 여러 내용이 적혀 있다. (카)에는 동양의 우주구조론과 당시의 천문지식이, (타)에는 28수(宿) 전통 별자리의 대표 별과 그들의 북극성과의 각거리가 기록되어 있다. (파)에는 천문도를 만든 역사적 배경과 제작 내용이 적혀 있으며 (하)에는 천문도 제작에 참여한 학자들의 관직과 제작 연월일인 홍무(洪武) 28년(1395) 12월이 새겨져 있다.

2) 천문도의 명문과 해석

천상열차분야지도에는 별자리를 그린 성도와 함께 명문(明文)이 새겨져 있다. 명문은 천문도를 제작할 당시 전해 오던 천문지식과 천문도를 제작하게 된 역사적 배경, 그리고 천문도 제작자와 제작 시기에 관한 내용을 포함하고 있어 당시의 천문사상과 지식뿐 아니라 천문도의 전반적인 내용을 이해하는 데 중요한 자료가 된다. 태조본의 앞뒤 면은 이미 여러 곳이 마모되어 명문의 내용을 완벽하게 확인하기 어렵다. 앞면은 많은 부분의 내용을 확인할 수 있지만 뒷면은 대부분의 명문이 확인하기 어려운 상태이다. 따라서 이 책에서는 태조본 앞면을 기초로, 확인이 어려운 부분은 숙종 석각본에 새겨진 명문을 비교·참조하여 내용을 정리하였다.

50 최근 선행 연구에서 태조본 천문도 양쪽 면을 언급할 때 제목이 성도 아래쪽(중간 부분)에 새겨져 있는 면을 앞면이라 부르고 있다. 이 책에서도 천문도가 비교적 잘 남아 있고 고궁박물관에 바르게 세워져 있는 이 면을 앞면으로, 마모가 심하고 뒤집혀 세워져 있는 반대편을 뒷면으로 부르기로 한다.

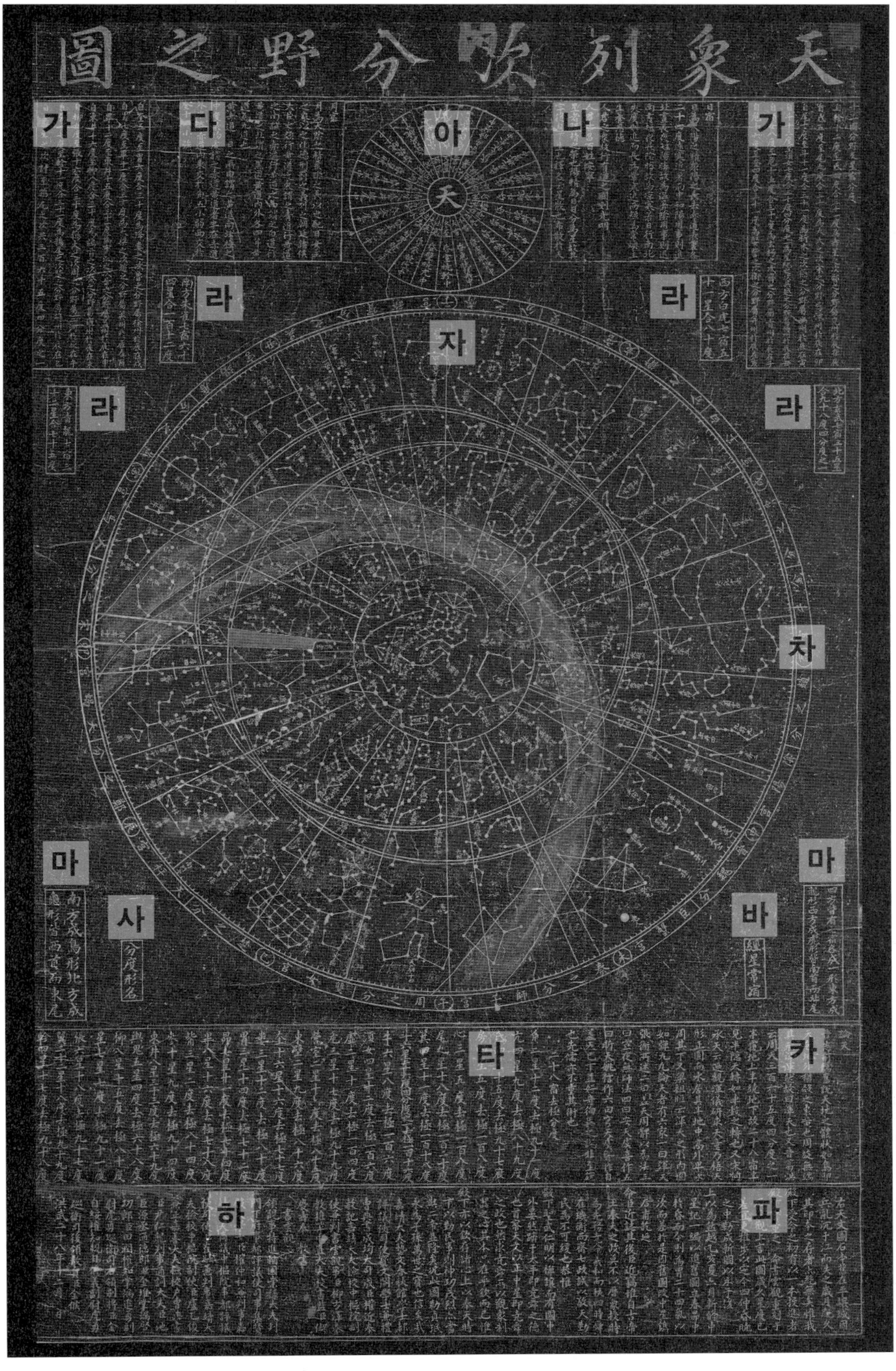

〈그림 5〉 천상열차분야지도 숙종본 탁본(규장각 소장)

(1) 가 12국 분야와 성수분도(十二國分野及星宿分度)

自軫十二度至氐四度合三十一度為壽星之次鄭之分野屬兗州於辰在辰

自氐五度至尾九度合三十度為大火之次宋之分野屬豫州於辰在卯

自尾十度至斗十一度合三十一度為析木之次燕之分野屬幽州於辰在寅

自斗十二度至須女七度合三十度四分度之一為星紀之次吳越之分野屬楊州於辰在丑

自須女八度至危十五度合三十度為玄枵之次齊之分野屬青州於辰在子

自危十六度至奎四度合三十一度為娵訾之次衛之分野屬幷州於辰在亥

自奎五度至胃六度合三十度為降婁之次魯之分野屬徐州於辰在戌

自胃七度至畢十一度合三十度為大梁之次趙之分野屬冀州於辰在酉

自畢十二度至東井十五度合三十一度為實沉之次晋之分野屬益州於辰在申

自東井十六度至柳八度合三十度為鶉首之次秦之分野屬雍州於辰在未

自柳九度至張十六度合三十度為鶉火之次周之分野屬三河於辰在午

自張十七度至軫十一度合三十一度為鶉尾之次楚之分野屬荊州於辰在巳

自壽星之次計至鶉尾之次共三百六十五度四分度之一

진수(軫) 12도에서 저수(氐) 4도까지는 모두 31도로 수성(壽星)의 차(次)이고 정(鄭)의 분야(分野)로 연주(兗州)에 속하며 진(辰) 방향에 있다.

저수(氐) 5도에서 미수(尾) 9도까지는 모두 30도로 대화(大火)의 차(次)이고 송(宋)의 분야(分野)로 예주(豫州)에 속하며 묘(卯)의 방향에 있다.

미수(尾) 10도에서 두수(斗) 11도까지는 모두 31도로 석목(析木)의 차(次)이고 연(燕)의 분야(分野)로 유주(幽州)에 속하며 인(寅)의 방향에 있다.

두수(斗) 12도에서 수녀(須女) 7도까지는 모두 30도 1/4로 성기(星紀)의 차(次)이고 오월(吳越)의 분야(分野)로 양주(楊州)에 속하며 축(丑)의 방향에 있다.

수녀(須女) 8도에서 위수(危) 15도까지는 모두 30도로 현효(玄枵)의 차(次)이고 제(齊)의 분야(分野)로 청주(靑州)에 속하며 자(子)의 방향에 있다.

위수(危) 16도에서 규수(奎) 4도까지는 모두 31도로 취자(娵訾)의 차(次)이고 위(衛)의 분야(分野)로 병주(幷州)에 속하며 해(亥)의 방향에 있다.

규수(奎) 5도에서 위수(胃) 6도까지는 모두 30도로 강루(降婁)의 차(次)이고 노(魯)의 분야(分野)로 서주(徐州)에 속하며 술(戌)의 방향에 있다.

위수(胃) 7도에서 필수(畢) 11도까지는 모두 30도로 대량(大梁)의 차(次)이고 조(趙)의 분야(分野)로 기주(冀州)에 속하며 유(酉)의 방향에 있다.

필수(畢) 12도에서 동정(東井) 15도까지는 모두 31도로 실침(實沉)의 차(次)이고 진(晉)의 분야(分野)로 익주(益州)에 속하며 신(申)의 방향에 있다.

동정(東井) 16도에서 류수(柳) 8도까지는 모두 30도로 순수(鶉首)의 차(次)이고 진(秦)의 분야(分野)로 옹주(雍州)에 속하며 미(未)의 방향에 있다.

류수(柳) 9도에서 장수(張) 16도까지는 모두 30도로 순화(鶉火)의 차(次)이고 주(周)의 분야(分野)로 삼하(三河)에 속하며 오(午)의 방향에 있다.

장수(張) 17도에서 진수(軫) 11도까지는 모두 31도로 순미(鶉尾)의 차(次)이고 초(楚)의 분야(分野)로 형주(荊州)에 속하며 사(巳)의 방향에 있다.

수성(壽星)의 차(次)부터 순미(鶉尾)의 차(次)까지 이르는 합은 365도 1/4이다.

(2) 나 일수(日宿)

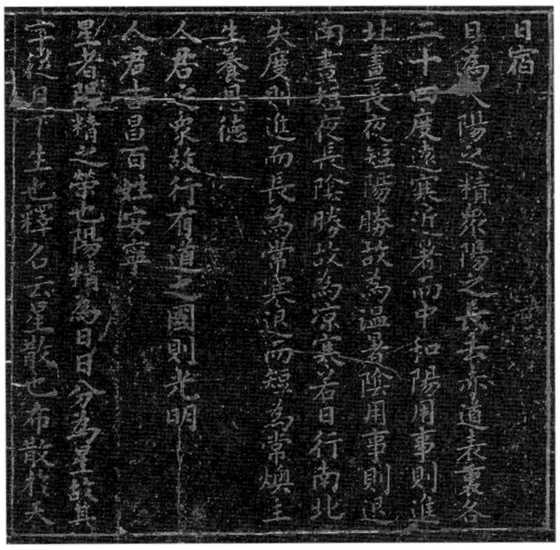
日宿
日為大陽之精衆陽之長去赤道表裏各
二十四度遠寒近暑而中和陽用事則進
北晝長夜短陽勝故為溫暑陰用事則退
南晝短夜長陰勝故為涼寒若日行南北
失度則進而長為常寒退而短為常燠主
生養恩德
人君之象故行有道之國則光明
人君吉昌百姓安寧
星者陽精之第也陽精為日日分為星故其
字從日下生也釋名云星散也布散於天

日為大陽之精衆陽之長去赤道表裏各二十四度遠寒近暑而中和陽用事則進北晝長夜短陽勝故為溫暑陰用事則退南晝短夜長陰勝故為凉寒若日行南北失度則進而長爲常寒退而短為常燠主生養恩德 人君之象故行有道之國則光明 人君吉昌百姓安

寧 星者陽精之榮也陽精為日日分為星故其字從日下生也釋名云星散也布散於天

해는 큰 양(陽)의 정기(精氣)로 모든 양기의 으뜸이다. 해는 적도의 안과 바깥에 각각 머문다. 해는 적도의 24도 내외를 움직이는데, 멀어지면 춥고 가까우면 더우며 가운데 있으면 온화(中和)해진다. 양이 활동하여 북쪽으로 나아가면 낮이 길어지고 밤이 짧아지며 양이 강해져 따뜻하고 더워진다. 음이 활동하여 해가 남쪽으로 물러나면 낮이 짧아지고 밤이 길어지며 음이 강해져 서늘하고 추워진다. 만약에 해가 남북으로 움직이며 도수를 잃어버리게 되어 멀리 나가면 항상 차가워지고 해가 가깝게 다가오면 따뜻해진다. 해는 낳고 키우는 은덕을 주관하므로 임금의 모습이다. 그러므로 도가 있는 나라에 가면 해가 밝게 빛나며 임금은 길하고 번창하여 백성이 편안하고 영화롭게 된다. 별은 빛나는 것으로 양(陽)의 정기(精氣)이다. 양의 정수는 해가 되고 해가 나뉘어 별이 된다. 그러므로 성(星)의 글자도 해(日) 아래에 생(生)을 썼다. 석가에서도 "별은 흩어진 것으로 하늘에 흩어져 있다."라고 말한다.

(3) 다 월수(月宿)

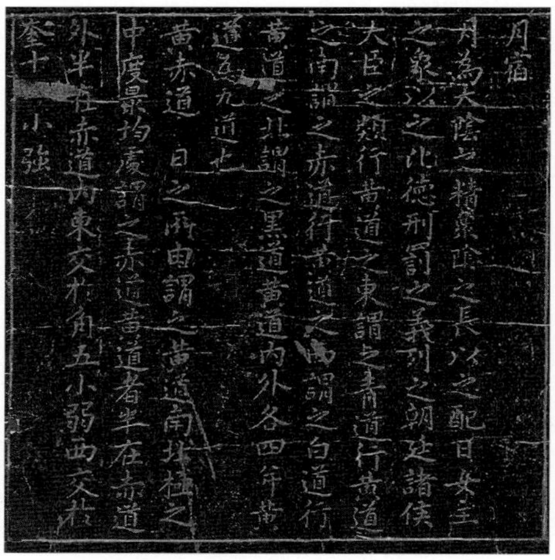

月為大陰之精衆陰之長以之配日女主之象以之比德刑罰之義列之朝廷諸侯大臣之類行黃道之東謂之靑道行黃道之南謂之赤道行黃道之西謂之白道行黃道之北謂之黑道黃道內外各四幷黃道為九道也 黃赤道 日之**所**[51]由謂之黃道南北極之中度**最**[52]均處謂之赤道黃道者半在赤道外半在赤道內東交於角五小弱西交於奎十四小強

달은 큰 음(陰)의 정기(精氣)로 모든 음의 으뜸이다. 해의 짝이 되며 여왕의 모습이다. 덕으로 비유하자면 조정의 제후와 대신들을 형벌로써 올바르게 다스리는 것이다. 달이 황도의 동쪽으로 가게 되면 그 움직이는 길을 청도라 부르며 황도의 남쪽으로 가면 적도, 황도의 서쪽으로 가면 백도, 황도의 북쪽으로 가면 흑도라 부른다. 황도의 안과 밖을 지나는 각각 네 개의 길과 황도를 더불어 9도(九道)라 한다.

---

51 

52 

황적도, 해가 지나는 곳을 황도라 하며 남북극의 가장 가운데를 적도라 한다. 황도의 반은 적도 바깥에 있고 나머지 반은 적도의 안에 있다. 동쪽은 각수(角) 5도 소약(小弱)에서 교차하고 서쪽은 규수(奎) 14도 소강(少强)에서 교차한다.[53]

(4) 라 사방 각7수 성수도(四方各七宿星數度)

西方白虎[54]七宿五十一星合八十度

南方朱雀七宿六十四星合一百十二度

北方玄武七宿三十五星合九十八度四分度之一

東方青龍七宿三十二星合七十五度

서쪽은 백호 모양의 일곱 별자리로 51개의 별로 이루어져 있으며 80도를 차지한다.

남쪽은 주작 모양의 일곱 별자리로 64개의 별로 이루어져 있으며 112도를 차지한다.

북쪽은 현무 모양의 일곱 별자리로 35개의 별로 이루어져 있으며 98도 1/4을 차지한다.

동쪽은 청룡 모양의 일곱 별자리로 32개의 별로 이루어져 있으며 75도를 차지한다.

(5) 마 사방개유 7수 각성일형(四方皆有七宿各成一形)

53 동양의 전통 천문학에서 1°보다 작은 각도는 다음과 같이 12진법으로 표시하였다.

약(弱)	태강(太强)	태(太)	태약(太弱)	반강(半强)	반(半)	반약(半弱)	소강(少强)	소(少)	소약(小弱)	강(强)
11/12	10/12	9/12	8/12	7/12	6/12	5/12	4/12	3/12	2/12	1/12

참고: 이은성, 1986,「천상열차분야지도의 분석」,『세종학연구』, 1호, pp. 63-114.

54 虎

四方皆有七宿各成一形東方成龍形西方成虎[55]形皆南首而北尾
南方成鳥形北方成龜形皆西首而東尾

사방은 모두 일곱 별자리로 되어 각각 하나의 형상을 하고 있다.
동쪽은 용의 모양이며 서쪽은 호랑이 모양으로 모두 머리는 남쪽을 향하고 꼬리는 북쪽을 향하고 있다.
남쪽은 새의 모양이며 북쪽은 거북이 모양인데 모두 머리는 서쪽을 향하고 꼬리는 동쪽을 향하고 있다.

(6) 바 경성상수(經星常宿)

(7) 사 분도형명(分度形名)

(8) 아 절기별 혼효중성(節氣別昏曉中星)

55 虎

天

冬至 昏室曉軫中 小寒 昏壁曉亢中 大寒 昏奎曉氐中

立春 昏胃曉氐中 雨水 昏畢曉心中 驚蟄 昏參曉尾中

春分 昏井曉尾中 清明 昏井曉箕中 穀雨 昏星曉斗中

立夏 昏張曉斗中 小滿 昏翼曉牛中 芒種 昏軫曉女中

夏至 昏亢曉危中 小暑 昏氐曉室中 大暑 昏房曉壁中

立秋 昏尾曉奎中 處暑 昏尾曉胃中 白露 昏箕曉昴中

秋分 昏斗曉參中 寒露 昏斗曉井中 霜降 昏斗曉井中

立冬 昏女曉星中 小雪 昏虛曉張中 大雪 昏危曉翼中

하늘

동지(冬至)에는 해 질 때 실수(室)가 남중하고, 해 뜰 때 진수(軫)가 남중한다.

소한(小寒)에는 해 질 때 벽수(壁)가 남중하고, 해 뜰 때 항수(亢)가 남중한다.

대한(大寒)에는 해 질 때 규수(奎)가 남중하고, 해 뜰 때 저수(氐)가 남중한다.

입춘(立春)에는 해 질 때 위수(胃)가 남중하고, 해 뜰 때 저수(氐)가 남중한다.

우수(雨水)에는 해 질 때 필수(畢)가 남중하고, 해 뜰 때 심수(心)가 남중한다.

경칩(驚蟄)에는 해 질 때 삼수(參)가 남중하고, 해 뜰 때 미수(尾)가 남중한다.

춘분(春分)에는 해 질 때 정수(井)가 남중하고, 해 뜰 때 미수(尾)가 남중한다.

청명(淸明)에는 해 질 때 정수(井)가 남중하고, 해 뜰 때 기수(箕)가 남중한다.

곡우(穀雨)에는 해 질 때 성수(星)가 남중하고, 해 뜰 때 두수(斗)가 남중한다.

입하(立夏)에는 해 질 때 장수(張)가 남중하고, 해 뜰 때 두수(斗)가 남중한다.

소만(小滿)에는 해 질 때 익수(翼)가 남중하고, 해 뜰 때 우수(牛)가 남중한다.

망종(芒種)에는 해 질 때 진수(軫)가 남중하고, 해 뜰 때 여수(女)가 남중한다.

하지(夏至)에는 해 질 때 항수(亢)가 남중하고, 해 뜰 때 위수(危)가 남중한다.

소서(小暑)에는 해 질 때 저수(氐)가 남중하고, 해 뜰 때 실수(室)가 남중한다.

대서(大暑)에는 해 질 때 방수(房)가 남중하고, 해 뜰 때 벽수(壁)가 남중한다.

입추(立秋)에는 해 질 때 미수(尾)가 남중하고, 해 뜰 때 규수(奎)가 남중한다.

처서(處暑)에는 해 질 때 미수(尾)가 남중하고, 해 뜰 때 위수(胃)가 남중한다.

백로(白露)에는 해 질 때 기수(箕)가 남중하고, 해 뜰 때 묘수(昴)가 남중한다.

추분(秋分)에는 해 질 때 두수(斗)가 남중하고, 해 뜰 때 삼수(參)가 남중한다.

한로(寒露)에는 해 질 때 두수(斗)가 남중하고, 해 뜰 때 정수(井)가 남중한다.

상강(霜降)에는 해 질 때 두수(斗)가 남중하고, 해 뜰 때 정수(井)가 남중한다.

입동(立冬)에는 해 질 때 여수(女)가 남중하고, 해 뜰 때 성수(星)가 남중한다.

소설(小雪)에는 해 질 때 허수(虛)가 남중하고, 해 뜰 때 장수(張)가 남중한다.

대설(大雪)에는 해 질 때 위수(危)가 남중하고, 해 뜰 때 익수(翼)가 남중한다.

(9) 자 별자리 그림(星座圖) / 차 황도 12궁과 12국 분야(黃道十二宮及十二國分野)

天秤宮(辰[56])鄭之分 天蝎宮(卯)宋之分 人馬宮(寅)燕之分
磨羯宮(丑)吳之分 寶缾宮(子)齊之分 雙魚宮(亥)衛之分
白羊宮(戌)魯之分 金牛宮(酉)趙之分 陰陽宮(申)晉魏分
巨蟹宮(未)秦之分 師子宮(午)周之分 雙女宮(巳)楚之分

천칭자리(진)정나라분야 전갈자리(묘)송나라분야 궁수자리(인)연나라분야
염소자리(축)오나라분야 물병자리(자)제나라분야 물고기자리(해)위나라분야
양자리(술)노나라분야 황소자리(유)조나라분야 처녀자리(신)진·위나라분야
게자리(미)진나라분야 사자자리(오)주나라분야 쌍둥이자리(사)초나라분야

---

56 辰

(10) 카 논천(論天)

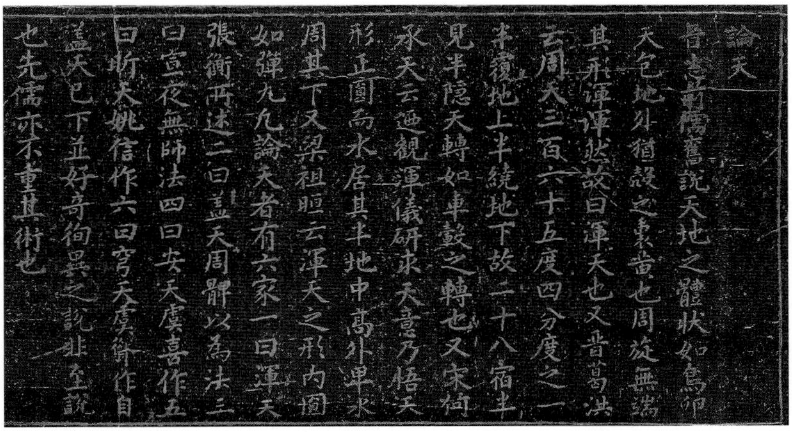

晉志前儒**舊**[57]**說**[58]天地之體狀如鳥卵天包地外猶瞉之裏黃也周旋無端其形渾渾然故曰渾天也又晋葛洪云周天三百六十五度四分度之一半覆地上半**繞**[59]地下故二十八宿半見半隱天轉如車轂之轉也又宋何承天云迺觀渾儀研求天意乃悟天形正圓而水居其半地中高外卑水周其下又梁祖暅云渾天之形內圓如**彈**[60]丸九論天者有六家一曰渾天張衡**所**[61]述二曰盖天周髀以為法三曰宣夜無師法四曰安天**虞**[62]喜作五曰昕天姚信作六曰穹天**虞**[63]聳作自盖天已下並好奇徇異之**說**[64]非至**說**[65]也先儒亦不重其術也

『진서 천문지(晉書 天文志)』 이전의 옛 유학자들의 학설에 따르면, 하늘과 땅은 마치 새의 알과 같은 모습으로 하늘이 땅을 밖에서 둘러싸고 있어 노란 알을 감싸고 있는 껍질과 같은 모양이다. 하늘이 땅을 끝없이 두루 돌고 있으며 그 모양이 둥글기 때문에 혼천(渾天)이라 하였다. 진나라 갈홍에 따르면 하늘의 둘레는 365도 1/4로, 절반은 땅 위를 덮고 나머지 반은 땅 아래를 두르고 있다. 그러므로 28수의 반은 보이고 나머지는 보이지 않는데 하늘의 회전이 마치 수레바퀴가 돌아가는 것과 같은 모습이다. 또 송나라 하승천은 "천문의기인 혼의(渾儀, 渾天儀)로 살펴서 하늘의 뜻을 연구하면 하늘은 정확한 원형으로 그 절반에는 물이 있음을 곧 알 수 있는데, 땅의 가운데는 높고 바깥은 낮아서 물이 아래쪽을 두르고 있다."라고 하였다. 양나라의 조훤(祖暅)에 따르면, 혼천의 모습은 안쪽이 둥근 탄환과 같다. 무릇 하늘을 논한 것이 여섯 가지가 있는데, 첫째는 장형이 말한 '혼천(渾天)'이 있으며, 둘째는 주비가 사용한 '개천(蓋天)'이 있으며 셋째는 '선야(宣

57 
58 
59 
60 
61 
62 
63 
64 
65 

夜)'인데 그 내용을 알 수 없으며, 넷째는 우희가 만든 '안천(安天)'이 있으며, 다섯째는 요신이 만든 '흔천(昕天)'이 있으며 마지막으로 우용이 만든 '궁천(穹天)'이 있다. '개천' 이후의 설은 기이한 것을 좋아해 다른 설을 혼용한 것으로 설이라 할 수 없다. 앞선 유학자들 역시 그 설들을 중요하게 여기지 않았다.

(11) [타] 28수 거극분도(二十八宿去極分度)

角二星十二度去極九十一度 亢四星九度去極八十九度 氐四星十五度去極九十七度
房四星五度去極一百八度 心三星五度去極一百八度 尾九星十八度去極一百二十度
箕四星十一度去極一百十八度 斗六星二十六度四分度之一去極一百十六度
牛六星八度去極一百六度 須女四星十二度去極一百六度 虛二星十度去極一百四度
危三星十七度去極九十九度 營室二星十六度去極八十五度 東壁二星九度去極八十六度
奎十六星十六度去極七十七度 婁三星十二度去極八十度 胃三星十四度去極七十二度
昴七星十一度去極七十四度 畢八星十六度去極七十八度 觜三星二度去極八十四度
參十星九度去極九十四度 東井八星三十三度去極六十九度 輿鬼五星四度去極六十八度
柳八星十五度去極八十度 星七星七度去極九十一度 張六星十八度去極九十七度
翼二十二星十八度去極九十九度 軫四星十七度去極九十八度

각수는 두 개의 별로 12도를 차지하며 북극에서 91도 떨어져 있다.
항수는 네 개의 별로 9도를 차지하며 북극에서 89도 떨어져 있다.
저수는 네 개의 별로 15도를 차지하며 북극에서 97도 떨어져 있다.
방수는 네 개의 별로 5도를 차지하며 북극에서 108도 떨어져 있다.
심수는 세 개의 별로 5도를 차지하며 북극에서 108도 떨어져 있다.
미수는 아홉 개의 별로 18도를 차지하며 북극에서 120도 떨어져 있다.
기수는 네 개의 별로 11도를 차지하며 북극에서 118도 떨어져 있다.
두수는 여섯 개의 별로 26도 1/4을 차지하며 북극에서 116도 떨어져 있다.
우수는 여섯 개의 별로 8도를 차지하며 북극에서 106도 떨어져 있다.
수녀는 네 개의 별로 12도를 차지하며 북극에서 106도 떨어져 있다.

허수는 두 개의 별로 10도를 차지하며 북극에서 104도 떨어져 있다.

위수는 세 개의 별로 17도를 차지하며 북극에서 99도 떨어져 있다.

영실은 두 개의 별로 16도를 차지하며 북극에서 85도 떨어져 있다.

동벽은 두 개의 별로 9도를 차지하며 북극에서 86도 떨어져 있다.

규수는 열여섯 개의 별로 16도를 차지하며 북극에서 77도 떨어져 있다.

루수는 세 개의 별로 12도를 차지하며 북극에서 80도 떨어져 있다.

위수는 세 개의 별로 14도를 차지하며 북극에서 72도 떨어져 있다.

묘수는 일곱 개의 별로 11도를 차지하며 북극에서 74도 떨어져 있다.

필수는 여덟 개의 별로 16도를 차지하며 북극에서 78도 떨어져 있다.

자수는 세 개의 별로 2도를 차지하며 북극에서 84도 떨어져 있다.

삼수는 열 개의 별로 9도를 차지하며 북극에서 94도 떨어져 있다.

동정은 여덟 개의 별로 33도를 차지하며 북극에서 69도 떨어져 있다.

여귀는 다섯 개의 별로 4도를 차지하며 북극에서 68도 떨어져 있다.

류수는 여덟 개의 별로 15도를 차지하며 북극에서 80도 떨어져 있다.

성수는 일곱 개의 별로 7도를 차지하며 북극에서 91도 떨어져 있다.

장수는 여섯 개의 별로 18도를 차지하며 북극에서 97도 떨어져 있다.

익수는 스물 두 개의 별로 18도를 차지하며 북극에서 99도 떨어져 있다.

진수는 네 개의 별로 17도를 차지하며 북극에서 98도 떨어져 있다.

(12) 파 천문도 유래(天文圖由來)

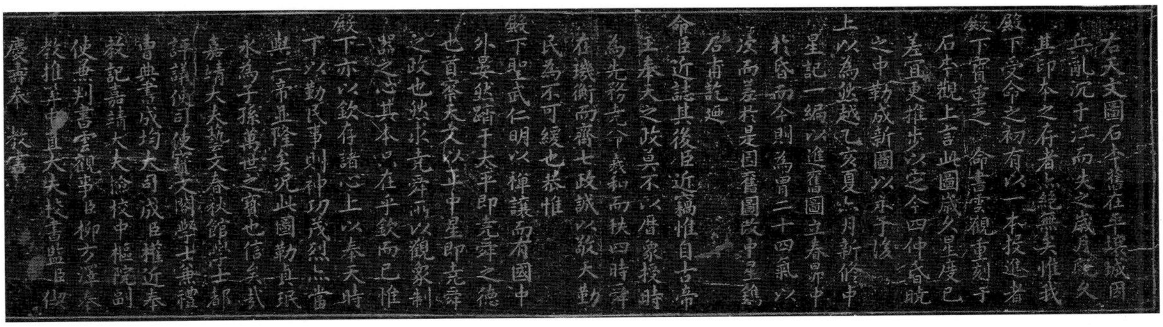

右天文圖石本舊在平壤城因兵亂沉于江而失之歲月旣久其印本之存者**亦**[66]绝無矣惟我殿下受命之初有以一本投進者 殿下寶重之命書雲觀重刻于石本觀上言此圖歲久星度已差宜更推步以之今四仲昏曉之中勒成新圖以示于**後**[67] 上以為**然**[68]越乙亥

66 

67 

68 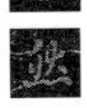

夏六[69]月新修中星記一編以進舊[70]圖立春昴中於昏而今則為胃二十四氣以次而
差於是因舊[71]圖改中星鐫石甫訖迺 命臣近誌其後臣近竊[72]惟自古帝王奉天之政
莫不以曆象授時為先務尭命羲和而秩四時舜在璣衡而齊七政誠以敬天勤民為不可
緩也恭惟 殿下聖武仁明以禪讓而有國中外晏然躋[73]于太平即尭舜之德也首察天文
以正中星即尭舜之政也然求堯舜所[74]以觀[75]象制器之心其本只在乎欽而已惟
殿下亦以欽存諸心上以奉天時下以勤民事則神功茂[76]烈亦[77]當與二帝並隆矣
况此圖勒貞珉永為子孫萬世之寶也信矣哉[78]嘉靖大夫藝文春秋館學士都評議使司使
寶文閣學士兼[79]禮曺典書成均大司成臣權近奉教記嘉靖大夫檢[80]校中樞院副使兼
判書雲觀[81]使臣柳方澤奉教推算中直大夫校書監臣偰慶壽奉 教書

오른쪽 천문도의 석본은 옛날 평양성에 있던 것으로, 병란에 강물에 빠뜨려 잃어버렸다. 세월이 이미 오래되어 그 인본(탁본)을 가진 사람도 없어진 듯하였으나 전하의 명을 받아 하나의 인본을 바치는 사람이 있었다.

전하께서 그것을 보물로 귀중하게 여겨 서운관에 명하여 다시 돌에 새기게 하였다. 관상감에서 "이 천문도는 세월이 오래되어 이미 별의 도수가 차이가 나므로 마땅히 추보하여 바르게 정하여 오늘날 사중[82]의 새벽과 해 질 때 남중하는 별을 새로운 천문도에 고쳐서 후대에 보여야 합니다."라고 보고하니 임금께서 옳다고 하셨다. 시간이 지나 을해년 여름 6월에 새로 중성기 한 편을 고치게 되는데, 옛 천문도에는 입춘 해 질 녘에 묘수가 남중하나 지금은 위수가 남중하니 24절기가 차례로 어긋나게 된다. 이에 옛 천문도의 중성을 고쳐서 돌에 새기게 되었다.

신하 권근에게 명하여 이를 기록하게 하였는데, 권근이 뒤에 생각해 보니 예로부터 제왕이 하늘을 받드는 정치는 역상과 수시를 우선하지 않음이 없었다. 요의 명을 받아 희와 화가 사시를 바로잡았으며 순은 선기옥형(渾天儀)으로 천체(해, 달, 오행성)를 관측하여 경천근민을 위해 노력하는 데 게으름이 없었다.

공손히 생각해 보니, 전하께서 성인의 뜻을 이어 인(仁)을 밝히고 선양하여 나라의 안과 밖을 편안하고 태

69 
70 
71 
72 
73 
74 
75 
76 
77 
78 
79 
80 
81 
82 사중(四仲): 중춘(仲春), 중하(仲夏), 중추(仲秋), 중동(仲冬)을 통틀어 이르는 말로, 여기서는 절기를 의미한다.

평스럽게 하니 이는 바로 요순의 덕과 같다. 먼저 천문을 살펴 중성(中星)을 바르게 하니 이것 또한 요순의 정치와 같다. 요순이 하늘을 살피고 제도를 만든 마음의 근본은 다만 하늘을 공경하는 데 있다. 생각해 보니 전하 또한 공경하는 마음을 두어 위로는 천시를 받들고 아래로는 백성들을 다스리는 데 힘써서 그 신공이 널리 퍼지면 또한 요순과 같이 융성하게 될 것이다. 하물며 이 천문도를 반듯한 돌에 새겨 길이 자손만대의 보물로 삼으려 하니 참으로 위대한 일이다.

가정대부 예문춘추관학사 도평의사사사 보문각학사 겸예조전서 성균대사성 신하 권근이 받들어 기록하고 가정대부 검교중추원부사 겸판서운관사 신하 류방택이 추산하고 중직더부 교서감 신하 설경수가 글을 썼다.

(13) 한 서운관(書雲觀[83])

領觀[84]事特進輔國崇祿[85]大夫判門下府事都評議使司事集賢殿大學士臣權[86]仲和
兼[87]判事嘉靖大夫商議中樞院事都評議使司使臣崔融[88]兼[89]判事嘉靖大夫檢[90]校
中樞院副使臣盧乙俊兼正嘉善大夫檢校戶曺典書臣尹仁龍判事通訓大夫臣池巨源
丞通德郎臣金堆掌漏啓功郎臣田潤權[91]知掌漏進勇副尉虎勇巡衛司右領別將[92]臣
金自綏權[93]知視日修義副尉虎勇巡衛司後領散員臣金候
洪武二十八年十二月 日

영관사 특진 보국숭록대부 판문하부사 도평의사사사 집현전대학사 신하 권중화, 겸판사 가정대부 상의중

---

83 
84 
85 
86 
87 
88 
89 
90 
91 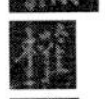
92 
93 

추원사 도평의사사사 신하 최융, 겸판사 가정대부 검교중추원부사 신하 노을준, 겸정가선대부 검교호조전서 신하 윤인룡, 판사 통훈대부 신하 지거원, 승통덕랑 신하 김퇴, 장루 개공랑 신하 전윤[94], 권지장루 진용부위 호용순위사 우령별장 신하 김자수, 권지시일 수의부위 호용순위사 후령산원 신하 김후

홍무 28년 12월 일

4. 천상열차분야지도의 별자리 목록[95]

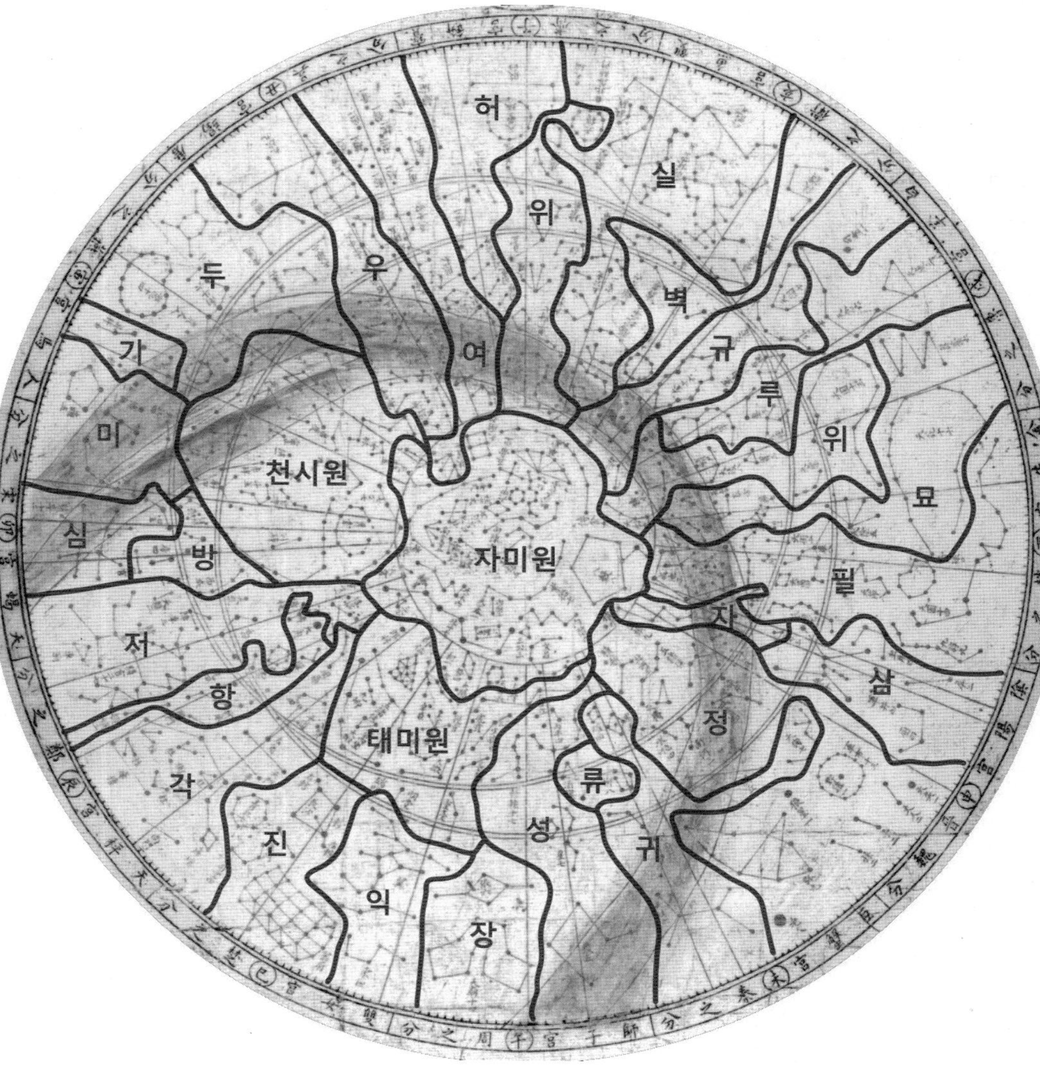

94 지금까지 천문도 제작자를 소개할 때 '전윤권'으로 해석하였으나 이 책에서는 '전윤'으로 해석한다. 전윤 뒤에 이어지는 권지(權知)가 관직 앞에 붙이는 호칭이기 때문이다. 권지는 서운관 관원 김후(金候)를 설명할 때도 사용되고 있다.

[참고] '권지(權知)'는 고려와 조선시대에 임시관직에 쓰인 호칭으로 관직 앞에 붙게 된다. [한국민족문화대백과/한국고전용어사전]

95 천상열차분야지도 별자리 그림은 규장각 탁본 자료를 이용하였으며, 천문류초의 별자리 그림은 『한국과학고전총서 Ⅱ』(한국과학사학회 편찬, 성신여자대학교출판부, 1983) 자료를 사용하였다. 별자리 목록에서 별자리 순서는 기본적으로 천문류초를 따랐으며, 별자리 동정 자료는 아래 박창범(1998)의 논문을 따랐다.

박창범, 1998, 「천상열차분야지도의 별그림 분석」, 『한국과학사학회지』, 20(2), pp. 113-151.

1) 삼원(三垣) 별자리

(1) 자미원(紫微垣)

천상열차분야지도(天象列次分野之圖)	천문류초(天文類抄)
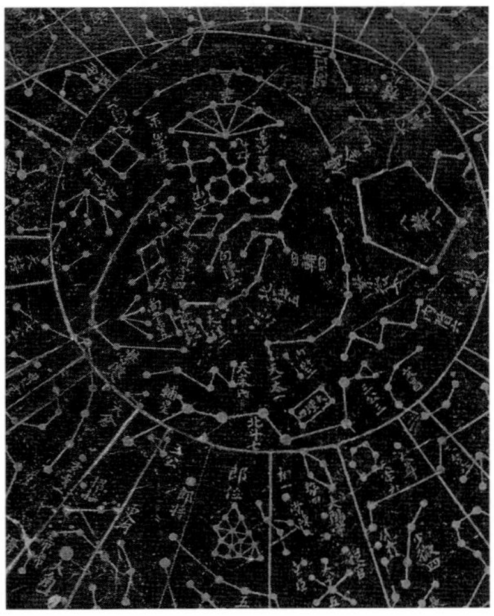	

天象列次分野之圖 천상열차분야지도(1395)		별자리 동정(박창범, 1998)			Hoffleit, 1991 (5th ed.)	蘇州天文圖 소주천문도(1247)	
별 이름	개수	No.	BSC	Name[96]	m_v	별 이름	개수
紫微 자미(좌)	8	1	5291	11α Dra	3.65	少丞	8
		2	5744	12ι Dra	3.29	少衛	
		3	5986	13θ Dra	4.01	上衛	
		4	6132	14η Dra	2.74	少輔	
		5	6396	22ζ Dra	3.17	上輔	
		6				少宰	
		7	6920	43φ Dra	4.22	上宰	
		8	7352	60τ Dra	4.45	左樞	
紫微 자미(우)	7	1	4787	5κ Dra	3.87	上丞	7
		2	4434	1λ Dra	4.45	少衛	
		3				?	
		4				少輔	
		5				上輔	
		6				少尉	
		7				右樞	
北極 북극	5	1	4893		5.28	紐星	5
		2	5321	4 UMi	4.82	后宮	
		3	5430	5 UMi	4.25	庶子	
		4	5563	7β UMi	2.08	帝	
		5	5735	13γ UMi	3.05	太子	
四輔 사보	4					四輔	4

96 별 이름(Name)은 Flamsteed number에 이어서 Bayer 표현 방식으로 기록하였다.

天象列次分野之圖 천상열차분야지도(1395)		별자리 동정(박창범, 1998)			Hoffleit, 1991 (5th ed.)	蘇州天文圖 소주천문도(1247)	
天一 천일	1					天一	1
太一 태일	1					太一	1
陰德 음덕	2					陰德 陽德	2
尙書 상서	5					五尙書	5
柱下史 주하사	1	1	6927	44χ Dra	3.57	柱史	1
女史 여사	1	1	6636	31φ1 Dra	4.58		1
女御宮 여어궁	4					女御宮	4
天柱 천주	5					天柱	5
大理 대리	2					大理	2
勾陳 구진	6	1	424	1α UMi	2.02		6
		2	6789	23δ UMi	4.36		
		3	6322	22ε UMi	4.23		
		4	5903	16ζ UMi	4.32		
		5	285		4.25		
		6					
六甲 육갑	6					六甲	6
天皇大帝 천황대제	1	1				天皇大帝	1
五帝坐 오제좌	5					五帝座	5
華盖 화개	7	1				華蓋	7
		2	8238	8β Cep	3.23		
		3	8468	24 Cep	4.79		
		4	8615	31 Cep	5.08		
		5	8819	33π Cep	4.41		
		6	8974	35γ Cep	3.21		
		7					
傳舍 전사	9	1				傳舍	10
		2	7957	3η Cep	3.43		
		3	8162	5α Cep	2.44		
		4	8417	17ξ Cep	4.29		
		5	8694	32ι Cep	3.52		
內階 내계	6					內階	6
天厨 천주	6					天牢	6
八穀 팔곡	8					八穀	8

天象列次分野之圖 천상열차분야지도(1395)		별자리 동정(박창범, 1998)			Hoffleit, 1991 (5th ed.)	蘇州天文圖 소주천문도(1247)	
天棓 천부	5	1	6688	32ξ Dra	3.75	天培	5
		2	6555	25ν2 Dra	4.87		
		3	6536	23β Dra	2.79		
		4	6705	33γ Dra	2.23		
		5	6588	85ι Her	3.80		
天床 천상	6					天床	6
內廚 내주	2					內廚	2
文昌 문창	7					文昌	6
太尊 태존 (*태조본: 天尊)	1						1
天牢 천뢰	6						6
大陽守 대양수	1	1	4335	52φ UMa	3.01	太陽守	1
勢 세	4					勢	4
相 상	1	1	4518	63χ UMa	3.71	相	1
三公 삼공	3					三公	3
三公(三) 삼공(삼)	3					三師	3
玄戈 현과	1					玄戈	1
天理 천리	4					天理	4
天倉 천창	3						3
北斗 북두	7	1	4301	50α UMa	1.79	天樞	7
		2	4295	48β UMa	2.37	琁	
		3	4554	64γ UMa	2.44	璣	
		4	4660	69δ UMa	3.31	權	
		5	4905	77ε UMa	1.77	衡	
		6	5054	79ζ UMa	2.27	闓陽	
		7	5191	85η UMa	1.86	搖光	
輔星 보성	1					輔	1
杠 강	9						9
39성좌	164성						

(2) 태미원(太微垣)

천상열차분야지도(天象列次分野之圖)	천문류초(天文類抄)
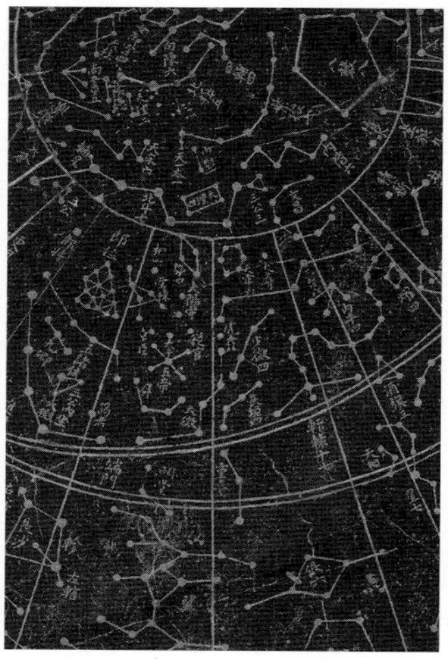	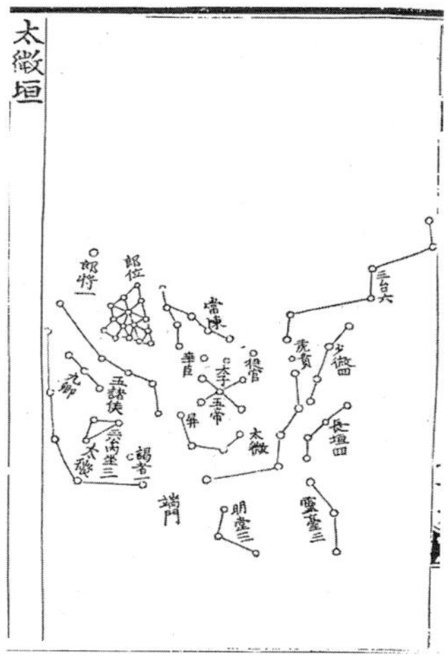

天象列次分野之圖 천상열차분야지도(1395)		별자리 동정(박창범, 1998)			Hoffleit, 1991 (5th ed.)	蘇州天文圖 소주천문도(1247)	
별이름	개수	No.	BSC	Name	m_v	별 이름	개수
太微(좌) (*端門 있음)	5	1	4689	15η Vir	3.89	上將 次將 次相 上相 執法	5
		2	4825	29γ Vir	3.65		
		3	4910	43δ Vir	3.38		
		4	4932	47ε Vir	2.83		
		5					
太微(우)	5	1	4540	5β Vir	3.61	上相 次相 次將 上將 右執法	5
		2	4386	77σ Leo	4.05		
		3	4399	78ι Leo	3.94		
		4	4359	70θ Leo	3.34		
		5	4357	68δ Leo	2.56		
謁者 알자	1	1	4695	16 Vir	4.96	謁者	1
三公內座 삼공내좌	3					三公	3
九卿 구경	3					九卿	3
五諸侯 오제후	5	1	4983	43β Com	4.26	內五諸侯	5
		2	4894	35 Com	4.90		
		3	4792	24 Com	5.02		
		4	4697	11 Com	4.74		
		5	4663	6 Com	5.10		
屛 병	4	1	4515	2ξ Vir	4.85	內屛	4
		2	4517	3ν Vir	4.03		
		3	4589	8π Vir	4.66		
		4	4608	9ο Vir	4.12		

天象列次分野之圖 천상열차분야지도(1395)		별자리 동정(박창범, 1998)			Hoffleit, 1991 (5th ed.)	蘇州天文圖 소주천문도(1247)	
五帝 오제	5	1	4534	94β Leo	2.14	五帝座	5
幸臣 행신	1					幸臣	1
太子 태자	1					太平	1
從官 종관	1					從官	1
郎將 낭장	1					郎星	1
虎賁 호분	1					虎賁	1
常陳 상진	7					常陳	7
郎位 낭위	15					郎位	15
明堂 명당	3						3
靈臺 영대	3					臺	3
少微 소미	4					少微	3
長垣 장원	4					長垣	4
三台 삼태	6	1	3569	9ι UMa	3.14	上台 中台 下台	6
		2	3594	12κ UMa	3.6		
		3	4033	33λ UMa	3.45		
		4	4060	34μ UMa	3.05		
		5	4377	54ν UMa	3.48		
		6	4375	53ξ UMa	4.41		
20성좌	78성						

(3) 천시원(天市垣)

천상열차분야지도(天象列次分野之圖)	천문류초(天文類抄)
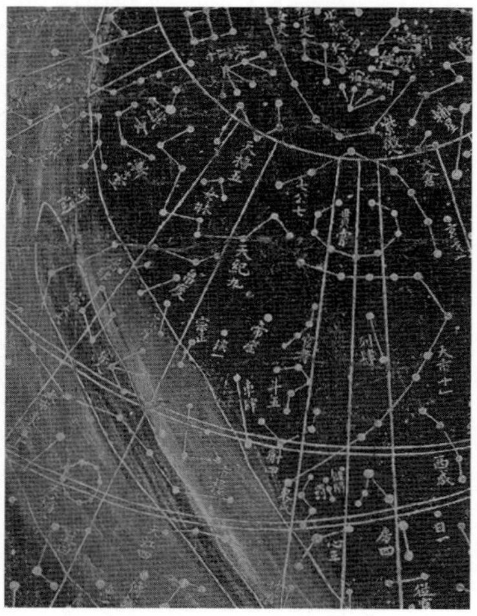	

天象列次分野之圖 천상열차분야지도(1395)		별자리 동정(박창범, 1998)			Hoffleit, 1991 (5th ed.)	蘇州天文圖 소주천문도(1247)	
별 이름	개수	No.	BSC	Name	m_v	별 이름	개수
天市 천시	11	1	6148	27β Her	2.77	河中 河間 晉 鄭 周 秦 蜀 巴 梁 楚 韓 ? 宋	13
		2	6095	20γ Her	3.75		
		3	6008	7κ Her	5.00		
		4	5933	41γ Ser	3.85		
		5	5867	28β Ser	3.67		
		6	5788	13δ Ser	3.80		
		7	5854	24α Ser	2.65		
		8	5892	37ε Ser	3.71		
		9	6056	1δ Oph	2.74		
		10	6075	2ε Oph	3.24		
		11	6175	13ζ Oph	2.56		
天市東垣 천시동원	11	1				魏 趙 九河 中山 ? 齊 吳越 徐 東海 燕 南海	11
		2					
		3					
		4					
		5					
		6	7235	17ζ Aql	2.99		
		7	7141	63θ1 Ser	4.62		
		8	6869	58η Ser	3.26		
		9	6698	64ν Oph	3.34		
		10	6561	55ξ Ser	3.54		
		11	6378	35η Oph	2.43		
市樓 시루	6					市樓	7
車肆 차사	2						2

天象列次分野之圖 천상열차분야지도(1395)		별자리 동정(박창범, 1998)			Hoffleit, 1991 (5th ed.)	蘇州天文圖 소주천문도(1247)	
宗正 종정	2	1	6603	60β Oph	2.77	宗正	2
		2	6629	62γ Oph	3.75		
宗人 종인	4					宗人	4
宗星 종성	2					宗星	2
帛度 백도	2					帛度	2
屠肆 도사	2					屠肆	2
侯 후	1	1	6556	55α Oph	2.08	候	1
帝座 제좌	1	1	6406	64α1 Her	3.48	座	1
宦者 환자	4					宦者	4
列肆 열사	2					列肆	1
斗 두	5					斗	6
斛 곡	4					斛	4
貫索 관삭	9					貫索	9
七公 칠공	7					七公	7
天紀 천기	9					天紀	9
女牀 여상	3					女狀	3
宗大夫 종대부	4						
20성좌	91성						

2) 28수 별자리

(1) 각(角)

천상열차분야지도(天象列次分野之圖)	천문류초(天文類抄)
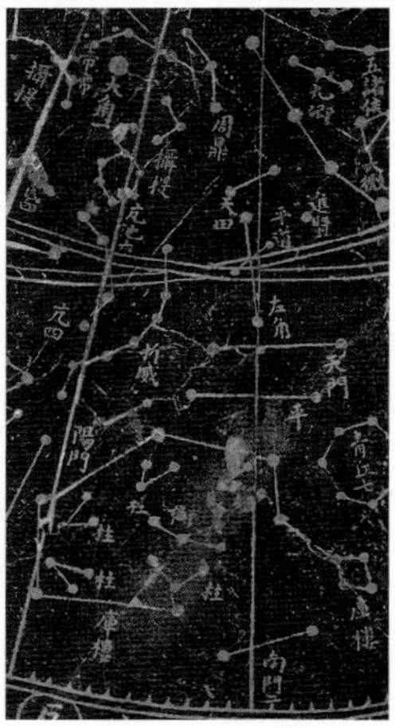	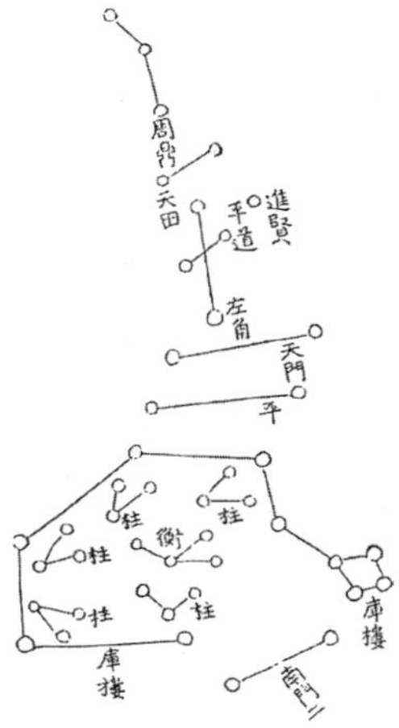

天象列次分野之圖 천상열차분야지도(1395)		별자리 동정(박창범, 1998)			Hoffleit, 1991 (5th ed.)	蘇州天文圖 소주천문도(1247)	
별 이름	개수	No.	BSC	Name	m_v	별 이름	개수
左角 좌각	2	1	5056	67α Vir	0.98	角	2
		2	5107	79ζ Vir	3.37		
平道 평도	2	1	4963	51θ Vir	4.38	平道	2
		2	5150	82 Vir	5.01		
天田 천전	2					天田	2
進賢 진현	1						1
周鼎 주정	3						(3)
天門 천문	2					天門	2
平 평	2					平星	2
庫樓 고루	10	1	5231	ζ Cen	2.55	庫樓	10
		2	5469	α Lup	2.30		
		3	5440	η Cen	2.31		
		4	5288	5θ Cen	2.06		
		5	5028	ι Cen	2.75		
柱 주	15					柱	15
衡 형	4	1	5190	ν Cen	3.41	衡	4
		2	5193	μ Cen	3.04		
		3	5248	φ Cen	3.83		
		4	5285	χ Cen	4.36		
南門 남문	2					南門	2
11성좌	45성						

(2) 항(亢)

천상열차분야지도(天象列次分野之圖)	천문류초(天文類抄)
	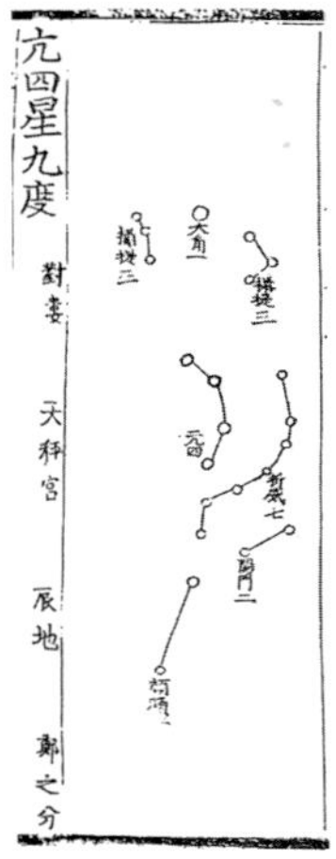

天象列次分野之圖 천상열차분야지도(1395)		별자리 동정(박창범, 1998)			Hoffleit, 1991 (5th ed.)	蘇州天文圖 소주천문도(1247)	
별 이름	개수	No.	BSC	Name	m_v	별 이름	개수
亢 항	4	1	5315	98κ Vir	4.19	亢	4
		2	5338	99ι Vir	4.08		
		3	5409	105φ Vir	4.81		
		4	5359	100λ Vir	4.52		
大角 대각	1	1	5340	16α Boo	-0.04	大角	1
折威 절위	7						7
攝提 섭제(우)	3					右攝提	(3)
攝提 섭제(좌)	3	1	5235	8η Boo	2.68	左攝提	3
		2	5185	4τ Boo	4.50		
		3	5200	5ν Boo	4.07		
頓頑 돈완	2					頓頑	2
陽門 양문	2					陽門	2
7성좌	22성						

(3) 저(氐)

천상열차분야지도(天象列次分野之圖)	천문류초(天文類抄)
	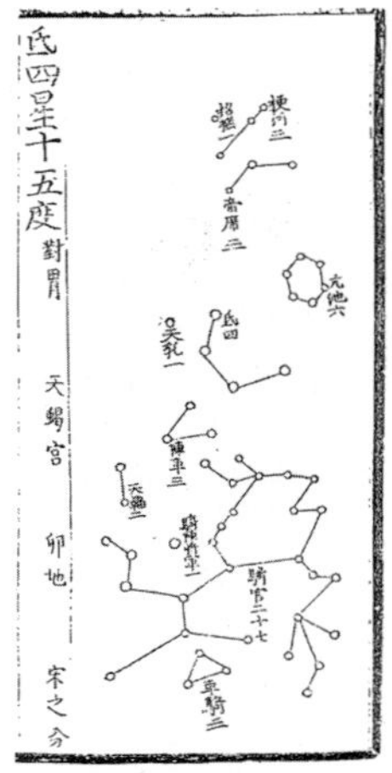

天象列次分野之圖 천상열차분야지도(1395)		별자리 동정(박창범, 1998)			Hoffleit, 1991 (5th ed.)	蘇州天文圖 소주천문도(1247)	
별 이름	개수	No.	BSC	Name	m_v	별 이름	개수
氐 저	4	1	5531	9α2 Lib	2.75	底	3
		2	5652	24ι1 Lib	4.54		
		3	5787	38γ Lib	3.91		
		4	5685	27β Lib	2.61		
天乳 천유	1					天乳	1
招搖 초요	1					招瑤	1
更河 경하	3	1	5506	36ε Boo	2.70	梗河	3
		2	5447	28σ Boo	4.46		
		3	5429	25ρ Boo	3.58		
帝席 제석	3					帝席	3
亢池 항지	6					亢池	6
騎官 기관	27	1	5528	ο Lup	4.32		27
		2	5571	β Lup	2.68		
		3	5576	κ Cen	3.13		
		4	5695	δ Lup	3.22		
		5	5776	γ Lup	2.78		
陣車 진거	3					陣車	3
車騎 차기	3					車騎	3
天輻 천폭	2					天幅	2
騎陳將軍 기진장군	1					騎陣將軍	1
11성좌	54성						

(4) 방(房)

천상열차분야지도(天象列次分野之圖)	천문류초(天文類抄)
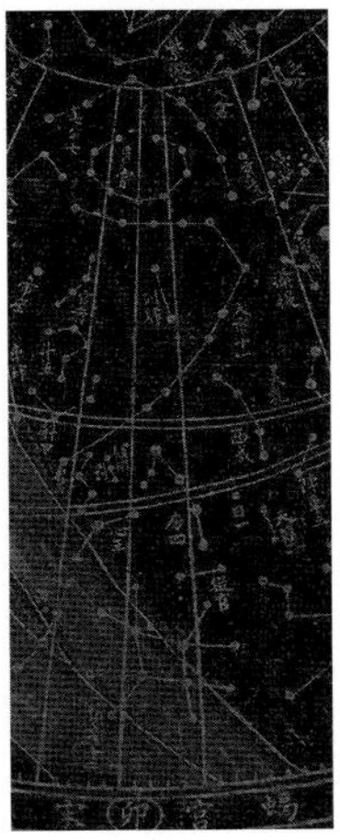	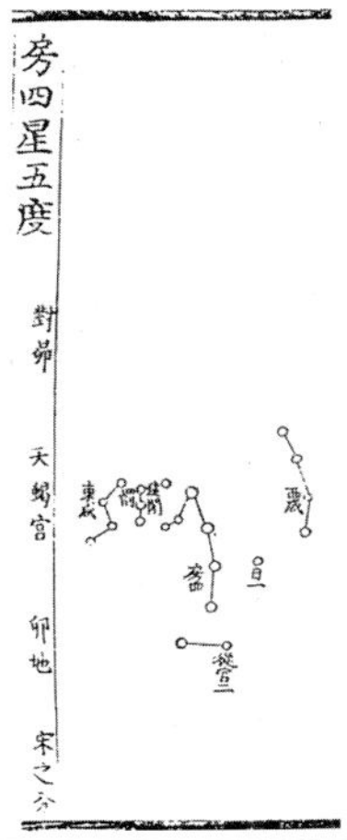

天象列次分野之圖 천상열차분야지도(1395)		별자리 동정(박창범, 1998)			Hoffleit, 1991 (5th ed.)	蘇州天文圖 소주천문도(1247)	
별 이름	개수	No.	BSC	Name	m_v	별 이름	개수
房 방	4	1	5944	6π Sco	2.89	房	4
		2	5928	5ρ Sco	3.88		
		3	5953	7δ Sco	2.32		
		4	5984	8β1 Sco	2.62		
	2	1	5993	9ω1 Sco	3.96	鉤鈐	2
		2	5997	10ω2 Sco	4.32		
鍵閉 건폐	1					健閉	1
罰 벌	3					罰	3
西咸 서함	4					西咸	4
東咸 동함	4					東咸	4
日 일	1						
從官 종관	2					從官	2
7성좌	21성						

(5) 심(心)

천상열차분야지도(天象列次分野之圖)	천문류초(天文類抄)
	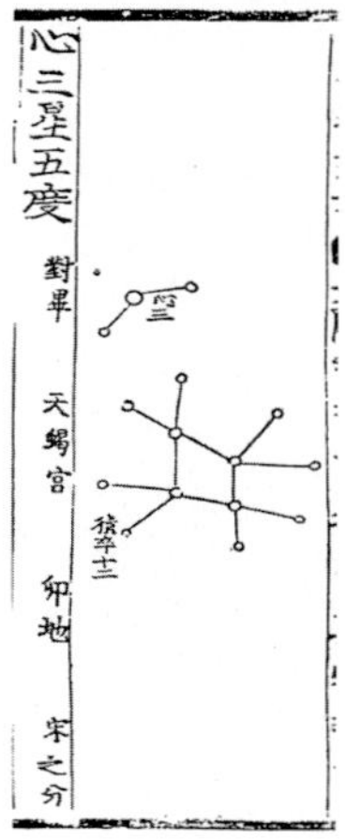

天象列次分野之圖 천상열차분야지도(1395)		별자리 동정(박창범, 1998)			Hoffleit, 1991 (5th ed.)	蘇州天文圖 소주천문도(1247)	
별이름	개수	No.	BSC	Name	m_v	별이름	개수
心 심	3	1	6084	20σ Sco	2.89	心	3
		2	6134	21α Sco	0.96		
		3	6165	23τ Sco	2.82		
積卒 적졸	12					積卒	12
2성좌	15성						

(6) 미(尾)

천상열차분야지도(天象列次分野之圖)	천문류초(天文類抄)
	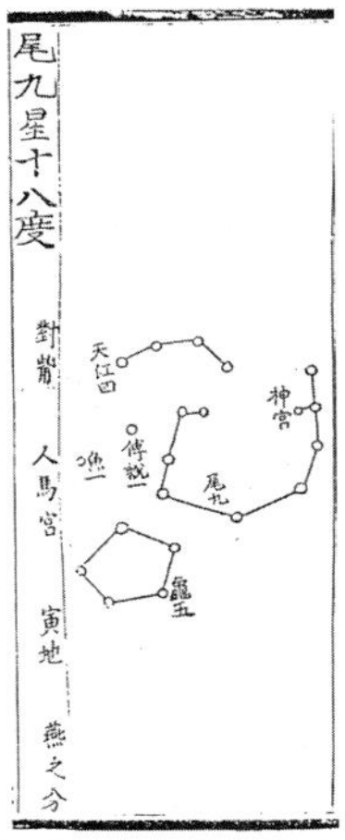

天象列次分野之圖 천상열차분야지도(1395)		별자리 동정(박창범, 1998)			Hoffleit, 1991 (5th ed.)	蘇州天文圖 소주천문도(1247)	
별 이름	개수	No.	BSC	Name	m_v	별 이름	개수
尾 미	9	1	6247	μ1 Sco	3.08	尾	9
		2	6241	26ε Sco	2.29		
		3	6271	ζ2 Sco	3.62		
		4	6380	η Sco	3.33		
		5	6553	θ Sco	1.87		
		6	6615	ι1 Sco	3.03		
		7	6580	κ Sco	2.41		
		8	6527	35λ Sco	1.63		
		9	6508	34ν Sco	2.69		
神宮 신궁	1						
天江 천강	4					天江	4
傳說 부열	1					傳說	1
魚 어	1					魚	1
龜 구	5					龜	5
6 성좌	21 성						

(7) 기(箕)

천상열차분야지도(天象列次分野之圖)	천문류초(天文類抄)
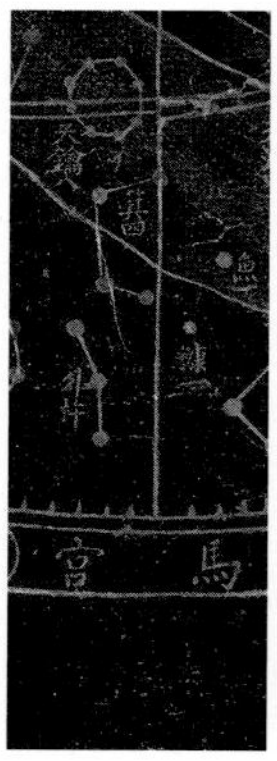	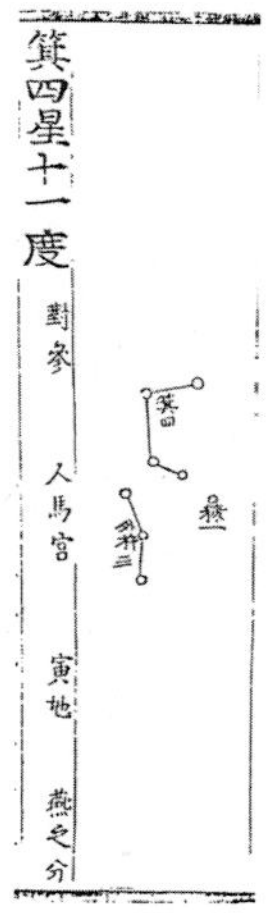

天象列次分野之圖 천상열차분야지도(1395)		별자리 동정(박창범, 1998)			Hoffleit, 1991 (5th ed.)	蘇州天文圖 소주천문도(1247)	
별 이름	개수	No.	BSC	Name	m_v	별 이름	개수
箕 기	4	1	6746	10γ2 Sgr	2.99	箕	4
		2	6859	19δ Sgr	2.70		
		3	6879	20ε Sgr	1.85		
		4	6832	η Sgr	3.11		
外杵 외저	3					杵	
糠 강	1					糠	1
3성좌	8성						

(8) 두(斗)

천상열차분야지도(天象列次分野之圖)	천문류초(天文類抄)
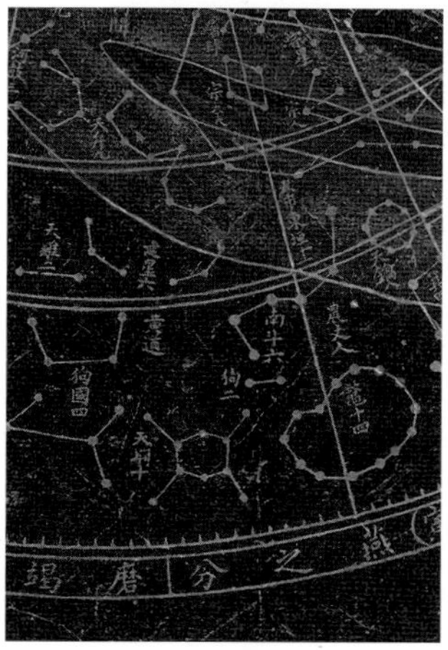	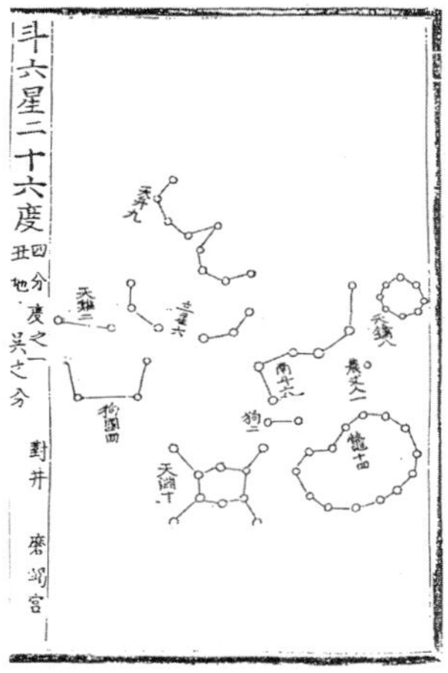

天象列次分野之圖 천상열차분야지도(1395)		별자리 동정(박창범, 1998)			Hoffleit, 1991 (5th ed.)	蘇州天文圖 소주천문도(1247)	
별 이름	개수	No.	BSC	Name	m_v	별 이름	개수
南斗 남두	6	1	7039	27φ Sgr	3.17	斗	6
		2	6913	22λ Sgr	2.81		
		3	6812	13μ Sgr	3.86		
		4	7121	34σ Sgr	2.02		
		5	7234	40τ Sgr	3.32		
		6	7194	38ζ Sgr	2.60		
天弁 천변	9					天弁	6
建星 건성	6	1	7151		6.12	建	6
		2	7217	39ο Sgr	3.77		
		3	7264	41π Sgr	2.89		
		4	7304	43 Sgr	4.96		
		5	7340	44ρ1 Sgr	3.93		
		6	7342	46υ Sgr	4.61		
鼈 별	14					鼈	5
天雞 천계	2					天谿	2
天鑰 천약	8						8
拘國 구국	4					狗國	4
天淵 천연	10					天淵	10
拘 구	2					狗	2
農丈人 농장인	1					農丈人	
10성좌	62성						

(9) 우(牛)

천상열차분야지도(天象列次分野之圖)	천문류초(天文類抄)
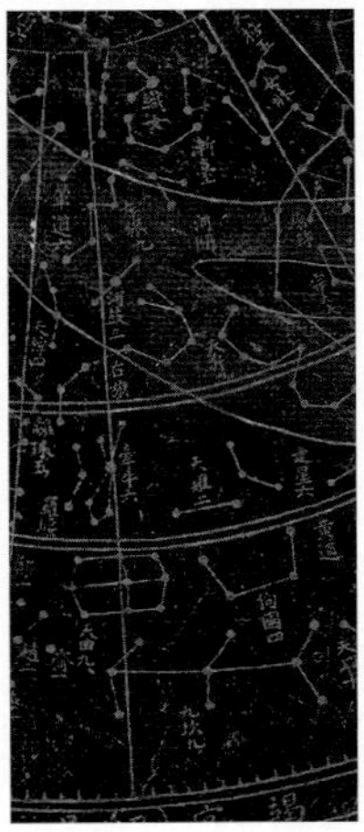	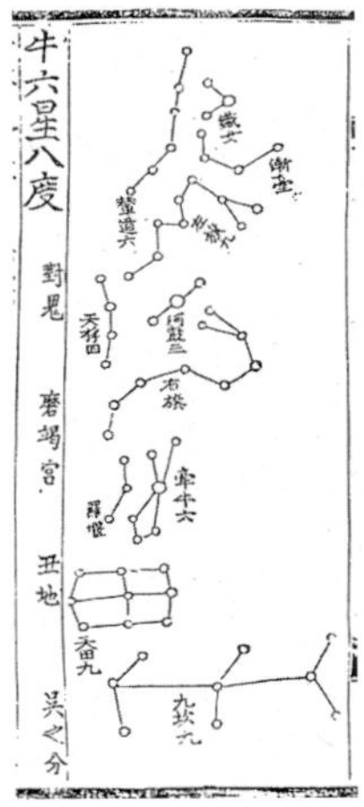

天象列次分野之圖 천상열차분야지도(1395)		별자리 동정(박창범, 1998)			Hoffleit, 1991 (5th ed.)	蘇州天文圖 소주천문도(1247)	
별이름	개수	No.	BSC	Name	m_v	별이름	개수
牽牛 견우	6	1	7776	9β Cap	3.08	牛	6
		2	7773	8ν Cap	4.76		
		3	7747	5α1 Cap	4.24		
天田 천전	9					天田	6
九坎 구감	9					九坎	9
河鼓 하고	3	1	7602	60β Aql	3.71	河鼓	3
		2	7557	53α Aql	0.77		
		3	7525	50γ Aql	2.72		
織女 직녀	3	1	7001	3α Lyr	0.03	職女	9
		2	7051	4ε1 Lyr	5.06		
		3	7056	6ζ1 Lyr	4.36		
左旗 좌기	9					左旗	9
右旗 우기	9					右旗	7
天桴 천부	4					天浮	4
羅堰 나언	3					羅堰	3
漸臺 점대	4					漸臺	4
輦道 연도	6					輦道	3
11성좌	65성						

(10) 여(女)

천상열차분야지도(天象列次分野之圖)	천문류초(天文類抄)
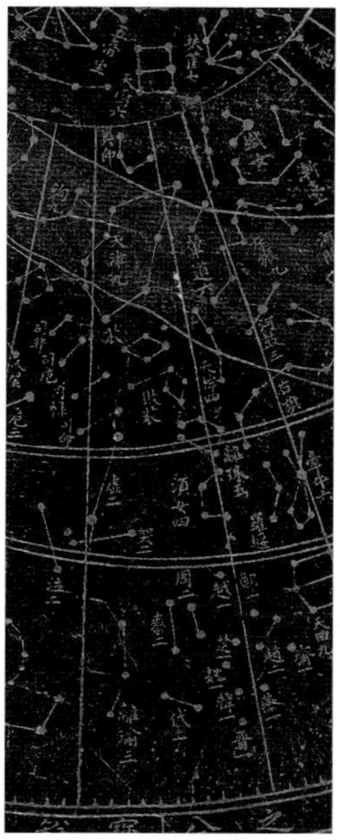	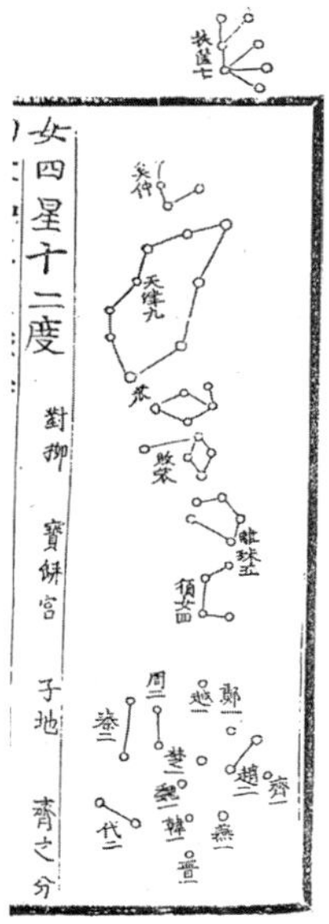

天象列次分野之圖 천상열차분야지도(1395)		별자리 동정(박창범, 1998)			Hoffleit, 1991 (5th ed.)	蘇州天文圖 소주천문도(1247)	
별 이름	개수	No.	BSC	Name	m_v	별 이름	개수
須女 수녀	4	1	7950	2ε Aqr	3.77	女	4
		2	7990	6μ Aqr	4.73		
		3	7985	5 Aqr	5.55		
		4	7951	3 Aqr	4.42		
十二國[97] 십이국	16						
(越 월)	(1)					越	1
(周 주)	(2)					周	2
(秦 진)	(2)					秦	2
(代 대)	(2)					代	2
(晋 진)	(1)					晋	1
(韓 한)	(1)					韓	1
(魏 위)	(1)					魏	1
(楚 초)	(1)					楚	1

97 천상열차분야지도에는 12개의 별 이름이 각각 적혀 있지만 이 책에서는 『천문류초』에 적힌 별자리 이름을 따라 십이국(十二國)으로 하였다.

天象列次分野之圖 천상열차분야지도(1395)		별자리 동정(박창범, 1998)			Hoffleit, 1991 (5th ed.)	蘇州天文圖 소주천문도(1247)	
(燕 연)	(1)					燕	1
(齊 제)	(1)					齊	1
(趙 조)	(2)					趙	1
(鄭 정)	(1)					鄭	1
離珠 이주	5					離珠	5
苽 고	5					匏瓜	5
敗苽 패고	5					敗瓜	5
天津 천진	9	1	7796	37γ Cyg	2.20	天津	9
		2	7528	18δ Cyg	2.87		
		3	7735	31 Cyg	3.79		
		4	7924	50α Cyg	1.25		
		5	8028	58ν Cyg	3.94		
		6	8130	65τ Cyg	3.72		
		7	8146	66υ Cyg	4.43		
		8	8115	64ζ Cyg	3.20		
		9	7949	53ε Cyg	2.46		
奚仲 해중	4					奚仲	4
扶筐 부광	7					拱相	7
						正旗	8
8성좌	55성						

(11) 허(虛)

천상열차분야지도(天象列次分野之圖)	천문류초(天文類抄)
	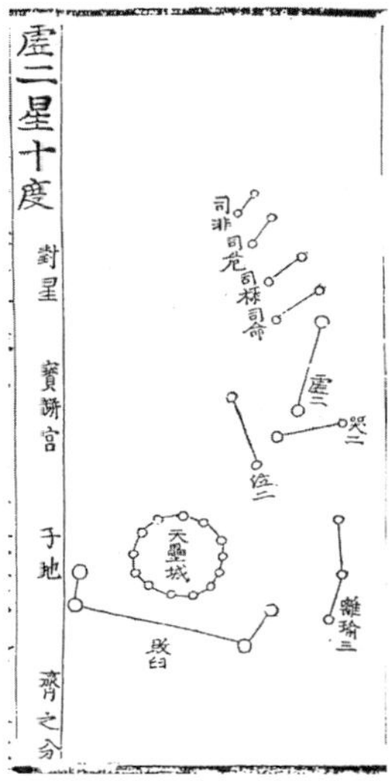

天象列次分野之圖 천상열차분야지도(1395)		별자리 동정(박창범, 1998)			Hoffleit, 1991 (5th ed.)	蘇州天文圖 소주천문도(1247)	
별이름	개수	No.	BSC	Name	m_v	별이름	개수
虛 허	2	1	8232	22β Aqr	2.91	虛	2
		2	8131	8α Equ	3.92		
司命 사명	2					司命	2
司祿 사록	2					司祿	2
司危 사위	2					司危	2
司非 사비	2					司非	2
哭 곡	2					哭	2
泣 읍	2					泣	2
天壘城 천루성	13					天壘城	13
敗臼 패구	4					敗臼	4
離瑜 이유	3					璃瑜	3
10성좌	34성						

(12) 위(危)

천상열차분야지도(天象列次分野之圖)	천문류초(天文類抄)
	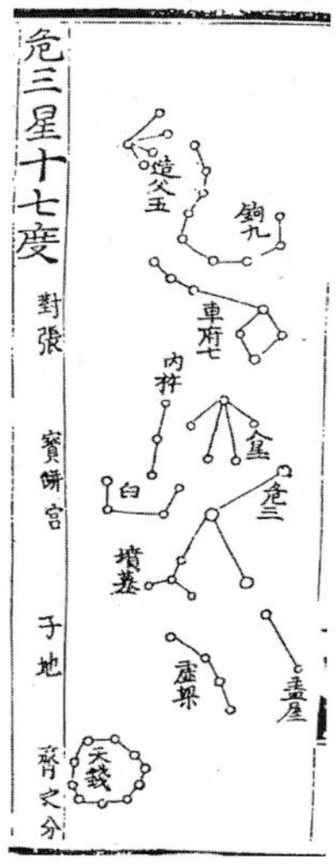

天象列次分野之圖 천상열차분야지도(1395)		별자리 동정(박창범, 1998)			Hoffleit, 1991 (5th ed.)	蘇州天文圖 소주천문도(1247)	
별이름	개수	No.	BSC	Name	m_v	별이름	개수
危 위	3	1	8414	34α Aqr	2.96	危	3
		2	8450	26θ Peg	3.53		
		3	8308	8ε Peg	2.39		
人星 인성	5					人星	6
內杵 내저	3					杵	3
臼 구	4					臼	4
車府 차부	7					車府	7
鉤 구	9					鉤	6
造父 조부	5	1	8494	23ε Cep	4.19	造父	5
		2	8465	21ζ Cep	3.35		
		3	8571	27δ Cep	3.75		
		4	8316	μ Cep	4.08		
		5	8334	10ν Cep	4.29		
墳墓 분묘	4	1	8559	$55\zeta2$ Aqr	4.42	墳墓	4
		2	8518	48γ Aqr	3.84		
		3	8597	62η Aqr	4.02		
		4	8539	52π Aqr	4.66		
虛梁 허량	4					虛梁	4
天錢 천전	10					天錢	10
盖屋 개옥	2					蓋屋	2
11성좌	56성						

(13) 실(室)

천상열차분야지도(天象列次分野之圖)	천문류초(天文類抄)
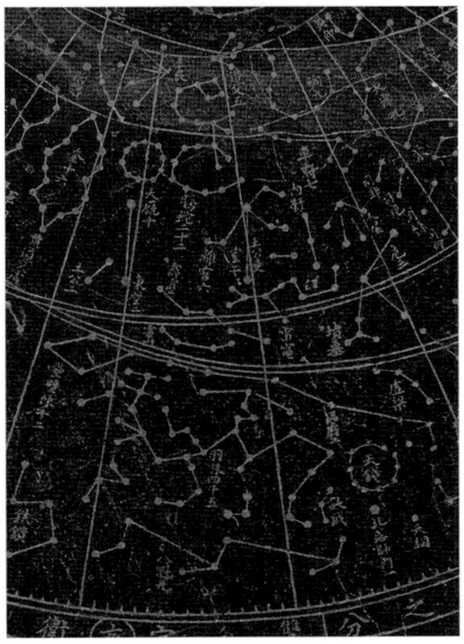	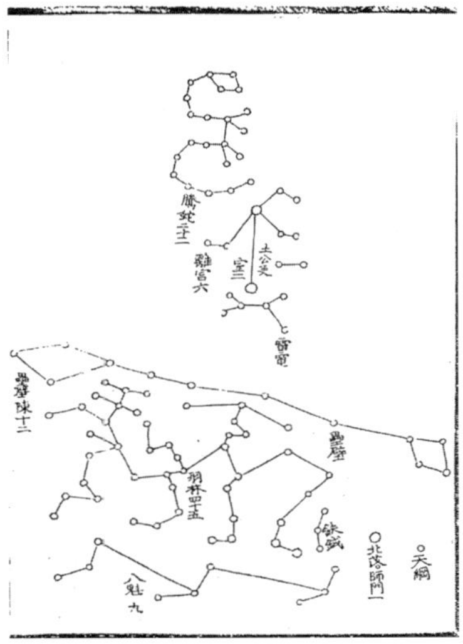

天象列次分野之圖 천상열차분야지도(1395)		별자리 동정(박창범, 1998)			Hoffleit, 1991 (5th ed.)	蘇州天文圖 소주천문도(1247)	
별이름	개수	No.	BSC	Name	m_v	별이름	개수
室 실	2	1	8781	54α Peg	2.49	室	2
		2	8775	53β Peg	2.42		
離宮 이궁	6	1				離宮	6
		2	8684	48μ Peg	3.48		
		3					
		4	8650	44η Peg	2.94		
		5	8880	62τ Peg	4.60		
		6	8905	68υ Peg	4.40		
雷電 뇌전	6					雷電	6
壘壁陣 누벽진	12	1	8288	43κ Cap	4.73	壘壁陣	12
		2	8260	39ε Cap	4.68		
		3	8278	40γ Cap	3.68		
		4	8322	49δ Cap	2.87		

天象列次分野之圖 천상열차분야지도(1395)		별자리 동정(박창범, 1998)			Hoffleit, 1991 (5th ed.)	蘇州天文圖 소주천문도(1247)	
羽林 우림	45	1	8789	86 Aqr	4.47	羽林軍	39
		2	8817	89 Aqr	4.69		
		3	8812	88 Aqr	3.66		
		4	8709	76δ Aqr	3.27		
		5	8679	71ι2 Aqr	4.01		
		6					
		7	8866	94 Aqr	5.08		
		8	8890	97 Aqr	5.20		
		9	8892	98 Aqr	3.97		
		16	8841	91φ1 Aqr	4.21		
鈇鉞 부월	3					斧	3
北落師門 북락사문	1	1	8728	24α PsA	1.16		
八魁 팔괴	9					八魁	9
天綱 천강	1	1				天綱	1
土公吏 토공리	2					土公	2
螣蛇 등사	22					螣蛇	17
11성좌	109성						

(14) 벽(壁)

천상열차분야지도(天象列次分野之圖)	천문류초(天文類抄)
	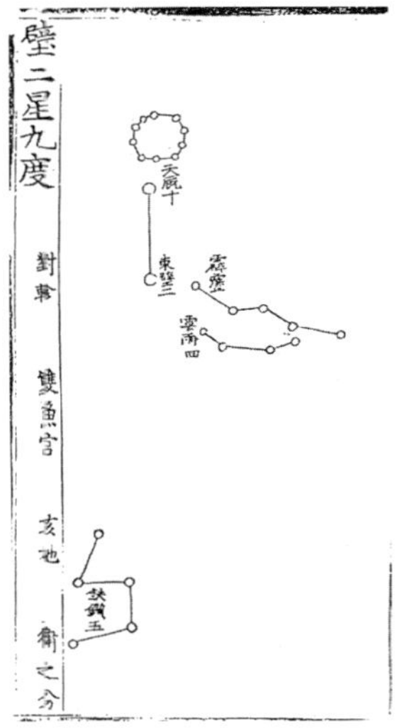

天象列次分野之圖 천상열차분야지도(1395)		별자리 동정(박창범, 1998)			Hoffleit, 1991 (5th ed.)	蘇州天文圖 소주천문도(1247)	
별이름	개수	No.	BSC	Name	m_v	별이름	개수
東壁 동벽	2	1	39	88γ Peg	2.83	壁	2
		2	15	21α And	2.06		
霹靂 벽력	5	1	8773	4β Psc	4.53	霹靂	5
		2	8852	6γ Psc	3.69		
		3	8916	10θ Psc	4.28		
		4	8969	17ι Psc	4.13		
		5	9072	28ω Psc	4.01		
雲雨 운우	4	1				雲雨	4
		2	8911	8κ Psc	4.94		
		3	8984	18λ Psc	4.50		
		4					
天廐 천구	10					天廐	10
鈇鑕 부질	5					扶質	5
土公 토공	2					土公吏	2
6성좌	28성						

(15) 규(奎)

천상열차분야지도(天象列次分野之圖)	천문류초(天文類抄)
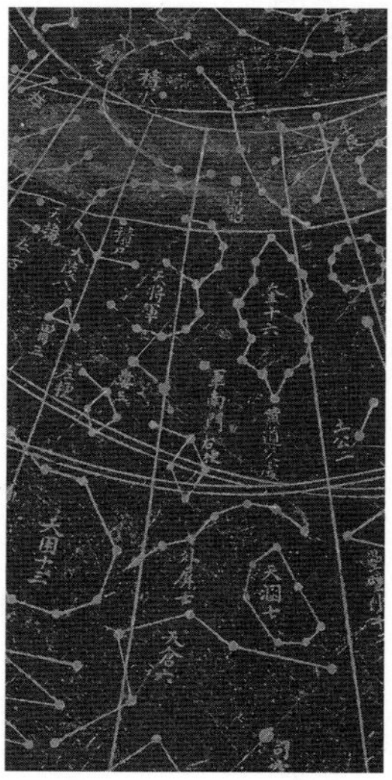	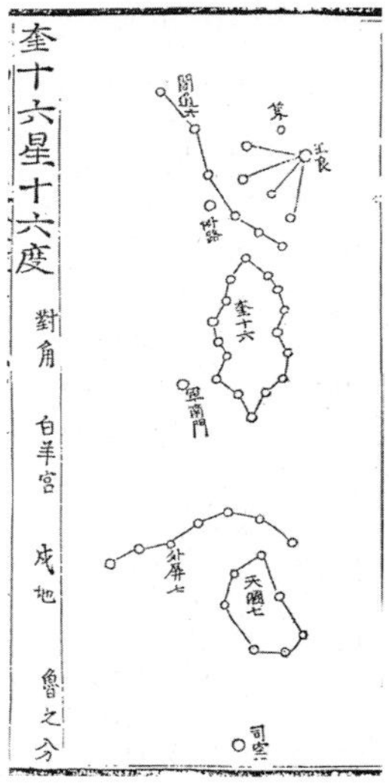

天象列次分野之圖 천상열차분야지도(1395)		별자리 동정(박창범, 1998)			Hoffleit, 1991 (5th ed.)	蘇州天文圖 소주천문도(1247)	
별 이름	개수	No.	BSC	Name	m_v	별 이름	개수
奎 규	16					奎	15
外屛 외병	7	1				外屛	7
		2	224	63δ Psc	4.43		
		3	294	71ε Psc	4.28		
		4	361	86ζ Psc	5.24		
		5	434	98μ Psc	4.84		
		6	489	106ν Psc	4.44		
		7	549	111ξ Psc	4.62		
天溷 천혼	7					天溷	7
司空 사공	1	1	188	16β Cet	2.04	土司空	1
軍南門 군남문	1	1	544	2β Tri	3.41	庫南門	1
閣道 각도	6					閣道	6
附路 부로	1					附路	1
王良 왕량	5	1	21	11β Cas	2.27	王良	1
		2	264	27γ Psc	2.47	天駟	4
		3	219	24η Cas	3.44		
		4	168	18α Cas	2.23		
		5	153	17ζ Cas	3.66		
策 책	1	1	130	15κ Cas	4.16	策	1
9성좌	45성						

(16) 루(婁)

천상열차분야지도(天象列次分野之圖)	천문류초(天文類抄)
	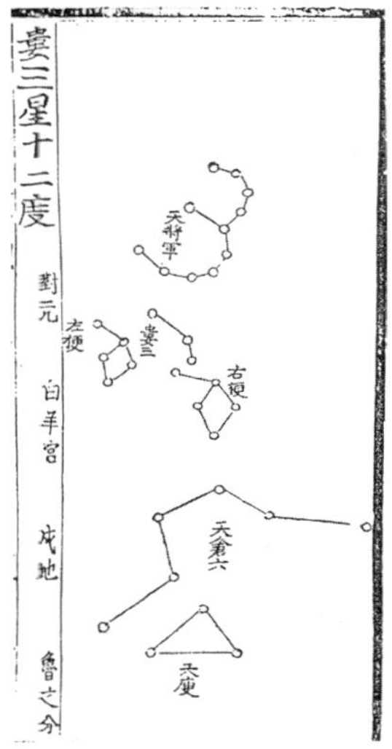

天象列次分野之圖 천상열차분야지도(1395)		별자리 동정(박창범, 1998)			Hoffleit, 1991 (5th ed.)	蘇州天文圖 소주천문도(1247)	
별 이름	개수	No.	BSC	Name	m_v	별 이름	개수
婁 루	3	1	553	6β Ari	2.64	婁	3
		2	546	5γ2 Ari	4.75		
		3	617	13α Ari	2		
左梗 좌경	5					左更	5
右梗 우경	5					右更	5
天倉 천창	6	1	74	8ι Cet	3.56	天倉	6
		2	334	31η Cet	3.45		
		3	402	45θ Cet	3.6		
		4	539	55ζ Cet	3.73		
		5	509	52τ Cet	3.5		
		6	585	59υ Cet	4		
天庾 천유	3					天庾	3
天將軍 천장군	11	1	603	57γ1 And	2.26	天將軍	10
6성좌	33성						

(17) 위(胃)

천상열차분야지도(天象列次分野之圖)	천문류초(天文類抄)
	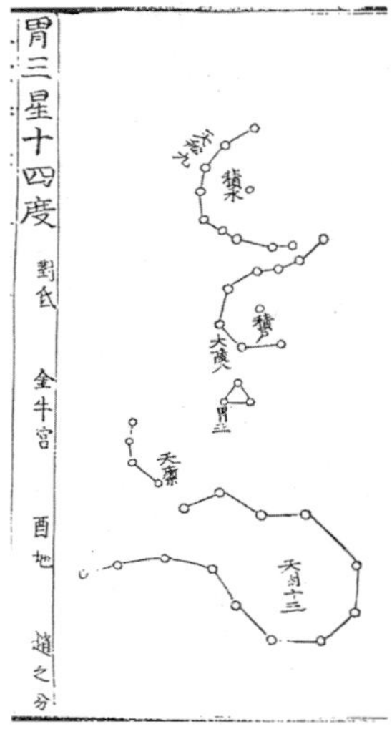

天象列次分野之圖 천상열차분야지도(1395)		별자리 동정(박창범, 1998)			Hoffleit, 1991 (5th ed.)	蘇州天文圖 소주천문도(1247)	
별 이름	개수	No.	BSC	Name	m_v	별 이름	개수
胃 위	3	1	801	35 Ari	4.66	胃	3
		2	824	39 Ari	4.51		
		3	838	41 Ari	3.63		
天廩 천름	4	1	1066	5 Tau	4.11	天凜	3
		2	1061	4 Tau	5.14		
		3	1038	2ξ Tau	3.74		
		4	1030	ο1 Tau	3.6		
天困 천균	13	1	896	91λ Cet	4.7	天菌	10
		2	813	87μ Cet	4.27		
		3	718	73ξ2 Cet	4.28		
		4	649	65ξ1 Cet	4.37		
		5	596	113α Psc	4.33H		
		9	779	82δ Cet	4.07		
		10	804	86γ Cet	3.47		
		11	911	92α Cet	2.53		
大陵 대릉	8					大陵	7
天船 천선	9					天船	8
積尸 적시	1					積尸	1
積水 적수	1					積水	1
7성좌	39성						

(18) 묘(昴)

천상열차분야지도(天象列次分野之圖)	천문류초(天文類抄)
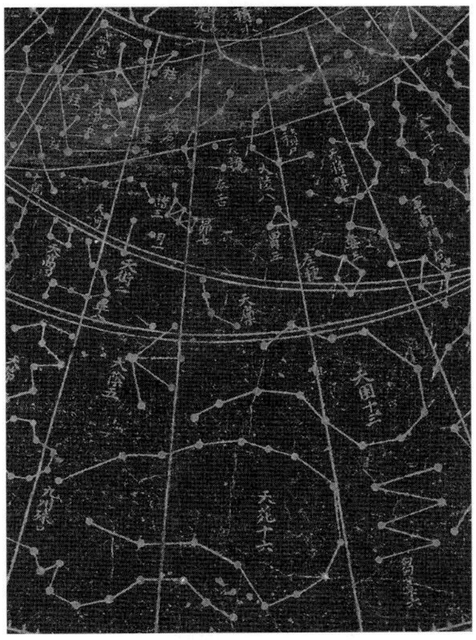	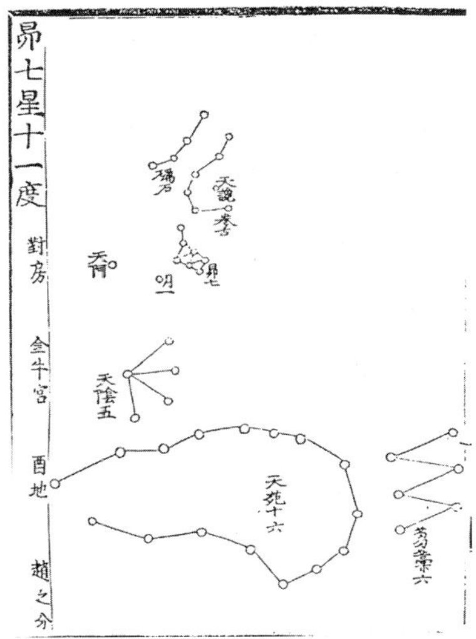

天象列次分野之圖 천상열차분야지도(1395)		별자리 동정(박창범, 1998)			Hoffleit, 1991 (5th ed.)	蘇州天文圖 소주천문도(1247)	
별 이름	개수	No.	BSC	Name	m_v	별 이름	개수
昴 묘	7					昴	7
天阿 천아	1					天阿	1
月 월	1					月星	1
天陰 천음	5					天陰	5
芻藁 추고	6						6
天苑 천원	16					天苑	17
		12	919	11τ3 Eri	4.09		
		13	1003	16τ4 Eri	3.69		
		14	1088	19τ5 Eri	4.27		
		15	1173	27τ6 Eri	4.23		
卷舌 권설	6	1				劵舌	6
		2	1135	41ν Per	3.77		
		3	1220	45ε Per	2.89		
		4	1228	46ξ Per	4.04		
		5	1203	44ζ Per	2.85		
		6					
天讒 천참	1					讒	1
礪石 여석	4					礪石	4
9성좌	47성						

(19) 필(畢)

천상열차분야지도(天象列次分野之圖)	천문류초(天文類抄)
	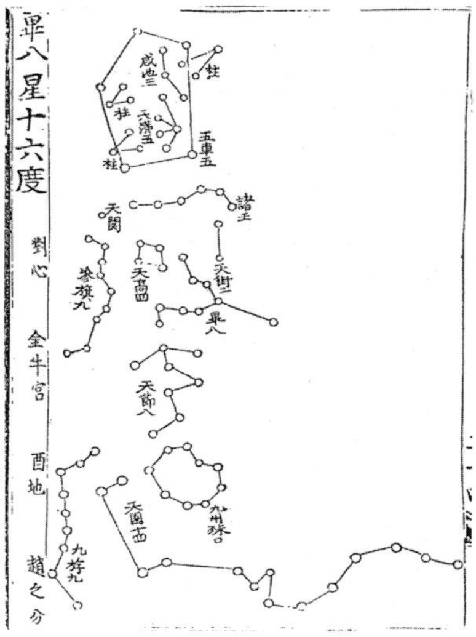

天象列次分野之圖 천상열차분야지도(1395)		별자리 동정(박창범, 1998)			Hoffleit, 1991 (5th ed.)	蘇州天文圖 소주천문도(1247)	
별 이름	개수	No.	BSC	Name	m_v	별 이름	개수
畢 필	8	1	1409	74ε Tau	3.53	畢	8
		2	1389	68δ3 Tau	4.29		
		3	1373	61δ1 Tau	3.76		
		4	1346	54γ Tau	3.65		
		5	1457	87α Tau	0.85		
		6					
		7					
		8	1239	35λ Tau	3.47		
(필에 연결)	1					聽附耳	1
天街 천가	2					天街	2
天節 천절	8					天節	8
諸王 제왕	6					諸王	6
天高 천고	4					天高	4
九州殊口 구주수구	9					九州殊口	9
五車 오거	5	1	1577	3ι Aur	2.69	五車	5
		2	1708	13α Aur	0.08		
		3	2088	34β Aur	1.90		
		4	2095	37θ Aur	2.62		
		5	1791	112β Tau	1.65		

天象列次分野之圖 천상열차분야지도(1395)		별자리 동정(박창범, 1998)			Hoffeit, 1991 (5th ed.)	蘇州天文圖 소주천문도(1247)	
柱 주	9	1	1605	7ε Aur	2.99		9
		2	1612	8ζ Aur	3.75		
		3	1641	10η Aur	3.17		
天潢 천황	5					天潢	5
咸池 함지	3					咸池	3
天關 천관	1					天關	1
參旗 삼기	9	1					9
		2					
		3	1570	7π1 Ori	4.65		
		4	1544	2π2 Ori	4.36		
		5	1543	1π3 Ori	3.19		
		6	1552	3π4 Ori	3.69		
		7	1567	8π5 Ori	3.72		
		8	1601	10π6 Ori	4.47		
		9	1569	6 Ori	5.19		
九斿 구유	9					九游	9
天園 천원	14	11	1347	41ν4 Eri	3.56	天園	13
		12	1393	43 Eri	3.96		
		13	1464	52ν2 Eri	3.82		
		14	1453	50ν1 Eri	4.51		
14성좌	93성						

(20) 자(觜)

천상열차분야지도(天象列次分野之圖)	천문류초(天文類抄)
	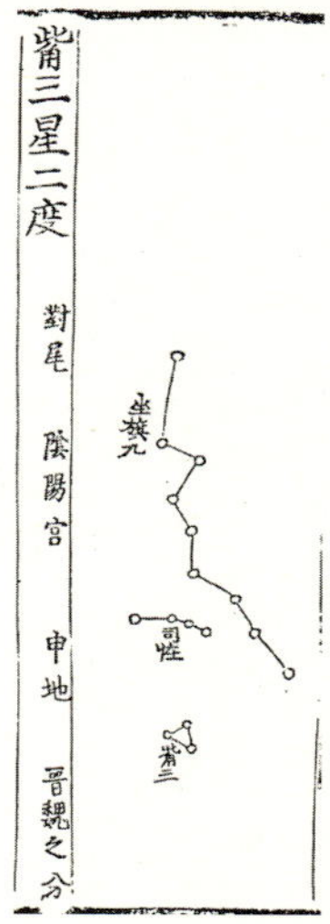

天象列次分野之圖 천상열차분야지도(1395)		별자리 동정(박창범, 1998)			Hoffleit, 1991 (5th ed.)	蘇州天文圖 소주천문도(1247)	
별 이름	개수	No.	BSC	Name	m_v	별 이름	개수
觜 자	3					觜	3
坐旗 좌기	9					坐旗	9
司怪 사괴	4					司怪	4
3성좌	16성						

(21) 삼(參)

천상열차분야지도(天象列次分野之圖)	천문류초(天文類抄)
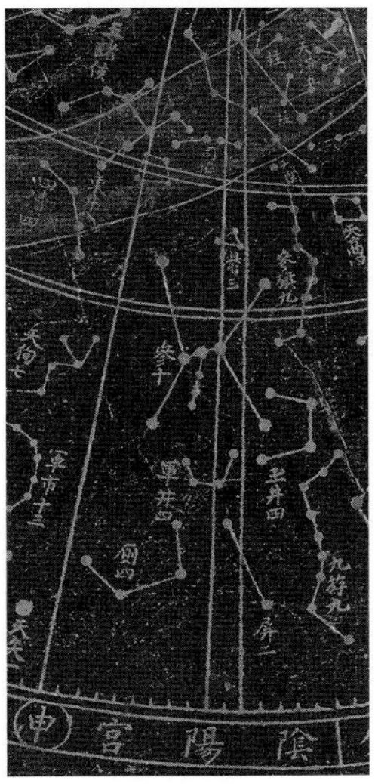	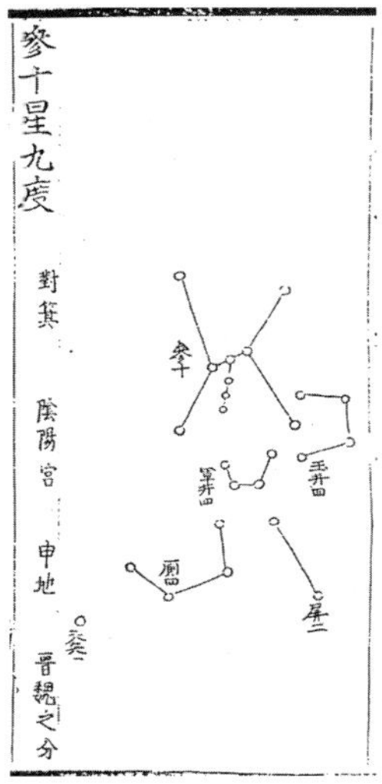

天象列次分野之圖 천상열차분야지도(1395)		별자리 동정(박창범, 1998)			Hoffleit, 1991 (5th ed.)	蘇州天文圖 소주천문도(1247)	
별 이름	개수	No.	BSC	Name	m_v	별 이름	개수
參 삼 (*伐 벌 3 포함)	10	1	1948	50ζ Ori	2.05	參	10
		2	1903	46ε Ori	1.70		
		3	1852	34δ Ori	2.23		
		4	2061	58α Ori	0.50		
		5	1790	24γ Ori	1.64		
		6	2004	53κ Ori	2.06		
		7	1713	19β Ori	0.12		
玉井 옥정	4					玉井	4
屛 병	2	1	1702	5μ Lep	3.31	屛	2
		2	1654	2ε Lep	3.19		
軍井 군정	4					軍井	4
厠 측	4	1	1865	11α Lep	2.58	厠	4
		2	1829	9β Lep	2.84		
天矢 천시	1					屎	1
6성좌	25성						

(22) 정(井)

천상열차분야지도(天象列次分野之圖)	천문류초(天文類抄)
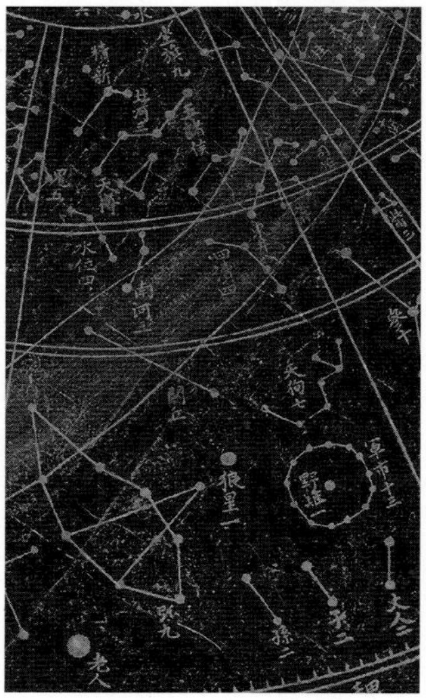	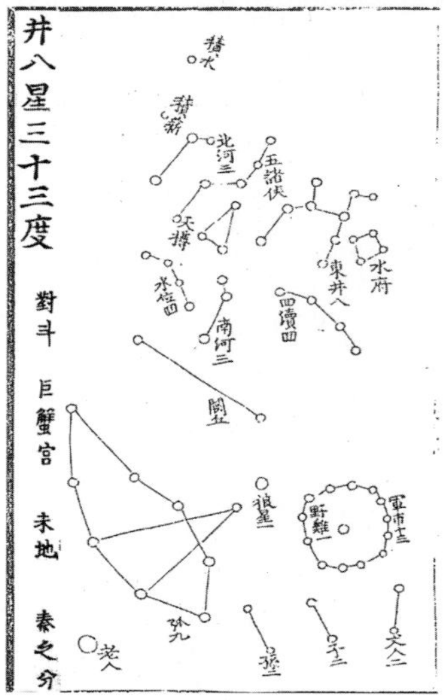

天象列次分野之圖 천상열차분야지도(1395)		별자리 동정(박창범, 1998)			Hoffleit, 1991 (5th ed.)	蘇州天文圖 소주천문도(1247)	
별 이름	개수	No.	BSC		m_v	별 이름	개수
東井 동정	8	1	2286	13μ Gem	2.88	井	8
		2	2343	18ν Gem	4.15		
		3	2421	24γ Gem	1.93		
		4	2484	31ξ Gem	3.36		
		5	2473	27ε Gem	2.98		
		6	2529	36 Gem	5.27		
		7	2650	43ζ Gem	3.79		
		8	2763	54λ Gem	3.58		
(동정에 연결)	1	1	2216	7η Gem	3.28	鉞	1
南河 남하	3					南河	3
北河 북하	3	1	2852	62ρ Gem	4.18	北河	3
		2	2890	66α Gem	2.88		
		3	2990	78β Gem	1.14		
天樽 천준	3					天樽	3
五諸侯 오제후	5	1	2540	34θ Gem	3.60	五諸侯	5
		2	2697	46ι Gem	4.41		
		3	2821	60ι Gem	3.79		
		4	2905	69υ Gem	4.06		
		5	2985	77κ Gem	3.57		
積水 적수	1					積水	1

天象列次分野之圖 천상열차분야지도(1395)		별자리 동정(박창범, 1998)			Hoff.eit, 1991 (5th ed.)	蘇州天文圖 소주천문도(1247)	
積薪 적신	1					積薪	1
水府 수부	4					水府	4
水位 수위	4					水位	4
四瀆 사독	4					四瀆	4
軍市 군시	13						13
野雞 야계	1					野鷄	1
丈人 장인	2					丈人	2
子 자	2					子	3
孫 손	2					孫	3
闕丘 궐구	2					闕丘	(2)
狼星 낭성	1	1	2491	9α CMa	-1.46	狼星	1
弧 호	9					弧矢	9
老人 노인	1	1	2326	α Car	-0.72	老人	1
19성좌	70성						

(23) 귀(鬼)

천상열차분야지도(天象列次分野之圖)	천문류초(天文類抄)
	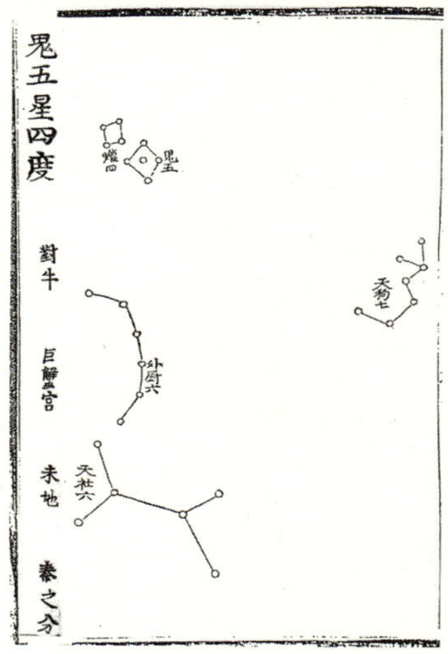

天象列次分野之圖 천상열차분야지도(1395)		별자리 동정(박창범, 1998)			Hoffleit, 1991 (5th ed.)	蘇州天文圖 소주천문도(1247)	
별 이름	개수	No.	BSC	Name	m_v	별 이름	개수
鬼 귀 (*積尸氣 적시기 포함)	5	1	3357	31θ Cnc	5.35	鬼	5
		2	3366	33η Cnc	5.33		
		3	3449	43γ Cnc	4.66		
		4	3461	47δ Cnc	3.94		
		5					
爟 관	4					爟	4
天狗 천구	7					天狗	7
外廚 외주	6					外廚	6
天社 천사	6					天社	6
						天紀	1
5성좌	28성						

(24) 류(柳)

천상열차분야지도(天象列次分野之圖)	천문류초(天文類抄)
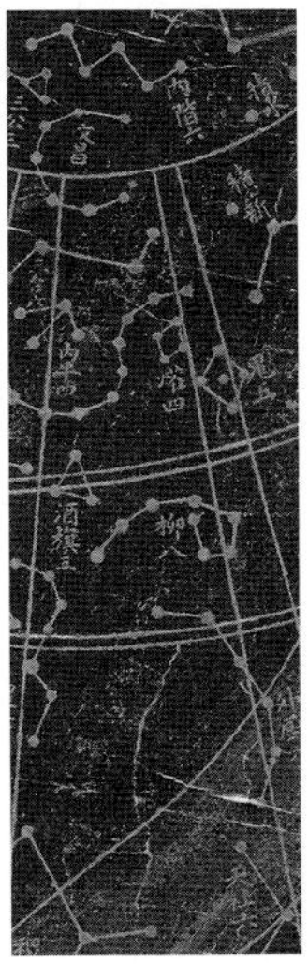	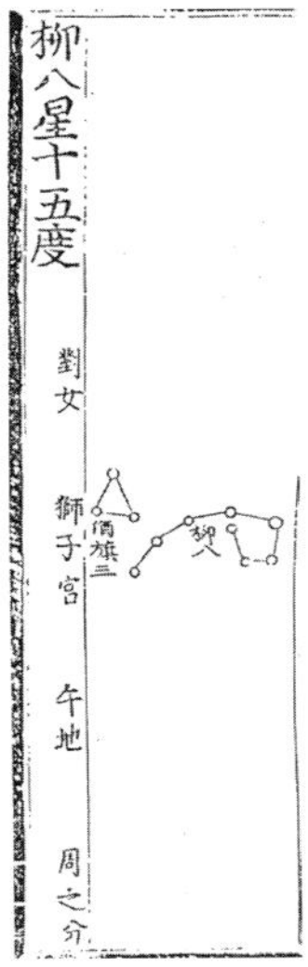

天象列次分野之圖 천상열차분야지도(1395)		별자리 동정(박창범, 1998)			Hoffleit, 1991 (5th ed.)	蘇州天文圖 소주천문도(1247)	
별 이름	개수	No.	BSC	Name	m_v	별 이름	개수
柳 류	8	1	3410	4δ Hya	4.16	柳	8
		2	3418	5σ Hya	4.44		
		3	3454	7η Hya	4.30		
		4	3492	13ρ Hya	4.36		
		5	3482	11ε Hya	3.38		
		6	3547	16ζ Hya	3.11		
		7	3613	18ω Hya	4.97		
		8	3665	22θ Hya	3.88		
酒旗 주기	3					酒旗	3
2성좌	11성						

(25) 성(星)

천상열차분야지도(天象列次分野之圖)	천문류초(天文類抄)
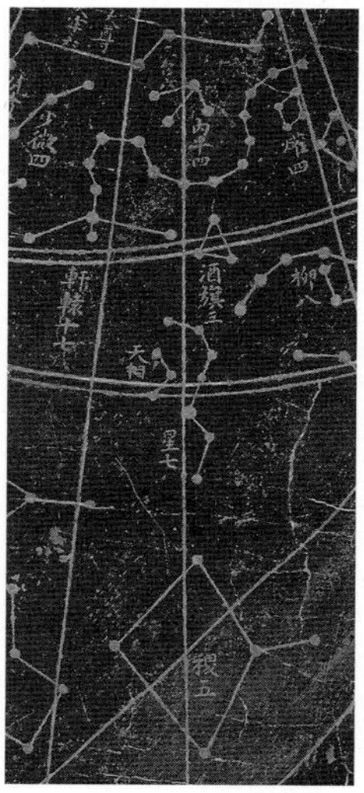	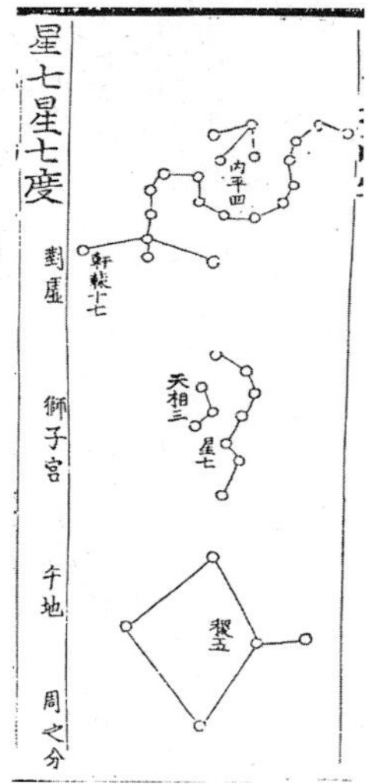

天象列次分野之圖 천상열차분야지도(1395)		별자리 동정(박창범, 1998)			Hoffleit, 1991 (5th ed.)	蘇州天文圖 소주천문도(1247)	
별 이름	개수	No.	BSC	Name	m_v	별 이름	개수
星 성	7	1	3748	30α Hya	1.98	星	7
		2					
		3	3845	35ι Hya	3.91		
		4	3787	32ι2 Hya	4.57		
		5					
		6					
		7	3759	31ι1 Hya	4.60		
軒轅 헌원	17					軒轅	17
		9	3873	17ε Leo	2.98		
		10	3905	24μ Leo	3.88		
		11	4031	36ζ Leo	3.44		
		12	4057	41γ1 Leo	2.61		
		13	3975	30η Leo	3.52		
		14	3982	32α Leo	1.35		
		15	3852	14ο Leo	3.52		
		16	4133	47ρ Leo	3.85		
		17	3980	31 Leo	4.37		
內平 내평	4					內屏	4
天相 천상	3					天相	2
稷 직	5					天稷	4
5성좌	36성						

(26) 장(張)

천상열차분야지도(天象列次分野之圖)	천문류초(天文類抄)
	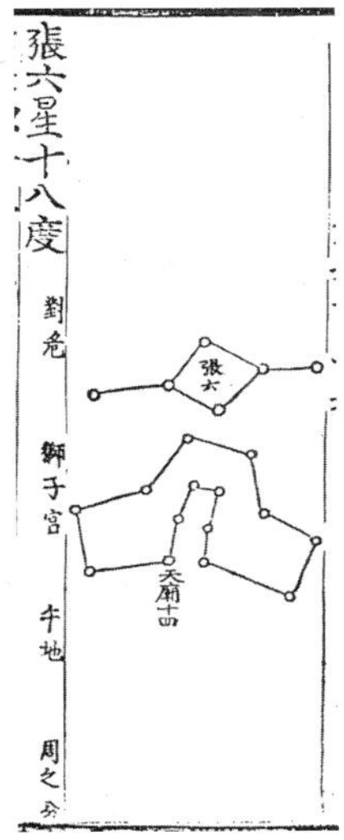

天象列次分野之圖 천상열차분야지도(1395)		별자리 동정(박창범, 1998)			Hoffleit, 1991 (5th ed.)	蘇州天文圖 소주천문도(1247)	
별 이름	개수	No.	BSC	Name	m_v	별 이름	개수
張 장	6	1	3903	39ν1 Hya	4.12	張	7
		2	3994	41λ Hya	3.61		
		3	4094	42μ Hya	3.81		
		4					
		5	3849	38κ Hya	5.06		
		6	4171	φ3 Hya	4.91		
天廟 천묘	14					天廟	14
2성좌	20성						

(27) 익(翼)

천상열차분야지도(天象列次分野之圖)	천문류초(天文類抄)
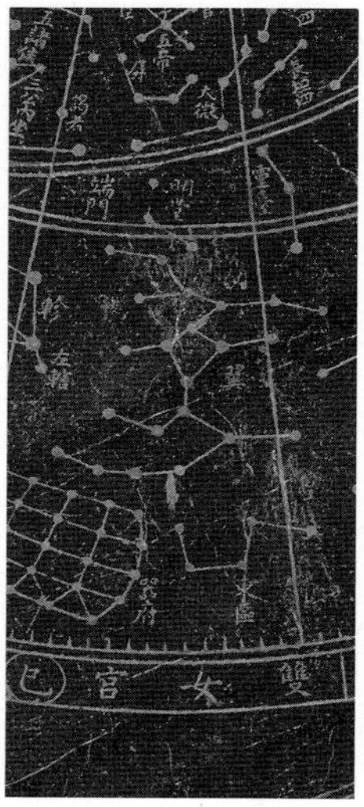	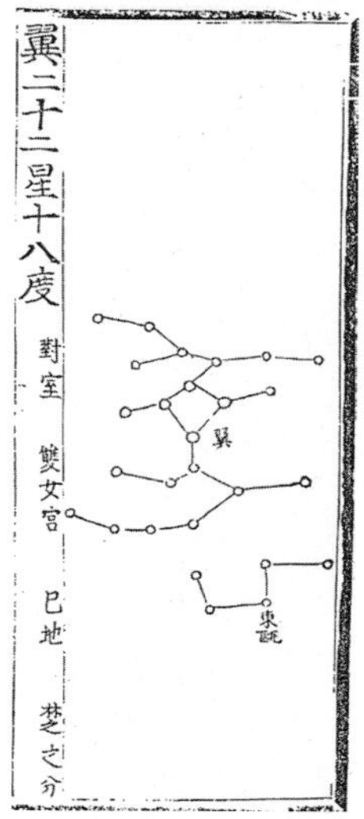

天象列次分野之圖 천상열차분야지도(1395)		별자리 동정(박창범, 1998)			Hoffleit, 1991 (5th ed.)	蘇州天文圖 소주천문도(1247)	
별 이름	개수	No.	BSC	Name	m_v	별 이름	개수
翼 익	22	1	4287	7α Crt	4.08	翼	21
		2	4382	12δ Crt	3.56		
		3	4405	15γ Crt	4.08		
		4	4343	11β Crt	4.48		
		5	4232	ν Hya	3.11		
東區 동구	5					東區	5
2성좌	27성						

(28) 진(軫)

천상열차분야지도(天象列次分野之圖)	천문류초(天文類抄)
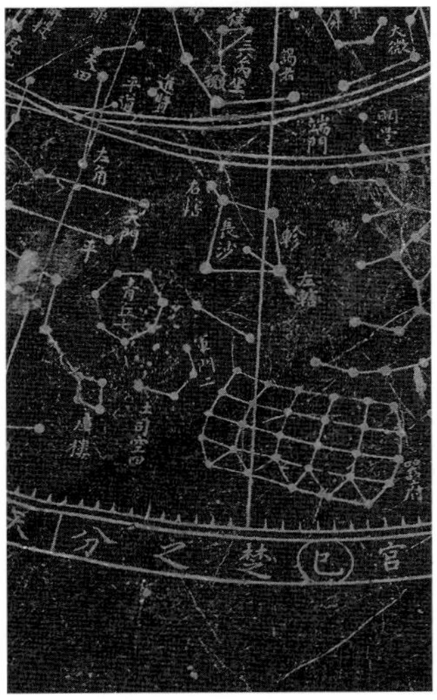	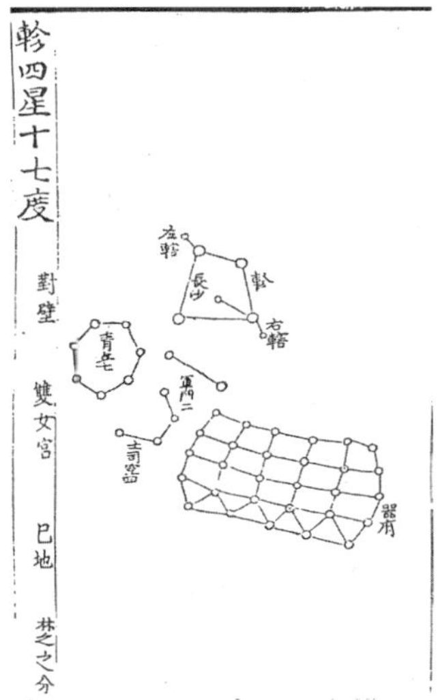

天象列次分野之圖 천상열차분야지도(1395)		별자리 동정(박창범, 1998)			Hoffleit, 1991 (5th ed.)	蘇州天文圖 소주천문도(1247)	
별 이름	개수	No.	BSC	Name	m_v	별 이름	개수
軫 진	4	1	4662	4γ Crv	2.59	軫	4
		2	4630	2ε Crv	3.00		
		3	4757	7δ Crv	2.95		
		4	4786	9β Crv	2.65		
長沙 장사	1					長沙	1
左轄 좌할	1	1	4623	8η Crv	4.02	左轄	1
右轄 우할	1	1	4775	1α Crv	4.31	右轄	
軍門 군문	2					軍門	2
土司空 토사공	4					土司空	4
靑丘 청구	7					靑丘	7
器府 기부	29					器府	32
8성좌	49성						

5. 동서양 별자리 비교

1) 천상열차분야지도와 현대 성도

(1) 천상열차분야지도

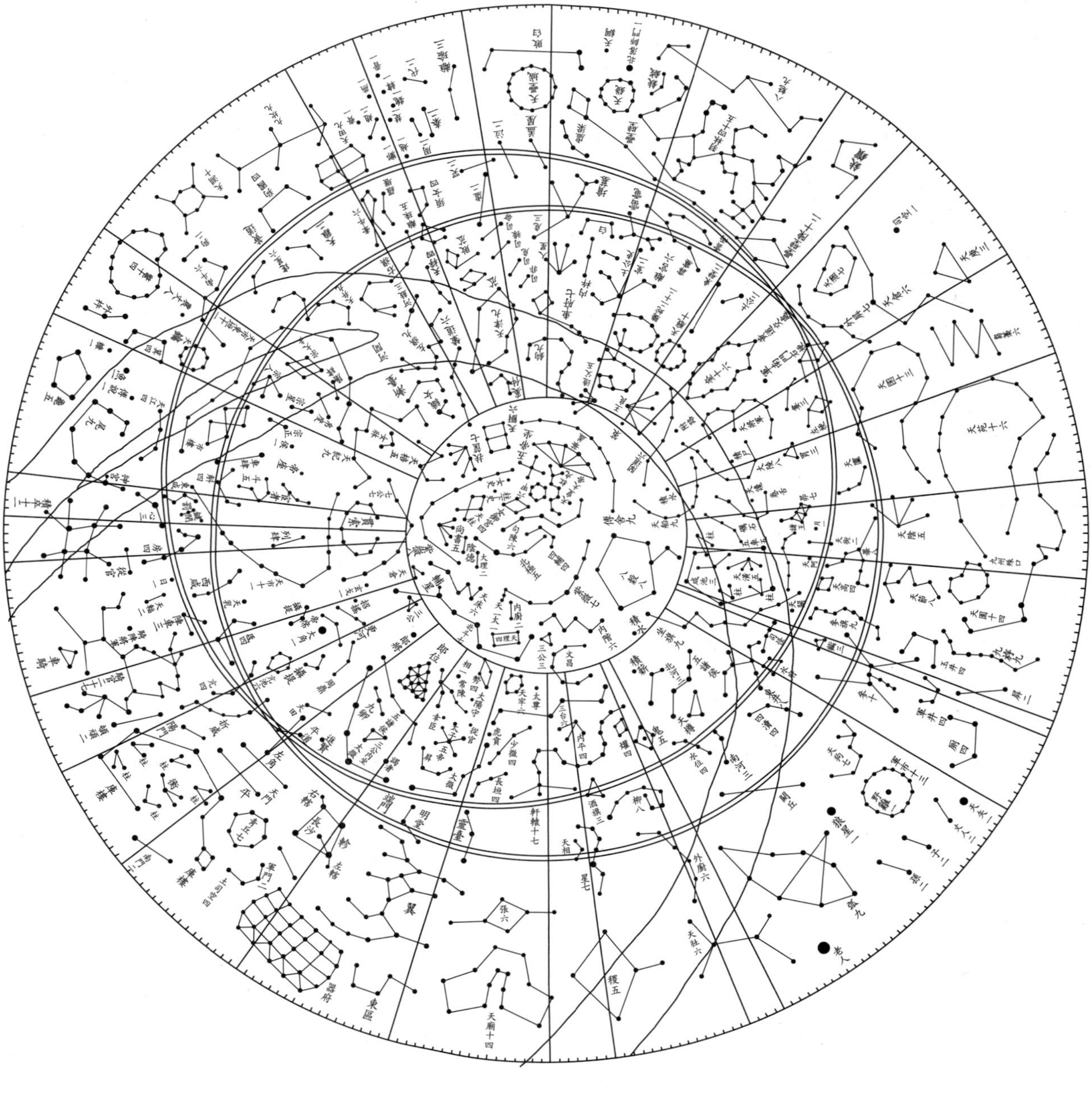

(2) 현대 성도

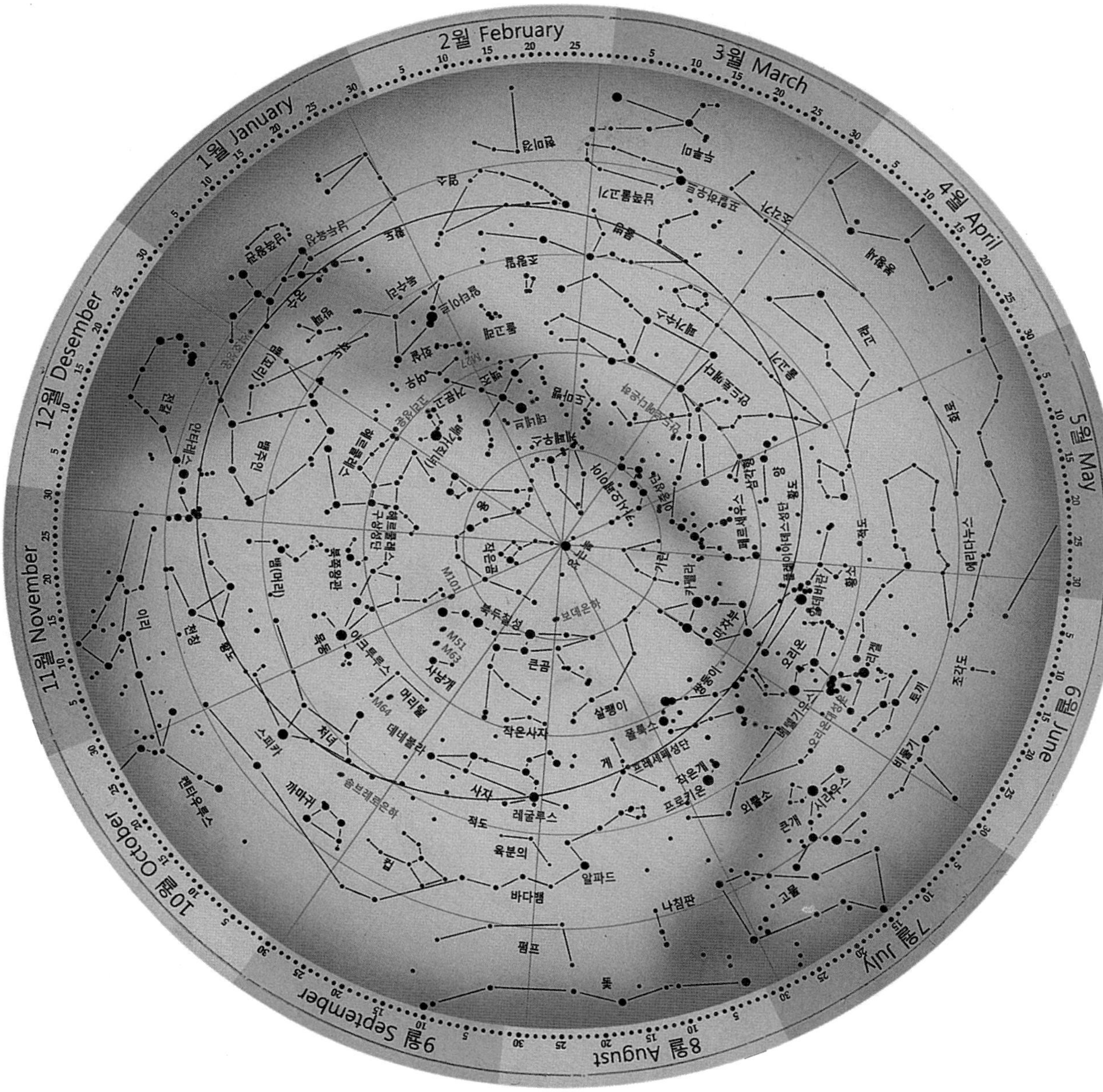

© 스카이 솔루션

2) 동서양 별자리 비교표

동방칠수						
각(角)	항(亢)	저(氐)	방(房)	심(心)	미(尾)	기(箕)
처녀자리		천칭자리	전갈자리			궁수자리
북방칠수						
두(斗)	우(牛)	여(女)	허(虛)	위(危)	실(室)	벽(壁)
궁수자리	염소자리	물병자리	물병자리/ 조랑말자리	물병자리/ 페가수스자리	페가수스자리	페가수스자리/ 안드로메다자리
남방칠수						
규(奎)	루(婁)	위(胃)	묘(昴)	필(畢)	자(觜)	삼(參)
안드로메다자리/ 물고기자리	양자리		황소자리		오리온자리	
서방칠수						
정(井)	귀(鬼)	류(柳)	성(星)	장(張)	익(翼)	진(軫)
쌍둥이자리	게자리	바다뱀자리			컵자리	까마귀자리

3) 천상열차분야지도 별자리에 대응하는 국내 지역[98]

	28수 별자리	28수 별자리에 해당하는 지역	비고
동방칠수	각(角)	옥과(玉果) 진안(鎭安) 순창(淳昌) 임실(任實) 전주(全州) 담양(潭陽) 김제(金堤) 금구(金溝) 정읍(井邑) 태인(泰仁) 고부(古阜) 흥양(興陽)	전라도
	항(亢)	무산(茂山) 금산(錦山) 장수(長水) 함양(咸陽) 운봉(雲峯) 용담(龍潭) 남원(南原)	전라도
	저(氐)	연산(連山) 진령(鎭岺) 노성(魯城) 은진(恩津) 공주(公州) 부여(扶餘) 석성(石城) 한산(韓山) 임천(林川) 홍산(鴻山) 서천(舒川) 남포(藍浦) 청양(靑陽) 보령(保寧)	충청도
	방(房)	비인(庇仁) 용안(龍安) 만경(萬頃) 부안(扶安) 임피(臨陂)	충청도, 전라도
	심(心)	진산(珍山) 옥구(沃溝) 여산(礪山) 고산(高山) 함열(咸悅)	전라도
	미(尾)	익산(益山) 덕원(德源) 안변(安邊) 고원(高原) 문천(文川) 정평(定平) 영흥(永興) 함흥(咸興) 북청(北靑) 홍원(洪原) 단천(端川) 이성(利城) 길주(吉州) 경성(鏡城) 부령(富寧)	함경도
	기(箕)	명천(明川) 경흥(慶興) 온성(穩城) 경원(慶源) 종성(鍾城) 무산(茂山) 회령(會寧) 갑산(甲山)	함경도
북방칠수	두(斗)	하동(河東) 남해(南海) 하양(河陽) 단성(丹城) 곤양(昆陽) 사천(泗川)고성(固城) 산청(山淸) 안의(安義) 진주(晉州) 거제(巨濟) 진해(鎭海) 삼가(三嘉) 의령(宜寧) 함안(咸安) 초계(草溪) 거창(居昌) 고령(高靈) 지례(知禮) 칠원(漆原) 창녕(昌寧) 성주(星州)	경상도
	우(牛)	칠곡(漆谷) 현풍(玄風) 영산(靈山) 웅천(熊川) 창녕(昌寧) 대구(大邱) 청도(淸道) 밀양(密陽)	경상도

98 본 자료는 강원도 대관령박물관에 전시 중인 천상열차분야지도 필사본에 기록된 28수 별자리에 해당하는 국내 지역을 정리한 것이다.

	28수 별자리	28수 별자리에 해당하는 지역	비고
북방칠수	여(女)	김해(金海) 동래(東萊) 양산(梁山) 경산(慶山) 기장(機張) 울산(蔚山) 언양(彥陽) 금산(金山) 경주(慶州) 자인(慈仁) 장기(長鬐)	경상도
	허(虛)	영양(英陽) 인동(仁同) 연일(延日) 흥해(興海) 의흥(義興) 군위(軍威) 개령(開寧) 신녕(新寧) 영천(永川) 의성(義城) 비안(比安)	경상도
	위(危)	선산(善山) 상주(尙州) 청송(青松) 용궁(龍宮) 함창(咸昌) 청하(淸河) 안동(安東) 영덕(盈德) 진보(眞寶) 예천(醴川) 문경(聞慶) 예안(禮安) 영주(榮州) 풍기(豐基) 순흥(順興) 영해(寧海)	경상도
	실(室)	봉화(奉化) 평해(平海) 울진(蔚珍) 삼척(三陟) 정선(旌善) 영월(寧越) 강릉(江陵) 횡성(橫城) 평창(平昌) 양양(襄陽) 홍천(洪川) 춘천(春川) 인제(麟蹄) 간성(杆城) 고성(高城) 양구(楊口)	경상도, 강원도
	벽(壁)	낭천(浪川) 흡곡(歙谷) 통천(通川) 회양(淮陽) 금성(金城) 평강(平康) 안협(安峽) 이천(伊川) 원주(原州)	강원도
남방칠수	규(奎)	태안(泰安) 서산(瑞山) 해미(海美) 결성(結城) 당진(唐津) 홍천(洪川) 면천(沔川) 덕산(德山) 아산(牙山) 대흥(大興) 평진(平津) 신창(新昌) 예산(禮山) 정산(定山) 온양(溫陽) 직산(稷山)	충청도
	루(婁)	천안(天安) 연기(燕岐) 목천(木川) 전의(全義) 회인(懷仁) 옥천(沃川) 회덕(懷德) 보은(報恩) 영동(永同) 청산(青山) 황간(黃澗)	충청도
	위(胃)	영변(寧邊) 양덕(陽德) 맹산(孟山) 성천(成川) 강계(江界) 희천(熙川) 은산(殷山) 위원(渭源) 이산(理山) 운산(雲山) 초산(草山)	평안도
	묘(昴)	벽동(碧潼) 창성(昌城) 삭주(朔州) 의주(義州) 철산(鐵山) 선천(宣川) 태천(泰川)	평안도
	필(畢)	곽산(郭山) 가산(嘉山) 정주(定州) 박천(博川) 개천(价川) 안주(安州) 순천(順天) 강동(江東) 순안(順安) 영유(永柔)	평안도
	자(觜)	음죽(陰竹) 여주(驪州)	경기도
	삼(參)	이천(利川) 지평(砥平) 양근(楊根) 가평(加平) 포천(抱川) 영평(永平) 연천(漣川) 삭녕(朔寧) 철원(鐵原)	경기도
서방칠수	정(井)	증산(甑山) 강서(江西) 평양(平壤) 함종(咸從) 용강(龍岡) 상원(祥原) 중화(中和) 삼화(三和) 곡산(谷山) 안악(安岳) 봉산(鳳山) 은율(殷栗) 신계(新溪) 서흥(瑞興) 문화(文化) 토산(兎山) 신천(信川) 풍천(豐川) 대녕(戴寧) 옹진(甕津)	평안도, 황해도
	귀(鬼)	당진(唐津) 금천(金川) 연안(延安) 백천(白川)	황해도
	류(柳)	송도(松都) 교동(喬桐) 장단(長湍) 마전(麻田) 적성(積城) 파주(坡州) 풍덕(豐德) 교하(交河) 고양(高陽) 양주(楊州) 김포(金浦) 강화(江華)	황해도, 경기도
	성(星)	부평(富平) 인천(仁川) 과천(果川) 금천(黔川) 안산(安山) 남양(南陽) 수원(水原)	경기도
	장(張)	진위(振威) 양성(陽城) 용인(龍仁) 안성(安城) 양지(陽智) 광주(廣州) 죽산(竹山) 진천(鎭川) 청주(淸州) 청안(淸安) 음성(陰城) 괴산(槐山) 연풍(延豐) 충주(忠州) 청풍(淸風) 단양(丹陽) 제천(堤川) 영춘(永春)	경기도, 충청도
	익(翼)	무장(茂長) 고창(高敞) 영광(靈光) 장성(長城) 진원(珍原) 함평(咸平) 무안(務安) 나주(羅州) 진도(珍島) 제주(濟州) 대정(大靜) 영암(靈巖) 강진(康津) 남평(南平)	전라도, 제주도
	진(軫)	광주(光州) 창평(昌平) 동복(同福) 화순(和順) 능주(綾州) 장흥(長興) 순천(順天) 낙안(樂安) 흥양(興陽) 보성(寶城) 곡성(谷城) 구례(求禮) 광양(光陽)	전라도

天象列次分野之圖

II

석각 천상열차분야지도 3차원 정밀 측정

1. 천문도 3차원 측정과 측정기의 특성

2. 천문도 실측 상세도

3. 천문도의 별자리와 명문 스캔

4. 천문도의 별 측정: 좌표와 크기

1. 천문도 3차원 측정과 측정기의 특성

1) 3차원 측정의 목적과 내용

정밀 3차원 스캐닝을 통하여 석각 천상열차분야지도 석판의 크기 및 천문도에 새겨진 명문과 별자리를 측정하였다. 이렇게 획득한 자료를 이용해 별자리를 분석하고 석각 천믄도의 크기와 내용을 확인할 수 있다. 3차원 측정 데이터는 천문도의 3차원 복제 자료로 활용될 수 있다. 3차원 정밀 스캐너를 이용한 측정 내용과 과정은 다음과 같다.

- 1단계: 석각 천문도 전체 외형 스캔
  - 정밀도 0.04~1.00mm, 형상 스캔, 삼각측량/광학측정 방식
- 2단계: 천문도 성도 스캔
  - 별의 위치와 크기 등 성도 정밀 스캔
- 3단계: 외형의 균열, 박락 및 탈락 등 외형의 특정 부분 정밀 스캔
  - 3차원 스틸컷 스캔: 정밀도 0.5~0.8mm
- 4단계: 측정 자료 데이터베이스화 작업(폴리곤 및 후처리 작업)
  - 후처리 작업에서는 균열, 박락, 탈락 등 특징적 구조가 도면상 확인되도록 함

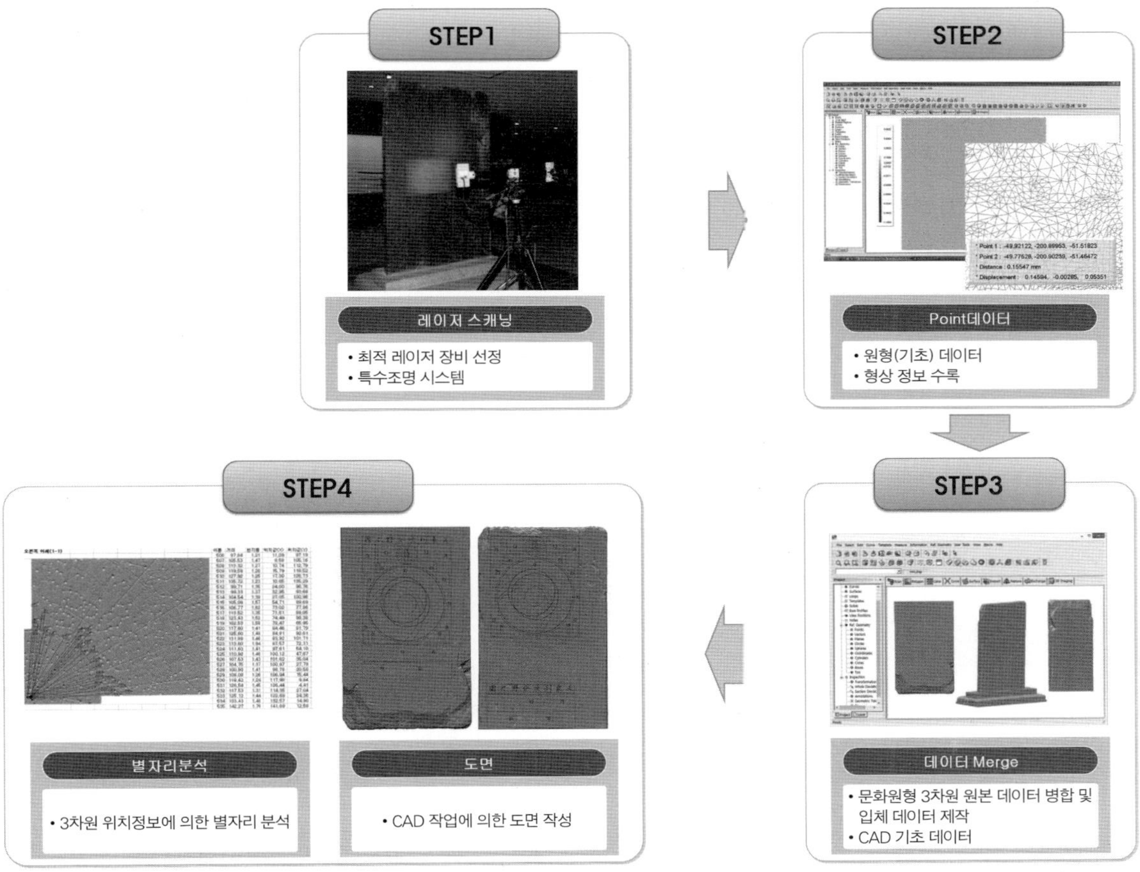

〈그림 6〉 석각 천문도 3차원 측정 및 분석 과정

2) 3차원 측정기의 특성

3차원 스캐닝은 공간상에서 측정 대상의 형상을 측정하여 디지털 데이터로 저장하는 방식으로, 이를 활용하여 필요한 각종 정보를 얻을 수 있다. 문화재에 대한 3차원 측정은 레이저 또는 광학식 비접촉 측정법을 이용한다. 이러한 방법은 문화재에 직접 접촉하지 않고 측정이 이루어지므로 측정 과정에서 유물을 훼손할 염려가 없다. 3차원 스캔은 레이저 빔의 반사 시차를 이용하거나 장비에 내장된 광전 소자에 맺히는 반사 빔의 위치를 역산해서 측정 물체의 3차원 측정값을 수치화하게 된다. 측정 데이터는 수많은 측정 포인트 값으로 나타나는데 소프트웨어를 이용해 측정 기초 자료의 후처리 과정을 거쳐야 3차원 형상 자료를 볼 수 있다.

3차원 스캐닝은 정밀한 자료 측정이 가장 큰 장점으로, 석각 천문도의 별의 크기와 위치, 그리고 석판의 형태 등을 측정할 수 있는 최적의 방법이다. 3차원 스캐닝 방법은 용도에 따라 삼각측량과 Time of Flight, 그리고 항공 촬영 방식이 있는데, 석각 천문도 측정에는 측정 정밀도가 가장 높은 삼각측량방식을 이용하였다.

세계적으로 널리 사용되는 다양한 3차원 측정 장치 중에서 석각 천문도의 외형, 명문, 그리고 별자리를 측정하는 데 적합한 두 종류의 기기를 선별해서 측정에 활용하였다. 본 석각 천문도 측정에는 삼각측량 방식의 비접촉 근거리 3D 스캐너인 미놀타(Minolta)사의 VIVID 910과 브로이크만(Breukmann)사의 브로이크만 기기를 사용하였다. 천문도 각석의 외형 형상 분석에는 VIVID 910을 사용하였으며, 명문과 별 측정 및 각석의 균열 등 상세한 측정에는 브로이크만을 사용하였다.

[표 1] 3차원 측정기의 종류와 특징

스캐닝 시스템	용도	정밀도	측정 가능 거리
삼각측량 방식 스캐너 (근거리)	- 소형 대상체(이동 가능 혹은 이동 불가능) - 복제용 데이터 획득 등	0.5~1mm	0.1~1m (최대 25m)
Time of Flight 방식 스캐너 (광대역)	- 석조나 빌딩 외곽, 내부 촬영 - 모델링 및 도면 추출 등	3~6m (100m까지)	2~100m (최대 1,000m)
항공 촬영 방식 스캐너	- 지형이나 광대한 유적지 등 촬영 - 지형조사 및 변형 추적 등 · Time of Flight 방식을 사용하나 비행기의 위치, 방향, 고도를 동시에 측정해야 함	0.15m(파라미터 값에 따라 상이)	10~3,500m

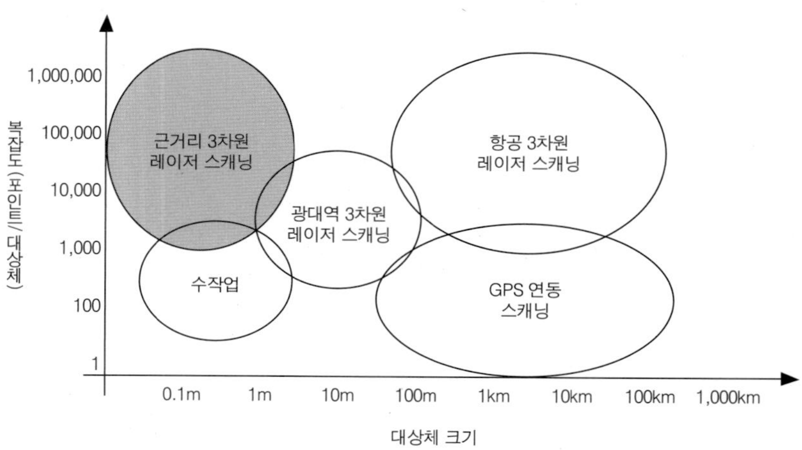

〈그림 7〉 측정 대상의 크기와 정밀도에 따른 스캐닝 분류

[표 2] 천상열차분야지도 측정에 사용한 3차원 스캐닝 장치와 그 특성

<table>
<tr><th></th><th>VIVID 910</th><th>Breukmann</th></tr>
<tr><td>측정 기기</td><td>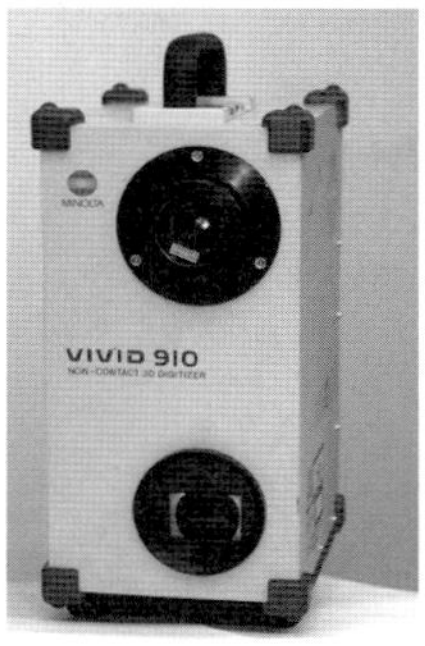
</td><td></td></tr>
<tr><td>측정 방식</td><td>삼각측량 방식
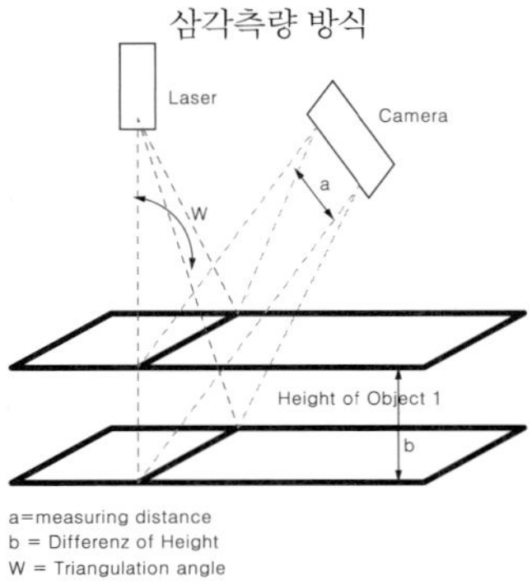
</td><td>백색광 투사 방식
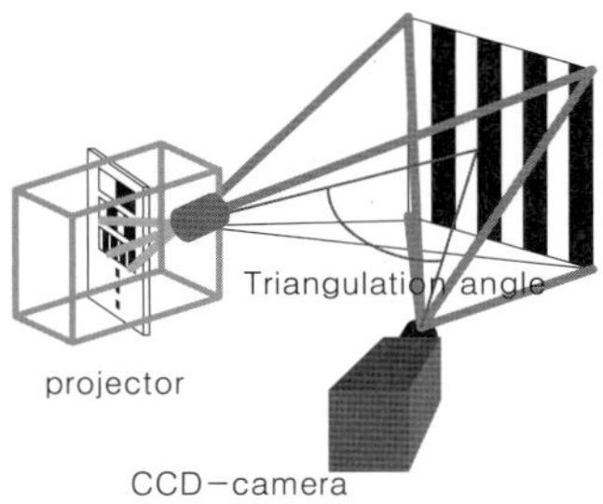
</td></tr>
<tr><td>측정 정밀도</td><td>X: ±0.22mm
Y: ±0.16mm
Z: ±0.10mm</td><td><0.01mm</td></tr>
<tr><td>특징</td><td>색상과 위치 정보 동시 추출 가능
스캐닝 속도 빠름</td><td>면(Area) 단위 측정 가능
Array 측정 가능</td></tr>
</table>

3차원 스캐닝 측정 데이터는 모델링 과정을 통해 형상화할 수 있다. 측정 대상의 표면에서 얻어진 초기 측정 위치(X, Y, Z) 값은 소프트웨어를 통해 표준화 작업을 거쳐 측정 자료를 통합하게 된다. 이러한 전처리 과정을 거친 측정 데이터는 문화재 연구와 복원을 위해 측정 대상의 크기, 위치, 깊이 등을 분석하는 자료로 활용된다. 석각 천문도의 3차원 스캐닝 자료는 'RapidForm 2006' 프로그램을 이용해 모델링하였다.

2. 천문도 실측 상세도

1) 태조본 전체 구성

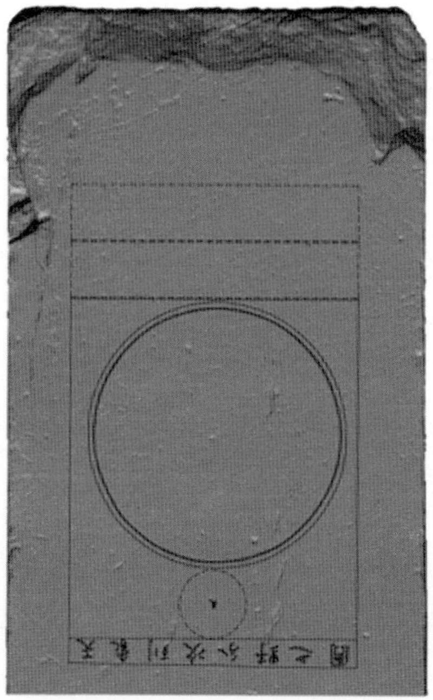

뒷면

3D DATA

앞면

2) 태조본 앞면

(1) 전체 도면

[단위: mm]

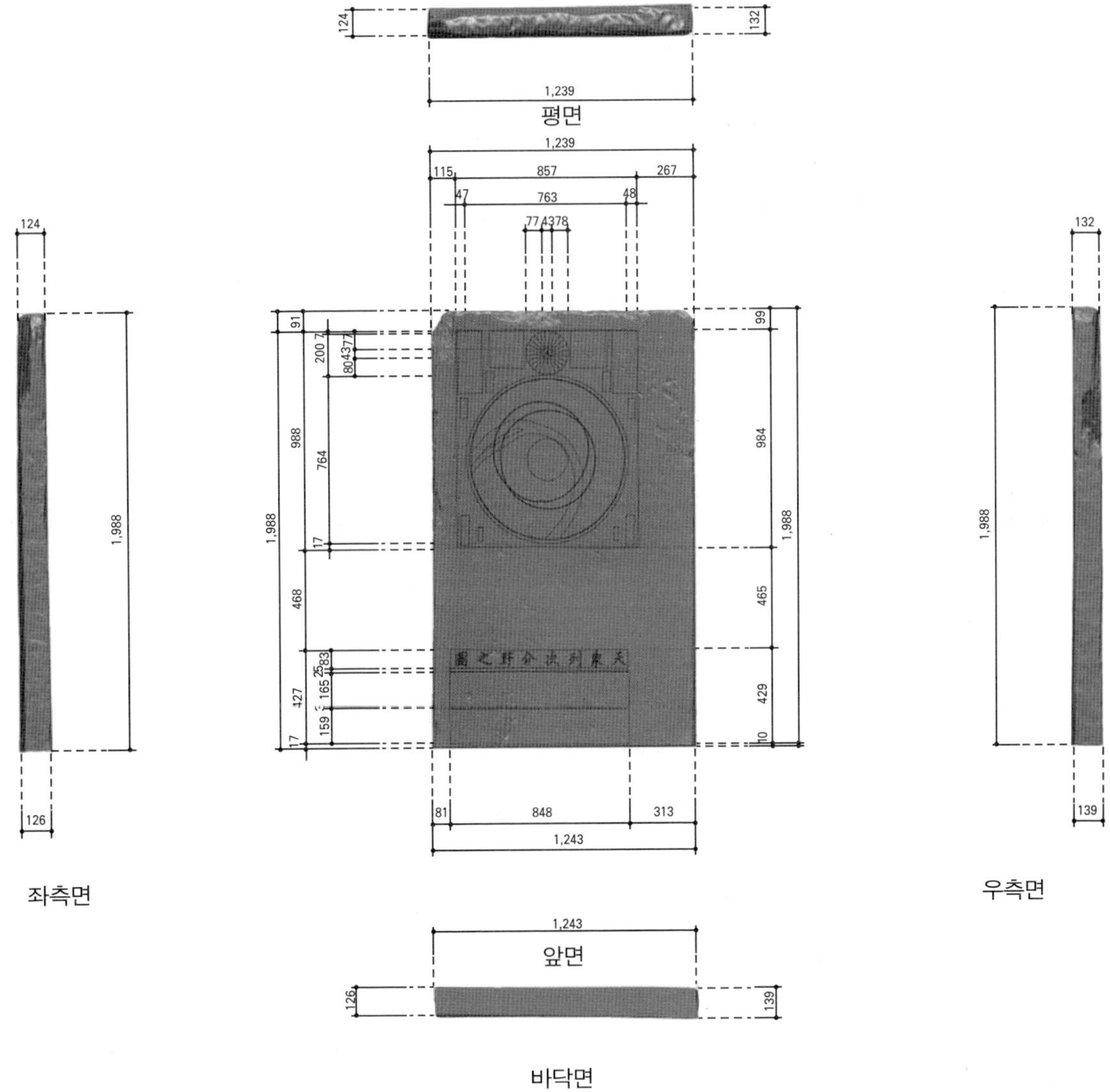

天象列次分野之圖

(2) 상부 도면

[단위: mm]

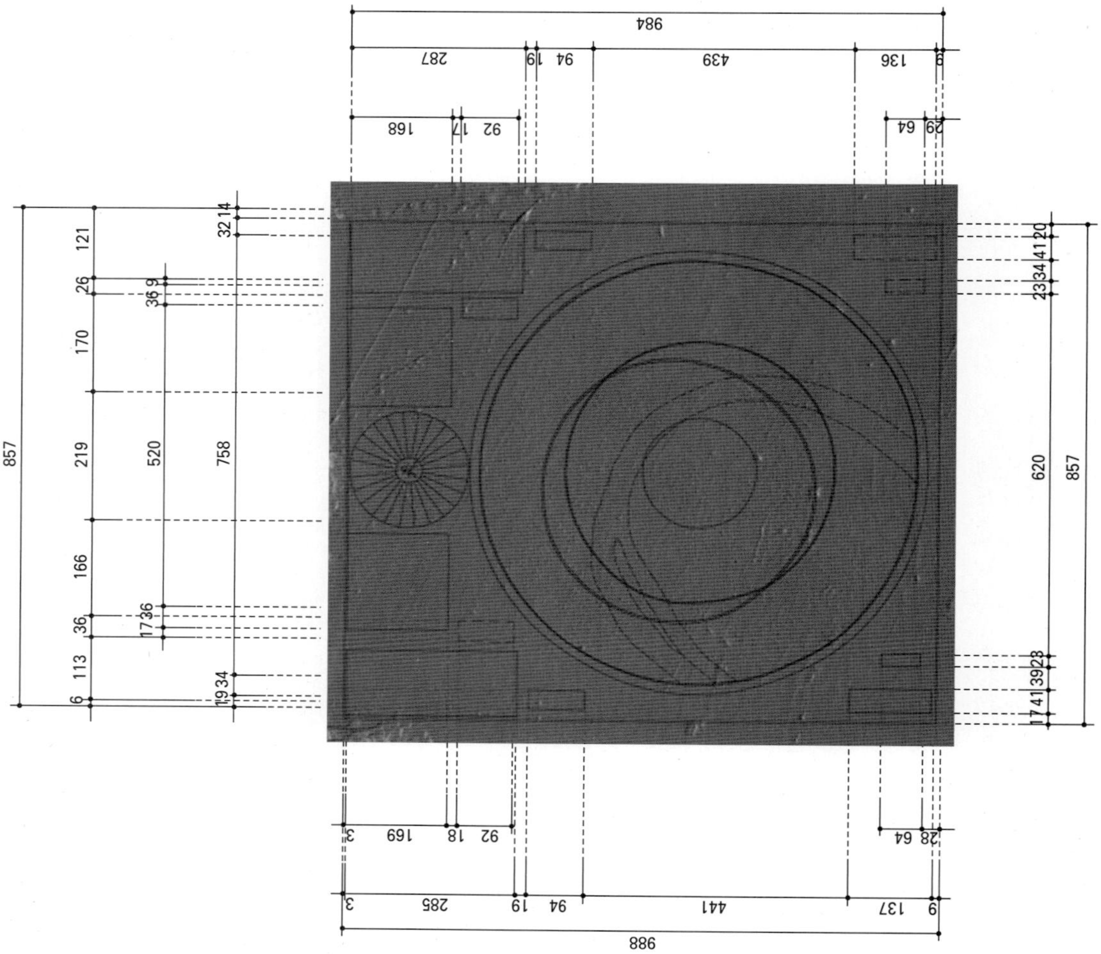

(3) 성도 상세 도면

[단위: mm]

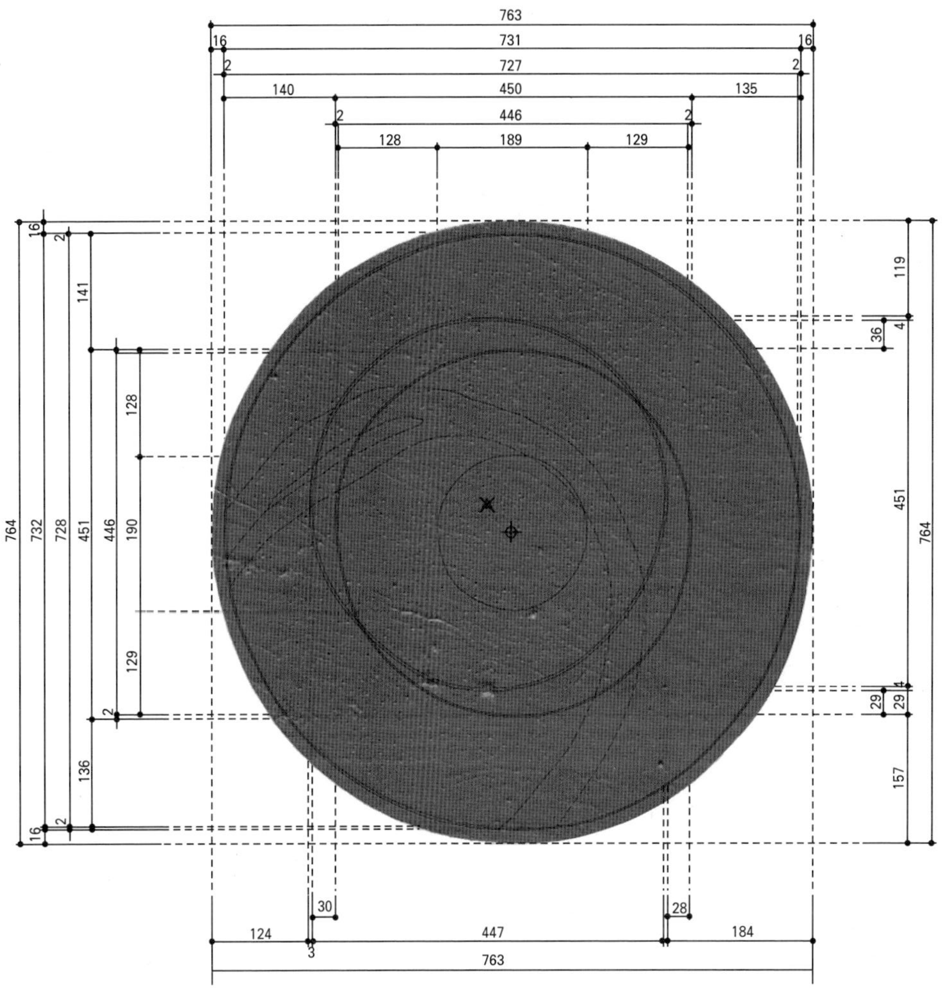

중심점 일람표

⨉	황도 중심점
⌖	적도 중심점

3) 태조본 뒷면

(1) 전체 도면

[단위: mm]

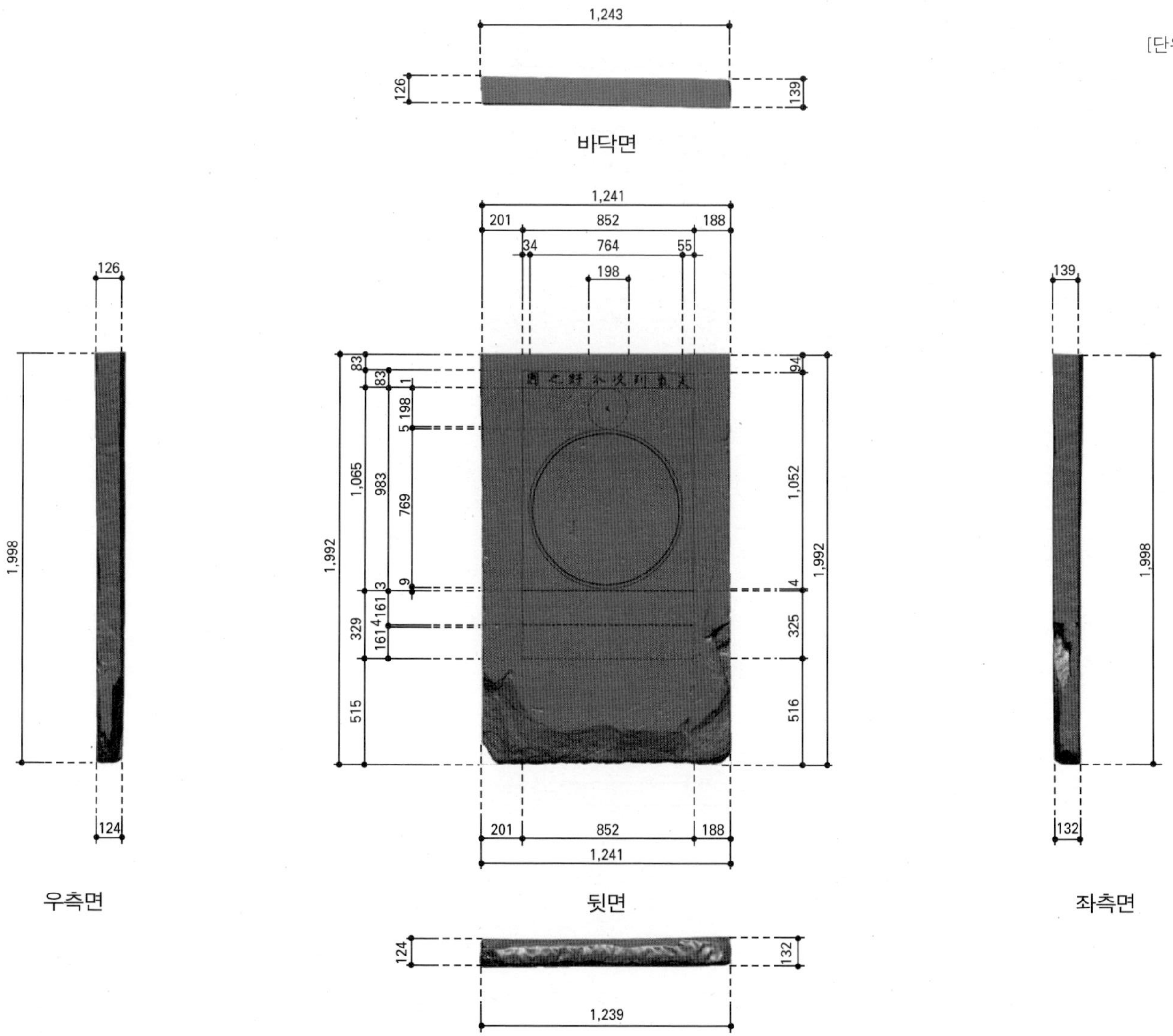

(2) 성도 상세 도면

[단위: mm]

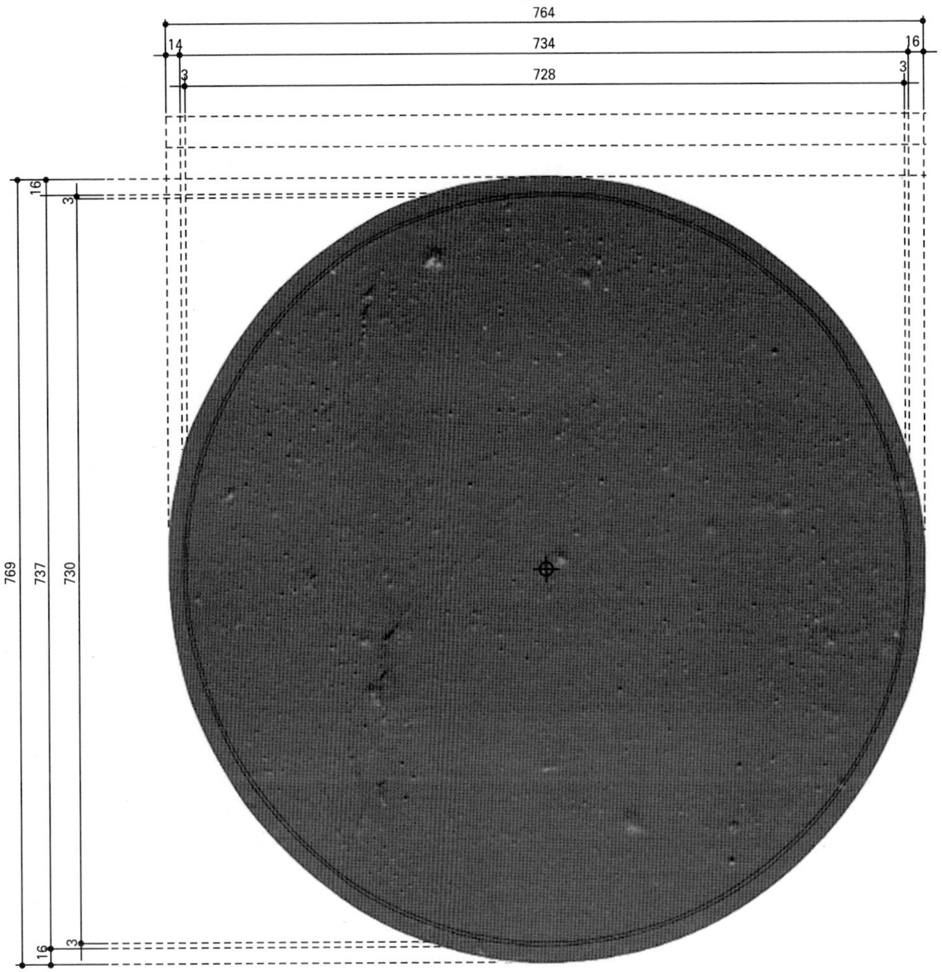

4) 숙종본 전체 구성

3D DATA

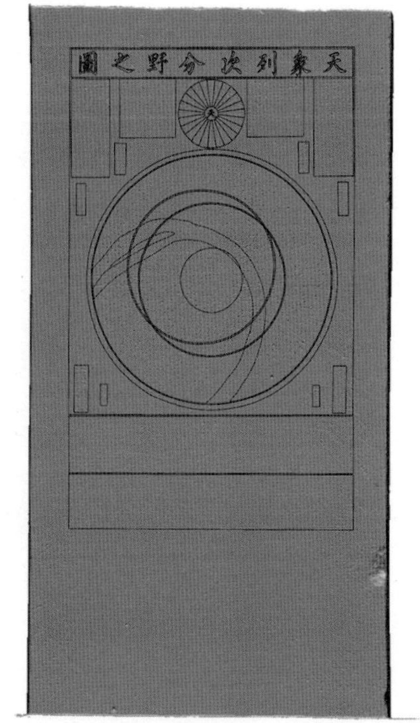

앞면

(1) 전체 도면

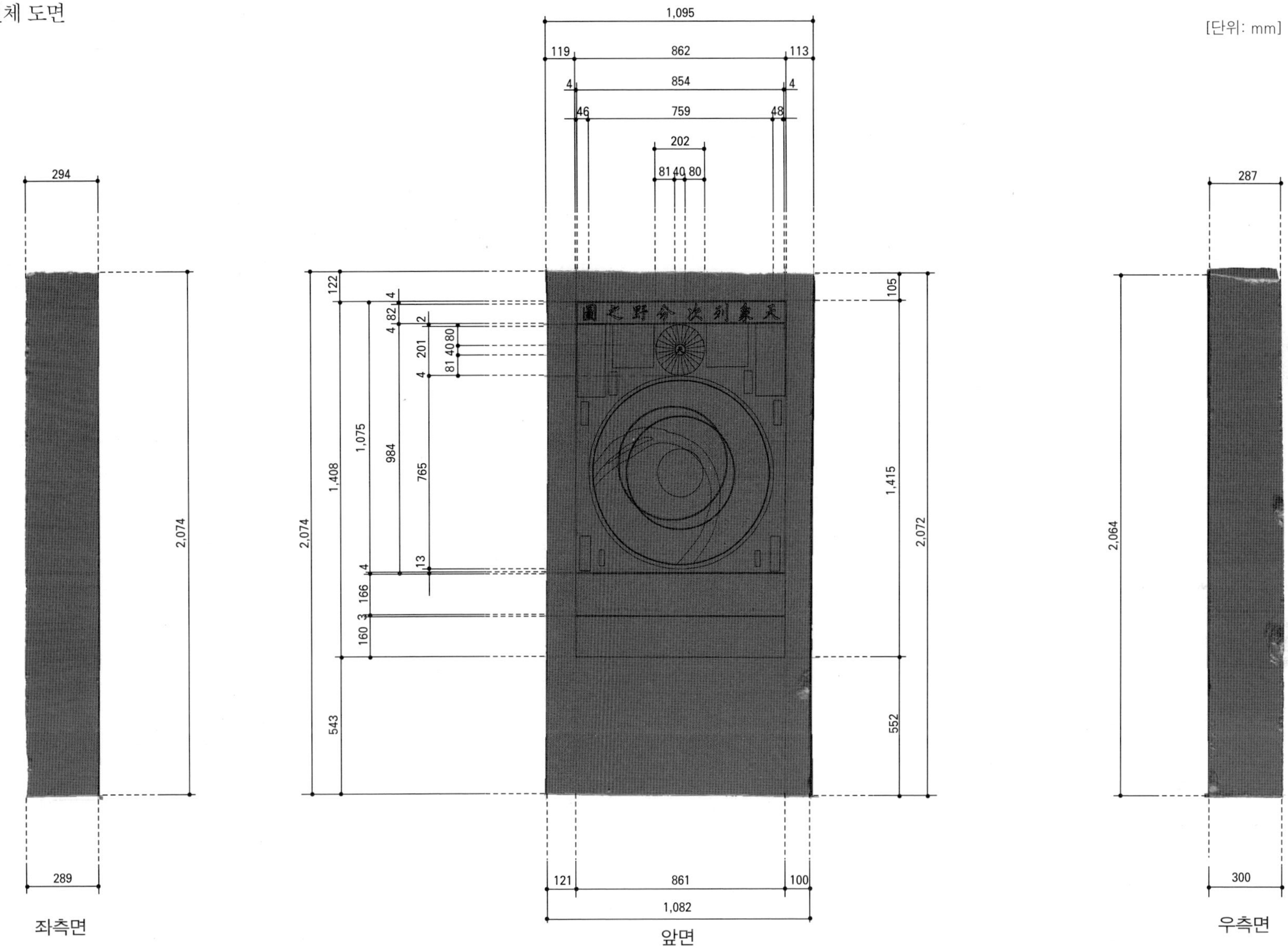
[단위: mm]
1,095
119
862
113
4
854
4
46
759
48
202
81 40 80
294
287
122
4 82 4
2
201
4
81 40 80
1,075
984
765
13
4
166
3
160
1,408
2,074
2,074
543
105
1,415
552
2,072
2,064
289
121
861
100
1,082
300
좌측면
앞면
우측면

(2) 전체 상세 도면

[단위: mm]

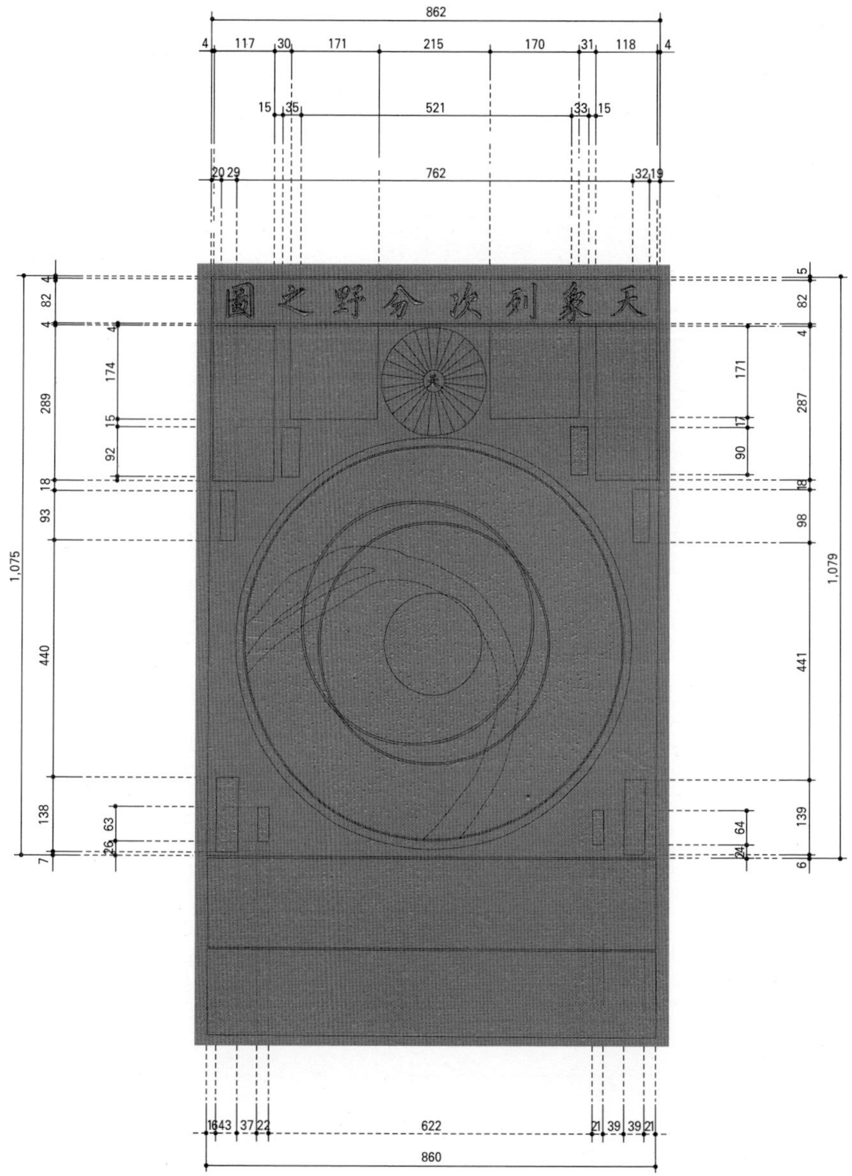

(3) 성도 상세 도면

[단위: mm]

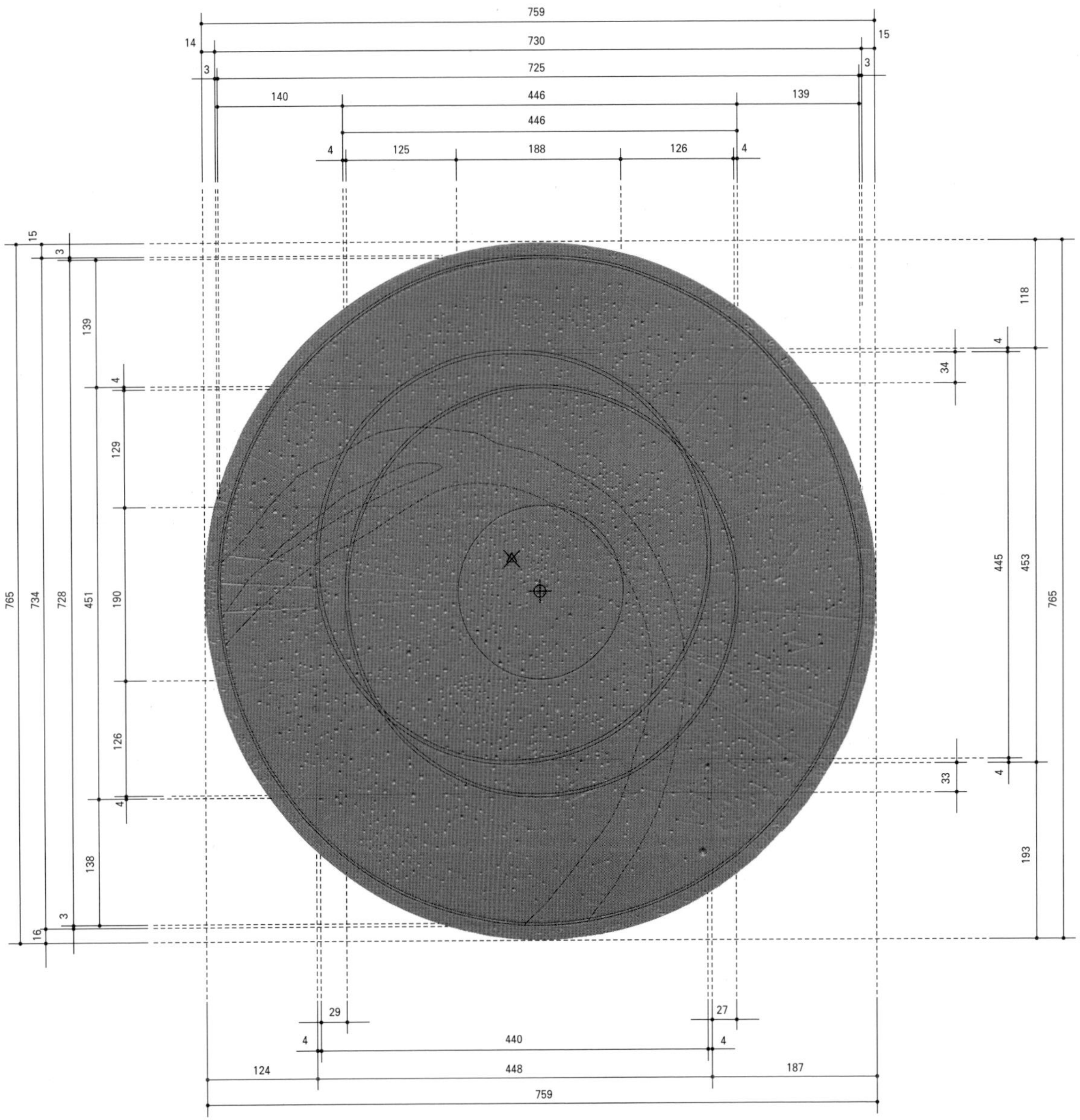

중심점 일람표

☒	황도 중심점
⊕	적도 중심점

3. 천문도의 별자리와 명문 스캔

1) 28수 별자리 배치

(1) 28수, 은하수, 황도, 적도

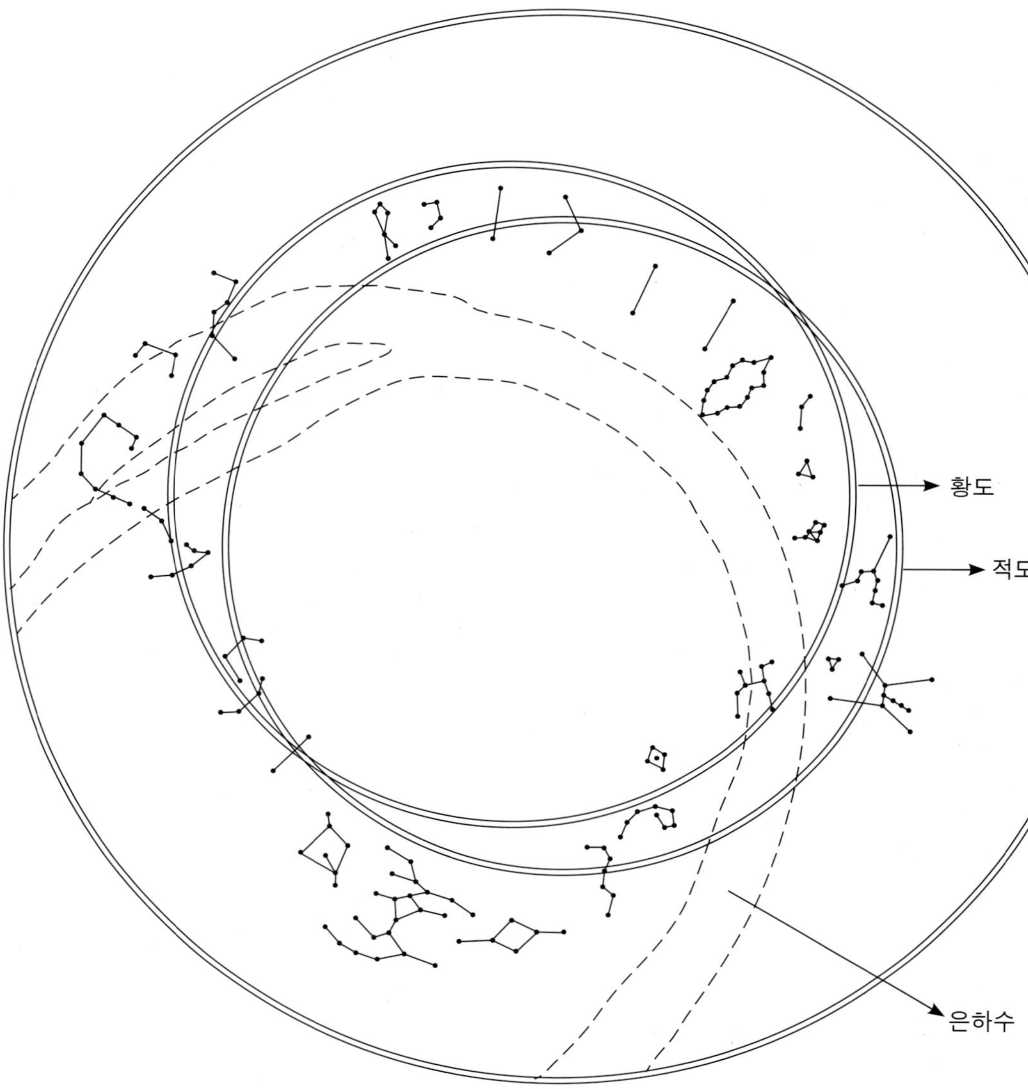

(2) 28수 별자리 일렬 배치

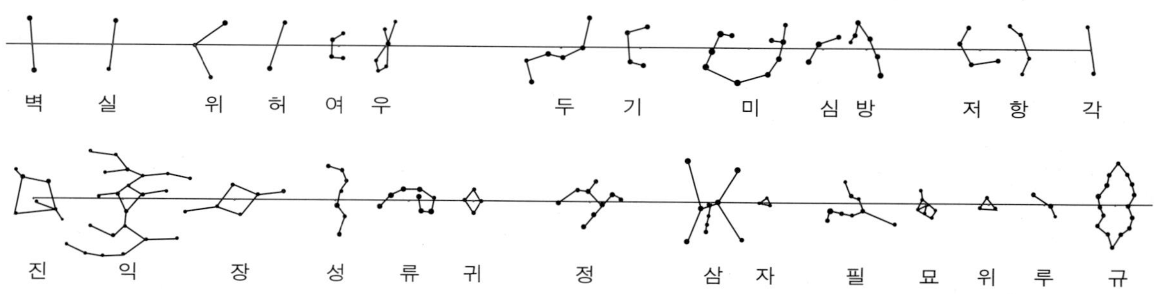

2) 28수 별자리의 모양과 실측

(1) 각(角)

태조본 앞면 스캔	태조본 뒷면 스캔	숙종본 스캔
숙종본 탁본 (규장각본)	숙종본 실측 도면	
숙종본 탁본 (성신여대본)		

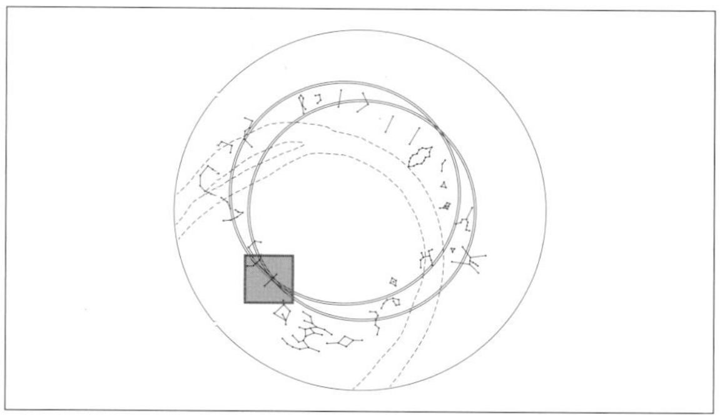

각수(角宿): 角二星十二度(對奎 天秤宮 辰地 鄭之分) / 兩紅南北正直著

각수는 두 개의 별로 구성되어 있으며 12도를 차지한다.
(규수에 대응되는 위치이며 천칭궁, 진의 방향, 정나라의 영역에 해당한다.)
두 개의 붉은 별이 남북으로 수직하게 놓여 있다.

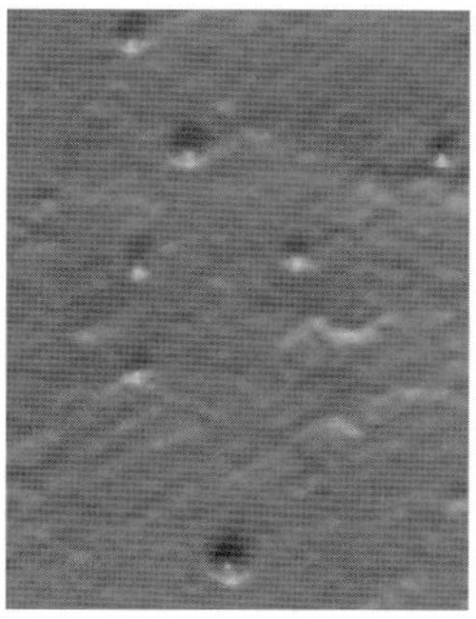

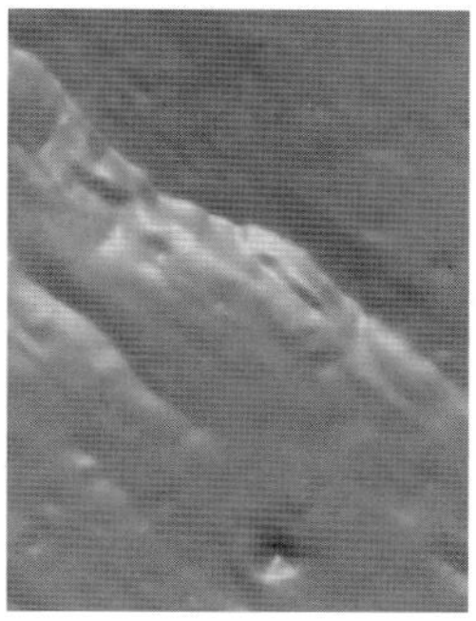

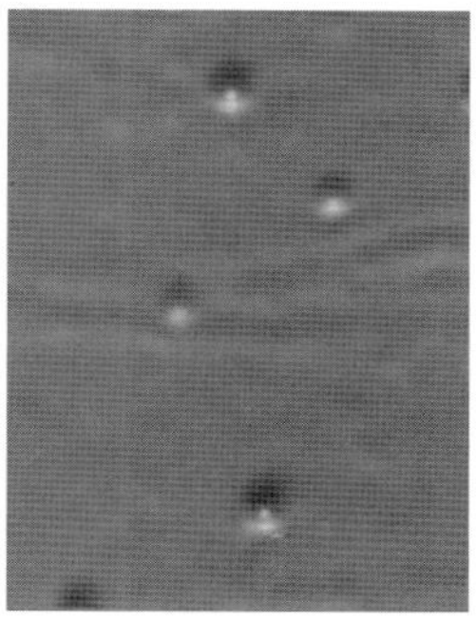

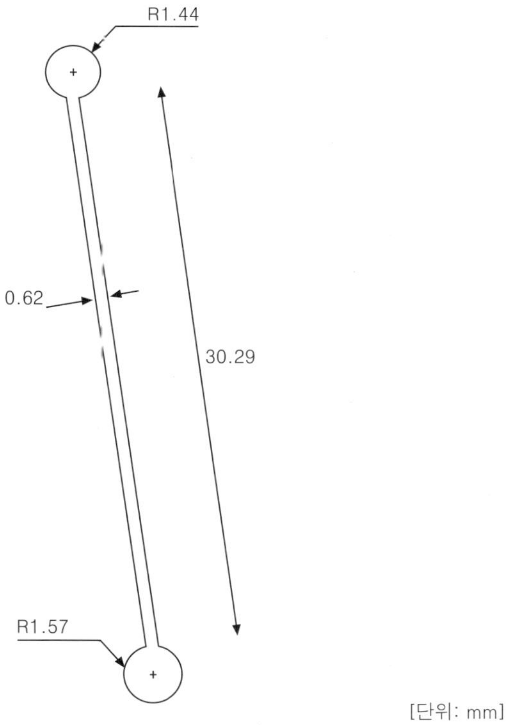

(2) 항(亢)

태조본 앞면 스캔	태조본 뒷면 스캔	숙종본 스캔
숙종본 탁본 (규장각본)	숙종본 실측 도면	
숙종본 탁본 (성신여대본)		

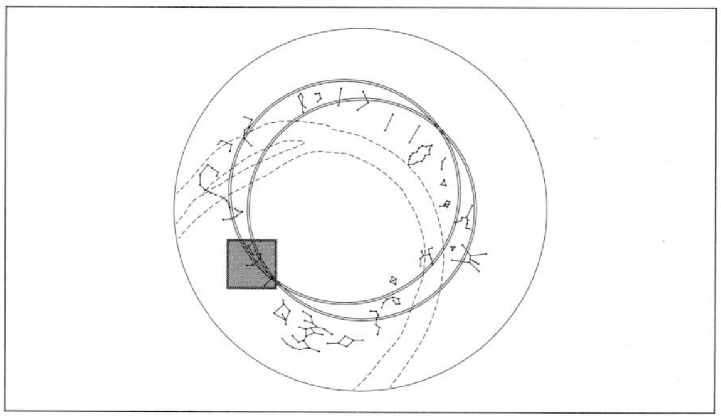

항수(亢宿): 亢四星九度(對婁 天秤宮 辰地 鄭之分) / 四紅却似彎弓狀

항수는 네 개의 별로 구성되어 있으며 9도를 차지한다.
(루수에 대응되는 위치이며 천칭궁, 진의 방향, 정나라의 영역에 해당한다.)
네 개의 붉은 별로, 굽은 활 모양과 비슷하다.

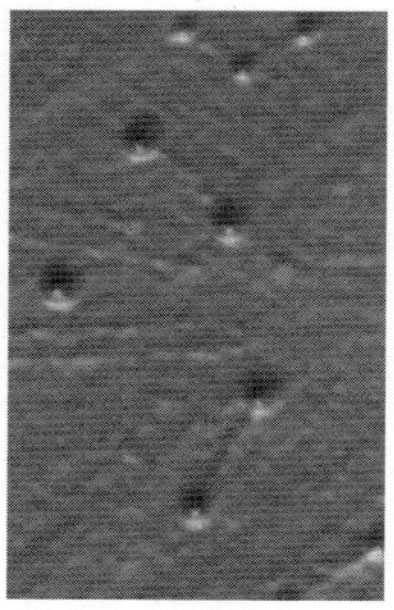

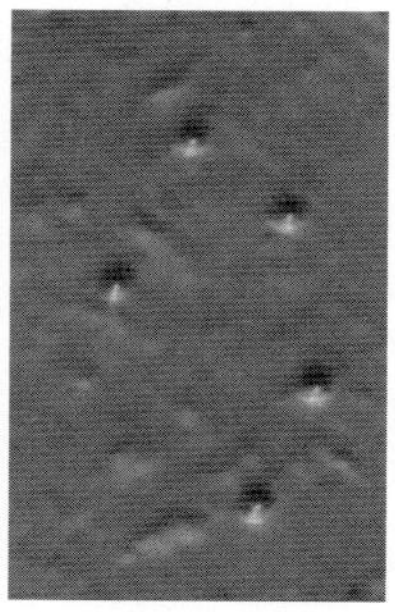

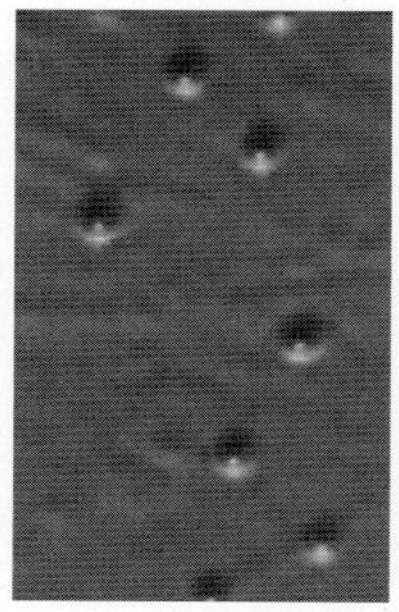

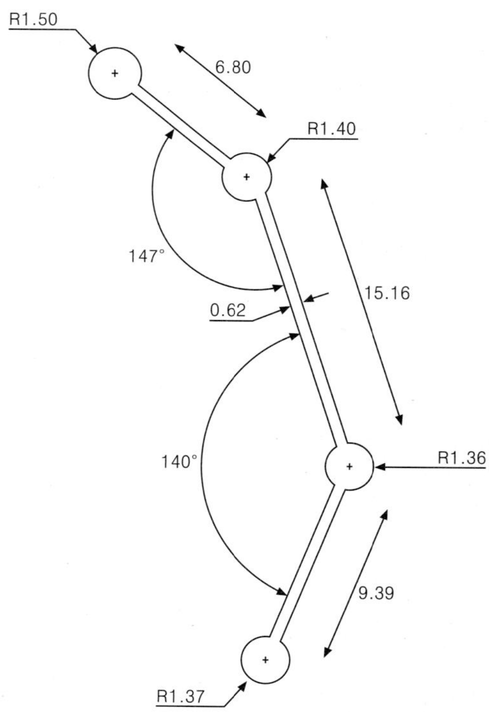

[단위: mm]

(3) 저(氐)

태조본 앞면 스캔	태조본 뒷면 스캔	숙종본 스캔
숙종본 탁본 (규장각본)	숙종본 실측 도면	
숙종본 탁본 (성신여대본)		

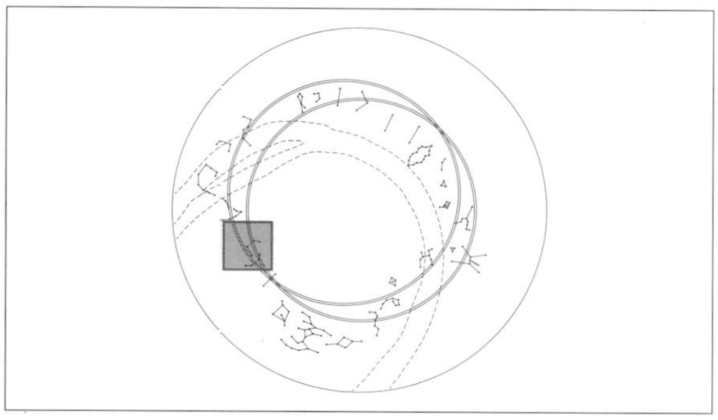

저수(氐宿): 氐四星十五度(對胃 天蝎宮 卯地 宋之分) / 四紅似斗側量米

저수는 네 개의 별로 구성되어 있으며 15도를 차지한다.
(위수에 대응되는 위치이며 천갈궁, 묘의 방향, 송나라의 영역에 해당한다.)
네 개의 붉은 별로, 말(斗)을 기울여 쌀의 양을 재는 모양이다.

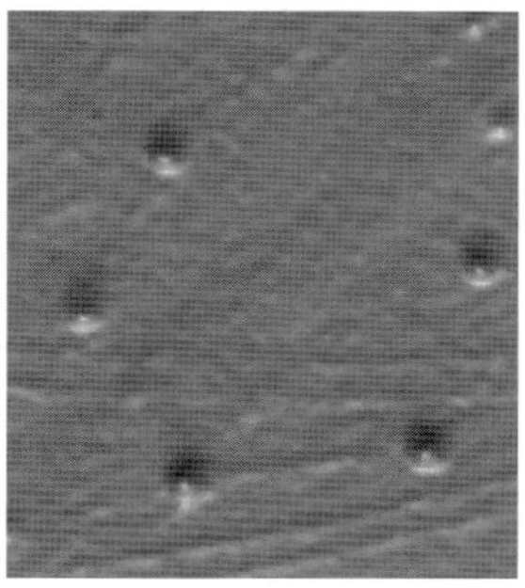

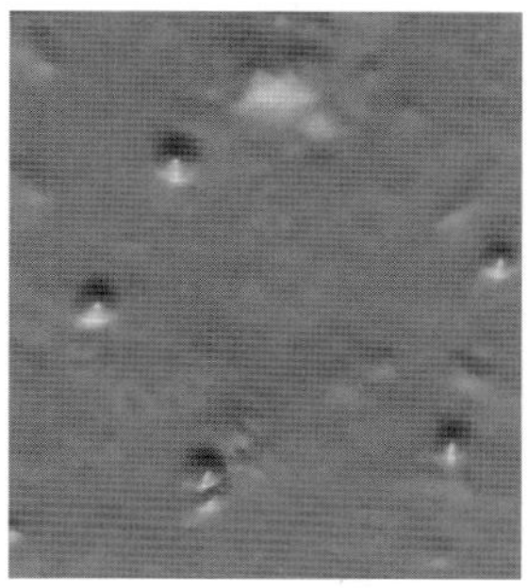

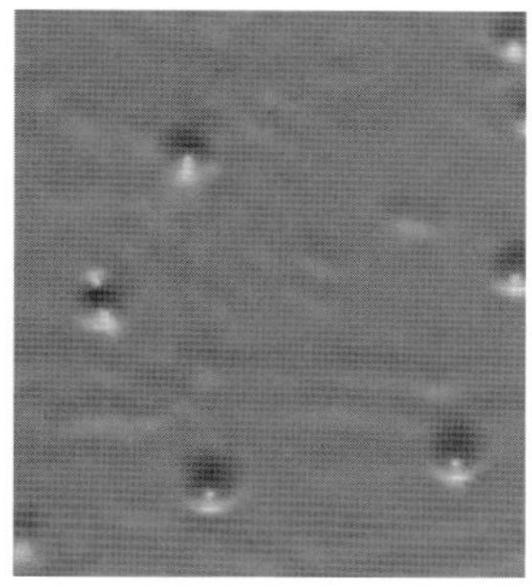

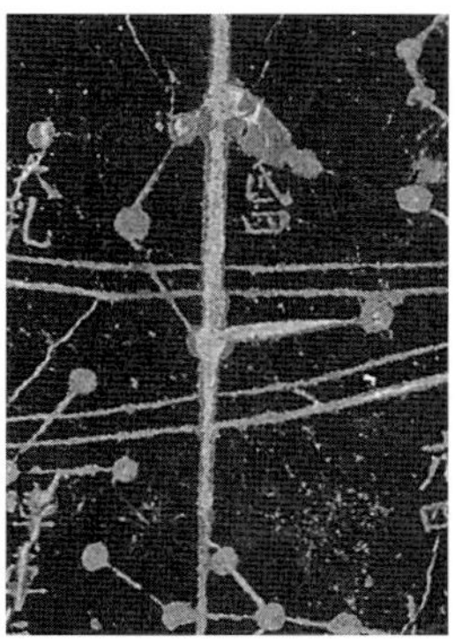

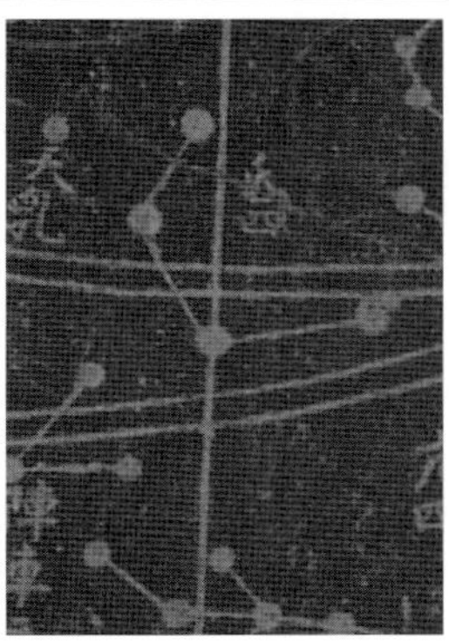

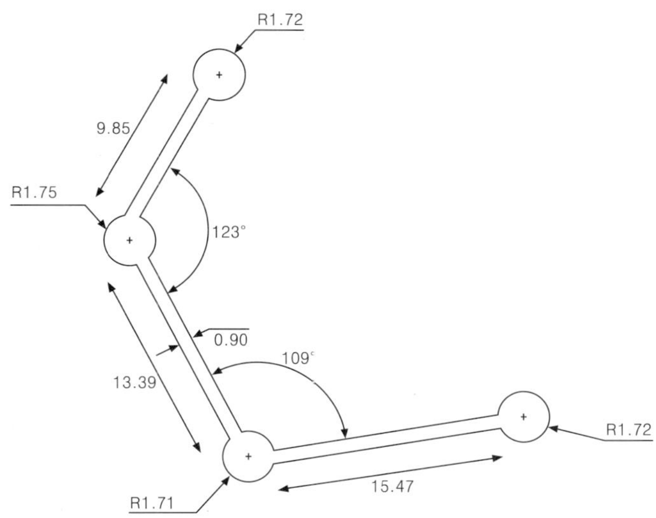

[단위: mm]

(4) 방(房)

태조본 앞면 스캔	태조본 뒷면 스캔	숙종본 스캔
숙종본 탁본 (규장각본)	숙종본 실측 도면	
숙종본 탁본 (성신여대본)		

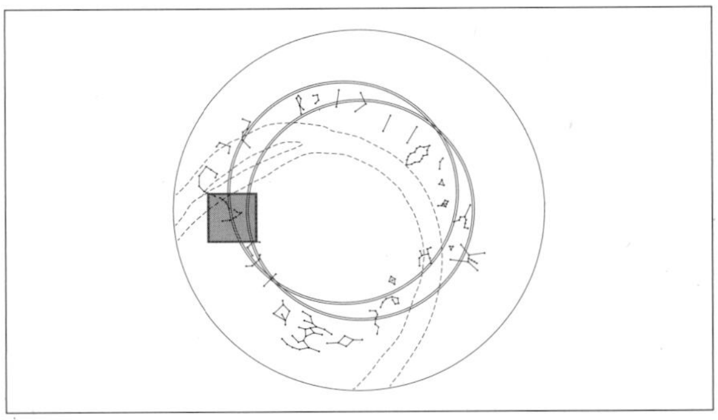

방수(房宿): 房四星五度(對昴 天蝎宮 卯地 宋之分) / 四紅直下主明堂

방수는 네 개의 별로 구성되어 있으며 5도를 차지한다.
(묘수에 대응되는 위치이며 천갈궁, 묘의 방향, 송나라의 영역에 해당한다.)
네 개의 붉은 별이 수직하게 놓인 모양으로, 명당(明堂)을 주관한다.

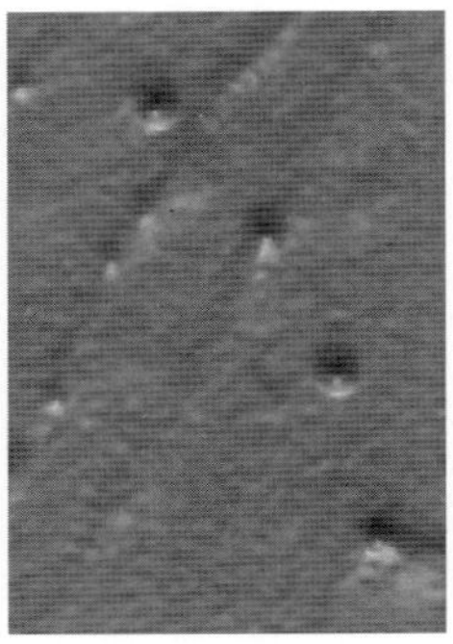

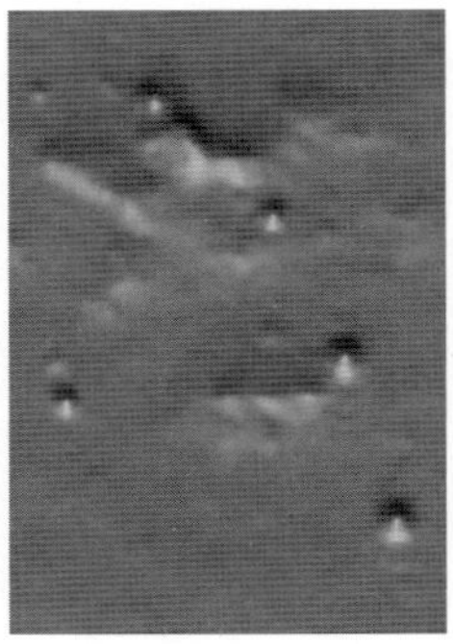

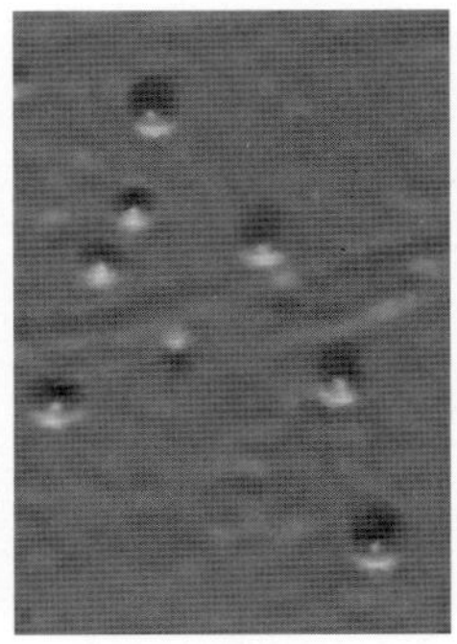

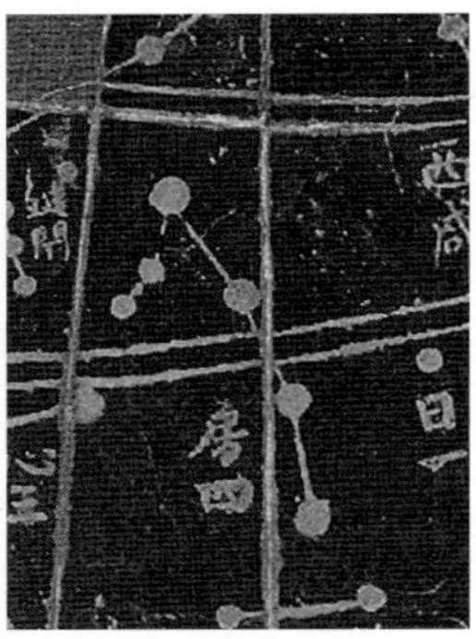

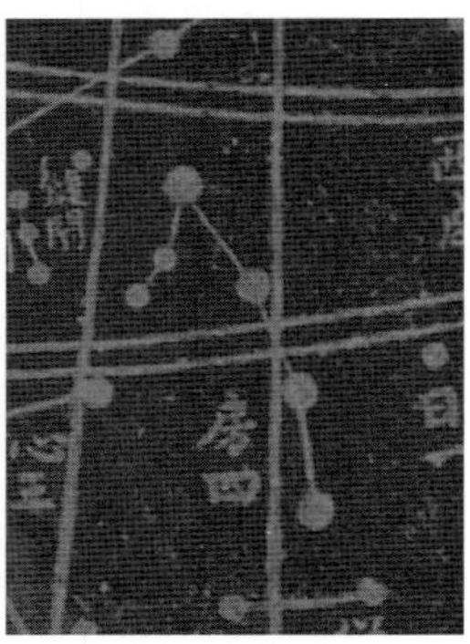

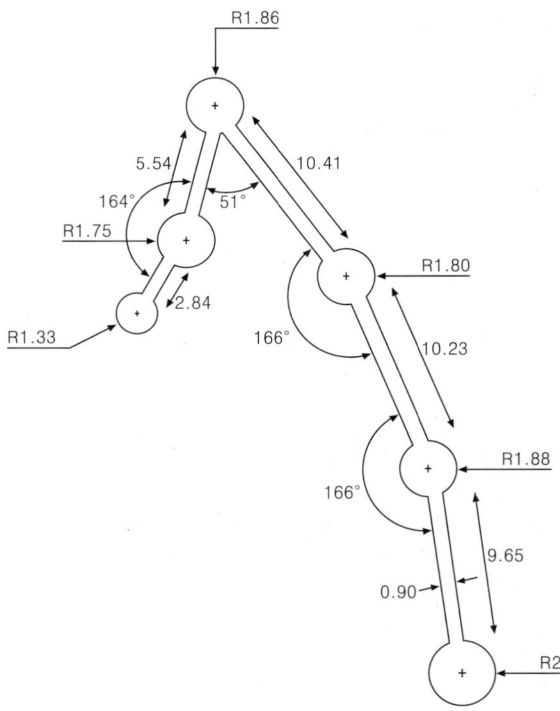

[단위: mm]

(5) 심(心)

태조본 앞면 스캔	태조본 뒷면 스캔	숙종본 스캔
숙종본 탁본 (규장각본)	숙종본 실측 도면	
숙종본 탁본 (성신여대본)		

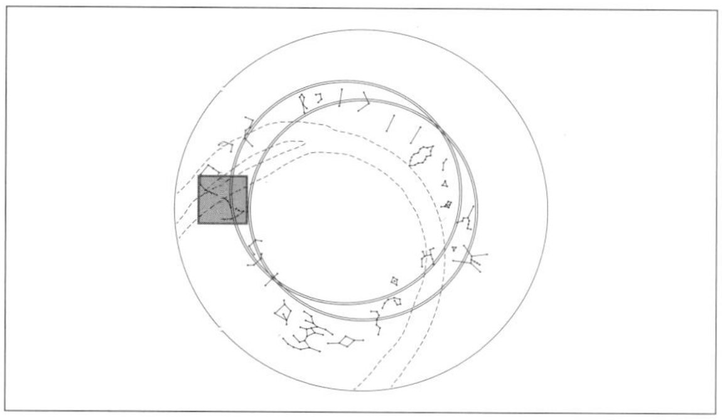

심수(心宿): 心三星五度(對畢 天蝎宮 卯地 宋之分) / 三星中央赤最深

심수는 세 개의 별로 구성되어 있으며 5도를 차지한다.
(필수에 대응되는 위치이며 천갈궁, 묘의 방향, 송나라의 영역에 해당한다.)
세 개의 붉은 별로, 가운데 있는 별이 가장 붉다.

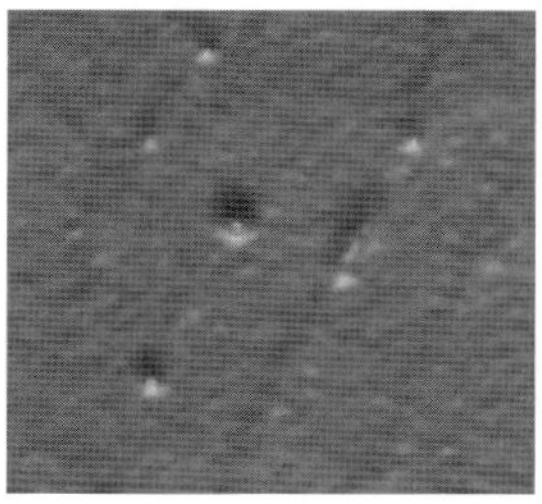

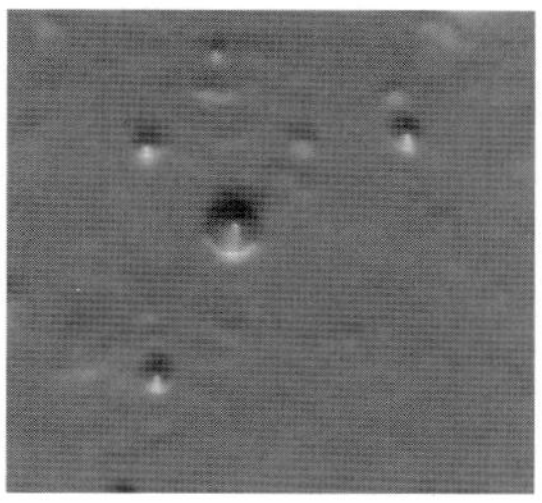

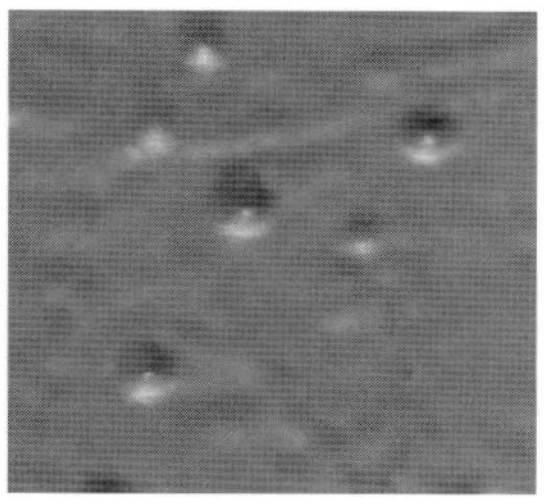

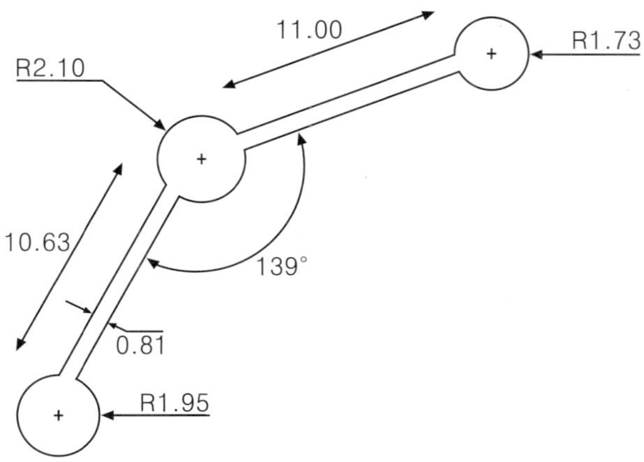

[단위: mm]

(6) 미(尾)

태조본 앞면 스캔	태조본 뒷면 스캔	숙종본 스캔
숙종본 탁본 (규장각본)	숙종본 실측 도면	
숙종본 탁본 (성신여대본)		

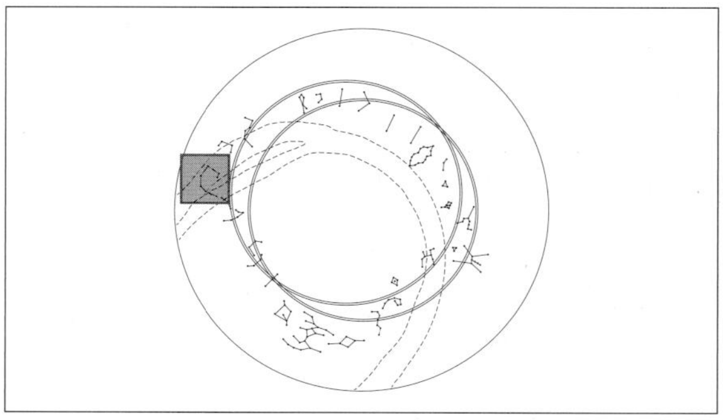

미수(尾宿): 尾九星十八度(對觜 人馬宮 寅地 燕之分) / 九赤如鉤蒼龍尾

미수는 아홉 개의 별로 구성되어 있으며 18도를 차지한다.
(자수에 대응되는 위치이며 인마궁, 인의 방향, 연나라의 영역에 해당한다.)
아홉 개의 붉은 별로, 갈고리 모양과 같으며 창룡(蒼龍)의 꼬리이다.

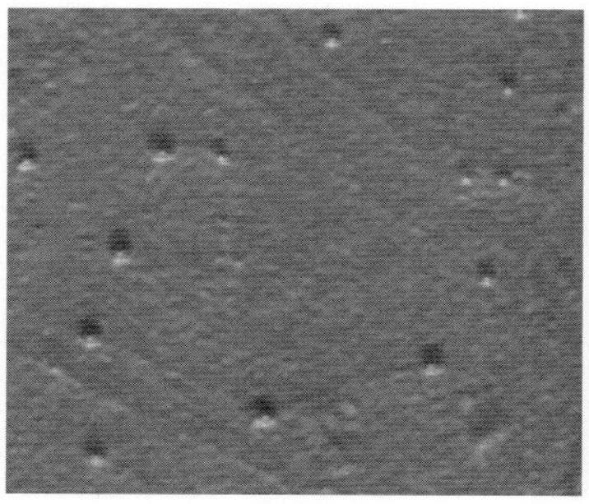

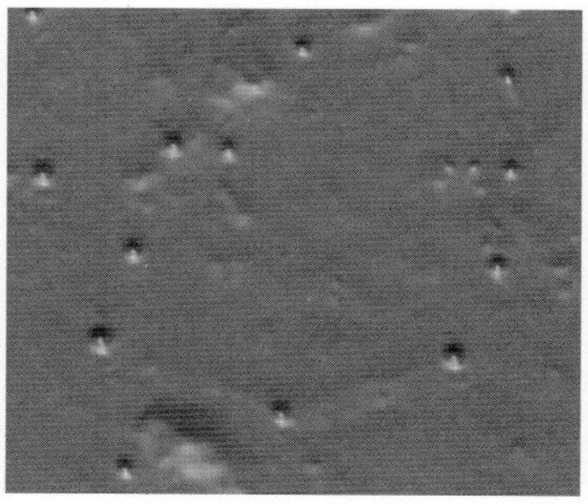

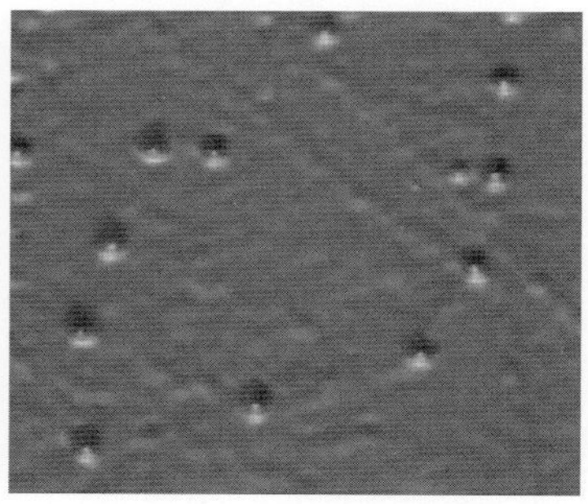

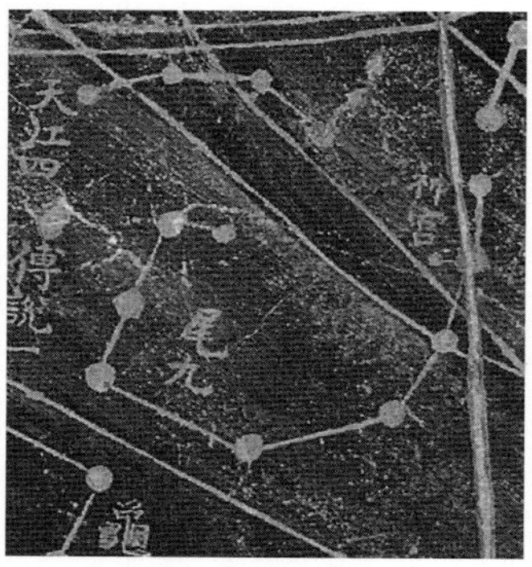

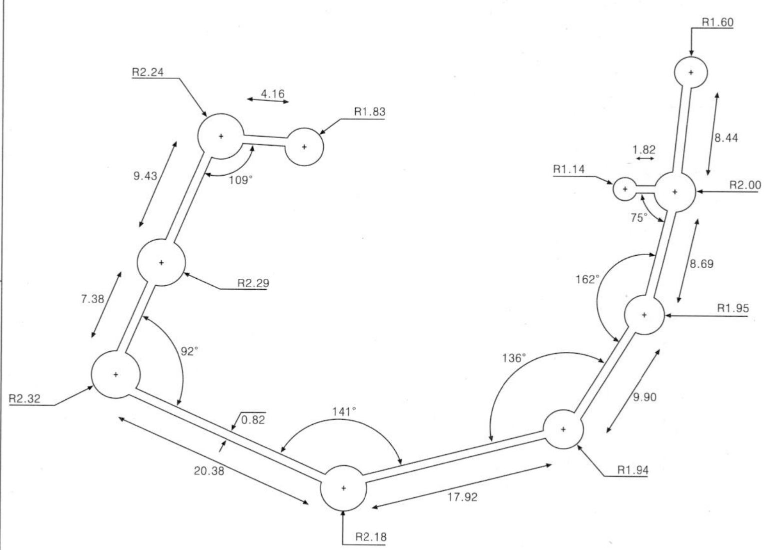

[단위: mm]

(7) 기(箕)

태조본 앞면 스캔	태조본 뒷면 스캔	숙종본 스캔
숙종본 탁본 (규장각본)	숙종본 실측 도면	
숙종본 탁본 (성신여대본)		

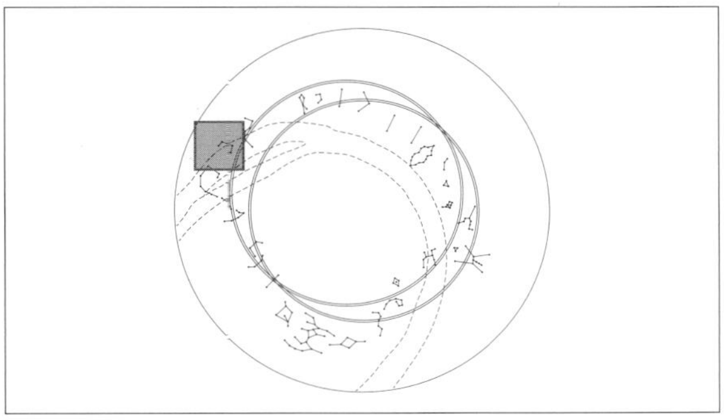

기수(箕宿): 箕四星十一度(對參 人馬宮 寅地 燕之分) / 四紅其狀似簸箕

기수는 네 개의 별로 구성되어 있으며 11도를 차지한다.
(삼수에 대응되는 위치이며 인마궁, 인의 방향, 연나라의 영역에 해당한다.)
네 개의 붉은 별로, 곡식을 까부르는 키(箕)의 모양과 비슷하다.

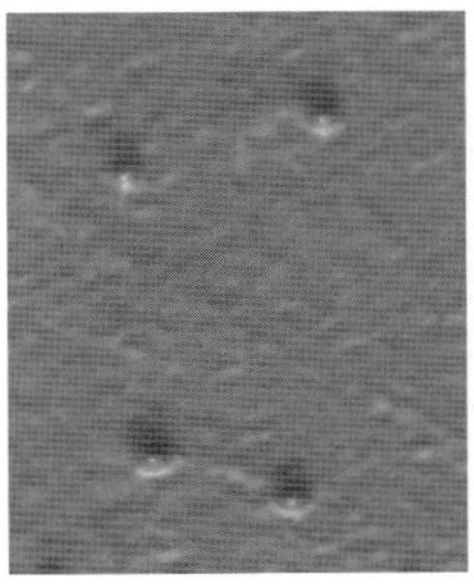

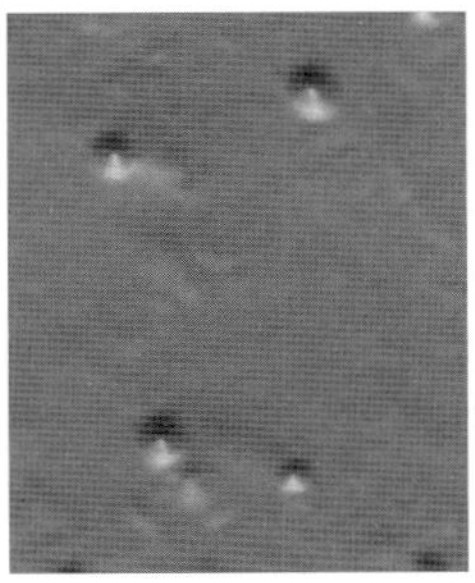

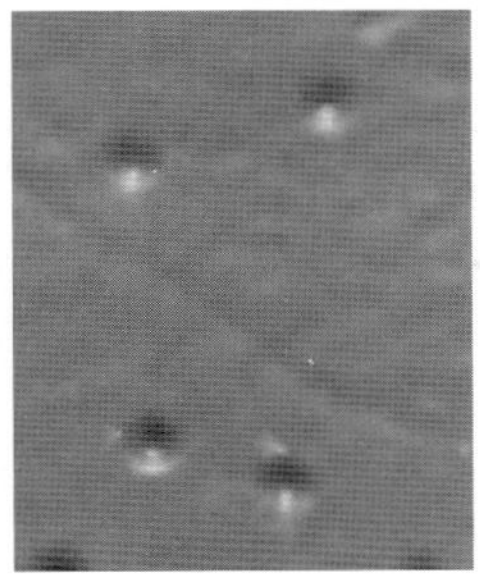

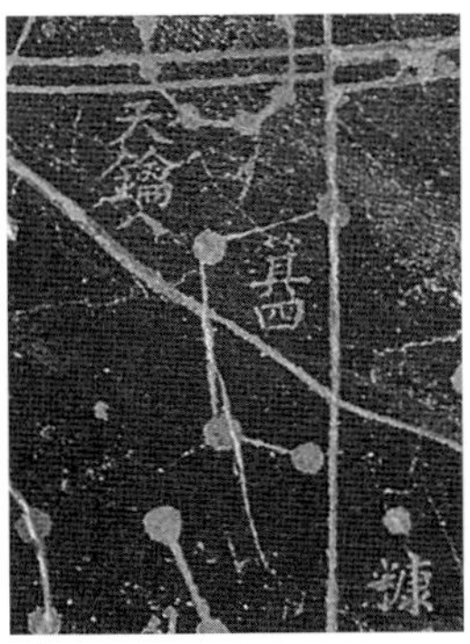

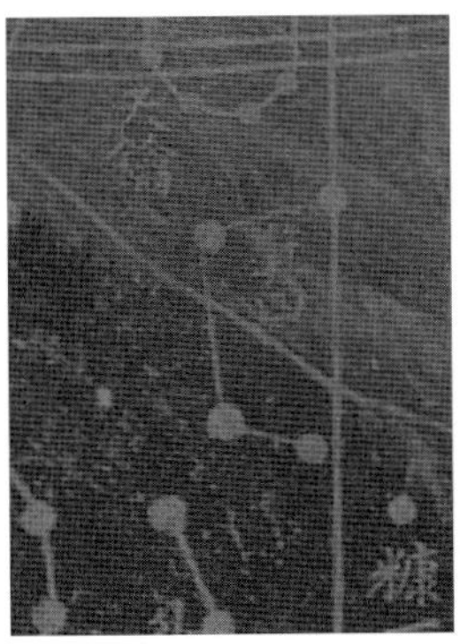

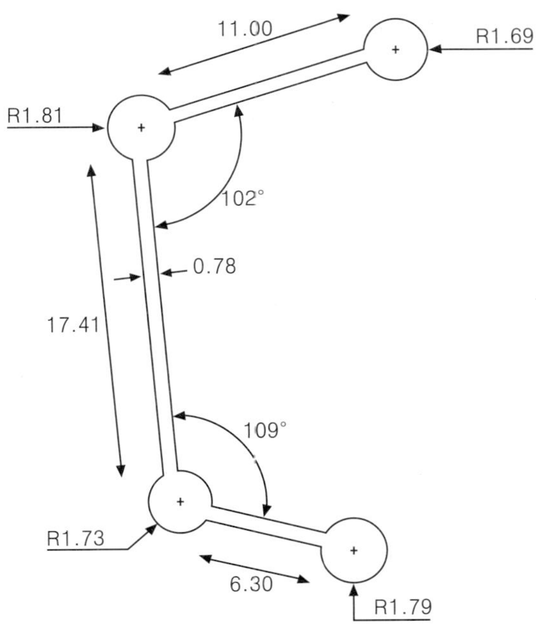

[단위: mm]

(8) 두(斗)

태조본 앞면 스캔	태조본 뒷면 스캔	숙종본 스캔
숙종본 탁본 (규장각본)	숙종본 실측 도면	
숙종본 탁본 (성신여대본)		

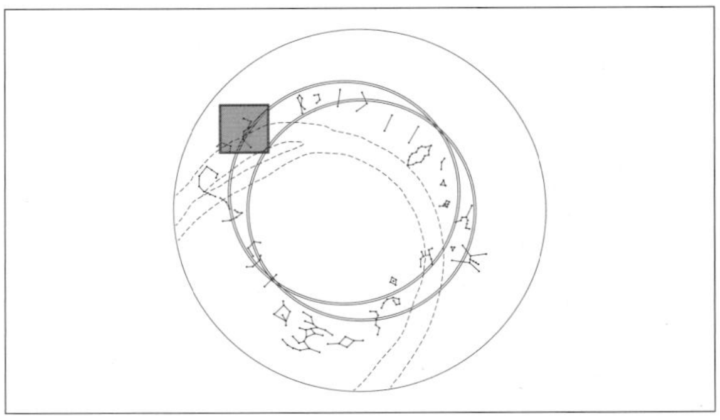

두수(斗宿): 斗六星二十六度 四分度之一(對井 摩竭宮 丑地 吳之分) / 六紅其狀似北斗

두수는 여섯 개의 별로 구성되어 있으며 26도 1/4을 차지한다.
(정수에 대응되는 위치이며 마갈궁, 축의 방향, 오나라의 영역에 해당한다.)
여섯 개의 붉은 별로, 북두칠성의 모양과 비슷하다.

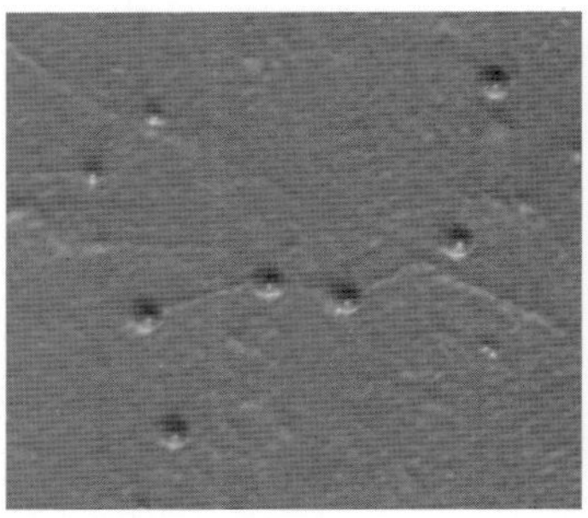

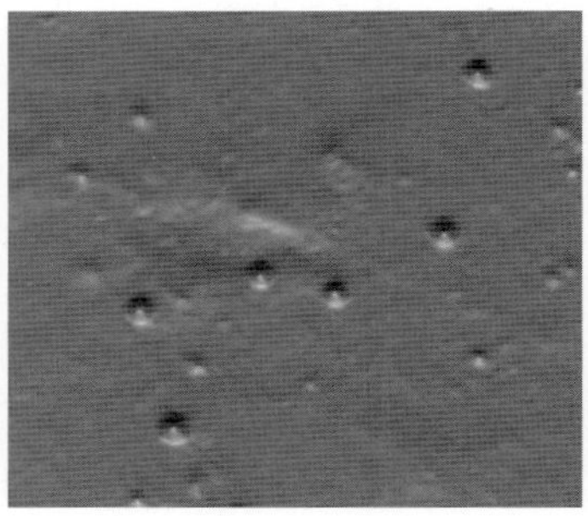

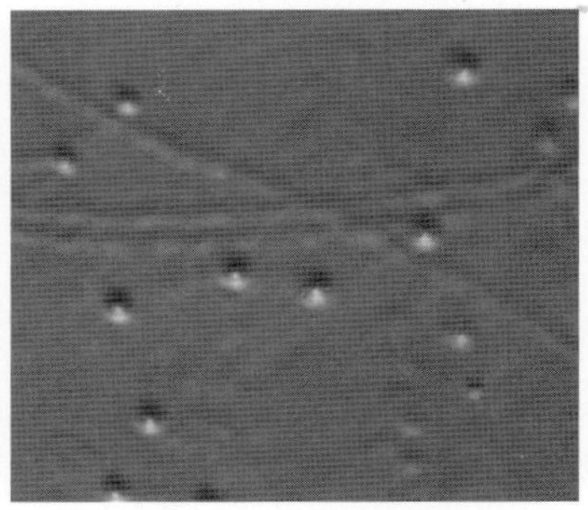

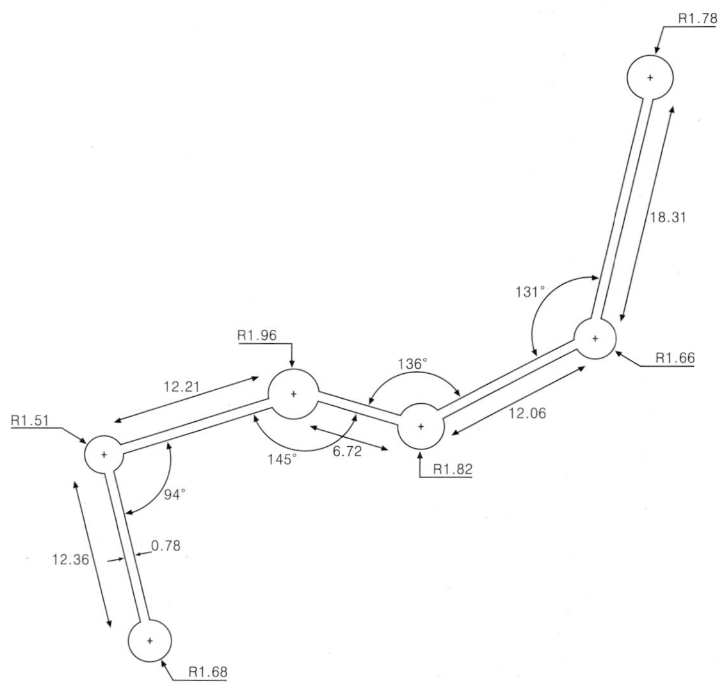

[단위: mm]

(9) 우(牛)

태조본 앞면 스캔	태조본 뒷면 스캔	숙종본 스캔
숙종본 탁본 (규장각본)	숙종본 실측 도면	
숙종본 탁본 (성신여대본)		

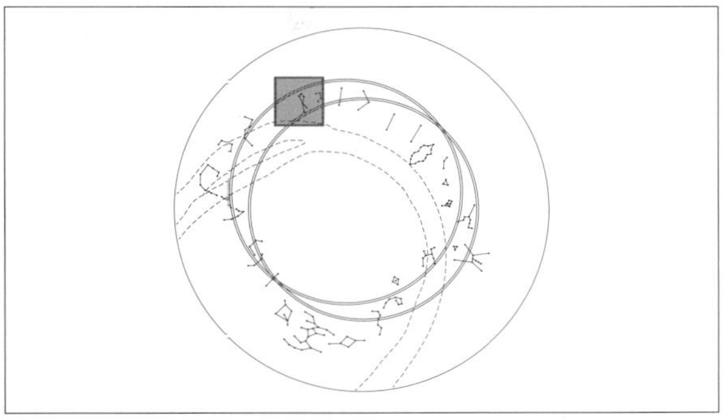

우수(牛宿): 牛六星八度(對鬼 摩竭宮 丑地 吳之分) / 六紅近在河岸頭

우수는 여섯 개의 별로 구성되어 있으며 8도를 차지한다.
(귀수에 대응되는 위치이며 마갈궁, 축의 방향, 오나라의 영역에 해당한다.)
여섯 개의 붉은 별로, 은하수의 높은 꼭대기 근처에 있다.

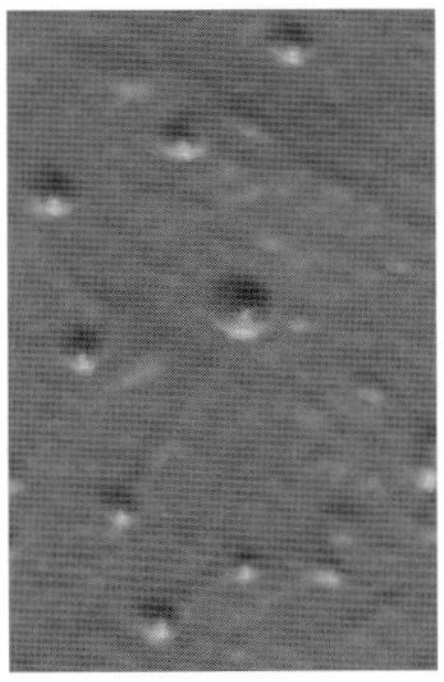

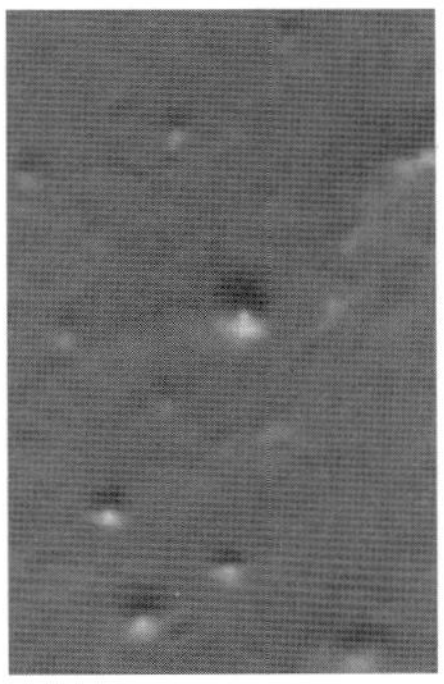

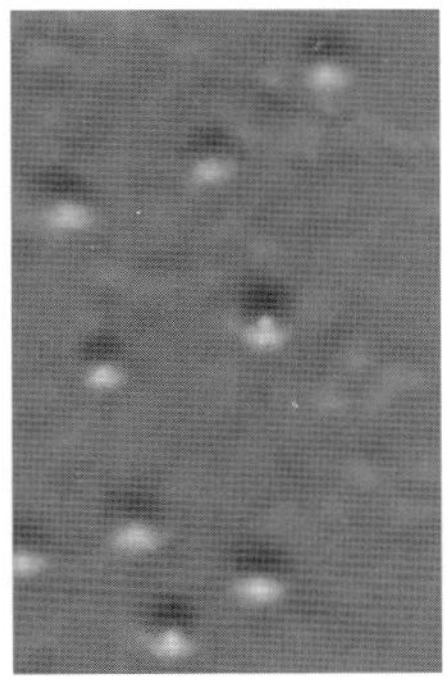

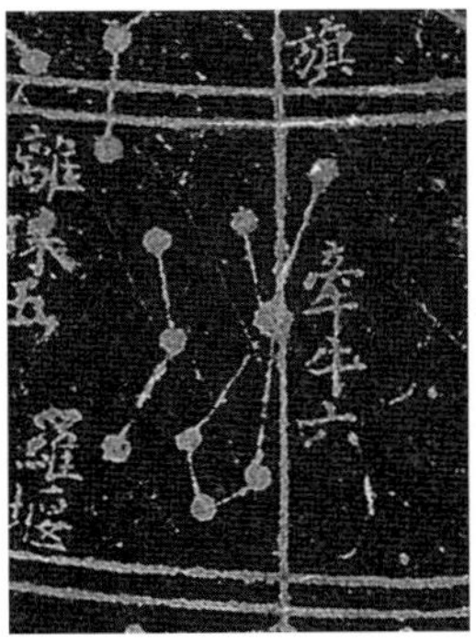

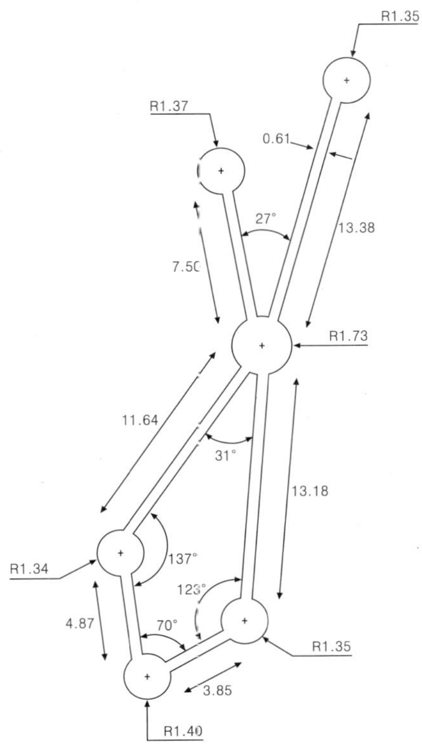

[단위: mm]

(10) 여(女)

태조본 앞면 스캔	태조본 뒷면 스캔	숙종본 스캔
숙종본 탁본 (규장각본)	숙종본 실측 도면	
숙종본 탁본 (성신여대본)		

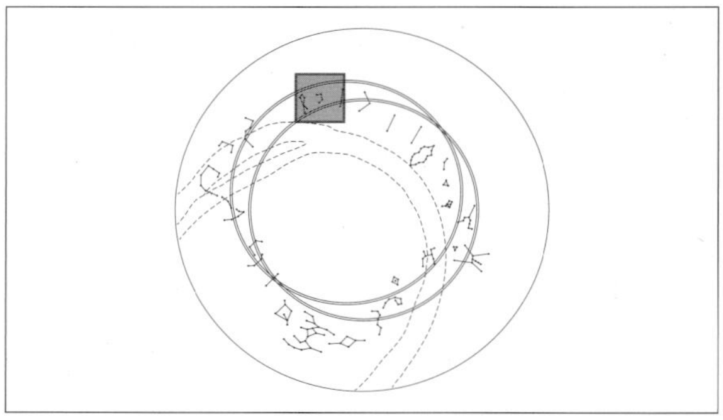

여수(女宿): 女四星十二度(對柳 寶缾宮 子地 齊之分) / 四紅如箕主嫁娶

여수는 네 개의 별로 구성되어 있으며 12도를 차지한다.
(류수에 대응되는 위치이며 보병궁, 자의 방향, 제나라의 영역에 해당한다.)
네 개의 붉은 별로, 키(箕) 모양과 같으며 혼인을 주관한다.

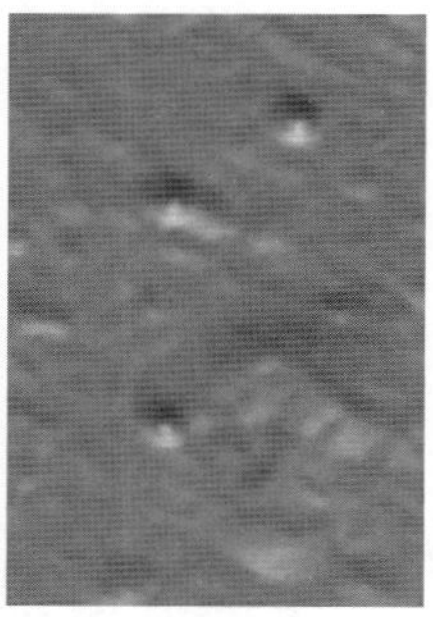

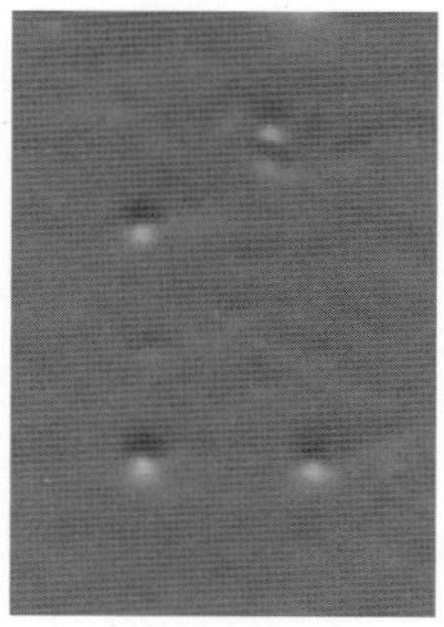

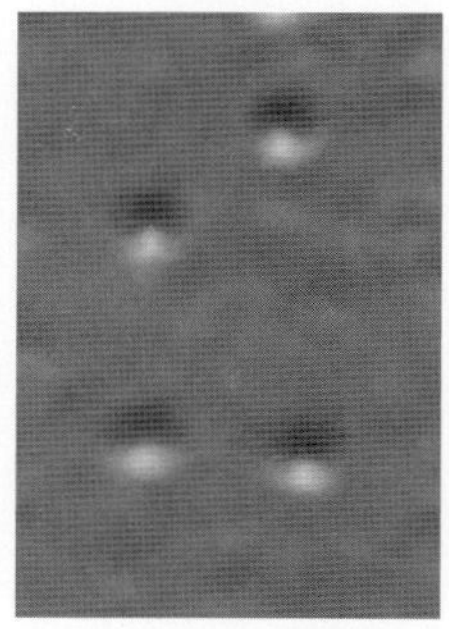

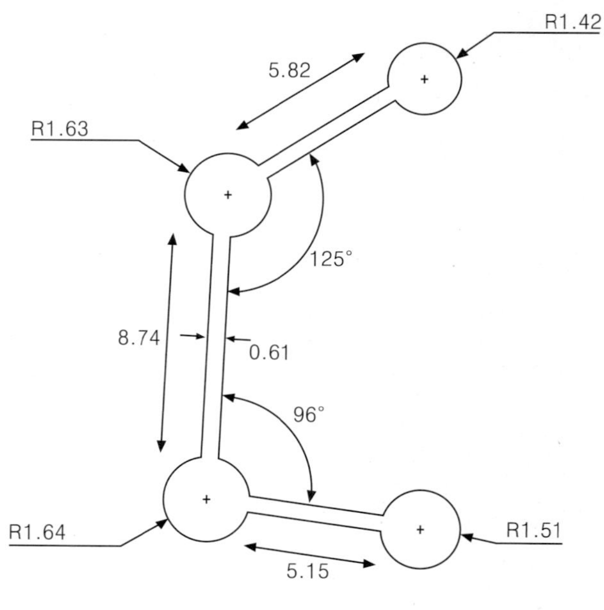

[단위: mm]

(11) 허(虛)

태조본 앞면 스캔	태조본 뒷면 스캔	숙종본 스캔
숙종본 탁본 (규장각본)	숙종본 실측 도면	
숙종본 탁본 (성신여대본)		

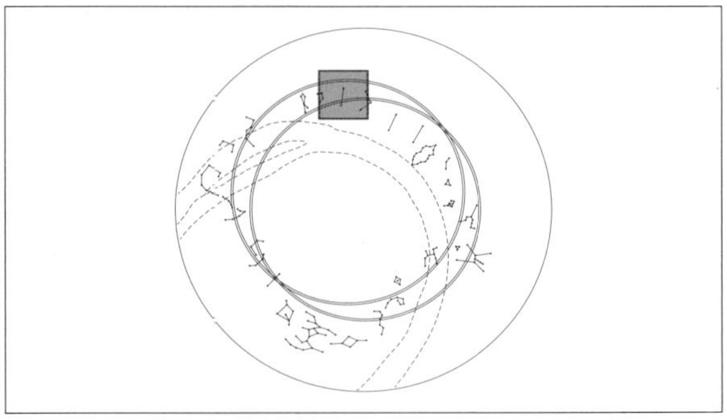

허수(虛宿): 虛二星十度(對星 寶缾宮 子地 齊之分) / 上下各一如連珠

허수는 두 개의 별로 구성되어 있으며 10도를 차지한다.
(성수에 대응되는 위치이며 보병궁, 자의 방향, 제나라의 영역에 해당한다.)
위아래에 별이 하나씩 있는데, 구슬이 이어져 있는 모양과 같다.

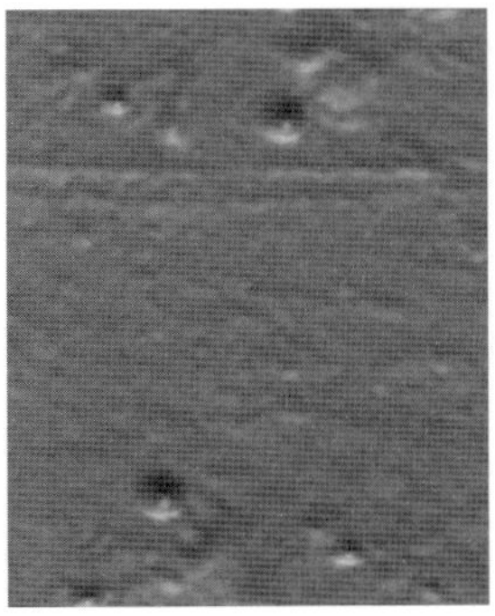

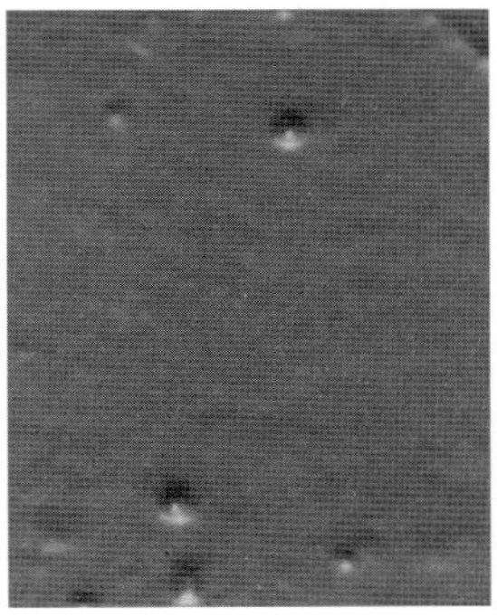

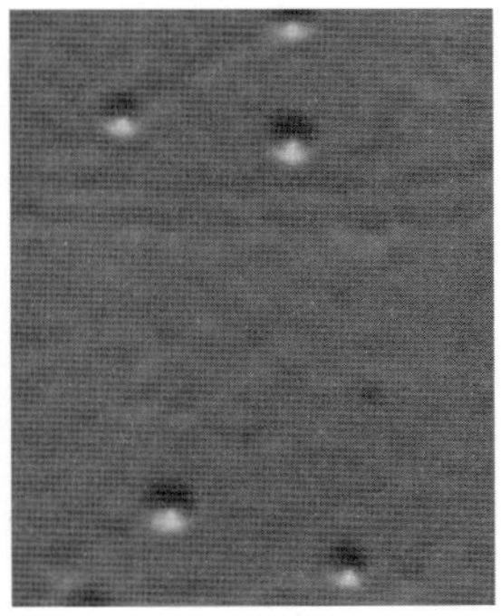

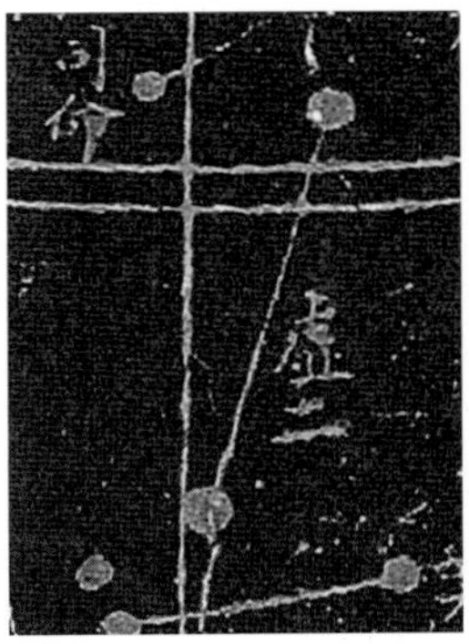

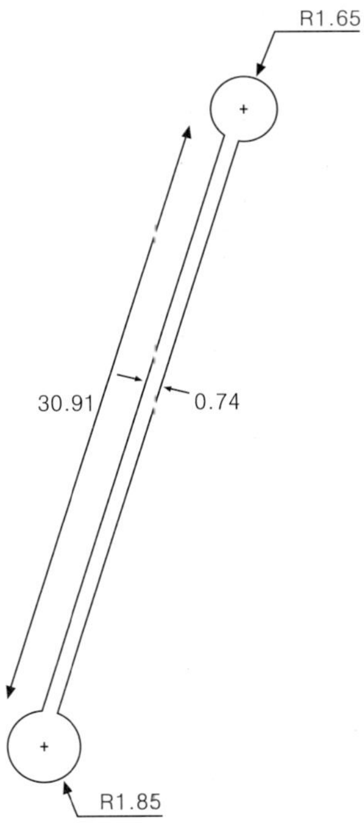

[단위: mm]

(12) 위(危)

태조본 앞면 스캔	태조본 뒷면 스캔	숙종본 스캔
숙종본 탁본 (규장각본)	숙종본 실측 도면	
숙종본 탁본 (성신여대본)		

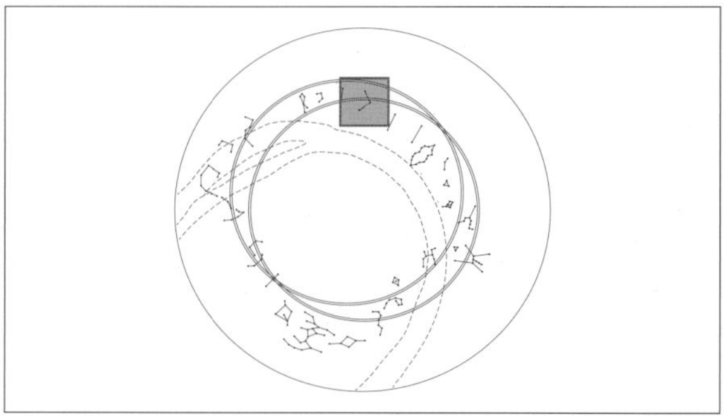

위수(危宿): 危三星十七度(對張 寶缾宮 子地 齊之分) / 三星不直舊先知

위수는 세 개의 별로 구성되어 있으며 17도를 차지한다.
(장수에 대응되는 위치이며 보병궁, 자의 방향, 제나라의 영역에 해당한다.)
별 셋이 수직하지 않게 놓여 있는데, 예부터 이미 알려졌다.

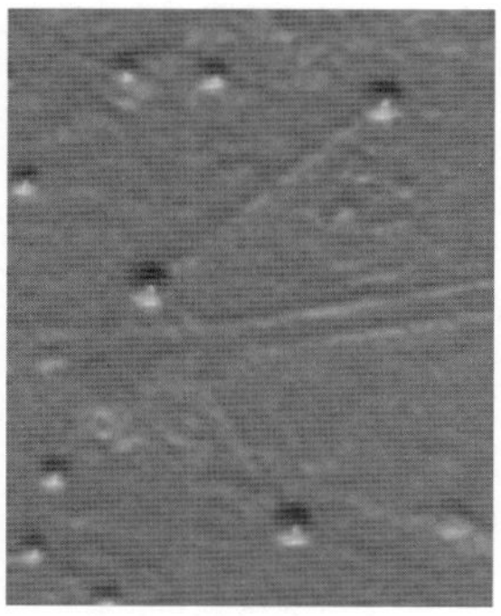

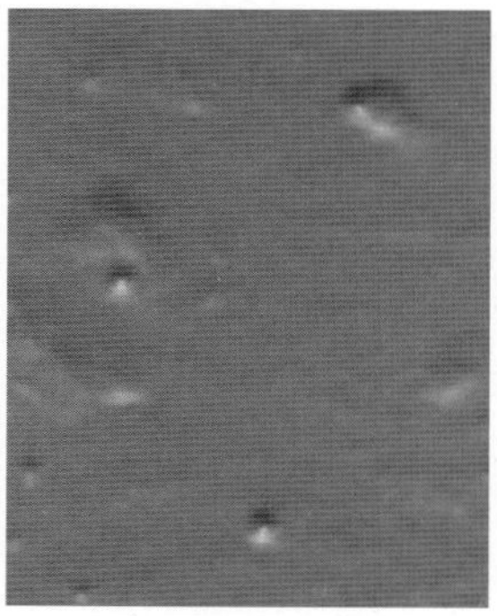

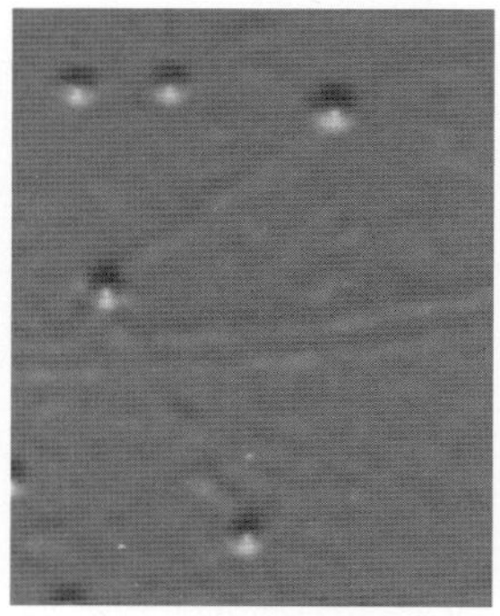

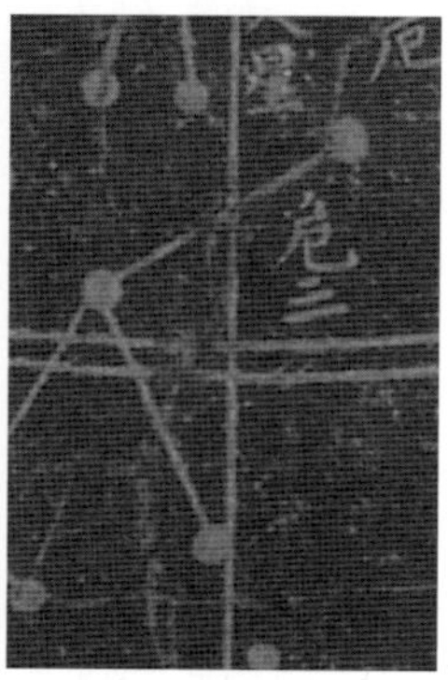

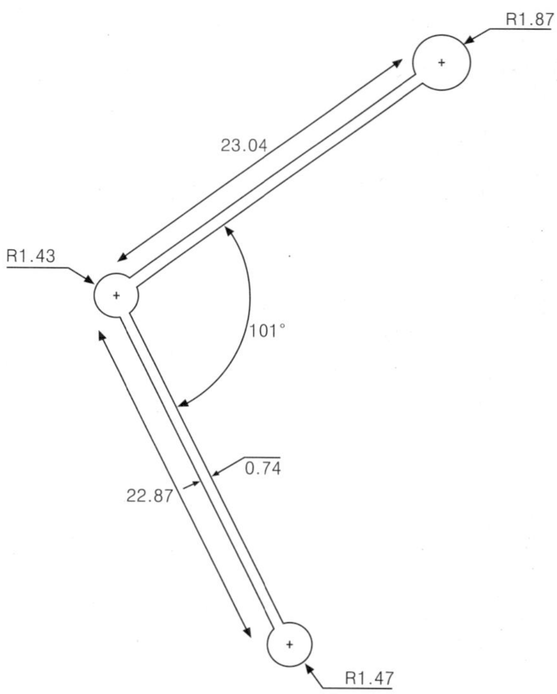

[단위: mm]

(13) 실(室)

태조본 앞면 스캔	태조본 뒷면 스캔	숙종본 스캔
숙종본 탁본 (규장각본)	숙종본 실측 도면	
숙종본 탁본 (성신여대본)		

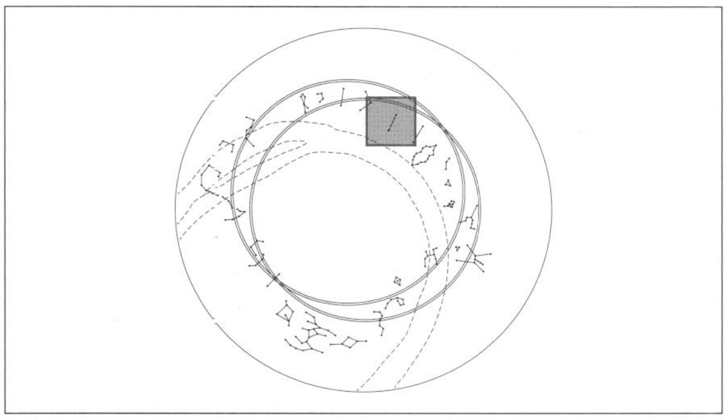

실수(室宿): 室二星十六度(對翼 雙魚宮 亥地 衛之分) / 兩紅上有離宮出

실수는 두 개의 별로 구성되어 있으며 16도를 차지한다.
(익수에 대응되는 위치이며 쌍어궁, 해의 방향, 위나라의 영역에 해당한다.)
두 개의 붉은 별로, 위쪽에 이궁(離宮)이 나와 있다.

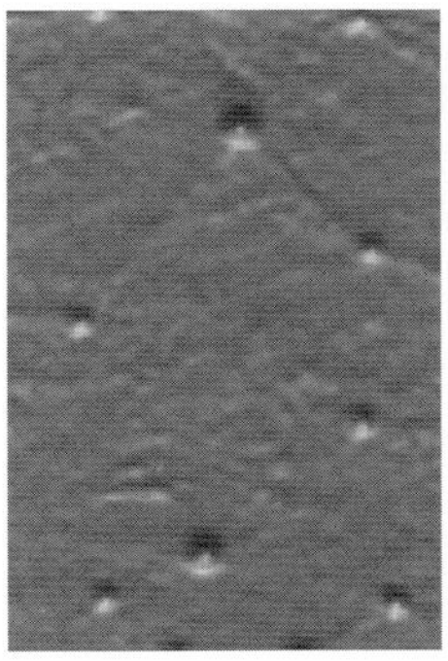

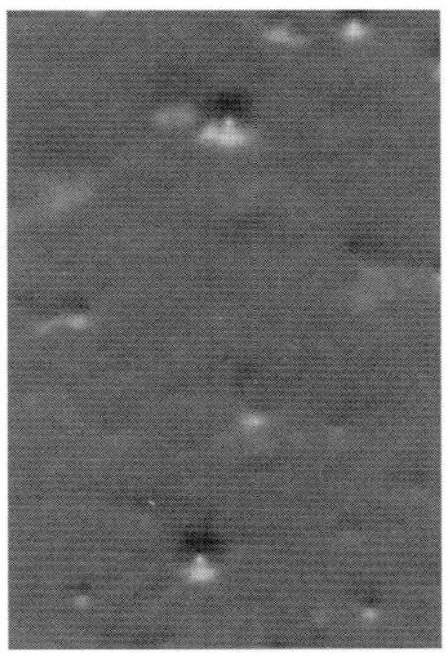

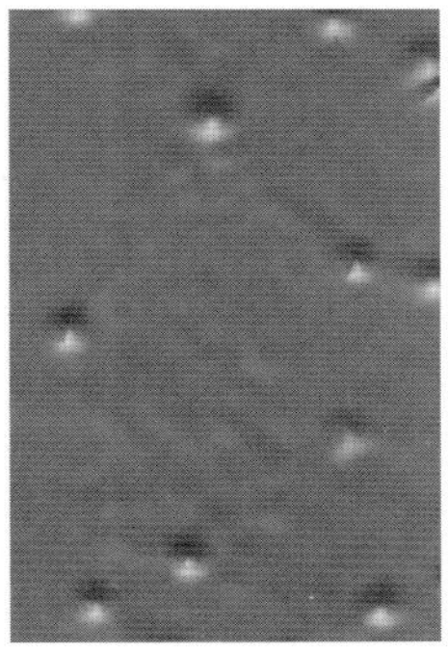

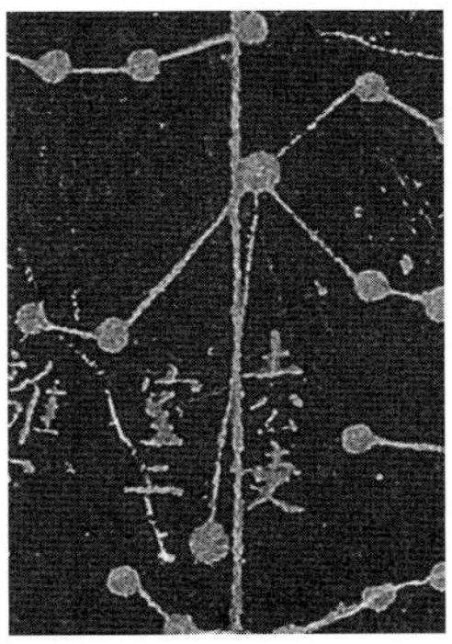

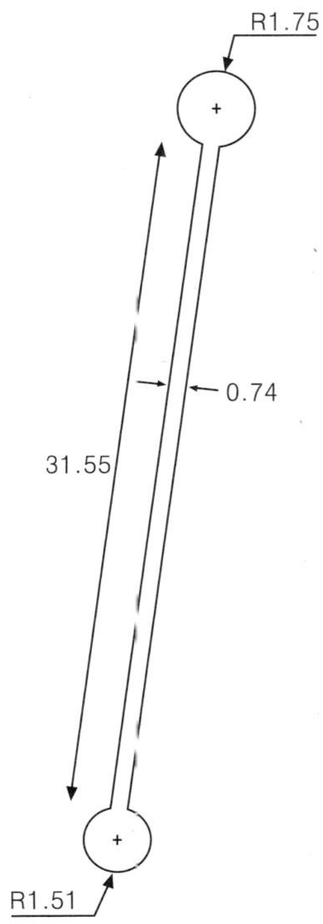

[단위: mm]

(14) 벽(壁)

태조본 앞면 스캔	태조본 뒷면 스캔	숙종본 스캔
숙종본 탁본 (규장각본)	숙종본 실측 도면	
숙종본 탁본 (성신여대본)		

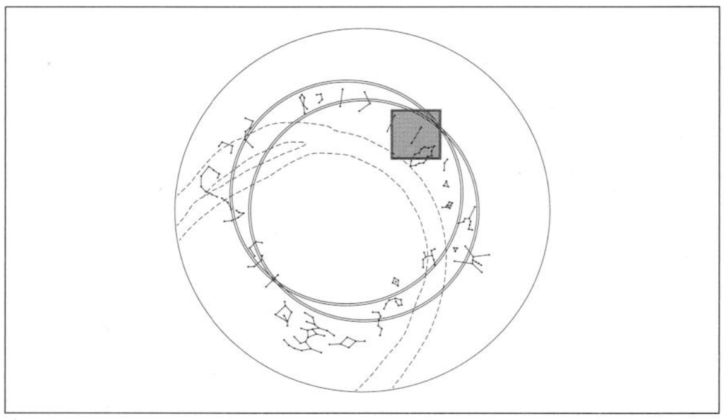

벽수(壁宿): 壁二星九度(對軫 雙魚宮 亥地 衛之分) / 兩紅下頭是霹靂

벽수는 두 개의 별로 구성되어 있으며 9도를 차지한다.
(진수에 대응되는 위치이며 쌍어궁, 해의 방향, 위나라의 영역에 해당한다.)
두 개의 붉은 별로, 아래에 머리를 두고 있는 것은 벽력(霹靂)이다.

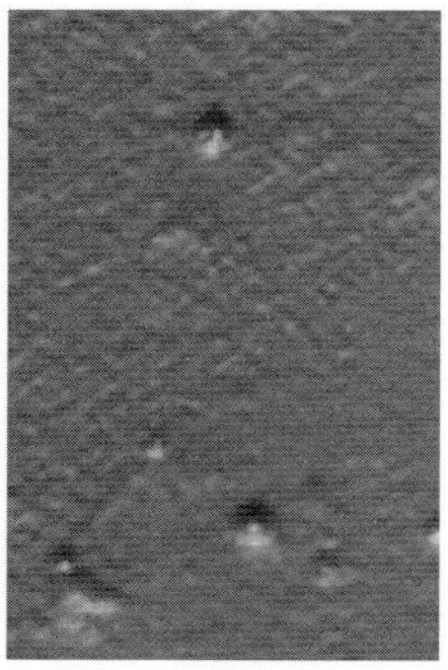

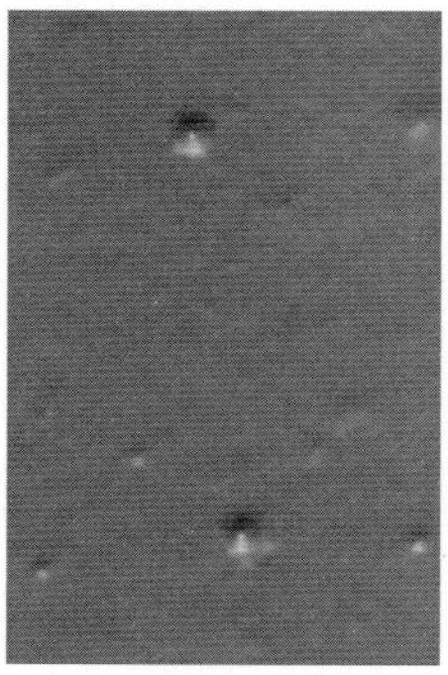

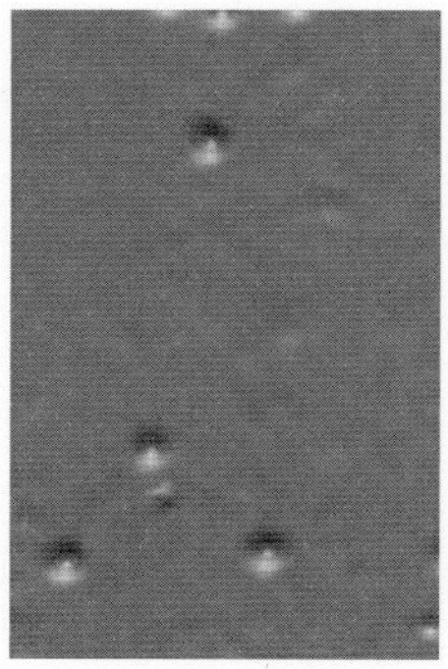

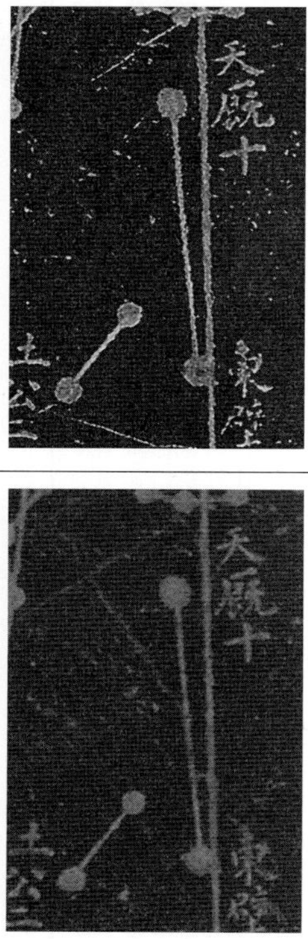

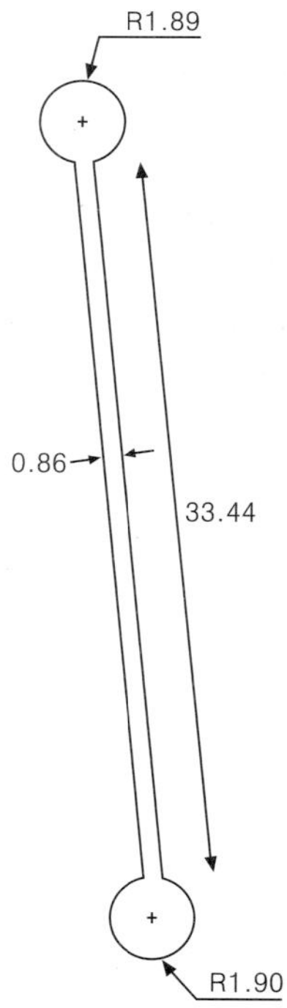

[단위: mm]

(15) 규(奎)

태조본 앞면 스캔	태조본 뒷면 스캔	숙종본 스캔
숙종본 탁본 (규장각본)	숙종본 실측 도면	
숙종본 탁본 (성신여대본)		

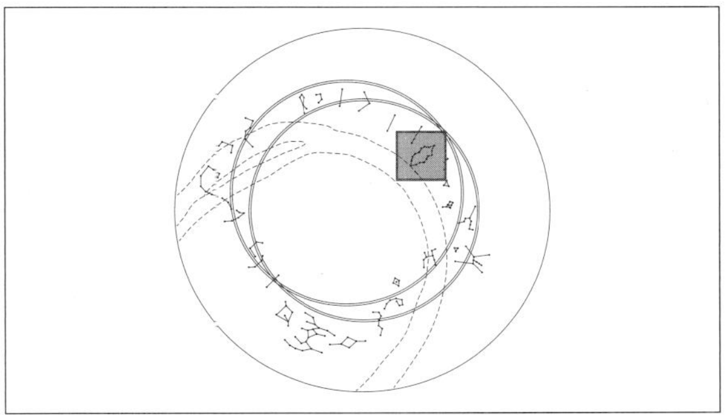

규수(奎宿): 奎十六星十六度(對角 白羊宮 戌地 魯之分) / 腰細頭尖似破鞋 一十六紅遶鞋生

규수는 열여섯 개의 별로 구성되어 있으며 16도를 차지한다.
(각수에 대응되는 위치이며 백양궁, 술의 방향, 노나라의 영역에 해당한다.)
허리가 가늘고 앞쪽이 뾰족한 헤어진 신발 모양으로, 열여섯 개의 붉은 별이 신발 모양처럼 둘러싸고 있다.

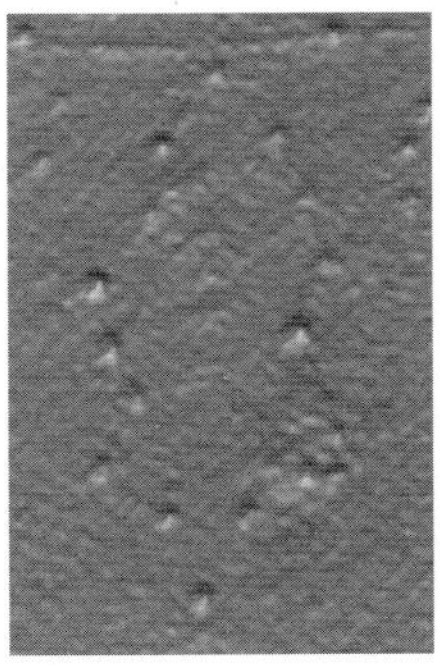

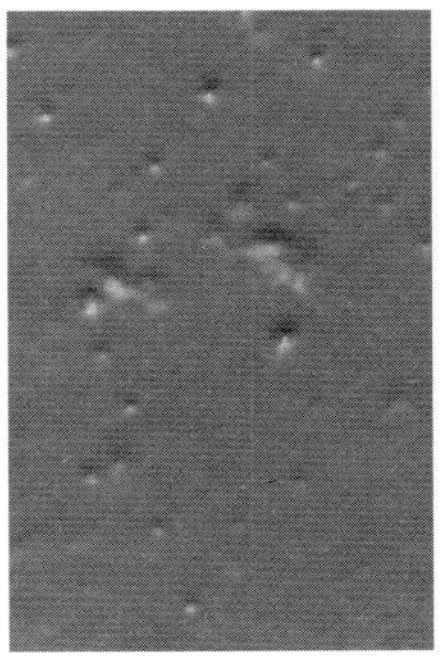

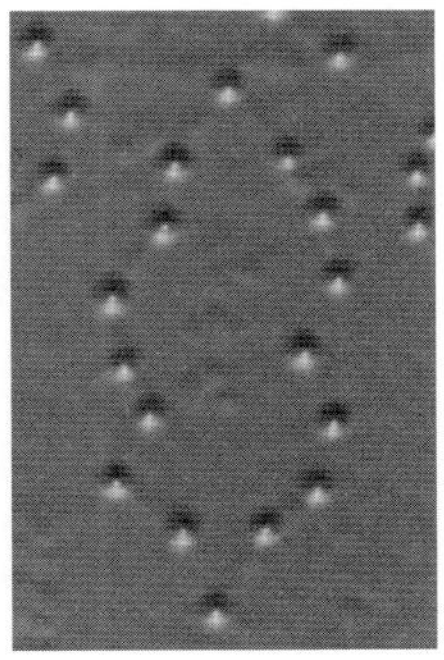

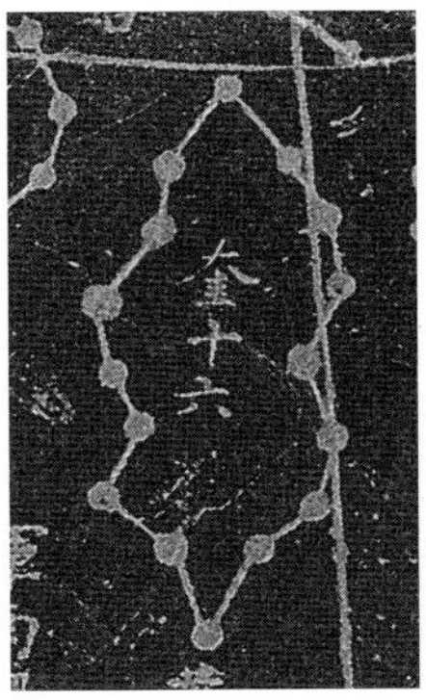

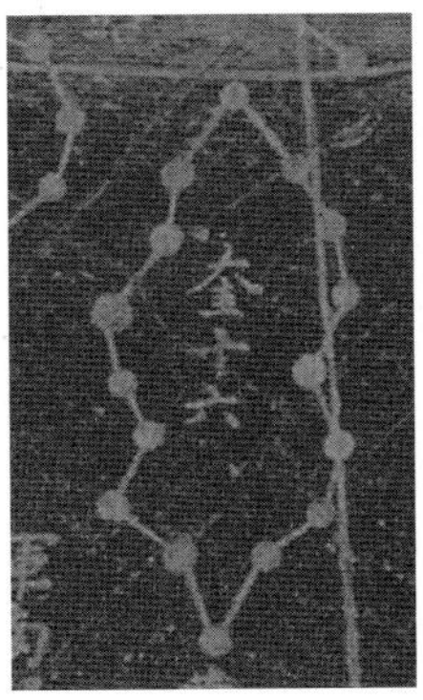

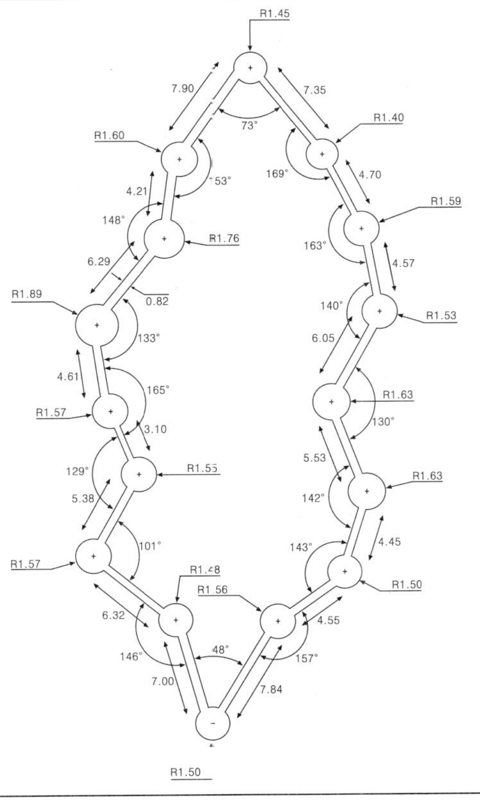

[단위: mm]

(16) 루(婁)

태조본 앞면 스캔	태조본 뒷면 스캔	숙종본 스캔
숙종본 탁본 (규장각본)	숙종본 실측 도면	
숙종본 탁본 (성신여대본)		

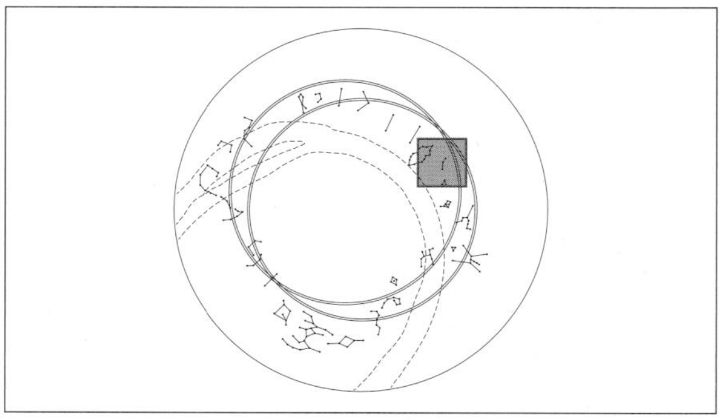

루수(婁宿): 婁三星十二度(對亢 白羊宮 戌地 魯之分) / 三紅不均近一頭

루수는 세 개의 별로 구성되어 있으며 12도를 차지한다.
(항수에 대응되는 위치이며 백양궁, 술의 방향, 노나라의 영역에 해당한다.)
붉은 별이 세 개 있는데, 서로 간의 거리가 똑같지 않고 하나가 가까이에 있다.

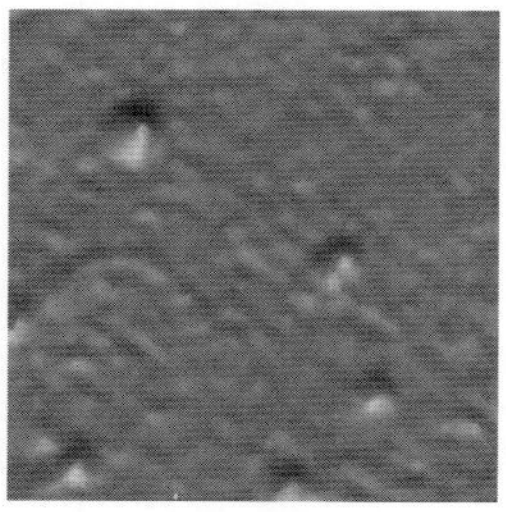

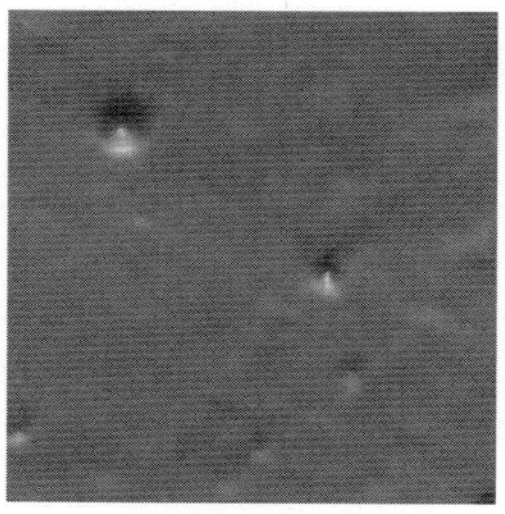

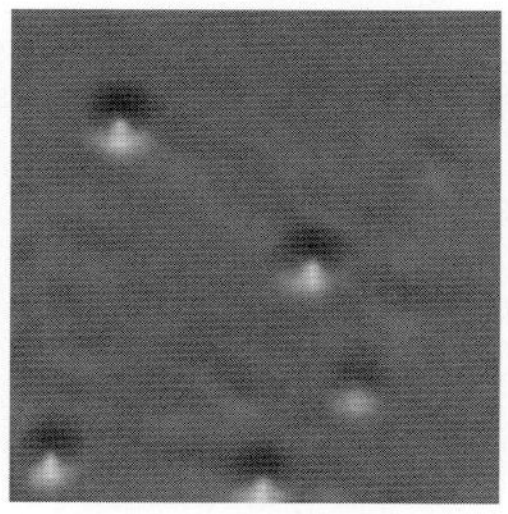

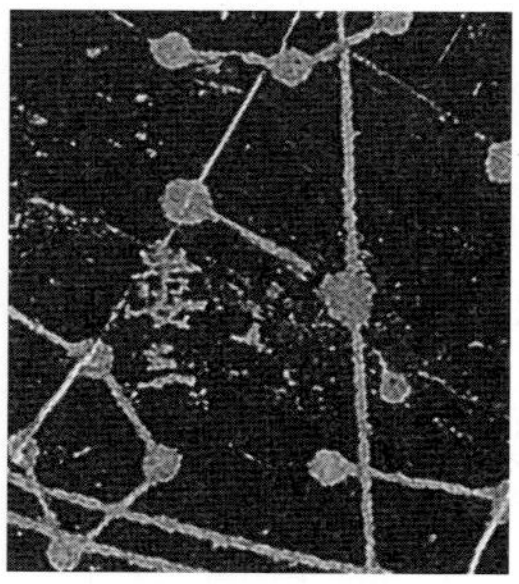

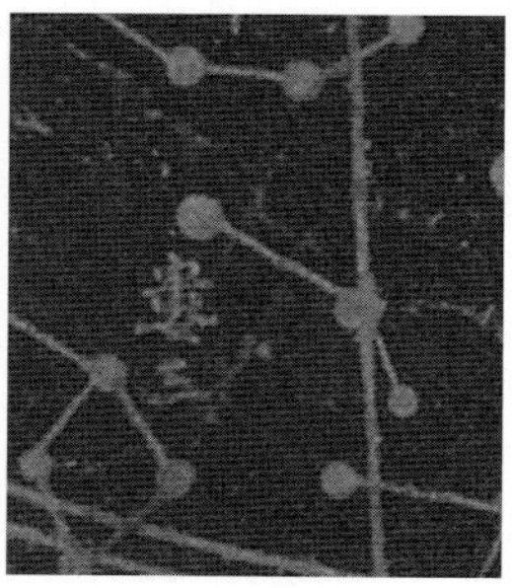

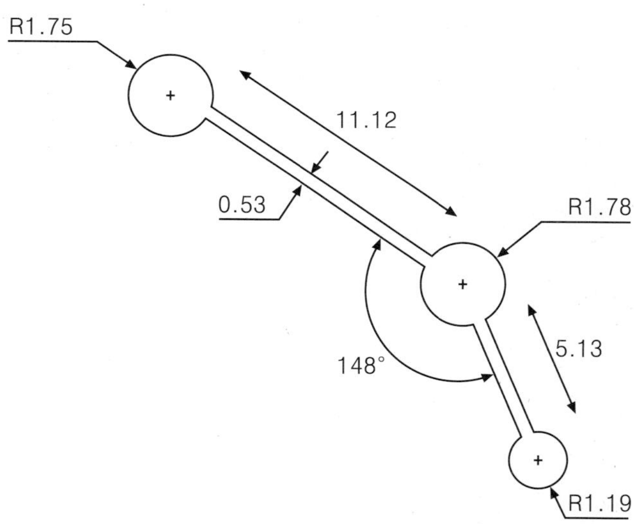

[단위: mm]

(17) 위(胃)

태조본 앞면 스캔	태조본 뒷면 스캔	숙종본 스캔
숙종본 탁본 (규장각본)	숙종본 실측 도면	
숙종본 탁본 (성신여대본)		

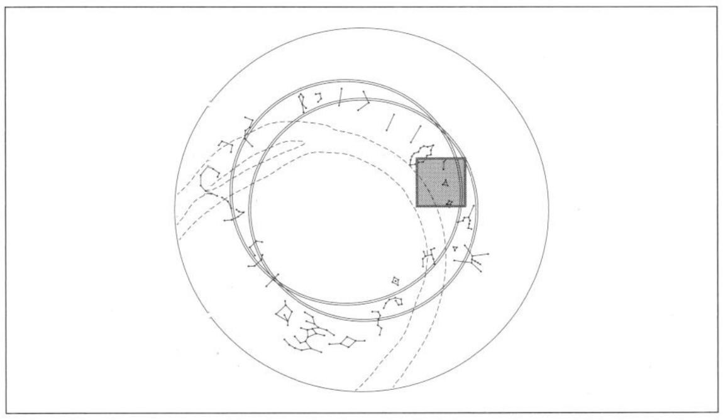

위수(胃宿): 胃三星十四度(對氐 金牛宮 酉地 趙之分) / 三紅鼎足河之次

위수는 세 개의 별로 구성되어 있으며 14도를 차지한다.
(저수에 대응되는 위치이며 금우궁, 유의 방향, 조나라의 영역에 해당한다.)
세 개의 붉은 별이 솥의 발 모양을 하고 은하수의 영역에 있다.

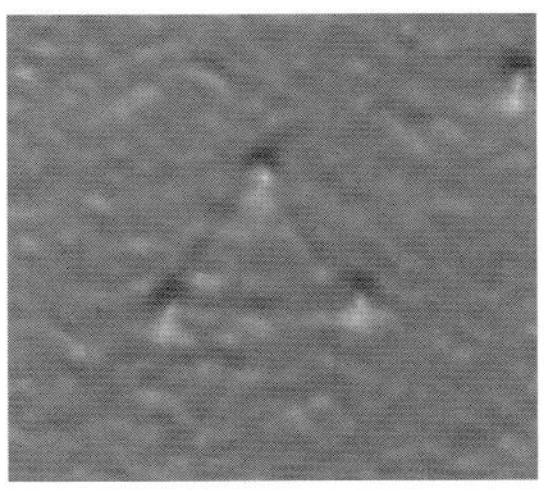
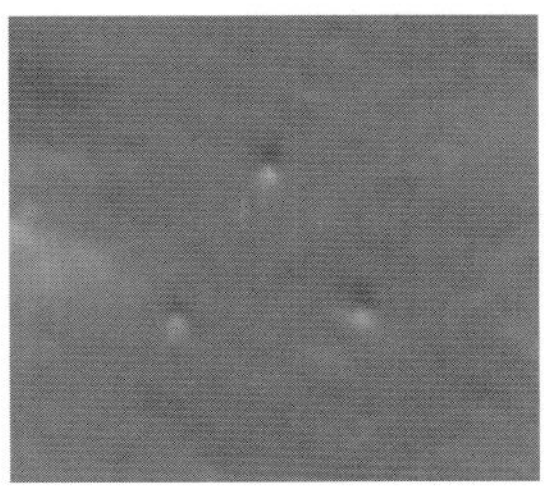
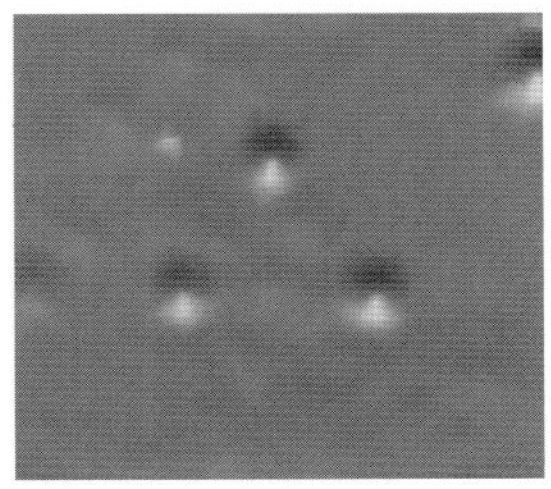

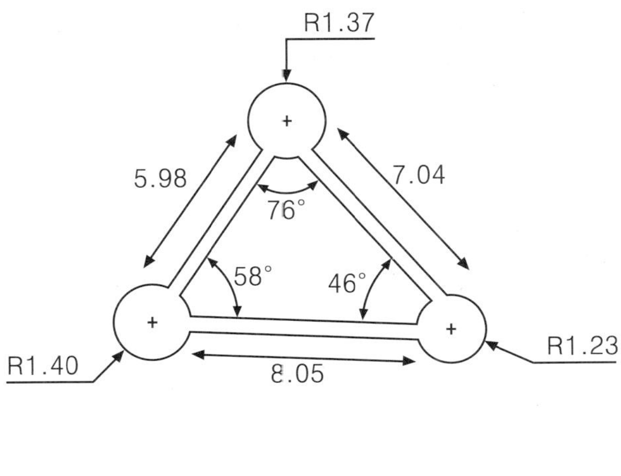

[단위: mm]

(18) 묘(昴)

태조본 앞면 스캔	태조본 뒷면 스캔	숙종본 스캔
숙종본 탁본 (규장각본)	숙종본 실측 도면	
숙종본 탁본 (성신여대본)		

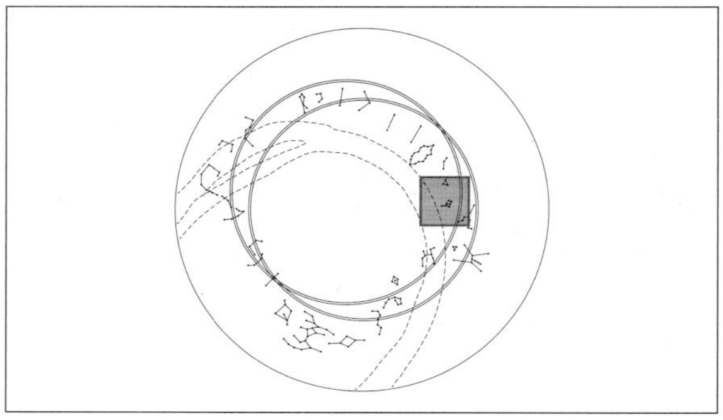

묘수(昴宿): 昴七星十一度(對房 金牛宮 酉地 趙之分) / 七紅一聚實不少

묘수는 일곱 개의 별로 구성되어 있으며 11도를 차지한다.
(방수에 대응되는 위치이며 금우궁, 유의 방향, 조나라의 영역에 해당한다.)
일곱 개의 붉은 별이 한곳에 가득 모여 있으나 작지는 않다.

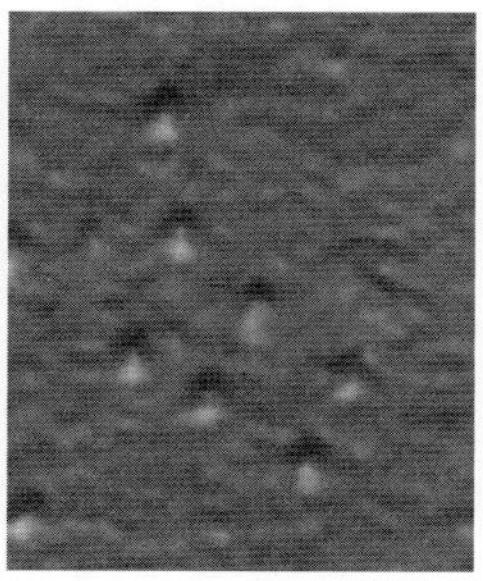

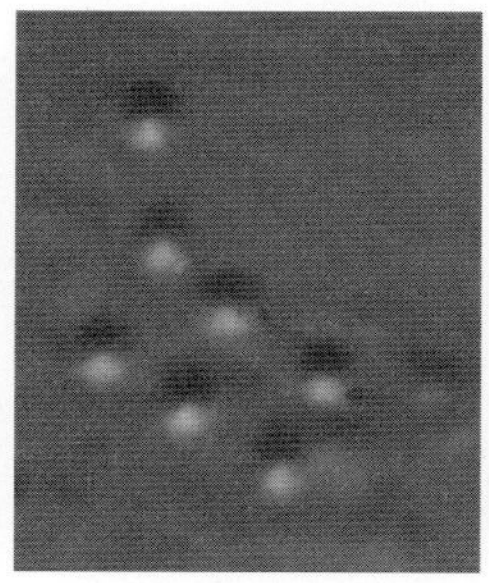

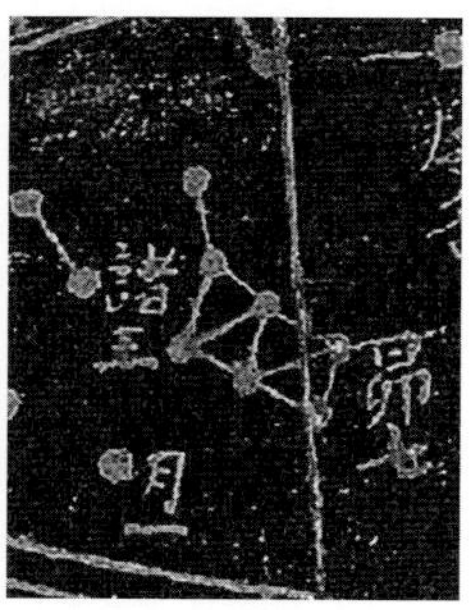

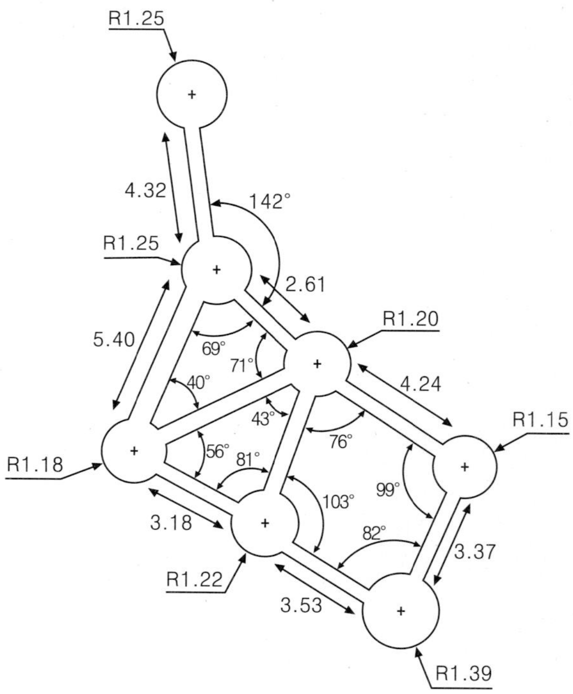

[단위: mm]

(19) 필(畢)

태조본 앞면 스캔	태조본 뒷면 스캔	숙종본 스캔
숙종본 탁본 (규장각본)	숙종본 실측 도면	
숙종본 탁본 (성신여대본)		

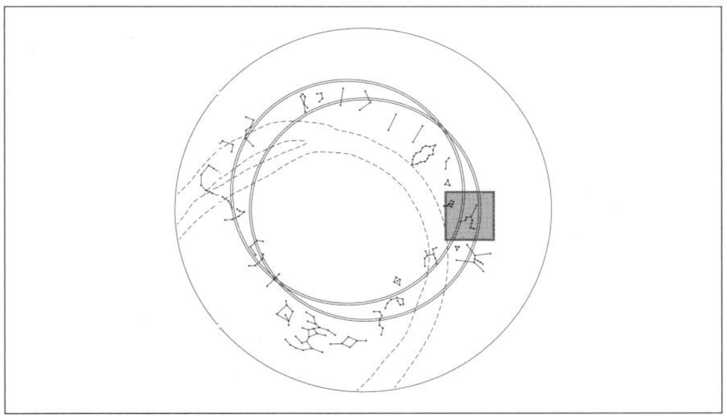

필수(畢宿): 畢八星十六度(對心 金牛宮 酉地 趙之分) / 恰似瓜叉八紅出

필수는 여덟 개의 별로 구성되어 있으며 16도를 차지한다.
(심수에 대응되는 위치이며 금우궁, 유의 방향, 조나라의 영역에 해당한다.)
마치 오이의 가지처럼 여덟 개의 붉은 별이 나와 있다.

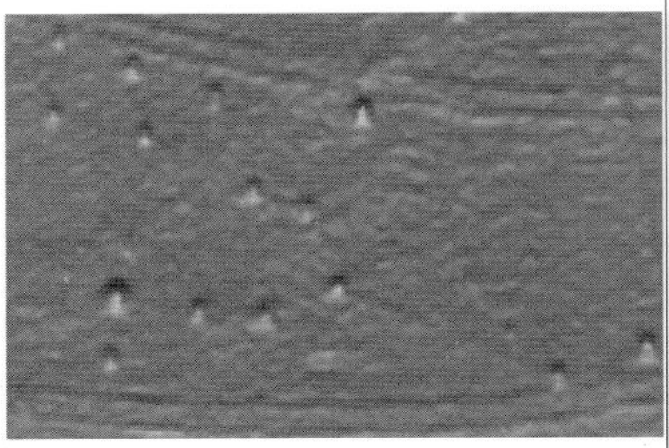

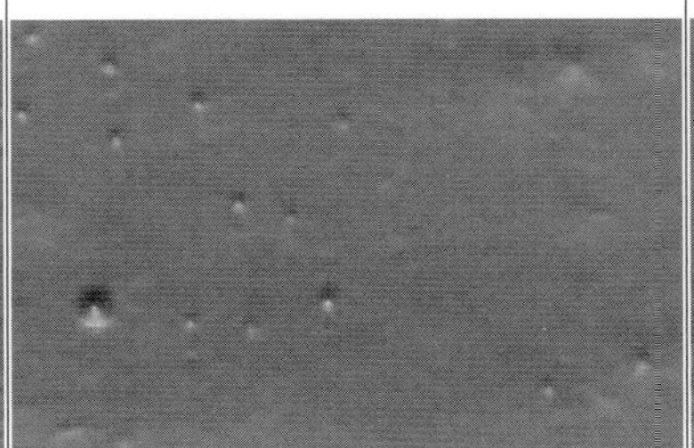

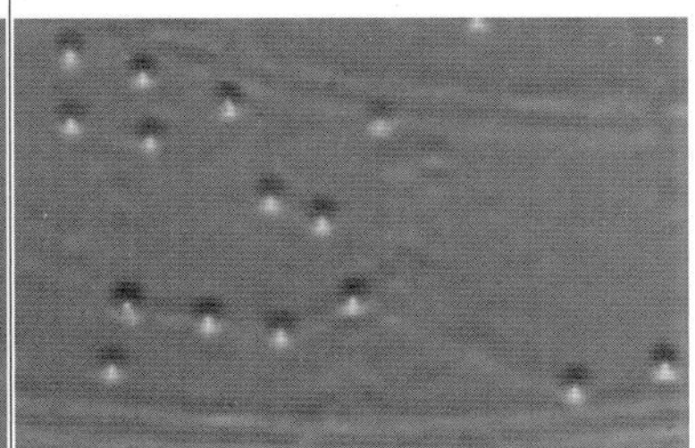

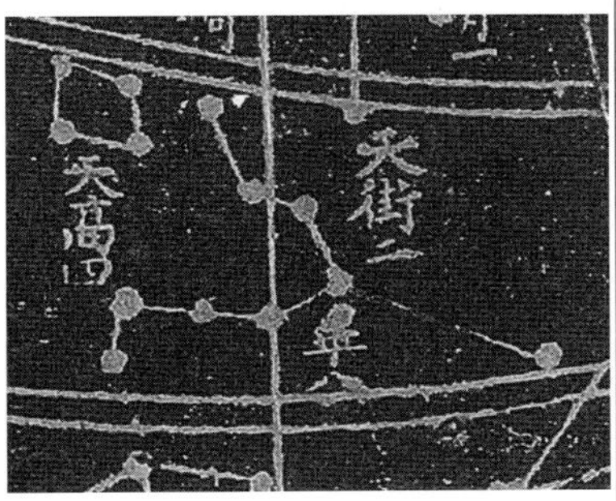

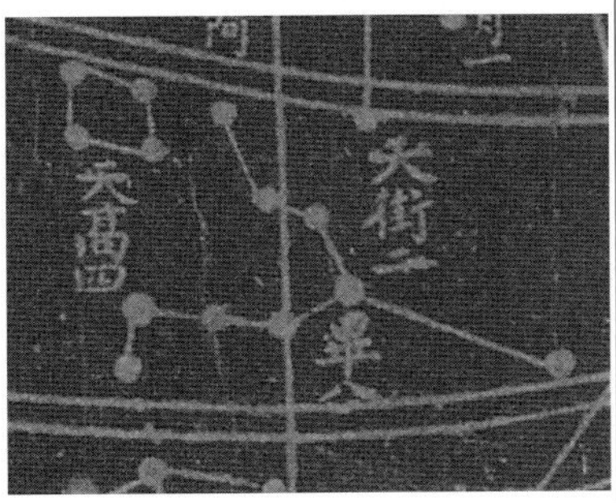

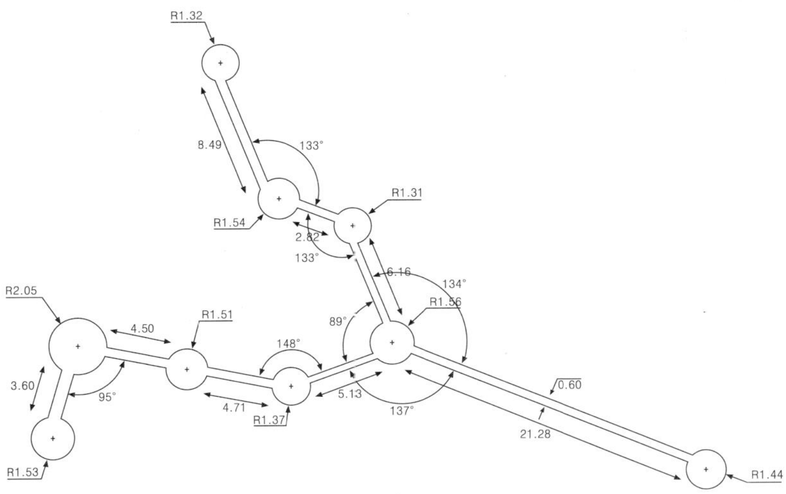

[단위: mm]

(20) 자(觜)

태조본 앞면 스캔	태조본 뒷면 스캔	숙종본 스캔
숙종본 탁본 (규장각본)	숙종본 실측 도면	
숙종본 탁본 (성신여대본)		

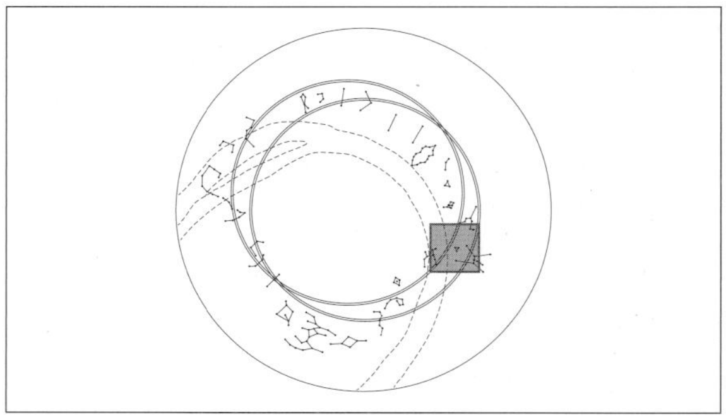

자수(觜宿): 觜三星二度(對尾 陰陽宮 申地 晉魏之分) / 三紅相近作參蘂

자수는 세 개의 별로 구성되어 있으며 2도를 차지한다.
(미수에 대응되는 위치이며 음양궁, 신의 방향, 진나라와 위나라의 영역에 해당한다.)
붉은 별 세 개가 서로 가까이 있으면서, 세 개의 꽃술을 만들고 있다.

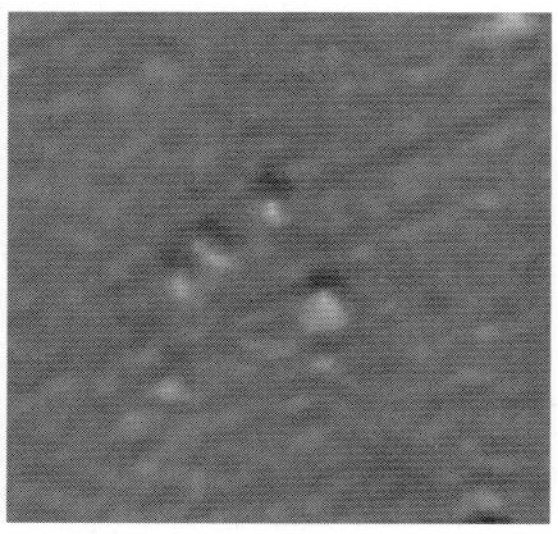

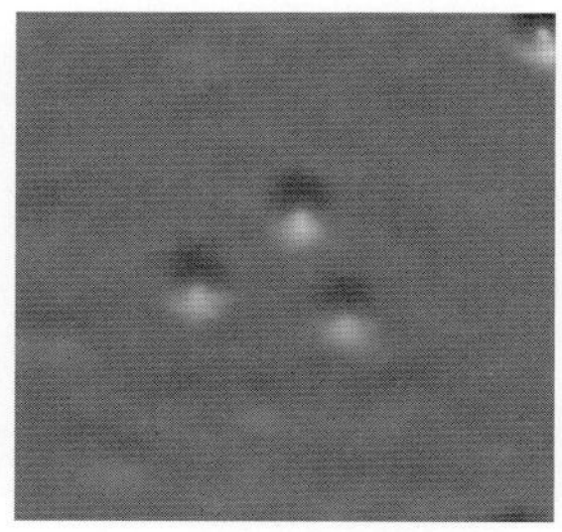

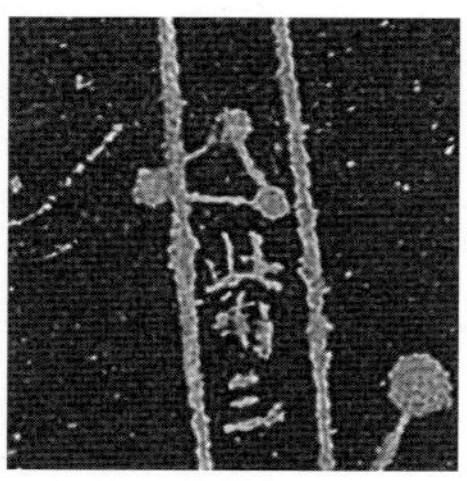

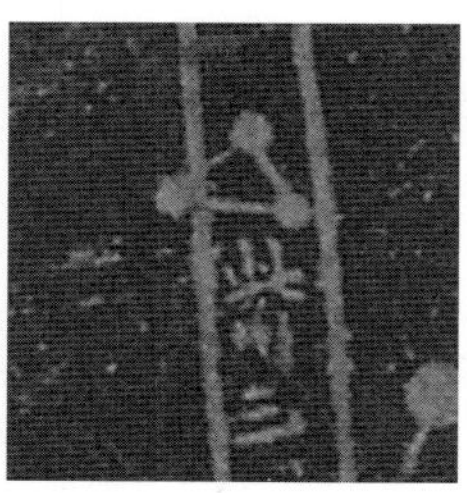

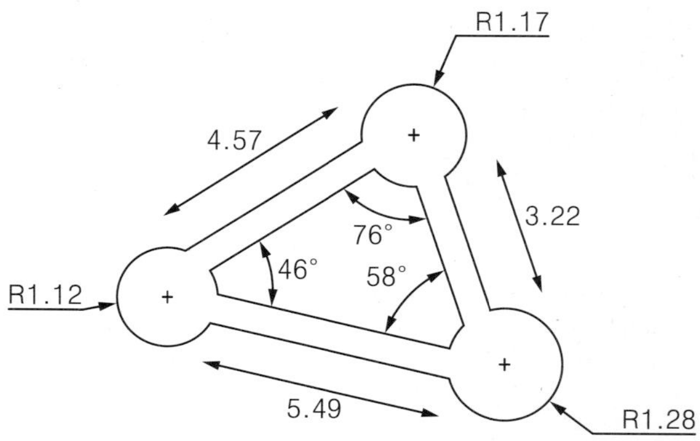

[단위: mm]

(21) 삼(參)

태조본 앞면 스캔	태조본 뒷면 스캔	숙종본 스캔
숙종본 탁본 (규장각본)	숙종본 실측 도면	
숙종본 탁본 (성신여대본)		

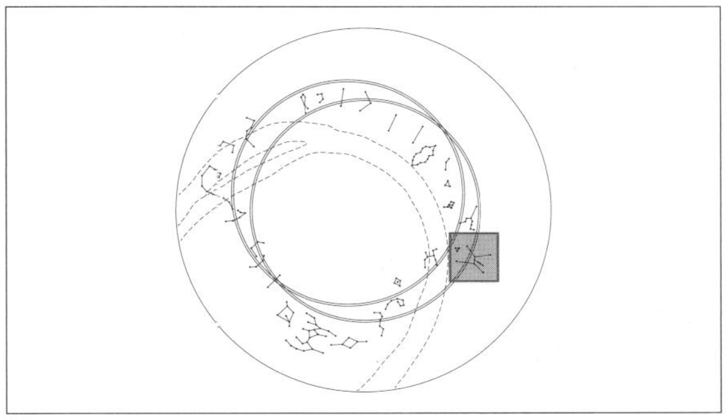

삼수(參宿): 參十星九度(對箕 陰陽宮 申地 晉魏之分) / 總有十星觜相侵

삼수는 열 개의 별로 구성되어 있으며 9도를 차지한다.
(기수에 대응되는 위치이며 음양궁, 신의 방향, 진나라와 위나라의 영역에 해당한다.)
모두 열 개의 별로 되어 있으며, 자수(觜宿)와 서로의 영역을 침범하고 있다.

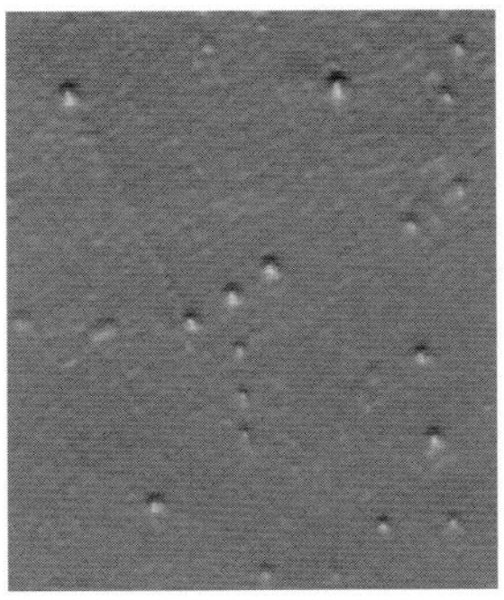

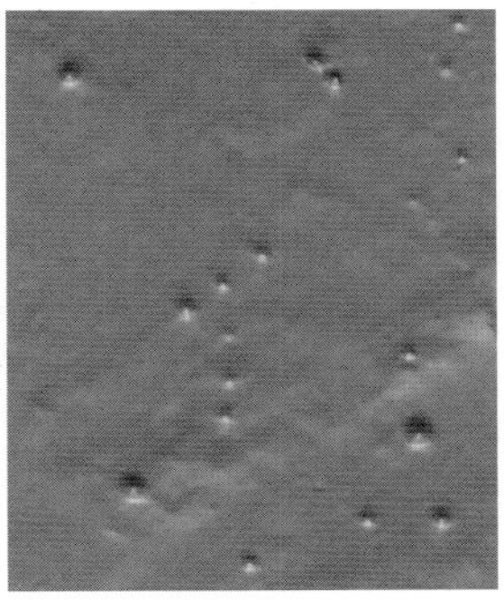

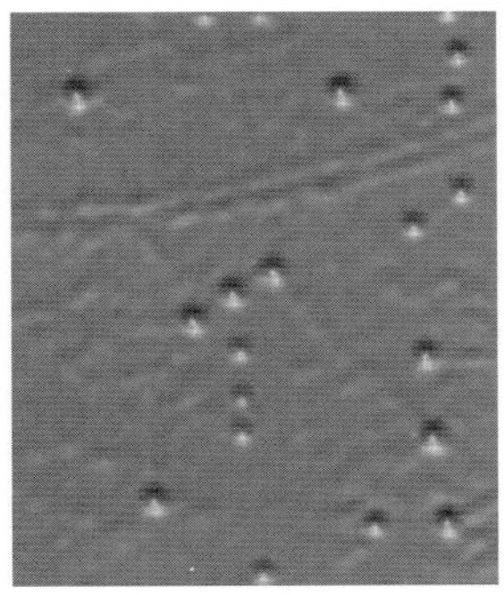

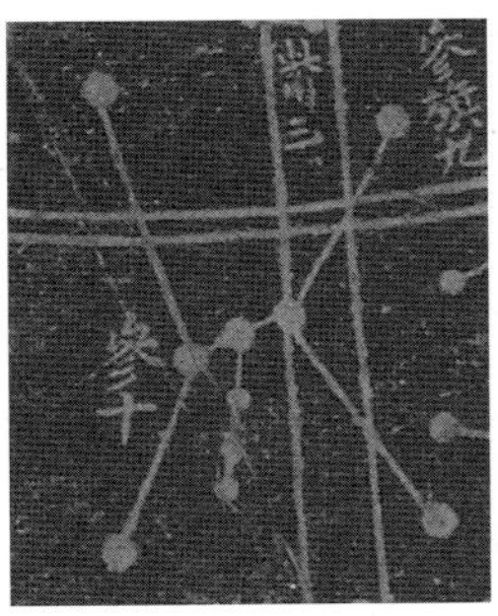

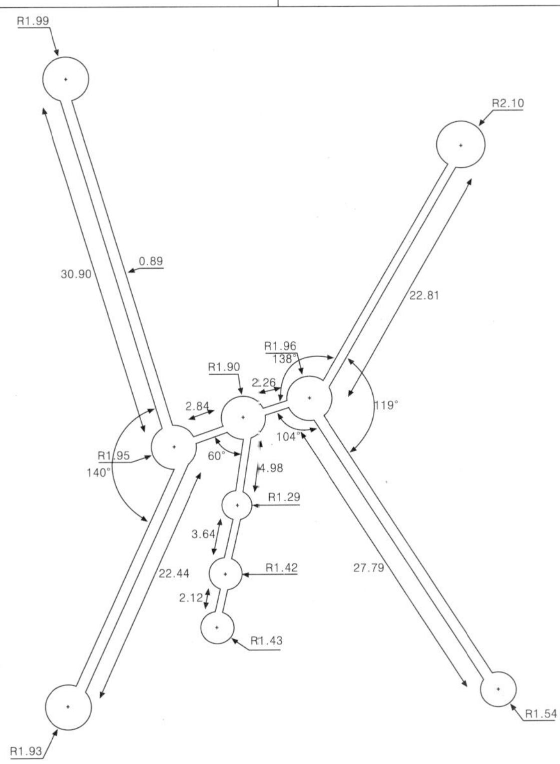

[단위: mm]

(22) 정(井)

태조본 앞면 스캔	태조본 뒷면 스캔	숙종본 스캔
숙종본 탁본 (규장각본)	숙종본 실측 도면	
숙종본 탁본 (성신여대본)		

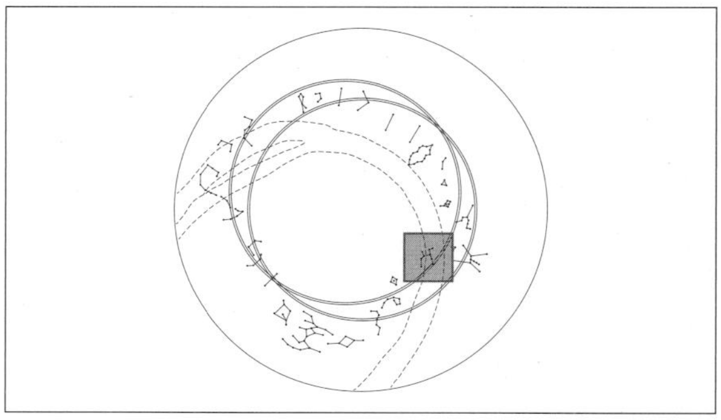

정수(井宿): 井八星三十三度(對斗 巨解宮 未地 秦之分) / 八紅橫列河中淨

정수는 여덟 개의 별로 구성되어 있으며 33도를 차지한다.
(두수에 대응되는 위치이며 거해궁, 미의 방향, 진나라의 영역에 해당한다.)
여덟 개의 붉은 별이 가로로 줄지어 있는데, 은하수 가운데에서 은하수를 정화시키고 있다.

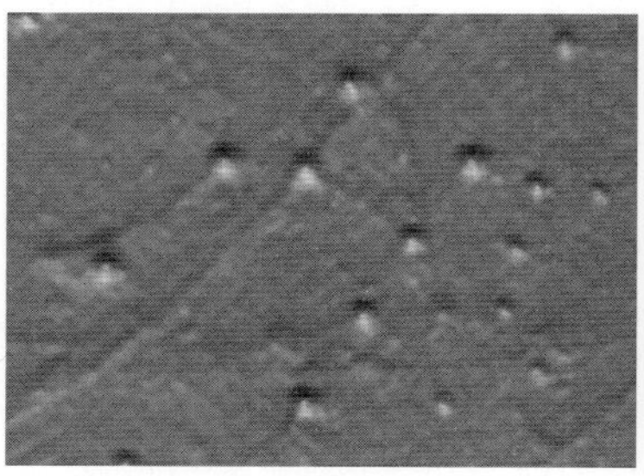

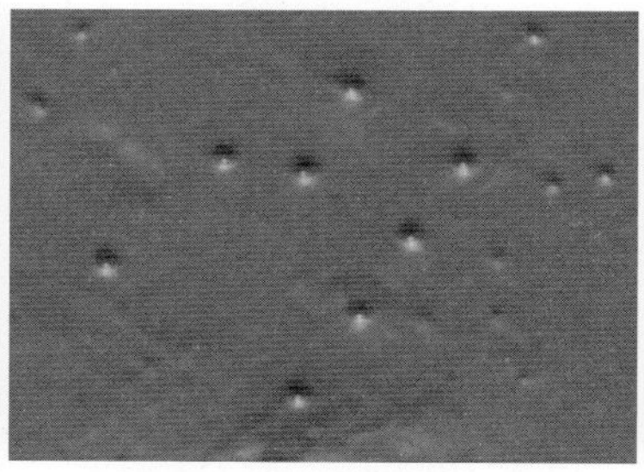

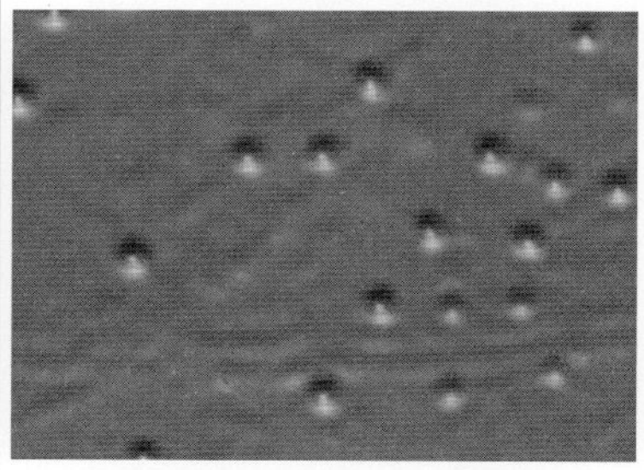

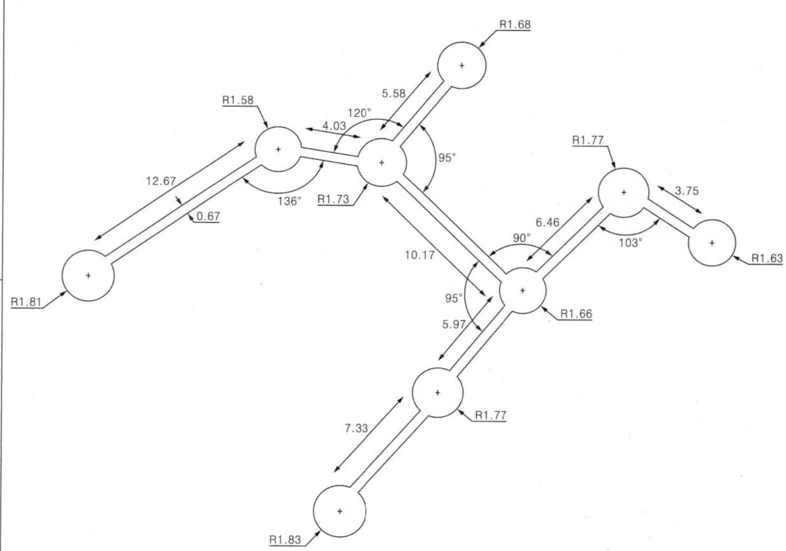

[단위: mm]

(23) 귀(鬼)

태조본 앞면 스캔	태조본 뒷면 스캔	숙종본 스캔
숙종본 탁본 (규장각본)	숙종본 실측 도면	
숙종본 탁본 (성신여대본)		

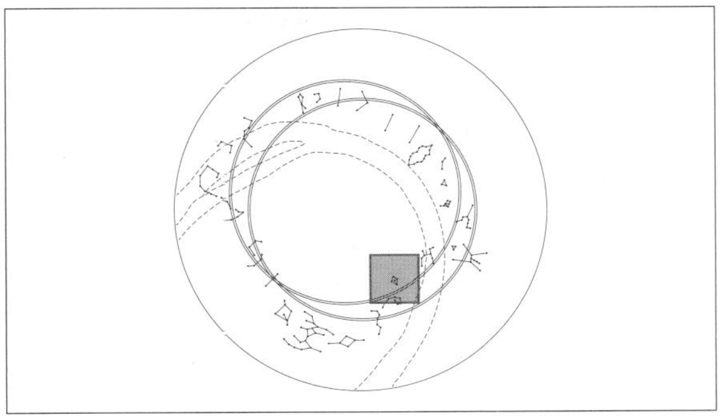

귀수(鬼宿): 鬼五星四度(對牛 巨解宮 未地 秦之分) / 四紅冊方似木樻

귀수는 다섯 개의 별로 구성되어 있으며 4도를 차지한다.
(우수에 대응되는 위치이며 거해궁, 미의 방향, 진나라의 영역에 해당한다.)
네 개의 붉은 별이 사각형 책 모양 같은데, 나무 궤짝처럼 보인다.

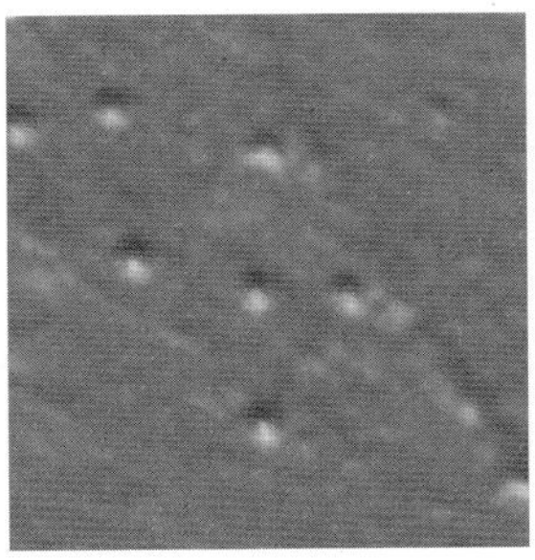

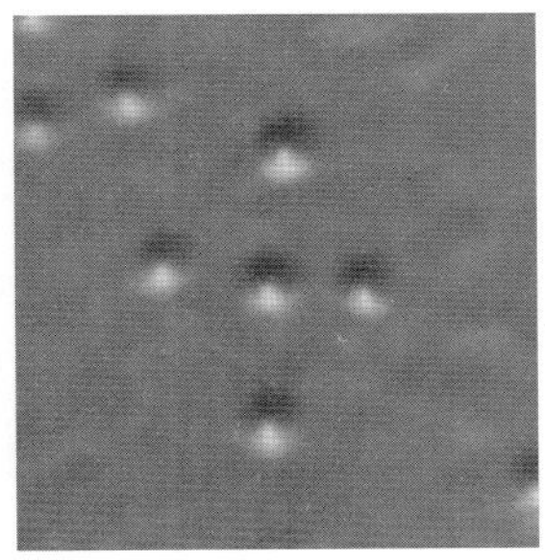

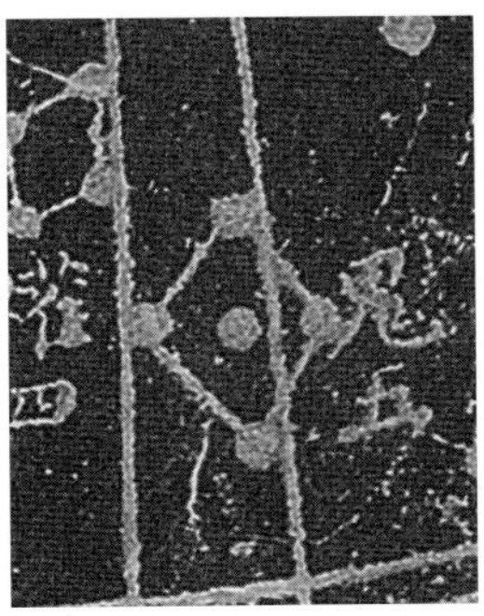

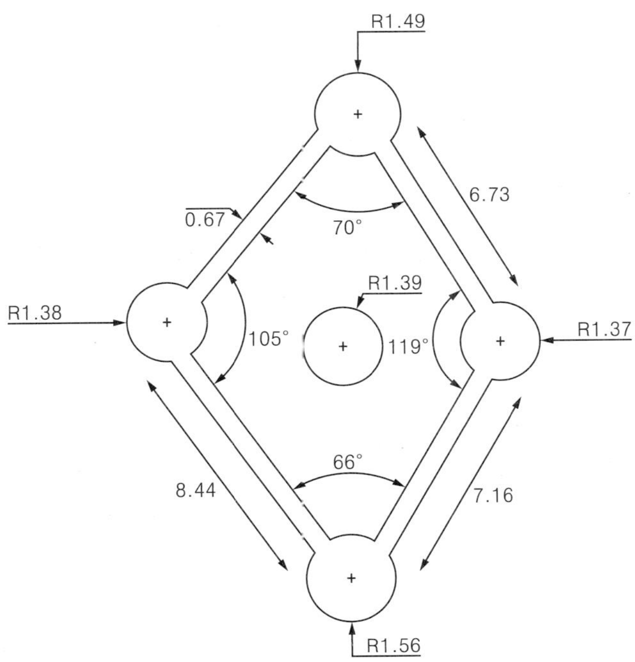

[단위: mm]

(24) 류(柳)

태조본 앞면 스캔	태조본 뒷면 스캔	숙종본 스캔
숙종본 탁본 (규장각본)	숙종본 실측 도면	
숙종본 탁본 (성신여대본)		

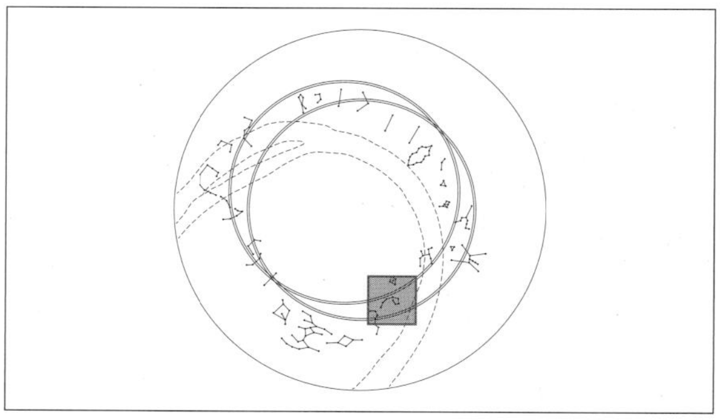

류수(柳宿): 柳八星十五度(對女 獅子宮 午地 周之分) / 八紅曲頭似垂柳

류수는 여덟 개의 별로 구성되어 있으며 15도를 차지한다.
(여수에 대응되는 위치이며 사자궁, 오의 방향, 주나라의 영역에 해당한다.)
여덟 개의 붉은 별이 머리를 숙이고 있는데, 버드나무 가지가 아래로 드리운 모양과 같다.

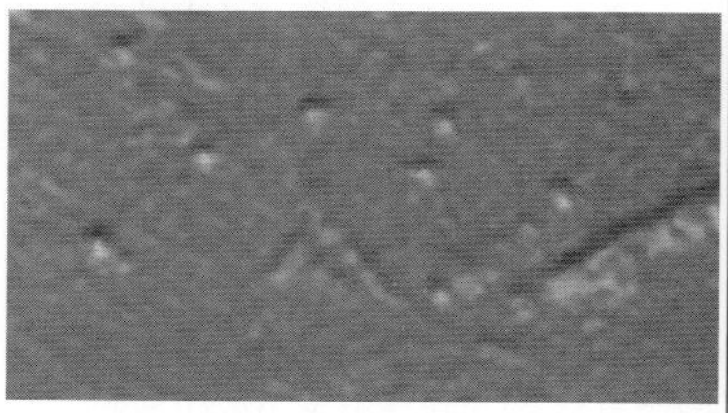

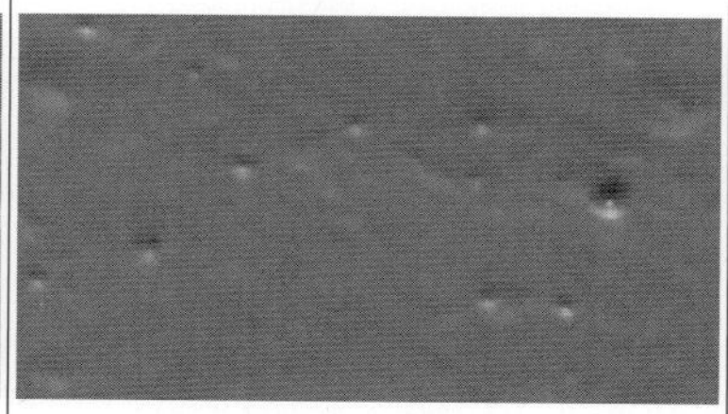

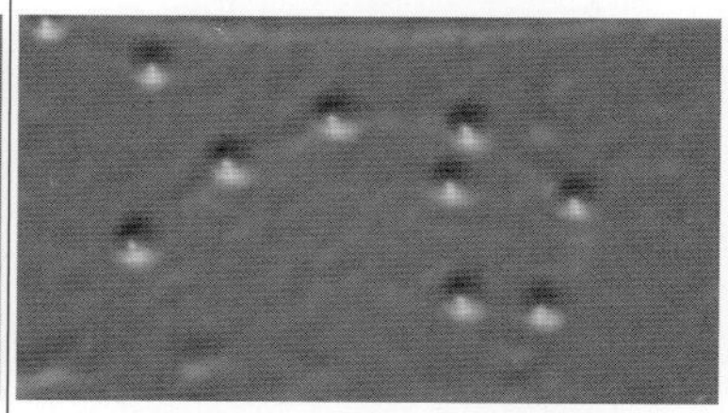

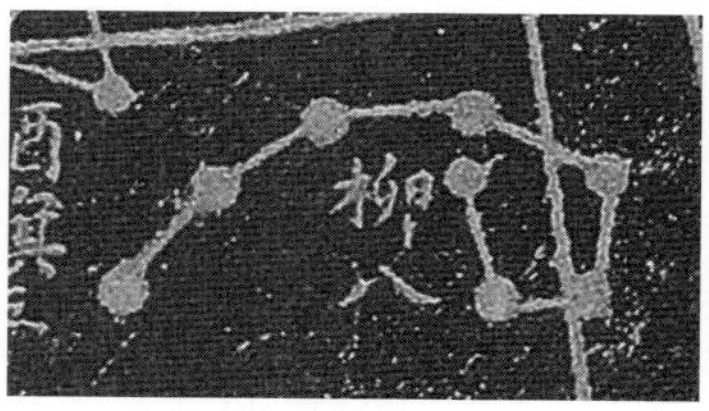

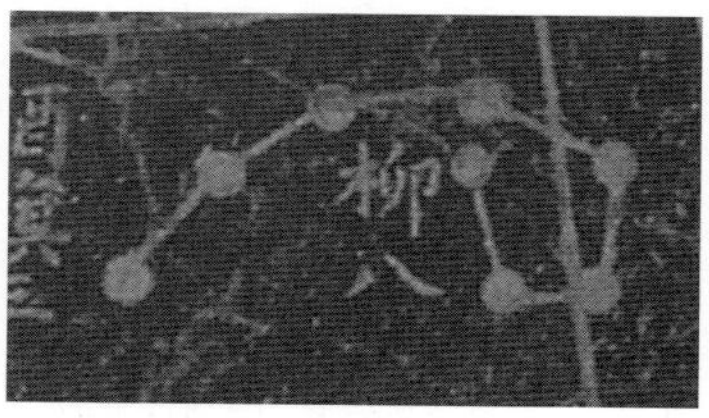

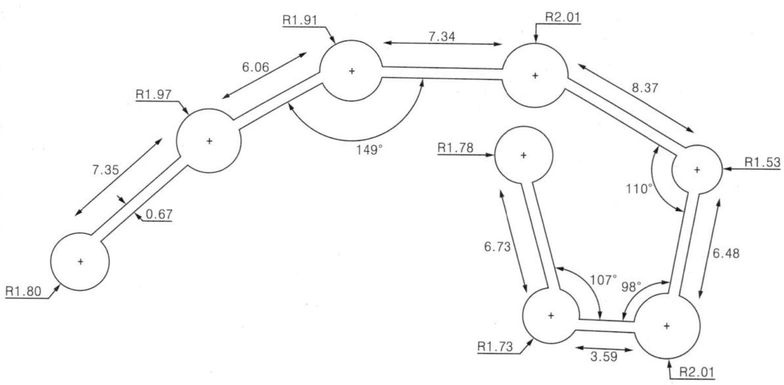

[단위: mm]

(25) 성(星)

태조본 앞면 스캔	태조본 뒷면 스캔	숙종본 스캔
숙종본 탁본 (규장각본)	숙종본 실측 도면	
숙종본 탁본 (성신여대본)		

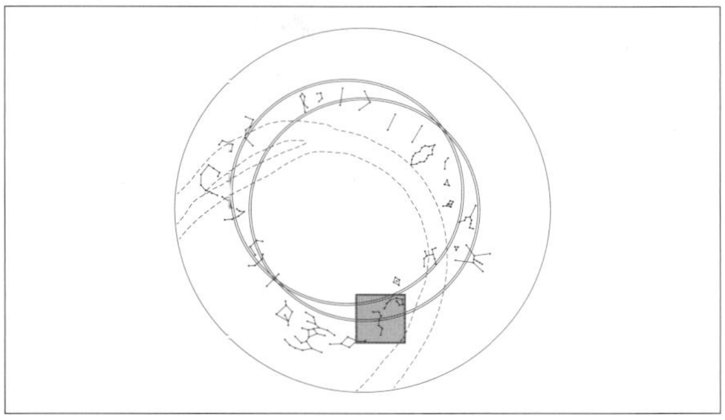

성수(星宿): 星七星七度(對虛 獅子宮 午地 周之分) / 七紅如釣柳下生

성수는 일곱 개의 별로 구성되어 있으며 7도를 차지한다.
(허수에 대응되는 위치이며 사자궁, 오의 방향, 주나라의 영역에 해당한다.)
일곱 개의 붉은 별이 낚싯대처럼 휘어져 있으며, 류수(柳宿) 아래에 있다.

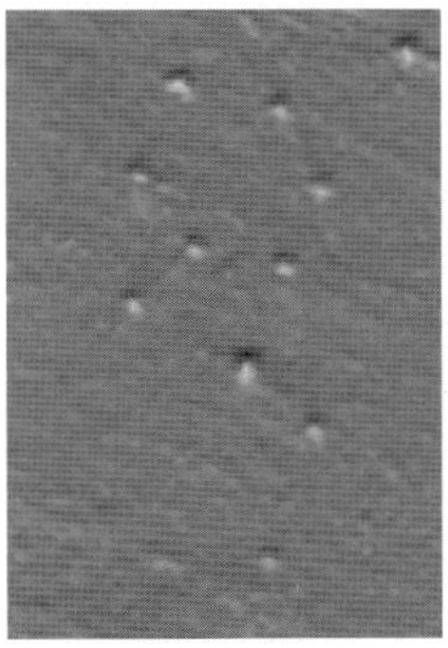

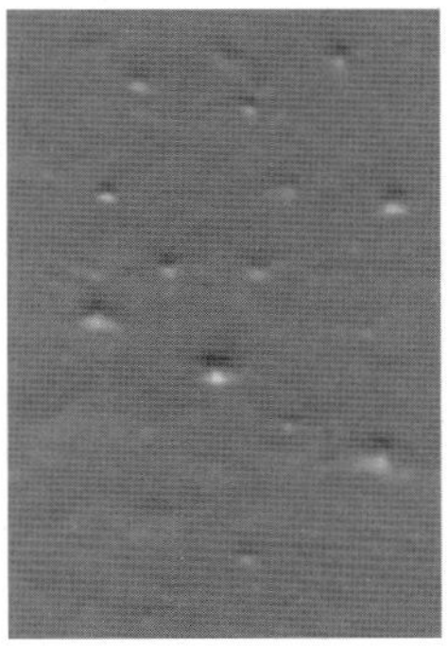

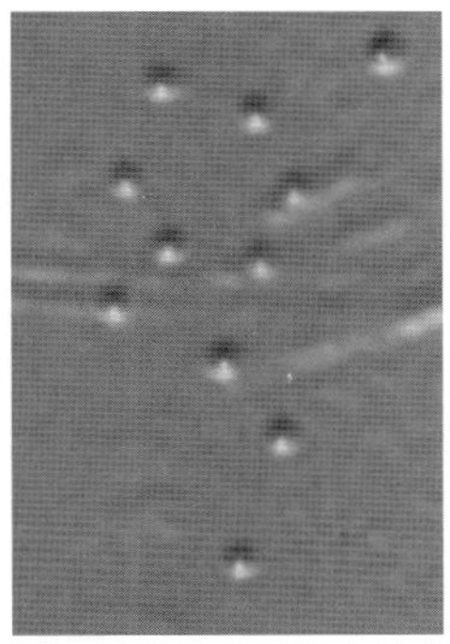

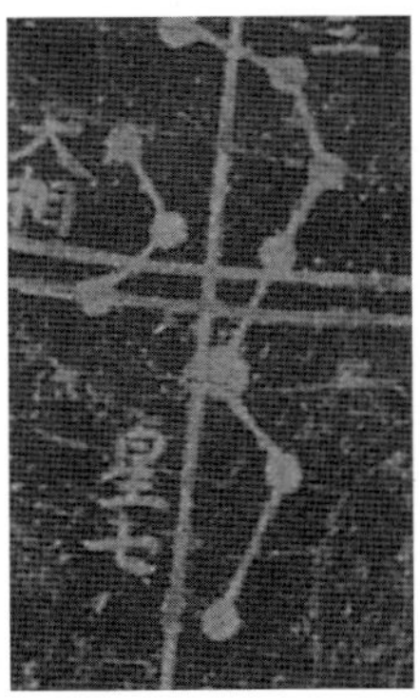

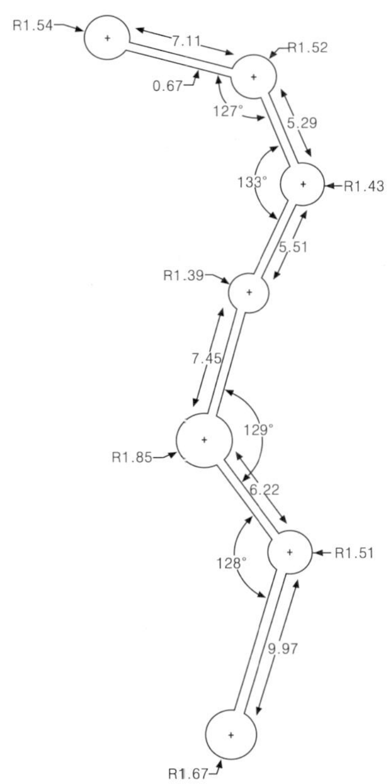

[단위: mm]

(26) 장(張)

태조본 앞면 스캔	태조본 뒷면 스캔	숙종본 스캔
숙종본 탁본 (규장각본)	숙종본 실측 도면	
숙종본 탁본 (성신여대본)		

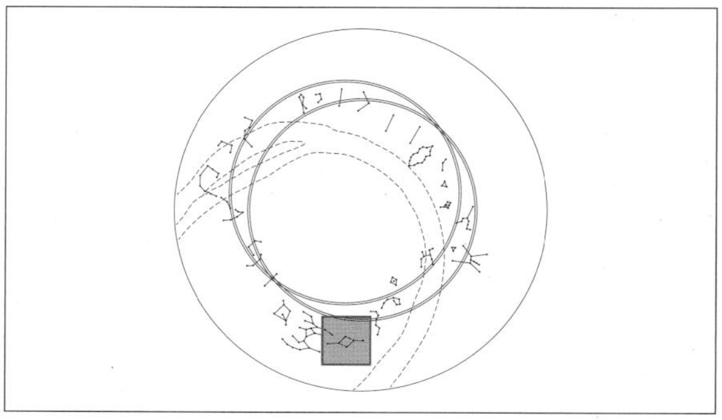

장수(張宿): 張六星十八度(對危 獅子宮 午地 周之分) / 六紅似軫在星旁

장수는 여섯 개의 별로 구성되어 있으며 18도를 차지한다.
(위수에 대응되는 위치이며 사자궁, 오의 방향, 주나라의 영역에 해당한다.)
여섯 개의 붉은 별이 진수(軫宿)와 비슷한 모습이며, 성수(星宿) 곁에 있다.

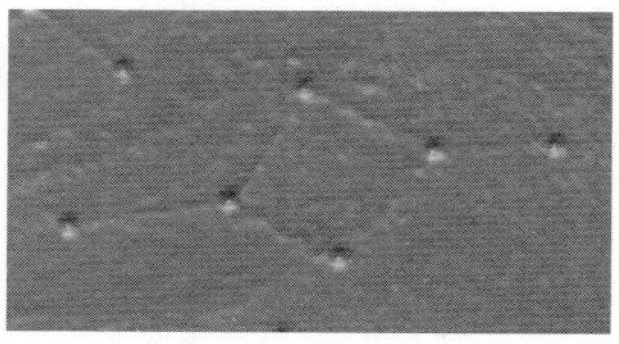

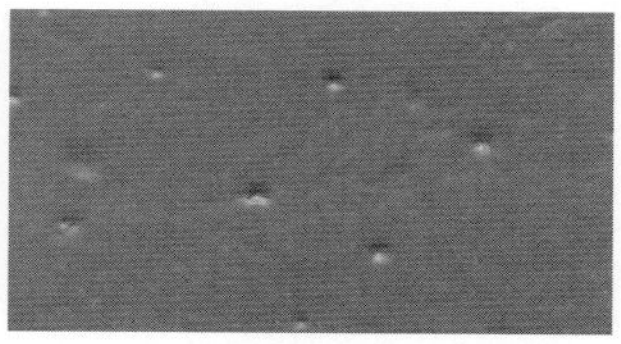

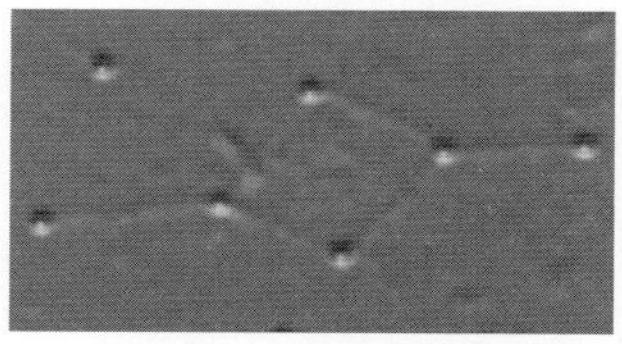

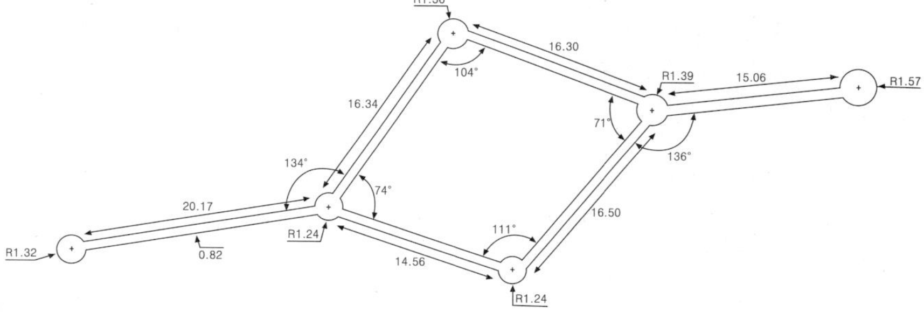

[단위: mm]

(27) 익(翼)

태조본 앞면 스캔	태조본 뒷면 스캔	숙종본 스캔
숙종본 탁본 (규장각본)	숙종본 실측 도면	
숙종본 탁본 (성신여대본)		

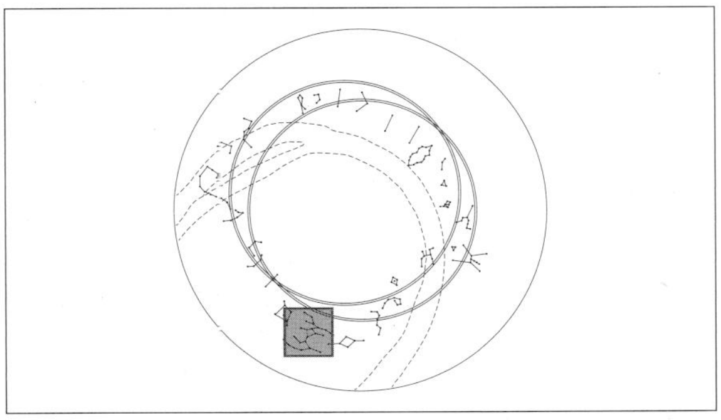

익수(翼宿): 翼二十二星十八度(對室 雙女宮 巳地 楚之分) / 二十二紅大難識 上五下五横着行 中間六點恰如張 更有六星在何許 三三相連張畔附 必若不能分處所 更請向前看野取

익수는 스물두 개의 별로 구성되어 있으며 18도를 차지한다.
(실수에 대응되는 위치이며 쌍녀궁, 사의 방향, 초나라의 영역에 해당한다.)
스물두 개의 붉은 별로, 찾기가 매우 어렵다. 위아래로 다섯 개의 별이 가로로 놓여 있으며 가운데의 여섯 별은 장수(張宿)와 비슷하다. 또 다른 여섯 개의 별이 있는 곳은 셋씩 서로 이어져 장수 모양의 곁에 붙어 있는데, 장수 모양과 나누어진 곳을 찾기 어려우면 앞쪽에서부터 다시 찾아보기 바란다.

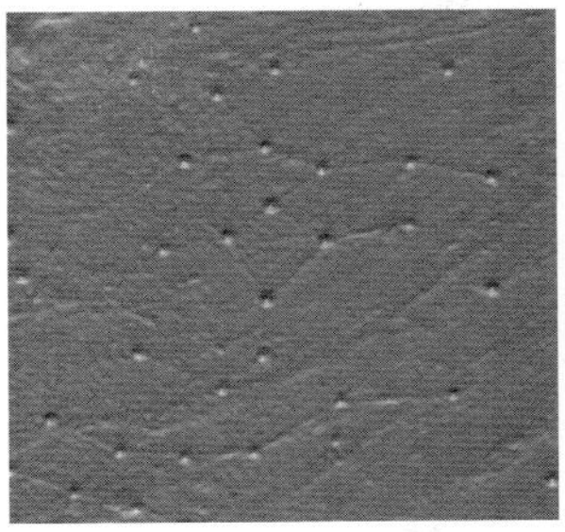

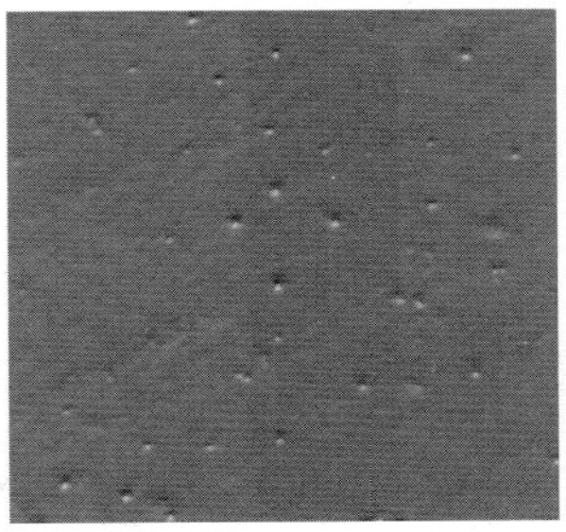

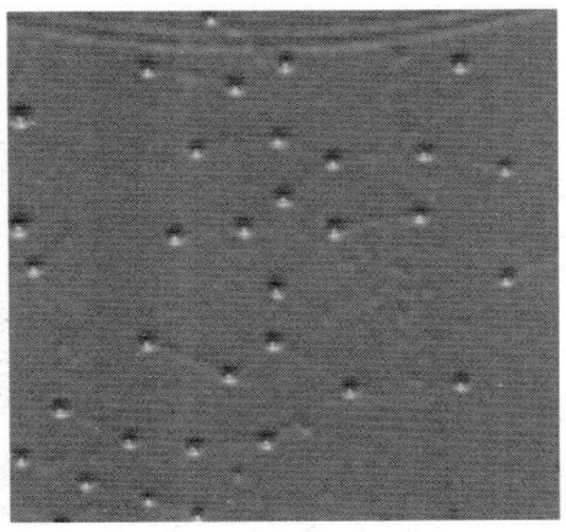

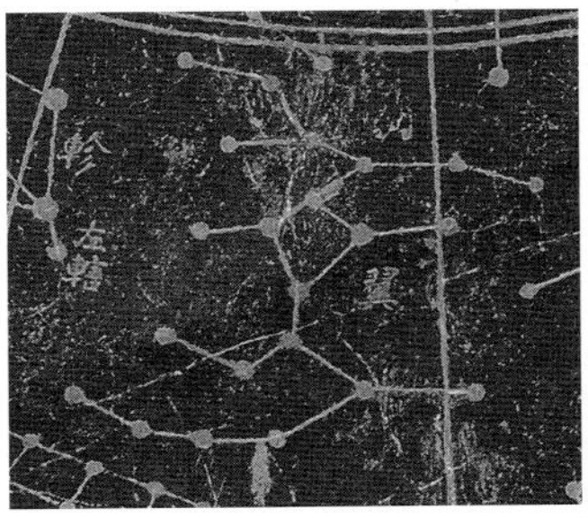

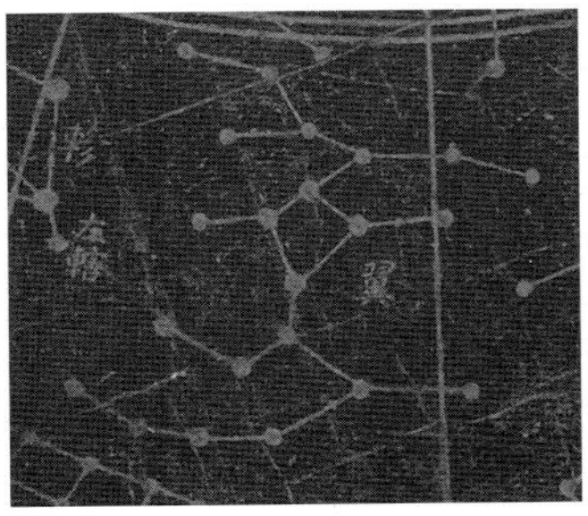

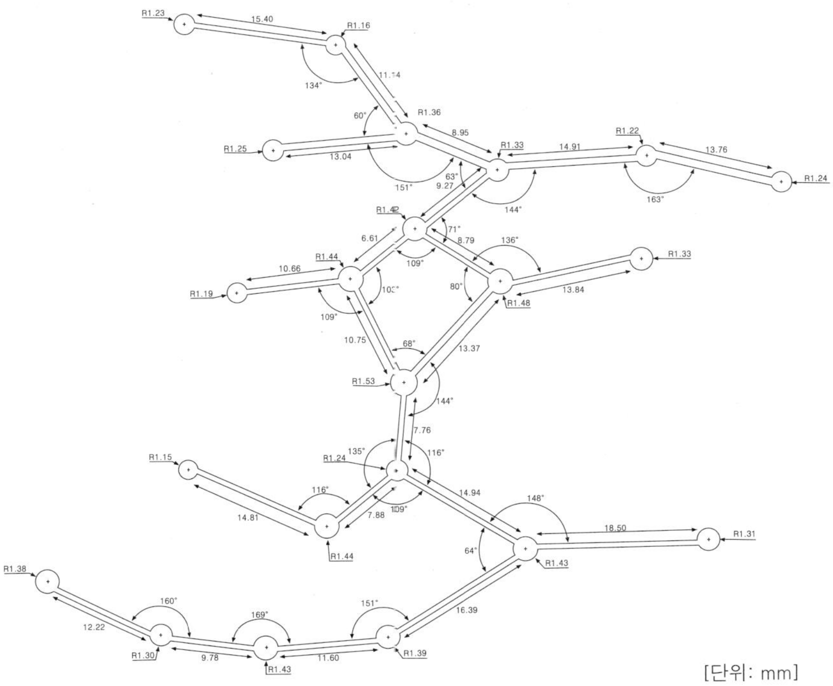

[단위: mm]

(28) 진(軫)

태조본 앞면 스캔	태조본 뒷면 스캔	숙종본 스캔
숙종본 탁본 (규장각본)	숙종본 실측 도면	
숙종본 탁본 (성신여대본)		

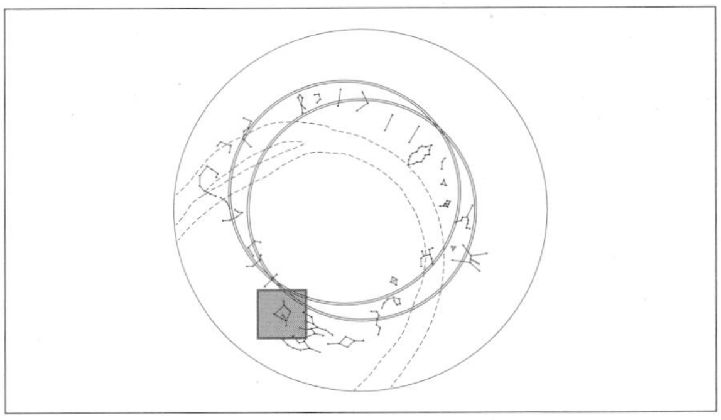

진수(軫宿): 軫四星十七度(對壁 雙女宮 巳地 楚之分) / 四紅如張翼相近

진수는 네 개의 별로 구성되어 있으며 17도를 차지한다.
(벽수에 대응되는 위치이며 쌍녀궁, 사의 방향, 초나라의 영역에 해당한다.)
네 개의 붉은 별로 장수(張宿)와 비슷한 모습이며, 익수(翼宿)와 가까이 있다.

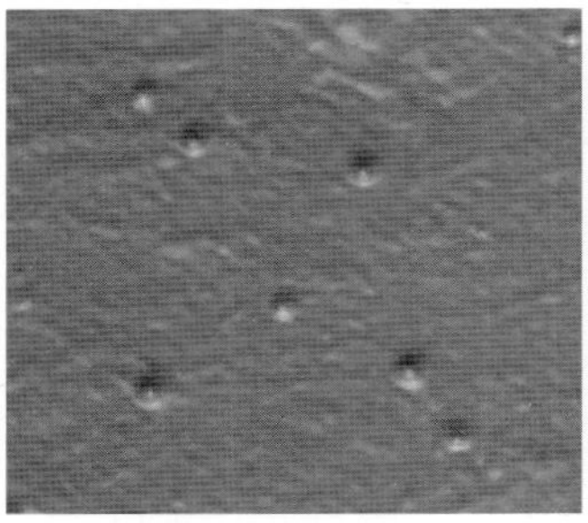

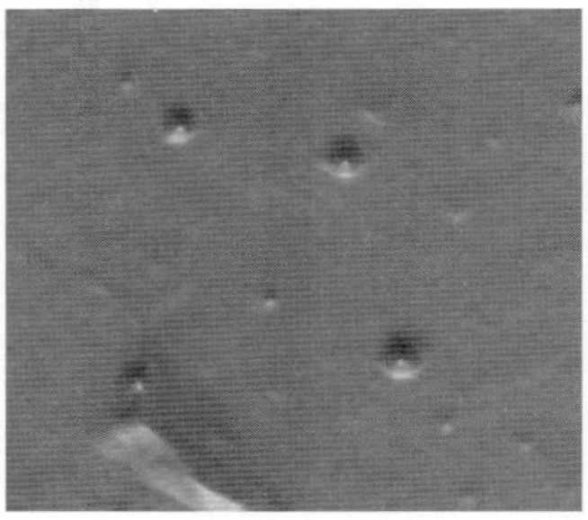

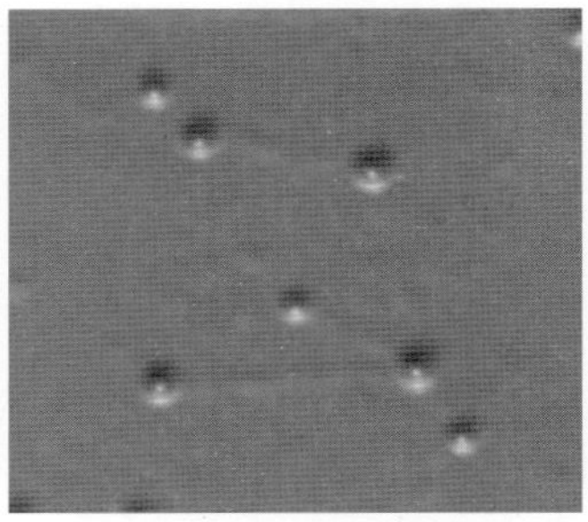

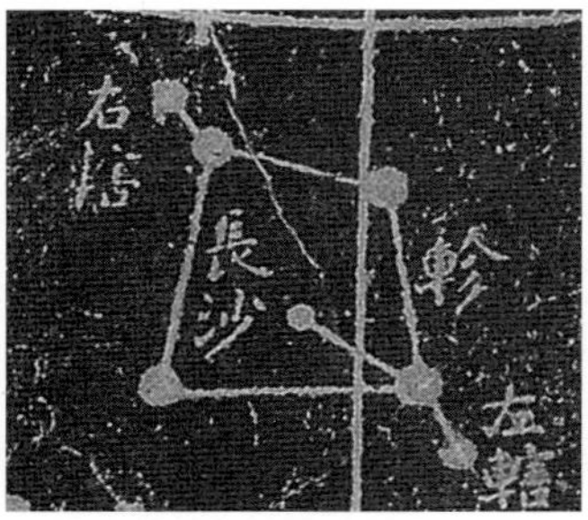

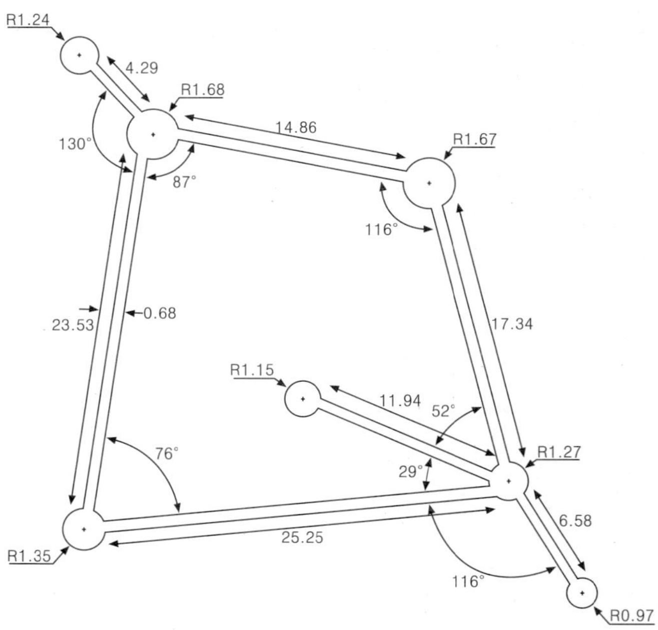

[단위: mm]

3) 북두칠성(北斗七星)의 모양과 실측

태조본 앞면 스캔	태조본 뒷면 스캔	숙종본 스캔
숙종본 탁본 (규장각본)	숙종본 실측 도면	
숙종본 탁본 (성신여대본)		

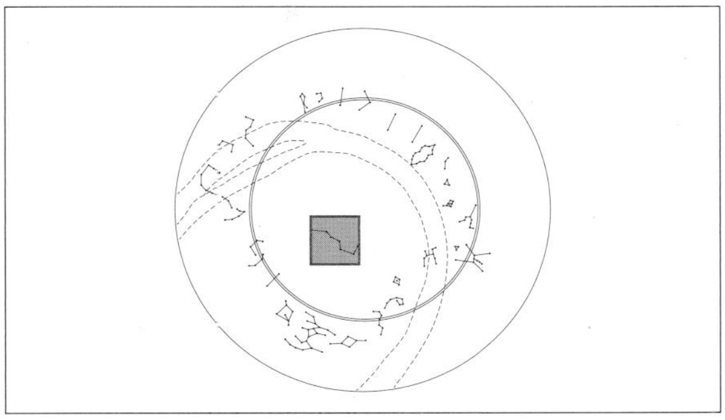

북두칠성(北斗七星): 北斗之宿七星明

북두가 머무르는 곳으로, 일곱 개의 밝은 별이 있다.

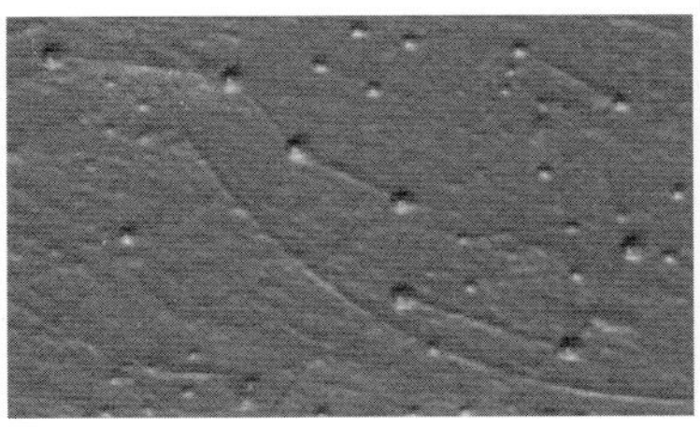

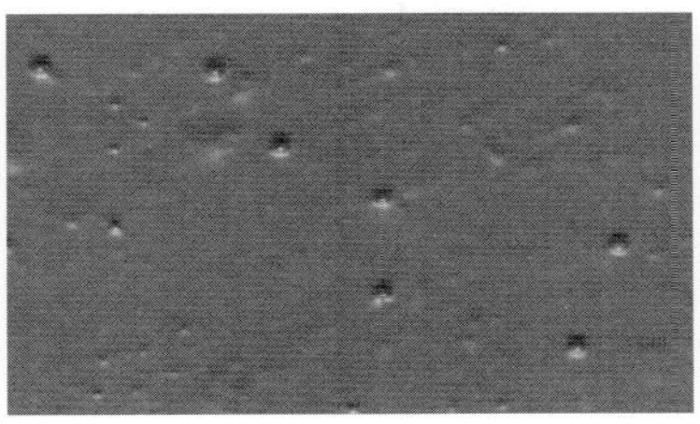

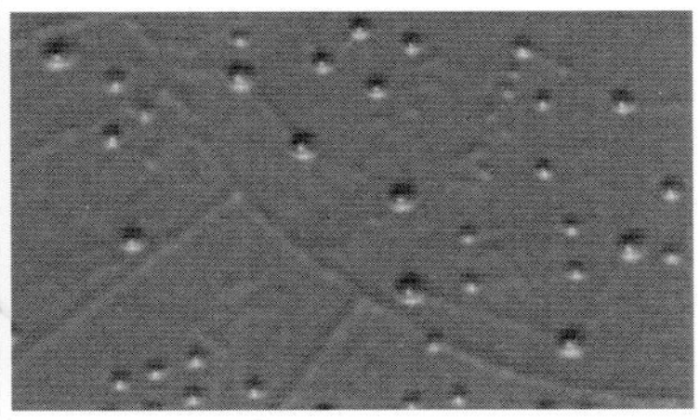

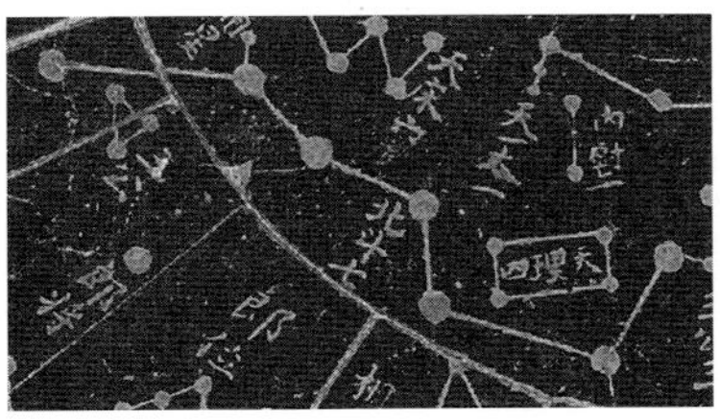

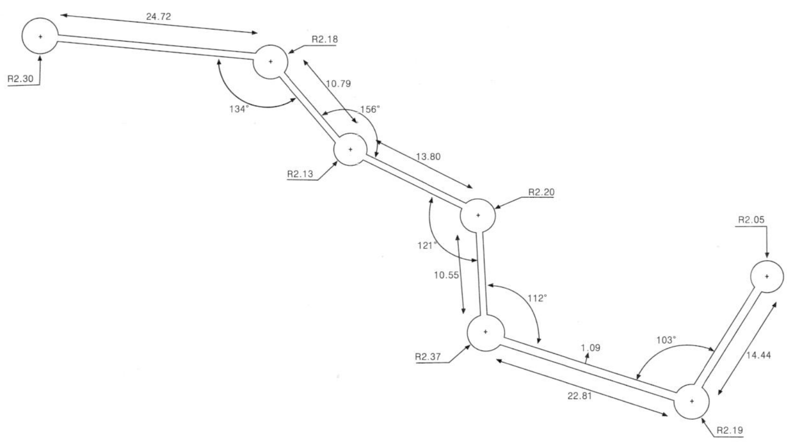

[단위: mm]

4) 천문도 명문 스캔

(1) 제목

태조본 앞면 스캔
태조본 뒷면 스캔
숙종본 스캔
숙종본 탁본

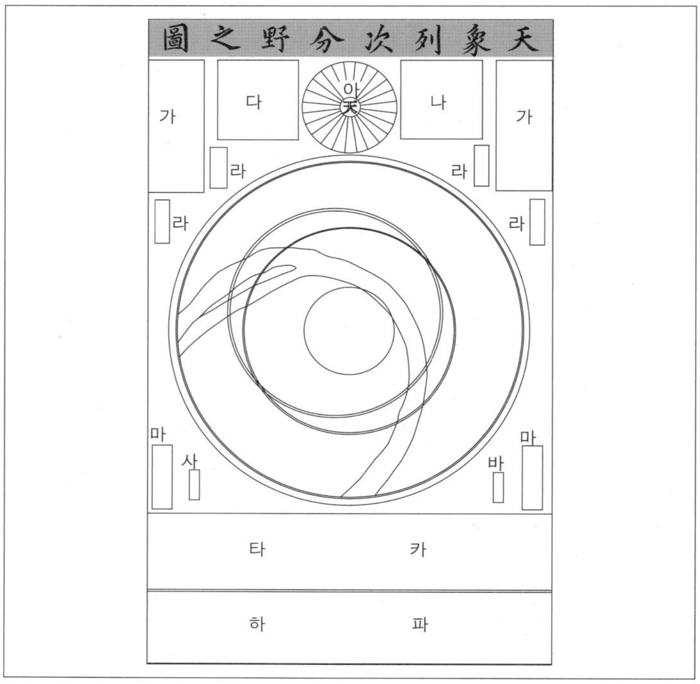

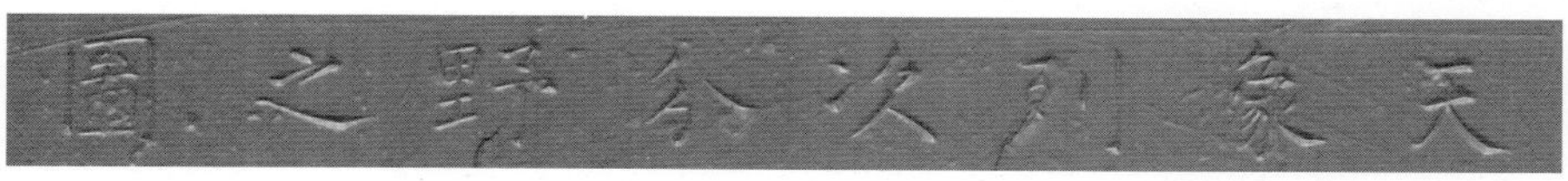

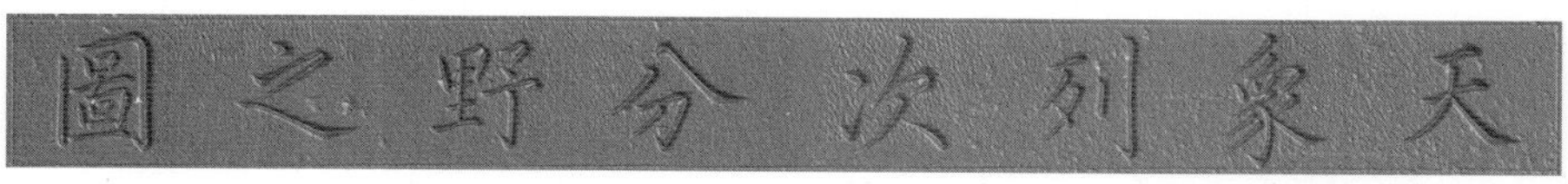

(2) 가

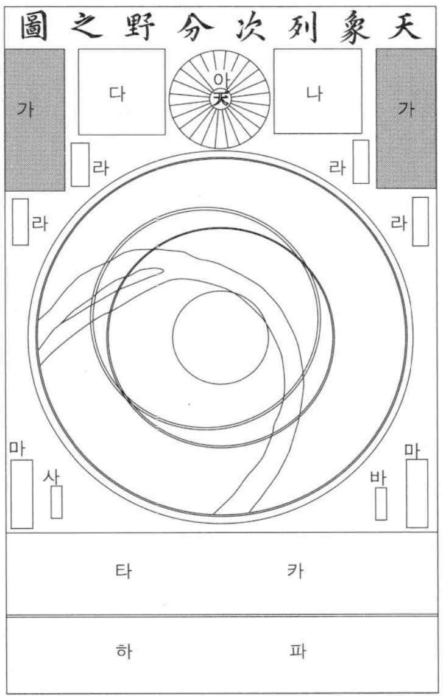

태조본 앞면 스캔	태조본 뒷면 스캔
숙종본 스캔	숙종본 탁본

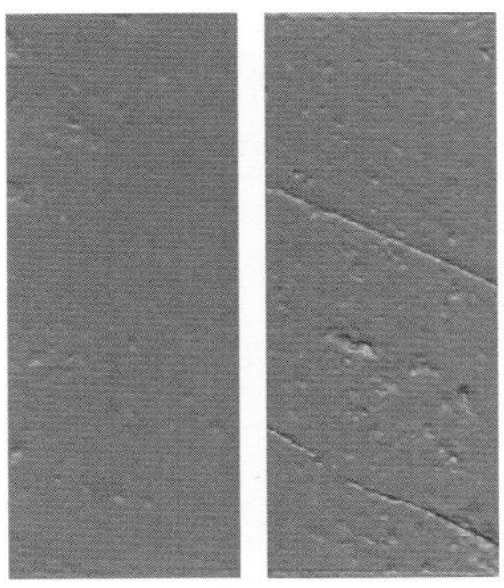

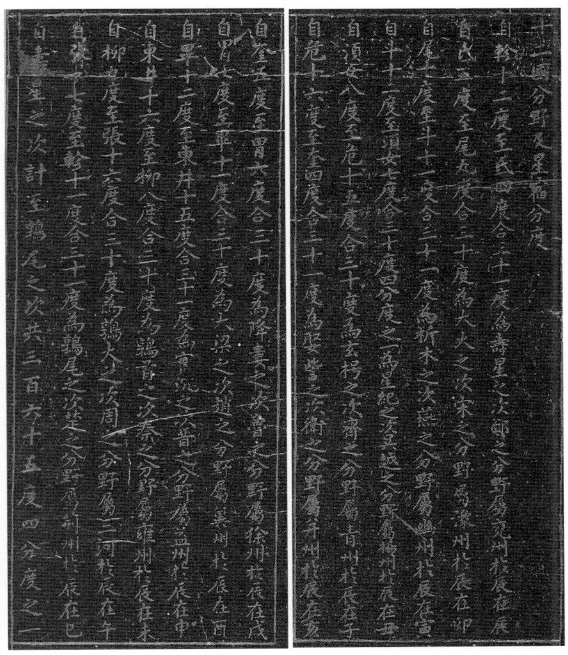

(3) 나

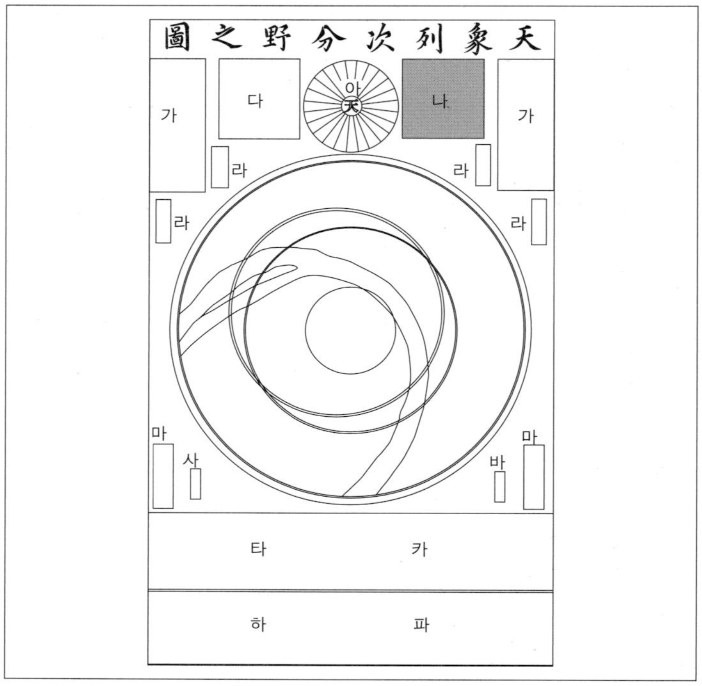

태조본 앞면 스캔	태조본 뒷면 스캔
숙종본 스캔	숙종본 탁본

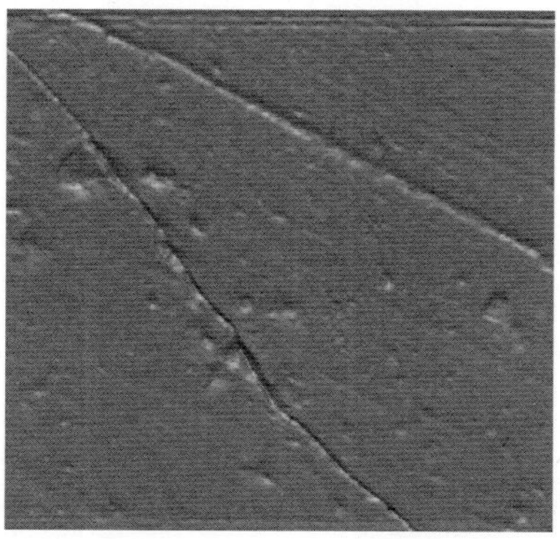

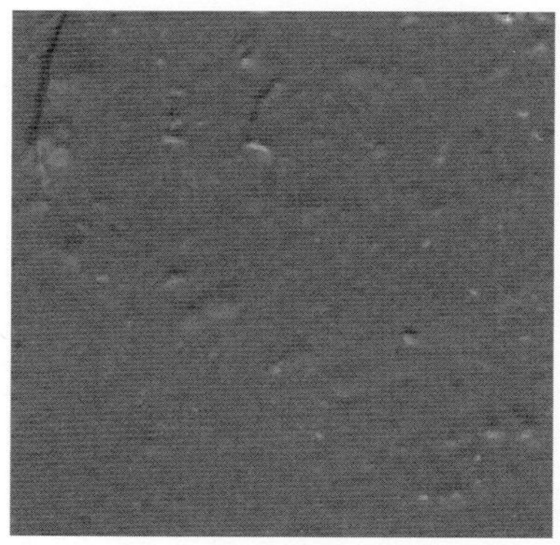

(4) 다

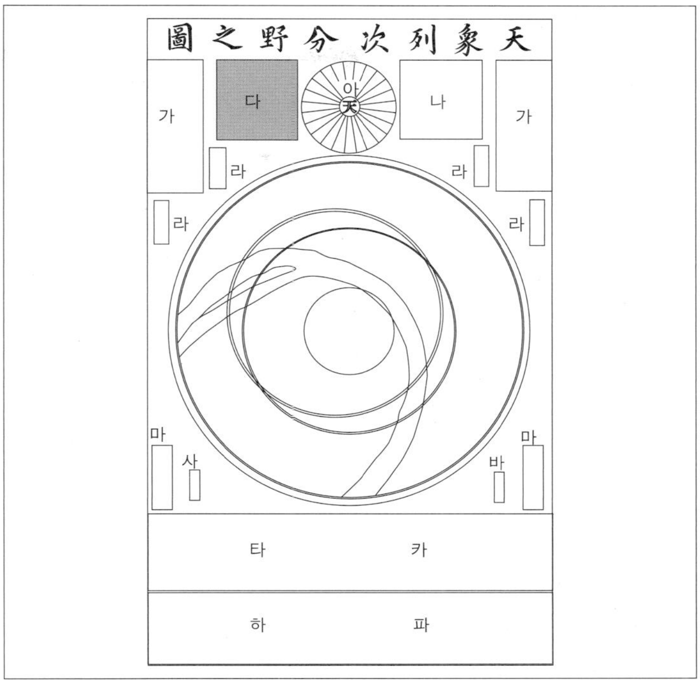

태조본 앞면 스캔	태조본 뒷면 스캔
숙종본 스캔	숙종본 탁본

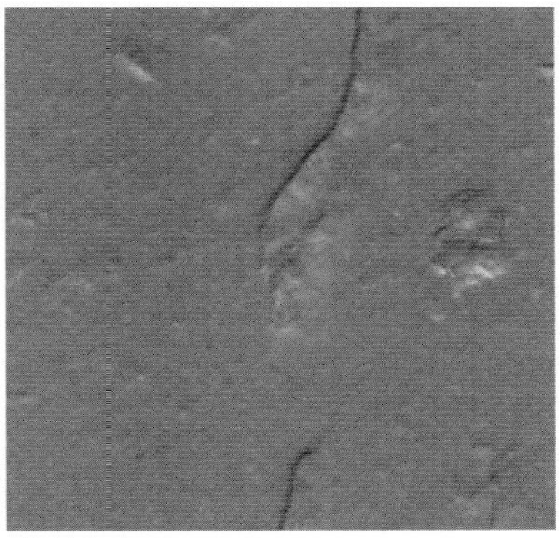

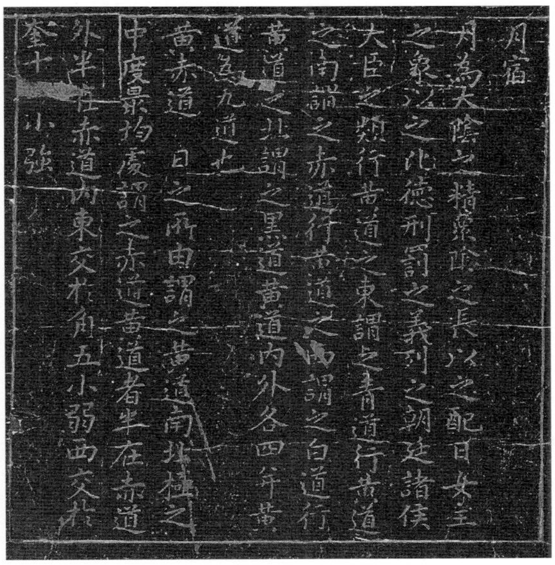

(5) 라(우측)

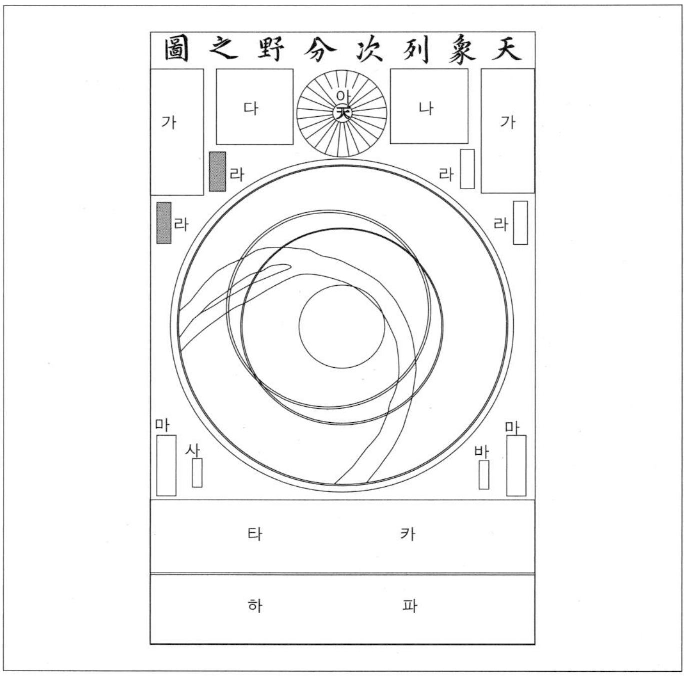

태조본 앞면 스캔	태조본 뒷면 스캔
숙종본 스캔	숙종본 탁본

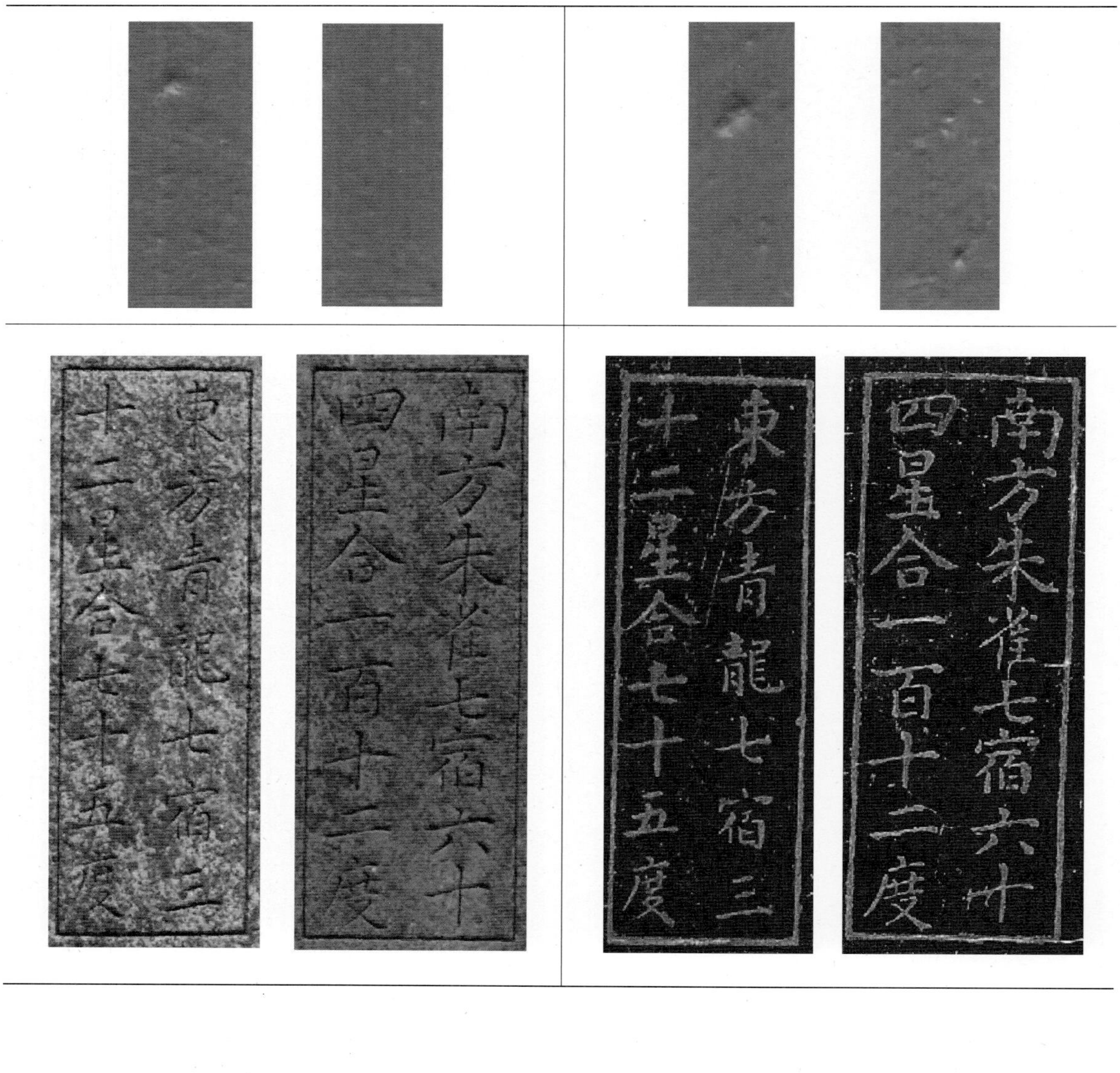

(6) 라(좌측)

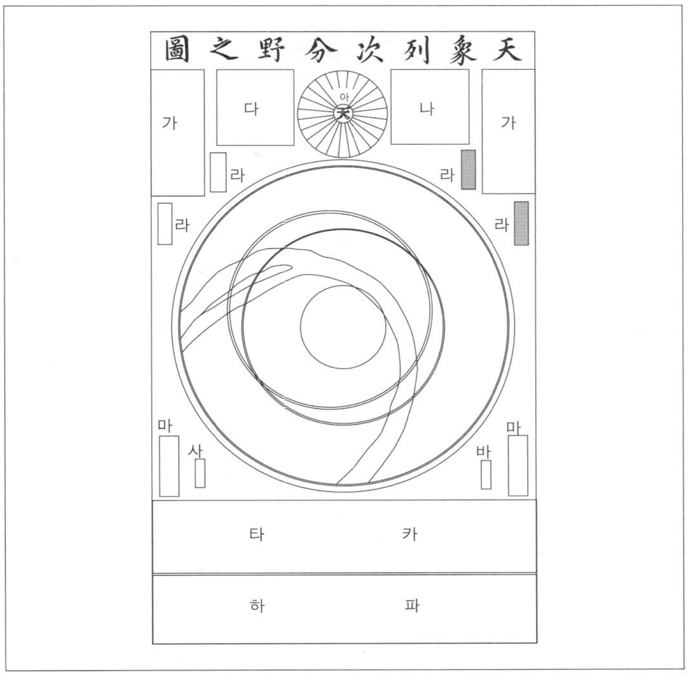

태조본 앞면 스캔	태조본 뒷면 스캔
숙종본 스캔	숙종본 탁본

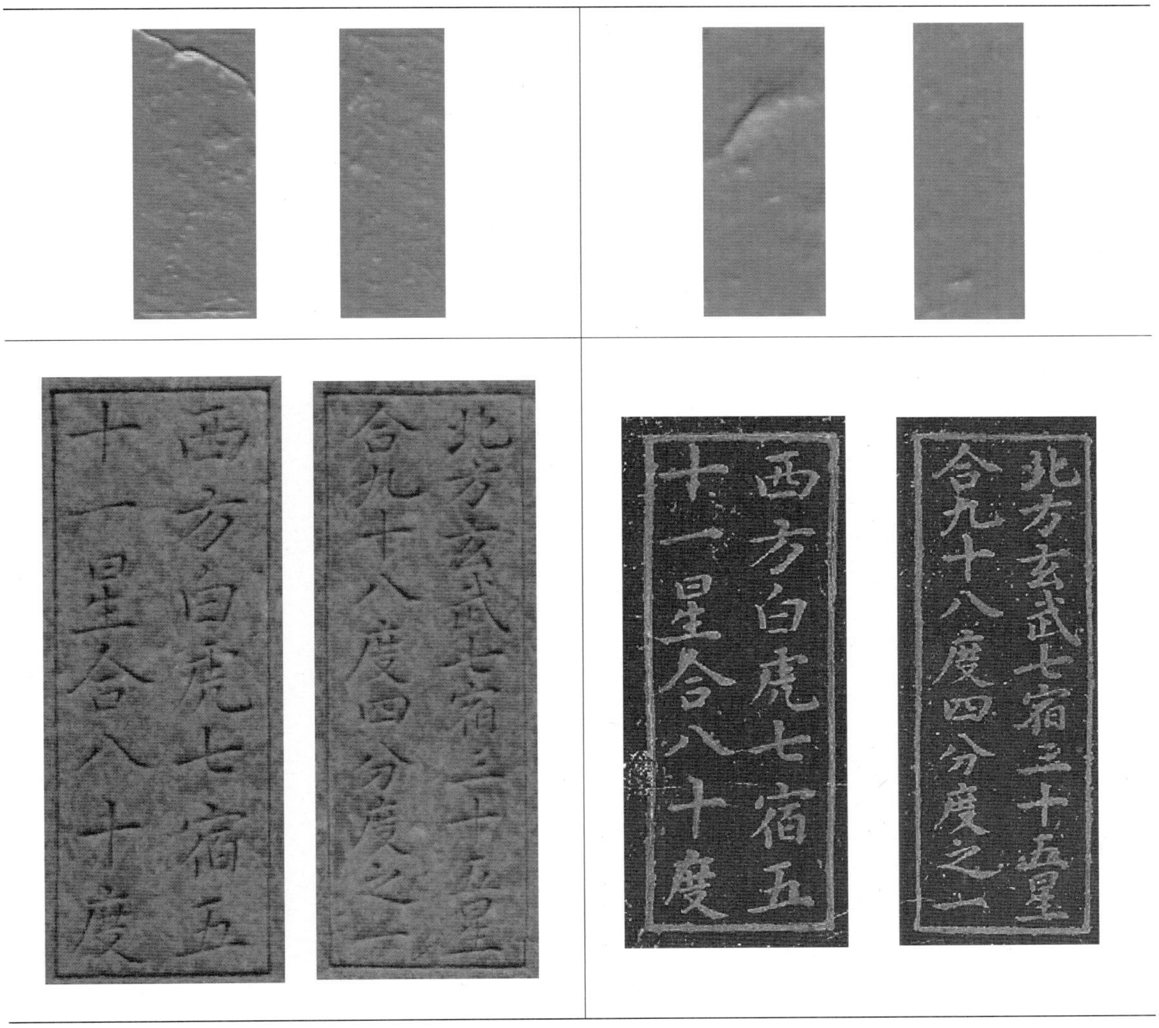

(7) 마

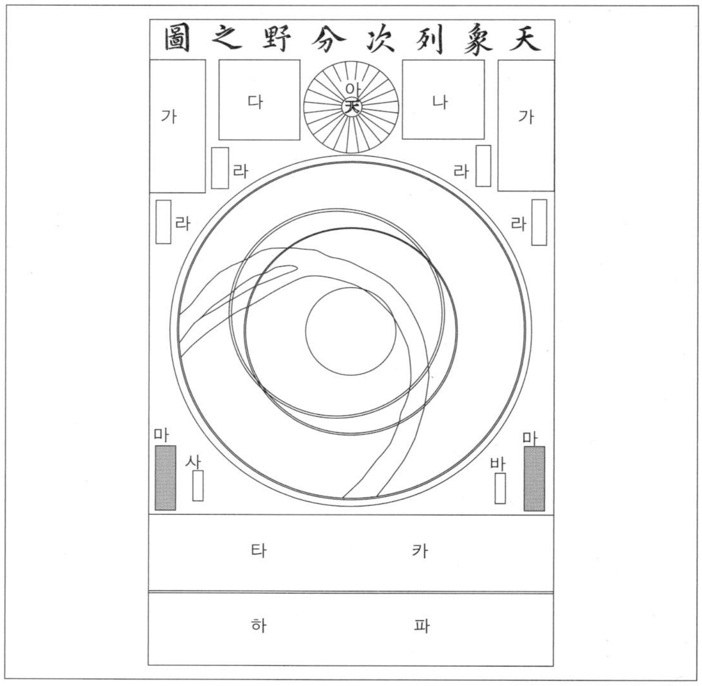

태조본 앞면 스캔	태조본 뒷면 스캔
숙종본 스캔	숙종본 탁본

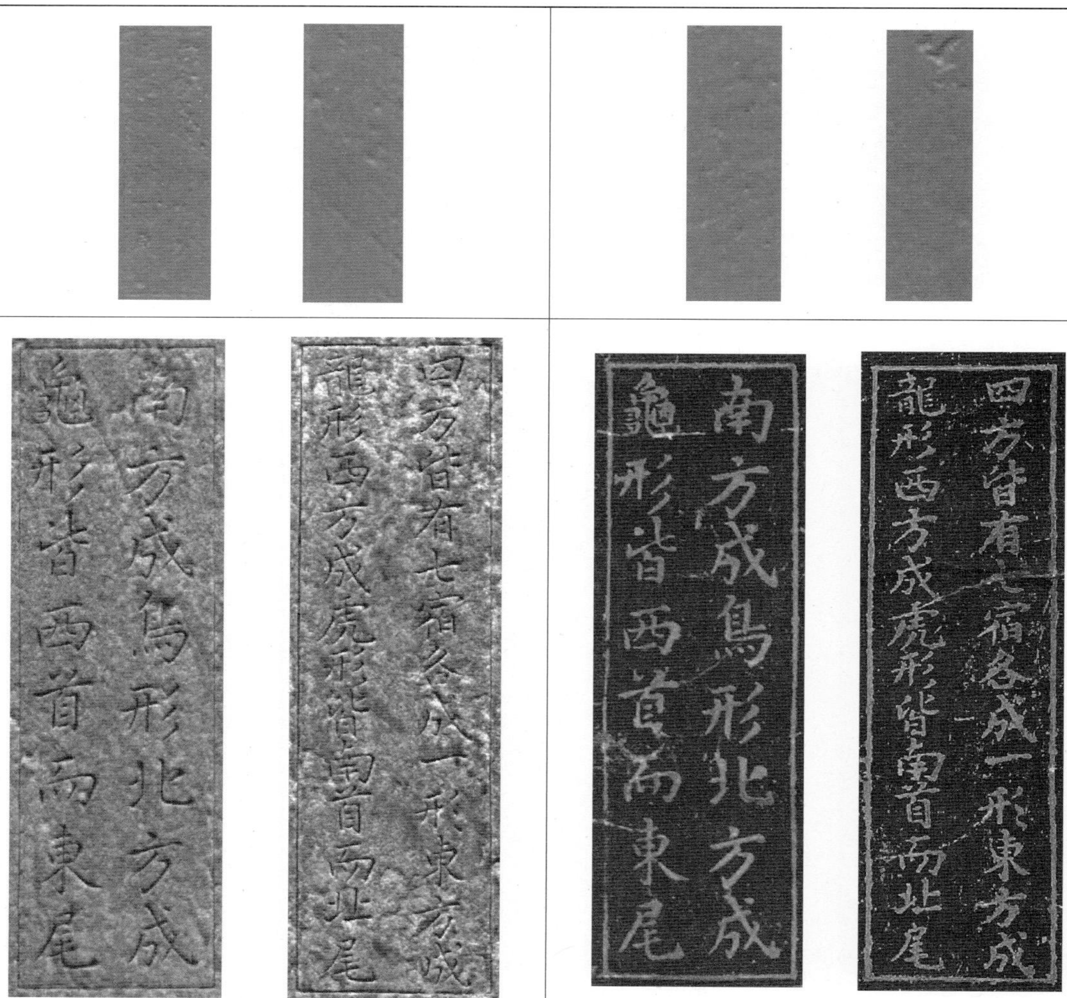

(8) 바

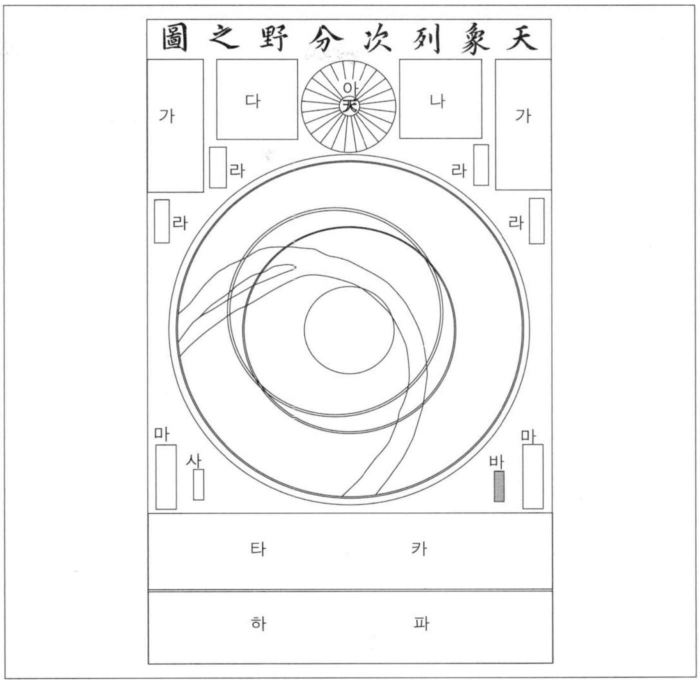

태조본 앞면 스캔	태조본 뒷면 스캔
숙종본 스캔	숙종본 탁본

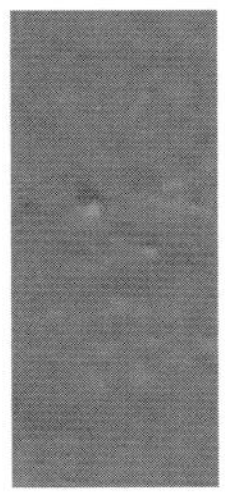

(9) 사

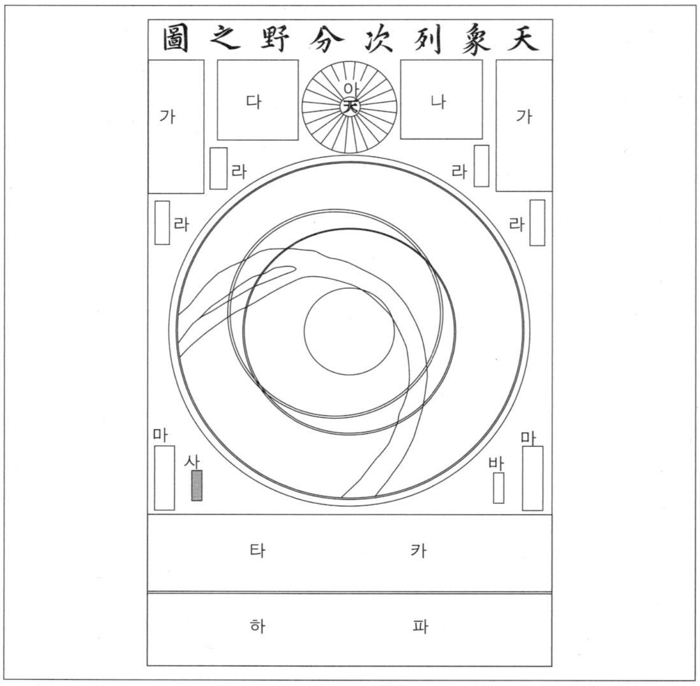

태조본 앞면 스캔	태조본 뒷면 스캔
숙종본 스캔	숙종본 탁본

(10) 아

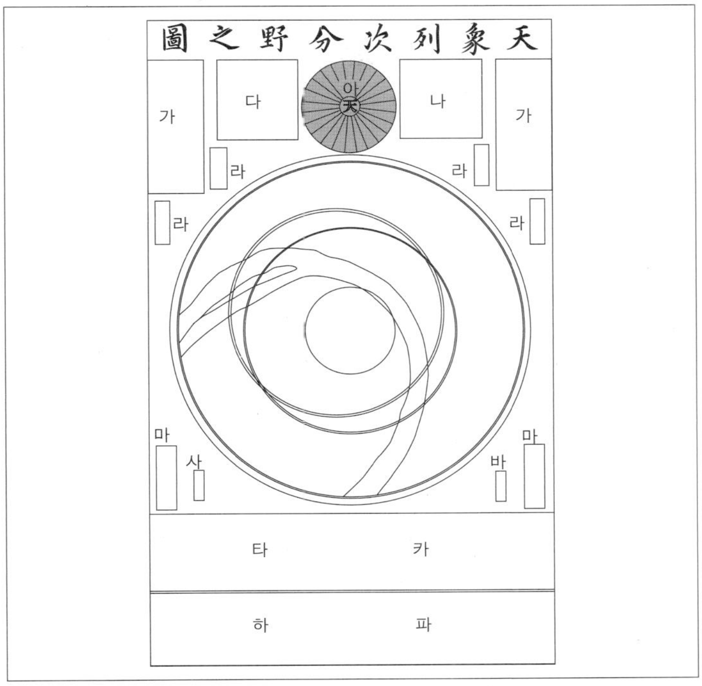

태조본 앞면 스캔	태조본 뒷면 스캔
숙종본 스캔	숙종본 탁본

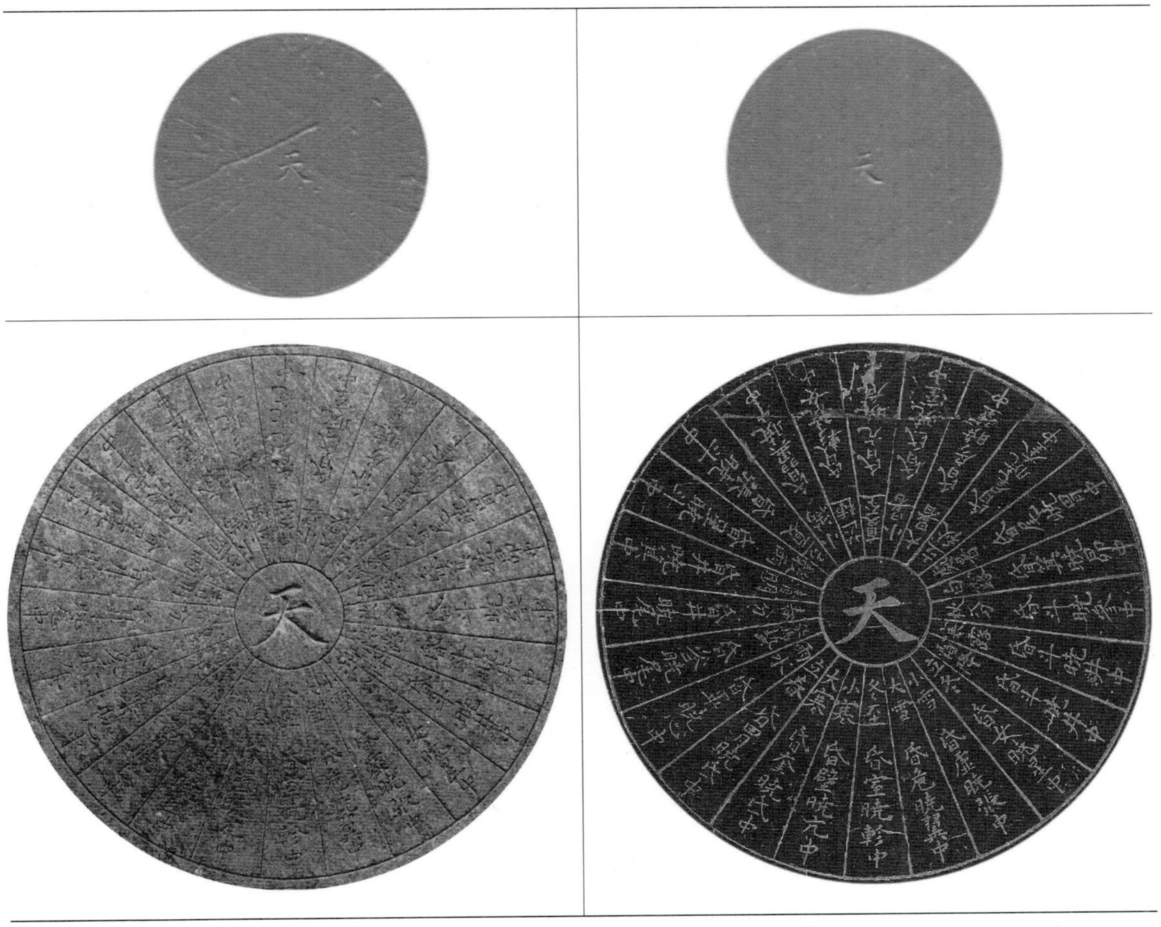

(11) 카

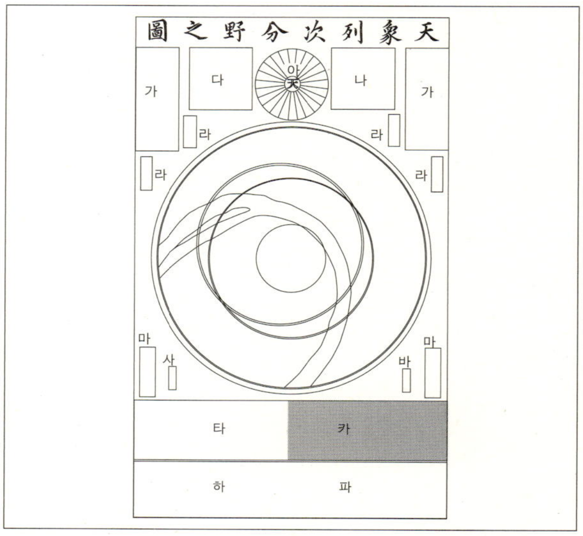

태조본 앞면 스캔	태조본 뒷면 스캔
숙종본 스캔	
숙종본 탁본	

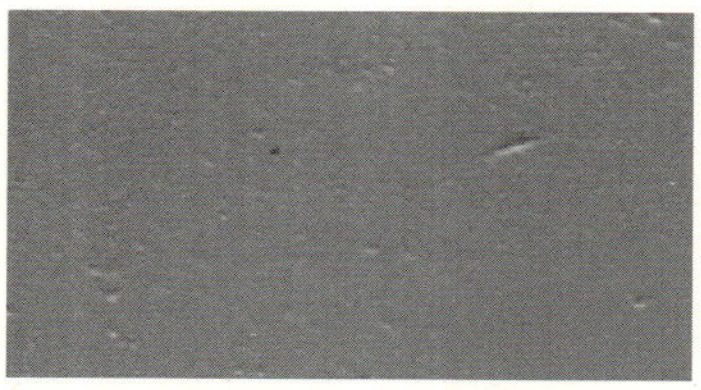

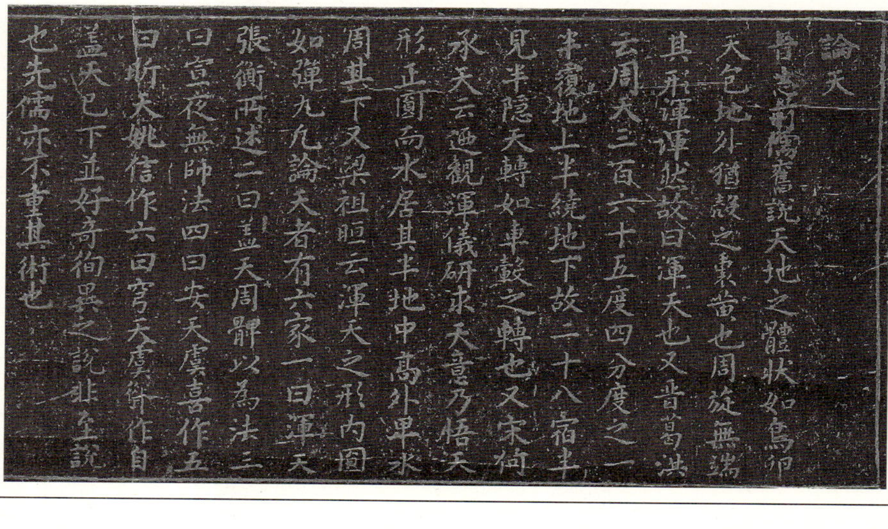

論天

晉志前儒舊説天地之體狀如鳥卵
天包地外猶殼之裹黃也周旋無端
其形渾渾然故曰渾天也又晉葛洪
云周天三百六十五度四分度之一
半覆地上半繞地下故二十八宿半
見半隱天轉如車轂之轉也又宋何
承天云遍觀渾儀研求天意乃悟天
形正圓而水居其半地中高外卑水
周其下又梁祖暅云渾天之形內圓
如彈丸九論天者有六家一曰渾天
張衡所述二曰蓋天周髀以爲法三
曰宣夜無師法四曰安天虞喜作五
曰昕天姚信作六曰穹天虞聳作自
蓋天已下並好奇徇異之說非至論
也先儒亦不重其術也

(12) 타

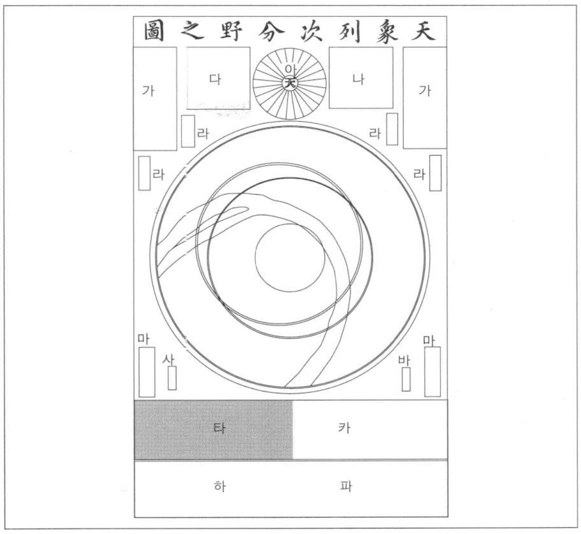

태조본 앞면 스캔	태조본 뒷면 스캔
숙종본 스캔	
숙종본 탁본	

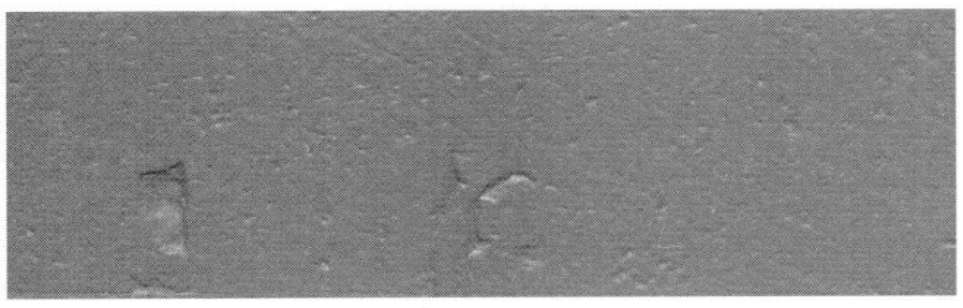

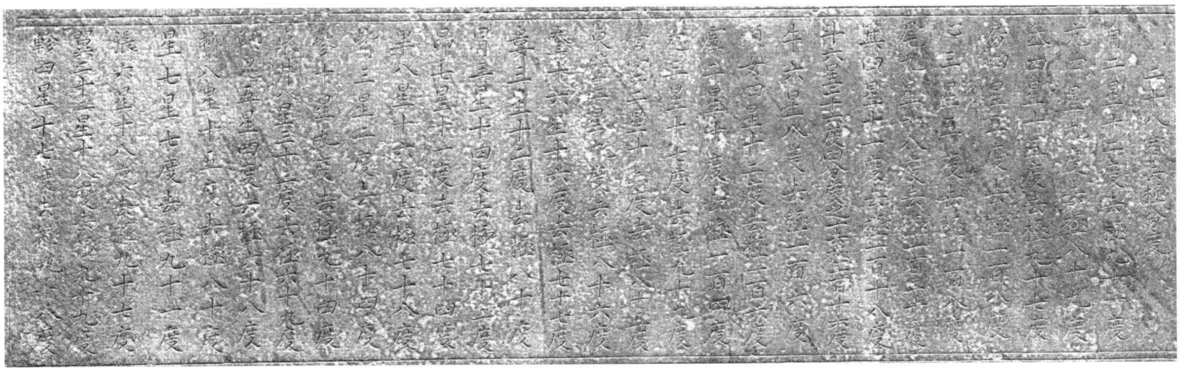

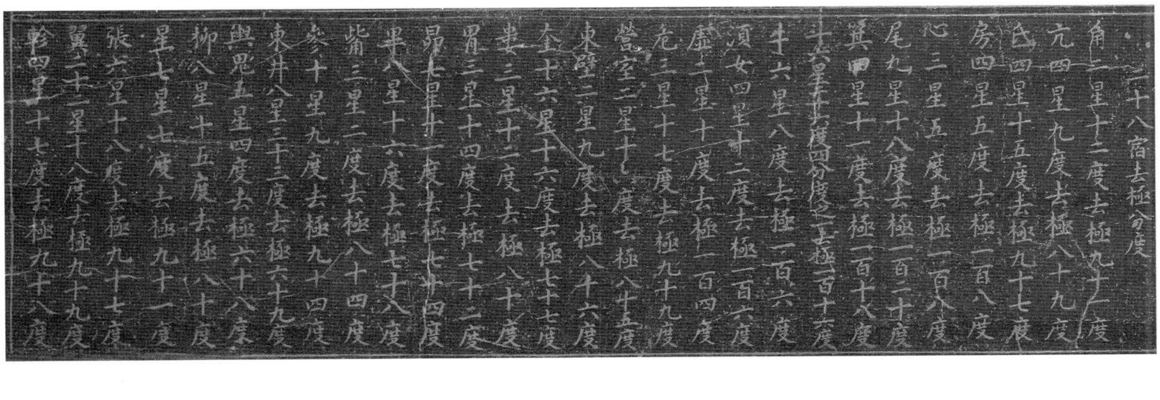

(13) 파

태조본 앞면 스캔	태조본 뒷면 스캔
숙종본 스캔	
숙종본 탁본	

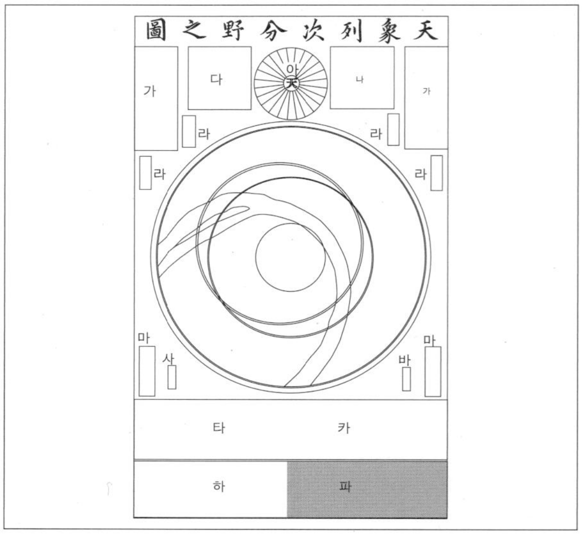

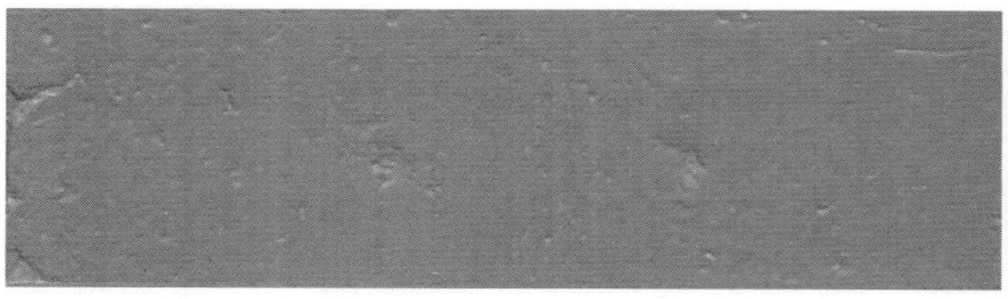

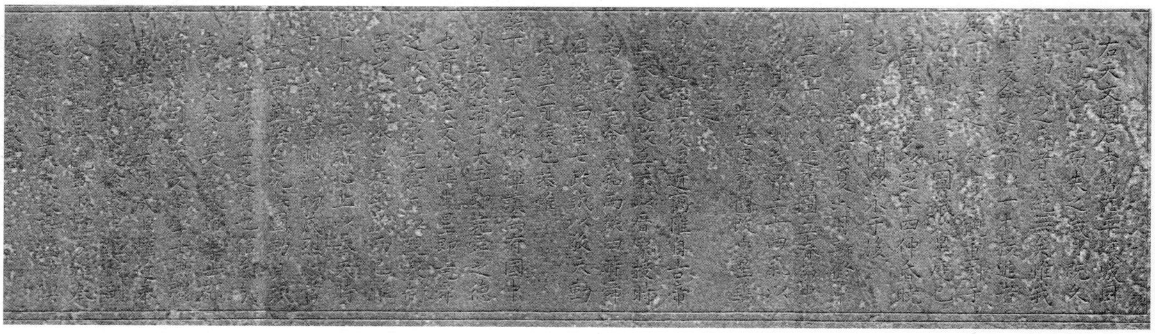

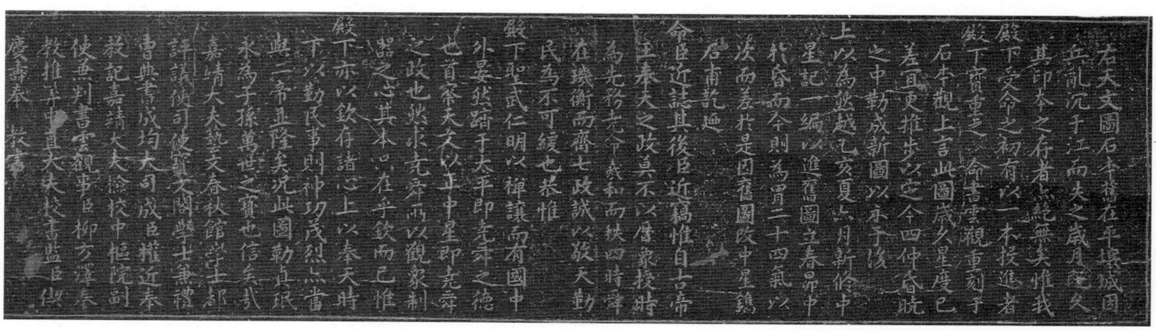

(14) 하

태조본 앞면 스캔	태조본 뒷면 스캔
숙종본 스캔	
숙종본 탁본	

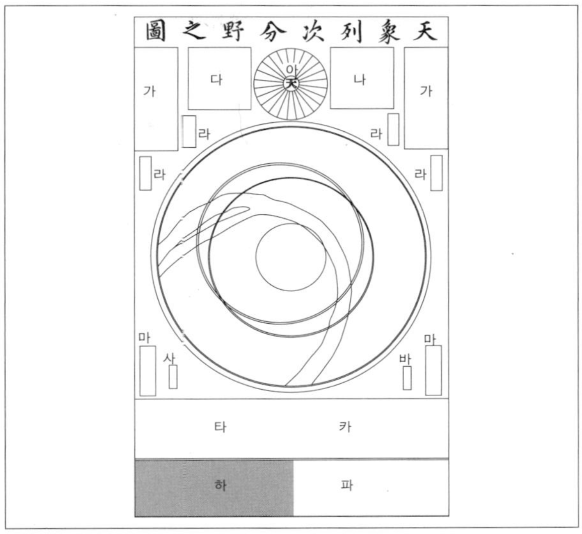

4. 천문도의 별 측정: 좌표와 크기

[단위: mm]

측정번호[99]	숙종본 앞면(1,467개)			태조본 앞면(1,464개)			태조본 뒷면(1,330개)			Park(1998)[100]		별 이름[101]	3원(垣) 28수(宿)
	X (Center)	Y (Center)	Radius	X (Center)	Y (Center)	Radius	X (Center)	Y (Center)	Radius	BSC	V-Mag.		
										375개 동정			
0	0.33	0.09	1.56	0.20	0.03	1.50				4893	5.28	북극(北極)1 -북극(北極)	자미원(紫微垣)
1	-11.51	1.47	1.61	-11.60	1.34	1.17						사보(四輔)1	자미원(紫微垣)
2	-2.92	6.05	1.62	-3.77	6.52	1.23						사보(四輔)2	자미원(紫微垣)
3	6.17	-0.33	1.67	6.06	0.03	1.42						사보(四輔)3	자미원(紫微垣)
4	4.69	-7.40	1.61	4.61	-7.66	1.27						사보(四輔)4	자미원(紫微垣)
5	-27.32	4.56	1.83	-28.20	3.73	1.44	-28.24	4.01	0.73	5903	4.32	구진(勾陳)4	자미원(紫微垣)
6	-14.82	12.73	1.88	-15.73	12.94	1.44	-14.66	12.95	1.05	6322	4.23	구진(勾陳)3	자미원(紫微垣)
7	-1.61	14.31	1.65	-1.85	13.74	1.55				6789	4.36	구진(勾陳)2	자미원(紫微垣)
8	9.74	7.60	1.90	9.79	7.40	1.82	10.88	7.46	1.24	424	2.02	구진(勾陳)1	자미원(紫微垣)
9	23.10	14.15	1.69	22.72	14.00	1.46				285	4.25	구진(勾陳)5	자미원(紫微垣)
10	-26.90	22.23	1.48	-27.16	21.81	1.25						어여궁(女御宮)4	자미원(紫微垣)
11	-18.69	16.44	1.47	-18.75	16.19	1.48						어여궁(女御宮)3	자미원(紫微垣)
12	-18.06	25.78	1.42	-18.66	25.85	1.41						어여궁(女御宮)1	자미원(紫微垣)
13	-10.52	20.46	1.68	-11.17	20.15	1.42						어여궁(女御宮)2	자미원(紫微垣)
14	5.17	18.05	1.47	4.65	18.13	1.16						강(杠)2	자미원(紫微垣)
15	9.71	15.48	1.40	10.19	16.04	1.38						강(杠)1	자미원(紫微垣)
16	16.82	22.74	1.50	16.75	22.80	1.35						천황대제(天皇大帝)	자미원(紫微垣)
17	24.88	24.99	1.58	24.80	24.79	1.47	25.75	24.47	1.02			구진(勾陳)6	자미원(紫微垣)
18	-9.51	28.64	1.33	-9.52	28.83	1.39						육갑(六甲)4	자미원(紫微垣)
19	-5.41	24.78	1.29	-5.80	25.13	1.26	-5.68	25.47	0.80			육갑(六甲)3	자미원(紫微垣)
20	0.21	27.09	1.48	-0.64	27.05	1.16						육갑(六甲)2	자미원(紫微垣)
21	4.35	25.01	1.46	3.98	25.01	1.13						강(杠)3	자미원(紫微垣)
22	9.02	27.03	1.56	8.67	26.95	1.11						강(杠)4	자미원(紫微垣)
23	9.69	33.04	1.50	9.35	33.19	1.15						강(杠)5	자미원(紫微垣)
24	4.54	36.15	1.50	4.34	35.51	1.28						강(杠)6	자미원(紫微垣)
25	0.66	33.36	1.47	-0.30	32.16	1.24						육갑(六甲)1	자미원(紫微垣)
26	-4.21	35.85	1.44	-4.73	35.23	1.06	-3.39	35.47	0.47			육갑(六甲)6	자미원(紫微垣)
27	-7.91	34.04	1.42	-8.40	33.99	1.25	-8.44	34.22	0.55			육갑(六甲)5	자미원(紫微垣)
28	-12.56	-10.92	1.58	-13.23	-10.29	1.20	-14.50	-11.54	0.92	5321	4.82	북극(北極)2 -후궁(后宮)	자미원(紫微垣)
29	-20.69	-12.75	1.63	-21.99	-12.55	1.39	-21.89	-12.75	0.87	5430	4.25	북극(北極)3 -서자(庶子)	자미원(紫微垣)
30	-31.41	-10.68	1.90	-32.09	-10.77	1.79	-31.94	-10.97	1.97	5563	2.08	북극(北極)4 -제(帝)	자미원(紫微垣)

99 측정 번호는 성좌도의 별을 측정할 때 임의로 부여한 것으로, 번호가 누락되었거나 일련번호 순서가 바뀐 경우도 있다.

100 박창범, 1998, 「천상열차분야지도의 별그림 분석」, 『한국과학사학회지』, 20(2), pp. 113-151.

101 각각의 별이름 뒤에 붙은 번호는 육일재(六一齋) 남병길(南秉吉)이 편찬한 성경(星鏡)을 따랐다.

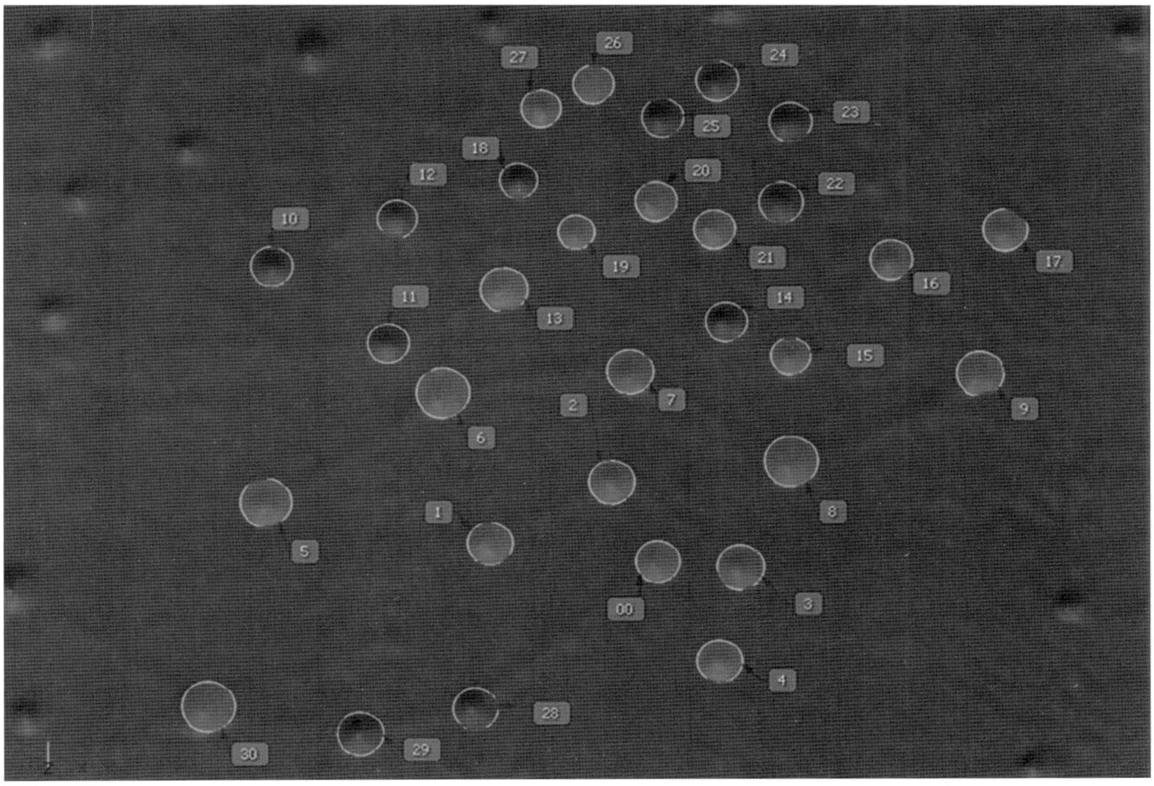

27
26
24
25
23
18
12
20
22
10
19
21
17
16
11
13
14
15
9
2
7
6
8
1
5
00
3
4
28
30
29

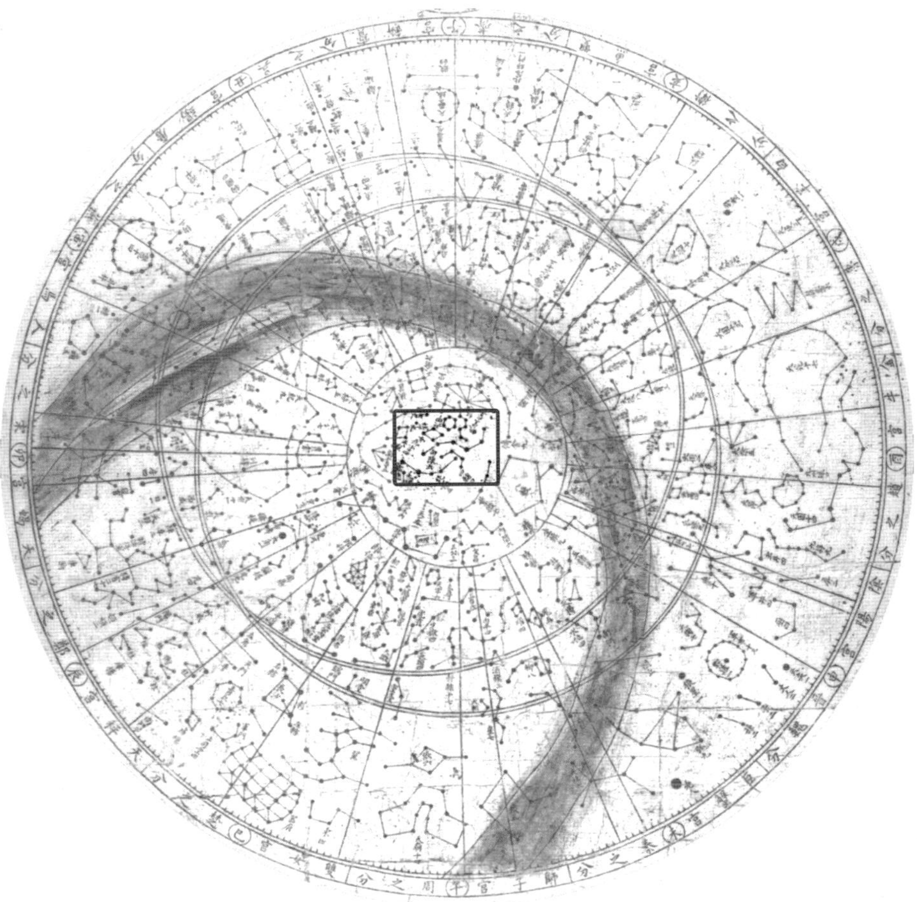

측정번호	숙종본 앞면(1,467개)			태조본 앞면(1,464개)			태조본 뒷면(1,330개)			Park(1998)		별 이름	3원(垣) 28수(宿)
	X (Center)	Y (Center)	Radius	X (Center)	Y (Center)	Radius	X (Center)	Y (Center)	Radius	BSC	V-Mag.		
										375개 동정			
31	-45.09	-1.62	1.77	-46.05	-1.94	1.68	-46.10	-1.98	1.25	5735	3.05	북극(北極)5-태자(太子)	자미원(紫微垣)
32	-41.99	18.96	1.52	-43.04	18.34	0.96	-42.63	19.72	0.72			천주(天柱)1	자미원(紫微垣)
33	-57.72	18.58	1.77	-58.90	17.96	1.25						천주(天柱)4	자미원(紫微垣)
34	-53.14	11.67	1.35	-54.27	11.21	1.35	-53.88	12.38	0.78			천주(天柱)5	자미원(紫微垣)
35	-70.02	8.25	1.34	-71.57	7.73	0.86						상서(尙書)1	자미원(紫微垣)
36	-59.96	11.64	1.36	-60.71	11.38	1.01						상서(尙書)4	자미원(紫微垣)
37	-61.15	6.08	1.20	-61.49	5.15	1.08	-61.23	6.06	0.71			상서(尙書)2	자미원(紫微垣)
38	-62.14	-0.21	1.38	-63.11	-0.93	1.04	-63.28	0.41	0.75			상서(尙書)3	자미원(紫微垣)
39	-65.02	-5.34	1.47	-65.67	-6.77	0.80	-65.90	-5.07	0.71			상서(尙書)5	자미원(紫微垣)
40	-47.37	27.23	1.61	-48.29	26.33	1.06						천주(天柱)3	자미원(紫微垣)
41	-40.34	27.69	1.50	-40.98	26.86	0.94						천주(天柱)2	자미원(紫微垣)
42	-32.44	31.22	1.46	-32.98	31.22	1.13				6927	3.57	주하사(柱下史)	자미원(紫微垣)
43	-23.84	38.45	1.72	-24.51	37.56	1.10				6636	4.58	여사(女史)	자미원(紫微垣)
44	-11.08	40.51	1.52	-12.01	39.93	1.15						오제좌(五帝坐)5	자미원(紫微垣)
45	-8.13	47.20	1.53	-8.88	47.27	1.10	-7.61	47.82	0.75			오제좌(五帝坐)1	자미원(紫微垣)
46	-16.25	50.71	1.58	-16.60	50.79	1.27						오제좌(五帝坐)3	자미원(紫微垣)
47	-21.18	45.56	1.67	-21.50	44.63	0.98	-20.35	45.36	0.91	7352	4.45	자미(紫微)8-소승(少丞)	자미원(紫微垣)
48	-30.94	43.12	1.60	-31.73	42.45	0.93	-30.73	43.28	1.18	6920	4.22	자미(紫微)7-소위(少衛)	자미원(紫微垣)
49	-42.24	39.36	1.60	-43.32	38.37	1.16	-42.38	40.08	1.07			자미(紫微)6-상위(上衛)	자미원(紫微垣)
50	-58.73	31.86	1.64	-59.78	30.80	1.44	-59.20	31.84	1.17	6396	3.17	자미(紫微)5-소필(少弼)	자미원(紫微垣)
51	-74.39	22.64	1.50	-75.47	21.48	0.83	-74.68	22.38	1.11	6132	2.74	자미(紫微)4-상필(上弼)	자미원(紫微垣)
52	-81.87	12.95	1.52	-82.95	11.99	0.99	-82.78	12.73	1.29	5986	4.01	자미(紫微)3-소재(少宰)	자미원(紫微垣)
53	-79.16	-1.19	1.55	-80.02	-1.48	1.20	-79.95	-0.79	1.11	5744	3.29	자미(紫微)2-상재(上宰)	자미원(紫微垣)
54	-88.33	7.40	1.60	-90.48	6.76	1.06	-90.33	5.63	1.57			칠공(七公)3	천시원(天市垣)
55	-0.45	43.61	1.56	-0.64	42.53	0.91	-0.21	43.24	0.84			오제좌(五帝坐)4	자미원(紫微垣)
56	5.34	41.77	1.54	4.85	41.44	0.98						강(杠)7	자미원(紫微垣)
57	11.56	43.19	1.44	11.52	43.16	1.20						강(杠)8	자미원(紫微垣)
58	4.13	48.39	1.62	3.51	47.57	1.17						강(杠)9	자미원(紫微垣)
59	-5.29	55.03	1.57	-5.67	53.77	1.31	-5.17	54.22	0.88			오제좌(五帝坐)2	자미원(紫微垣)
60	11.20	48.73	1.62	10.65	48.57	1.27						화개(華盖)1	자미원(紫微垣)

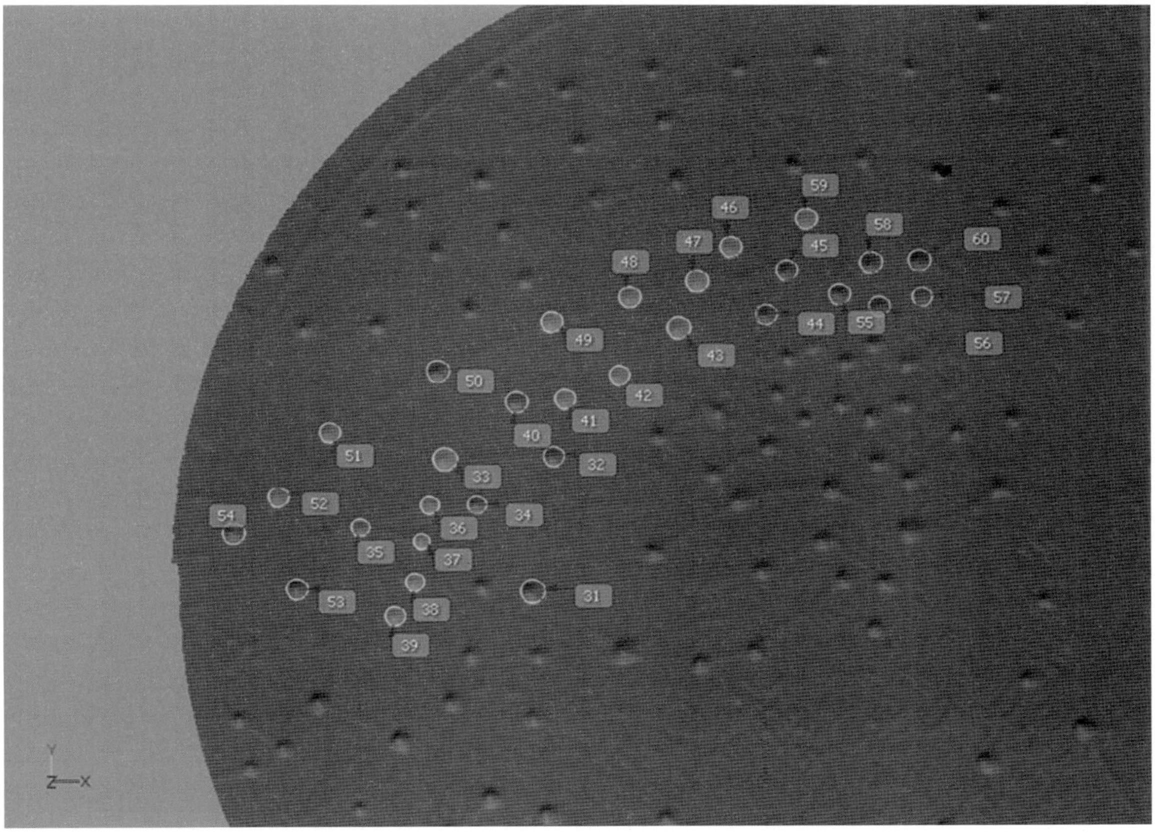

59
46
58
47
45
60
48
57
44
55
49
43
56
50
42
41
40
32
51
33
52
34
54
36
35
37
31
53
38
39
Y
Z—X

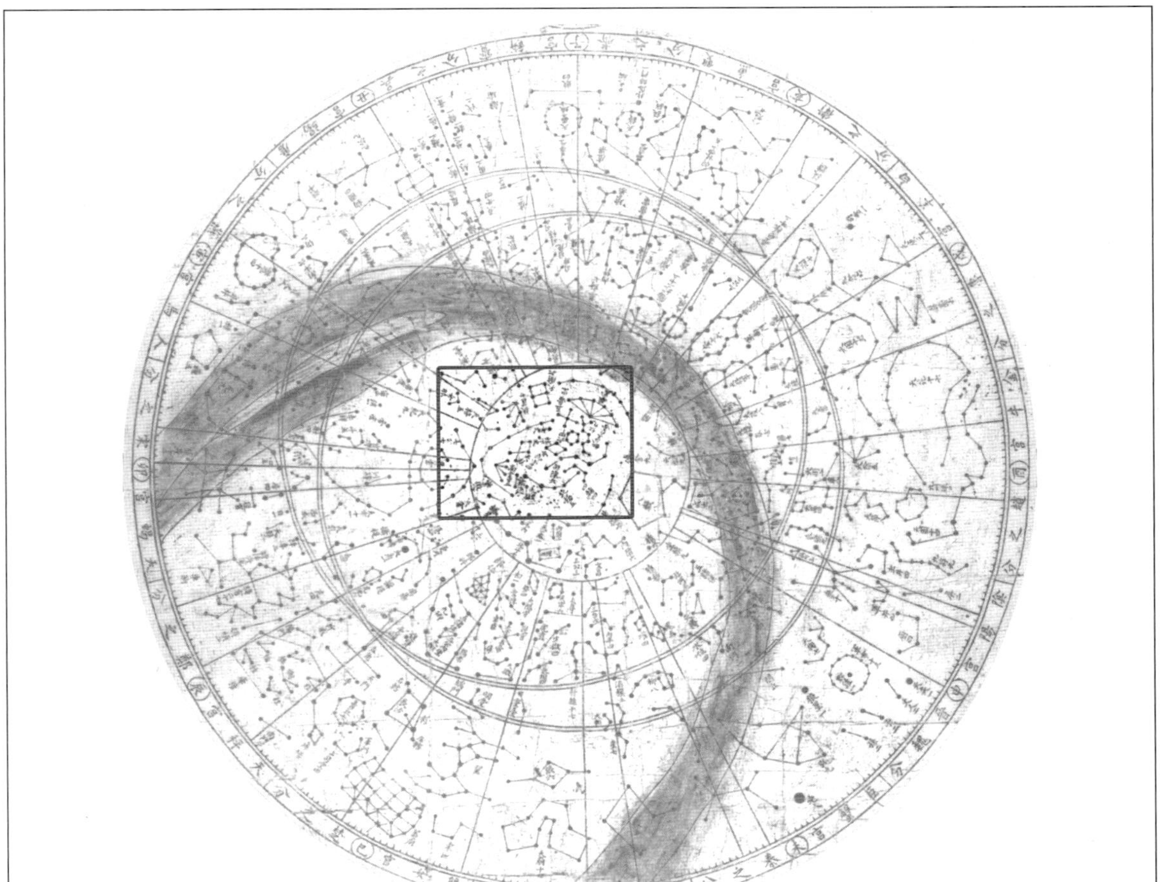

측정번호	숙종본 앞면(1,467개)			태조본 앞면(1,464개)			태조본 뒷면(1,330개)			Park(1998)		별 이름	3원(垣) 28수(宿)
	X (Center)	Y (Center)	Radius	X (Center)	Y (Center)	Radius	X (Center)	Y (Center)	Radius	BSC	V-Mag.		
										375개 동정			
61	33.72	39.80	1.42	33.30	39.95	0.93						화개(華盖)7	자미원(紫微垣)
62	29.57	49.47	1.41	29.30	49.33	1.08				8974	3.21	화개(華盖)6	자미원(紫微垣)
63	23.31	56.95	1.50	22.52	56.93	0.96				8819	4.41	화개(華盖)5	자미원(紫微垣)
64	14.00	62.36	1.45	13.95	62.21	1.14	11.25	63.85	1.44	8615	5.08	화개(華盖)4	자미원(紫微垣)
65	3.08	64.32	1.41	3.17	64.43	1.14				8468	4.79	화개(華盖)3	자미원(紫微垣)
66	-6.78	63.68	1.51	-7.76	63.28	1.03				8238	3.23	화개(華盖)2	자미원(紫微垣)
67	-23.67	61.18	1.48	-23.87	60.56	1.13	-22.80	60.80	0.68			천주(天厨)2	자미원(紫微垣)
68	-35.23	58.34	1.31	-35.68	57.73	0.96	-34.68	58.02	0.81			천주(天厨)1	자미원(紫微垣)
69	-25.78	70.21	1.40	-26.43	69.32	1.24	-24.73	69.89	0.87			천주(天厨)3	자미원(紫微垣)
70	-38.18	66.71	1.42	-38.40	66.29	0.94						천주(天厨)6	자미원(紫微垣)
71	-27.65	78.22	1.34	-26.95	77.68	0.91	-26.00	78.89	1.06			천주(天厨)4	자미원(紫微垣)
72	-40.01	74.99	1.66	-41.16	74.12	1.08	-40.62	74.56	0.94			천주(天厨)5	자미원(紫微垣)
73	-49.37	76.88	1.33	-51.08	76.23	0.69	-54.16	73.46	1.09			연도(輦道)1	우수(牛宿)
74	-52.04	61.22	1.64	-52.77	60.39	1.11	-51.52	61.65	0.95			부광(扶筐)3	여수(女宿)
75	-48.70	53.31	1.65	-49.28	52.67	0.54						부광(扶筐)2	여수(女宿)
76	-45.95	45.88	1.45	-46.19	45.35	0.70	-45.26	47.48	1.12			부광(扶筐)1	여수(女宿)
77	-53.73	41.36	1.55	-54.85	40.99	0.85	-53.90	42.28	0.85			부광(扶筐)7	여수(女宿)
78	-58.61	49.95	1.74	-59.87	49.63	0.98	-59.06	50.83	0.88			부광(扶筐)6	여수(女宿)
79	-62.06	56.61	1.60	-63.73	55.94	0.63	-63.17	56.91	0.91			부광(扶筐)5	여수(女宿)
80	-63.68	63.01	1.61	-64.65	62.53	0.91	-63.40	63.73	0.83			부광(扶筐)4	여수(女宿)
81	-68.32	55.38	1.63	-69.93	54.32	0.77	-71.32	52.23	1.01	6705	2.23	천부(天棓)4	자미원(紫微垣)
82	-67.40	39.21	1.61	-68.98	38.41	0.85	-69.93	36.09	1.34	6688	3.75	천부(天棓)1	자미원(紫微垣)
83	-77.99	38.84	1.73	-78.59	38.13	0.70	-80.15	35.04	1.27	6555	4.87	천부(天棓)2	자미원(紫微垣)
84	-15.05	78.20	1.46	-15.01	77.33	0.80	-14.42	77.74	0.82			전사(傳舍)1	자미원(紫微垣)
85	-2.90	80.17	1.34	-3.16	79.76	1.07	-2.16	79.82	0.92	7957	3.43	전사(傳舍)2	자미원(紫微垣)
86	10.02	78.29	1.35	9.71	77.88	1.23	11.39	78.13	0.87	8162	2.44	전사(傳舍)3	자미원(紫微垣)
87	22.22	74.56	1.30	21.28	73.99	1.12	24.42	73.28	1.08	8417	4.29	전사(傳舍)4	자미원(紫微垣)
88	31.55	67.60	1.21	30.55	66.90	1.08				8694	3.52	전사(傳舍)5	자미원(紫微垣)
89	37.33	60.60	1.35	37.05	61.14	0.91	38.60	60.25	1.05			전사(傳舍)6	자미원(紫微垣)
90	43.01	50.84	1.47	42.77	51.35	1.20	44.45	50.94	1.02			전사(傳舍)7	자미원(紫微垣)

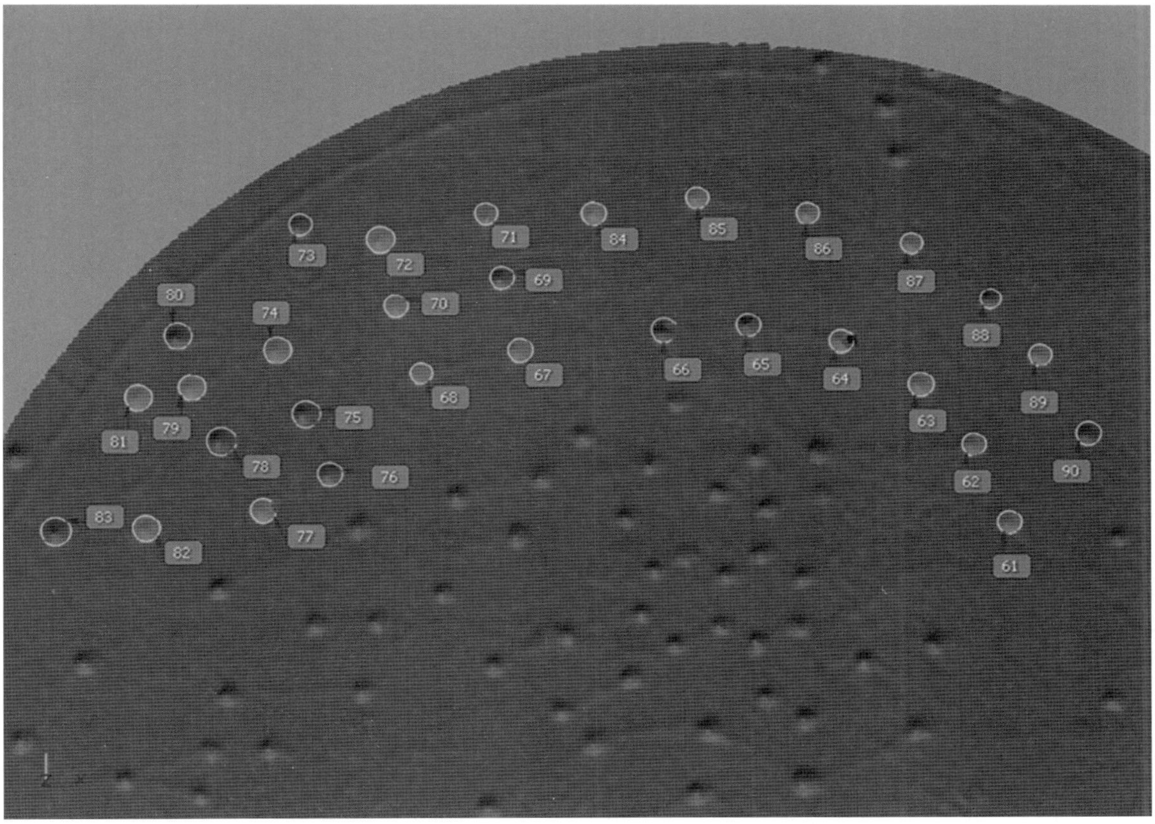
85
71
84
73
72
86
87
69
70
80
74
88
66
65
64
67
89
68
63
75
79
81
90
78
76
62
83
77
82
61

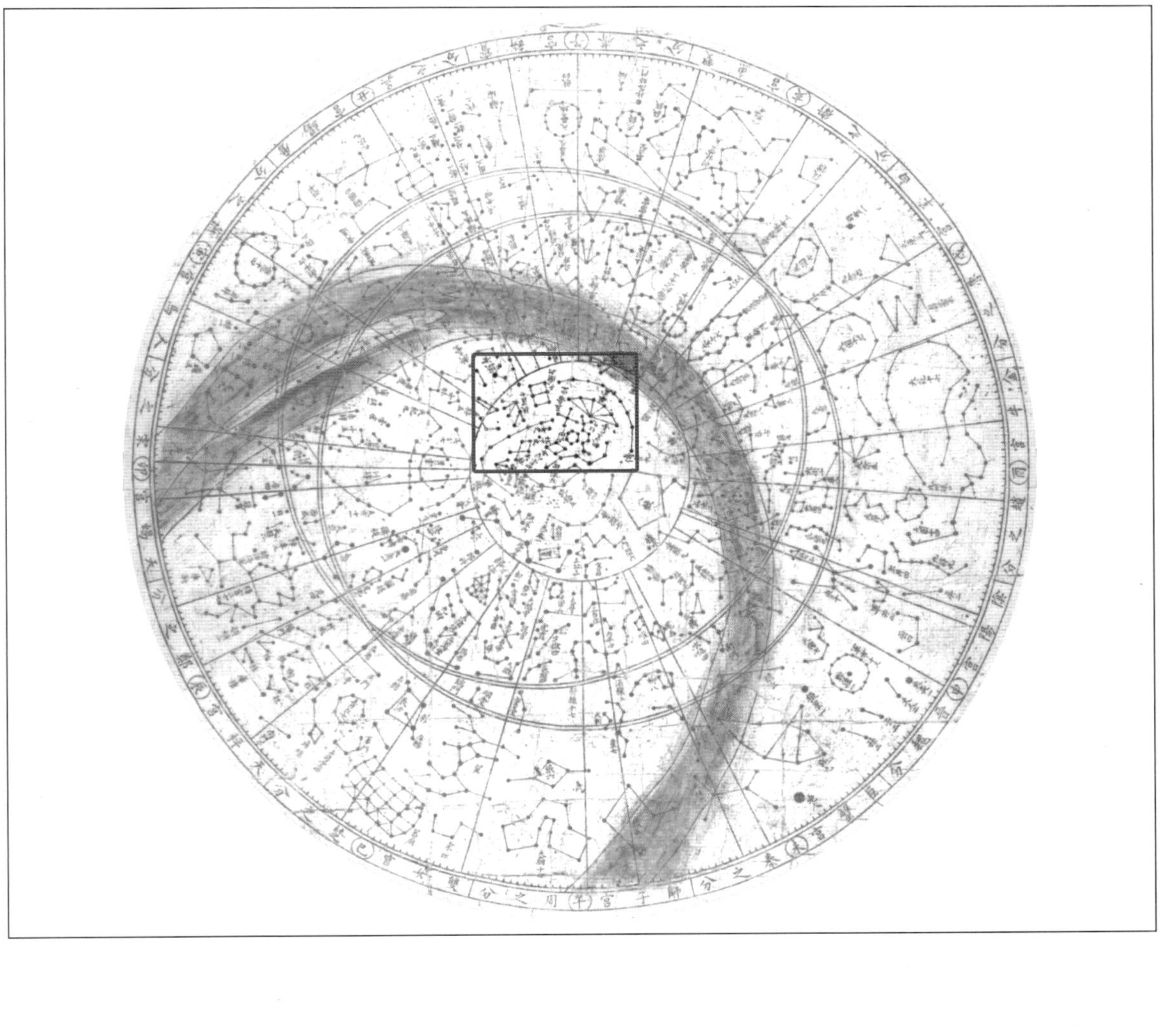

측정번호	숙종본 앞면(1,467개)			태조본 앞면(1,464개)			태조본 뒷면(1,330개)			Park(1998)		별 이름	3원(垣) 28수(宿)
	X (Center)	Y (Center)	Radius	X (Center)	Y (Center)	Radius	X (Center)	Y (Center)	Radius	BSC	V-Mag.		
										375개 동정			
91	46.72	38.15	1.23	46.95	37.98	0.82						전사(傳舍)8	자미원(紫微垣)
92	20.63	85.57	1.53	20.05	85.47	0.86				8334	4.29	조부(造父)5	위수(危宿)
93	19.16	91.81	1.50	18.45	91.69	0.94				8316	4.08	조부(造父)4	위수(危宿)
94	51.97	77.51	1.39	52.02	77.49	0.75	53.60	74.64	1.18	130	4.16	책(策)	규수(奎宿)
95	63.27	70.56	1.50	62.26	70.44	0.70	64.66	69.14	1.43	264	2.47	왕량(王良)2	규수(奎宿)
96	69.14	52.13	1.19	68.01	52.71	0.97	70.57	51.84	1.04			각도(閣道)2	규수(奎宿)
97	66.69	35.88	1.08	66.36	34.93	1.15	68.03	34.33	0.81			각도(閣道)1	규수(奎宿)
98	82.12	32.12	1.40	81.90	32.04	1.09	84.33	31.18	1.12			적수(積水)	위수(胃宿)
99	60.26	24.22	1.43	60.08	24.51	0.98	61.28	23.87	0.88			천선(天船)9	위수(胃宿)
100	70.20	16.82	1.43	70.18	16.66	0.95	71.65	16.03	0.88			천선(天船)8	위수(胃宿)
101	80.99	12.75	1.37	81.12	12.80	0.66	81.89	12.05	0.94			천선(天船)7	위수(胃宿)
102	89.33	14.20	1.33	89.97	14.86	1.02	90.82	13.74	0.88			천선(天船)6	위수(胃宿)
103	45.95	17.55	1.54	45.70	17.87	1.40	46.70	17.05	0.86			전사(傳舍)9	자미원(紫微垣)
104	29.38	-3.18	1.14	29.34	-3.56	1.54						자미(紫微)7-상승(上丞)	자미원(紫微垣)
105	27.15	-15.37	1.36	26.34	-15.31	1.17	27.46	-16.33	0.90			자미(紫微)6-소위(少衛)	자미원(紫微垣)
106	21.20	-27.88	1.83	20.86	-27.95	1.16	21.93	-28.66	0.91			자미(紫微)5-상위(上衛)	자미원(紫微垣)
107	14.99	-38.17	1.62	15.08	-37.88	1.22						자미(紫微)4-소보(少輔)	자미원(紫微垣)
108	4.31	-45.33	1.71	4.95	-45.00	1.30						자미(紫微)3-상보(上輔)	자미원(紫微垣)
109	-9.67	-45.15	1.76	-10.17	-45.46	1.42				7352	4.45	자미(紫微)2-소위(少尉)	자미원(紫微垣)
110	-25.31	-36.21	1.61	-25.90	-37.08	1.36	-26.23	-37.21	0.98	4787	3.87	자미(紫微)1-우추(右樞)	자미원(紫微垣)
111	-26.90	-40.31	1.05	-27.26	-40.08	0.74						천(天)1	자미원(紫微垣)
112	-27.79	-43.08	0.96	-28.21	-43.08	1.08						태(太)1	자미원(紫微垣)
113	-22.44	-45.21	1.23	-21.96	-45.44	1.04	-21.78	-45.93	0.82			내주(內廚)1	자미원(紫微垣)
114	-22.18	-56.13	1.50	-21.91	-56.67	0.86	-22.74	-56.84	0.92			내주(內廚)2	자미원(紫微垣)
115	-34.22	-66.76	1.26	-35.15	-67.08	0.81						천리(天理)4	자미원(紫微垣)
116	-17.58	-65.47	1.50	-18.05	-65.71	0.66						천리(天理)1	자미원(紫微垣)
117	-33.68	-74.68	1.40	-33.92	-74.91	0.76						천리(天理)3	자미원(紫微垣)
118	-17.16	-72.89	1.42	-17.08	-73.04	0.86						천리(天理)2	자미원(紫微垣)
119	-43.56	-75.66	2.37	-44.45	-76.24	2.13	-41.02	-76.91	1.86	4554	2.44	북두(北斗)3-천기(天璣)	자미원(紫微垣)
120	-17.98	-84.66	2.19	-18.30	-85.16	1.79	-14.59	-85.98	1.92	4295	2.37	북두(北斗)2-천선(天璇)	자미원(紫微垣)

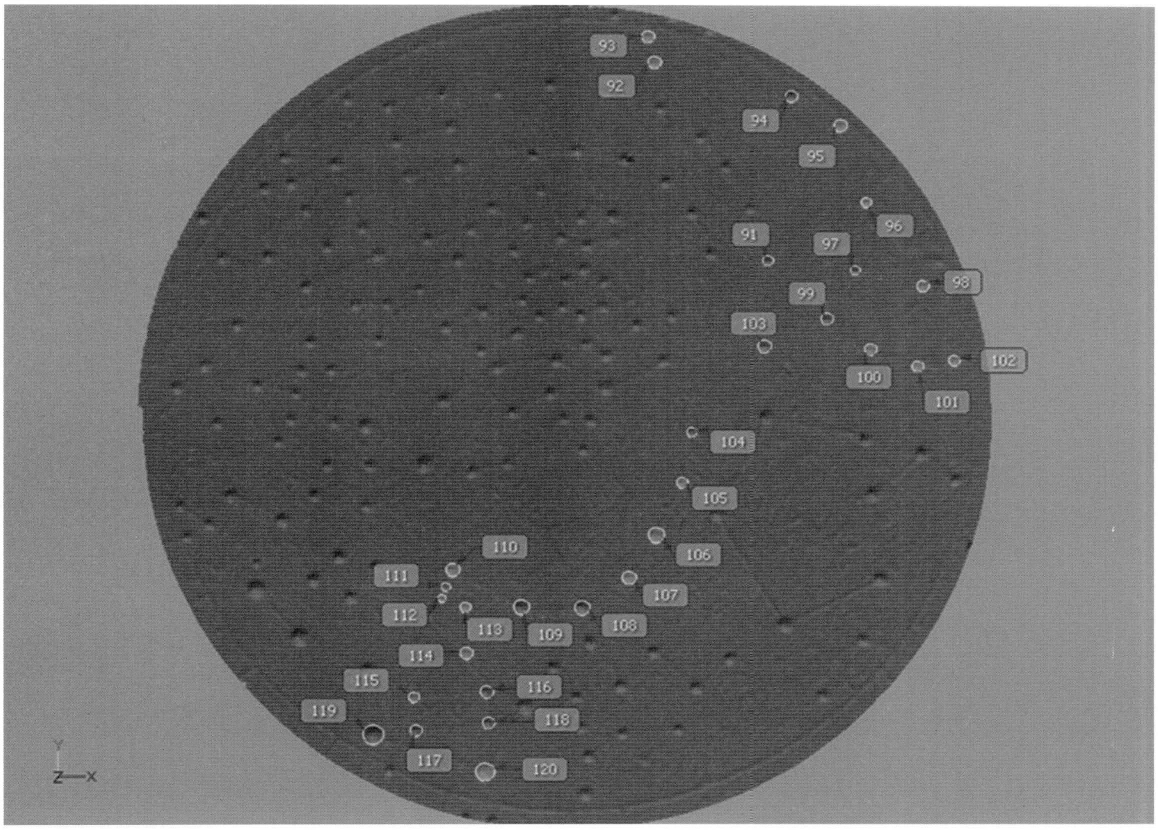
93
92
94
95
96
91
97
98
99
103
102
100
101
104
105
110
106
111
107
112
113
109
108
114
115
116
119
118
117
120
Y
Z—X

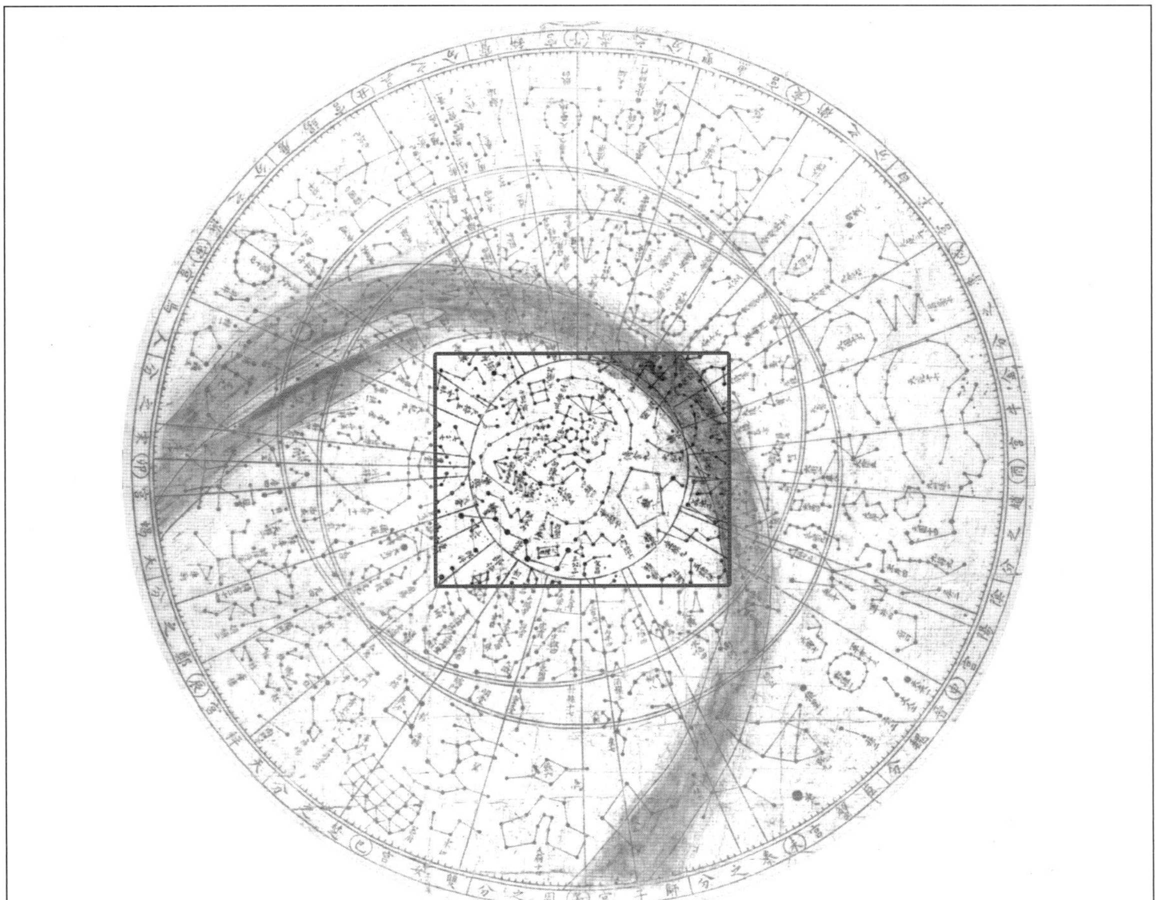

측정번호	숙종본 앞면(1,467개)			태조본 앞면(1,464개)			태조본 뒷면(1,330개)			Park(1998)		별 이름	3원(垣) 28수(宿)
	X (Center)	Y (Center)	Radius	X (Center)	Y (Center)	Radius	X (Center)	Y (Center)	Radius	BSC	V-Mag.		
										375개 동정			
121	-8.44	-68.65	2.06	-8.55	-68.77	1.80	-7.89	-69.41	1.83	4301	1.79	북두(北斗)1-천추(天樞)	자미원(紫微垣)
122	-39.62	-84.41	1.28	-39.98	-85.26	0.72						세(勢)1	자미원(紫微垣)
123	-1.97	-70.15	1.27	-2.43	-70.70	1.07	-2.34	-70.91	0.86			삼공(三公)2	자미원(紫微垣)
124	4.21	-73.95	1.38	4.58	-74.79	1.12						삼공(三公)3	자미원(紫微垣)
125	5.86	-80.87	1.45	6.06	-81.27	1.33	10.13	-80.48	1.11			문창(文昌)3	자미원(紫微垣)
126	5.39	-89.99	1.49	5.14	-90.01	1.34	9.88	-90.33	0.96			문창(文昌)4	자미원(紫微垣)
127	13.64	-75.66	1.44	13.58	-76.05	0.85	13.97	-75.41	0.87			문창(文昌)2	자미원(紫微垣)
128	26.66	-74.51	1.37	26.70	-74.20	0.99	27.00	-74.16	0.73			문창(文昌)1	자미원(紫微垣)
129	3.18	-66.77	1.23	2.95	-67.85	1.19	3.60	-68.09	0.92			삼공(三公)1	자미원(紫微垣)
130	-2.08	-59.66	1.45	-1.15	-60.23	1.15	-1.48	-60.45	0.95			내계(內階)4	자미원(紫微垣)
131	6.09	-53.53	1.52	6.71	-53.71	0.95	6.96	-53.43	1.07			내계(內階)3	자미원(紫微垣)
132	13.13	-64.07	1.49	13.21	-63.84	0.97	13.54	-65.19	0.88			내계(內階)2	자미원(紫微垣)
133	20.69	-55.86	1.33	20.81	-56.27	0.86	21.41	-57.07	1.05			내계(內階)5	자미원(紫微垣)
134	30.58	-64.54	1.52	31.60	-64.38	0.80	32.28	-66.50	0.80			내계(內階)6	자미원(紫微垣)
135	38.41	-57.46	1.57	38.43	-57.19	1.00	39.05	-58.28	0.85			내계(內階)1	자미원(紫微垣)
136	59.55	-66.30	1.50	60.10	-65.57	1.25	59.38	-67.04	1.21			좌기(左旗)1	자수(觜宿)
137	68.75	-52.92	1.50	69.60	-53.15	0.94						적수(積水)	정수(井宿)
138	35.19	-22.60	1.48	35.37	-22.74	1.03	35.84	-23.69	1.33			팔곡(八穀)4	자미원(紫微垣)
139	46.53	0.68	1.81	45.73	0.14	1.26	46.37	1.04	0.84			팔곡(八穀)7	자미원(紫微垣)
140	69.36	-4.74	1.58	69.03	-5.01	0.92	70.66	-4.90	1.16			팔곡(八穀)5	자미원(紫微垣)
141	70.91	-18.01	1.48	71.88	-18.00	1.35	73.33	-18.42	0.71			팔곡(八穀)3	자미원(紫微垣)
142	72.59	-38.50	1.70	73.18	-38.38	1.27	74.27	-39.34	1.15			팔곡(八穀)2	자미원(紫微垣)
143	50.97	-49.33	1.82	50.94	-48.67	1.19	50.88	-49.80	1.30			팔곡(八穀)8	자미원(紫微垣)
144	82.10	-8.13	1.78	81.62	-8.17	1.56	83.78	-9.39	0.79			팔곡(八穀)6	자미원(紫微垣)
145	89.77	-14.72	1.38	90.32	-14.62	1.28						팔곡(八穀)1	자미원(紫微垣)
146	-44.11	-11.29	1.31	-45.05	-12.25	1.09						대리(大理)1	자미원(紫微垣)
147	-45.05	-20.99	1.30	-45.72	-20.91	1.25	-45.59	-20.48	0.67			대리(大理)2	자미원(紫微垣)
148	-53.98	-11.21	1.38	-55.19	-11.93	1.21	-54.92	-11.41	0.88			음덕(陰德)2	자미원(紫微垣)
149	-56.78	-18.36	1.34	-56.69	-19.51	1.27	-55.78	-19.19	0.77	5291	3.65	자미(紫微)1-좌추(左樞)	자미원(紫微垣)
150	-76.01	-18.56	1.61	-77.09	-19.25	0.86	-76.51	-18.56	0.88			천상(天床)3	자미원(紫微垣)

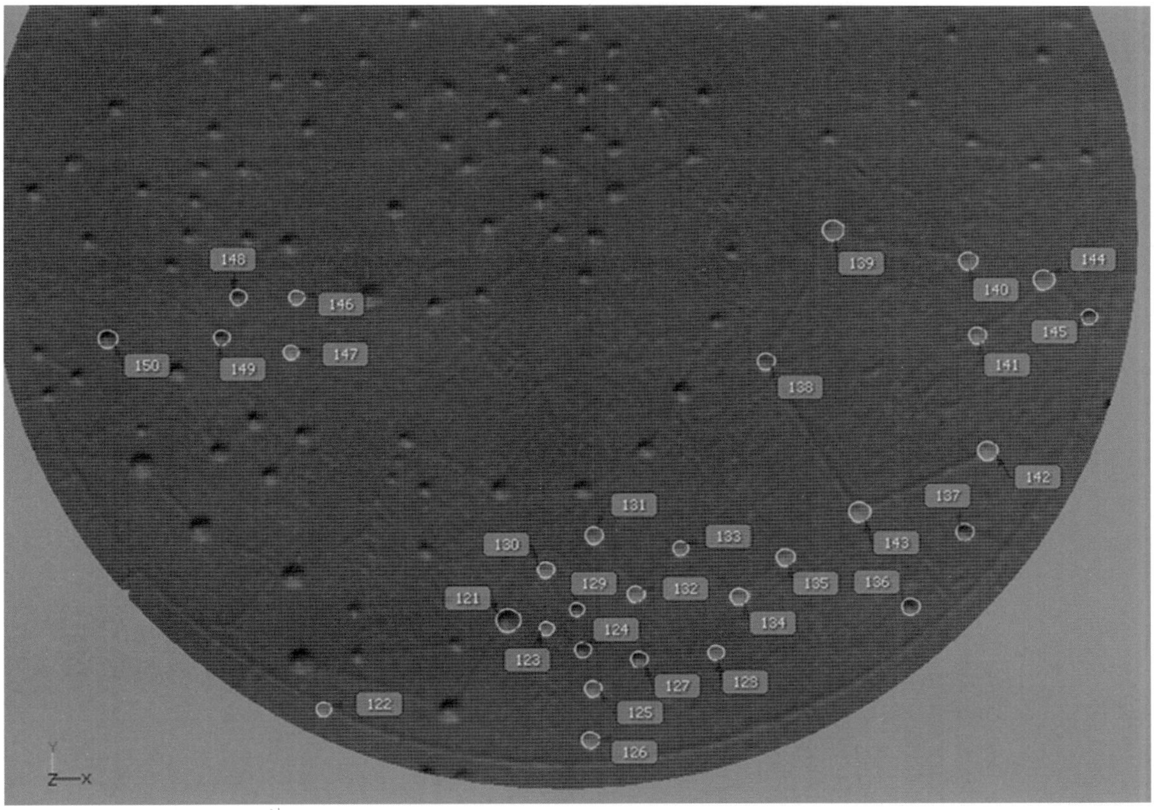
139
140
144
148
146
145
150
149
147
141
138
142
131
137
133
130
143
129
135
136
132
121
134
124
123
127
128
122
125
126
Y
Z—X

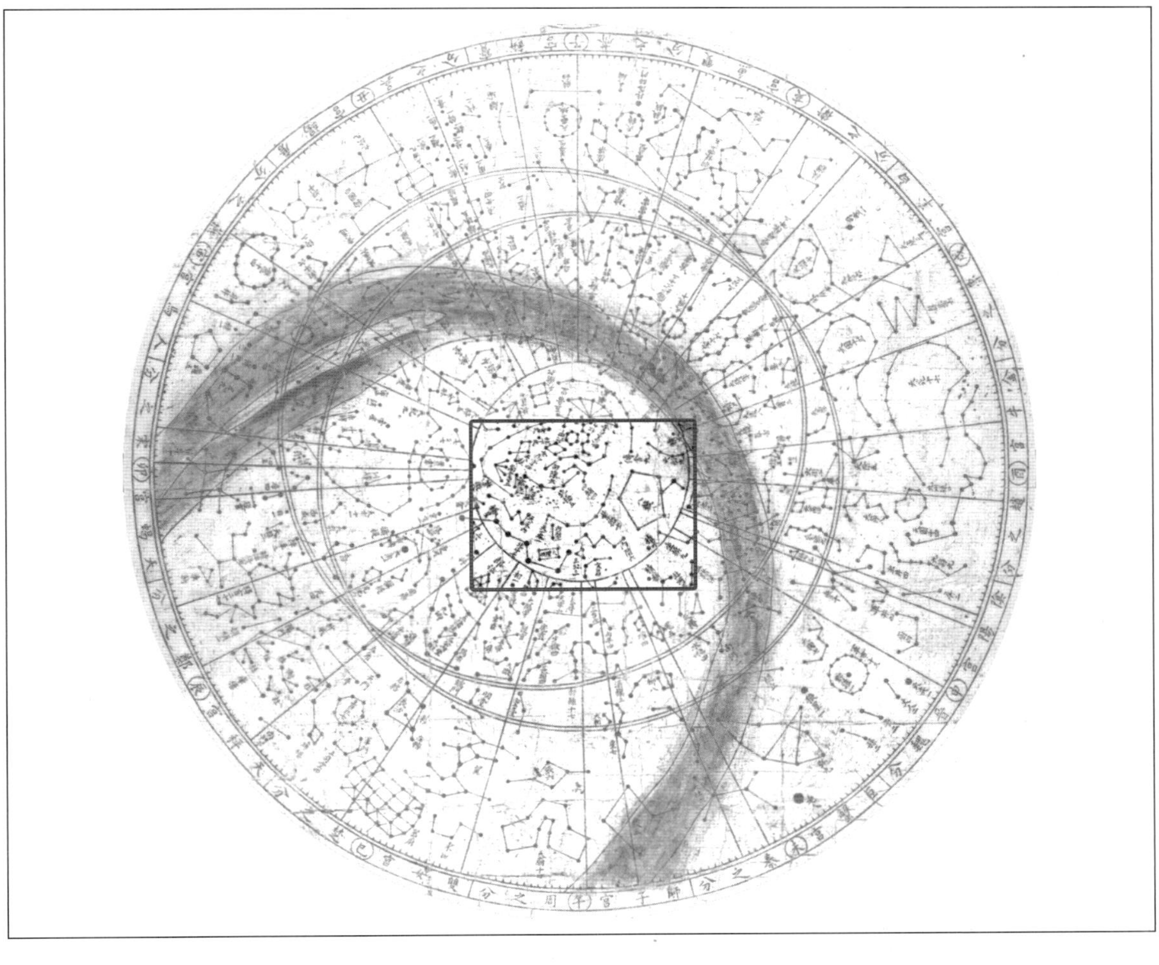

측정번호	숙종본 앞면(1,467개)			태조본 앞면(1,464개)			태조본 뒷면(1,330개)			Park(1998)		별 이름	3원(垣) 28수(宿)
	X (Center)	Y (Center)	Radius	X (Center)	Y (Center)	Radius	X (Center)	Y (Center)	Radius	BSC	V-Mag.		
										375개 동정			
151	-64.10	-24.38	1.60	-64.61	-24.55	1.11	-64.53	-23.92	0.86			천상(天床)4	자미원(紫微垣)
152	-57.17	-38.69	1.51	-57.14	-38.94	1.34	-57.11	-38.90	0.91			천상(天床)5	자미원(紫微垣)
153	-51.12	-33.12	1.50	-51.28	-33.09	1.20	-51.60	-33.05	0.74			천상(天床)2	자미원(紫微垣)
154	-42.86	-35.51	1.49	-43.53	-35.60	1.39	-43.07	-35.63	0.87			천상(天床)6	자미원(紫微垣)
155	-48.45	-42.77	1.53	-48.66	-42.96	1.26						천상(天床)1	자미원(紫微垣)
156	-87.38	-20.96	1.27	-88.93	-22.00	0.75						천창(天倉)3	자미원(紫微垣)
157	-80.99	-25.26	1.34	-82.47	-26.05	0.72	-80.58	-28.70	0.89			천창(天倉)1	자미원(紫微垣)
158	-85.91	-28.35	1.32	-86.80	-29.52	0.95	-85.26	-30.98	0.75			천창(天倉)2	자미원(紫微垣)
159	-70.09	-34.47	1.18	-70.46	-34.33	1.01	-70.70	-34.93	0.78			보성(輔星)	자미원(紫微垣)
160	-70.23	-40.82	2.18	-71.41	-41.09	1.52	-71.36	-40.93	1.95	5054	2.27	북두(北斗)6-개양(闓陽)	자미원(紫微垣)
161	-60.31	-52.12	2.13	-60.64	-52.72	1.96	-61.05	-53.23	1.88	4905	1.77	북두(北斗)5-옥형(玉衡)	자미원(紫微垣)
162	-44.47	-60.66	2.20	-44.43	-61.34	1.78	-45.17	-61.70	1.81	4660	3.31	북두(北斗)4-천권(天權)	자미원(紫微垣)
163	-52.38	-0.67	1.24	-53.37	-1.04	1.48	-53.49	-1.28	0.59			음덕(陰德)1	자미원(紫微垣)

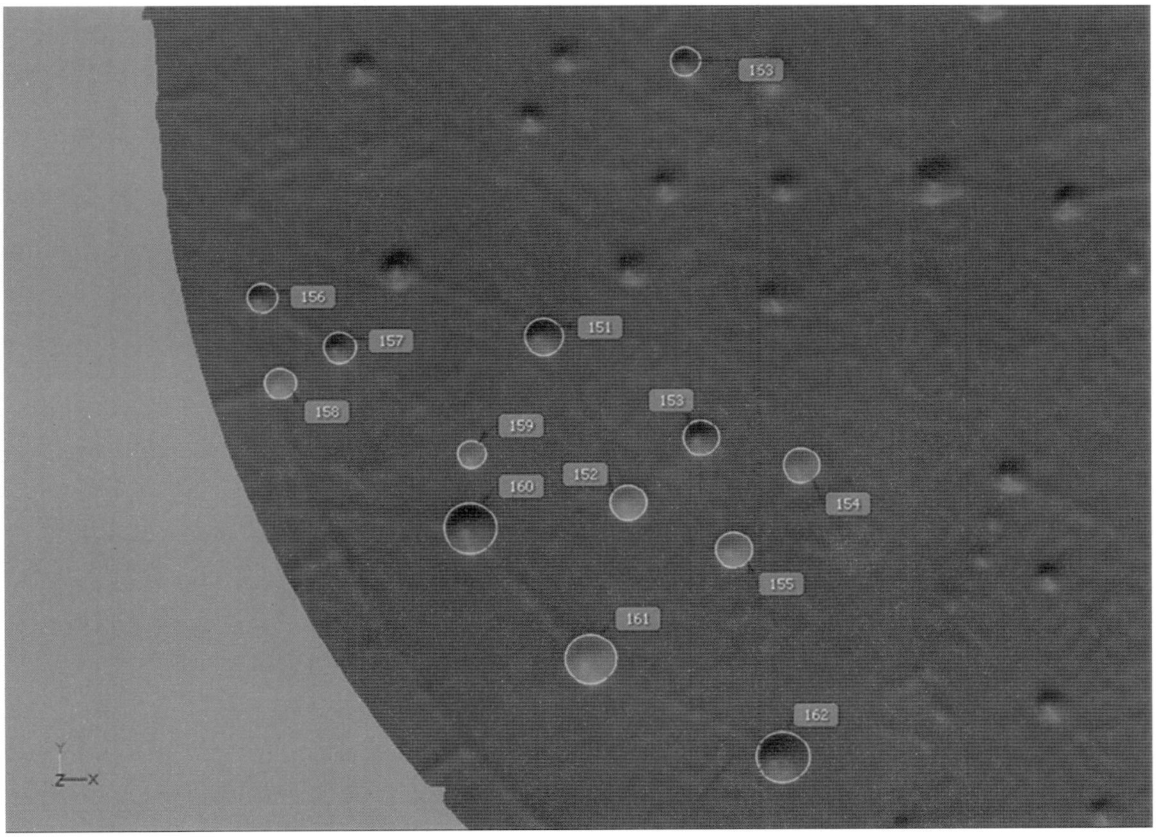
153
156
151
157
158
153
159
152
160
154
155
161
162
Y
Z X

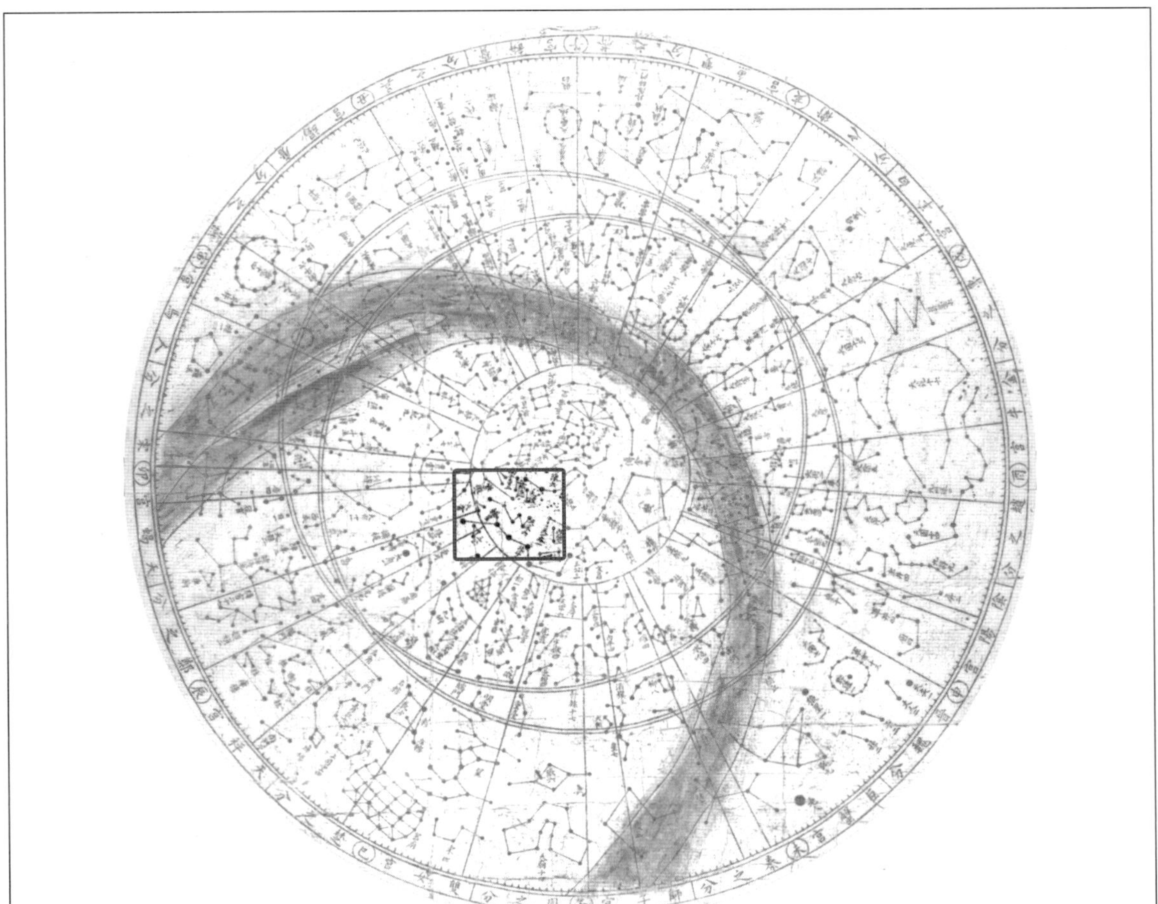

측정번호	숙종본 앞면(1,467개)			태조본 앞면(1,464개)			태조본 뒷면(1,330개)			Park(1998)		별 이름	3원(垣) 28수(宿)
	X (Center)	Y (Center)	Radius	X (Center)	Y (Center)	Radius	X (Center)	Y (Center)	Radius	BSC	V-Mag.		
										375개 동정			
170	0.31	135.89	1.19	-1.42	136.04	0.97	-0.87	133.81	0.94			구(鉤)3	위수(危宿)
171	-9.20	131.43	1.21	-10.43	132.05	1.12	-11.17	129.81	1.19			구(鉤)2	위수(危宿)
172	-11.13	122.08	1.47	-12.49	121.64	0.99	-12.28	120.64	1.05			구(鉤)1	위수(危宿)
173	-22.75	98.36	1.52	-24.68	97.28	0.85	-24.33	96.89	1.03			해중(奚仲)4	여수(女宿)
174	-23.89	105.83	1.46	-26.10	105.65	1.00	-26.38	105.00	1.11			해중(奚仲)3	여수(女宿)
175	-28.74	110.75	1.60	-30.71	110.75	1.02	-31.07	109.86	1.10			해중(奚仲)2	여수(女宿)
176	-35.42	105.07	1.46	-38.31	103.31	1.06	-38.39	103.03	1.01			해중(奚仲)1	여수(女宿)
177	-53.83	90.09	1.19	-55.88	89.76	0.82	-58.61	87.12	1.26			연도(輦道)2	우수(牛宿)
178	-60.77	82.75	1.22	-62.88	81.89	0.80	-65.85	80.13	1.04	7056	4.36	직녀(織女)3	우수(牛宿)
179	-69.79	85.10	1.74	-72.04	84.86	1.49	-75.81	83.34	2.02	7051	5.06	직녀(織女)2	우수(牛宿)
180	-65.50	93.33	1.34	-67.88	91.95	0.99	-71.34	90.75	1.00	7001	0.03	직녀(織女)1	우수(牛宿)
181	-56.56	97.75	1.26	-58.27	97.35	0.93	-61.14	94.94	0.94			연도(輦道)3	우수(牛宿)
182	-78.11	76.69	1.37	-80.04	75.71	0.91	-81.39	72.79	1.45			천기(天紀)9	천시원(天市垣)
183	-83.62	65.30	1.31	-85.62	64.49	0.91	-87.34	62.51	1.27	6588	3.80	천부(天棓)5	자미원(紫微垣)
184	-114.61	87.99	1.44	-116.03	87.65	1.34	-114.95	86.06	0.91			천기(天紀)6	천시원(天市垣)
185	-95.79	80.13	1.55	-97.70	79.44	0.72	-98.90	76.01	1.13			천기(天紀)7	천시원(天市垣)
186	-85.04	88.99	1.64	-87.17	88.94	0.71	-89.03	86.40	1.12			천기(天紀)8	천시원(天市垣)
187	-90.61	93.48	1.27	-93.43	93.44	0.39	-96.80	90.59	1.07			점대(漸臺)1	우수(牛宿)
188	-83.72	105.64	1.18	-86.08	104.44	0.78	-89.33	102.50	1.00			점대(漸臺)2	우수(牛宿)
189	-71.34	107.66	1.27	-74.06	106.39	0.73	-76.88	104.92	1.14			점대(漸臺)3	우수(牛宿)
190	-67.33	100.81	1.38	-69.42	99.52	0.79	-72.95	97.76	1.12			점대(漸臺)4	우수(牛宿)
191	-61.50	109.50	1.28	-63.69	108.99	0.97	-66.95	105.49	1.15			연도(輦道)4	우수(牛宿)
192	-47.48	113.33	1.46	-49.54	113.20	0.94	-51.12	111.17	2.01	7528	2.87	천진(天津)2	여수(女宿)
193	-36.65	119.21	1.24	-38.04	118.48	0.98	-38.75	116.63	0.98	7735	3.79	천진(天津)3	여수(女宿)
194	-24.83	127.27	1.42	-27.37	125.99	0.78	-28.37	124.47	1.28	7924	1.25	천진(天津)4	여수(女宿)
195	-24.54	137.27	1.33	-26.65	137.49	1.33	-27.87	135.43	1.02	8028	3.94	천진(天津)5	여수(女宿)
196	-18.44	149.05	1.27	-19.70	148.60	0.68				8130	3.72	천진(天津)6	여수(女宿)
197	-2.32	153.38	1.28	-3.95	152.83	0.65	-4.07	150.56	1.04			차부(車府)4	위수(危宿)
198	-44.11	134.78	1.30	-45.29	134.51	1.20	-46.76	132.03	1.74	7796	2.20	천진(天津)1	여수(女宿)
199	-56.02	129.38	1.28	-58.55	128.42	0.67	-62.76	125.25	0.99			연도(輦道)6	우수(牛宿)
200	-59.17	118.70	1.15	-61.18	118.56	0.98	-64.90	115.16	1.28			연도(輦道)5	우수(牛宿)

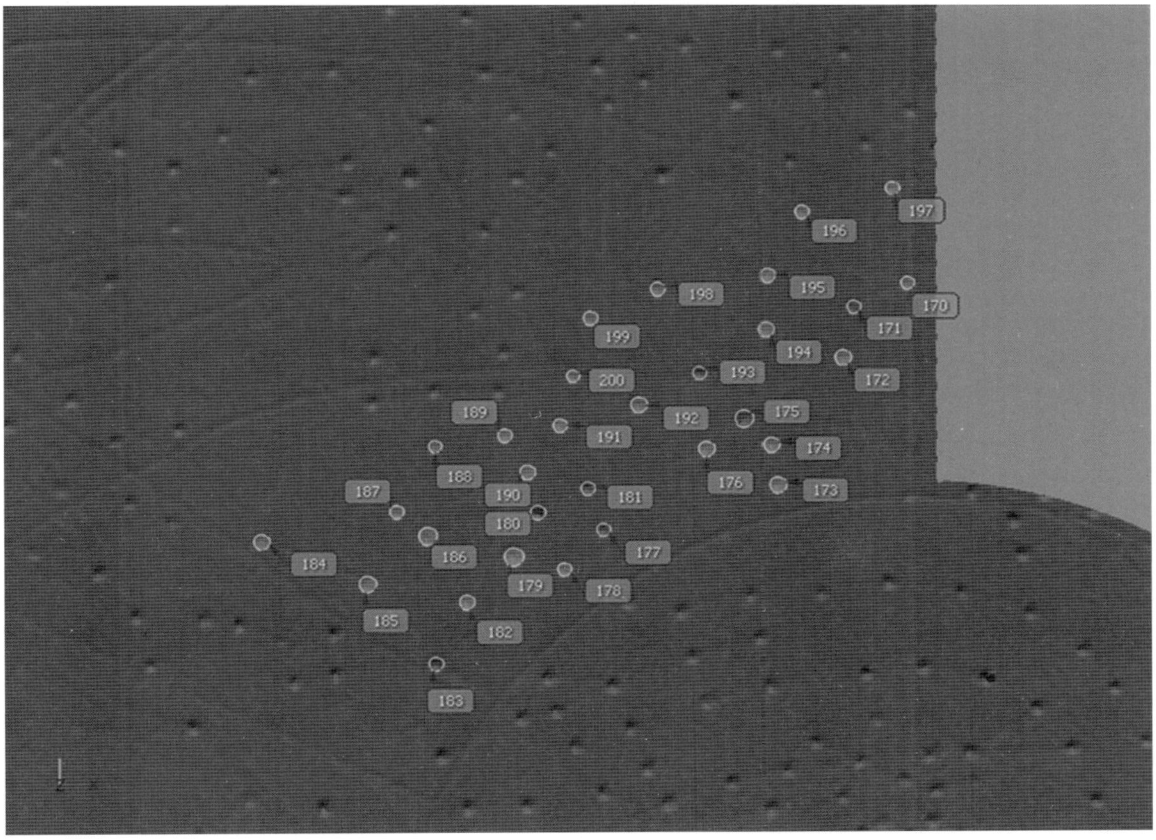
197
196
198
195
170
171
199
194
172
200
193
189
192
175
191
174
188
176
187
190
181
173
180
177
184
186
179
178
185
182
183

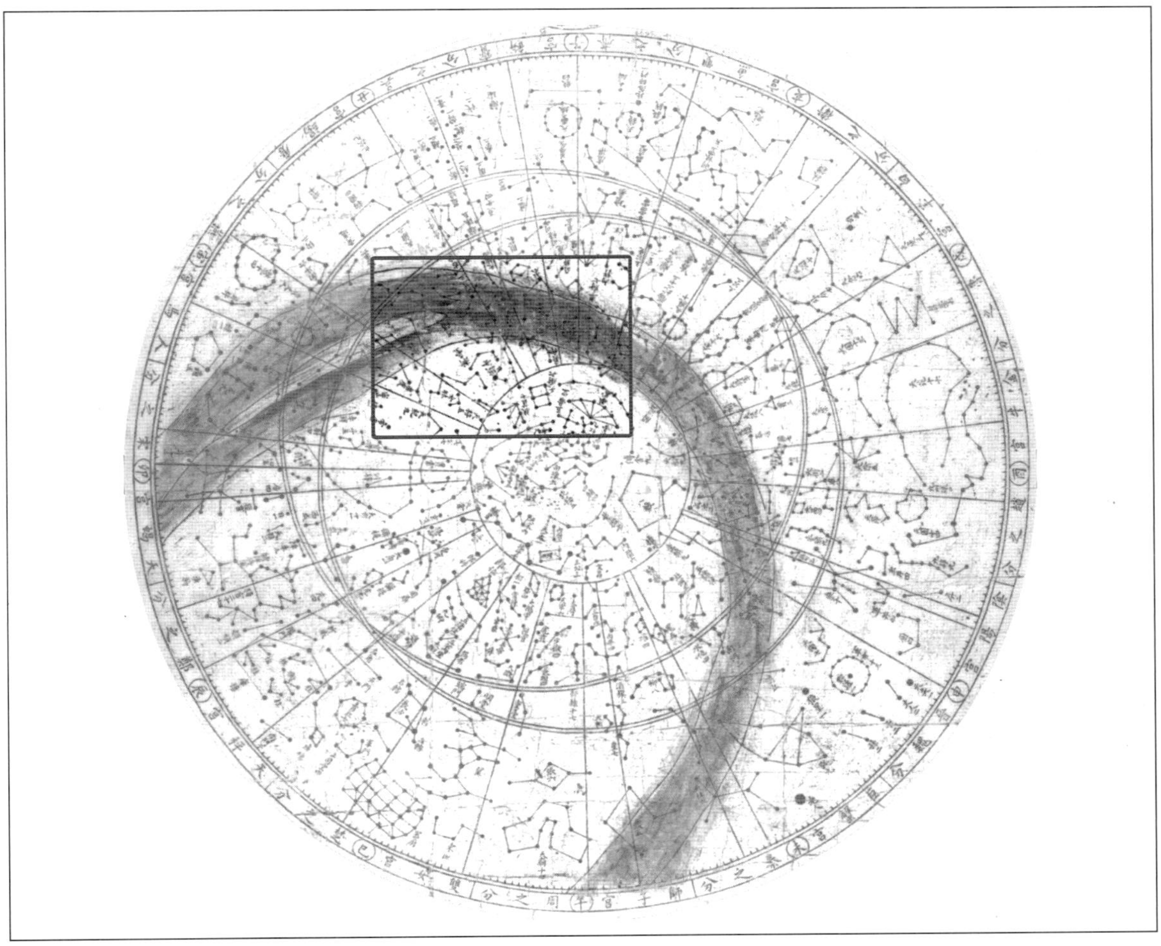

측정번호	숙종본 앞면(1,467개)			태조본 앞면(1,464개)			태조본 뒷면(1,330개)			Park(1998)		별 이름	3원(垣) 28수(宿)
	X (Center)	Y (Center)	Radius	X (Center)	Y (Center)	Radius	X (Center)	Y (Center)	Radius	BSC	V-Mag.		
										375개 동정			
164	-69.92	167.44	1.50	-71.96	167.65	1.25	-76.78	163.80	0.93			천부(天桴)2	우수(牛宿)
201	-72.33	115.97	1.26	-74.21	115.38	1.11	-78.15	111.95	1.08			좌기(左基)4	우수(牛宿)
202	-83.81	115.83	1.32	-86.31	115.91	1.01	-90.03	113.31	0.72			좌기(左基)3	우수(牛宿)
203	-94.82	113.84	1.25	-98.05	113.32	0.61	-101.72	109.92	1.09			좌기(左基)1	우수(牛宿)
204	-140.36	106.79	1.22	-143.09	106.47	0.90	-147.42	102.57	1.03			도사(屠肆)1	천시원(天市垣)
205	-129.08	108.93	1.37	-131.74	107.45	1.17	-134.44	104.82	1.02			천시동원(天市東垣)4-중산(中山)	천시원(天市垣)
206	-94.20	122.32	1.30	-96.92	121.20	0.47						좌기(左基)2	우수(牛宿)
207	-71.44	123.17	1.20	-73.37	122.22	1.10	-77.92	119.51	0.98			좌기(左基)5	우수(牛宿)
208	-76.45	130.84	1.15	-78.73	129.51	1.20	-83.03	126.19	0.90			좌기(左基)6	우수(牛宿)
209	-68.89	134.17	1.28	-70.21	134.42	1.30	-76.03	130.35	0.91			좌기(左基)7	우수(牛宿)
210	-74.58	145.57	1.12	-76.71	144.58	0.83						좌기(左基)8	우수(牛宿)
211	-68.94	155.46	1.26	-72.01	153.81	0.59						좌기(左基)9	우수(牛宿)
212	-62.88	160.56	1.25	-64.78	159.75	0.87	-69.39	156.59	0.93			천부(天桴)1	우수(牛宿)
213	-84.56	165.15	1.25	-86.96	164.03	0.90	-92.16	161.12	1.25	7602	3.71	하고(河鼓)1	우수(牛宿)
214	-87.87	155.55	1.63	-90.97	154.74	1.12	-95.38	151.49	2.22	7557	0.77	하고(河鼓)2	우수(牛宿)
215	-91.37	145.60	1.17	-94.17	145.58	0.47	-98.02	141.85	1.34	7525	2.72	하고(河鼓)3	우수(牛宿)
216	-99.37	152.03	1.36	-102.63	151.02	0.49	-106.38	148.93	1.35			우기(右旗)1	우수(牛宿)
217	-99.36	158.19	1.40	-102.14	156.93	0.79	-106.46	154.17	1.15			우기(右旗)2	우수(牛宿)
218	-112.38	155.65	1.34	-115.30	154.74	1.02	-119.81	151.62	1.31			우기(右旗)3	우수(牛宿)
219	-121.24	163.51	1.29	-124.60	162.42	0.84	-128.98	159.70	1.16			우기(右旗)4	우수(牛宿)
220	-115.95	174.23	1.30	-118.35	174.17	1.20	-123.30	169.98	1.24			우기(右旗)5	우수(牛宿)
221	-101.72	175.49	1.30	-104.24	175.68	1.26	-108.69	171.33	1.29			우기(右旗)6	우수(牛宿)
222	-129.86	157.41	1.25	-133.55	157.28	1.54	-139.29	152.07	1.15			천변(天弁)8	두수(斗宿)
223	-129.52	146.74	1.34	-133.49	144.68	1.20	-137.89	141.60	1.01			천변(天弁)9	두수(斗宿)
224	-141.02	136.30	1.40	-144.95	134.83	1.12	-149.41	129.63	1.22			천시동원(天市東垣)5-제(齊)	천시원(天市垣)
225	-139.83	160.96	1.32	-143.87	160.05	1.22	-149.51	154.65	1.09			천변(天弁)7	두수(斗宿)
226	-150.55	159.44	1.26	-154.07	158.75	1.28	-159.42	153.51	0.99			천변(天弁)6	두수(斗宿)
227	-157.08	149.67	1.49	-161.44	147.33	1.15	-165.15	142.24	1.34			천변(天弁)5	두수(斗宿)
228	-148.14	114.54	1.35	-151.26	113.13	0.54	-155.28	108.68	1.12			종대부(宗大夫)1	천시원(天市垣)
229	-157.79	123.34	1.52	-160.44	122.32	1.18	-164.86	117.69	1.35			종대부(宗大夫)4	천시원(天市垣)
230	-159.78	109.75	1.56	-162.36	109.69	0.94	-166.38	105.17	1.08			종대부(宗大夫)2	천시원(天市垣)
231	-170.63	118.68	1.41	-173.71	117.32	1.04	-178.74	111.92	1.07			종대부(宗大夫)3	천시원(天市垣)

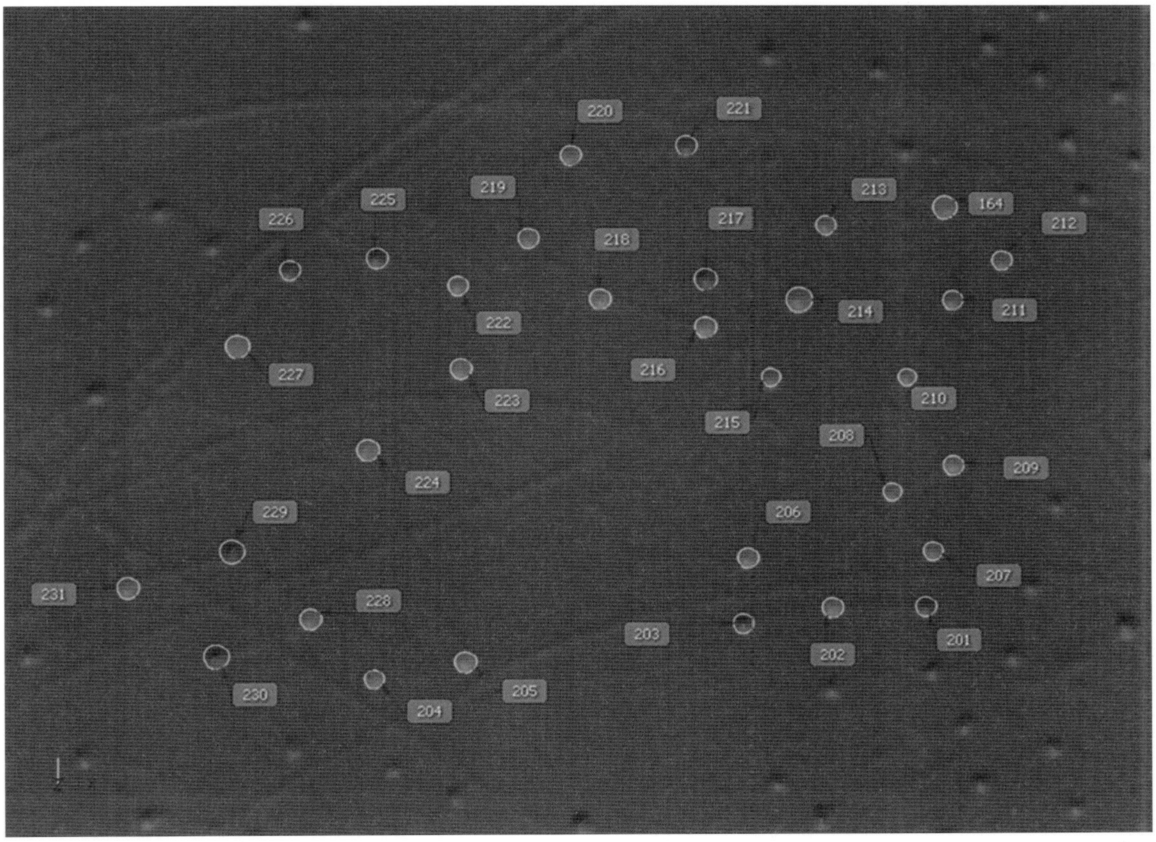
220
221
219
225
226
213
164
212
217
218
214
211
222
227
223
216
210
215
208
224
209
229
206
207
231
228
203
201
202
230
205
204

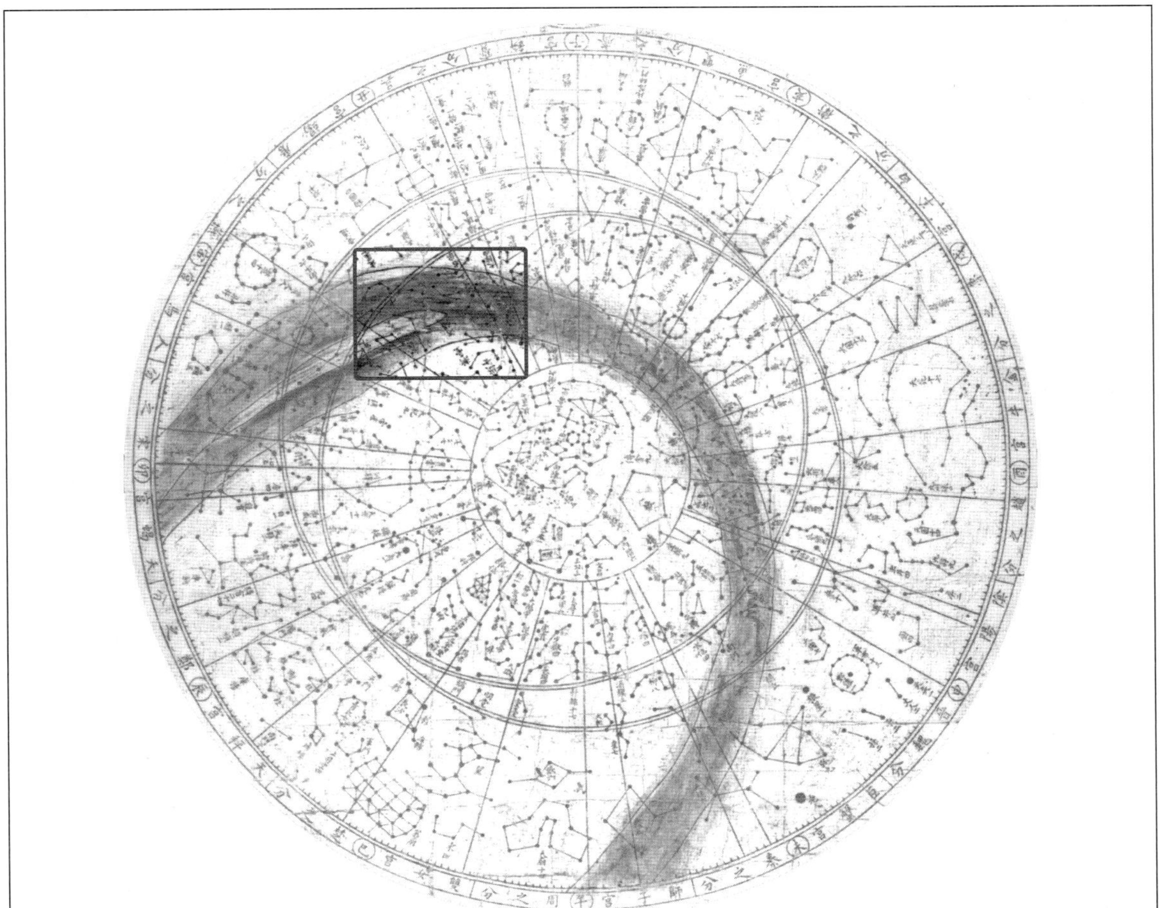

측정번호	숙종본 앞면(1,467개)			태조본 앞면(1,464개)			태조본 뒷면(1,330개)			Park(1998)		별 이름	3원(垣) 28수(宿)
	X (Center)	Y (Center)	Radius	X (Center)	Y (Center)	Radius	X (Center)	Y (Center)	Radius	BSC	V-Mag.		
										375개 동정			
232	-43.02	156.01	1.79	-45.27	155.24	1.01	-46.72	153.72	2.29	7949	2.46	천진(天津)9	여수(女宿)
233	-29.81	169.90	1.65	-32.24	170.37	1.04	-33.35	168.11	2.01	8115	3.20	천진(天津)8	여수(女宿)
234	-20.23	158.65	1.28	-22.22	157.07	0.49	-23.54	155.52	1.39	8146	4.43	천진(天津)7	여수(女宿)
235	-6.90	161.72	1.27	-8.46	161.47	0.87	-9.12	159.48	1.20			차부(車府)5	위수(危宿)
236	1.17	168.24	1.37	-0.51	168.48	0.77	0.37	166.27	1.26			차부(車府)6	위수(危宿)
237	-15.46	172.02	1.28	-17.51	171.51	1.10	-18.56	169.06	1.14			사비(司非)1	허수(虛宿)
238	-10.78	179.09	1.30	-12.80	178.90	1.19	-13.65	176.52	1.08			사비(司非)2	허수(虛宿)
239	-22.71	179.53	1.37	-24.74	179.85	1.02	-25.87	176.87	1.10			사위(司危)2	허수(虛宿)
240	-16.81	189.95	1.38	-18.72	189.18	1.83	-20.04	186.74	1.10			사위(司危)1	허수(虛宿)
241	-52.71	169.25	1.29	-54.98	168.63	0.61	-57.69	165.70	1.25			고(苽)5	여수(女宿)
242	-46.44	173.60	1.17	-48.69	173.53	0.86	-50.99	169.80	1.55			고(苽)1	여수(女宿)
243	-39.05	180.17	1.26	-41.40	180.02	0.93	-43.64	176.77	1.36			고(苽)2	여수(女宿)
244	-48.35	182.53	1.35	-51.78	182.05	1.82	-54.64	178.86	1.35			고(苽)3	여수(女宿)
245	-54.55	176.46	1.61	-57.50	175.41	0.71	-60.68	172.09	1.14			고(苽)4	여수(女宿)
246	-74.68	174.96	1.26	-77.50	174.47	0.71	-82.07	171.95	1.08			천부(天桴)3	우수(牛宿)
247	-91.47	187.38	1.39	-94.11	187.30	1.16	-98.41	183.02	1.32			우기(右旗)7	우수(牛宿)
248	-78.13	185.35	1.31	-79.89	185.53	0.94	-85.40	182.69	1.23			천부(天桴)4	우수(牛宿)
249	-58.09	184.79	1.29	-60.68	184.76	0.56	-63.90	181.22	1.46			패고(敗苽)4	여수(女宿)
250	-44.29	194.12	1.49	-46.87	194.78	1.32	-50.18	191.83	1.34			패고(敗苽)5	여수(女宿)
251	-34.23	191.35	1.51	-36.03	191.49	1.63						사록(司祿)2	허수(虛宿)
252	-23.75	201.51	1.42	-26.30	201.48	1.42	-27.89	199.31	1.26			사록(司祿)1	허수(虛宿)
253	-6.78	204.90	1.87	-8.82	205.27	1.89	-8.10	201.58	1.42	8308	2.39	위(危)3	위수(危宿)
254	1.43	189.55	1.39	-0.80	189.54	1.77	0.20	185.87	1.21			인성(人星)5	위수(危宿)
255	-28.25	215.04	1.48	-30.26	214.13	1.47	-32.19	212.95	1.27			사명(司命)2	허수(虛宿)
256	-42.86	214.59	1.65	-44.92	213.76	2.22	-47.09	211.58	1.72	8131	3.92	허(虛)2	허수(虛宿)
257	-41.44	204.05	1.42	-43.33	202.83	1.13	-44.71	200.93	1.09			사명(司命)1	허수(虛宿)
258	-64.46	188.87	1.29	-66.21	188.12	1.34	-69.28	185.15	0.96			패고(敗苽)3	여수(女宿)
259	-57.82	192.93	1.32	-58.88	192.46	1.58	-62.97	188.87	0.83			패고(敗苽)1	여수(女宿)
260	-64.40	196.55	1.34	-66.22	196.00	1.74	-69.84	192.97	0.86			패고(敗苽)2	여수(女宿)

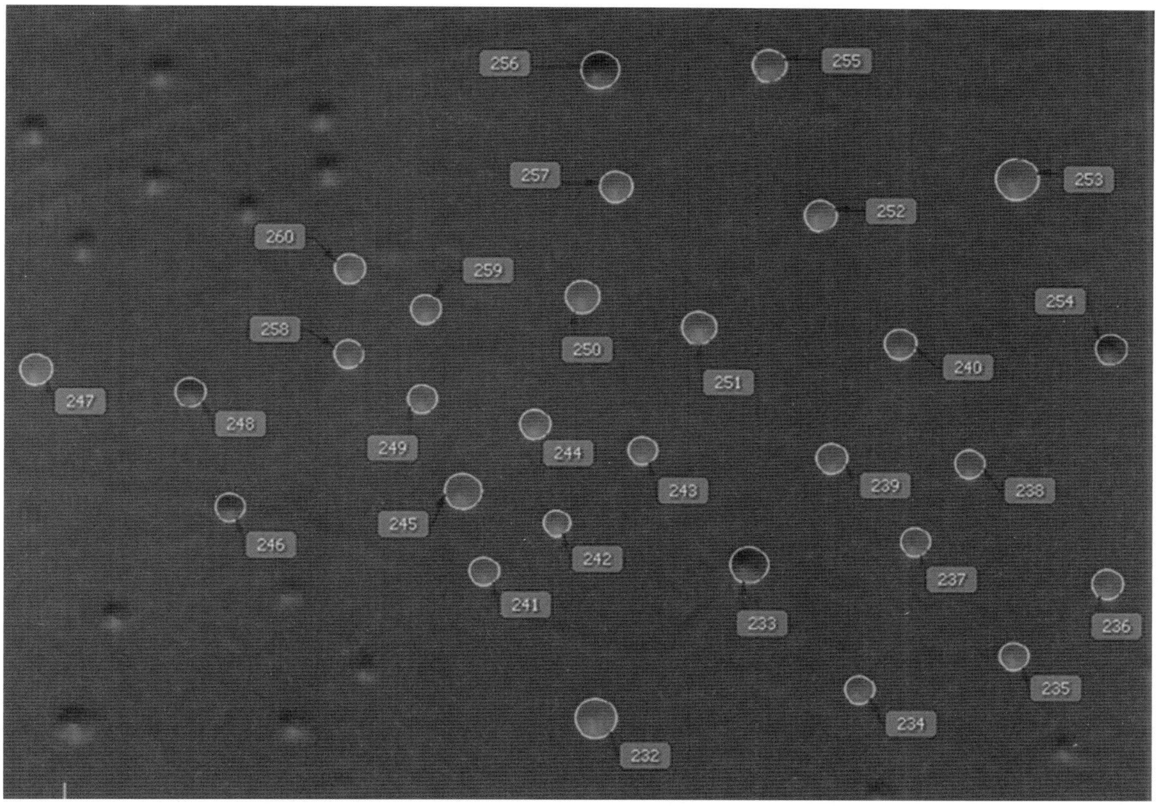
256
255
257
253
252
260
259
254
258
250
251
240
247
248
249
244
243
239
238
245
246
242
237
236
241
233
235
234
232

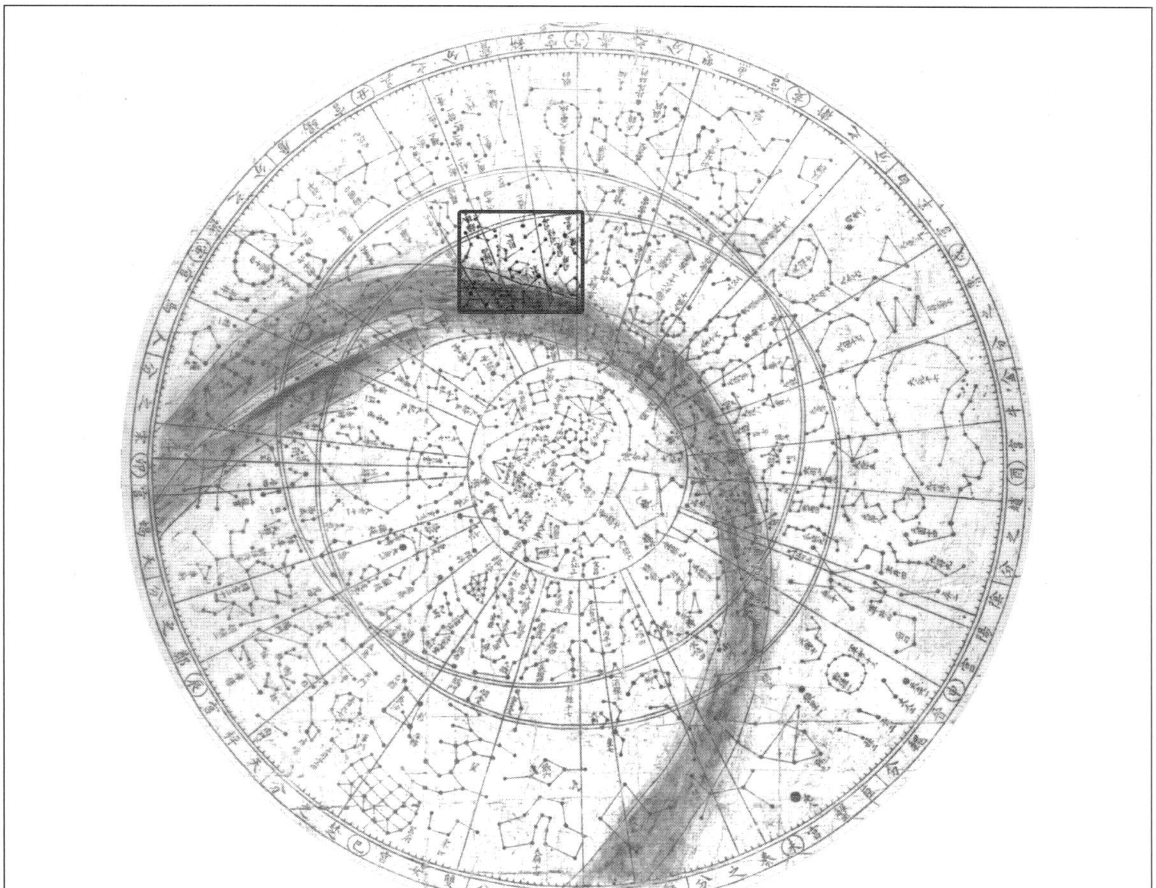

측정번호	숙종본 앞면(1,467개)			태조본 앞면(1,464개)			태조본 뒷면(1,330개)			Park(1998)		별 이름	3원(垣) 28수(宿)
	X (Center)	Y (Center)	Radius	X (Center)	Y (Center)	Radius	X (Center)	Y (Center)	Radius	BSC	V-Mag.		
										375개 동정			
261	-66.31	205.70	1.41	-68.51	205.21	1.60	-72.02	201.95	0.76			이주(離珠)4	여수(女宿)
262	-73.14	202.00	1.36	-75.32	200.79	1.07	-78.92	197.27	1.01			이주(離珠)1	여수(女宿)
263	-87.40	198.62	1.36	-89.86	197.87	1.94	-94.90	193.97	1.04			우기(右旗)8	우수(牛宿)
264	-81.15	204.73	1.41	-83.65	204.51	0.89	-87.11	201.54	0.89			이주(離珠)2	여수(女宿)
265	-66.79	210.54	1.40	-69.09	209.89	1.27	-72.97	207.64	1.11			이주(離珠)5	여수(女宿)
266	-82.55	48.34	1.36	-83.96	47.10	0.83	-85.50	44.87	1.25	6536	2.79	천부(天棓)3	자미원(紫微垣)
267	-98.10	24.54	1.58	-100.02	23.04	1.27	-100.47	22.02	1.31			칠공(七公)2	천시원(天市垣)
268	-101.41	71.00	1.40	-103.79	70.03	0.62	-105.65	67.63	0.78			여상(女牀)3	천시원(天市垣)
269	-100.94	63.60	1.55	-103.03	62.08	0.75	-104.76	60.02	1.12			여상(女牀)2	천시원(天市垣)
270	-108.51	62.13	1.49	-110.79	60.85	0.83	-111.97	57.95	0.96			여상(女牀)1	천시원(天市垣)
271	-111.13	12.91	1.43	-112.66	11.54	0.93	-112.14	9.36	1.15			관삭(貫索)9	천시원(天市垣)
272	-116.03	21.65	1.33	-117.39	20.68	0.78						관삭(貫索)8	천시원(天市垣)
273	-124.33	23.34	1.34	-125.65	21.84	1.04	-125.66	19.42	1.10			관삭(貫索)7	천시원(天市垣)
274	-131.62	16.11	1.33	-133.72	14.71	0.98	-132.82	12.69	1.11			관삭(貫索)6	천시원(天市垣)
275	-135.14	5.41	1.37	-137.06	4.93	1.10	-136.41	1.13	1.25			관삭(貫索)5	천시원(天市垣)
276	-143.38	12.01	1.54	-145.25	10.02	0.60	-145.12	7.96	1.12	6095	3.75	천시십일(天市十一)10-하문(河間)	천시원(天市垣)
277	-137.32	29.08	1.71	-139.48	28.13	0.90	-139.45	25.27	1.14	6148	2.77	천시십일(天市十一)11-하중(河中)	천시원(天市垣)
278	-125.40	33.60	1.57	-128.20	31.79	0.72	-129.10	27.84	1.10			천기(天紀)1	천시원(天市垣)
279	-116.79	40.61	1.32	-117.75	40.02	1.52	-119.52	36.08	1.13			천기(天紀)2	천시원(天市垣)
280	-103.14	38.69	1.79	-104.48	38.03	1.31	-105.65	36.80	1.36			칠공(七公)1	천시원(天市垣)
281	-126.69	53.80	1.52	-128.52	52.57	1.03	-129.97	48.15	1.20			천기(天紀)3	천시원(天市垣)
282	-118.45	72.81	1.27	-120.28	71.91	0.73	-122.06	68.00	1.07			천기(天紀)5	천시원(天市垣)
283	-125.00	73.94	1.46	-127.05	72.65	0.50	-128.57	68.74	1.19			천기(天紀)4	천시원(天市垣)
284	-134.27	65.36	1.34	-136.51	64.31	0.70	-137.74	58.65	1.14			천시동원(天市東垣)1-위(魏)	천시원(天市垣)
285	-136.84	74.30	1.38	-138.67	73.08	0.99	-138.82	66.25	1.29			천시동원(天市東垣)2-조(趙)	천시원(天市垣)
286	-130.14	91.91	1.31	-132.88	90.54	0.90	-134.61	86.35	1.26			천시동원(天市東垣)3-구하(九河)	천시원(天市垣)
287	-137.73	95.34	1.35	-140.43	93.80	0.81	-143.11	90.65	1.21			도사(屠肆)2	천시원(天市垣)
288	-150.38	98.26	1.23	-152.73	96.86	1.02	-155.75	93.77	1.31			백도(帛度)2	천시원(天市垣)
289	-143.49	82.50	1.45	-144.86	80.97	1.05	-143.53	77.00	1.42			백도(帛度)1	천시원(天市垣)
290	-154.91	86.50	1.37	-156.96	85.86	0.92	-160.86	82.38	1.26			종성(宗星)1	천시원(天市垣)

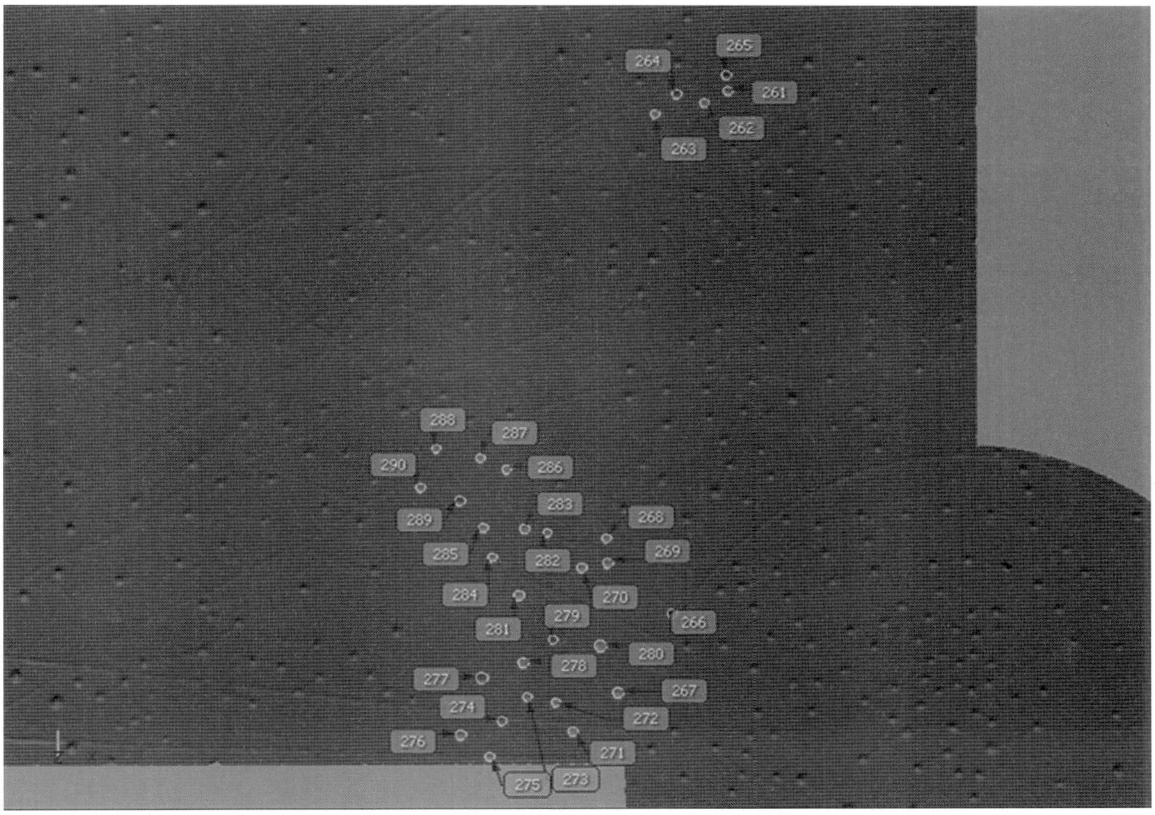
265
264
261
262
263
288
287
290
286
283
289
268
285
282
269
284
270
279
266
281
280
278
277
267
274
272
276
271
275
273

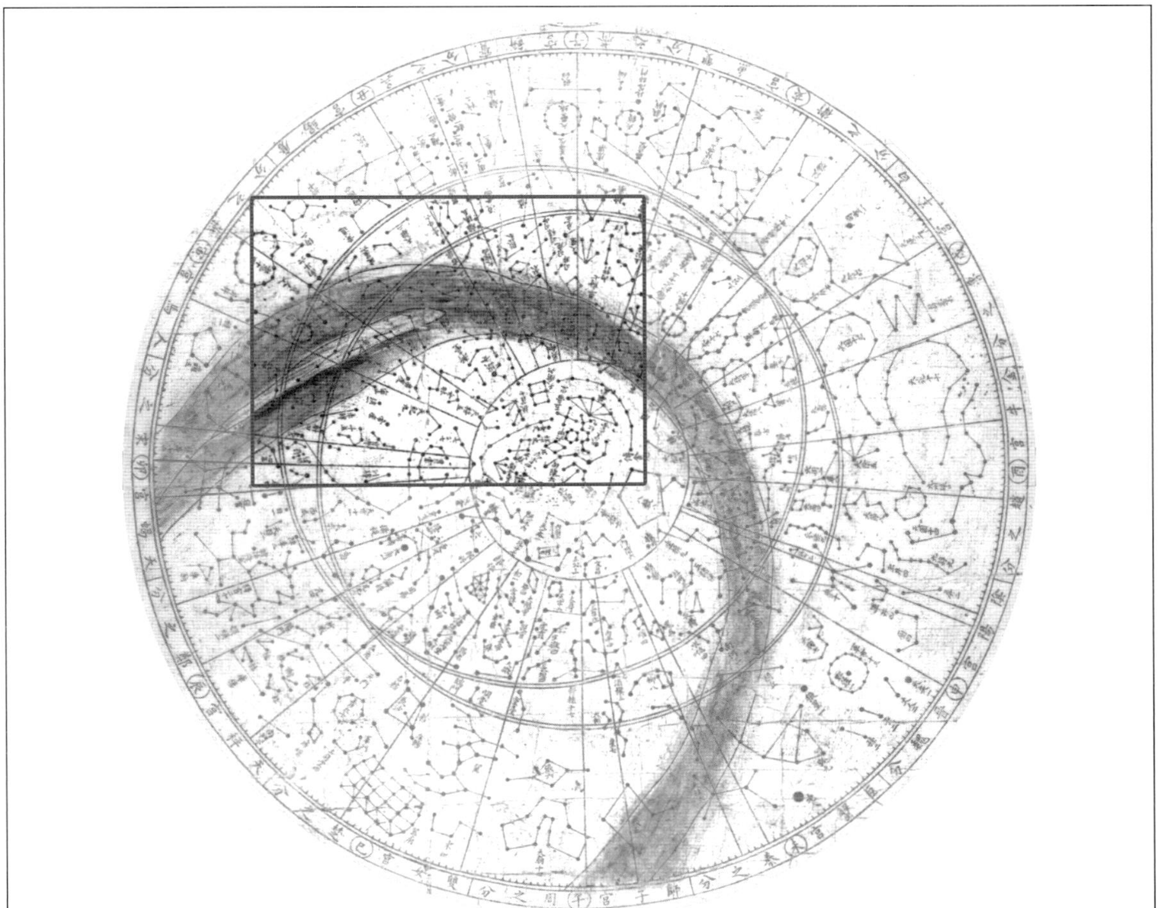

측정번호	숙종본 앞면(1,467개)			태조본 앞면(1,464개)			태조본 뒷면(1,330개)			Park(1998)		별 이름	3원(垣) 28수(宿)
	X (Center)	Y (Center)	Radius	X (Center)	Y (Center)	Radius	X (Center)	Y (Center)	Radius	BSC	V-Mag.		
										375개 동정			
291	-167.74	89.15	1.51	-170.41	87.84	1.28	-173.59	84.46	1.07			종성(宗星)2	천시원(天市垣)
292	-181.95	80.69	1.49	-184.11	78.92	1.27	-187.82	73.84	1.53	6629	3.75	종정(宗正)2	천시원(天市垣)
293	-172.02	75.97	1.36	-173.90	75.08	1.47	-177.59	70.20	1.44	6603	2.77	종정(宗正)1	천시원(天市垣)
294	-167.97	61.76	1.38	-170.43	60.75	1.65	-173.26	56.16	1.42	6556	2.08	후(侯)	천시원(天市垣)
295	-161.55	43.24	1.42	-163.95	41.79	1.84	-165.68	36.44	1.71	6406	3.48	제좌(帝座)	천시원(天市垣)
296	-156.99	22.84	1.31	-158.92	21.89	1.28	-159.51	18.31	1.11			환자(宦者)1	천시원(天市垣)
297	-164.45	25.00	1.39	-166.62	23.59	1.40	-167.12	20.71	1.23			환자(宦者)2	천시원(天市垣)
298	-169.33	29.86	1.36	-170.96	28.56	1.34	-171.77	25.00	1.15			환자(宦者)3	천시원(天市垣)
299	-173.75	35.77	1.58	-175.49	34.67	1.28	-176.43	31.26	1.19			환자(宦者)4	천시원(天市垣)
300	-184.55	39.41	1.37	-186.90	38.41	1.13	-187.82	34.74	1.49			두(斗)1	천시원(天市垣)
301	-183.56	29.53	1.38	-185.24	28.35	1.29	-186.40	25.02	1.49			두(斗)2	천시원(天市垣)
302	-189.72	25.06	1.24	-192.45	23.97	1.26	-192.40	19.63	1.52			두(斗)3	천시원(天市垣)
303	-194.81	32.78	1.36	-197.05	32.14	1.30	-197.95	28.56	1.33			두(斗)4	천시원(天市垣)
304	-202.47	34.59	1.52	-205.34	33.34	1.46	-206.65	29.16	1.40			두(斗)5	천시원(天市垣)
305	-203.19	21.97	1.39	-205.20	21.18	1.33	-206.00	17.74	1.18			곡(斛)4	천시원(天市垣)
306	-210.94	24.02	1.55	-213.04	23.65	1.47	-213.61	19.59	1.30			곡(斛)3	천시원(天市垣)
308	-188.21	56.15	1.44	-190.60	54.88	1.61	-191.90	51.49	1.07			차사(車肆)1	천시원(天市垣)
309	-228.10	11.04	1.09	-231.09	10.10	0.91	-230.82	4.62	0.98			건폐(鍵閉)	방수(房宿)
310	-244.09	4.44	1.33	-245.44	3.41	1.23				5993	3.96	방(房)-구검(鉤鈐)1	방수(房宿)
311	-255.38	8.12	1.73	-256.93	8.24	1.44	-256.30	2.80	1.32	6084	2.89	심(心)1	심수(心宿)
312	-241.35	15.03	1.40	-243.69	14.05	1.04	-243.92	8.39	0.98			벌(罰)3	방수(房宿)
313	-237.08	16.54	1.34	-239.69	15.45	0.95	-239.77	10.03	1.09			벌(罰)2	방수(房宿)
314	-233.36	18.14	1.25	-235.50	16.63	1.08	-235.19	11.51	0.91			벌(罰)1	방수(房宿)
315	-232.20	24.17	1.47	-234.40	23.25	1.33	-235.00	18.40	1.02			동함(東咸)1	방수(房宿)
316	-247.14	23.94	1.40	-249.30	22.40	1.03	-249.18	16.04	0.86			동함(東咸)3	방수(房宿)
317	-239.70	28.11	1.43	-242.06	27.22	1.13	-242.56	21.82	1.09			동함(東咸)2	방수(房宿)
318	-234.46	33.93	1.45	-236.59	32.51	1.33	-237.15	27.66	1.26	6175	2.56	천시십일(天市十一)1-한(韓)	천시원(天市垣)
319	-217.49	37.41	1.70	-219.37	36.30	1.51	-220.12	32.85	1.29			곡(斛)2	천시원(天市垣)
320	-207.27	45.86	1.48	-209.63	45.03	1.53	-211.10	41.64	1.10			곡(斛)1	천시원(天市垣)

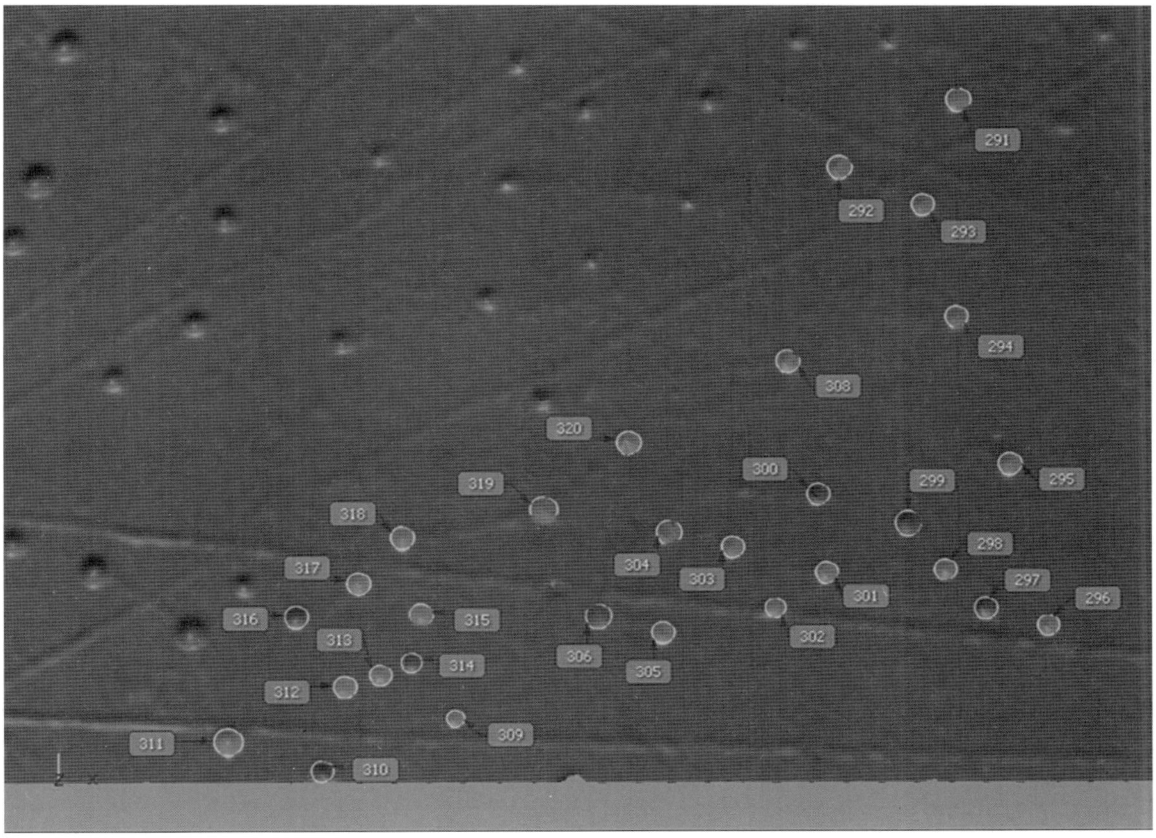
291
292
293
294
308
320
300
299
295
319
318
304
303
298
317
301
297
296
316
315
313
306
305
302
314
312
309
311
310

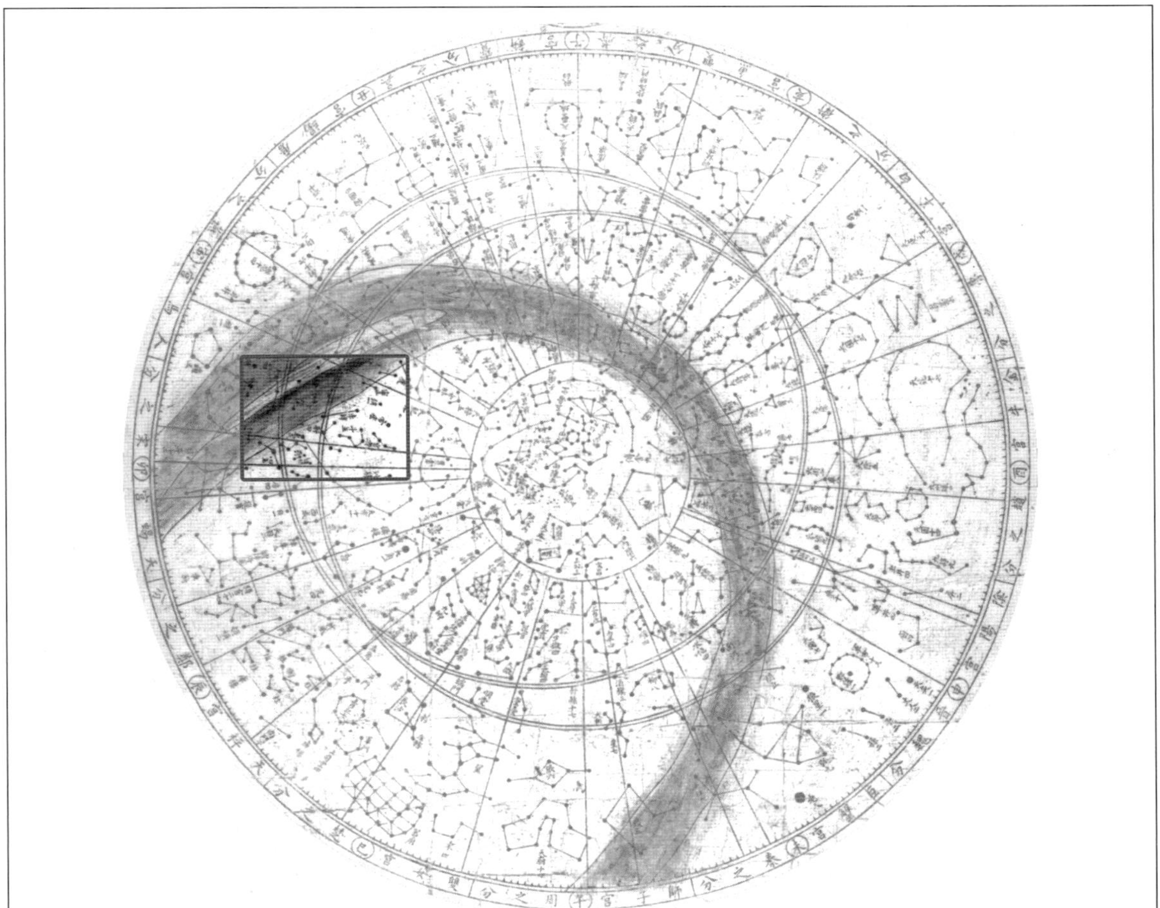

측정번호	숙종본 앞면(1,467개)			태조본 앞면(1,464개)			태조본 뒷면(1,330개)			Park(1998)		별 이름	3원(垣) 28수(宿)
	X (Center)	Y (Center)	Radius	X (Center)	Y (Center)	Radius	X (Center)	Y (Center)	Radius	BSC	V-Mag.		
										375개 동정			
321	-217.41	51.42	1.40	-220.64	49.80	0.75	-221.86	45.80	1.13			차사(車肆)2	천시원(天市垣)
322	-211.68	69.31	1.29	-213.28	67.94	1.15	-214.84	62.59	1.06			시루(市樓)5	천시원(天市垣)
323	-200.13	76.70	1.29	-202.60	74.59	1.01	-204.97	70.07	1.17			시루(市樓)1	천시원(天市垣)
324	-221.65	78.90	1.55	-224.95	77.33	1.15	-227.61	71.40	1.12			시루(市樓)2	천시원(天市垣)
325	-224.12	64.26	1.47	-227.69	62.47	0.85	-229.27	56.54	1.04			시루(市樓)4	천시원(天市垣)
326	-241.52	58.76	1.55	-244.17	56.64	0.59	-246.96	50.54	1.60	6378	2.43	천시동원(天市東垣)11-송(宋)	천시원(天市垣)
327	-175.90	97.21	1.35	-178.38	95.03	0.87	-181.68	90.21	1.12			종인(宗人)1	천시원(天市垣)
328	-186.98	97.16	1.49	-189.37	94.83	0.84	-191.67	89.47	1.18			종인(宗人)2	천시원(天市垣)
329	-197.75	89.18	1.35	-200.09	87.91	1.17	-202.99	82.73	1.20			시루(市樓)6	천시원(天市垣)
330	-212.16	88.14	1.35	-215.23	86.38	1.06	-218.44	81.54	1.20			시루(市樓)3	천시원(天市垣)
331	-182.63	110.13	1.41	-185.42	108.80	0.66	-188.07	103.57	1.01			종인(宗人)4	천시원(天市垣)
332	-193.28	105.00	1.21	-196.09	102.65	0.95	-200.03	97.45	1.19			종인(宗人)3	천시원(天市垣)
333	-205.14	106.68	1.41	-208.15	104.34	1.00	-212.47	101.15	1.23	6869	3.26	천시동원(天市東垣)8-동해(東海)	천시원(天市垣)
334	-220.37	93.86	1.47	-223.79	91.50	1.17	-227.01	87.49	1.25	6698	3.34	천시동원(天市東垣)9-연(然)	천시원(天市垣)
335	-236.93	82.21	1.38	-240.16	79.61	1.38	-243.75	75.28	1.32	6561	3.54	천시동원(天市東垣)10-남해(南海)	천시원(天市垣)
336	-256.20	86.79	1.59	-258.21	83.85	1.21	-259.66	81.49	1.34			천강(天江)4	미수(尾宿)
337	-255.49	74.16	1.73	-258.11	71.10	1.05	-258.69	68.95	1.35			천강(天江)3	미수(尾宿)
338	-259.28	60.94	1.56	-261.87	58.30	0.89	-261.74	55.94	1.29			천강(天江)2	미수(尾宿)
339	-269.00	54.02	1.58	-271.67	51.38	1.08	-272.16	49.21	1.30			천강(天江)1	미수(尾宿)
340	-253.44	28.08	1.36	-255.71	27.20	0.79	-255.86	21.54	1.39			동함(東咸)4	방수(房宿)
341	-259.72	22.08	2.10	-262.70	21.31	1.62	-262.27	15.73	2.27	6134	0.96	심(心)2	심수(心宿)
342	-283.25	8.35	1.38	-284.82	7.21	1.18	-284.58	0.05	1.37			적졸(積卒)7	심수(心宿)
343	-299.69	8.27	1.76	-301.89	5.49	1.06	-301.66	-0.61	1.37			적졸(積卒)8	심수(心宿)
344	-317.09	6.03	1.96	-319.78	3.28	0.46	-320.00	-4.30	1.47			적졸(積卒)10	심수(心宿)
345	-331.88	17.95	1.44	-333.94	15.52	1.17	-335.01	7.03	1.35			적졸(積卒)11	심수(心宿)
346	-316.37	25.62	1.75	-318.91	23.01	0.83	-319.94	15.27	1.15			적졸(積卒)12	심수(心宿)
347	-292.48	21.46	1.86	-294.83	19.98	0.80	-295.03	12.17	1.13			적졸(積卒)9	심수(心宿)
348	-271.39	30.00	1.96	-273.82	28.31	1.16	-272.94	22.02	1.21	6165	2.82	심(心)3	심수(心宿)
349	-281.04	33.60	1.60	-283.64	31.88	1.00	-282.06	25.01	1.15	6247	3.08	미(尾)1	미수(尾宿)
350	-292.34	37.55	1.98	-294.52	35.16	0.47	-294.07	27.49	1.34	6241	2.29	미(尾)2	미수(尾宿)

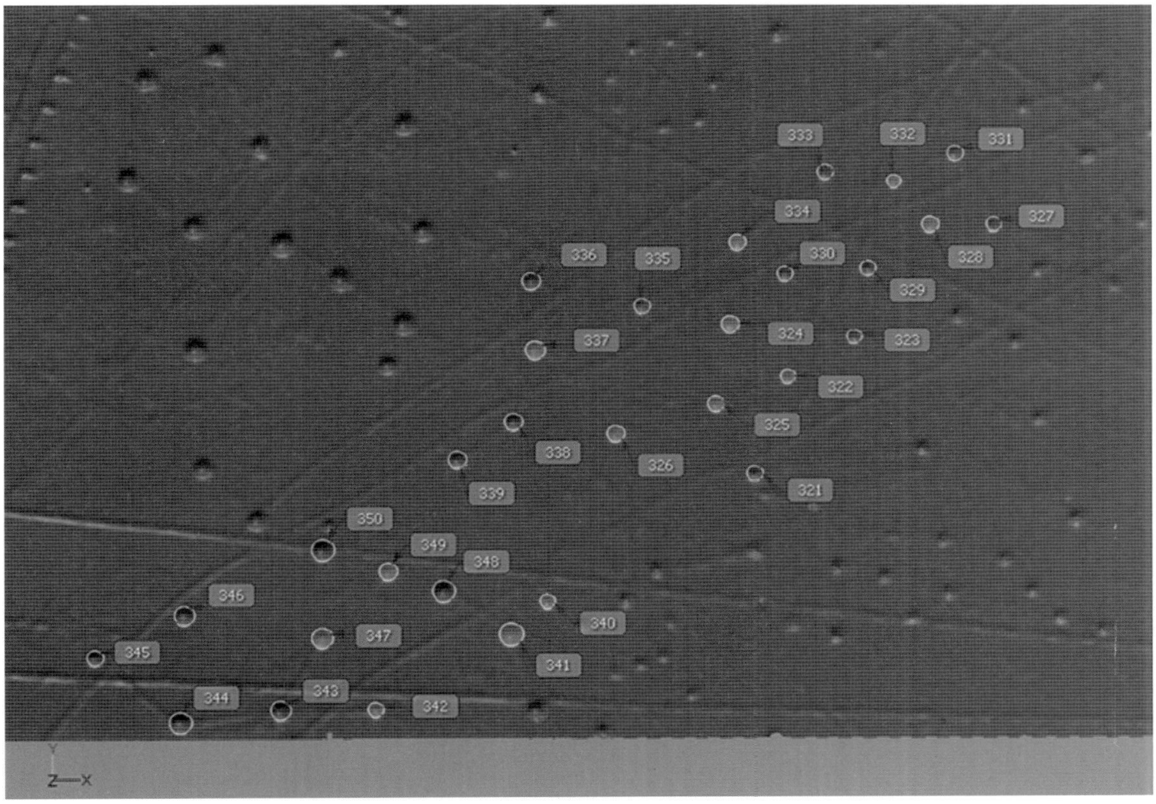
333
332
331
334
327
336
335
330
328
329
324
323
337
322
325
338
326
321
339
350
349
348
346
340
347
345
341
344
343
342
Y
Z—X

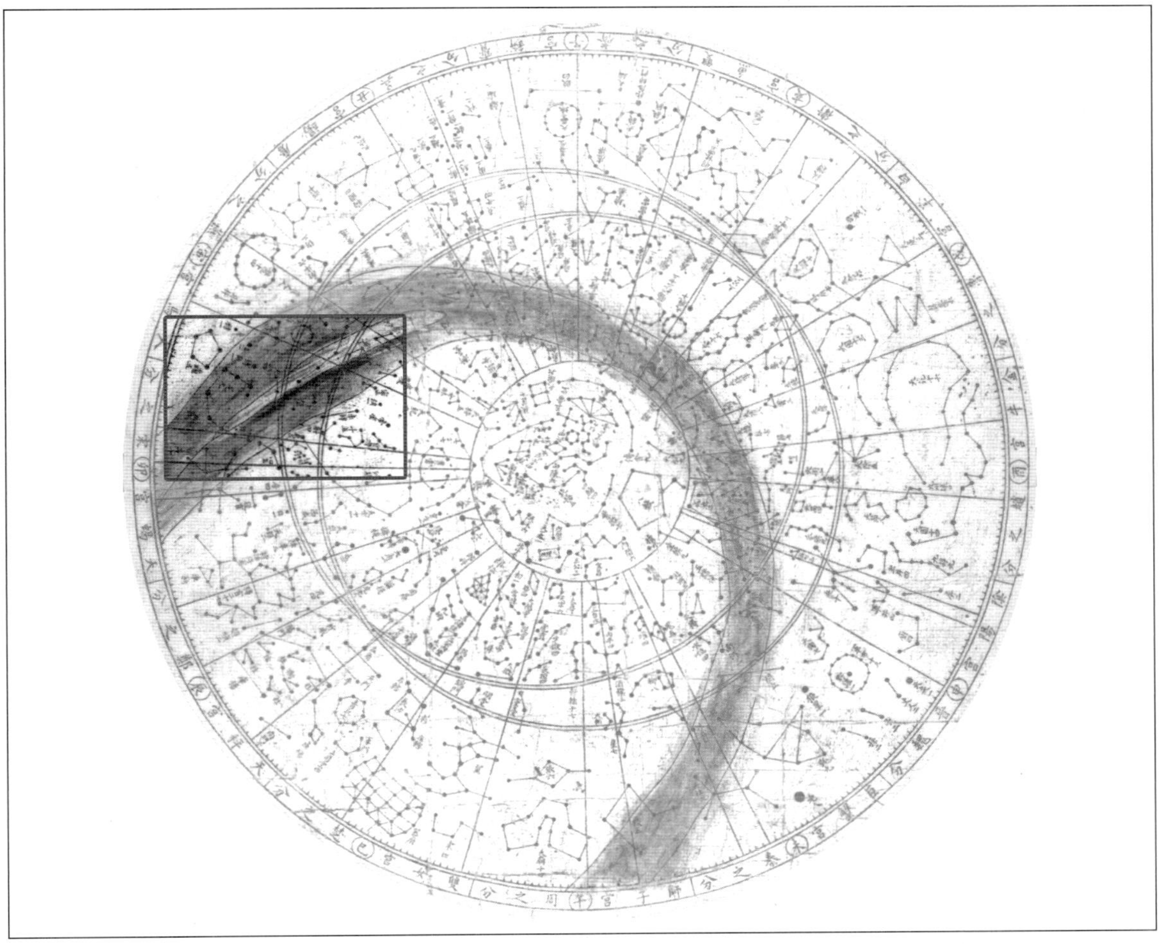

측정번호	숙종본 앞면(1,467개)			태조본 앞면(1,464개)			태조본 뒷면(1,330개)			Park(1998)		별 이름	3원(垣) 28수(宿)
	X (Center)	Y (Center)	Radius	X (Center)	Y (Center)	Radius	X (Center)	Y (Center)	Radius	BSC	V-Mag.		
										375개 동정			
351	-291.08	42.19	1.15	-293.61	39.28	0.83	-292.55	31.94	0.89			신궁(神宮)	미수(尾宿)
352	-303.56	42.90	1.95	-306.47	40.05	0.95	-305.83	32.08	1.36	6271	3.62	미(尾)3	미수(尾宿)
353	-312.99	52.73	1.94	-316.21	49.12	1.28	-316.05	40.41	1.78	6380	3.33	미(尾)4	미수(尾宿)
354	-314.30	74.66	2.19	-317.18	71.72	1.30	-318.05	63.41	1.69	6553	1.87	미(尾)5	미수(尾宿)
355	-280.71	71.48	1.83	-283.06	69.04	1.03	-282.99	61.63	1.32	6508	2.69	미(尾)9	미수(尾宿)
356	-278.02	79.08	2.24	-280.72	76.04	1.43	-280.80	68.31	1.54	6527	1.63	미(尾)8	미수(尾宿)
357	-289.04	87.26	2.29	-292.38	84.45	1.30	-293.13	76.50	1.63	6580	2.41	미(尾)7	미수(尾宿)
358	-298.93	93.71	2.32	-301.81	90.53	1.30	-303.27	83.19	1.99	6615	3.03	미(尾)6	미수(尾宿)
359	-274.61	96.05	1.95	-278.06	93.12	1.15	-280.52	85.33	1.72			부열(傅說)	미수(尾宿)
360	-314.36	96.76	2.06	-317.33	93.60	1.20	-320.36	84.27	1.46			구(龜)5	미수(尾宿)
361	-303.10	111.53	1.87	-305.83	107.68	1.07	-308.95	99.16	1.37			구(龜)1	미수(尾宿)
362	-325.86	105.50	2.21	-329.38	101.96	1.23	-332.26	92.78	1.50			구(龜)4	미수(尾宿)
363	-310.49	128.18	1.99	-313.60	125.65	0.88	-317.05	115.33	1.29			구(龜)2	미수(尾宿)
364	-322.73	123.61	2.02	-326.19	120.33	1.04	-329.32	109.46	1.27			구(龜)3	미수(尾宿)
365	-277.93	115.54	2.12	-281.20	111.98	1.27	-285.15	103.90	1.32			어(魚)1	미수(尾宿)
366	-289.22	129.52	1.54	-292.27	126.63	0.90	-296.14	116.46	1.41			강(糠)1	기수(箕宿)
367	-254.88	121.16	1.69	-257.85	118.01	1.35	-260.38	109.18	1.89	6746	2.99	기(箕)1	기수(箕宿)
368	-252.69	135.35	1.82	-255.38	132.38	1.47	-258.92	124.02	1.66	6859	2.70	기(箕)2	기수(箕宿)
369	-271.99	142.68	1.72	-274.68	139.43	1.75	-279.10	129.64	1.79	6879	1.85	기(箕)3	기수(箕宿)
370	-278.53	135.52	1.79	-281.57	131.62	1.45	-285.67	122.08	1.54	6832	3.11	기(箕)4	기수(箕宿)
371	-233.01	115.15	1.50	-236.44	112.72	0.84	-238.91	104.15	0.93			천약(天鑰)5	두수(斗宿)
372	-226.75	116.34	1.27	-229.55	114.52	0.88	-232.11	105.86	1.06			천약(天鑰)4	두수(斗宿)
373	-224.26	123.19	1.23	-227.84	121.56	0.94	-230.11	113.04	0.99			천약(天鑰)3	두수(斗宿)
374	-226.53	129.12	1.35	-229.78	127.07	0.76	-232.21	118.51	0.97			천약(天鑰)2	두수(斗宿)
375	-231.42	130.92	1.39	-235.19	129.49	0.78	-237.59	120.26	1.07			천약(天鑰)1	두수(斗宿)
376	-238.13	129.53	1.44	-241.99	126.98	1.00	-244.79	117.92	1.05			천약(天鑰)8	두수(斗宿)
377	-241.99	124.38	1.36	-245.12	121.80	0.65	-248.11	112.01	1.12			천약(天鑰)7	두수(斗宿)
378	-240.43	118.68	1.27	-244.15	116.54	0.91	-247.17	107.35	1.04			천약(天鑰)6	두수(斗宿)
379	-195.48	129.27	1.54	-198.68	127.33	0.70	-202.91	120.07	1.52	7141	4.62	천시동원(天市東垣)7-서(徐)	천시원(天市垣)
380	-174.40	143.92	1.41	-177.63	142.21	1.10	-182.50	135.40	1.56	7235	2.99	천시동원(天市東垣)6-오월(吳越)	천시원(天市垣)

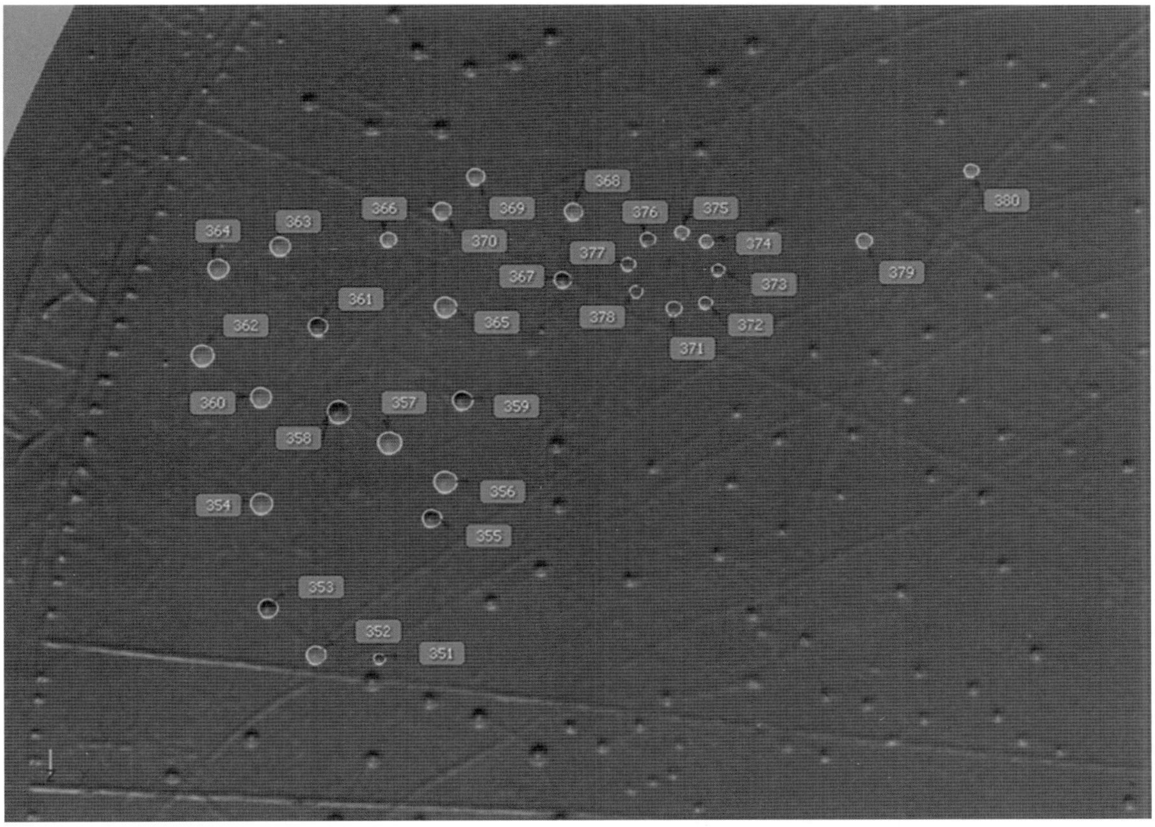
364
363
366
368
369
376
375
380
370
374
377
367
373
379
361
378
372
362
365
371
360
357
359
358
354
356
355
353
352
351

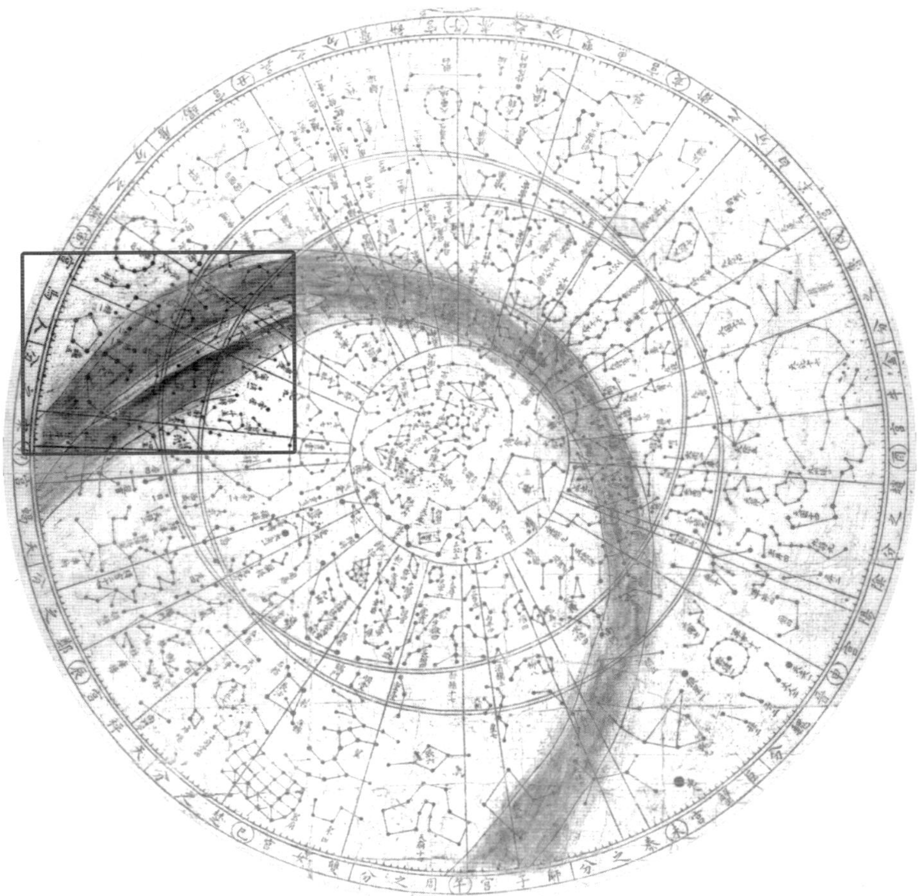

측정번호	숙종본 앞면(1,467개)			태조본 앞면(1,464개)			태조본 뒷면(1,330개)			Park(1998)		별 이름	3원(垣) 28수(宿)
	X (Center)	Y (Center)	Radius	X (Center)	Y (Center)	Radius	X (Center)	Y (Center)	Radius	BSC	V-Mag.		
										375개 동정			
381	-213.02	132.41	1.78	-216.59	130.31	1.73	-220.73	122.33	1.94	6812	3.86	남두(南斗)3	두수(斗宿)
382	-227.52	148.47	1.66	-230.42	145.76	1.71	-234.65	137.78	1.97	6913	2.81	남두(南斗)2	두수(斗宿)
383	-240.55	152.56	1.58	-244.21	150.18	1.03	-250.22	143.67	1.26			농장인(農丈人)	두수(斗宿)
384	-180.26	155.31	1.48	-183.92	152.43	1.15	-188.41	146.58	1.11			천변(天弁)1	두수(斗宿)
385	-176.00	163.44	1.53	-179.78	161.54	1.38	-184.25	155.89	1.18			천변(天弁)2	두수(斗宿)
386	-166.52	167.37	1.59	-169.09	165.98	1.58	-174.75	159.80	1.00			천변(天弁)3	두수(斗宿)
387	-159.83	163.08	1.47	-163.14	160.05	1.50	-167.13	154.50	1.14			천변(天弁)4	두수(斗宿)
388	-191.53	168.38	1.43	-195.44	166.66	1.62	-200.24	159.44	1.51	7151	6.12	건성(建星)1	두수(斗宿)
389	-193.14	178.91	1.41	-196.89	177.67	1.45	-201.75	169.68	1.54	7217	3.77	건성(建星)2	두수(斗宿)
390	-186.64	189.53	1.38	-189.92	186.88	1.80	-195.71	180.16	1.42	7264	2.89	건성(建星)3	두수(斗宿)
391	-170.13	198.75	1.58	-173.95	196.49	0.81	-179.41	189.23	1.45	7304	4.96	건성(建星)4	두수(斗宿)
392	-156.57	199.80	1.67	-159.97	197.88	1.67	-165.91	190.87	1.45	7340	3.93	건성(建星)5	두수(斗宿)
393	-148.65	191.86	1.42	-151.88	189.64	1.47	-157.96	183.15	1.21	3742	4.61	건성(建星)6	두수(斗宿)
394	-111.24	200.90	1.35	-113.57	199.85	1.61	-118.50	195.13	1.01	7747	4.24	견우(牽牛)3	우수(牛宿)
395	-107.31	208.97	1.37	-109.28	207.93	1.29	-115.01	203.38	0.97	7773	4.76	견우(牽牛)2	우수(牛宿)
396	-114.04	217.02	1.73	-116.95	215.87	1.88	-123.16	211.78	1.80	7776	3.08	견우(牽牛)1	우수(牛宿)
397	-106.31	223.61	1.53	-109.39	222.21	1.09	-113.82	217.72	1.12			나언(羅堰)2	우수(牛宿)
398	-100.38	215.25	1.41	-103.51	214.33	1.28	-107.98	209.69	1.06			나언(羅堰)1	우수(牛宿)
399	-91.86	209.01	1.42	-94.18	208.33	1.51	-98.89	203.94	1.31			우기(右旗)9	우수(牛宿)
400	-80.70	214.41	1.59	-84.21	212.43	1.09	-88.33	208.39	1.07			이주(離珠)3	여수(女宿)
401	-83.03	221.47	1.42	-85.44	221.23	1.58	-89.85	216.79	0.98	7951	4.42	수녀(須女)4	여수(女宿)
402	-77.56	228.30	1.63	-79.93	227.13	1.55	-84.83	223.76	1.14	7985	5.55	수녀(須女)3	여수(女宿)
403	-54.33	251.54	1.33	-57.56	249.86	1.71	-58.58	248.04	1.22			곡(哭)1	허수(虛宿)
404	-38.41	248.53	1.85	-40.25	248.24	2.23	-43.61	245.70	1.85	8232	2.91	허(虛)1	허수(虛宿)
405	-18.47	246.91	1.64	-21.04	246.71	1.84	-20.86	244.00	1.11			읍(泣)1	허수(虛宿)
406	1.07	253.41	1.24	-1.85	253.59	1.74	-1.57	250.05	1.13			개옥(盖屋)2	위수(危宿)
407	-33.36	258.99	1.37	-35.86	258.29	1.92	-37.41	256.14	1.39			곡(哭)2	허수(虛宿)
408	-80.89	239.75	1.65	-83.08	238.91	1.33	-88.41	235.69	1.29	7990	4.73	수녀(須女)2	여수(女宿)
409	-88.97	238.03	1.51				-97.17	233.63	1.23	7950	3.77	수녀(須女)1	여수(女宿)
410	-106.86	236.06	1.33	-109.35	235.52	1.28	-114.01	230.92	1.07			나언(羅堰)3	우수(牛宿)

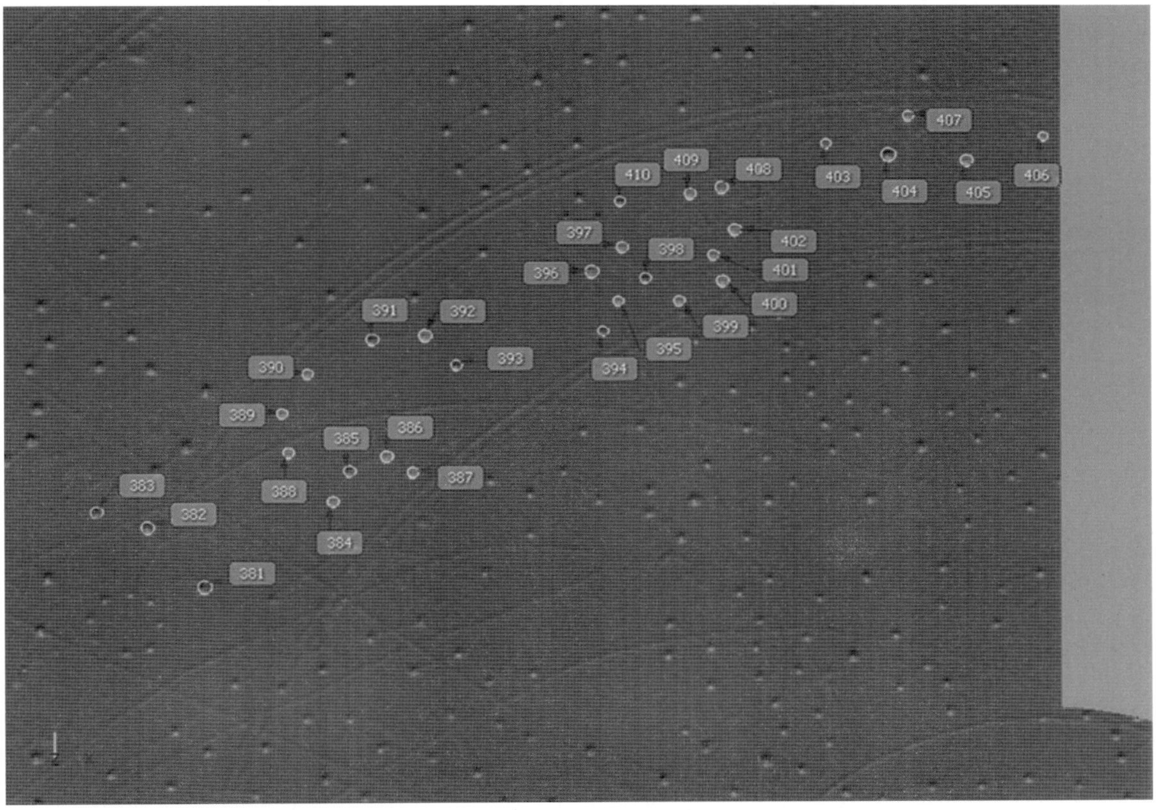
407
409
410
408
403
404
405
406
397
402
398
401
396
400
391
392
399
395
390
393
394
389
386
385
387
383
388
382
384
381

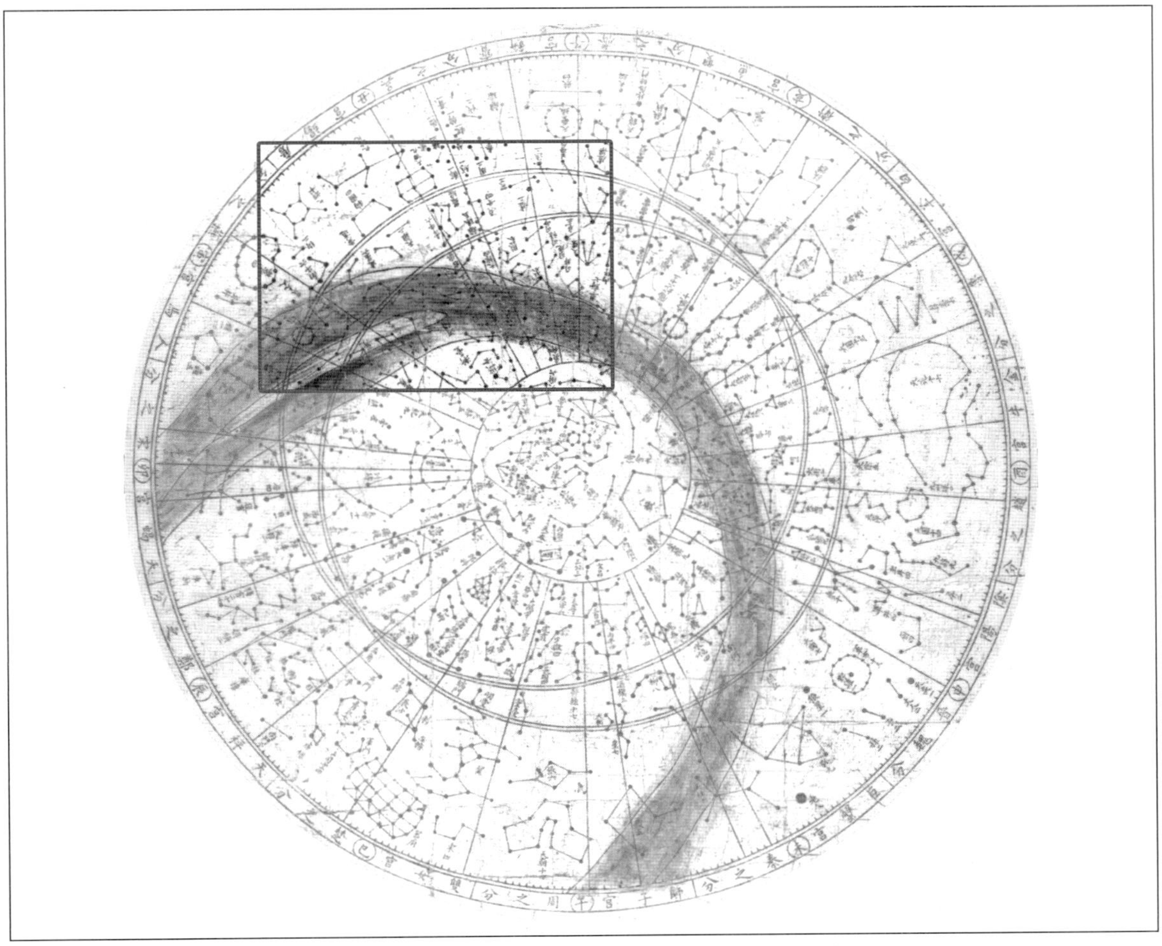

측정번호	숙종본 앞면(1,467개)			태조본 앞면(1,464개)			태조본 뒷면(1,330개)			Park(1998)		별 이름	3원(垣) 28수(宿)
	X (Center)	Y (Center)	Radius	X (Center)	Y (Center)	Radius	X (Center)	Y (Center)	Radius	BSC	V-Mag.		
										375개 동정			
411	-112.33	231.50	1.34	-115.32	229.69	0.93	-120.84	226.59	1.16			견우(牽牛)6	우수(牛宿)
412	-117.04	237.26	1.40	-121.33	236.01	1.66	-125.68	231.75	1.49			견우(牽牛)5	우수(牛宿)
413	-120.49	231.82	1.35	-123.01	230.46	1.47	-128.86	226.75	1.19			견우(牽牛)4	우수(牛宿)
414	-141.59	222.43	1.55	-144.98	220.42	1.12	-149.52	215.59	1.23			천계(天雞)1	두수(斗宿)
415	-159.26	210.33	1.35	-162.28	208.34	1.88	-166.83	202.77	1.20			천계(天雞)2	두수(斗宿)
416	-225.11	163.78	1.82	-228.03	161.32	1.66	-232.95	153.20	1.83	7039	3.17	남두(南斗)1	두수(斗宿)
417	-217.07	170.49	1.96	-221.25	167.72	1.96	-225.39	159.17	1.97	7121	2.02	남두(南斗)4	두수(斗宿)
418	-212.19	185.34	1.51	-216.06	182.88	1.98	-220.38	173.82	1.91	7234	3.32	남두(南斗)5	두수(斗宿)
419	-180.50	211.12	1.63	-183.15	208.16	1.45	-188.90	203.32	1.77			구국(拘國)4	두수(斗宿)
420	-188.40	225.57	1.49	-191.34	222.34	1.50	-195.92	216.88	1.53			구국(拘國)3	두수(斗宿)
421	-170.69	240.98	1.34	-175.11	239.05	1.66						구국(拘國)2	두수(斗宿)
422	-157.02	233.25	1.41	-160.55	230.48	1.83	-164.67	225.31	1.37			구국(拘國)1	두수(斗宿)
423	-226.47	191.23	1.69	-229.76	188.92	2.14	-235.10	179.46	2.06	7194	2.60	남두(南斗)6	두수(斗宿)
424	-231.22	200.22	1.56	-235.11	197.72	1.06	-239.77	188.47	1.12			구(拘)1	두수(斗宿)
425	-237.84	209.52	1.39	-240.84	206.77	1.16	-246.85	197.73	1.54			천연(天淵)1	두수(斗宿)
426	-239.79	192.07	1.49	-243.22	188.51	1.14	-248.40	179.36	1.21			구(拘)2	두수(斗宿)
427	-278.89	152.85	2.10	-281.29	149.27	1.30	-285.93	139.70	1.21			외저(外杵)1	기수(箕宿)
428	-292.20	153.31	1.86	-295.21	149.49	1.18	-300.24	139.99	1.49			외저(外杵)2	기수(箕宿)
429	-304.58	158.69	1.92	-307.39	154.51	1.40	-313.11	144.88	1.32			외저(外杵)3	기수(箕宿)
430	-255.46	180.81	1.73	-258.18	177.67	1.63	-263.63	168.85	1.46			별(鼈)8	두수(斗宿)
431	-257.04	172.41	1.63	-259.58	168.90	1.79	-264.75	159.76	1.61			별(鼈)9	두수(斗宿)
432	-264.11	167.19	1.99	-266.62	163.06	1.69	-271.32	154.13	1.82			별(鼈)10	두수(斗宿)
433	-272.82	165.62	1.80	-275.90	162.59	1.47	-280.60	152.31	1.57			별(鼈)11	두수(斗宿)
434	-283.18	169.41	1.85	-287.03	164.80	1.77	-291.71	156.57	1.62			별(鼈)12	두수(斗宿)
435	-287.83	176.94	1.74	-291.05	173.82	1.69	-296.45	163.66	1.61			별(鼈)13	두수(斗宿)
436	-287.61	186.25	1.63	-290.43	183.48	1.21	-296.26	172.76	1.48			별(鼈)14	두수(斗宿)
437	-286.43	193.37	1.91	-289.78	190.25	1.37	-295.28	180.23	1.70			별(鼈)1	두수(斗宿)
438	-281.90	203.17	1.54	-285.39	200.44	1.12	-290.89	189.93	1.55			별(鼈)2	두수(斗宿)
439	-272.88	210.53	1.53	-276.41	207.18	1.94	-282.45	197.76	1.47			별(鼈)3	두수(斗宿)
440	-264.76	211.82	1.52	-257.11	205.16	1.49	-273.38	198.93	1.48			별(鼈)4	두수(斗宿)

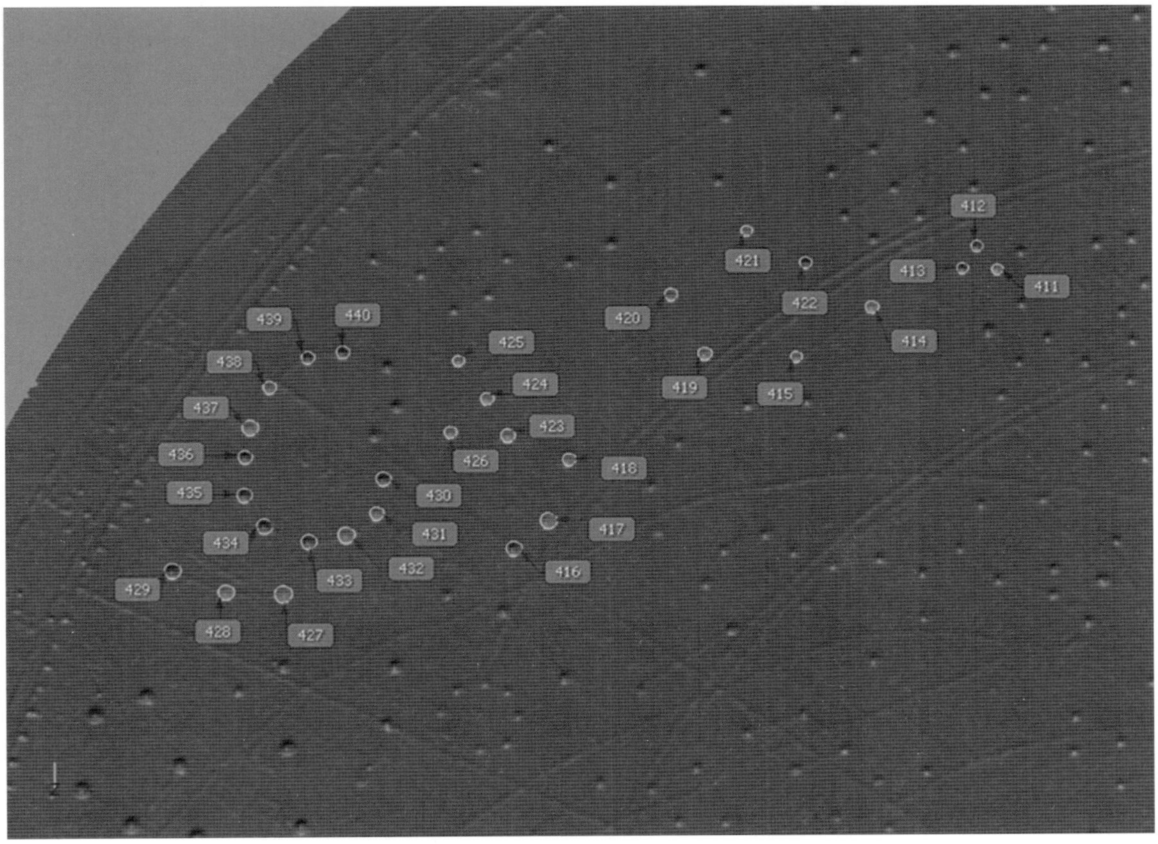
412
421
413
411
422
420
439
440
425
414
438
424
419
415
437
423
436
426
418
435
430
434
431
417
432
416
429
433
428
427

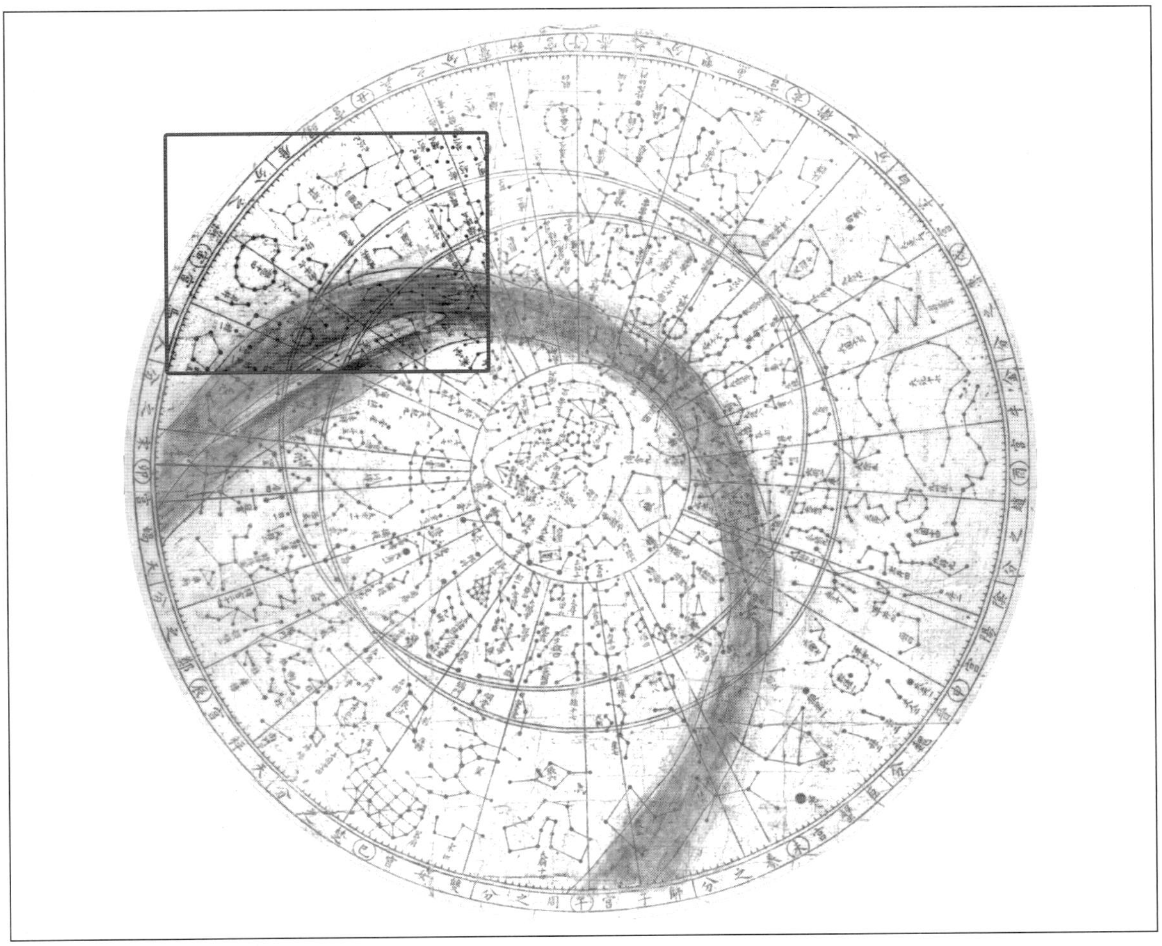

측정번호	숙종본 앞면(1,467개)			태조본 앞면(1,464개)			태조본 뒷면(1,330개)			Park(1998)		별 이름	3원(垣) 28수(宿)
	X (Center)	Y (Center)	Radius	X (Center)	Y (Center)	Radius	X (Center)	Y (Center)	Radius	BSC	V-Mag.		
										375개 동정			
441	-254.44	208.36	1.36	-257.11	205.16	1.49	-263.06	195.86	1.49			별(鼈)5	두수(斗宿)
442	-252.22	198.40	1.50	-255.55	195.39	1.53	-260.73	186.32	1.42			별(鼈)6	두수(斗宿)
443	-257.40	191.35	1.41	-260.57	187.84	1.32	-266.58	178.85	1.44			별(鼈)7	두수(斗宿)
444	-238.94	222.12	1.28	-242.83	218.43	1.22	-248.51	209.46	1.55			천연(天淵)2	두수(斗宿)
445	-230.59	225.83	1.43	-233.67	222.89	1.35	-239.74	214.69	1.43			천연(天淵)5	두수(斗宿)
446	-246.49	230.71	1.40	-249.89	227.55	1.43	-255.90	218.16	1.43			천연(天淵)3	두수(斗宿)
447	-257.58	234.60	1.22	-261.18	231.09	1.34	-267.21	222.03	1.54			천연(天淵)4	두수(斗宿)
448	-241.77	237.60	1.17	-245.82	234.42	1.17	-251.86	225.68	1.37			천연(天淵)6	두수(斗宿)
449	-233.39	241.58	1.23	-237.19	238.60	1.63	-243.40	230.14	1.44			천연(天淵)8	두수(斗宿)
450	-226.44	234.76	1.25	-230.27	231.62	1.17	-236.17	223.41	1.57			천연(天淵)7	두수(斗宿)
451	-211.54	233.64	1.26	-215.11	230.48	1.07	-221.44	222.12	1.57			천연(天淵)9	두수(斗宿)
452	-202.19	238.27	1.37	-205.79	235.35	1.46	-210.15	230.13	1.62			구감(九坎)1	우수(牛宿)
453	-177.15	253.41	1.21	-181.31	250.61	1.48	-185.90	245.95	1.44			구감(九坎)4	우수(牛宿)
454	-149.27	269.82	1.52	-152.99	266.74	2.04	-157.49	262.70	1.73			구감(九坎)7	우수(牛宿)
455	-145.26	283.76	1.41	-149.57	280.65	1.79	-153.41	276.34	1.90			구감(九坎)8	우수(牛宿)
456	-154.35	296.77	1.33	-159.49	293.96	1.55	-163.89	289.78	1.97			구감(九坎)9	우수(牛宿)
457	-181.31	280.32	1.52	-185.78	277.75	1.51	-189.61	274.21	2.07			구감(九坎)6	우수(牛宿)
458	-175.49	269.23	1.53	-179.41	265.84	1.75	-183.74	261.98	1.77			구감(九坎)5	우수(牛宿)
459	-202.42	252.96	1.53	-205.90	250.39	1.74	-210.40	244.98	1.86			구감(九坎)2	우수(牛宿)
460	-216.49	262.33	1.32	-220.66	258.65	1.65	-224.05	255.16	1.57			구감(九坎)3	우수(牛宿)
461	-233.44	256.61	1.19	-237.46	253.62	1.21	-243.83	245.37	1.41			천연(天淵)10	두수(斗宿)
462	-141.21	239.20	1.21	-143.89	237.10	1.21	-148.95	231.31	1.17			천전(天田)1	우수(牛宿)
463	-147.73	244.95	1.35	-150.89	241.70	1.80	-155.09	237.84	1.58			천전(天田)2	우수(牛宿)
464	-150.73	255.38	1.39	-154.27	252.54	1.78	-158.72	248.09	1.50			천전(天田)3	우수(牛宿)
465	-130.25	244.85	1.34	-132.79	242.33	1.90	-137.36	238.15	1.33			천전(天田)4	우수(牛宿)
466	-136.24	251.70	1.43	-139.29	248.41	1.68	-143.45	244.30	1.33			천전(天田)5	우수(牛宿)
467	-141.00	261.07	1.43	-144.00	259.03	1.45	-148.35	254.03	1.37			천전(天田)6	우수(牛宿)
468	-117.73	251.78	1.39	-120.21	249.60	1.54	-125.18	244.99	1.40			천전(天田)7	우수(牛宿)
469	-119.90	261.64	1.37	-123.77	258.60	1.84	-127.64	255.03	1.44			천전(天田)8	우수(牛宿)
470	-127.83	268.73	1.42	-130.68	265.98	1.66	-136.40	262.33	1.41			천전(天田)9	우수(牛宿)

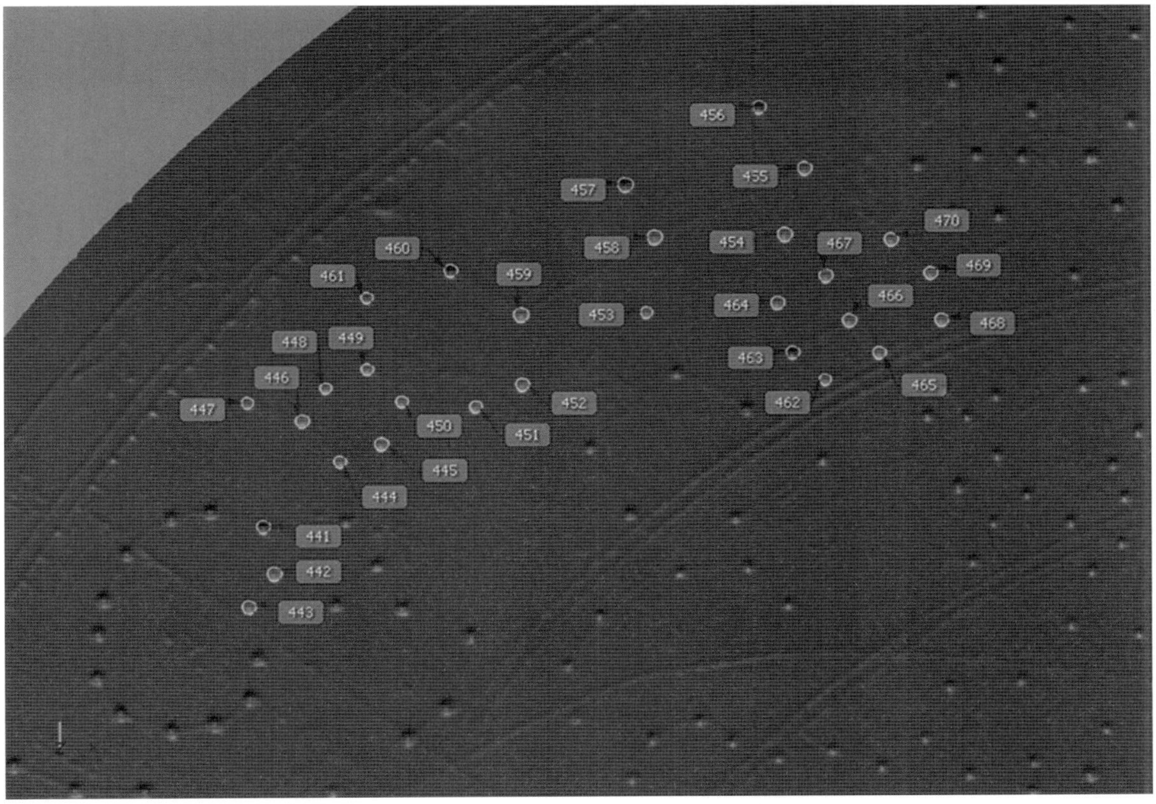
456
457
455
470
460
458
454
467
461
459
469
466
453
464
468
448
449
463
446
465
447
452
462
450
451
445
444
441
442
443

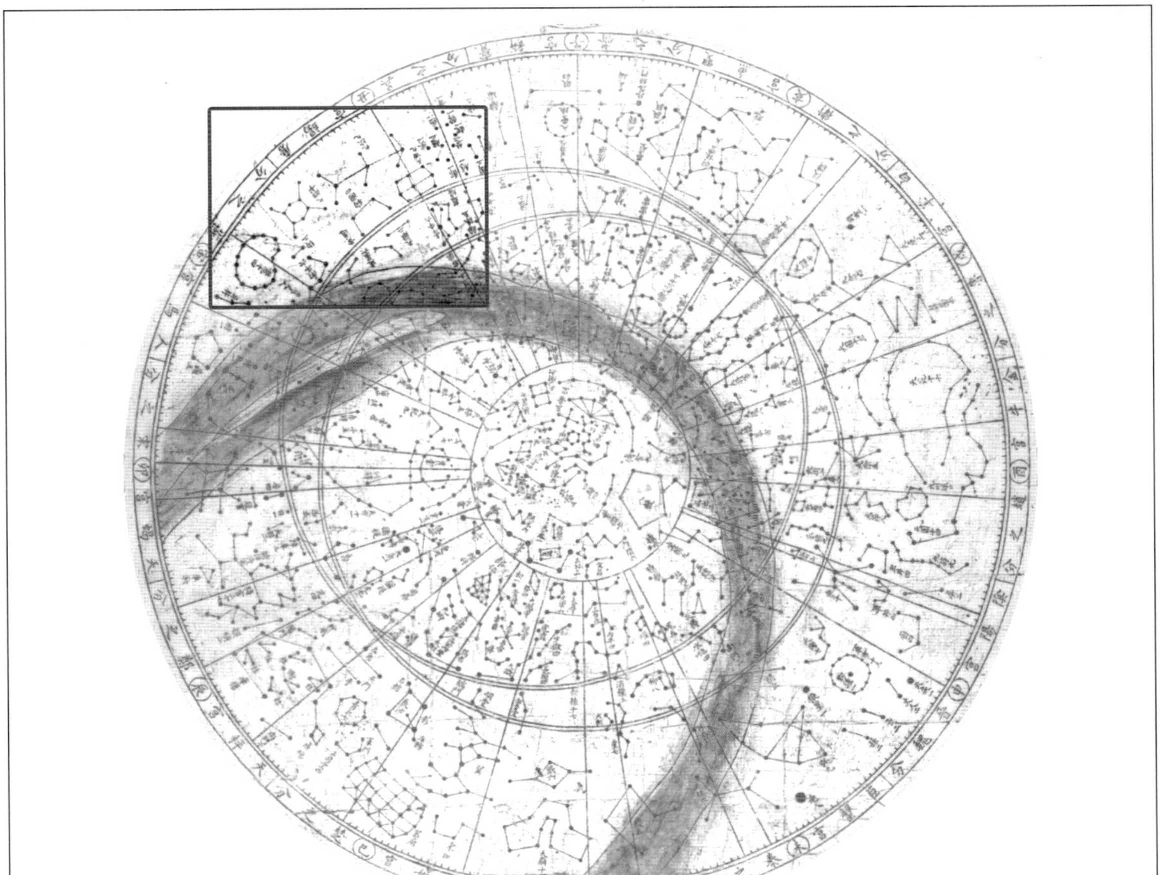

측정번호	숙종본 앞면(1,467개)			태조본 앞면(1,464개)			태조본 뒷면(1,330개)			Park(1998)		별 이름	3원(垣) 28수(宿)
	X (Center)	Y (Center)	Radius	X (Center)	Y (Center)	Radius	X (Center)	Y (Center)	Radius	BSC	V-Mag.		
										375개 동정			
471	-90.86	261.53	1.43	-94.31	260.57	1.61	-99.38	257.05	1.54			월(越)1	여수(女宿)
472	-29.36	270.36	1.46	-32.52	269.25	1.67	-32.49	266.99	1.25			읍(泣)2	허수(虛宿)
473	-8.54	271.98	1.17	-11.66	272.59	1.93	-10.29	269.19	1.03			개옥(盖屋)1	위수(危宿)
474	-57.14	287.71	1.51	-60.42	286.30	1.53	-62.01	284.05	1.44			이유(離瑜)3	허수(虛宿)
475	-73.92	276.43	1.39	-76.57	274.70	1.65	-81.61	271.81	1.45			진(秦)1	여수(女宿)
476	-82.13	276.14	1.41	-85.40	274.44	1.39	-89.95	271.18	1.22			주(周)1	여수(女宿)
477	-87.39	286.64	1.73	-90.96	285.05	1.27	-95.68	282.21	1.26			주(周)2	여수(女宿)
478	-79.09	294.19	1.59	-82.78	293.32	1.49	-87.25	290.00	1.37			진(秦)2	여수(女宿)
479	-106.04	274.12	1.47	-109.72	272.30	1.58	-113.94	268.44	1.47			정(鄭)1	여수(女宿)
480	-115.10	274.61	1.45	-118.35	272.83	1.53	-122.90	268.46	1.60			조(趙)2	여수(女宿)
481	-101.43	286.53	1.44	-104.45	284.47	1.49	-110.00	281.04	1.36			초(楚)1	여수(女宿)
482	-110.68	287.05	1.48	-114.57	284.93	1.38	-119.81	280.85	1.46			조(趙)1	여수(女宿)
483	-122.47	284.84	1.45	-126.18	282.21	1.63	-130.93	278.21	1.55			제(齊)1	여수(女宿)
484	-99.35	296.31	1.50	-102.69	294.57	1.73	-107.22	291.44	1.18			위(魏)1	여수(女宿)
485	-115.31	302.38	1.48	-119.35	299.88	1.20	-124.06	295.78	1.34			연(燕)1	여수(女宿)
486	-105.89	305.80	1.46	-109.49	303.99	1.75						한(韓)1	여수(女宿)
487	-62.33	307.00	1.23	-65.67	306.21	1.61	-66.14	304.28	1.39			이유(離瑜)2	허수(虛宿)
488	-78.37	312.69	1.42	-82.51	311.74	1.35	-86.91	308.33	1.67			대(代)1	여수(女宿)
489	-91.80	314.82	1.23	-95.91	313.10	1.62	-100.64	309.93	1.42			대(代)2	여수(女宿)
490	-109.60	317.51	1.35	-114.46	315.18	1.85	-119.20	311.91	1.26			진(晉)1	여수(女宿)
491	-59.00	323.66	1.37	-62.95	323.27	1.72	-64.47	320.16	1.36			이유(離瑜)1	허수(虛宿)
492	-38.57	320.80	1.56	-42.82	319.64	2.02	-42.88	317.65	1.89			패구(敗臼)1	허수(虛宿)
493	-34.06	334.29	1.54	-38.34	333.72	1.84	-37.72	331.67	2.00			패구(敗臼)2	허수(虛宿)
494	0.46	320.41	1.33	-2.35	319.41	0.91	-1.34	316.59	1.56			천루성(天壘城)6	허수(虛宿)
495	-7.54	322.70	1.15	-10.97	322.33	1.32	-9.50	318.73	1.24			천루성(天壘城)7	허수(虛宿)
496	-13.89	321.34	1.23	-17.21	321.35	1.36	-16.58	318.03	1.29			천루성(天壘城)8	허수(虛宿)
497	-19.69	317.55	1.05	-23.38	317.29	1.67	-22.24	314.00	1.41			천루성(天壘城)9	허수(虛宿)
498	-22.75	311.10	1.12	-26.31	310.90	1.43	-24.61	308.42	1.47			천루성(天壘城)10	허수(虛宿)
499	-22.63	305.62	1.23	-25.80	305.50	1.49	-24.21	303.15	1.52			천루성(天壘城)11	허수(虛宿)
500	-20.73	299.53	1.27	-24.46	299.02	1.28	-23.21	296.65	1.54			천루성(天壘城)12	허수(虛宿)
501	-14.17	293.83	1.45	-17.81	293.10	1.47	-16.55	290.85	1.52			천루성(天壘城)13	허수(虛宿)
502	-7.50	292.71	1.36	-10.25	291.61	1.56	-9.09	289.60	1.44			천루성(天壘城)1	허수(虛宿)
503	0.90	295.39	1.37	-2.17	294.66	1.55	-0.30	292.33	1.48			천루성(天壘城)2	허수(虛宿)

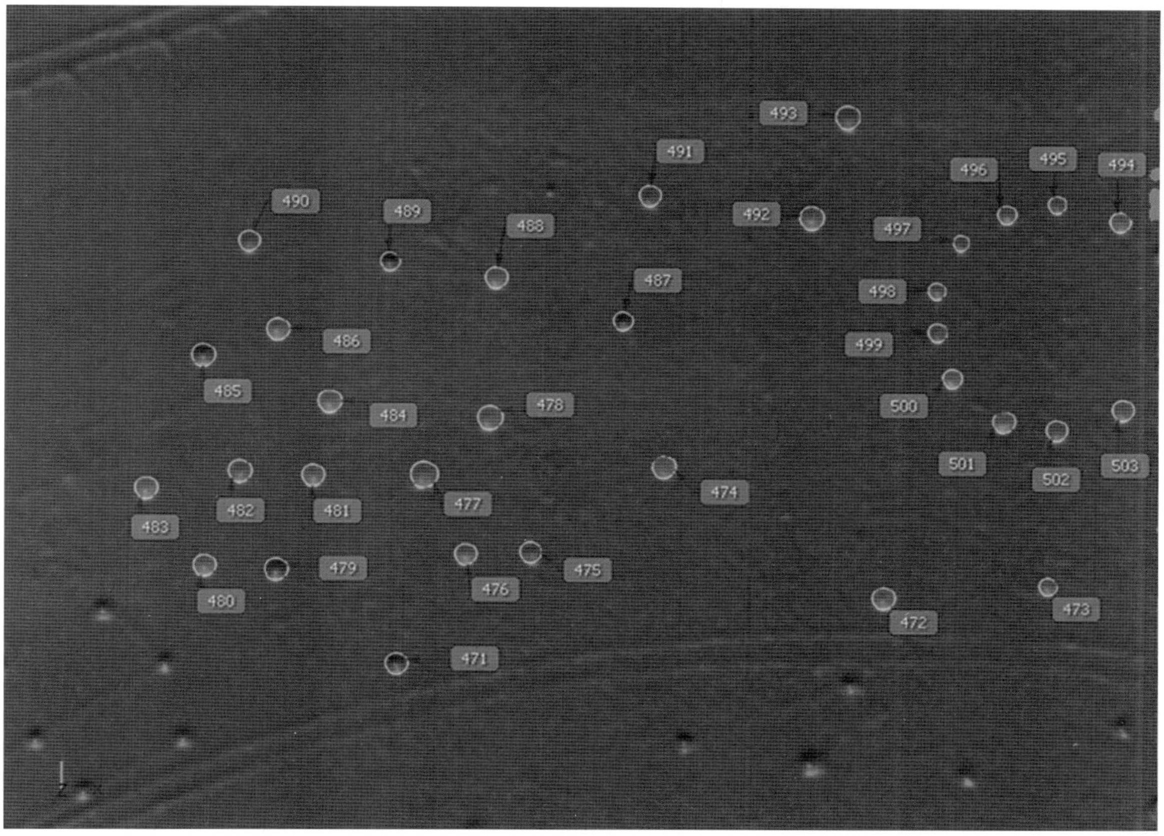
493
491
496
495
494
490
489
488
492
497
487
498
486
499
485
500
484
478
501
502
503
474
477
483
482
481
479
475
476
480
472
473
471

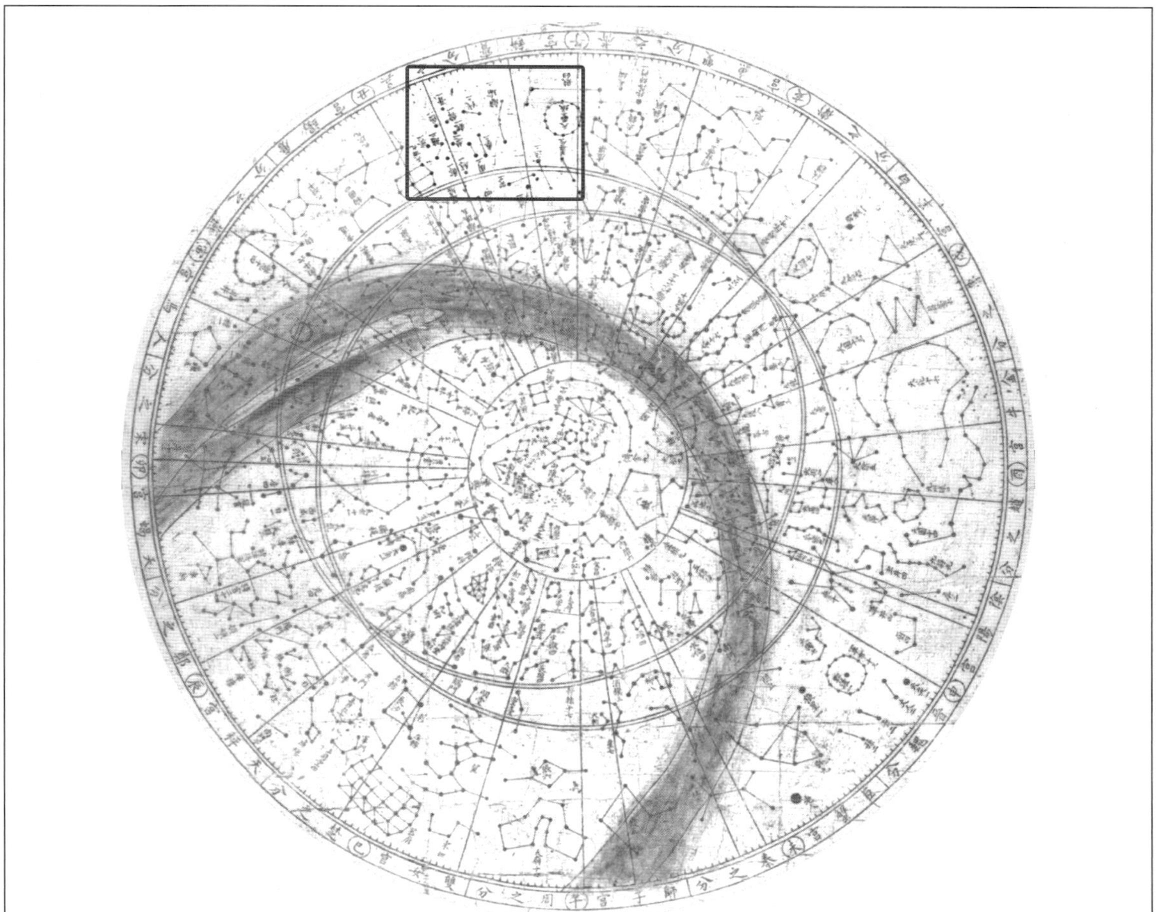

측정번호	숙종본 앞면(1,467개)			태조본 앞면(1,464개)			태조본 뒷면(1,330개)			Park(1998)		별 이름	3원(垣) 28수(宿)
	X (Center)	Y (Center)	Radius	X (Center)	Y (Center)	Radius	X (Center)	Y (Center)	Radius	BSC	V-Mag.		
										375개 동정			
506	11.84	97.05	1.28	10.56	96.28	0.77	12.66	95.46	0.72			구(鉤)9	위수(危宿)
507	9.19	105.06	1.56	7.95	104.90	0.96	9.92	103.67	0.93			구(鉤)8	위수(危宿)
508	11.43	112.83	1.35	9.78	112.44	0.89	10.92	110.28	1.26			구(鉤)7	위수(危宿)
509	16.74	118.64	1.16	15.21	118.04	0.93	16.66	116.02	1.13			구(鉤)6	위수(危宿)
510	18.07	126.55	1.25	17.61	127.25	0.90	18.92	124.59	1.13			구(鉤)5	위수(危宿)
511	11.32	135.28	1.28	9.29	135.25	1.08						구(鉤)4	위수(危宿)
512	24.55	96.82	1.35	23.23	96.82	0.88	25.63	95.87	0.70	8571	3.75	조부(造父)3	위수(危宿)
513	33.36	93.61	1.37	31.54	94.35	0.81				8494	4.19	조부(造父)1	위수(危宿)
514	27.74	100.97	1.30	26.77	100.74	1.12	28.19	99.63	0.97	8465	3.35	조부(造父)2	위수(危宿)
515	55.27	89.42	1.55	54.15	89.60	1.67	55.82	87.02	2.24	21	2.27	왕량(王良)1	규수(奎宿)
516	73.68	77.66	1.58	73.34	77.35	1.04	74.71	75.47	1.35	219	3.44	왕량(王良)3	규수(奎宿)
517	72.25	87.88	1.57	71.75	87.82	0.95	72.39	86.29	1.38	168	2.23	왕량(王良)4	규수(奎宿)
518	75.00	98.26	1.47	74.14	98.38	1.05	75.80	96.52	1.30	153	3.66	왕량(王良)5	규수(奎宿)
519	79.00	65.67	1.45	79.24	65.96	1.35	80.79	65.18	1.53			각도(閣道)3	규수(奎宿)
520	84.92	81.65	1.52	85.26	81.21	1.11	87.33	80.64	1.59			각도(閣道)4	규수(奎宿)
521	85.24	92.39	1.31	85.48	92.12	0.99	86.59	91.37	1.04			각도(閣道)5	규수(奎宿)
522	84.75	101.49	1.38	83.65	100.63	0.88	85.50	101.00	1.12			각도(閣道)6	규수(奎宿)
523	88.29	72.08	1.79	87.84	72.41	1.45	88.95	72.56	1.77			부로(附路)	규수(奎宿)
524	98.08	54.08	1.37	97.71	54.01	1.04	98.78	52.93	1.00			천선(天船)1	위수(胃宿)
525	100.64	47.30	1.31	100.75	47.11	0.66	102.07	46.35	1.16			천선(天船)2	위수(胃宿)
526	102.00	34.73	1.24	101.81	34.93	1.07	103.20	33.27	1.54			천선(天船)3	위수(胃宿)
527	101.49	27.60	1.47	101.74	27.14	1.20	102.39	26.67	1.15			천선(天船)4	위수(胃宿)
528	99.10	20.29	1.45	99.42	19.69	1.10	100.68	19.08	1.04			천선(天船)5	위수(胃宿)
529	107.30	15.10	1.36	107.71	15.17	0.86	108.43	15.21	1.08			여석(礪石)1	묘수(昴宿)
530	118.22	9.48	1.29	118.38	9.97	0.86	120.44	8.64	1.18			여석(礪石)2	묘수(昴宿)
531	126.56	4.04	1.20	127.91	4.94	0.74	128.38	4.15	1.12			여석(礪石)3	묘수(昴宿)
532	114.91	26.88	1.50	115.34	26.02	0.97	116.83	25.17	1.18			권설(卷舌)1	묘수(昴宿)
533	122.96	24.06	1.40	122.77	24.13	1.05	124.66	23.03	1.08	1135	3.77	권설(卷舌)2	묘수(昴宿)
534	133.05	14.59	1.17	133.34	15.57	0.83	135.01	13.35	1.07	1220	2.89	권설(卷舌)3	묘수(昴宿)
535	141.97	12.20	1.28	142.35	12.76	0.49	142.95	11.38	1.15	1228	4.04	권설(卷舌)4	묘수(昴宿)

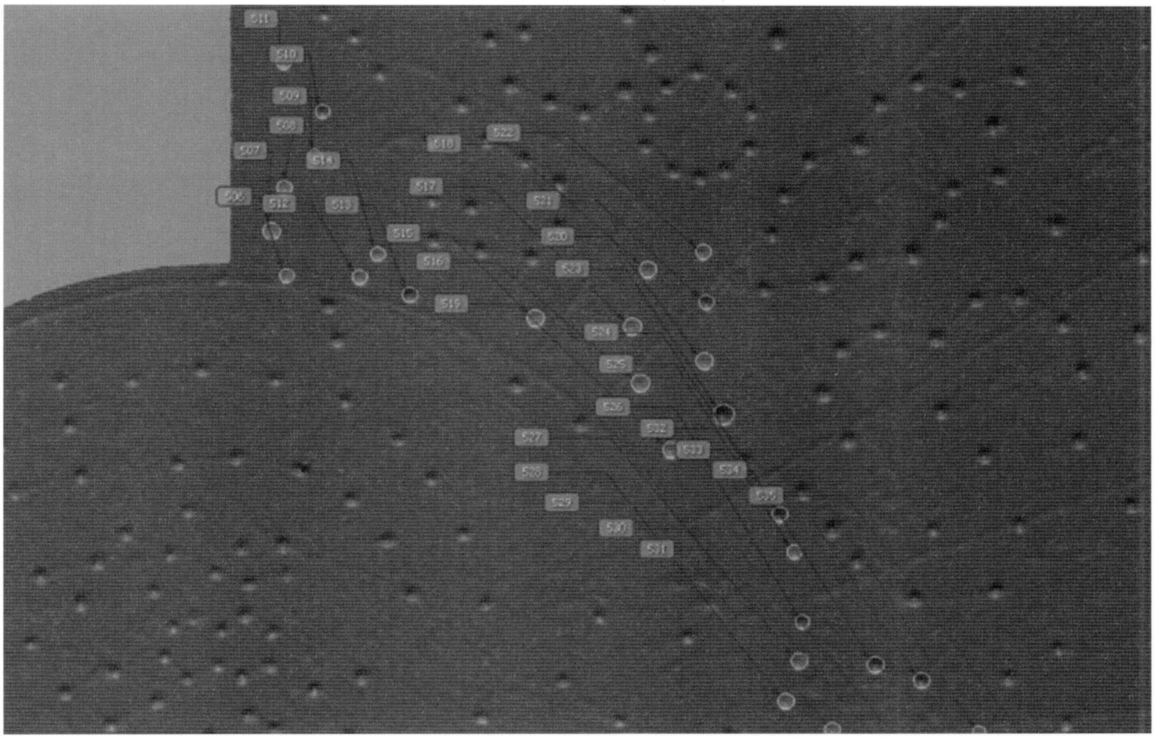

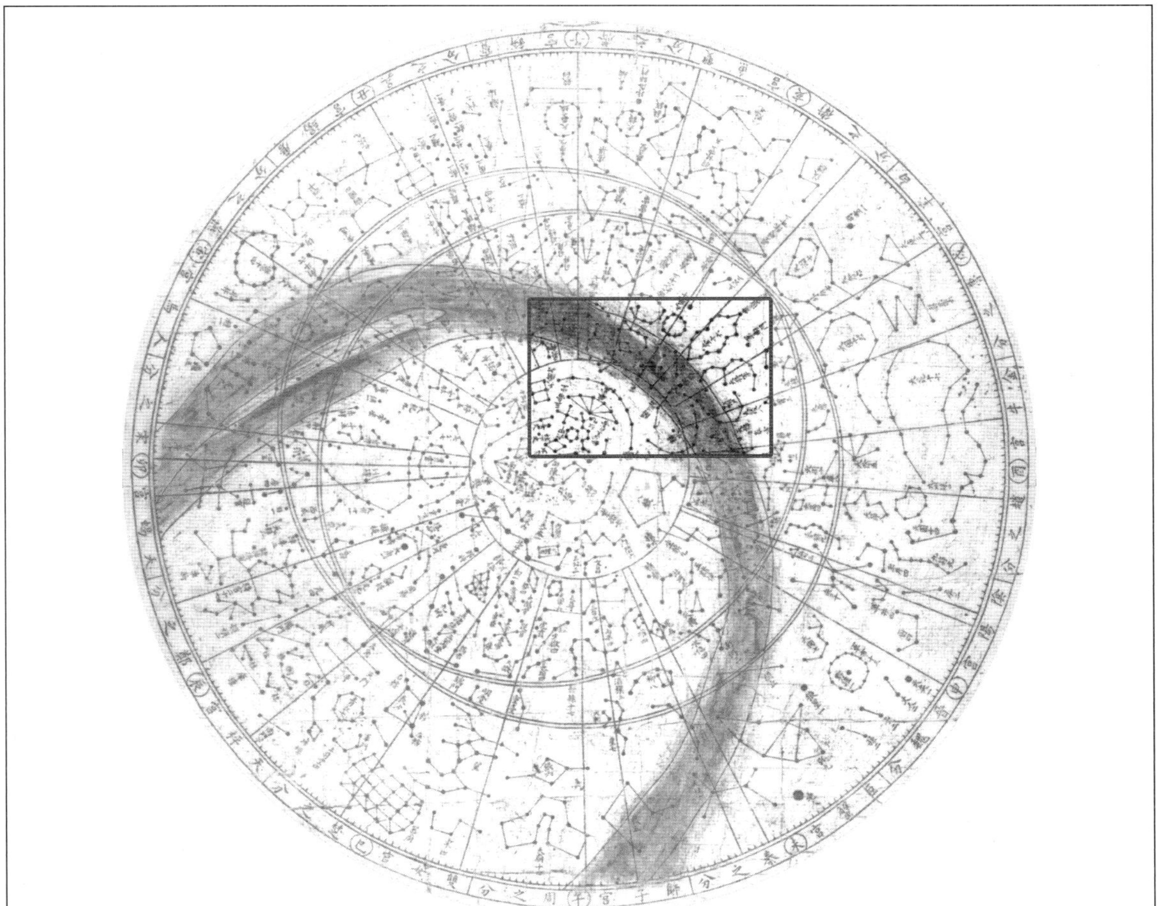

측정번호	숙종본 앞면(1,467개)			태조본 앞면(1,464개)			태조본 뒷면(1,330개)			Park(1998)		별 이름	3원(垣) 28수(宿)
	X (Center)	Y (Center)	Radius	X (Center)	Y (Center)	Radius	X (Center)	Y (Center)	Radius	BSC	V-Mag.		
										375개 동정			
536	148.58	16.20	1.30	149.43	17.40	0.93	150.77	15.64	0.85	1203	2.85	권설(卷舌)5	묘수(昴宿)
537	147.16	29.95	1.38	147.41	30.77	1.18	148.53	29.18	1.07			권설(卷舌)6	묘수(昴宿)
538	138.39	24.55	1.28	138.13	24.82	0.94	139.44	22.76	1.10			천참(天讒)	묘수(昴宿)
539	92.29	63.87	1.56	92.06	63.74	1.00	92.96	62.96	1.00			대릉(大陵)1	위수(胃宿)
540	102.00	58.29	1.60	102.31	57.57	0.93	103.93	57.10	1.33			대릉(大陵)2	위수(胃宿)
541	107.34	51.65	1.36	107.66	51.30	0.80	108.98	50.90	1.38			대릉(大陵)3	위수(胃宿)
542	111.78	45.82	1.40	111.67	45.82	0.62	112.37	44.35	1.35			대릉(大陵)4	위수(胃宿)
543	121.60	39.22	1.32	122.39	38.90	1.60	123.03	37.59	1.50			대릉(大陵)5	위수(胃宿)
544	136.10	40.67	1.53	136.30	40.60	0.98	137.26	39.55	1.13			대릉(大陵)6	위수(胃宿)
545	126.45	72.99	1.58	126.62	73.44	1.41	127.49	71.51	1.95	603	2.26	천장군(天將軍)1	루수(婁宿)
546	140.36	52.33	1.47	140.16	52.20	1.02	141.99	50.50	1.04			대릉(大陵)7	위수(胃宿)
547	134.09	65.10	1.50	134.59	65.10	1.61	136.01	63.33	1.06			대릉(大陵)8	위수(胃宿)
548	125.05	51.41	1.21				126.90	50.85	1.02			적시(積尸)	위수(胃宿)
549	110.16	67.65	1.27	110.55	68.27	1.02	111.13	67.59	1.10			천장군(天將軍)2	루수(婁宿)
550	105.67	76.20	1.55	106.21	77.16	1.17	107.02	75.41	1.08			천장군(天將軍)3	루수(婁宿)
551	109.11	84.21	1.40	108.84	84.23	0.74	110.02	83.11	1.12			천장군(天將軍)4	루수(婁宿)
552	115.64	87.58	1.35	114.92	87.28	0.67	116.74	86.60	0.79			천장군(天將軍)5	루수(婁宿)
553	125.70	86.11	1.45	125.46	85.85	0.80	126.01	85.48	1.21			천장군(天將軍)6	루수(婁宿)
554	132.91	93.48	1.59	131.84	92.92	1.05	133.48	93.00	0.95			천장군(天將軍)7	루수(婁宿)
555	140.50	93.91	1.42	140.33	93.48	0.70	141.52	93.60	0.76			천장군(天將軍)8	루수(婁宿)
556	148.13	88.79	1.45	147.77	88.47	1.69	148.11	88.97	0.93			천장군(天將軍)9	루수(婁宿)
557	150.64	67.84	1.56	150.45	68.46	1.21						천장군(天將軍)11	루수(婁宿)
558	151.45	80.21	1.53	150.89	80.73	1.13						천장군(天將軍)10	루수(婁宿)
559	37.41	103.60	1.35	36.37	103.46	0.86	37.35	102.18	1.14			등사(騰蛇)3	실수(室宿)
560	37.42	111.15	1.39	36.17	110.49	0.70	36.61	107.97	1.13			등사(騰蛇)2	실수(室宿)
561	44.11	109.80	1.26	43.31	108.95	0.90	43.72	105.79	1.21			등사(騰蛇)1	실수(室宿)
562	45.69	102.03	1.39	44.47	100.92	0.95	46.38	99.17	1.17			등사(騰蛇)4	실수(室宿)
563	54.69	100.84	1.47	53.54	100.30	1.09	54.86	98.58	1.20			등사(騰蛇)5	실수(室宿)
564	59.52	106.33	1.43	59.20	105.66	1.33	59.51	104.02	1.30			등사(騰蛇)6	실수(室宿)
565	59.50	114.13	1.36	58.42	113.19	1.06	59.85	110.87	1.03			등사(騰蛇)7	실수(室宿)

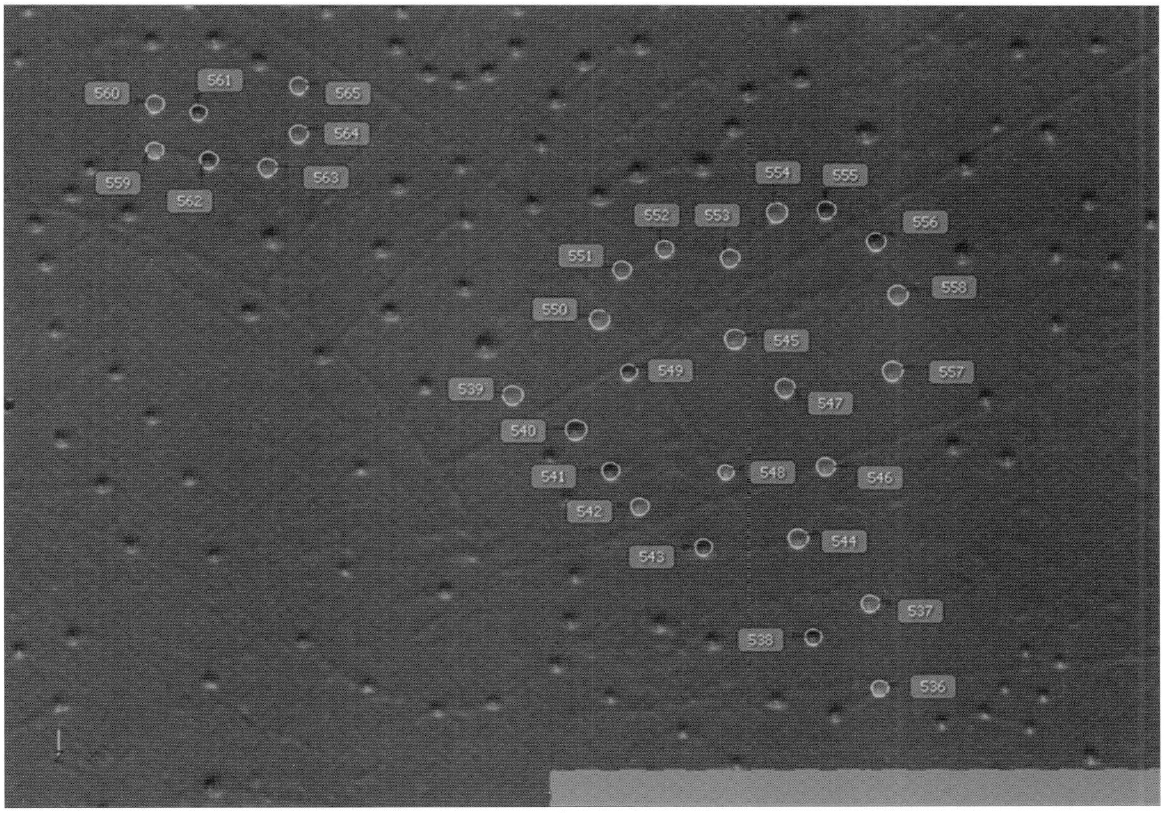
560
561
565
564
559
562
563
554
555
552
553
556
551
558
550
545
549
557
539
547
540
541
548
546
542
543
544
537
538
536

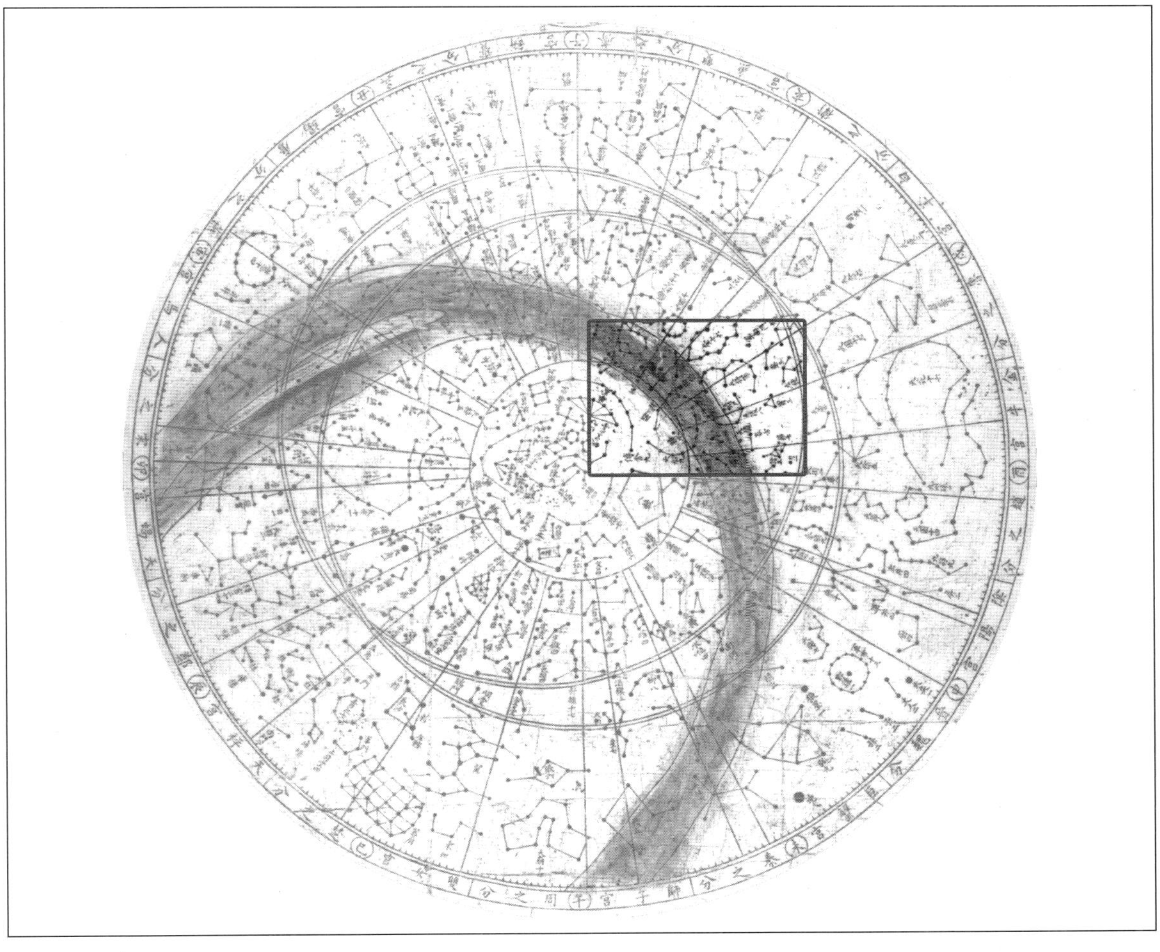

측정번호	숙종본 앞면(1,467개)			태조본 앞면(1,464개)			태조본 뒷면(1,330개)			Park(1998)		별 이름	3원(垣) 28수(宿)
	X (Center)	Y (Center)	Radius	X (Center)	Y (Center)	Radius	X (Center)	Y (Center)	Radius	BSC	V-Mag.		
										375개 동정			
566	53.53	118.16	1.36	52.31	117.38	0.84	53.00	114.74	1.38			등사(螣蛇)8	실수(室宿)
567	46.89	121.74	1.55	45.41	121.36	0.77	46.15	118.98	1.30			등사(螣蛇)9	실수(室宿)
568	37.13	121.67	1.49	36.06	121.56	0.90	36.93	118.32	1.15			등사(螣蛇)10	실수(室宿)
569	42.53	128.14	1.55	40.63	128.31	1.02	41.37	125.65	1.02			등사(螣蛇)11	실수(室宿)
570	28.10	133.84	1.31	27.09	133.02	0.79	28.07	131.10	0.92			차부(車府)1	위수(危宿)
571	23.66	140.14	1.30	22.36	139.66	0.95	23.50	137.07	1.14			차부(車府)2	위수(危宿)
572	18.46	144.19	1.35	16.79	143.81	1.06	17.34	141.56	1.03			차부(車府)3	위수(危宿)
573	5.57	160.65	1.35	3.46	160.09	0.73	4.44	157.62	1.17			차부(車府)7	위수(危宿)
574	47.44	139.85	1.31	45.91	139.20	0.87	46.38	136.56	1.13			등사(螣蛇)13	실수(室宿)
575	53.32	141.29	1.29	51.66	140.95	0.99	52.72	137.85	1.35			등사(螣蛇)14	실수(室宿)
576	50.83	131.45	1.47	49.91	131.36	1.05	50.82	128.86	1.26			등사(螣蛇)12	실수(室宿)
577	57.81	128.48	1.41	56.03	128.86	0.96	56.87	126.40	1.26			등사(螣蛇)15	실수(室宿)
578	63.91	126.65	1.61	62.35	126.29	0.98	63.23	123.37	1.15			등사(螣蛇)16	실수(室宿)
579	71.25	130.66	1.62	69.86	129.68	1.17	70.66	127.48	1.18			등사(螣蛇)17	실수(室宿)
580	76.04	137.54	1.79	73.94	136.62	1.13	75.25	134.45	1.17			등사(螣蛇)18	실수(室宿)
581	71.65	144.44	1.76	69.97	144.25	0.86	70.78	141.73	1.20			등사(螣蛇)19	실수(室宿)
582	64.37	150.22	1.64	63.29	149.70	1.11	64.44	147.70	1.00			등사(螣蛇)20	실수(室宿)
583	56.59	152.08	1.72	54.88	151.79	0.96	55.59	150.17	1.13			등사(螣蛇)21	실수(室宿)
584	46.48	151.90	1.52	44.50	151.67	1.02	46.05	149.16	0.95			등사(螣蛇)22	실수(室宿)
585	160.05	55.88	1.37	159.89	56.68	1.00	161.05	55.57	0.89	824	4.51	위(胃)2	위수(胃宿)
586	165.16	63.86	1.25	164.72	64.14	1.21	166.78	62.82	0.99	801	4.66	위(胃)1	위수(胃宿)
587	168.53	53.84	1.40	168.50	54.74	0.96	170.47	53.69	1.02	838	3.63	위(胃)3	위수(胃宿)
588	158.14	10.98	1.25	158.76	11.24	0.94	158.61	10.60	0.95			묘(昴)5	묘수(昴宿)
589	164.57	12.58	1.25	165.41	13.17	1.20	165.58	12.55	1.15			묘(昴)4	묘수(昴宿)
590	167.67	16.56	1.20	168.93	18.08	0.96	168.67	17.36	0.80			묘(昴)3	묘수(昴宿)
591	170.89	22.30	1.15	172.62	23.62	1.33	171.52	22.26	0.83			묘(昴)2	묘수(昴宿)
592	176.46	20.55	1.39	176.74	21.97	0.98	177.06	21.12	0.89			묘(昴)1	묘수(昴宿)
593	173.75	15.29	1.22	174.12	15.76	0.86	174.25	15.91	0.87			묘(昴)7	묘수(昴宿)
594	171.56	10.28	1.18	172.41	11.49	1.14						묘(昴)6	묘수(昴宿)
595	181.03	5.38	1.44	181.79	7.22	1.10	182.12	4.36	0.88			월(月)1	묘수(昴宿)

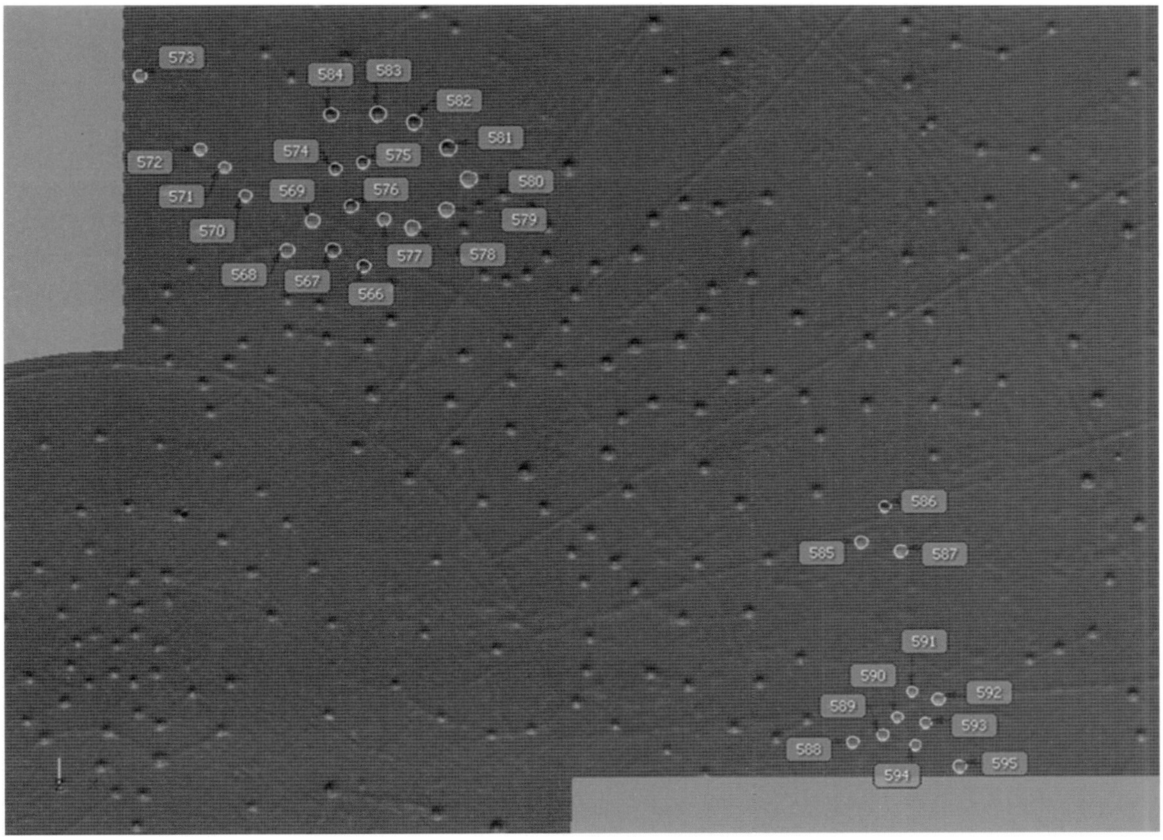
573
584
583
582
581
572
574
575
580
571
569
576
579
570
577
578
568
567
566
586
585
587
591
590
592
589
593
588
595
594

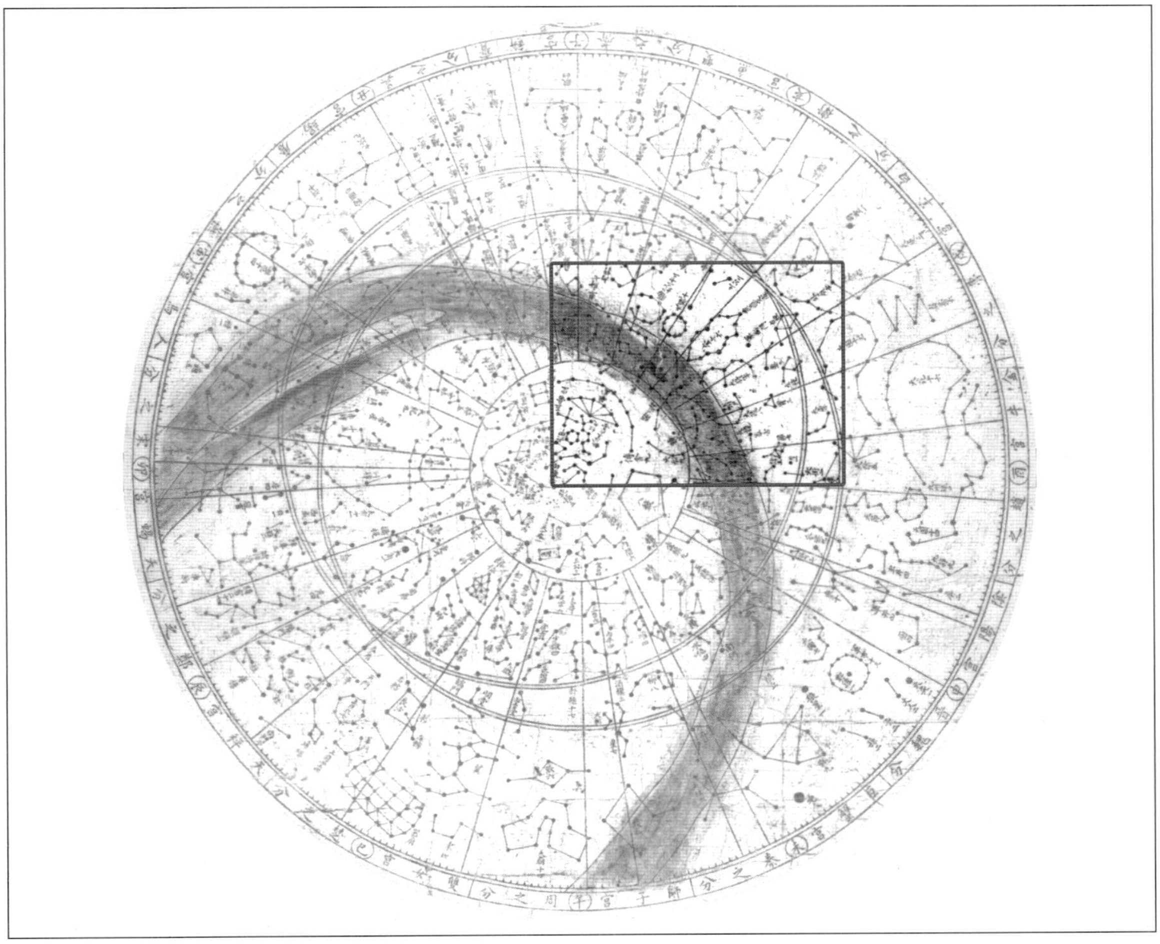

측정번호	숙종본 앞면(1,467개)			태조본 앞면(1,464개)			태조본 뒷면(1,330개)			Park(1998) 375개 동정		별 이름	3원(垣) 28수(宿)
	X (Center)	Y (Center)	Radius	X (Center)	Y (Center)	Radius	X (Center)	Y (Center)	Radius	BSC	V-Mag.		
596	79.35	116.14	1.30	78.65	115.31	1.45	79.88	112.07	0.76			천구(天廐)1	벽수(壁宿)
597	84.07	114.97	1.34	82.52	114.26	0.61	84.63	111.93	0.85			천구(天廐)2	벽수(壁宿)
598	88.67	116.28	1.37	87.14	115.46	0.88	88.52	112.76	1.10			천구(天廐)3	벽수(壁宿)
599	92.95	120.50	1.44	91.51	119.49	0.63	92.87	117.34	0.91			천구(天廐)4	벽수(壁宿)
600	93.19	127.14	1.41	91.34	125.74	0.55	92.98	123.99	1.11			천구(天廐)5	벽수(壁宿)
601	89.66	130.77	1.38	87.69	130.32	0.38	88.47	127.67	1.01			천구(天廐)6	벽수(壁宿)
602	83.52	134.12	1.44	82.12	133.64	1.08	82.82	131.06	0.98			천구(天廐)7	벽수(壁宿)
603	78.43	131.41	1.40	76.73	131.06	0.76	78.08	128.78	0.99			천구(天廐)8	벽수(壁宿)
604	75.25	126.68	1.60	73.59	126.18	0.73	74.68	123.73	0.94			천구(天廐)9	벽수(壁宿)
605	74.65	120.81	1.56	72.78	120.70	0.69	73.64	117.89	1.04			천구(天廐)10	벽수(壁宿)
606	95.39	94.90	1.45	94.97	94.90	0.53	96.10	94.63	1.24			규(奎)7	규수(奎宿)
607	105.70	96.25	1.60	105.29	96.18	1.09	106.33	95.73	1.08			규(奎)8	규수(奎宿)
608	111.83	100.19	1.76	111.70	99.92	0.38	113.05	99.95	1.12			규(奎)9	규수(奎宿)
609	121.46	101.38	1.89	121.56	100.86	1.75	122.09	101.08	1.78			규(奎)10	규수(奎宿)
610	126.26	107.57	1.57	125.85	107.04	1.78	126.29	105.64	1.27			규(奎)11	규수(奎宿)
611	128.54	113.31	1.55	127.55	112.80	0.92	128.43	112.07	1.00			규(奎)12	규수(奎宿)
612	136.62	115.59	1.57	136.28	115.37	0.71	136.91	113.94	1.11			규(奎)13	규수(奎宿)
613	135.77	124.77	1.48	135.27	124.36	0.95	136.25	123.68	0.98			규(奎)14	규수(奎宿)
614	140.27	133.50	1.49	139.55	133.08	1.15	140.49	131.77	1.17			규(奎)15	규수(奎宿)
615	129.68	131.24	1.56	129.46	130.58	0.96	130.22	129.61	1.10			규(奎)16	규수(奎宿)
616	122.36	132.35	1.50	121.68	131.59	0.77	122.35	131.44	1.02			규(奎)1	규수(奎宿)
617	115.80	128.73	1.63	116.55	131.73	0.77	114.92	127.01	1.01			규(奎)2	규수(奎宿)
618	112.09	120.96	1.63	110.02	120.81	0.95	111.36	119.24	1.75			규(奎)3	규수(奎宿)
619	103.36	118.30	1.53	103.18	117.14	0.72	103.47	115.31	1.03			규(奎)4	규수(奎宿)
620	99.13	112.05	1.59	98.48	111.32	0.97	99.32	109.59	1.11			규(奎)5	규수(奎宿)
621	96.70	104.86	1.40	96.18	103.89	0.70	97.78	104.52	0.91			규(奎)6	규수(奎宿)
622	220.10	12.41	1.44	221.89	14.23	1.10	221.57	11.69	0.78	1239	3.47	필(畢)8	필수(畢宿)
623	196.18	29.76	1.37	196.14	31.09	1.02	195.65	29.76	1.07	1066	4.11	천름(天廩)1	위수(胃宿)
624	202.66	32.31	1.51	203.86	33.51	0.97	202.88	31.25	1.02	1061	5.14	천름(天廩)2	위수(胃宿)
625	209.67	35.93	1.46	210.71	37.52	1.54	210.28	35.86	1.23	1038	3.74	천름(天廩)3	위수(胃宿)

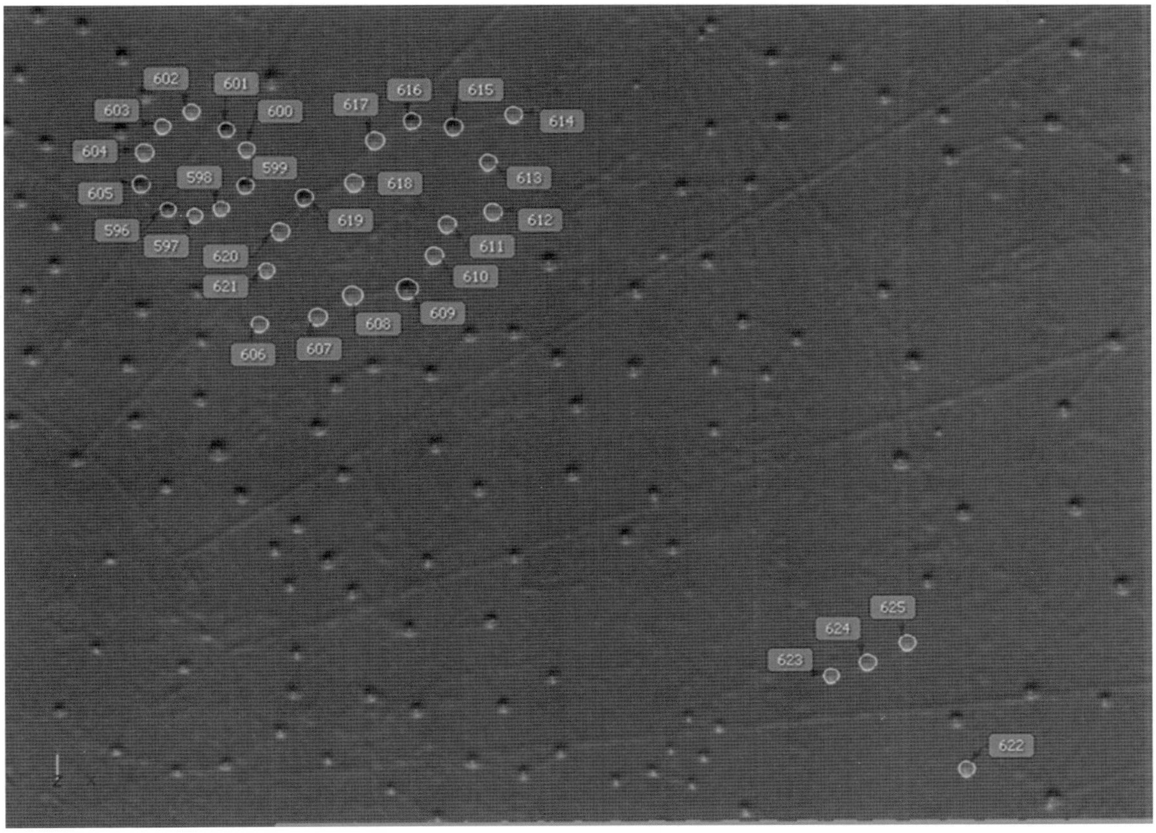
602
601
616
615
603
600
617
614
604
599
613
605
598
618
619
612
596
597
611
620
610
621
609
608
606
607
625
624
623
622

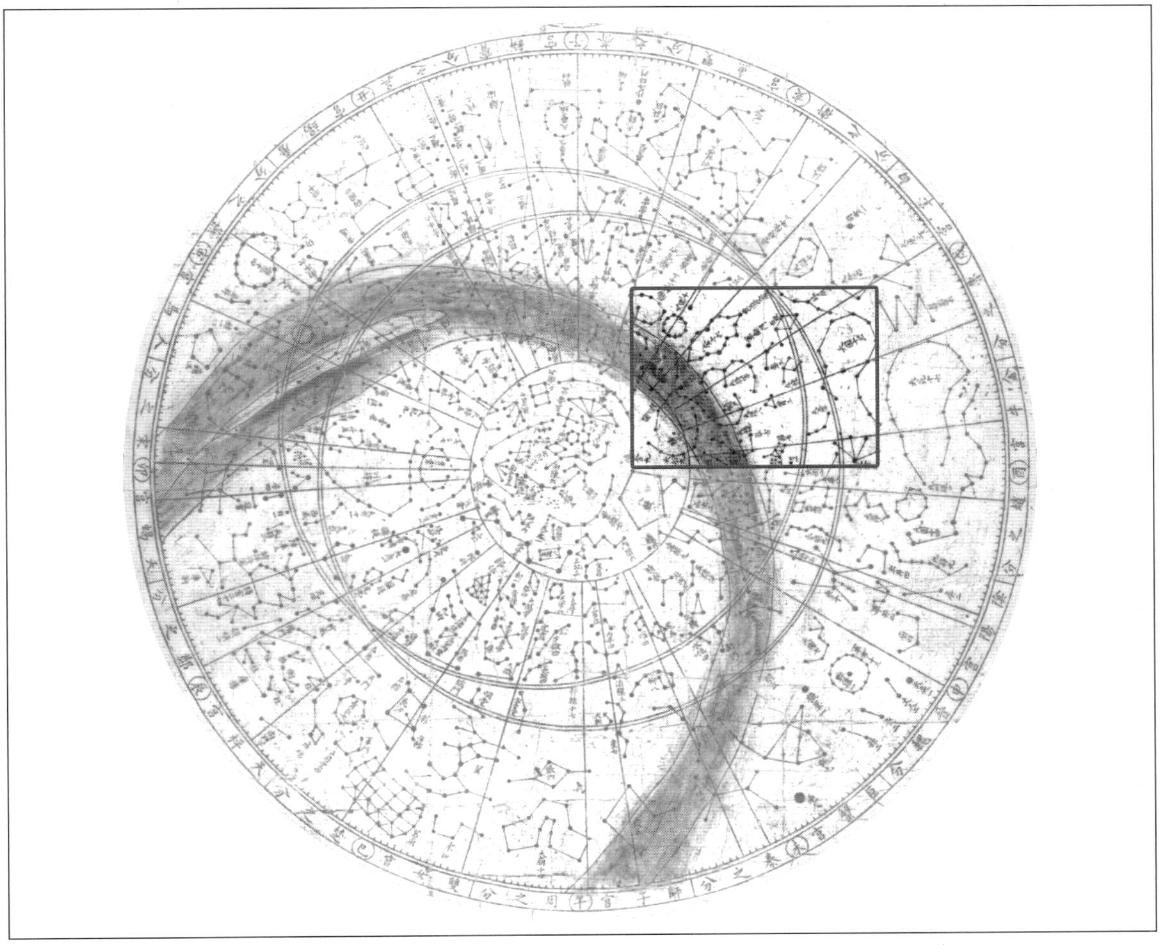

측정번호	숙종본 앞면(1,467개)			태조본 앞면(1,464개)			태조본 뒷면(1,330개)			Park(1998)		별 이름	3원(垣) 28수(宿)
	X (Center)	Y (Center)	Radius	X (Center)	Y (Center)	Radius	X (Center)	Y (Center)	Radius	BSC	V-Mag.		
										375개 동정			
626	213.55	47.52	1.47	214.33	49.44	1.08	214.85	47.28	0.82	1030	3.60	천름(天廩)4	위수(胃宿)
627	175.80	75.66	1.35	175.25	76.36	0.86	176.73	74.05	0.98			좌경(左梗)1	루수(婁宿)
628	161.41	87.05	1.75	162.60	86.85	1.57	162.18	88.66	1.89	546	4.75	루(婁)2	루수(婁宿)
629	175.87	87.03	1.34	175.80	88.06	1.03	176.64	86.60	0.98			좌경(左梗)2	루수(婁宿)
630	180.79	95.55	1.41	181.02	96.12	0.87	181.23	94.61	0.98			좌경(左梗)3	루수(婁宿)
631	190.32	92.34	1.39	190.92	92.60	0.95	191.71	91.85	0.96			좌경(左梗)4	루수(婁宿)
632	184.82	85.89	1.59	184.97	86.86	1.09	185.56	84.91	1.03			좌경(左梗)5	루수(婁宿)
633	146.76	106.77	1.84	146.21	107.05	1.67	145.34	106.39	1.62	544	3.41	군남문(軍南門)	규수(奎宿)
634	162.11	101.58	1.78	161.82	101.49	1.29	162.66	103.90	1.02	553	2.64	루(婁)1	루수(婁宿)
635	166.86	108.05	1.19	166.69	107.35	1.18	166.86	108.70	1.03	617	2.00	루(婁)3	루수(婁宿)
636	97.90	140.19	1.89	96.43	140.35	1.54	96.76	136.90	2.17	15	2.06	동벽(東壁)2	벽수(壁宿)
637	116.12	172.50	1.90	114.70	172.63	1.54	114.94	169.99	1.84	39	2.83	동벽(東壁)1	벽수(壁宿)
638	32.71	166.10	1.54	29.99	166.36	1.24	31.16	163.68	1.48			이궁(離宮)3	실수(室宿)
639	37.89	160.41	1.53	36.43	159.73	0.85	36.83	158.26	1.59	8650	2.94	이궁(離宮)4	실수(室宿)
640	49.64	164.82	1.76	48.26	165.01	1.73	48.57	162.13	2.08	8775	2.42	실(室)2	실수(室宿)
641	43.22	177.88	1.60	41.46	177.82	1.00	42.93	175.93	0.97	8684	3.48	이궁(離宮)2	실수(室宿)
642	38.05	181.38	1.59	36.17	181.27	1.16	36.68	179.77	1.27			이궁(離宮)1	실수(室宿)
643	66.76	175.27	1.51	65.51	175.77	1.22	65.03	173.36	1.17	8880	4.60	이궁(離宮)5	실수(室宿)
644	73.30	171.67	1.35	72.75	172.27	1.26	72.63	169.36	1.28	8905	4.40	이궁(離宮)6	실수(室宿)
645	10.13	181.64	1.37	8.13	180.98	0.88	9.53	177.84	1.20			인성(人星)1	위수(危宿)
646	7.17	200.90	1.33	4.99	201.48	2.11	6.50	197.76	0.83			인성(人星)2	위수(危宿)
647	15.34	200.01	1.45	12.85	200.19	1.41	15.04	196.93	1.06			인성(人星)3	위수(危宿)
648	20.01	188.69	1.43	18.70	188.15	1.31	19.64	185.76	1.17			인성(人星)4	위수(危宿)
649	27.06	179.43	1.36	25.39	179.92	1.16	26.65	177.68	1.10			내저(內杵)1	위수(危宿)
650	30.10	192.18	1.27	28.29	192.26	1.41	29.77	190.24	0.94			내저(內杵)2	위수(危宿)
651	32.72	204.15	1.45	30.05	203.94	1.64	31.58	201.82	1.19			내저(內杵)3	위수(危宿)
652	118.79	160.88	1.63	117.32	161.17	1.18	118.51	158.66	1.02			토공(土公)1	벽수(壁宿)
653	131.41	164.93	1.72	130.87	165.91	1.36	131.54	162.31	1.11			토공(土公)2	벽수(壁宿)
654	174.73	106.79	1.31	174.75	106.80	0.78	173.92	106.94	0.85			우경(右梗)1	루수(婁宿)
655	170.13	120.18	1.35	169.40	119.90	0.98	168.88	120.29	1.04			우경(右梗)2	루수(婁宿)

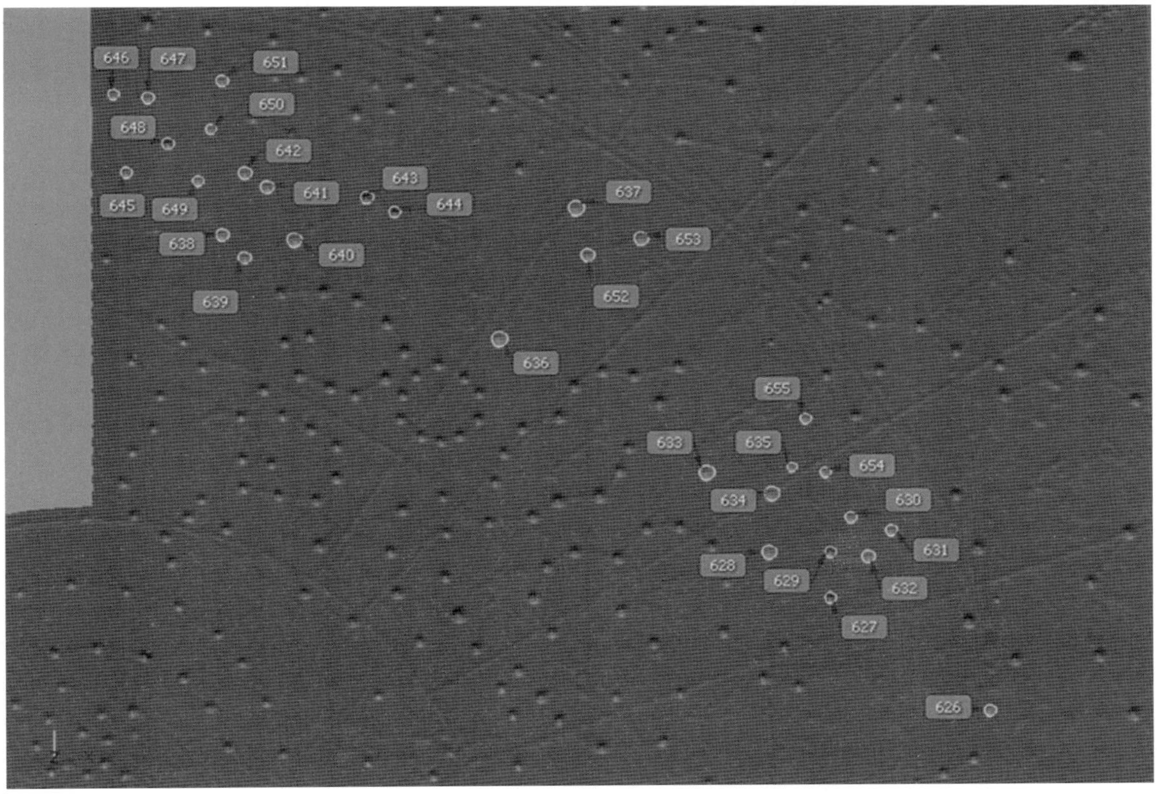
646
647
651
650
648
642
643
641
644
645
649
637
638
653
640
652
639
636
655
633
635
654
634
630
631
628
629
632
627
626

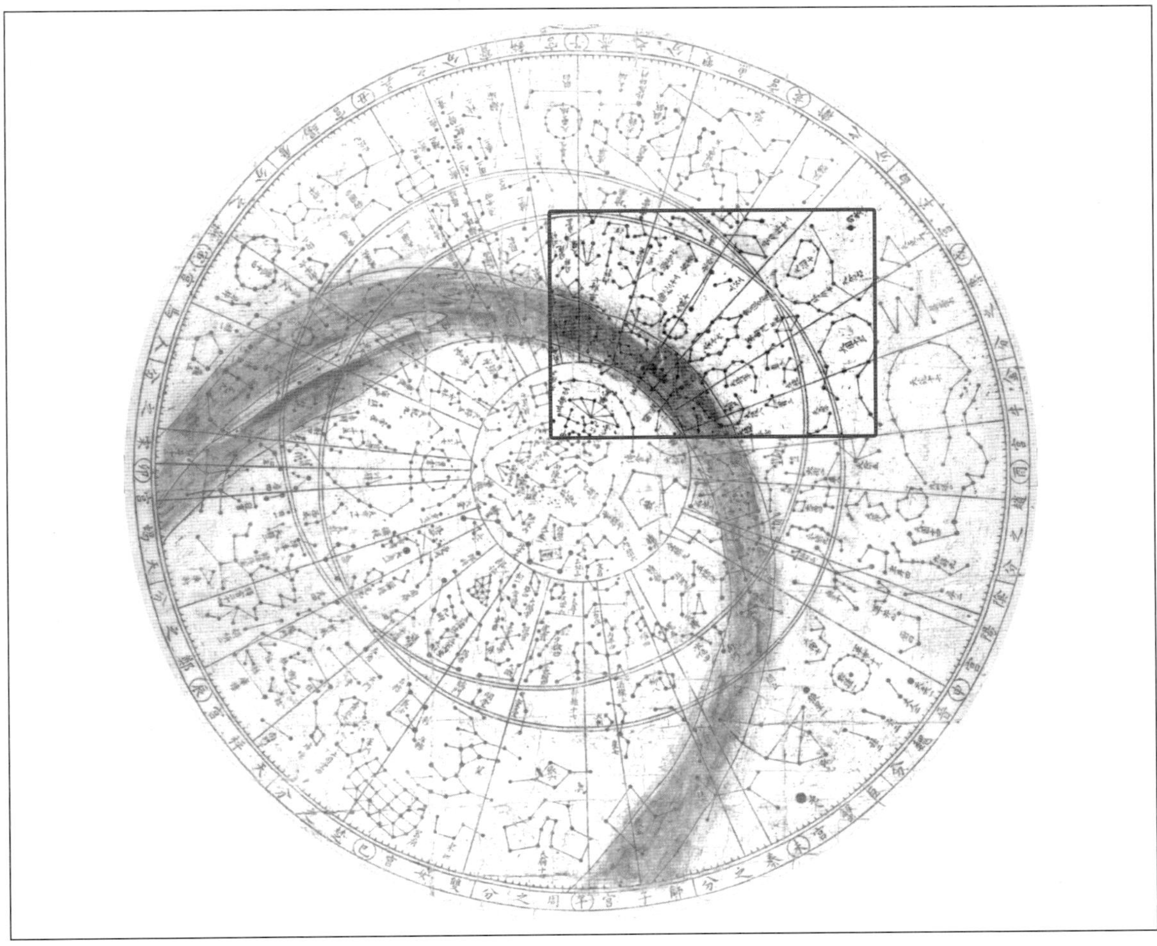

측정번호	숙종본 앞면(1,467개)			태조본 앞면(1,464개)			태조본 뒷면(1,330개)			Park(1998)		별 이름	3원(垣) 28수(宿)
	X (Center)	Y (Center)	Radius	X (Center)	Y (Center)	Radius	X (Center)	Y (Center)	Radius	BSC	V-Mag.		
										375개 동정			
656	175.32	131.35	1.28	174.20	131.29	0.88	172.57	132.12	1.25			우경(右梗)3	루수(婁宿)
657	187.85	132.43	1.48	187.52	131.85	1.06	186.13	133.10	1.20			우경(右梗)4	루수(婁宿)
658	182.20	121.13	1.36	182.19	121.02	1.00	179.88	121.13	1.20			우경(右梗)5	루수(婁宿)
659	235.81	7.21	1.59	236.59	8.60	1.26	236.54	6.50	1.41			천음(天陰)1	묘수(昴宿)
660	218.35	21.96	1.52	219.81	23.59	1.46	219.42	21.37	1.06			천음(天陰)5	묘수(昴宿)
661	232.05	26.94	1.67	231.97	28.14	1.04	232.36	25.41	1.11			천음(天陰)3	묘수(昴宿)
662	244.90	25.62	1.49	246.93	27.50	1.18	246.32	24.77	1.33			천음(天陰)2	묘수(昴宿)
663	254.80	14.83	1.71	256.38	16.28	1.21	255.74	13.27	1.52			천음(天陰)4	묘수(昴宿)
664	40.09	195.09	1.36	37.80	194.92	1.20	39.04	192.50	1.24			토공리 (土公吏)1	실수(室宿)
665	49.06	191.09	1.45	46.86	190.84	1.04	49.24	188.69	1.11			토공리 (土公吏)2	실수(室宿)
666	64.42	196.21	1.51	62.09	196.26	1.21	62.78	194.90	2.11	8781	2.49	실(室)1	실수(室宿)
667	72.25	197.38	1.30	71.18	197.33	1.26	72.70	195.07	1.03			뇌전(雷電)5	실수(室宿)
668	25.00	208.34	1.53	22.70	208.56	1.02	24.12	206.48	1.07			구(臼)1	위수(危宿)
669	29.42	217.17	1.46	27.22	216.52	1.09	29.08	214.97	1.19			구(臼)2	위수(危宿)
670	44.85	214.69	1.46	42.90	214.96	1.01	45.32	212.31	1.21			구(臼)3	위수(危宿)
671	45.23	205.50	1.34	43.91	205.81	1.14	45.30	203.78	1.02			구(臼)4	위수(危宿)
672	51.59	205.58	1.50	49.94	205.09	1.09	51.93	203.40	1.02			뇌전(雷電)1	실수(室宿)
673	60.00	207.01	1.38	58.43	206.97	1.09	59.97	204.76	1.08			뇌전(雷電)3	실수(室宿)
674	69.24	203.36	1.29	67.55	203.98	1.05	69.46	201.32	0.99			뇌전(雷電)4	실수(室宿)
675	77.09	204.00	1.32	74.87	204.01	0.85	77.79	201.48	0.93			뇌전(雷電)6	실수(室宿)
676	86.89	202.75	1.36	85.53	203.38	1.08	85.97	200.08	1.12	8916	4.28	벽력(霹靂)3	벽수(壁宿)
677	96.69	197.75	1.49	95.41	198.61	0.90	96.24	195.25	1.22	8969	4.13	벽력(霹靂)4	벽수(壁宿)
678	102.72	182.85	1.65	101.34	183.01	0.94	102.33	179.94	1.22	9072	4.01	벽력(霹靂)5	벽수(壁宿)
679	219.80	60.07	1.60	220.87	61.15	1.21	220.43	59.90	1.41	896	4.07	천균(天囷)1	위수(胃宿)
680	208.76	69.90	1.83	209.82	71.63	1.60	209.43	70.66	1.83	813	4.27	천균(天囷)2	위수(胃宿)
681	211.15	88.07	1.64	211.45	88.91	1.71	212.33	87.47	1.62	718	4.28	천균(天囷)3	위수(胃宿)
682	205.78	101.40	1.55	205.29	101.98	1.33	205.71	101.18	1.48	649	4.37	천균(天囷)4	위수(胃宿)
683	217.30	126.05	1.69	217.10	127.04	1.20	216.97	124.96	1.46	596	4.33	천균(天囷)5	위수(胃宿)
684	235.55	132.38	1.80	235.18	132.69	0.90	235.36	131.52	1.54			천균(天囷)6	위수(胃宿)
685	248.53	124.74	1.46	249.54	125.46	1.12	249.67	125.14	1.49			천균(天囷)7	위수(胃宿)

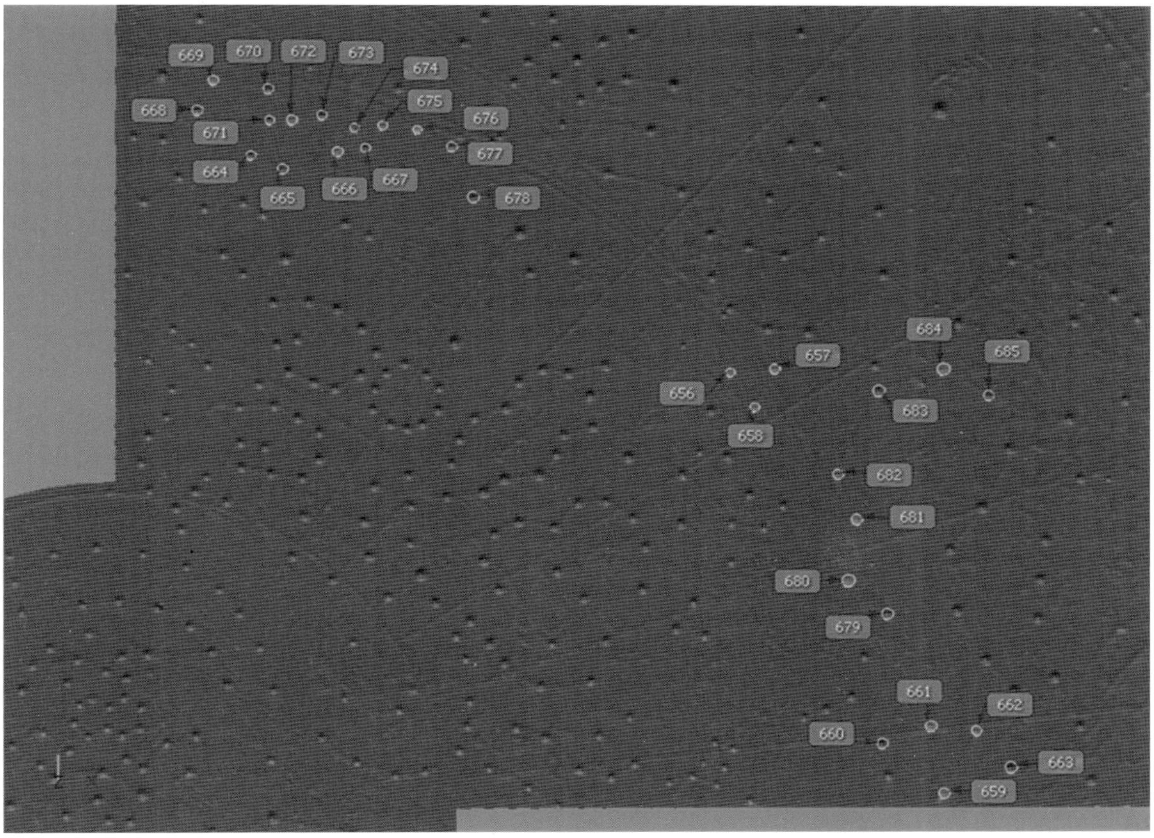
669
670
672
673
674
668
675
676
671
677
664
667
666
665
678
684
657
685
656
683
658
682
681
680
679
661
662
660
663
659

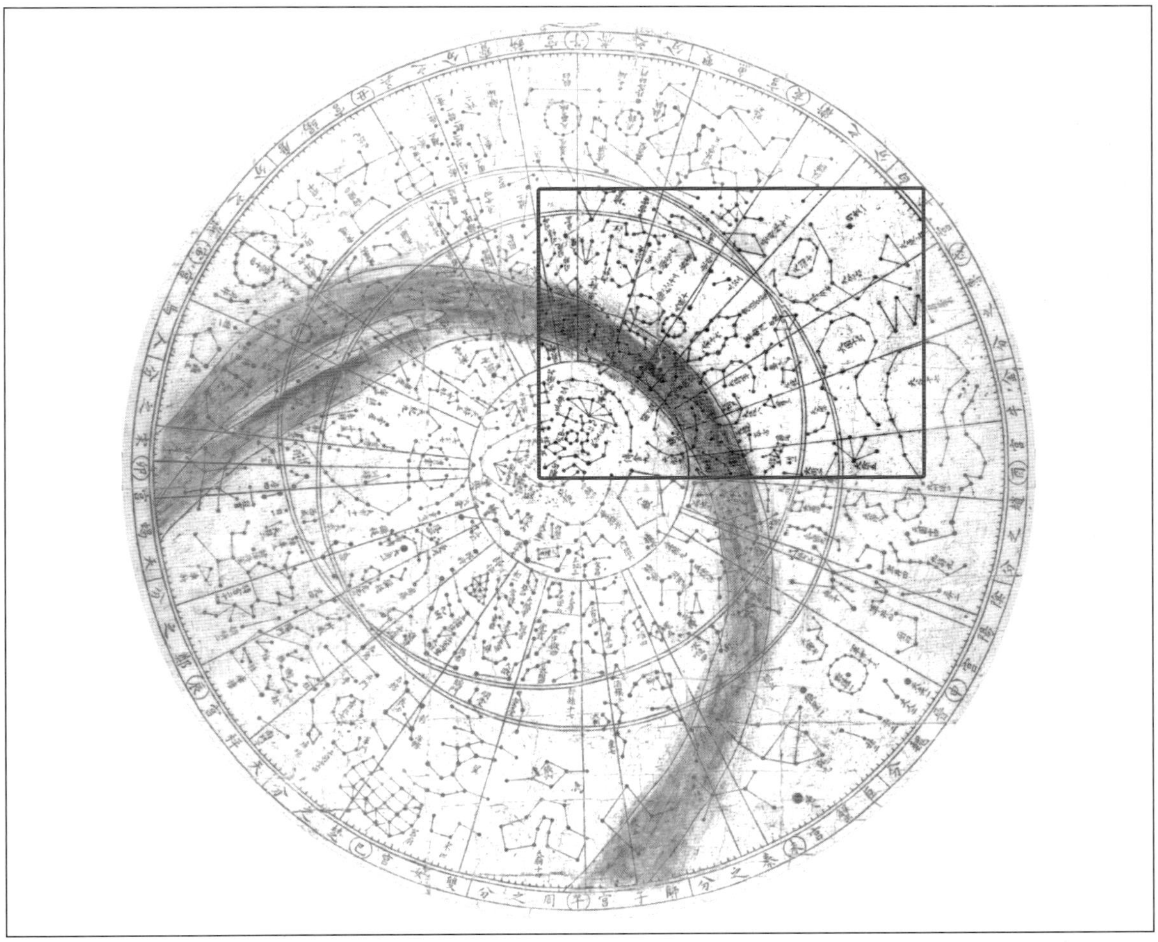

측정번호	숙종본 앞면(1,467개)			태조본 앞면(1,464개)			태조본 뒷면(1,330개)			Park(1998)		별 이름	3원(垣) 28수(宿)
	X (Center)	Y (Center)	Radius	X (Center)	Y (Center)	Radius	X (Center)	Y (Center)	Radius	BSC	V-Mag.		
										375개 동정			
686	254.75	109.13	1.92	255.97	109.91	1.26	255.84	109.11	1.42			천균(天囷)8	위수(胃宿)
687	246.80	91.68	1.94	248.43	92.61	1.17	248.65	92.20	1.42	779	4.07	천균(天囷)9	위수(胃宿)
688	237.85	79.12	1.64	238.78	80.80	0.99	238.39	78.88	1.42	804	3.47	천균(天囷)10	위수(胃宿)
689	239.56	61.16	1.78	240.88	63.41	1.24				911	2.53	천균(天囷)11	위수(胃宿)
690	247.84	46.49	1.70	248.47	48.60	1.40	249.62	46.28	1.49			천균(天囷)12	위수(胃宿)
691	255.88	37.49	1.68	257.58	39.24	1.33	257.85	36.68	1.30			천균(天囷)13	위수(胃宿)
692	170.34	158.91	1.31	169.43	159.36	0.97	167.14	159.02	1.40	224	4.43	외병(外屛)2	규수(奎宿)
693	169.62	172.07	1.47	169.04	172.32	1.04	165.64	172.77	1.40			외병(外屛)1	규수(奎宿)
694	175.32	150.45	1.28	174.16	150.26	1.28	172.23	149.69	1.50	294	4.28	외병(外屛)3	규수(奎宿)
695	185.93	144.39	1.52	184.99	144.39	1.04	182.74	144.53	1.50	361	5.24	외병(外屛)4	규수(奎宿)
696	197.37	143.40	1.42	197.40	143.62	1.44	194.97	144.59	1.73	434	4.84	외병(外屛)5	규수(奎宿)
697	205.78	137.30	1.41	205.83	137.50	1.33	203.66	137.57	1.56	489	4.44	외병(外屛)6	규수(奎宿)
698	216.35	133.69	1.34	217.27	134.17	1.40	214.62	134.97	1.51	549	4.62	외병(外屛)7	규수(奎宿)
699	15.27	219.11	1.44	13.60	219.55	1.44	14.34	215.66	1.37	8450	3.53	위(危)2	위수(危宿)
700	25.75	235.55	1.68	23.99	235.45	1.31	24.33	231.87	1.14	8539	4.60	분묘(墳墓)4	위수(危宿)
701	28.30	242.08	1.41	26.47	241.85	1.52	26.62	238.34	0.94	8559	4.42	분묘(墳墓)1	위수(危宿)
702	35.07	243.64	1.37	32.86	243.30	0.86	33.96	239.79	1.16	8597	4.02	분묘(墳墓)3	위수(危宿)
703	22.13	247.35	1.32	20.60	247.44	1.42	20.92	243.67	0.95	8518	3.84	분묘(墳墓)2	위수(危宿)
704	5.52	242.83	1.47	3.03	242.78	2.16	4.61	239.35	1.57	8414	2.96	위(危)1	위수(危宿)
705	56.99	221.66	1.46	54.47	221.27	0.98	56.37	218.61	1.44			뇌전(雷電)2	실수(室宿)
706	68.51	226.67	1.38	67.03	226.49	0.97	66.92	223.54	1.06	8773	4.53	벽력(霹靂)1	벽수(壁宿)
707	81.66	215.13	1.45	80.07	215.63	0.91	80.59	212.19	1.01	8852	3.69	벽력(霹靂)2	벽수(壁宿)
708	83.75	220.68	1.33	82.19	220.64	0.85	81.98	217.75	1.08			운우(雲雨)1	벽수(壁宿)
709	92.65	219.20	1.47	91.40	219.37	0.94	91.65	216.22	1.22	8911	4.94	운우(雲雨)2	벽수(壁宿)
710	106.68	209.25	1.49	106.39	209.59	1.11	106.05	206.66	1.33	8984	4.50	운우(雲雨)3	벽수(壁宿)
711	110.58	200.97	1.49	109.34	201.22	1.13	109.70	197.82	1.27			운우(雲雨)4	벽수(壁宿)
712	140.75	189.90	1.56	139.84	190.76	1.08	139.77	185.86	1.32			누벽진(壘壁陣)10	실수(室宿)
713	161.70	184.71	1.64	160.94	185.00	1.23	160.90	180.99	1.44			누벽진(壘壁陣)11	실수(室宿)
714	152.90	202.91	1.62	152.14	203.62	1.39	152.63	199.05	1.45			누벽진(壘壁陣)12	실수(室宿)
715	127.94	204.64	1.32	126.08	204.52	1.22	126.02	200.82	1.37			누벽진(壘壁陣)9	실수(室宿)

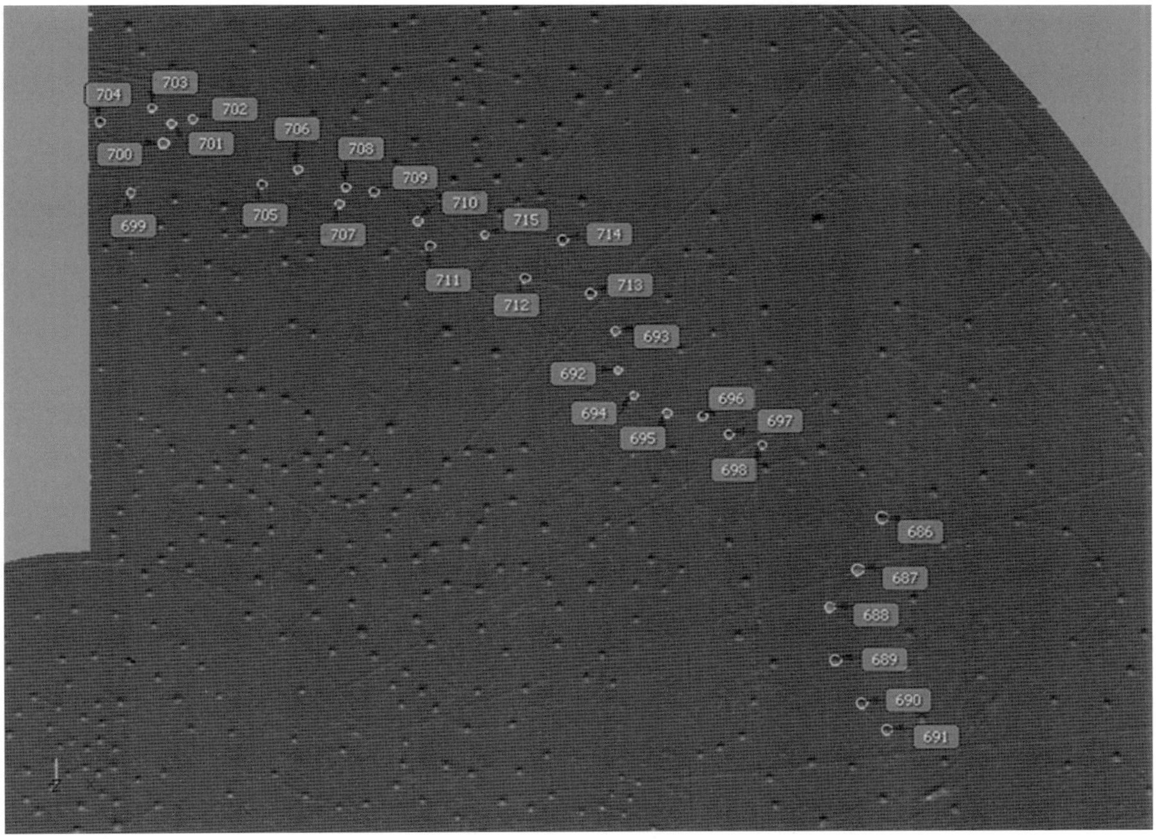
704
703
702
706
701
700
708
709
710
705
715
714
699
707
711
713
712
693
692
696
694
697
695
698
686
687
688
689
690
691

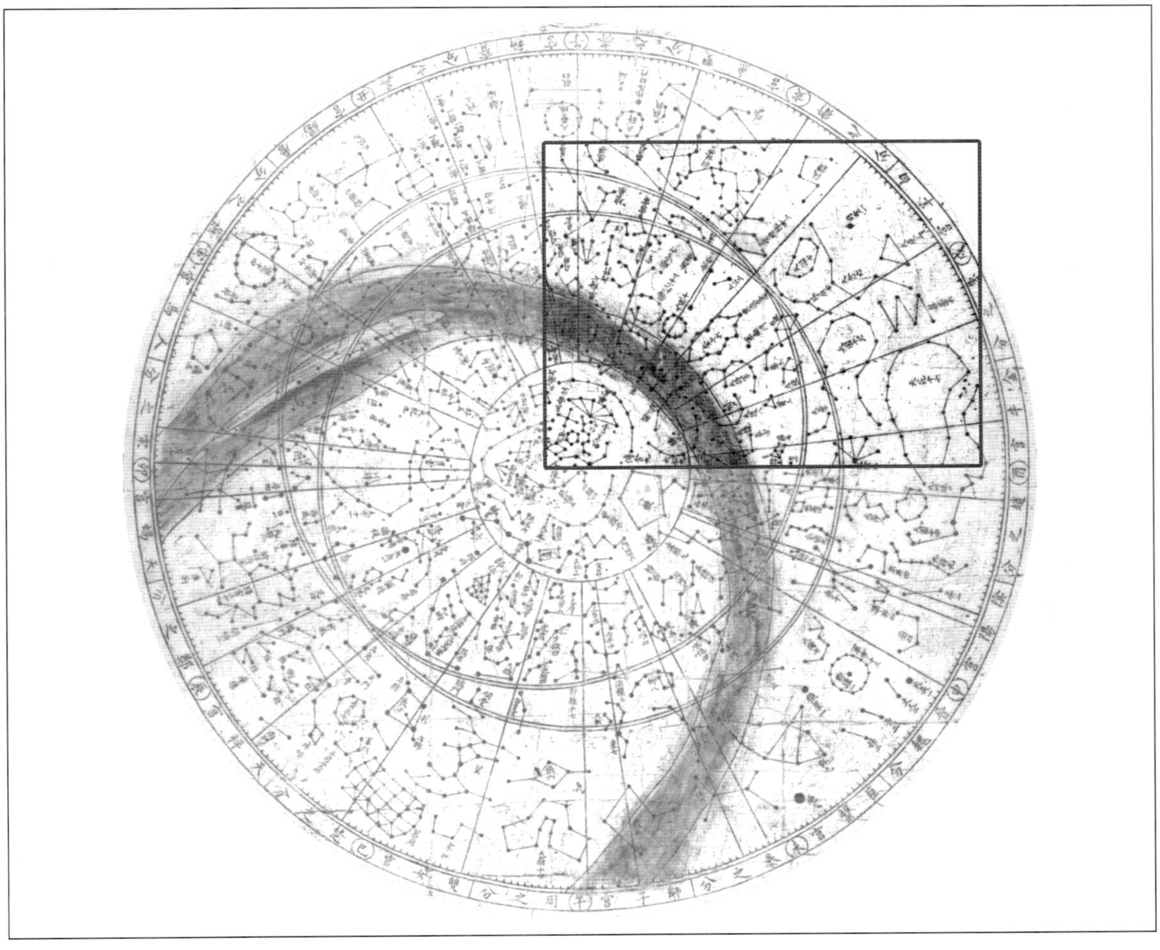

측정번호	숙종본 앞면(1,467개)			태조본 앞면(1,464개)			태조본 뒷면(1,330개)			Park(1998)		별 이름	3원(垣) 28수(宿)
	X (Center)	Y (Center)	Radius	X (Center)	Y (Center)	Radius	X (Center)	Y (Center)	Radius	BSC	V-Mag.		
										375개 동정			
716	114.22	216.81	1.34	112.56	216.29	1.18	112.47	212.55	1.29			누벽진(壘壁陳)8	실수(室宿)
717	100.06	228.37	1.36	97.93	227.50	1.22	99.14	224.24	1.40			누벽진(壘壁陳)7	실수(室宿)
718	73.77	245.11	1.52	71.96	244.55	1.35	73.02	240.95	1.10			누벽진(壘壁陳)6	실수(室宿)
719	54.33	267.27	1.32	52.31	267.57	1.03	53.11	264.39	1.37			누벽진(壘壁陳)5	실수(室宿)
720	27.99	287.38	1.27	25.81	287.31	1.61	26.66	283.68	1.36	8322	2.87	누벽진(壘壁陳)4	실수(室宿)
721	17.29	294.89	1.34	13.77	293.88	1.60	14.63	291.05	1.54	8278	3.68	누벽진(壘壁陳)3	실수(室宿)
722	20.20	306.04	1.64	17.15	307.09	2.00	17.27	303.58	1.59	8286	4.68	누벽진(壘壁陳)2	실수(室宿)
723	29.14	299.59	1.54	26.84	298.46	1.80	27.73	295.39	1.41	8288	4.73	누벽진(壘壁陳)1	실수(室宿)
724	29.01	260.84	1.49	26.74	260.30	2.12	27.47	257.62	1.13			허량(虛梁)4	위수(危宿)
725	19.27	266.42	1.31	16.69	266.20	1.73	17.62	264.18	1.29			허량(虛梁)3	위수(危宿)
726	14.95	274.62	1.65	11.99	273.82	2.00	13.57	271.31	1.31			허량(虛梁)2	위수(危宿)
727	11.98	284.55	1.64	9.46	284.10	1.77	11.08	281.37	1.32			허량(虛梁)1	위수(危宿)
728	5.96	301.05	1.37	2.08	300.45	1.61	3.85	298.50	1.35			천루성(天壘城)3	허수(虛宿)
729	8.16	308.73	1.41	4.87	308.99	1.37	5.88	306.20	1.28			천루성(天壘城)4	허수(虛宿)
730	5.65	316.22	1.33	2.88	315.49	1.42	4.65	312.91	1.34			천루성(天壘城)5	허수(虛宿)
731	180.28	168.40	1.65	180.01	168.89	1.17	176.65	168.21	1.37			천혼(天溷)1	규수(奎宿)
732	190.44	165.86	1.42	190.33	166.90	1.26	187.47	166.71	1.33			천혼(天溷)2	규수(奎宿)
733	201.21	171.56	1.51	201.03	172.58	1.50	197.96	172.22	1.33			천혼(天溷)3	규수(奎宿)
734	206.57	190.62	1.31	205.84	191.40	1.45	202.62	191.21	1.57			천혼(天溷)4	규수(奎宿)
735	200.07	198.21	1.43	199.09	198.53	1.07	195.27	199.73	1.58			천혼(天溷)5	규수(奎宿)
736	192.32	198.64	1.44	191.97	198.75	1.22	187.08	199.16	1.51			천혼(天溷)6	규수(奎宿)
737	186.59	183.17	1.49	186.30	183.34	1.39	182.62	183.41	1.31			천혼(天溷)7	규수(奎宿)
738	277.54	10.94	1.65	279.28	13.26	1.03	279.17	10.25	1.81			천원(天苑)2	묘수(昴宿)
739	274.41	26.96	1.60	276.08	29.64	0.94	276.90	27.21	1.48			천원(天苑)3	묘수(昴宿)
740	267.30	41.49	1.70	269.21	42.73	1.39	268.80	40.18	2.32			천원(天苑)4	묘수(昴宿)
741	262.79	58.92	1.75	264.01	60.73	1.09	264.37	58.78	1.53			천원(天苑)5	묘수(昴宿)
742	263.43	70.52	1.65	264.08	72.00	1.02	265.39	70.04	1.28			천원(天苑)6	묘수(昴宿)
743	264.65	81.92	1.69	265.71	83.55	1.09	266.81	81.59	1.53			천원(天苑)7	묘수(昴宿)
744	274.49	100.48	1.54	275.86	102.35	1.24	276.40	101.08	1.75			천원(天苑)8	묘수(昴宿)
745	298.23	107.91	1.51	298.49	109.57	1.24	298.80	109.77	1.67			천원(天苑)9	묘수(昴宿)

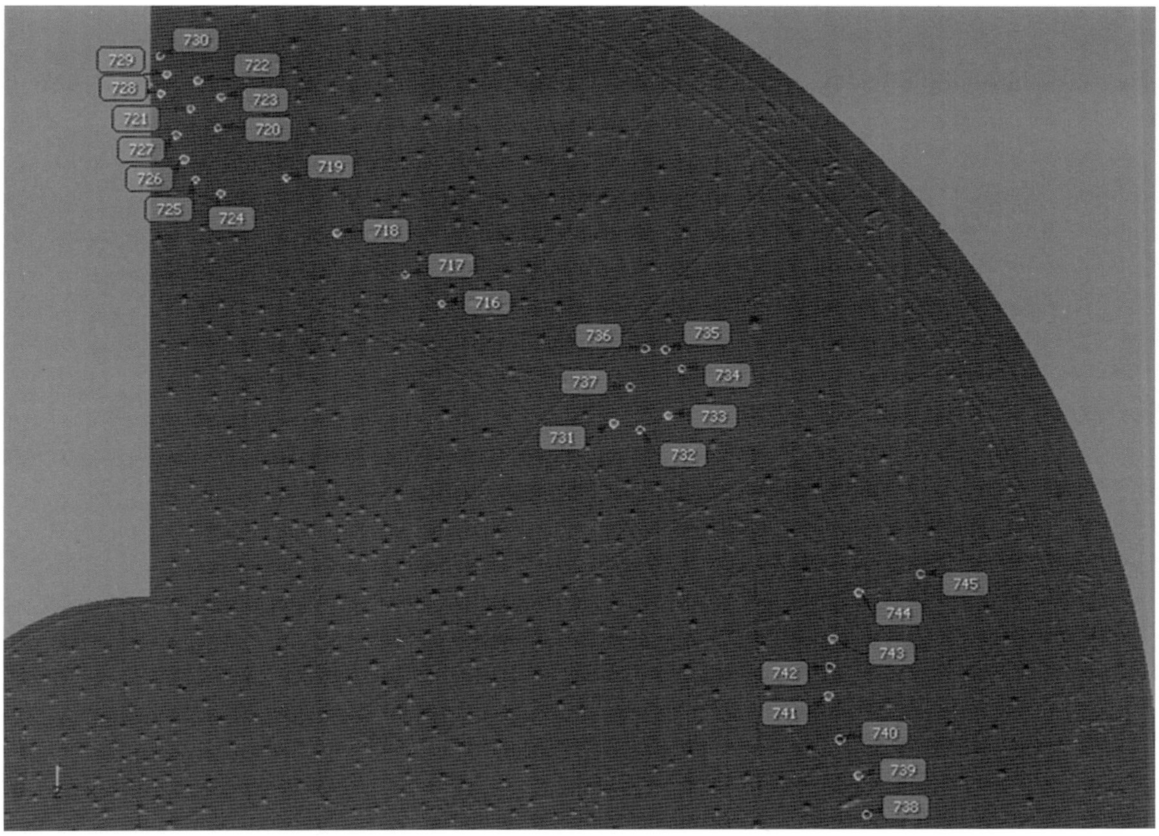
730
729
722
728
723
721
720
727
719
726
725
724
718
717
716
736
735
737
734
733
731
732
745
744
743
742
741
740
739
738

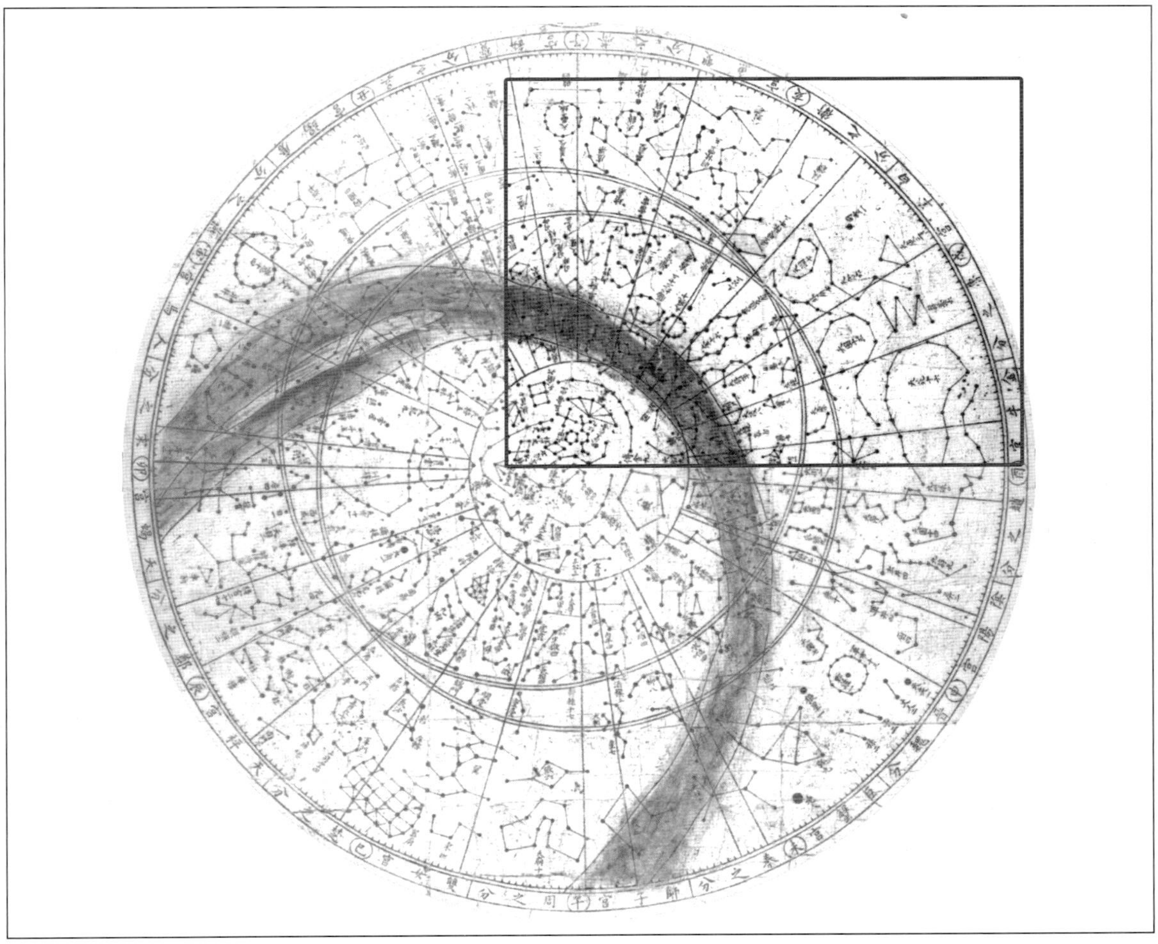

측정번호	숙종본 앞면(1,467개)			태조본 앞면(1,464개)			태조본 뒷면(1,330개)			Park(1998)		별 이름	3원(垣) 28수(宿)
	X (Center)	Y (Center)	Radius	X (Center)	Y (Center)	Radius	X (Center)	Y (Center)	Radius	BSC	V-Mag.		
										375개 동정			
746	313.89	104.27	1.61	315.51	106.04	1.08	315.99	105.53	1.54			천원(天苑)10	묘수(昴宿)
747	323.79	93.99	1.58	325.55	96.42	1.40	325.48	94.47	1.71			천원(天苑)11	묘수(昴宿)
748	331.53	81.93	1.63	334.04	84.40	1.14	334.17	81.47	1.36	919	4.09	천원(天苑)12	묘수(昴宿)
749	315.87	67.18	1.67	317.84	69.45	1.07	318.21	67.42	1.59	1003	3.69	천원(天苑)13	묘수(昴宿)
750	309.80	47.52	1.61	311.85	49.98	1.09	311.75	46.66	1.67	1088	4.27	천원(天苑)14	묘수(昴宿)
751	314.26	25.45	1.70	316.56	28.11	0.95	317.19	25.35	1.58	1173	4.23	천원(天苑)15	묘수(昴宿)
752	73.21	261.84	1.43	71.17	261.48	0.93	70.78	258.59	1.47			우림(羽林)18	실수(室宿)
753	86.68	245.20	1.65	84.21	244.24	1.12	83.78	241.12	1.37			우림(羽林)17	실수(室宿)
754	105.94	236.17	1.55	104.11	235.50	1.18	104.57	232.13	1.43	8841	4.21	우림(羽林)16	실수(室宿)
755	91.14	250.25	1.48	89.30	250.07	0.99	89.45	246.44	1.23			우림(羽林)15	실수(室宿)
756	89.44	257.32	1.46	87.57	257.56	1.03	87.23	254.43	1.25			우림(羽林)14	실수(室宿)
757	96.37	254.65	1.41	95.08	254.52	1.24	94.33	251.92	1.24			우림(羽林)13	실수(室宿)
758	118.29	223.19	1.56	117.36	223.13	0.90	117.14	219.64	1.25			우림(羽林)19	실수(室宿)
759	125.71	218.16	1.51	124.33	217.72	1.29	124.75	214.67	1.35			우림(羽林)20	실수(室宿)
760	133.28	212.10	1.48	131.55	212.40	1.30	131.44	208.29	1.26			우림(羽林)21	실수(室宿)
761	138.55	215.97	1.39	137.70	215.51	1.59	137.32	212.72	1.43			우림(羽林)22	실수(室宿)
762	132.18	223.60	1.47	130.91	222.87	1.09	130.20	220.05	1.30			우림(羽林)23	실수(室宿)
763	126.03	229.13	1.61	124.76	228.47	0.88	124.93	225.81	1.25			우림(羽林)24	실수(室宿)
764	139.33	229.21	1.43	138.33	228.35	1.14	138.05	225.34	1.17			우림(羽林)36	실수(室宿)
765	145.85	217.98	1.35	144.71	218.56	1.21	144.13	215.14	1.31			우림(羽林)37	실수(室宿)
766	159.19	216.32	1.73	158.14	216.12	1.83	158.47	213.06	1.90			우림(羽林)38	실수(室宿)
767	147.45	231.45	1.52	146.67	230.72	1.31	146.23	228.07	1.31			우림(羽林)39	실수(室宿)
768	139.50	242.08	1.48	138.33	241.97	1.09	137.90	238.49	1.22			우림(羽林)40	실수(室宿)
769	151.95	241.13	1.38	150.92	240.37	1.58	150.41	237.09	1.54			우림(羽林)41	실수(室宿)
770	158.41	250.26	1.49	157.76	250.45	1.86	157.45	247.51	1.71			우림(羽林)42	실수(室宿)
771	156.27	259.62	1.47	155.26	259.51	1.48	154.20	256.73	1.56			우림(羽林)43	실수(室宿)
772	167.71	253.32	1.39	166.12	253.28	1.36	166.73	250.59	1.29			우림(羽林)44	실수(室宿)
773	176.36	258.88	1.33	175.49	259.73	1.21	174.87	257.22	1.41			우림(羽林)45	실수(室宿)
774	125.00	236.25	1.43	123.59	236.76	0.85	122.83	233.50	1.32			우림(羽林)25	실수(室宿)
775	127.44	248.24	1.27	126.22	248.26	0.91	126.08	245.36	1.31			우림(羽林)26	실수(室宿)

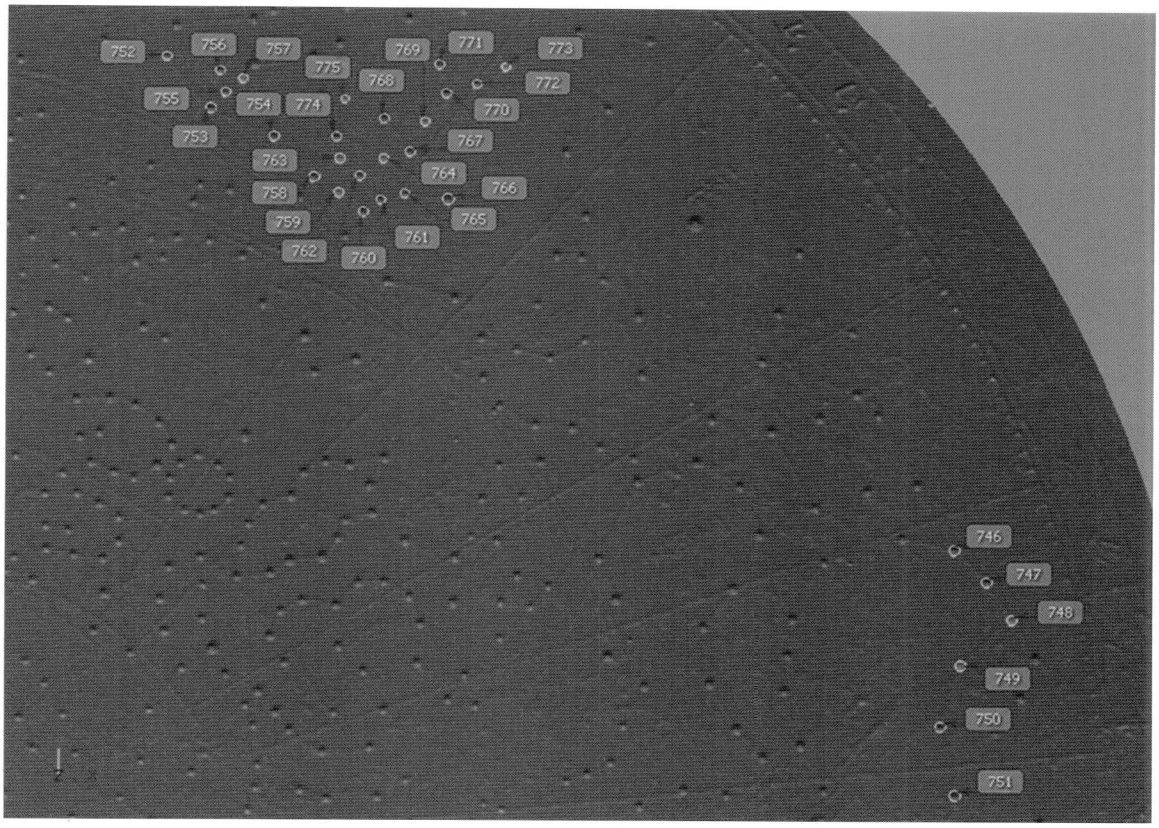
752
756
757
775
769
771
773
768
772
755
754
774
770
753
767
763
764
766
758
765
759
761
762
760
746
747
748
749
750
751

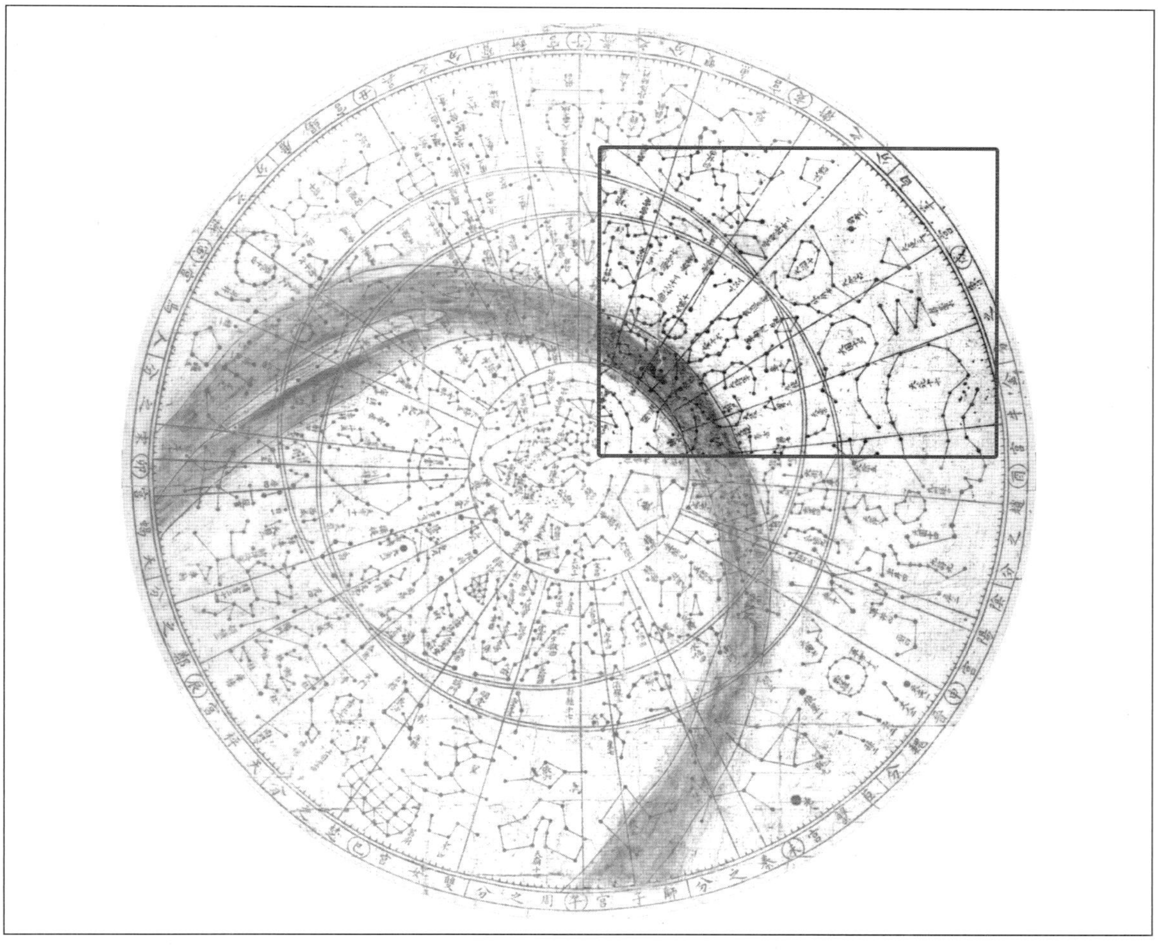

측정번호	숙종본 앞면(1,467개)			태조본 앞면(1,464개)			태조본 뒷면(1,330개)			Park(1998)		별 이름	3원(垣) 28수(宿)
	X (Center)	Y (Center)	Radius	X (Center)	Y (Center)	Radius	X (Center)	Y (Center)	Radius	BSC	V-Mag.		
										375개 동정			
776	120.47	249.45	1.36	119.20	249.46	0.84	118.55	246.03	1.40			우림(羽林)27	실수(室宿)
777	119.12	256.03	1.40	117.72	255.64	1.13	117.37	252.56	1.32			우림(羽林)28	실수(室宿)
778	138.72	257.08	1.48	137.26	256.79	1.56	137.39	253.90	1.41			우림(羽林)35	실수(室宿)
779	126.17	260.97	1.49	124.56	261.29	1.24	123.59	257.56	1.38			우림(羽林)30	실수(室宿)
780	118.02	262.49	1.40	116.45	261.74	1.07	116.63	258.71	1.26			우림(羽林)29	실수(室宿)
781	99.98	259.57	1.59	97.65	259.46	0.93	97.41	256.09	1.39			우림(羽林)12	실수(室宿)
782	125.94	266.64	1.55	124.46	266.78	1.45	124.00	263.58	1.34			우림(羽林)31	실수(室宿)
783	146.95	274.65	1.55	145.26	274.89	1.45	145.13	272.14	1.33			우림(羽林)34	실수(室宿)
784	138.46	280.23	1.68	136.59	280.30	1.72	136.63	277.41	1.26			우림(羽林)33	실수(室宿)
785	128.01	278.16	1.46	126.07	278.55	1.42	125.63	275.57	1.50			우림(羽林)32	실수(室宿)
786	105.55	277.02	1.47	104.04	276.69	1.36	103.39	273.51	1.48			우림(羽林)10	실수(室宿)
787	99.45	274.29	1.53	98.38	273.72	1.11	98.04	270.65	1.44			우림(羽林)11	실수(室宿)
788	76.19	272.10	1.55	74.64	271.74	0.76	74.23	268.44	1.34	8789	4.47	우림(羽林)1	실수(室宿)
789	64.63	287.83	1.55	62.80	287.59	1.09	62.53	285.04	1.33	8817	4.69	우림(羽林)2	실수(室宿)
790	76.06	292.57	1.44	74.98	291.86	0.90	73.80	288.88	1.54	8812	3.66	우림(羽林)3	실수(室宿)
791	89.73	299.65	1.49	87.36	299.86	1.91	89.56	296.12	1.89	8789	3.27	우림(羽林)4	실수(室宿)
792	94.41	307.53	1.51	92.27	307.99	1.51	94.79	304.65	1.78	8679	4.01	우림(羽林)5	실수(室宿)
793	88.32	314.53	1.51	85.38	315.43	1.50	87.84	311.65	2.00			우림(羽林)6	실수(室宿)
794	78.43	308.47	1.28	75.93	308.94	0.98	77.10	306.01	1.30			부월(鈇鉞)2	실수(室宿)
795	71.70	303.73	1.41	69.14	304.03	1.13	71.01	299.75	1.38			부월(鈇鉞)1	실수(室宿)
796	79.93	316.77	1.32	77.09	317.65	1.08	79.61	314.08	1.24			부월(鈇鉞)3	실수(室宿)
797	108.30	290.35	1.87	106.26	290.88	2.14	105.62	287.80	2.02	8866	5.08	우림(羽林)7	실수(室宿)
798	112.25	297.73	1.81	110.34	298.07	1.88	110.14	294.47	1.86	8890	5.20	우림(羽林)8	실수(室宿)
799	119.96	294.47	1.78	117.94	294.74	1.40	118.27	291.51	1.88	8892	3.97	우림(羽林)9	실수(室宿)
800	201.30	211.44	1.64	200.73	211.58	1.57	197.04	212.53	1.14	74	3.56	천창(天倉)1	루수(婁宿)
801	217.69	179.51	1.78	216.84	179.96	2.01	214.81	180.93	1.92	334	3.45	천창(天倉)2	루수(婁宿)
802	218.68	160.40	1.71	218.24	160.71	1.81	216.32	161.49	1.74	402	3.60	천창(天倉)3	루수(婁宿)
803	240.12	146.22	1.66	239.78	146.68	1.45	238.44	149.47	1.76	539	3.73	천창(天倉)4	루수(婁宿)
804	255.14	164.89	1.53	255.19	166.09	1.62	253.15	167.99	1.74	509	3.50	천창(天倉)5	루수(婁宿)
805	284.08	154.56	1.46	284.41	155.79	1.44	283.56	158.10	1.58	585	4.00	천창(天倉)6	루수(婁宿)

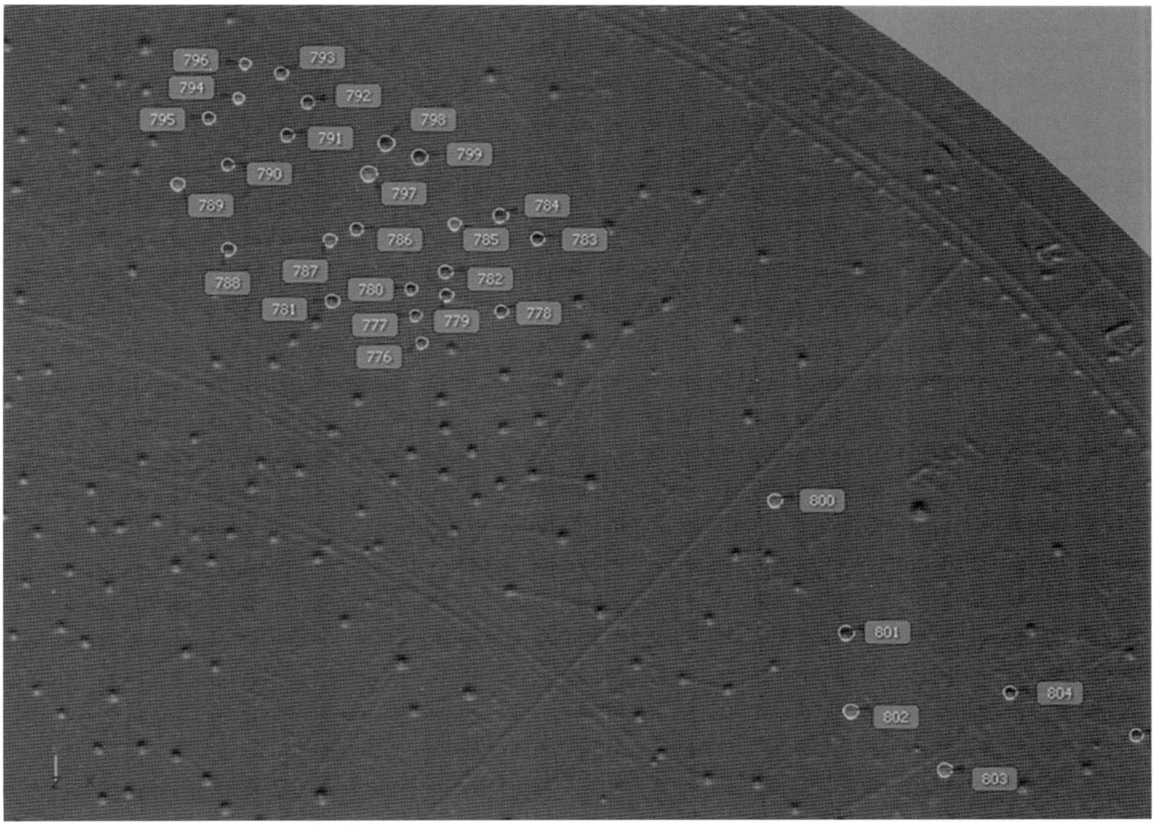
796
793
794
792
795
798
791
799
790
797
789
784
786
785
783
787
782
788
780
781
778
777
779
776
800
801
804
802
803

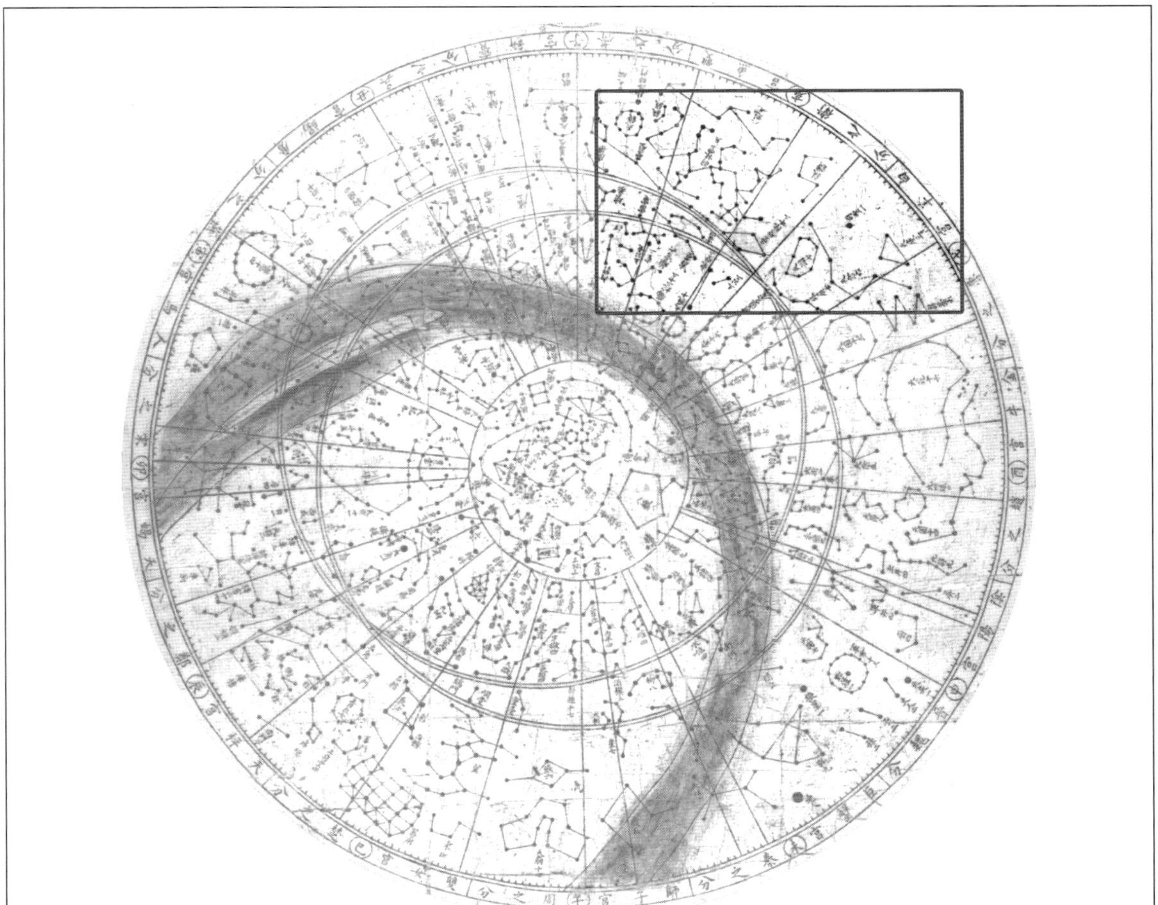

측정번호	숙종본 앞면(1,467개)			태조본 앞면(1,464개)			태조본 뒷면(1,330개)			Park(1998)		별 이름	3원(垣) 28수(宿)
	X (Center)	Y (Center)	Radius	X (Center)	Y (Center)	Radius	X (Center)	Y (Center)	Radius	BSC	V-Mag.		
										375개 동정			
806	257.90	142.46	1.65	258.52	143.29	0.99	257.36	142.50	1.59			추고(芻藁)3	묘수(昴宿)
807	271.33	118.09	1.45	271.86	118.81	0.99	271.91	119.12	1.55			추고(芻藁)4	묘수(昴宿)
808	272.81	146.89	1.61	272.75	147.82	0.99	272.17	146.57	1.62			추고(芻藁)5	묘수(昴宿)
809	287.49	123.57	1.60	287.73	125.17	0.87	287.68	124.00	1.80			추고(芻藁)2	묘수(昴宿)
810	302.74	125.44	1.53	303.66	126.75	1.18	303.40	126.13	1.35			추고(芻藁)6	묘수(昴宿)
811	290.82	147.95	1.38	291.20	149.79	1.37	289.78	147.44	1.75			추고(芻藁)1	묘수(昴宿)
812	37.79	301.72	1.27	34.74	301.47	1.19	35.99	299.18	1.32			천전(天錢)3	위수(危宿)
813	41.08	296.72	1.13	38.47	296.11	0.92	39.75	294.61	1.29			천전(天錢)2	위수(危宿)
814	46.50	291.50	1.28	43.67	291.21	0.92	45.11	288.79	1.45			천전(天錢)1	위수(危宿)
815	55.38	291.83	1.21	52.85	292.06	0.64	53.86	289.54	1.41			천전(天錢)10	위수(危宿)
816	59.06	298.58	1.32	56.95	298.01	0.80	57.79	296.17	1.36			천전(天錢)9	위수(危宿)
817	60.23	305.85	1.24	57.66	306.24	1.11	58.26	303.81	1.41			천전(天錢)8	위수(危宿)
818	57.50	310.67	1.35	54.51	311.11	1.10	56.22	308.10	1.24			천전(天錢)7	위수(危宿)
819	51.10	313.09	1.34	48.00	313.11	1.21	49.60	309.99	1.40			천전(天錢)6	위수(危宿)
820	43.04	312.20	1.19	39.84	311.70	1.26	41.35	308.58	1.33			천전(天錢)5	위수(危宿)
821	38.74	306.82	1.15	36.19	307.03	1.18	37.67	304.08	1.34			천전(天錢)4	위수(危宿)
822	25.45	321.45	1.61	22.70	321.32	1.70	24.12	318.02	1.98			패구(敗臼)4	허수(虛宿)
823	24.27	332.32	1.86	20.89	331.71	2.08	22.15	329.40	2.03			패구(敗臼)3	허수(虛宿)
824	42.04	333.59	1.68	38.53	333.78	1.34	40.91	330.83	1.33			천강(天綱)	실수(室宿)
825	57.36	321.43	2.07	54.24	321.94	2.17	55.74	318.87	2.49	8728	1.16	북락사문(北落師門)	실수(室宿)
826	76.74	328.14	1.38	74.56	328.34	1.55	76.92	324.91	1.54			팔괴(八魁)1	실수(室宿)
827	83.71	336.06	1.34	80.99	336.98	1.26	84.81	333.09	1.59			팔괴(八魁)2	실수(室宿)
828	95.95	336.24	1.40	93.73	336.18	1.22	96.39	332.92	1.63			팔괴(八魁)3	실수(室宿)
829	125.86	305.36	1.54	124.81	306.05	1.42	123.74	302.75	1.51			팔괴(八魁)4	실수(室宿)
830	136.38	314.27	1.50	133.93	315.30	1.12	134.08	311.59	1.59			팔괴(八魁)5	실수(室宿)
831	150.99	310.26	1.56	149.42	311.07	1.33	148.67	307.24	1.58			팔괴(八魁)6	실수(室宿)
832	163.51	277.64	1.59	161.96	277.08	1.64	161.86	274.38	1.66			팔괴(八魁)7	실수(室宿)
833	171.15	286.53	1.68	169.91	286.43	1.52	169.69	283.50	1.66			팔괴(八魁)8	실수(室宿)
834	183.92	285.31	1.85	182.69	285.42	1.41	182.99	282.33	1.66			팔괴(八魁)9	실수(室宿)
835	195.26	231.80	1.38	194.86	231.78	1.72	192.65	230.33	1.46			부질(鈇鑕)1	벽수(壁宿)

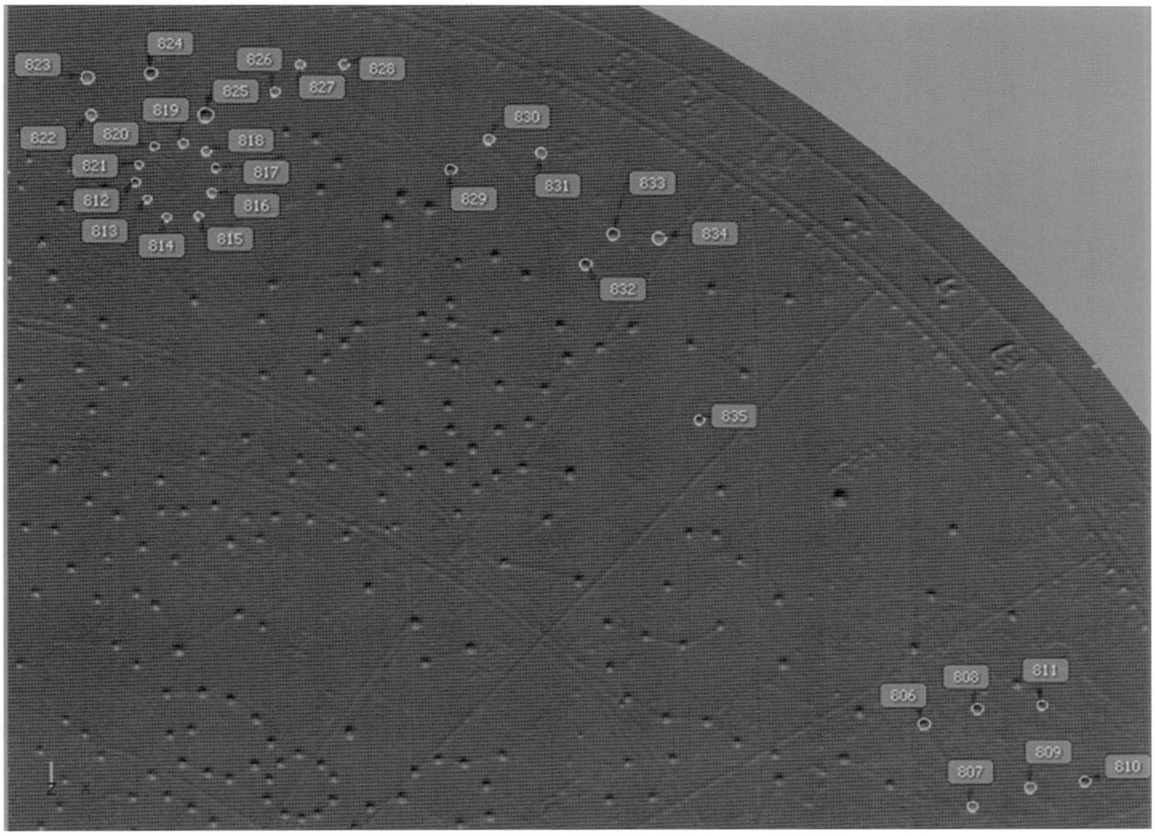
823
824
826
828
827
825
819
822
820
818
821
817
812
816
813
814
815
830
829
831
833
834
832
835
806
808
811
807
809
810

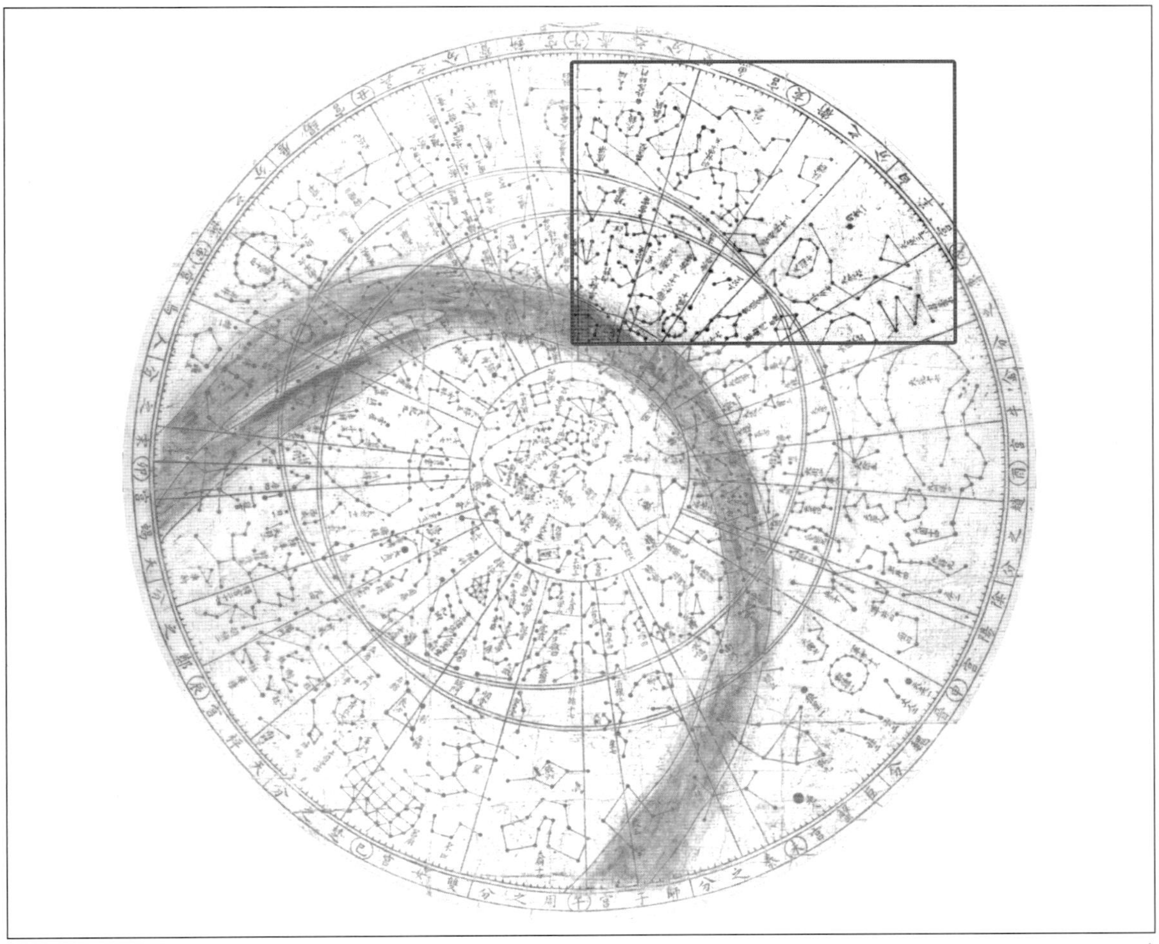

측정번호	숙종본 앞면(1,467개)			태조본 앞면(1,464개)			태조본 뒷면(1,330개)			Park(1998) 375개 동정		별 이름	3원(垣) 28수(宿)
	X (Center)	Y (Center)	Radius	X (Center)	Y (Center)	Radius	X (Center)	Y (Center)	Radius	BSC	V-Mag.		
836	207.63	245.73	1.46	207.40	246.08	1.44	206.59	244.61	1.35			부질(鈇鑕)2	벽수(壁宿)
837	192.85	254.10	1.37	191.38	254.21	1.45	189.66	252.75	1.40			부질(鈇鑕)3	벽수(壁宿)
838	198.54	270.64	1.52	197.89	270.99	1.50	196.33	269.01	1.48			부질(鈇鑕)4	벽수(壁宿)
839	220.43	267.81	1.47	219.06	268.45	1.74	218.08	266.75	1.39			부질(鈇鑕)5	벽수(壁宿)
840	234.77	209.25	2.61	234.32	210.19	2.36	230.37	211.94	2.92	188	2.04	사공(司空)	규수(奎宿)
841	260.03	180.61	1.53	260.21	181.52	1.18	257.45	183.81	1.69			천유(天庾)2	루수(婁宿)
842	266.16	199.83	1.50	266.10	201.31	1.15	263.49	203.42	1.61			천유(天庾)1	루수(婁宿)
843	282.73	174.37	1.49	283.22	176.16	1.54	281.14	178.56	1.51			천유(天庾)3	루수(婁宿)
844	338.76	69.82	1.81	341.02	72.95	1.48	341.35	70.07	1.47	1453	4.51	천원(天園)14	필수(畢宿)
845	334.36	57.17	1.73	336.86	60.06	1.56	336.60	56.78	1.25	1464	3.82	천원(天園)13	필수(畢宿)
846	326.82	46.03	1.68	329.03	48.87	1.02	329.57	46.01	1.30	1393	3.96	천원(天園)12	필수(畢宿)
847	329.74	28.06	1.72	332.19	31.91	1.34	332.20	28.49	1.24	1347	3.56	천원(天園)11	필수(畢宿)
848	340.34	16.77	1.75	343.04	20.64	1.21	342.99	17.15	1.19			천원(天園)10	필수(畢宿)
849	345.44	3.56	1.59	348.11	6.76	0.96	348.28	3.38	1.28			천원(天園)9	필수(畢宿)

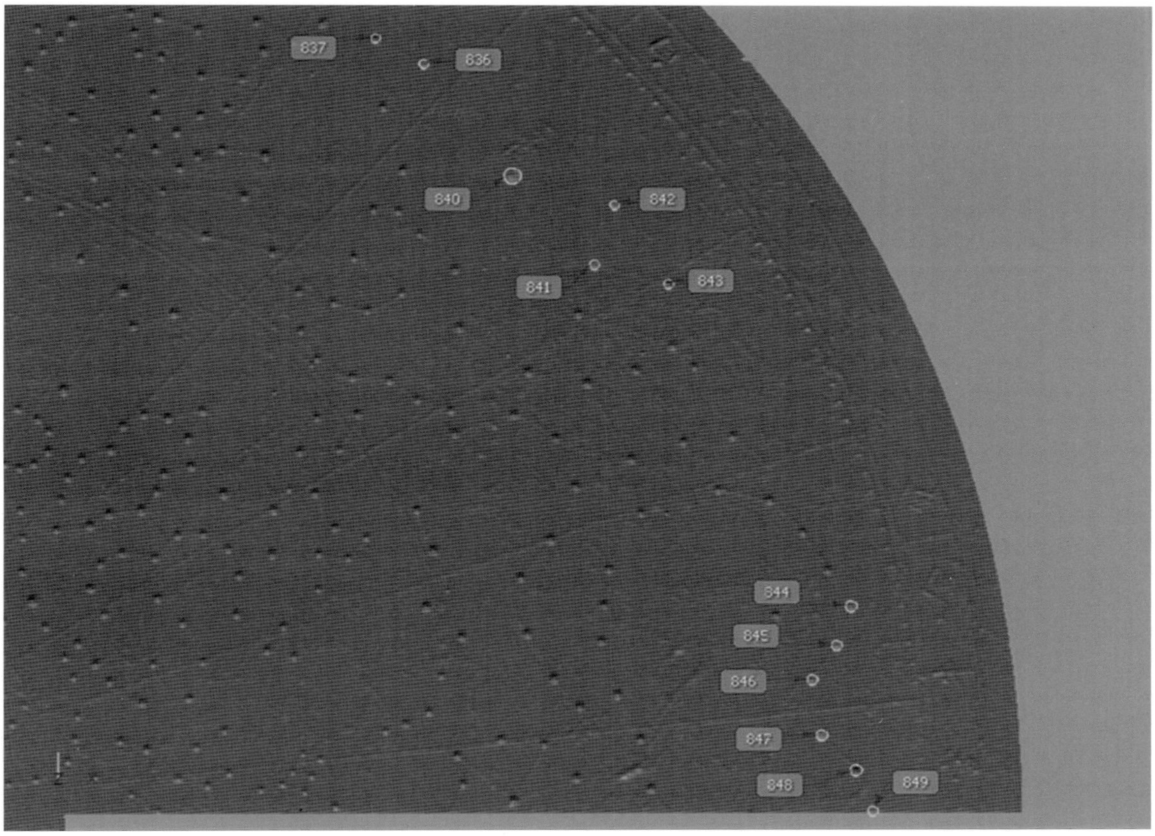
837
836
840
842
841
843
844
845
846
847
848
849

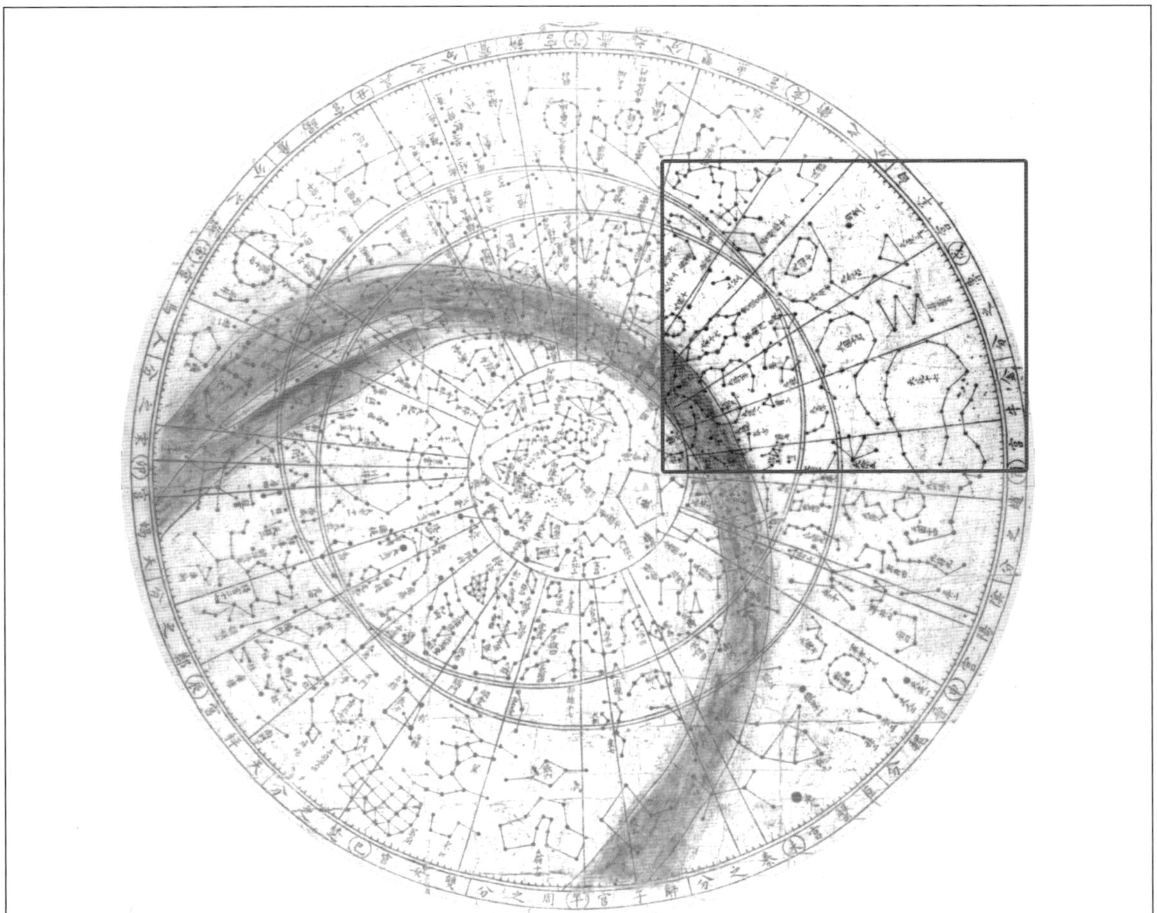

측정번호	숙종본 앞면(1,467개)			태조본 앞면(1,464개)			태조본 뒷면(1,330개)			Park(1998) 375개 동정		별 이름	3원(垣) 28수(宿)
	X (Center)	Y (Center)	Radius	X (Center)	Y (Center)	Radius	X (Center)	Y (Center)	Radius	BSC	V-Mag.		
851	11.70	-100.22	1.36	12.96	-100.71	0.95	17.06	-100.20	0.85			문창(文昌)5	자미원(紫微垣)
852	21.98	-101.11	1.37	22.09	-100.77	1.37						문창(文昌)6	자미원(紫微垣)
853	30.77	-95.50	1.36	30.99	-95.91	1.09	34.77	-94.14	1.06			문창(文昌)7	자미원(紫微垣)
854	59.71	-92.24	1.46	60.10	-92.11	1.08	67.17	-90.71	1.19			적신(積薪)	정수(井宿)
855	70.77	-114.77	1.64	70.76	-115.67	1.28	78.26	-114.40	2.18	2990	1.14	북하(北河)3	정수(井宿)
856	71.42	-94.96	1.56	72.30	-95.07	1.54	79.41	-92.97	1.65	2890	1.58	북하(北河)2	정수(井宿)
857	78.23	-91.56	1.56	78.85	-91.93	1.06	85.84	-89.85	1.18	2852	4.18	북하(北河)1	정수(井宿)
858	92.69	-61.44	1.47	94.52	-61.46	1.20	94.07	-63.27	0.90			좌기(左旗)2	자수(觜宿)
859	101.15	-52.22	1.54	102.34	-52.19	0.90						좌기(左旗)3	자수(觜宿)
860	111.28	-60.86	1.49	112.90	-61.04	0.63	112.45	-63.41	1.32			좌기(左旗)4	자수(觜宿)
861	120.56	-58.51	1.57	121.78	-58.14	1.00	123.80	-60.11	1.84			좌기(左旗)5	자수(觜宿)
862	133.50	-60.04	1.47	134.88	-60.12	1.03	135.08	-62.83	1.22			좌기(左旗)6	자수(觜宿)
863	144.26	-49.88	1.43	145.75	-49.12	0.96	145.56	-52.19	0.79			좌기(左旗)7	자수(觜宿)
864	155.92	-46.40	1.53	157.16	-45.93	1.01						좌기(左旗)8	자수(觜宿)
865	169.60	-38.49	1.45	171.40	-37.11	0.69	171.05	-41.57	1.15			좌기(左旗)9	자수(觜宿)
866	94.03	-30.81	1.99	95.15	-30.33	1.27	96.31	-33.41	1.86	2088	1.90	오거(五車)3	필수(畢宿)
867	117.35	-45.82	1.55	119.22	-45.14	1.72	119.92	-48.64	2.21	2095	2.62	오거(五車)4	필수(畢宿)
868	151.96	-35.46	1.85	153.34	-35.22	1.49	154.44	-39.11	1.96	1791	1.65	오거(五車)5	필수(畢宿)
869	146.04	-7.70	1.78	146.74	-8.25	0.93	149.38	-11.86	1.98	1577	2.69	오거(五車)1	필수(畢宿)
870	99.83	-11.17	1.64	100.92	-10.54	1.56	103.03	-14.02	1.72	1708	0.08	오거(五車)2	필수(畢宿)
871	101.84	0.82	1.37	102.48	1.68	0.75	104.98	-1.69	1.12	1605	2.99	주(柱)1	필수(畢宿)
872	107.94	-12.45	1.41	108.06	-12.32	0.83	112.18	-15.20	1.32	1641	3.17	주(柱)3	필수(畢宿)
873	111.83	-6.07	1.37	112.85	-6.32	0.45	111.39	-7.96	0.94	1612	3.75	주(柱)2	필수(畢宿)
874	102.12	-21.45	1.56	103.03	-21.10	0.86	105.16	-23.51	1.11			함지(咸池)1	필수(畢宿)
875	113.45	-20.75	1.51	113.85	-20.87	0.64	115.70	-22.98	1.06			함지(咸池)2	필수(畢宿)
876	122.98	-12.02	1.33	123.39	-12.34	1.03	125.86	-14.89	1.28			함지(咸池)3	필수(畢宿)
877	136.04	-15.34	1.32	136.86	-15.46	0.96	139.20	-18.16	1.04			천황(天潢)1	필수(畢宿)
878	122.52	-21.72	1.35	123.76	-21.69	0.58	125.41	-23.65	1.34			천황(天潢)5	필수(畢宿)
879	131.81	-22.35	1.19	132.68	-22.60	0.63	134.60	-25.40	1.12			천황(天潢)4	필수(畢宿)
880	138.29	-22.16	1.29	138.38	-22.26	1.05						천황(天潢)2	필수(畢宿)

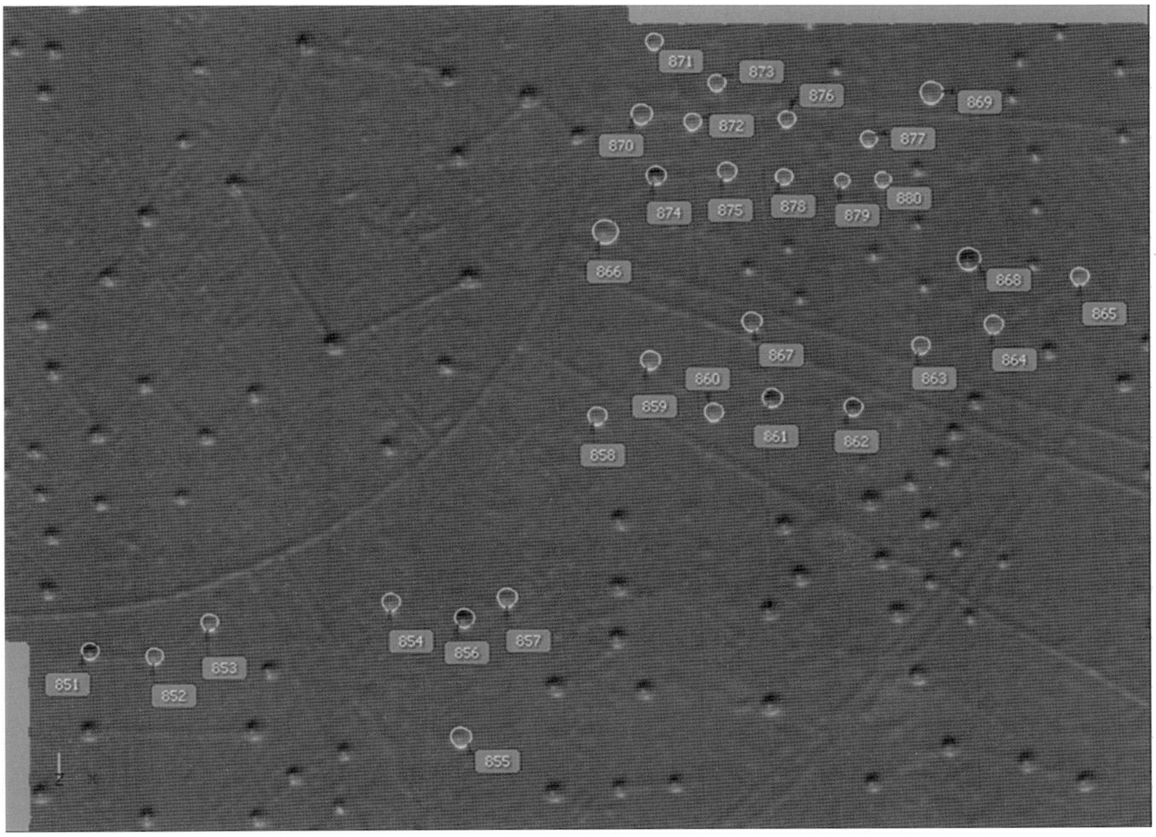
871
873
876
869
870
872
877
874
875
878
879
880
866
868
865
867
864
863
860
859
861
862
858
854
856
857
851
852
853
855

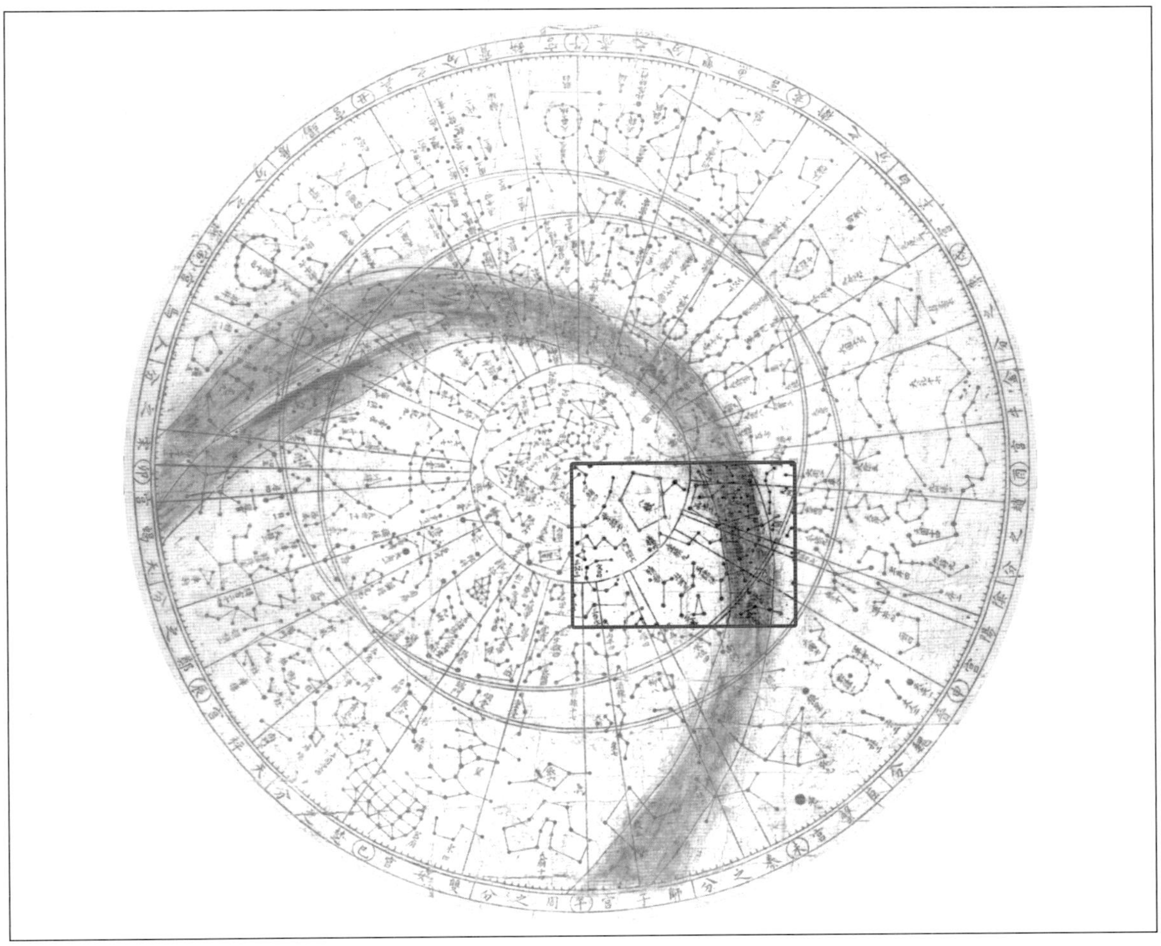

측정번호	숙종본 앞면(1,467개)			태조본 앞면(1,464개)			태조본 뒷면(1,330개)			Park(1998)		별 이름	3원(垣) 28수(宿)
	X (Center)	Y (Center)	Radius	X (Center)	Y (Center)	Radius	X (Center)	Y (Center)	Radius	BSC	V-Mag.		
										375개 동정			
881	143.77	-20.07	1.16	144.93	-19.52	0.70	146.73	-22.69	0.93			천황(天潢)3	필수(畢宿)
882	116.82	-36.70	1.16	118.25	-36.60	1.03						주(柱)5	필수(畢宿)
883	123.28	-32.86	1.24	123.79	-33.02	0.60						주(柱)6	필수(畢宿)
884	124.95	-41.50	1.24	125.96	-41.28	1.03						주(柱)4	필수(畢宿)
885	136.84	-34.27	1.44	137.52	-33.06	0.98	139.73	-37.02	1.03			주(柱)9	필수(畢宿)
886	143.90	-29.30	1.25	144.29	-28.91	1.02	146.41	-32.05	0.94			주(柱)7	필수(畢宿)
887	144.73	-39.73	1.24	145.83	-38.90	0.81	147.51	-42.81	0.92			주(柱)8	필수(畢宿)
888	96.33	-78.59	1.75	97.50	-78.87	0.85	104.19	-76.68	1.18	2540	3.60	오제후(五諸侯)1	정수(井宿)
889	95.91	-89.45	1.57	97.25	-89.56	1.42	105.77	-87.13	0.99	2697	4.41	오제후(五諸侯)2	정수(井宿)
890	95.70	-98.31	1.58	96.74	-98.36	0.68	104.41	-96.66	1.13	2821	3.79	오제후(五諸侯)3	정수(井宿)
891	85.79	-106.16	1.59	87.07	-105.87	0.90	93.92	-104.29	1.37	2905	4.06	오제후(五諸侯)4	정수(井宿)
892	40.33	-103.34	1.51	40.47	-103.63	0.92	46.21	-101.99	0.91	4377	3.48	삼태(三台)1-하태(下台)	태미원(太微垣)
893	37.51	-113.22	1.65	37.85	-113.31	1.21	44.29	-112.75	1.14	4375	4.41	삼태(三台)2-하태(下台)	태미원(太微垣)
894	11.49	-113.36	1.69	11.37	-113.61	1.08	17.74	-113.16	1.39	4033	3.45	삼태(三台)1-중태(中台)	태미원(太微垣)
895	3.94	-123.55	1.81	3.27	-124.60	0.98	12.35	-124.13	1.34	4060	3.05	삼태(三台)2-중태(中台)	태미원(太微垣)
896	9.41	-132.54	1.65	10.70	-132.35	0.91	17.51	-131.08	1.00			내평(內平)2	성수(星宿)
897	20.78	-127.47	1.68	20.98	-127.36	0.90	27.79	-126.62	0.97			내평(內平)3	성수(星宿)
898	14.45	-139.60	1.73	14.44	-140.62	1.05	21.92	-139.42	0.93			내평(內平)1	성수(星宿)
899	26.36	-135.02	1.59	26.92	-135.95	0.95						내평(內平)4	성수(星宿)
900	85.56	-123.61	1.71	86.53	-123.40	1.06	93.68	-121.92	1.22	2985	3.57	오제후(五諸侯)5	정수(井宿)
901	100.16	-106.81	1.61	100.95	-106.60	0.95	107.26	-104.75	1.37			천준(天樽)1	정수(井宿)
902	96.14	-123.31	1.50	97.41	-122.81	1.42	104.59	-121.80	1.23			천준(天樽)2	정수(井宿)
903	105.16	-122.45	1.47	106.95	-122.30	1.32	116.57	-121.14	1.22			천준(天樽)3	정수(井宿)
904	120.17	-109.54	1.81	121.63	-109.65	1.80	123.95	-110.58	1.56	2763	3.58	동정(東井)8	정수(井宿)
905	120.13	-93.55	1.62	121.16	-93.11	1.21	123.66	-94.49	1.53	2650	3.79	동정(東井)7	정수(井宿)
906	122.39	-79.61	1.68	123.17	-78.65	1.25	126.76	-80.10	1.45	2473	2.98	동정(東井)5	정수(井宿)
907	125.01	-88.12	1.73	127.64	-87.84	1.37	129.90	-89.39	1.49	2529	5.27	동정(東井)6	정수(井宿)
908	138.08	-85.19	1.66	139.70	-85.18	1.57	142.33	-85.88	1.54	2343	4.15	동정(東井)2	정수(井宿)
909	136.29	-75.47	1.77	138.06	-75.18	1.58	140.03	-76.90	1.54	2286	2.88	동정(東井)1	정수(井宿)
910	142.73	-72.39	1.63	144.00	-71.81	1.22	147.85	-71.90	1.10	2216	3.28	동정(東井)-월(鉞)	정수(井宿)

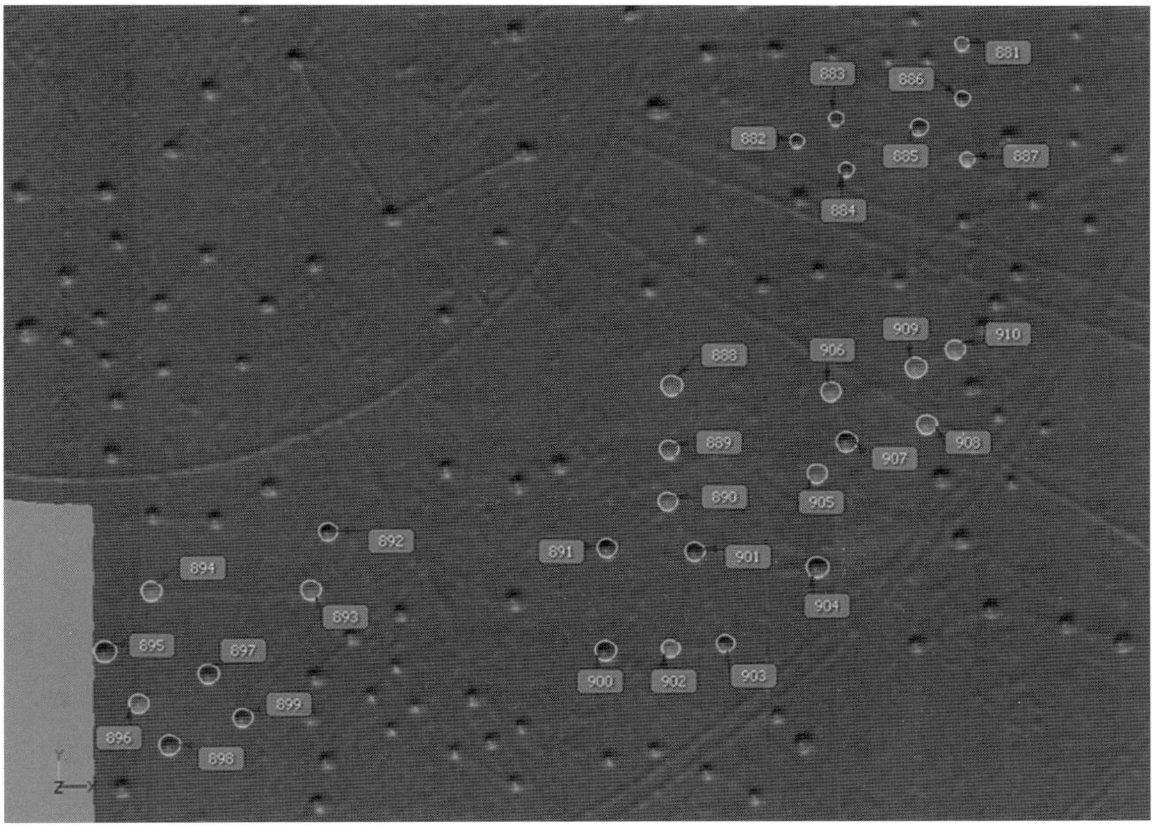
881
883
886
882
885
887
884
909
910
888
906
889
907
908
890
905
892
891
901
894
904
893
895
897
900
902
903
899
896
898

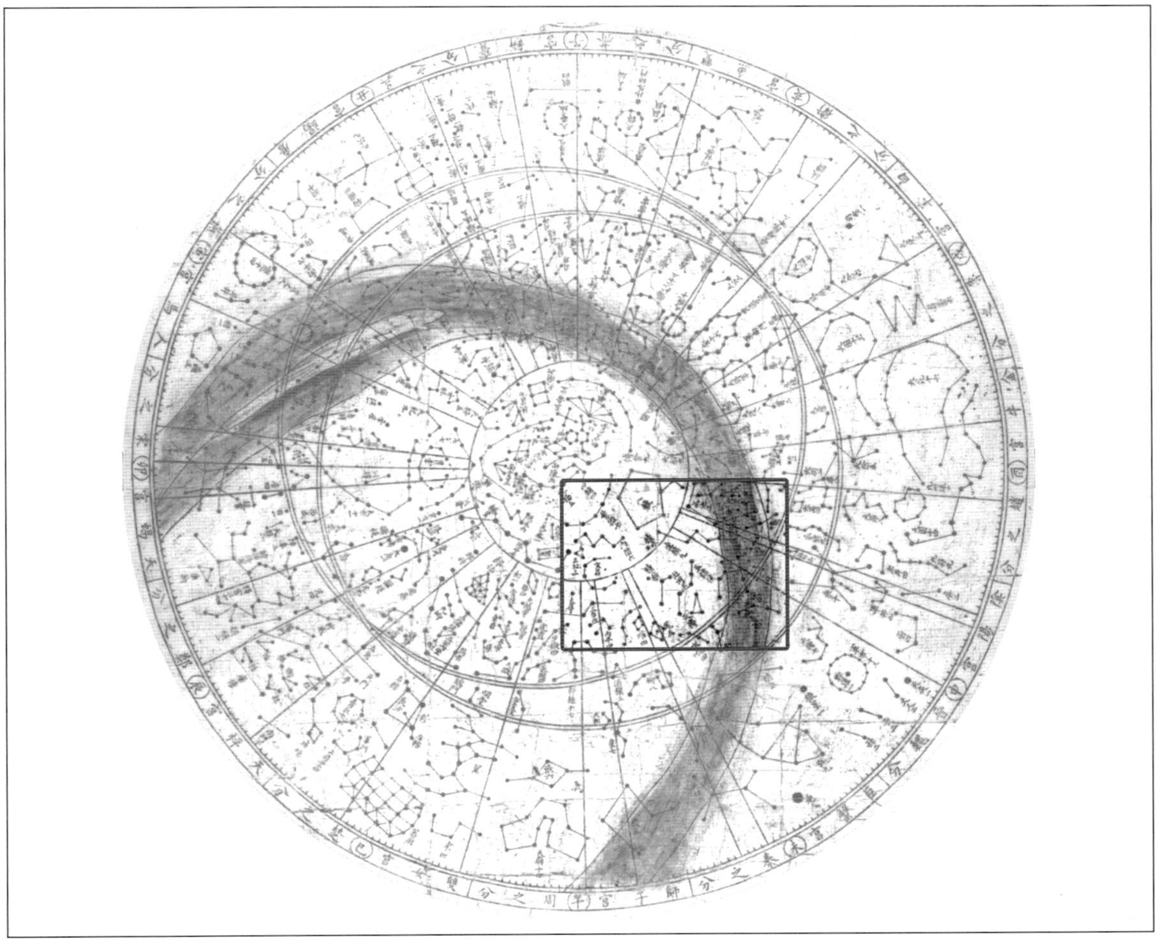

측정번호	숙종본 앞면(1,467개)			태조본 앞면(1,464개)			태조본 뒷면(1,330개)			Park(1998)		별 이름	3원(垣) 28수(宿)
	X (Center)	Y (Center)	Radius	X (Center)	Y (Center)	Radius	X (Center)	Y (Center)	Radius	BSC	V-Mag.		
										375개 동정			
911	130.99	-3.67	1.19	131.28	-3.56	0.87	131.77	-3.55	1.39			여석(礪石)4	묘수(昴宿)
912	158.72	-7.93	1.26	160.41	-8.04	1.11	161.49	-11.76	0.86			제왕(諸王)4	필수(畢宿)
913	160.18	-1.97	1.31	161.29	-1.73	0.75	163.33	-4.42	0.92			제왕(諸王)5	필수(畢宿)
914	166.71	2.58	1.35	167.31	4.42	1.14	170.03	0.12	1.19			제왕(諸王)6	필수(畢宿)
915	162.54	-17.60	1.38	163.58	-15.95	0.83	165.99	-19.79	0.91			제왕(諸王)3	필수(畢宿)
916	162.65	-26.64	1.34	163.69	-25.42	0.82	166.04	-29.40	0.82			제왕(諸王)2	필수(畢宿)
917	162.21	-36.15	1.42	163.51	-35.42	0.58	165.14	-39.15	0.77			제왕(諸王)1	필수(畢宿)
918	164.84	-50.42	1.57	166.46	-48.56	1.15	167.33	-52.83	0.89			천관(天關)	필수(畢宿)
919	153.11	-58.81	1.64	154.82	-58.25	0.70	153.82	-62.76	0.99			사괴(司怪)1	자수(觜宿)
920	149.62	-64.00	1.50	151.18	-62.23	0.75	150.66	-67.20	1.16			사괴(司怪)2	자수(觜宿)
921	147.58	-68.27	1.61	149.21	-68.51	0.81	147.88	-71.99	1.14			사괴(司怪)3	자수(觜宿)
922	145.47	-78.52	1.59	147.36	-78.41	0.60	149.93	-80.95	1.10			사괴(司怪)4	자수(觜宿)
923	6.67	-146.83	1.64	7.40	-146.45	0.87	16.90	-146.60	1.07	3905	3.88	헌원(軒轅)10	성수(星宿)
924	12.27	-155.30	1.64	12.49	-155.69	1.12	19.57	-155.01	0.68	3873	2.98	헌원(軒轅)9	성수(星宿)
925	21.59	-157.90	1.66	22.41	-157.54	0.72	29.50	-157.36	0.99			헌원(軒轅)8	성수(星宿)
926	30.84	-155.82	1.75	30.87	-156.12	1.03						헌원(軒轅)7	성수(星宿)
927	39.07	-149.55	1.85	39.34	-149.48	1.18	46.20	-148.43	1.06			헌원(軒轅)6	성수(星宿)
928	39.99	-142.28	1.55	40.30	-142.43	1.08	47.26	-141.51	1.16			헌원(軒轅)5	성수(星宿)
929	37.41	-134.40	1.63	37.27	-135.36	0.91	43.44	-134.29	0.90			헌원(軒轅)4	성수(星宿)
930	38.50	-127.77	1.72	37.84	-128.87	1.11	44.29	-126.73	1.02			헌원(軒轅)3	성수(星宿)
931	44.32	-120.99	1.52	44.55	-120.53	0.88	50.05	-119.69	0.88			헌원(軒轅)2	성수(星宿)
932	52.31	-117.01	1.44	52.60	-116.96	0.90	57.81	-116.04	0.90			헌원(軒轅)1	성수(星宿)
933	51.47	-126.01	1.45	51.53	-126.82	0.95	57.34	-125.42	0.91			관(爟)4	귀수(鬼宿)
934	47.19	-130.88	1.48	46.78	-130.62	1.08	51.74	-129.83	1.12			관(爟)3	귀수(鬼宿)
935	54.43	-132.96	1.39	55.67	-133.32	0.95	60.71	-136.02	1.35			관(爟)1	귀수(鬼宿)
936	50.79	-136.89	1.32	51.14	-136.48	0.80						관(爟)2	귀수(鬼宿)
937	63.93	-131.27	1.49	64.30	-131.21	0.80	70.44	-130.72	0.88	3449	4.66	귀(鬼)3	귀수(鬼宿)
938	61.08	-140.76	1.39	60.28	-140.57	0.84				3461	3.94	귀(鬼)4	귀수(鬼宿)
939	71.82	-136.48	1.37	72.20	-136.67	1.05				3366	5.33	귀(鬼)2	귀수(鬼宿)
940	70.70	-146.27	1.56	71.93	-145.62	1.19				3357	5.35	귀(鬼)1	귀수(鬼宿)

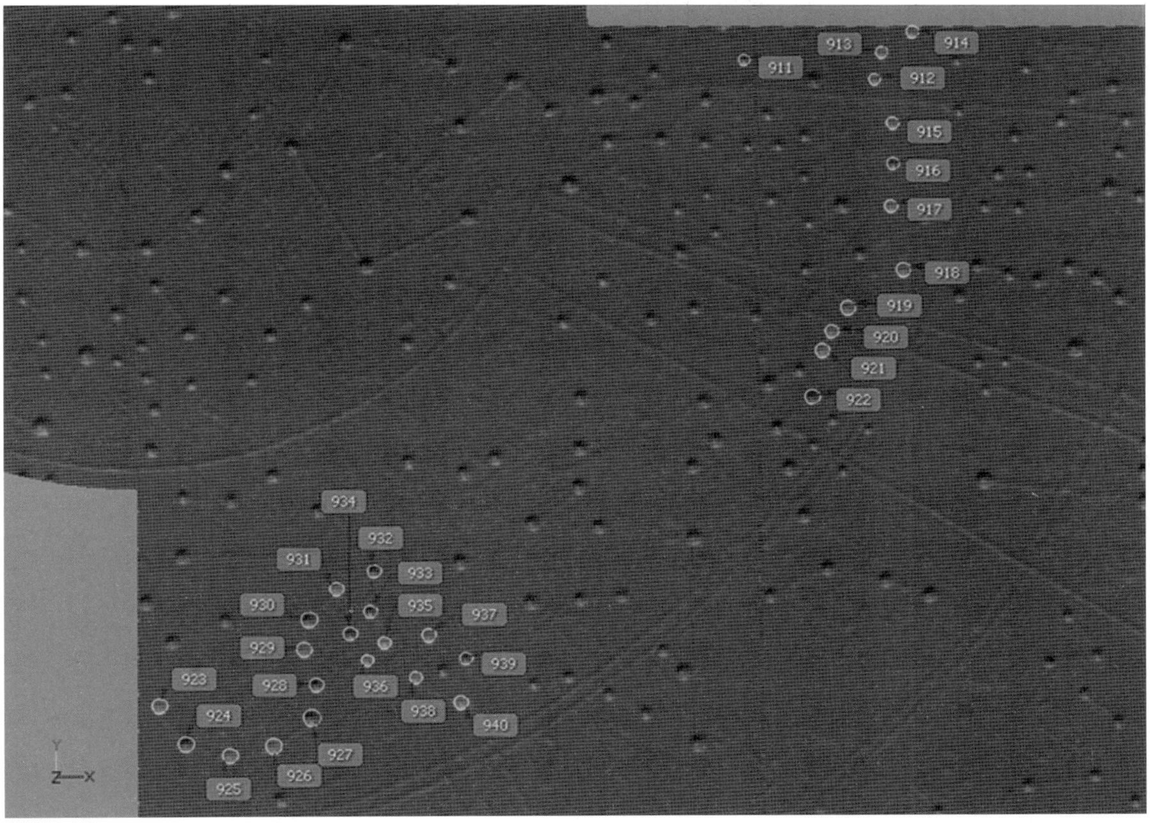
913
914
911
912
915
916
917
918
919
920
921
922
934
932
931
933
930
935
937
929
939
923
928
936
924
938
940
927
926
925
Y
Z—X

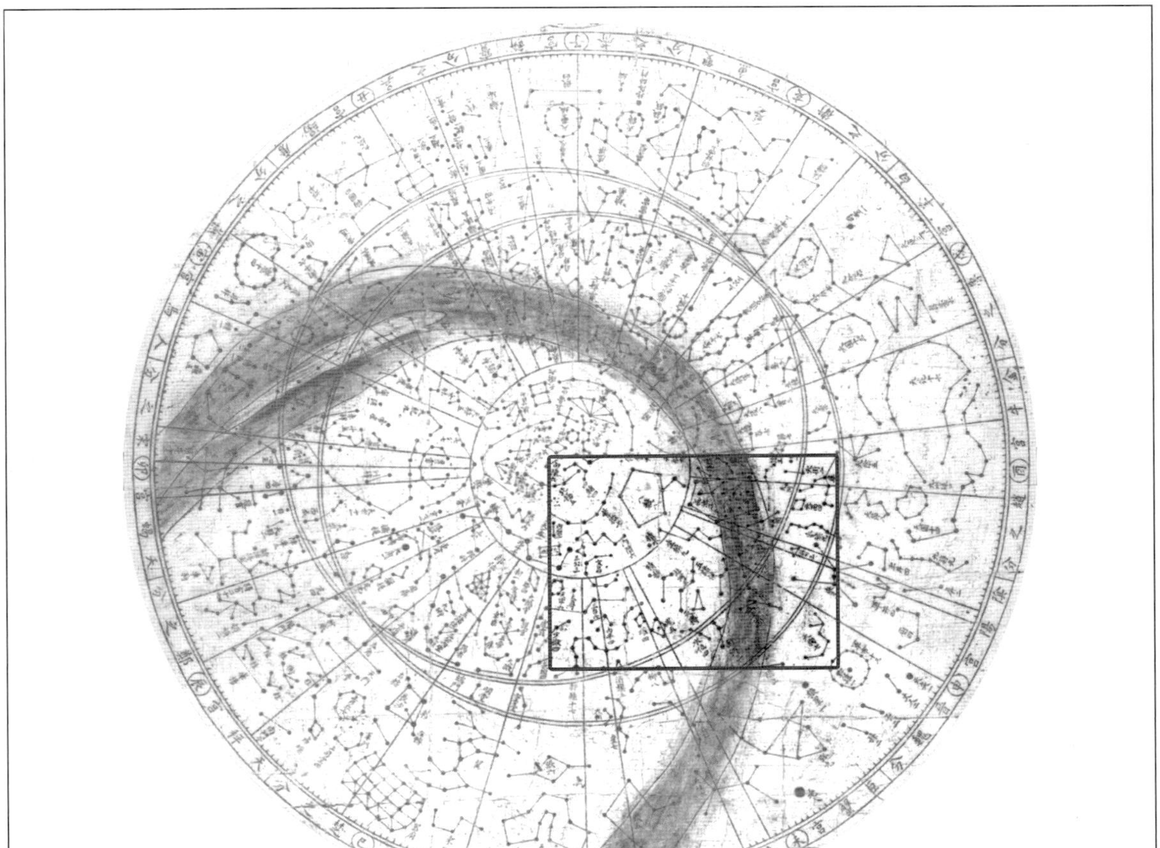

측정번호	숙종본 앞면(1,467개)			태조본 앞면(1,464개)			태조본 뒷면(1,330개)			Park(1998)		별 이름	3원(垣) 28수(宿)
	X (Center)	Y (Center)	Radius	X (Center)	Y (Center)	Radius	X (Center)	Y (Center)	Radius	BSC	V-Mag.		
										375개 동정			
941	66.97	-138.98	1.40	68.09	-139.12	1.07	73.95	-138.65	0.91			귀(鬼)-적시기(積尸氣)	귀수(鬼宿)
942	140.71	-94.14	1.77	143.04	-93.40	1.64	144.81	-95.17	1.35	2421	1.93	동정(東井)3	정수(井宿)
943	145.59	-88.94	1.27	148.23	-87.86	0.62	149.81	-90.70	1.23			수부(水府)3	정수(井宿)
944	149.88	-83.42	1.43	151.23	-82.49	0.82	154.35	-85.20	0.91			수부(水府)4	정수(井宿)
945	157.45	-85.35	1.16	158.87	-84.03	1.05	160.90	-87.24	0.84			수부(水府)1	정수(井宿)
946	151.89	-94.80	1.16	154.70	-93.62	0.84						수부(水府)2	정수(井宿)
947	143.84	-104.52	1.83	145.14	-103.98	1.59	146.96	-105.35	1.53	2484	3.36	동정(東井)4	정수(井宿)
948	176.61	-14.78	1.32	178.09	-13.46	1.22	177.21	-15.99	1.01			천아(天阿)	묘수(昴宿)
949	176.09	-3.60	1.42	177.38	-2.64	1.21	177.23	-5.91	0.98			천가(天街)1	필수(畢宿)
950	191.09	-5.15	1.41	192.64	-4.23	0.98	192.68	-6.92	0.99			천가(天街)2	필수(畢宿)
951	188.48	-20.39	1.32	189.29	-19.41	0.79	189.53	-21.72	0.91	1409	3.53	필(畢)1	필수(畢宿)
952	198.58	-16.83	1.49	199.44	-15.56	0.83	200.14	-18.24	1.15	1389	4.29	필(畢)2	필수(畢宿)
953	185.09	-28.69	1.38	186.46	-27.50	0.83	185.13	-30.26	0.90			천고(天高)1	필수(畢宿)
954	191.72	-28.31	1.32	193.16	-26.96	0.78	192.84	-29.96	1.00			천고(天高)2	필수(畢宿)
955	182.09	-35.85	1.43	182.44	-34.64	0.99	181.55	-37.73	1.20			천고(天高)3	필수(畢宿)
956	189.38	-36.02	1.73	190.02	-35.64	0.83	189.24	-39.23	1.26			천고(天高)4	필수(畢宿)
957	176.56	-55.93	1.54	177.40	-54.39	1.08	177.22	-58.25	1.06			삼기(參旗)1	필수(畢宿)
958	180.76	-49.23	1.55	181.94	-47.73	1.09	181.61	-51.23	1.22			삼기(參旗)2	필수(畢宿)
959	187.49	-51.29	1.58	188.83	-49.67	1.01	188.57	-53.38	1.06	1570	4.65	삼기(參旗)3	필수(畢宿)
960	193.44	-52.69	1.66	194.15	-51.75	0.76	193.77	-54.94	1.47	1544	4.36	삼기(參旗)4	필수(畢宿)
961	200.32	-49.48	1.73	201.27	-48.23	0.76	200.90	-51.49	1.04	1543	3.19	삼기(參旗)5	필수(畢宿)
962	206.01	-52.08	1.78	207.55	-50.33	0.81	207.79	-53.88	1.13	1552	3.69	삼기(參旗)6	필수(畢宿)
963	211.12	-56.15	1.87	212.44	-54.76	1.06	212.08	-58.70	1.19	1567	3.72	삼기(參旗)7	필수(畢宿)
964	221.77	-62.31	1.53	223.26	-60.25	0.71	222.99	-63.72	1.09	1601	4.47	삼기(參旗)8	필수(畢宿)
965	222.21	-70.25	1.59	223.69	-68.84	0.71	223.99	-72.57	0.97	1569	5.19	삼기(參旗)9	필수(畢宿)
966	180.91	-70.68	1.17	182.86	-69.18	0.92						자(觜)1	자수(觜宿)
967	182.30	-77.09	1.12	184.86	-75.31	0.59						자(觜)3	자수(觜宿)
968	186.51	-70.69	1.28	188.59	-68.22	0.82						자(觜)2	자수(觜宿)
969	19.72	-174.11	1.48	20.86	-173.98	0.69	29.18	-173.14	0.85	3852	3.52	헌원(軒轅)15	성수(星宿)
970	32.10	-167.46	1.50	33.25	-166.42	1.08	40.37	-166.02	1.04			주기(酒旗)1	류수(柳宿)

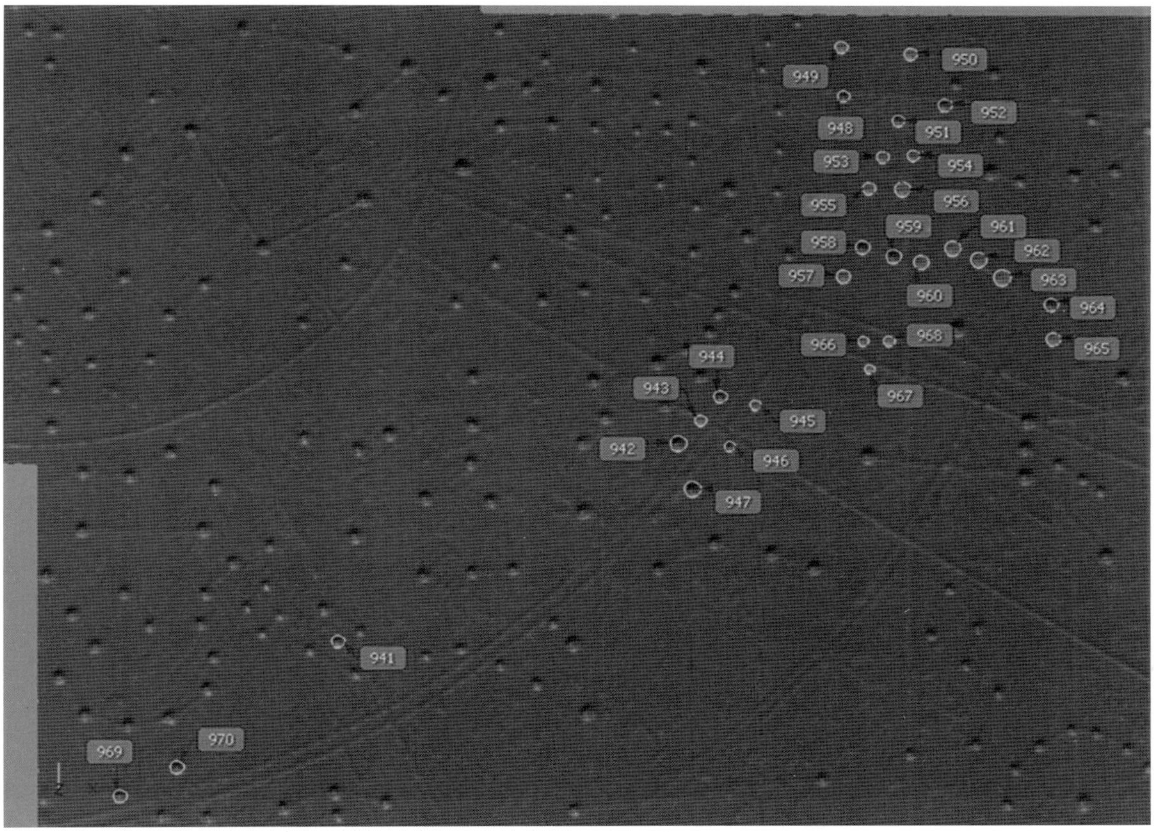
949
950
952
948
951
953
954
955
956
959
961
958
962
957
963
960
964
966
968
965
944
943
967
945
942
946
947
941
970
969

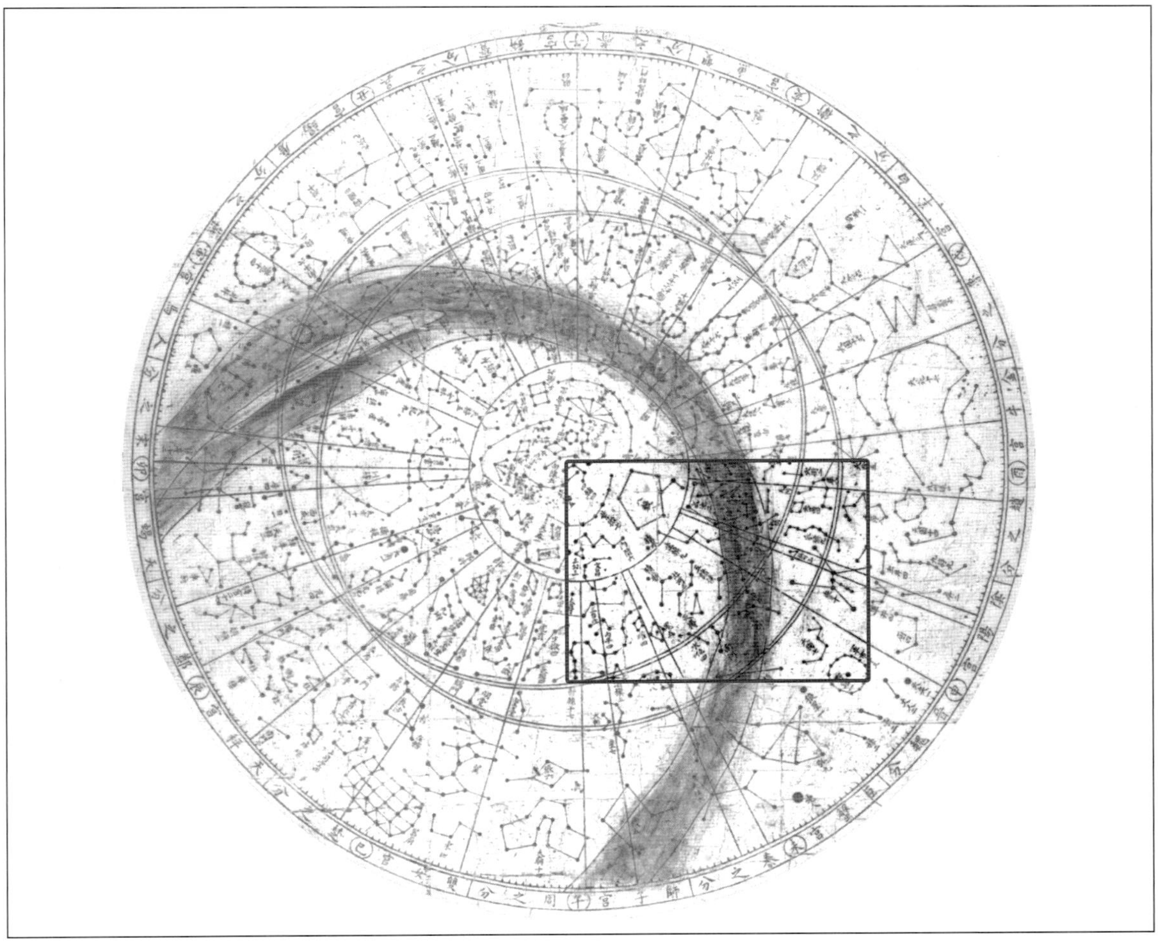

측정번호	숙종본 앞면(1,467개)			태조본 앞면(1,464개)			태조본 뒷면(1,330개)			Park(1998) 375개 동정		별 이름	3원(垣) 28수(宿)
	X (Center)	Y (Center)	Radius	X (Center)	Y (Center)	Radius	X (Center)	Y (Center)	Radius	BSC	V-Mag.		
971	28.93	-178.39	1.38	30.15	-177.54	1.07	37.17	-176.95	0.83			주기(酒旗)3	류수(柳宿)
972	38.89	-178.51	1.49	39.03	-178.32	0.89	47.37	-176.96	0.78			주기(酒旗)2	류수(柳宿)
973	86.12	-142.18	1.54	86.56	-141.91	1.19	92.02	-139.91	0.79			수위(水位)4	정수(井宿)
974	93.51	-140.49	1.67	94.88	-139.84	0.75	100.67	-137.85	1.12			수위(水位)3	정수(井宿)
975	102.17	-144.24	1.30	103.09	-144.30	0.89	108.18	-142.23	1.15			수위(水位)2	정수(井宿)
976	109.90	-148.54	1.68	111.17	-148.89	1.07	116.98	-147.14	1.17			수위(水位)1	정수(井宿)
977	113.81	-134.77	1.48	114.51	-134.50	1.01	121.21	-131.65	1.01			남하(南河)1	정수(井宿)
978	118.10	-139.23	2.14	119.77	-138.64	1.10	125.66	-136.81	1.61			남하(南河)2	정수(井宿)
979	136.53	-122.53	1.69	137.64	-122.14	1.06	141.13	-123.79	1.22			사독(四瀆)1	정수(井宿)
980	148.72	-116.35	1.72	150.38	-116.08	1.08						사독(四瀆)2	정수(井宿)
981	161.15	-118.93	1.78	163.73	-118.22	0.76	166.93	-121.71	1.26			사독(四瀆)3	정수(井宿)
982	170.41	-122.40	1.76	173.42	-121.82	1.28	176.23	-125.31	1.10			사독(四瀆)4	정수(井宿)
983	121.14	-155.25	1.98	122.33	-155.12	1.46	128.64	-154.12	1.89			남하(南河)3	정수(井宿)
984	118.31	-177.54	1.63	118.95	-178.08	0.74	125.42	-175.38	1.20			궐구(闕丘)2	정수(井宿)
985	172.00	-170.42	1.73	173.53	-169.89	1.25	180.08	-167.66	1.37			궐구(闕丘)1	정수(井宿)
986	21.99	-200.10	1.54	22.66	-200.39	1.00	31.09	-198.09	1.13			성(星)5	성수(星宿)
987	19.90	-210.04	1.68	20.23	-210.07	0.87	29.42	-209.50	1.17			천상(天相)2	성수(星宿)
988	24.89	-216.35	1.51	27.27	-216.57	0.81	36.50	-215.76	1.22			천상(天相)1	성수(星宿)
989	20.68	-222.80	1.50	21.81	-222.48	1.30	30.56	-221.60	1.63			천상(天相)3	성수(星宿)
990	33.69	-216.30	1.39	35.63	-216.69	1.08	45.04	-214.70	1.42			성(星)2	성수(星宿)
991	36.30	-208.45	1.45	38.04	-208.33	1.16	46.70	-206.21	1.27	3845	3.91	성(星)3	성수(星宿)
992	32.04	-201.54	1.52	32.95	-201.52	0.73	41.77	-199.02	1.15	3787	4.57	성(星)4	성수(星宿)
993	43.67	-193.30	1.80	43.19	-194.08	1.31	49.64	-193.01	1.26	3665	3.88	류(柳)8	류수(柳宿)
994	48.66	-183.59	1.98	48.87	-183.74	1.21	54.58	-183.03	1.07	3613	4.97	류(柳)7	류수(柳宿)
995	55.42	-176.66	1.91	56.80	-177.10	1.08	62.09	-176.09	1.00	3547	3.11	류(柳)6	류수(柳宿)
996	66.10	-173.31	2.01	66.89	-173.50	1.01	71.78	-171.77	1.12	3482	3.38	류(柳)5	류수(柳宿)
997	77.33	-175.68	1.54	78.43	-175.61	1.46	84.91	-173.79	1.74	3410	4.16	류(柳)1	류수(柳宿)
998	78.76	-185.49	2.01	78.94	-185.69	0.96	84.92	-184.15	0.95	3418	4.44	류(柳)2	류수(柳宿)
999	71.87	-187.17	1.73	72.82	-187.05	0.78	78.44	-185.99	0.99	3454	4.30	류(柳)3	류수(柳宿)
1000	67.08	-178.22	1.78	67.62	-178.02	0.74	73.59	-176.46	0.92	3492	4.36	류(柳)4	류수(柳宿)

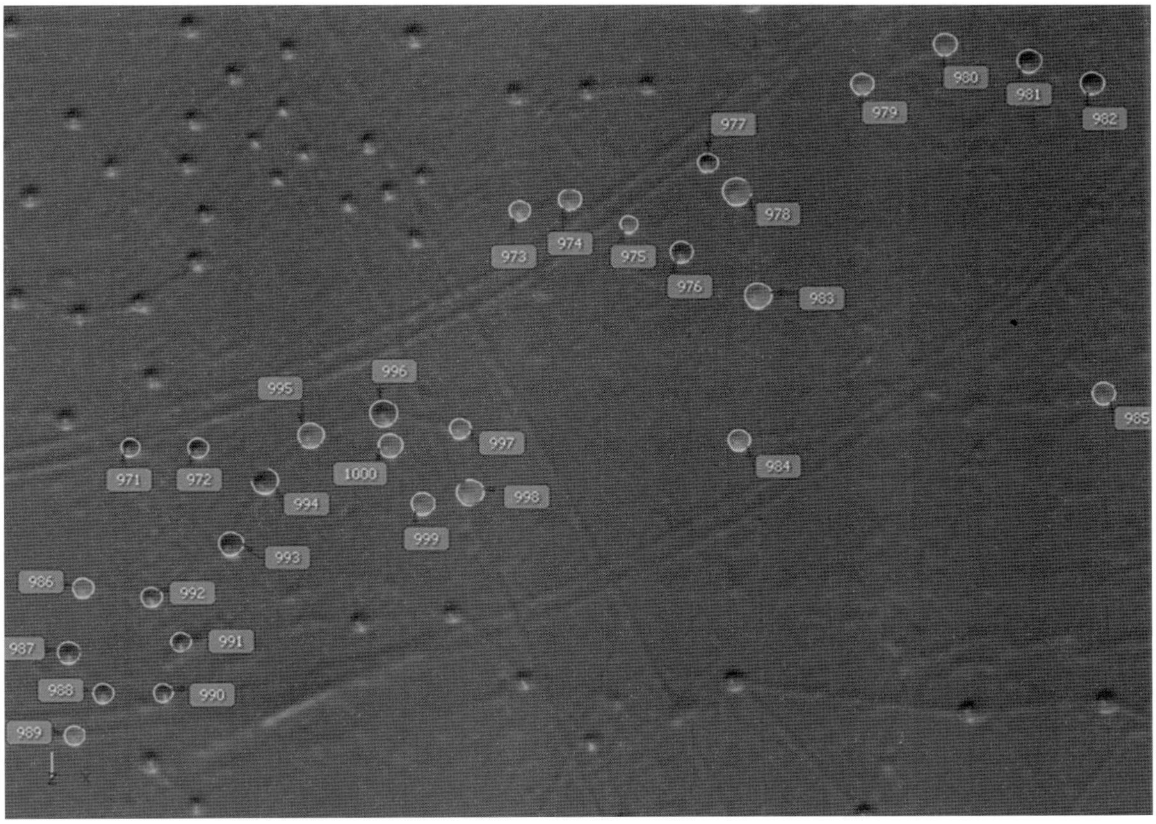

980
981
982
979
977
978
973
974
975
976
983
996
995
985
997
1000
971
972
994
984
998
999
993
986
992
991
987
988
990
989

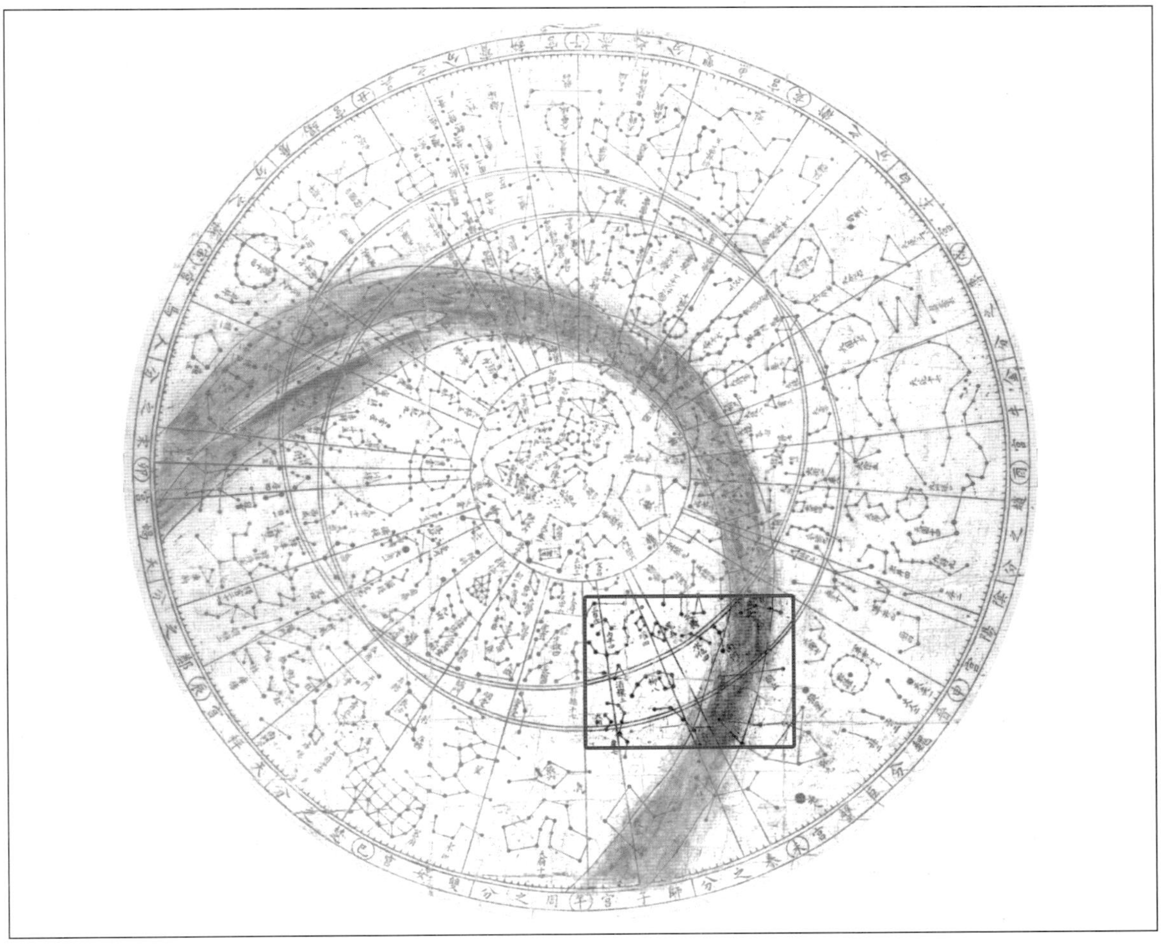

측정번호	숙종본 앞면(1,467개)			태조본 앞면(1,464개)			태조본 뒷면(1,330개)			Park(1998)		별 이름	3원(垣) 28수(宿)
	X (Center)	Y (Center)	Radius	X (Center)	Y (Center)	Radius	X (Center)	Y (Center)	Radius	BSC	V-Mag.		
										375개 동정			
1001	200.85	-11.71	1.31	202.38	-10.66	1.09	202.02	-13.23	1.02	1373	3.76	필(畢)3	필수(畢宿)
1002	209.53	-9.43	1.56	211.17	-8.11	1.06	210.87	-9.81	1.18	1346	3.65	필(畢)4	필수(畢宿)
1003	212.30	-16.75	1.37	213.35	-15.70	0.66	213.42	-17.73	0.95			필(畢)7	필수(畢宿)
1004	210.64	-24.07	1.51	212.24	-22.54	0.94	212.33	-23.75	1.00			필(畢)6	필수(畢宿)
1005	208.55	-31.76	2.05	210.08	-30.42	1.26	210.25	-33.39	2.24	1457	0.85	필(畢)5	필수(畢宿)
1006	215.09	-33.93	1.53	216.71	-31.79	0.88						부이(附耳)	필수(畢宿)
1007	226.63	-32.47	1.69	228.68	-30.29	1.13	227.96	-34.13	1.17			천절(天節)1	필수(畢宿)
1008	230.50	-19.82	1.55	231.93	-17.92	0.86	231.92	-20.81	1.40			천절(天節)3	필수(畢宿)
1009	231.50	-44.07	1.71	232.46	-42.80	0.88	232.70	-45.70	1.31			천절(天節)2	필수(畢宿)
1010	235.76	-31.19	1.70	237.17	-29.65	0.80	236.19	-32.82	1.22			천절(天節)4	필수(畢宿)
1011	243.30	-21.62	1.88	244.80	-19.22	0.75	244.70	-21.45	1.56			천절(天節)5	필수(畢宿)
1012	246.75	-32.75	1.80	247.54	-31.66	0.86	247.38	-34.74	1.45			천절(天節)6	필수(畢宿)
1013	256.52	-31.19	1.67	258.41	-29.32	0.73	258.04	-31.46	1.58			천절(天節)7	필수(畢宿)
1014	262.46	-41.53	1.63	263.34	-40.09	0.90	263.48	-43.08	1.73			천절(天節)8	필수(畢宿)
1015	201.49	-67.57	2.11	203.45	-66.12	1.77	204.89	-71.88	1.61	1790	1.64	삼(參)5	삼수(參宿)
1016	216.97	-89.01	1.96	218.60	-88.11	1.38	219.15	-92.88	1.40	1852	2.23	삼(參)3	삼수(參宿)
1017	247.53	-84.26	2.02	249.62	-82.76	0.92	250.75	-89.74	2.41	1713	0.12	삼(參)7	삼수(參宿)
1018	216.23	-95.02	1.90	218.75	-94.18	1.17	219.43	-99.53	1.32	1903	1.70	삼(參)2	삼수(參宿)
1019	182.00	-96.84	1.99	184.21	-95.91	1.28	184.60	-100.29	1.88	2061	0.50	삼(參)4	삼수(參宿)
1020	216.20	-101.68	1.95	218.91	-100.11	1.16	219.41	-105.49	1.74	1948	2.05	삼(參)1	삼수(參宿)
1021	233.81	-119.69	1.99	236.94	-118.00	1.06	235.64	-124.95	2.02	2004	2.06	삼(參)6	삼수(參宿)
1022	223.23	-98.68	1.29	225.57	-97.14	0.46	225.79	-102.70	1.15			삼(參)1-벌(伐)	삼수(參宿)
1023	228.47	-102.17	1.42	230.83	-99.97	0.65	230.76	-106.18	1.25			삼(參)2-벌(伐)	삼수(參宿)
1024	232.57	-104.84	1.43	235.30	-103.70	0.83	234.42	-109.45	1.21			삼(參)3-벌(伐)	삼수(參宿)
1025	199.47	-127.04	1.48	202.49	-126.84	0.85	204.08	-131.08	1.31			천구(天狗)6	귀수(鬼宿)
1026	205.90	-136.14	1.43	208.23	-134.83	0.91	209.80	-140.14	1.01			천구(天狗)5	귀수(鬼宿)
1027	195.63	-137.56	1.47	198.26	-135.73	0.84	199.83	-141.20	0.91			천구(天狗)7	귀수(鬼宿)
1028	203.18	-144.26	1.51	205.98	-143.17	0.59	205.96	-148.57	1.25			천구(天狗)4	귀수(鬼宿)
1029	210.51	-150.99	1.48	215.82	-145.23	0.72	213.32	-155.21	1.16			천구(天狗)3	귀수(鬼宿)
1030	205.58	-162.58	1.42	218.28	-153.62	1.08	208.95	-167.76	1.15			천구(天狗)2	귀수(鬼宿)

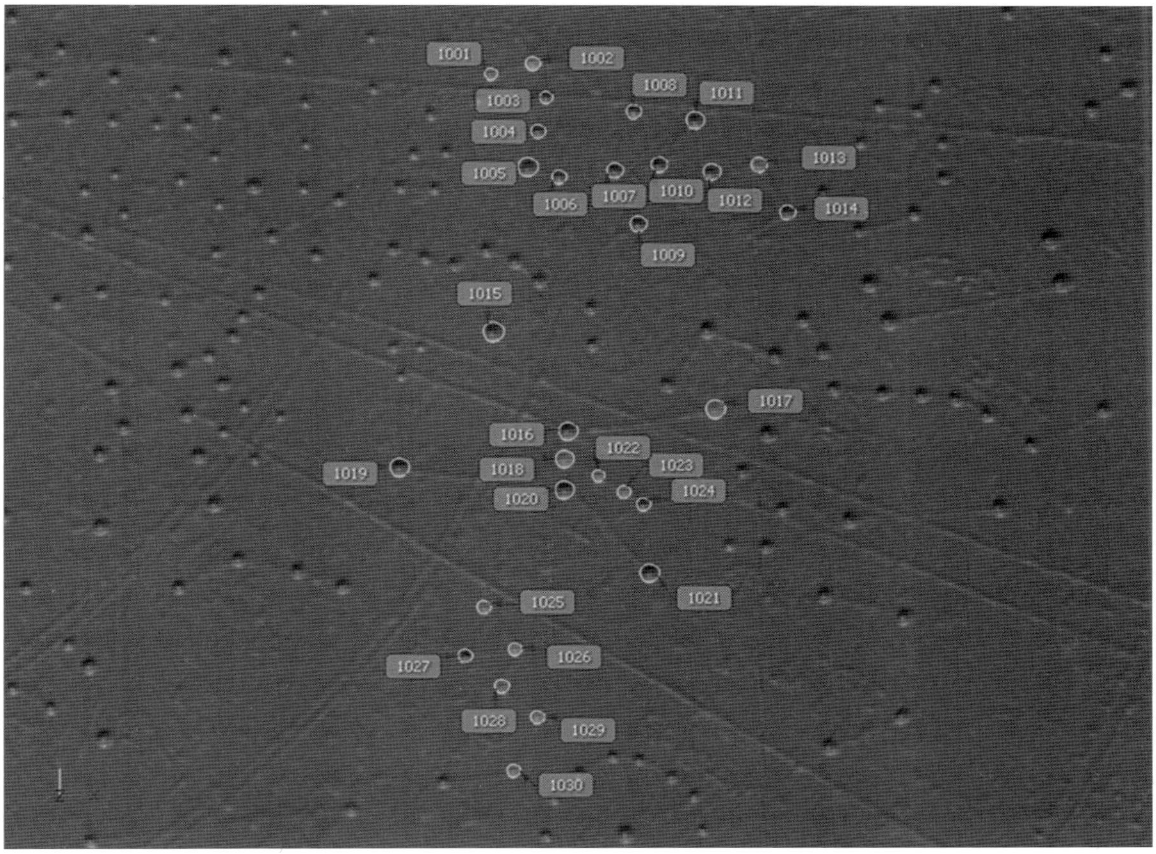
1001
1002
1003
1004
1005
1006
1007
1008
1009
1010
1011
1012
1013
1014
1015
1016
1017
1018
1019
1020
1021
1022
1023
1024
1025
1026
1027
1028
1029
1030

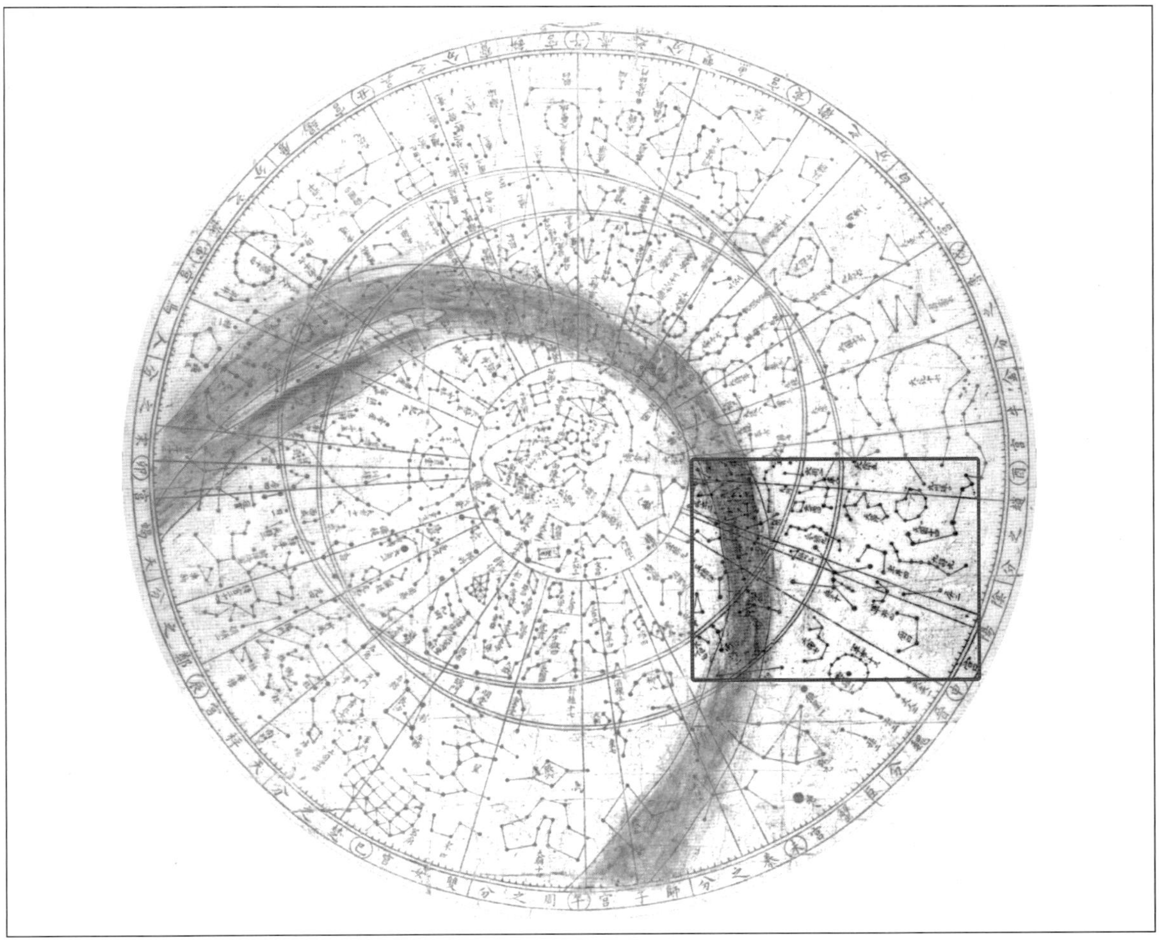

측정번호	숙종본 앞면(1,467개)			태조본 앞면(1,464개)			태조본 뒷면(1,330개)			Park(1998)		별 이름	3원(垣) 28수(宿)
	X (Center)	Y (Center)	Radius	X (Center)	Y (Center)	Radius	X (Center)	Y (Center)	Radius	BSC	V-Mag.		
										375개 동정			
1031	191.09	-164.95	1.25	193.56	-163.94	1.03	193.87	-169.55	0.92			천구(天狗)1	귀수(鬼宿)
1032	190.78	-189.31	2.84	192.47	-188.21	2.42	198.94	-187.81	2.39	2491	-1.46	낭성(狼星)1	정수(井宿)
1033	6.21	-258.79	1.57	7.70	-258.19	1.45	18.05	-257.79	1.27	3849	5.06	장(張)5	장수(張宿)
1034	32.04	-226.73	1.85	32.94	-227.69	1.44	42.57	-225.39	1.78	3748	1.98	성(星)1	성수(星宿)
1035	38.70	-233.57	1.51	41.13	-232.57	1.24	50.30	-229.57	1.07			성(星)6	성수(星宿)
1036	36.40	-246.46	1.67	38.34	-245.72	0.93	48.23	-243.42	1.18	3759	4.60	성(星)7	성수(星宿)
1037	62.79	-205.46	1.73	63.15	-205.55	1.12	69.78	-205.32	1.19			외주(外廚)6	귀수(鬼宿)
1038	76.29	-203.93	1.66	79.20	-204.30	1.24	84.54	-202.81	1.18			외주(外廚)5	귀수(鬼宿)
1039	86.78	-214.61	1.67	98.38	-223.54	0.84	95.25	-212.50	0.91			외주(外廚)4	귀수(鬼宿)
1040	96.84	-223.80	1.61	103.07	-235.85	1.10	103.78	-223.64	0.86			외주(外廚)3	귀수(鬼宿)
1041	101.41	-236.43	1.67	102.24	-250.52	0.75	109.14	-235.74	0.88			외주(外廚)2	귀수(鬼宿)
1042	100.11	-251.01	1.70	99.52	-264.51	1.33						외주(外廚)1	귀수(鬼宿)
1043	237.63	-78.86	1.75	239.43	-77.66	0.72	240.92	-84.64	1.13			옥정(玉井)4	삼수(參宿)
1044	246.14	-67.05	1.93	248.28	-65.43	0.64	246.42	-72.37	1.37			옥정(玉井)3	삼수(參宿)
1045	260.09	-72.42	1.79	262.28	-70.22	0.91	264.58	-77.17	1.45			옥정(玉井)2	삼수(參宿)
1046	258.56	-89.35	1.79	260.79	-87.01	0.60	262.16	-93.90	1.56			옥정(玉井)1	삼수(參宿)
1047	270.45	-28.88	1.41	272.24	-26.95	0.75	271.84	-30.24	1.23			구주수구(九州殊口)5	필수(畢宿)
1048	270.01	-37.15	1.41	271.60	-34.84	0.68	271.83	-38.16	1.19			구주수구(九州殊口)6	필수(畢宿)
1049	277.81	-26.20	1.39	279.77	-23.94	0.81	280.00	-26.79	0.91			구주수구(九州殊口)4	필수(畢宿)
1050	281.44	-18.07	1.43	282.45	-17.16	0.55	282.17	-19.88	0.98			구주수구(九州殊口)3	필수(畢宿)
1051	289.56	-19.16	1.51	291.29	-17.19	0.97	291.39	-19.71	0.91			구주수구(九州殊口)2	필수(畢宿)
1052	294.70	-26.15	1.52	296.32	-24.16	0.51	297.06	-26.74	0.84			구주수구(九州殊口)1	필수(畢宿)
1053	294.98	-33.77	1.59	294.66	-31.26	1.16	297.48	-33.62	1.11			구주수구(九州殊口)9	필수(畢宿)
1054	288.86	-41.61	1.56	290.35	-39.05	0.64	290.82	-41.44	0.89			구주수구(九州殊口)8	필수(畢宿)
1055	277.43	-45.26	1.56	279.42	-42.78	0.68	279.09	-46.23	1.31			구주수구(九州殊口)7	필수(畢宿)
1056	253.18	-97.56	1.54	255.83	-95.32	1.04	256.60	-101.98	1.40			군정(軍井)1	삼수(參宿)
1057	261.56	-105.74	1.36	263.32	-102.79	0.89	264.43	-110.79	1.22			군정(軍井)2	삼수(參宿)
1058	250.51	-113.58	1.45	253.13	-111.84	0.77	252.98	-118.20	1.25			군정(軍井)4	삼수(參宿)
1059	258.08	-113.82	1.57	260.37	-111.12	0.43	260.68	-118.24	1.57			군정(軍井)3	삼수(參宿)
1060	214.04	-168.42	1.42	216.22	-167.13	0.97	217.70	-173.91	1.08			군시(軍市)4	정수(井宿)

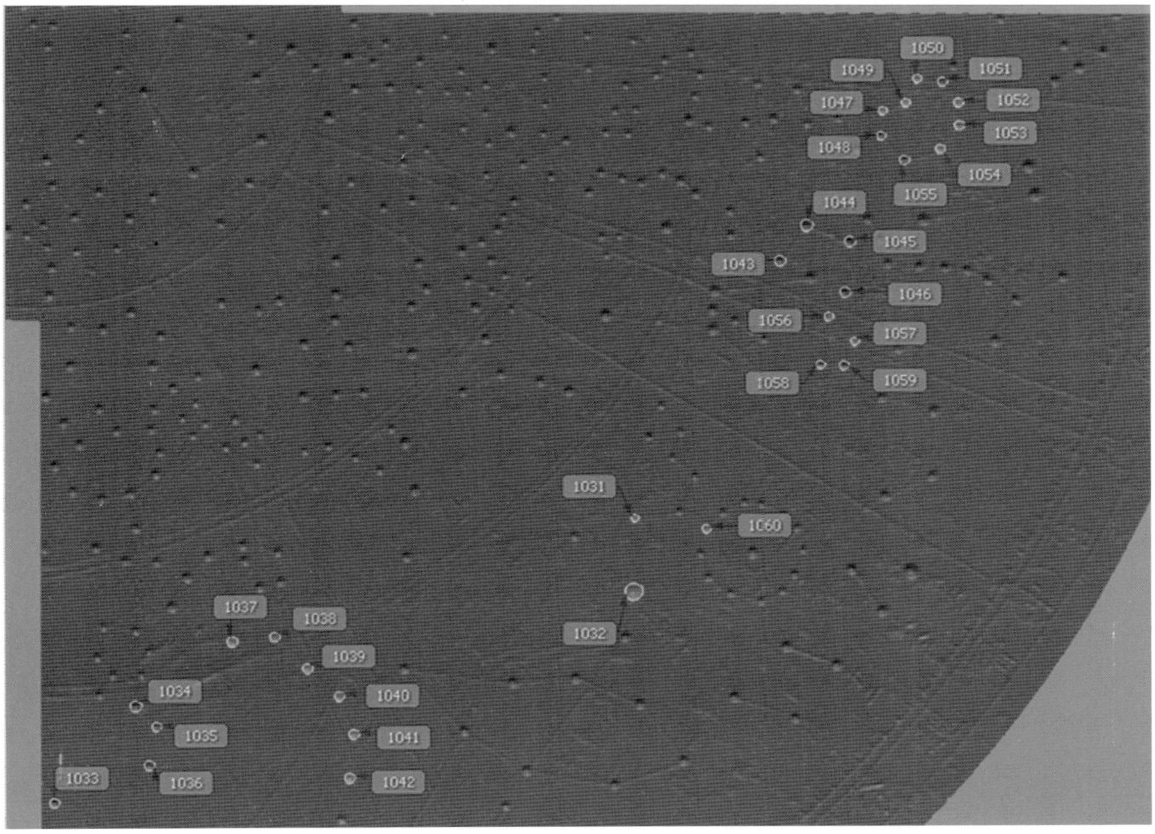
1050
1049
1051
1047
1052
1053
1048
1054
1055
1044
1045
1043
1046
1056
1057
1058
1059
1031
1060
1037
1038
1032
1039
1034
1040
1035
1041
1033
1036
1042

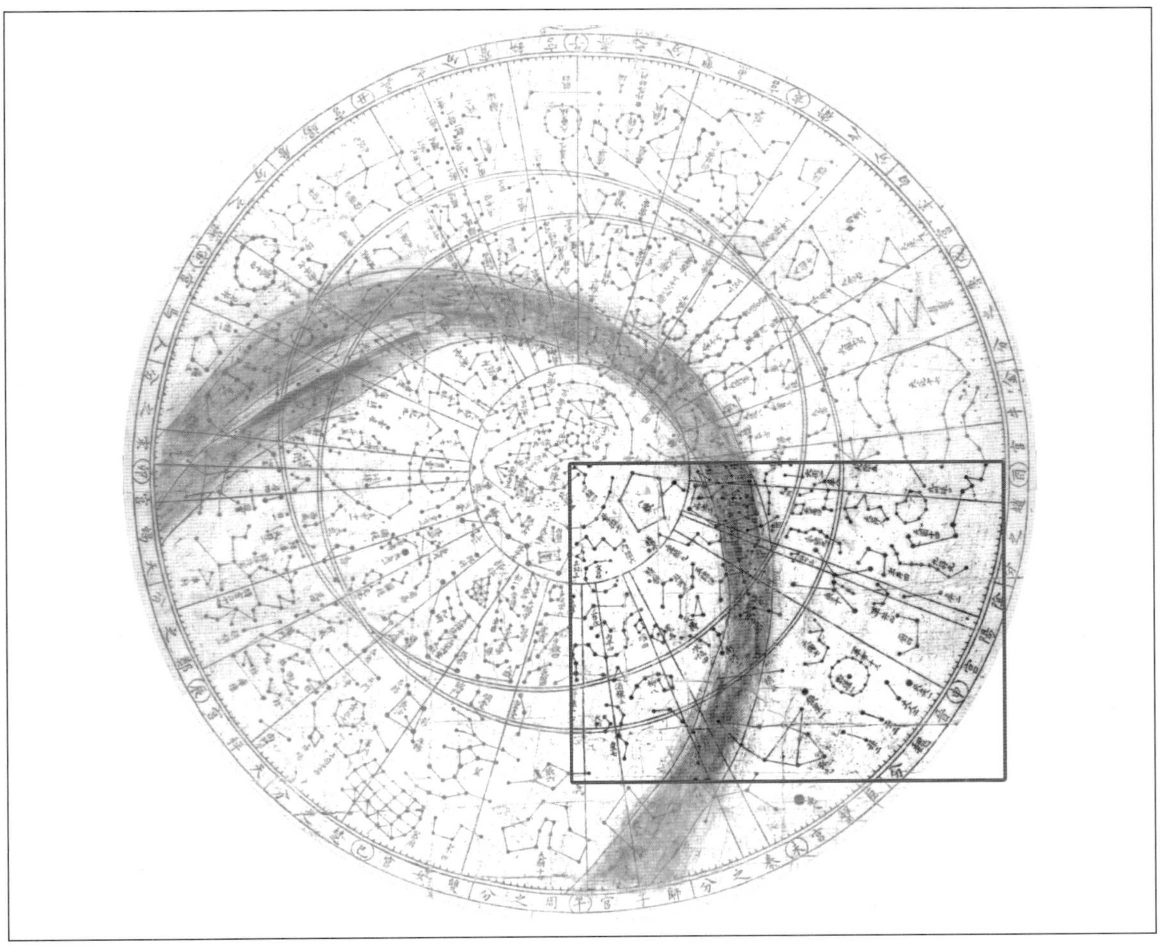

측정번호	숙종본 앞면(1,467개)			태조본 앞면(1,464개)			태조본 뒷면(1,330개)			Park(1998)		별 이름	3원(垣) 28수(宿)
	X (Center)	Y (Center)	Radius	X (Center)	Y (Center)	Radius	X (Center)	Y (Center)	Radius	BSC	V-Mag.		
										375개 동정			
1061	219.40	-162.94	1.54	216.22	-167.13	0.97	222.92	-167.58	0.93			군시(軍市)3	정수(井宿)
1062	226.22	-159.57	1.38	222.40	-161.65	0.91	230.67	-164.06	1.08			군시(軍市)2	정수(井宿)
1063	231.74	-160.02	1.43	230.75	-158.16	0.66	235.54	-164.79	1.19			군시(軍市)1	정수(井宿)
1064	238.54	-163.69	1.50	241.07	-162.87	0.85	242.60	-168.76	1.30			군시(軍市)13	정수(井宿)
1065	243.12	-168.15	1.46	245.97	-166.55	0.83	246.05	-173.32	1.31			군시(軍市)12	정수(井宿)
1066	244.96	-175.45	1.38	246.94	-174.71	0.68	249.22	-180.59	1.31			군시(軍市)11	정수(井宿)
1067	242.16	-183.55	1.63	244.66	-182.42	1.07	246.14	-189.05	1.19			군시(軍市)10	정수(井宿)
1068	238.30	-189.16	1.46	242.21	-187.74	1.01	242.20	-194.61	1.31			군시(軍市)9	정수(井宿)
1069	231.53	-192.56	1.58	235.18	-190.98	0.76	235.39	-198.05	1.32			군시(軍市)8	정수(井宿)
1070	221.84	-189.79	1.48	224.25	-188.34	1.39	225.18	-195.20	1.18			군시(軍市)7	정수(井宿)
1071	214.85	-184.57	1.60	217.29	-183.36	0.72	217.22	-190.03	1.25			군시(軍市)6	정수(井宿)
1072	212.32	-176.86	1.55	215.12	-176.09	0.91	214.90	-181.66	1.18			군시(軍市)5	정수(井宿)
1073	228.83	-176.29	1.94	231.61	-175.09	1.08	232.00	-182.09	1.78			야계(野雞)1	정수(井宿)
1074	4.53	-316.75	1.63	6.22	-317.41	1.02	19.14	-315.10	1.09			천묘(天廟)1	장수(張宿)
1075	18.25	-301.96	1.67	21.63	-303.01	1.18	31.72	-299.59	1.57			직(稷)5	성수(星宿)
1076	39.45	-272.22	1.70	42.89	-271.40	1.14	52.61	-268.09	1.66			직(稷)3	성수(星宿)
1077	48.78	-331.16	1.71	52.98	-331.70	0.84	64.38	-327.66	1.79			직(稷)4	성수(星宿)
1078	60.28	-298.28	1.71	63.85	-299.04	1.05	74.91	-293.89	1.64			직(稷)2	성수(星宿)
1079	77.58	-292.92	1.75	80.28	-291.78	1.31	90.66	-287.95	1.30			직(稷)1	성수(星宿)
1080	97.21	-264.91	1.64	99.52	-264.51	1.33	104.76	-264.36	0.99			천사(天社)5	귀수(鬼宿)
1081	105.50	-301.88	1.80	107.49	-301.80	0.89	112.97	-300.67	1.20			천사(天社)6	귀수(鬼宿)
1082	113.07	-280.33	2.02	114.90	-280.10	0.89	120.80	-279.39	1.27			천사(天社)4	귀수(鬼宿)
1083	141.47	-274.83	1.88	143.68	-274.40	1.14	148.92	-273.82	1.32			천사(天社)3	귀수(鬼宿)
1084	149.74	-260.45	1.78	151.75	-260.02	1.24	158.88	-258.79	1.12			천사(天社)2	귀수(鬼宿)
1085	165.81	-291.38	2.06	167.88	-290.94	1.40	173.96	-289.89	1.50			천사(天社)1	귀수(鬼宿)
1086	117.48	-214.56	1.84	119.46	-213.94	0.94	125.40	-212.51	1.12			호(弧)5	정수(井宿)
1087	136.85	-235.34	1.85	138.20	-235.41	0.88	144.01	-234.29	1.13			호(弧)4	정수(井宿)
1088	156.40	-248.83	1.79	158.56	-248.29	1.63	165.57	-247.32	1.71			호(弧)3	정수(井宿)
1089	184.36	-253.75	1.77	187.19	-252.61	0.60	193.16	-251.94	1.66			호(弧)9	정수(井宿)
1090	206.75	-245.59	1.93	210.33	-243.74	1.12	217.16	-243.34	1.82			호(弧)8	정수(井宿)

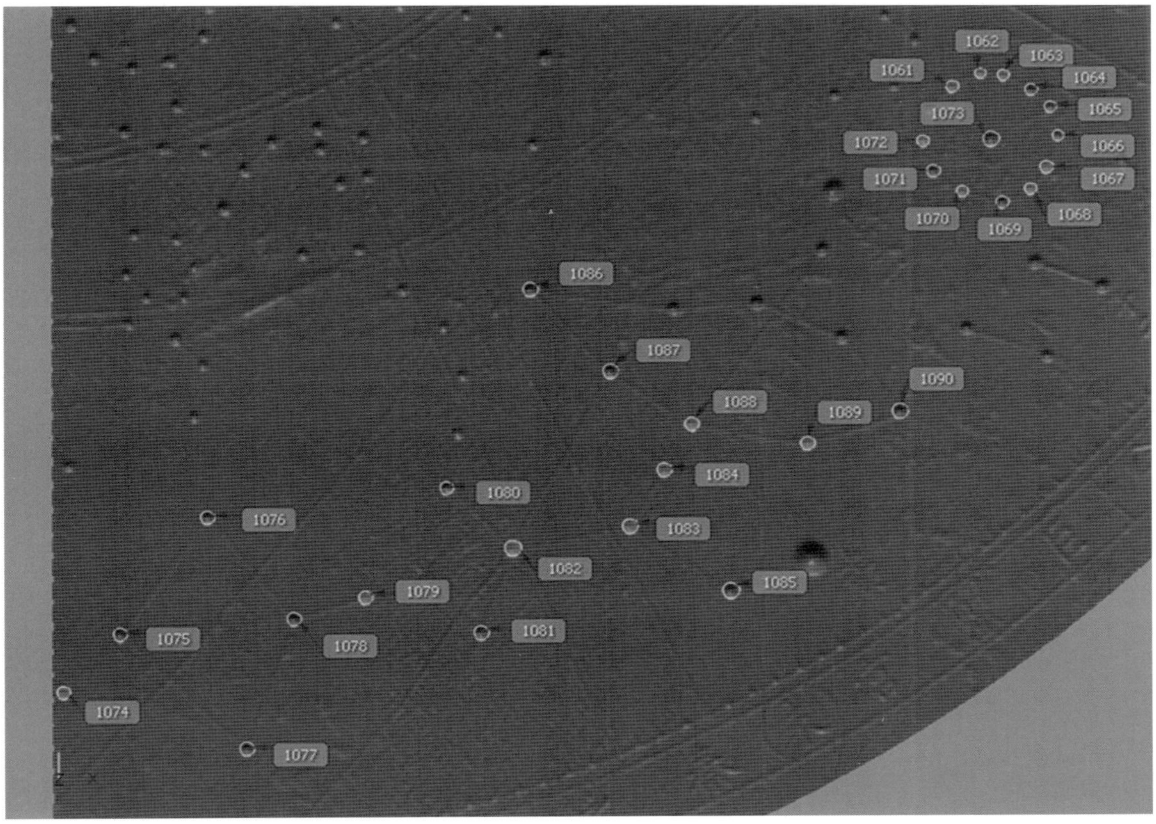
1061
1062
1063
1064
1065
1066
1067
1068
1069
1070
1071
1072
1073
1074
1075
1076
1077
1078
1079
1080
1081
1082
1083
1084
1085
1086
1087
1088
1089
1090

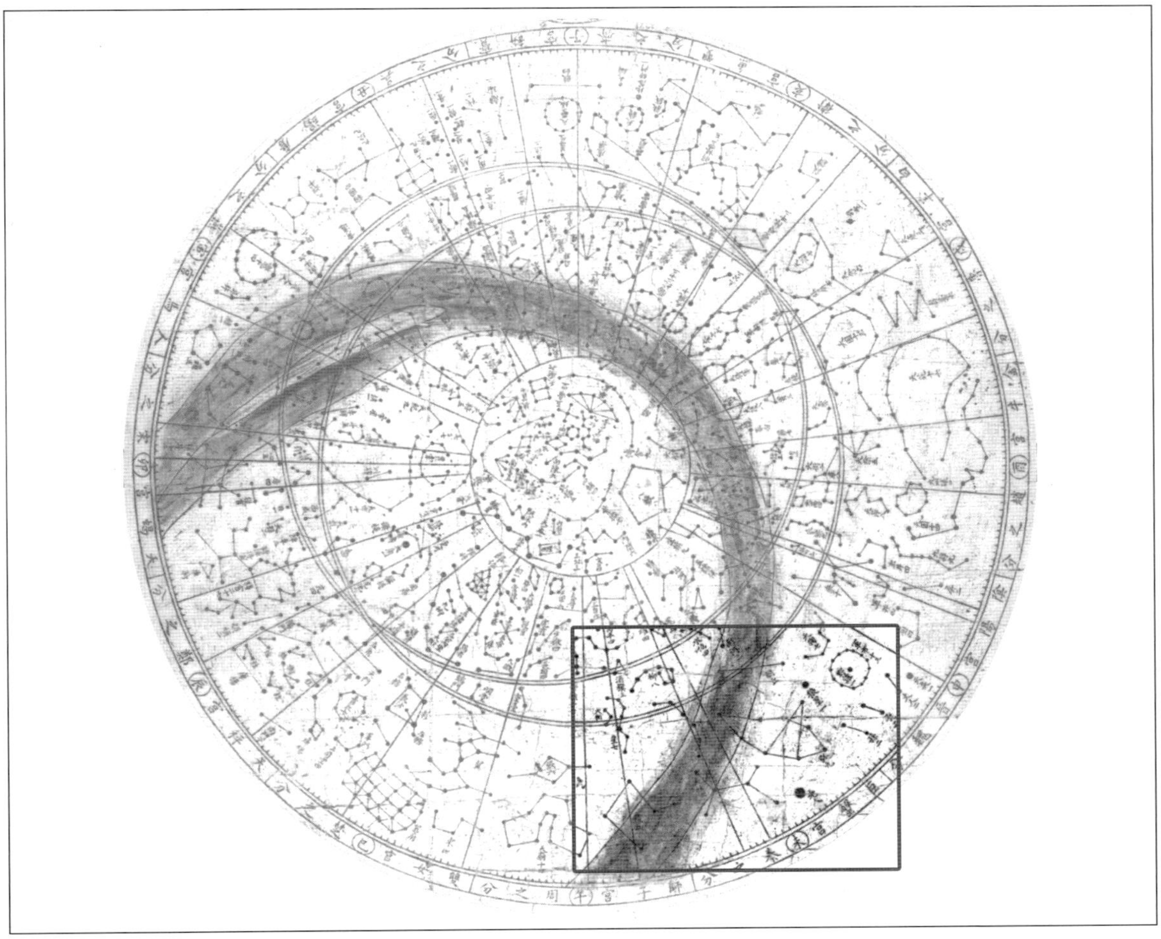

측정번호	숙종본 앞면(1,467개)			태조본 앞면(1,464개)			태조본 뒷면(1,330개)			Park(1998) 375개 동정		별 이름	3원(垣) 28수(宿)
	X (Center)	Y (Center)	Radius	X (Center)	Y (Center)	Radius	X (Center)	Y (Center)	Radius	BSC	V-Mag.		
1091	192.76	-226.65	1.91	195.46	-225.75	1.41	202.46	-224.71	1.66			호(弧)7	정수(井宿)
1092	187.99	-204.25	1.85	191.74	-203.40	1.34						호(弧)1	정수(井宿)
1093	172.26	-218.01	1.97	174.10	-217.20	1.11	180.29	-215.55	1.37			호(弧)2	정수(井宿)
1094	152.25	-219.42	1.84	153.96	-218.55	0.89	159.84	-217.86	1.30			호(弧)6	정수(井宿)
1095	223.06	-224.27	1.97	226.70	-223.29	1.19	226.04	-230.52	0.80			손(孫)1	정수(井宿)
1096	242.36	-231.46	1.70	245.82	-229.81	1.30	244.57	-237.89	1.15			손(孫)2	정수(井宿)
1097	239.48	-207.59	1.92	243.34	-205.94	1.30	242.89	-213.28	1.30			자(子)1	정수(井宿)
1098	255.63	-213.68	2.10	259.54	-210.70	1.07	258.79	-219.51	1.06			자(子)2	정수(井宿)
1099	260.31	-181.61	1.89	263.29	-179.36	0.84	264.16	-187.50	1.12			장인(丈人)1	정수(井宿)
1100	270.41	-195.71	1.91	273.36	-193.10	0.85						장인(丈人)2	정수(井宿)
1101	279.43	-182.45	2.64	282.29	-179.36	1.14	284.09	-187.80	1.73			천시(天矢)1	삼수(參宿)
1102	185.33	-283.09	4.64	188.96	-282.51	4.00	191.07	-279.97	3.19	2326	-0.72	노인(老人)	정수(井宿)
1103	271.30	-157.59	1.85	274.31	-155.49	1.06	273.54	-163.64	1.29			측(厠)4	삼수(參宿)
1104	286.46	-150.59	1.96	288.95	-147.67	1.05	288.72	-156.87	1.62			측(厠)3	삼수(參宿)
1105	270.31	-124.33	2.02	272.27	-122.05	0.70	272.92	-128.88	1.71	1865	2.58	측(厠)1	삼수(參宿)
1106	287.00	-129.27	1.95	289.69	-126.21	0.81	290.00	-134.45	1.38	1829	2.84	측(厠)2	삼수(參宿)
1107	275.52	-108.01	1.83	277.97	-105.27	0.50	279.56	-112.66	1.59	1702	3.31	병(屛)1	삼수(參宿)
1108	306.73	-105.29	2.03	309.29	-101.83	0.83	310.74	-111.41	1.79	1654	3.19	병(屛)2	삼수(參宿)
1109	265.66	-64.73	1.65	267.38	-62.93	0.69	267.06	-65.99	1.61			구유(九斿)1	필수(畢宿)
1110	269.88	-71.47	1.83	272.16	-69.32	0.82	271.58	-73.28	1.51			구유(九斿)2	필수(畢宿)

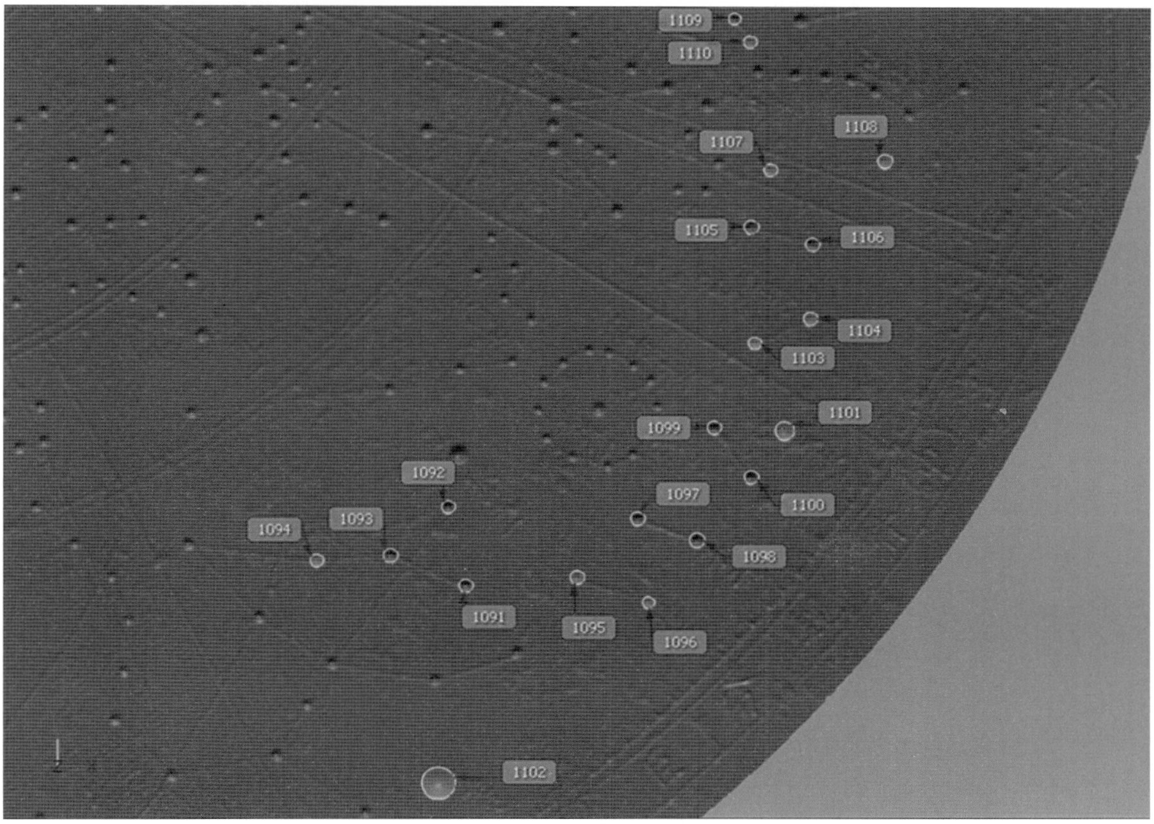
1109
1110
1108
1107
1105
1106
1104
1103
1101
1099
1092
1097
1100
1093
1094
1098
1091
1095
1096
1102

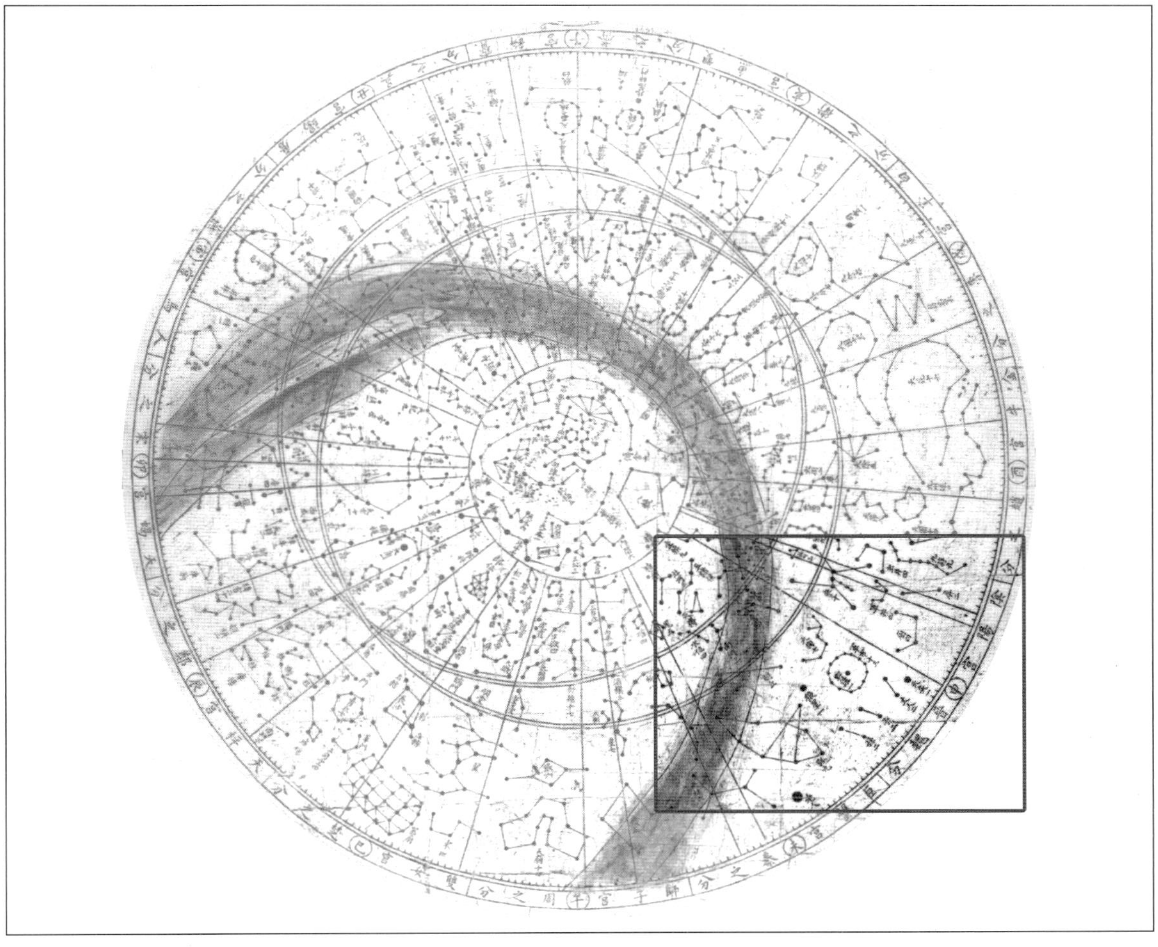

측정번호	숙종본 앞면(1,467개)			태조본 앞면(1,464개)			태조본 뒷면(1,330개)			Park(1998)		별 이름	3원(垣) 28수(宿)
	X (Center)	Y (Center)	Radius	X (Center)	Y (Center)	Radius	X (Center)	Y (Center)	Radius	BSC	V-Mag.		
										375개 동정			
1111	272.07	-79.62	1.40	274.24	-77.88	0.69	277.47	-80.13	1.41			구유(九斿)3	필수(畢宿)
1112	282.33	-80.58	1.60	284.44	-79.77	0.85	287.51	-80.56	1.34			구유(九斿)4	필수(畢宿)
1113	290.53	-80.93	1.55	292.45	-79.63	0.85	295.50	-80.88	1.46			구유(九斿)5	필수(畢宿)
1114	297.32	-81.87	1.65	299.13	-81.38	0.94	302.53	-81.42	1.51			구유(九斿)6	필수(畢宿)
1115	303.98	-85.14	1.69	305.71	-84.75	1.12	309.77	-83.93	1.56			구유(九斿)7	필수(畢宿)
1116	313.25	-91.71	1.65	314.56	-89.46	0.87	319.29	-90.93	1.09			구유(九斿)8	필수(畢宿)
1117	328.30	-84.02	1.83	330.97	-81.04	1.09	334.27	-83.10	1.58			구유(九斿)9	필수(畢宿)
1118	308.40	2.04	1.65	310.74	4.87	1.09	310.81	1.65	1.63			천원(天苑)16	묘수(昴宿)
1119	293.40	-13.70	1.82	295.26	-12.03	1.07	296.11	-15.64	1.22			천원(天苑)1	묘수(昴宿)
1120	279.58	-56.69	2.13	281.20	-53.69	1.03	281.66	-57.45	1.63			천원(天園)1	필수(畢宿)
1121	283.68	-64.85	2.32	285.21	-62.62	0.85	285.45	-65.81	1.40			천원(天園)2	필수(畢宿)
1122	319.59	-56.51	2.49	322.11	-53.42	1.34	321.93	-57.45	1.48			천원(天園)3	필수(畢宿)
1123	317.35	-47.17	2.17	320.21	-44.42	1.09	319.48	-47.42	1.53			천원(天園)4	필수(畢宿)
1124	325.75	-18.81	1.68	327.32	-16.13	0.90	328.26	-19.06	1.29			천원(天園)5	필수(畢宿)
1125	328.68	-6.65	1.75	330.85	-3.12	0.98	331.66	-7.30	1.46			천원(天園)7	필수(畢宿)
1126	333.56	-14.22	1.97	335.61	-11.37	1.29	336.21	-14.24	1.30			천원(天園)6	필수(畢宿)
1127	341.46	-8.62	1.97	343.30	-5.79	0.65	343.92	-9.66	1.46			천원(天園)8	필수(畢宿)

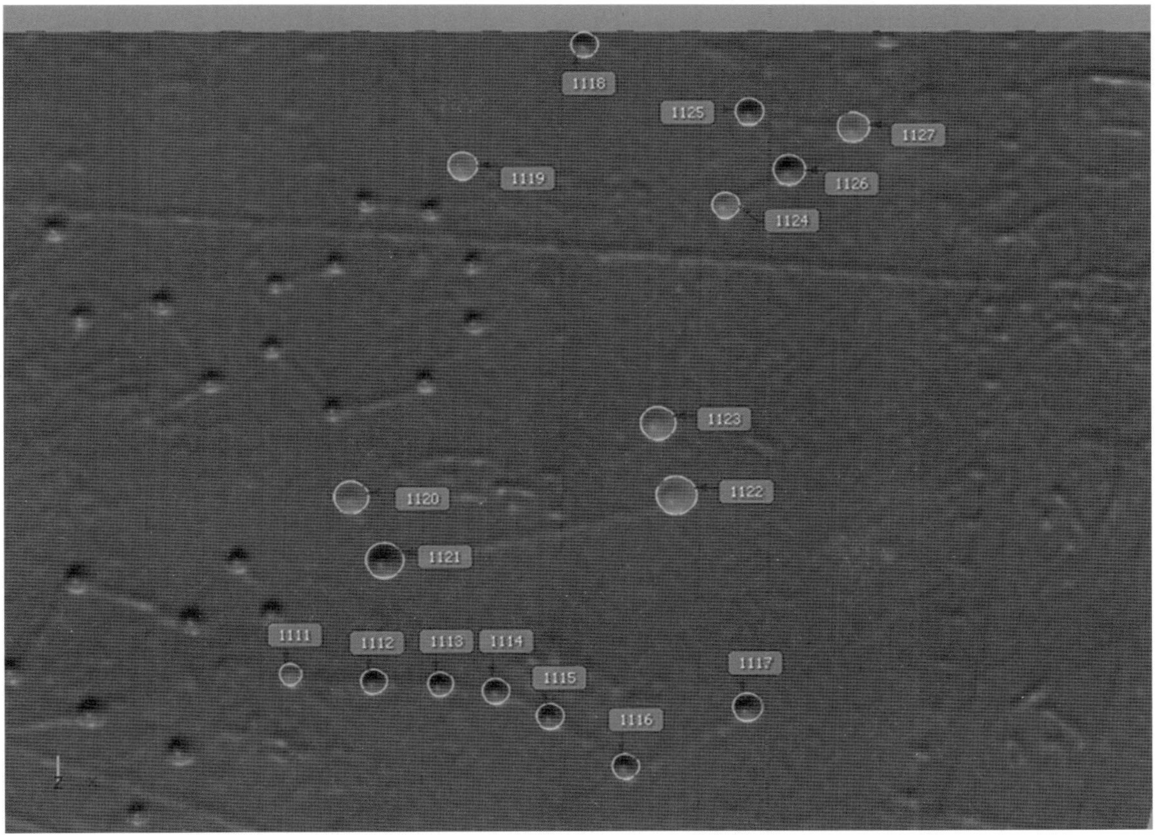

1118
1125
1127
1119
1126
1124
1123
1120
1122
1121
1111
1112
1113
1114
1115
1117
1116

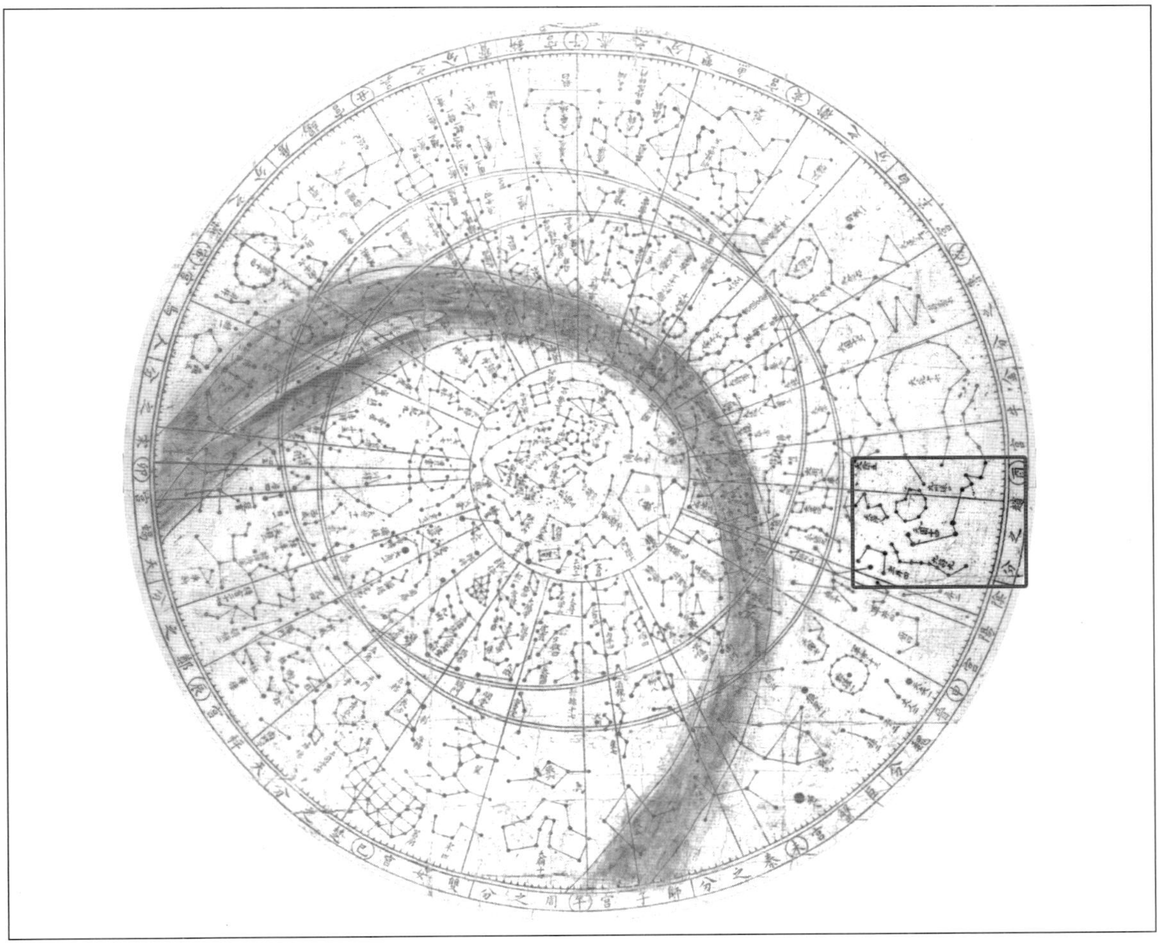

측정 번호	숙종본 앞면(1,467개)			태조본 앞면(1,464개)			태조본 뒷면(1,330개)			Park(1998)		별 이름	3원(垣) 28수(宿)
	X (Center)	Y (Center)	Radius	X (Center)	Y (Center)	Radius	X (Center)	Y (Center)	Radius	BSC	V-Mag.		
										375개 동정			
1150	-97.43	-10.22	1.75	-97.84	-11.23	1.32						칠공(七公)4	천시원(天市垣)
1151	-106.75	-18.17	1.95	-107.24	-19.14	1.27	-107.28	-20.83	0.92			칠공(七公)5	천시원(天市垣)
1152	-120.10	-25.71	1.73	-120.49	-26.08	1.14	-120.33	-28.15	0.90			칠공(七公)6	천시원(天市垣)
1153	-134.32	-29.53	1.70	-134.20	-30.16	1.35						칠공(七公)7	천시원(天市垣)
1154	-111.21	-1.26	1.62	-112.55	-2.60	1.06	-111.10	-4.45	0.95			관삭(貫索)1	천시원(天市垣)
1155	-115.60	-10.52	1.49	-117.23	-11.69	0.93	-115.88	-14.04	1.02			관삭(貫索)2	천시원(天市垣)
1156	-124.99	-12.39	1.68	-126.58	-13.33	0.97	-126.03	-16.06	1.13			관삭(貫索)3	천시원(天市垣)
1157	-133.58	-3.81	1.48	-134.34	-5.33	1.09	-133.73	-9.45	1.48			관삭(貫索)4	천시원(天市垣)
1158	-143.80	-0.43	1.60	-145.85	-1.37	0.91	-145.24	-4.13	1.12	6008	5.00	천시십일(天市十一)9-진(晉)	천시원(天市垣)
1159	-143.88	-10.84	1.65	-145.10	-10.84	1.11	-144.84	-13.89	1.05	5933	3.85	천시십일(天市十一)8-정(鄭)	천시원(天市垣)
1160	-118.68	-33.93	1.84	-119.54	-34.35	1.21	-117.99	-37.01	1.04			현과(玄戈)	자미원(紫微垣)
1161	-98.98	-37.44	2.30	-99.35	-37.61	1.59	-98.75	-40.37	2.01	5191	1.86	북두(北斗)7-요광(搖光)	자미원(紫微垣)
1162	-89.93	-41.41	1.76	-90.30	-41.60	1.25	-86.97	-46.31	1.23			삼공삼(三公三)2	자미원(紫微垣)
1163	-85.34	-46.61	1.35	-85.06	-45.91	0.96	-82.49	-49.24	1.03			삼공삼(三公三)3	자미원(紫微垣)
1164	-90.45	-50.42	1.74	-90.95	-49.50	0.58	-87.04	-53.54	0.99			삼공(三公)1	자미원(紫微垣)
1165	-87.24	-67.29	1.87	-88.24	-66.49	0.89	-86.82	-66.36	1.46			낭장(郎將)	태미원(太微垣)
1166	-126.51	-44.15	1.47	-126.94	-45.25	1.04	-124.88	-47.73	1.05			초요(招搖)	저수(氐宿)
1167	-125.52	-56.82	1.64	-125.27	-55.82	0.72	-123.04	-60.12	1.24	5447	4.46	경하(更河)2	저수(氐宿)
1168	-120.88	-60.15	1.45	-120.26	-59.49	0.34	-117.91	-63.27	0.98	5429	3.58	경하(更河)3	저수(氐宿)
1169	-108.32	-83.27	1.77	-107.84	-81.95	1.13	-107.17	-79.73	1.37	4983	4.26	오제후(五諸侯)1	태미원(太微垣)
1170	-77.40	-86.74	1.39	-77.63	-86.18	0.91	-76.19	-82.84	0.76			낭위(郎位)1	태미원(太微垣)
1171	-83.69	-88.68	1.50	-84.22	-87.93	0.78	-82.67	-86.29	0.84			낭위(郎位)2	태미원(太微垣)
1172	-77.86	-92.78	1.44	-78.75	-92.36	0.97	-77.72	-89.99	0.64			낭위(郎位)3	태미원(太微垣)
1173	-89.47	-90.31	1.46	-89.16	-89.34	0.98	-89.03	-87.81	0.71			낭위(郎位)4	태미원(太微垣)
1174	-84.29	-95.62	1.32	-83.68	-94.55	0.74	-83.95	-92.96	0.63			낭위(郎位)5	태미원(太微垣)
1175	-79.14	-100.39	1.34	-78.59	-100.15	0.71	-78.27	-97.69	0.69			낭위(郎位)6	태미원(太微垣)
1176	-79.95	-105.92	1.43	-80.81	-106.10	0.75	-79.22	-103.80	0.65			낭위(郎位)7	태미원(太微垣)
1177	-84.01	-101.17	1.36	-84.43	-100.56	0.85	-82.91	-98.32	0.69			낭위(郎位)8	태미원(太微垣)
1178	-90.98	-96.18	1.43	-90.99	-95.34	1.11	-89.92	-93.37	0.72			낭위(郎位)9	태미원(太微垣)
1179	-88.58	-100.89	1.43	-89.32	-100.25	0.60	-87.54	-97.69	0.70			낭위(郎位)10	태미원(太微垣)
1180	-96.24	-99.67	1.37	-96.45	-98.81	0.76	-95.57	-96.55	0.74			낭위(郎位)11	태미원(太微垣)

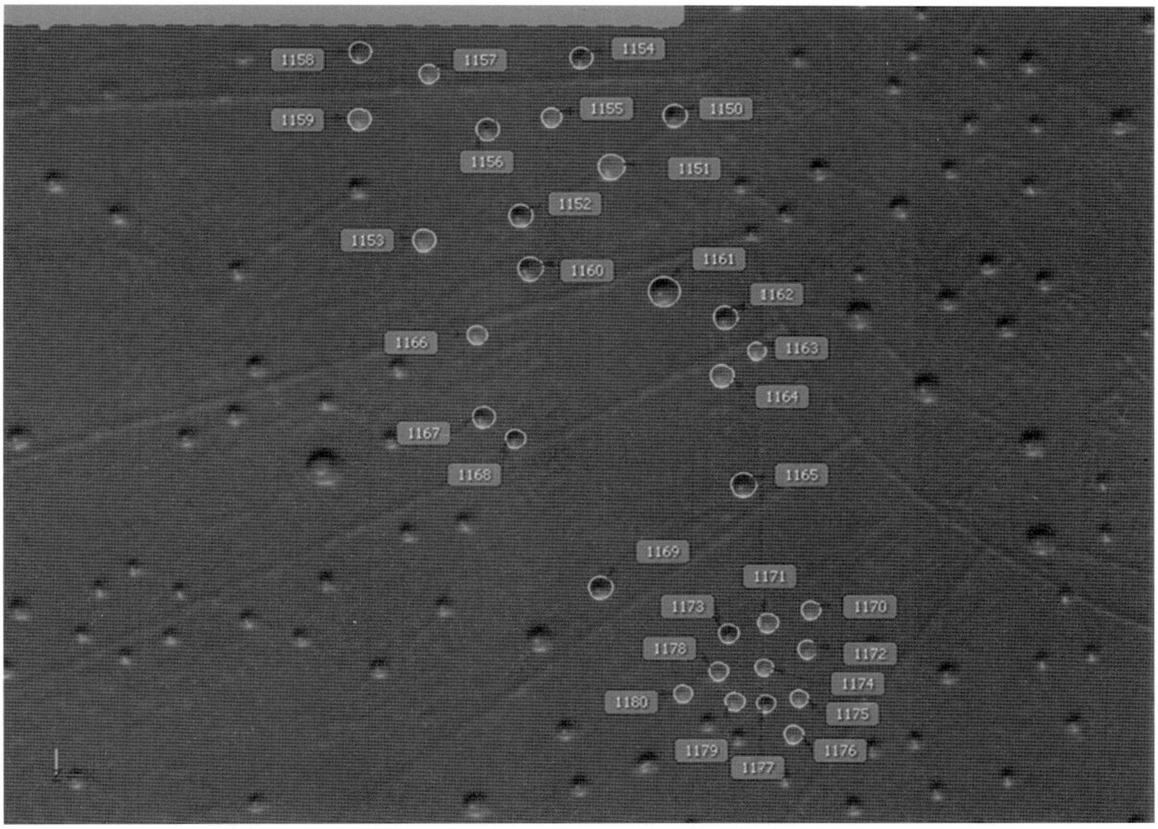
1158
1157
1154
1159
1155
1150
1156
1151
1152
1153
1161
1160
1162
1166
1163
1164
1167
1168
1165
1169
1171
1173
1170
1178
1172
1174
1180
1175
1179
1176
1177

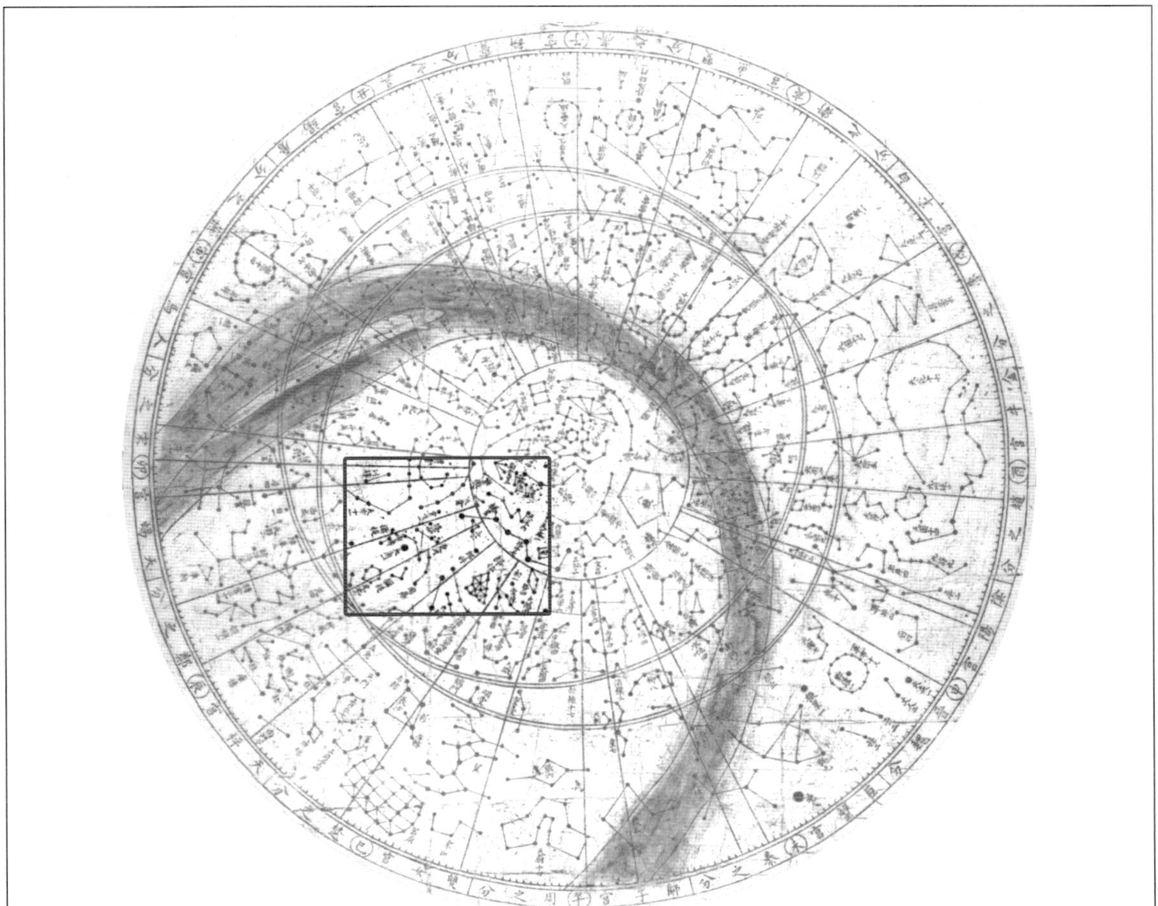

측정번호	숙종본 앞면(1,467개)			태조본 앞면(1,464개)			태조본 뒷면(1,330개)			Park(1998)		별 이름	3원(垣) 28수(宿)
	X (Center)	Y (Center)	Radius	X (Center)	Y (Center)	Radius	X (Center)	Y (Center)	Radius	BSC	V-Mag.		
										375개 동정			
1181	-92.57	-103.95	1.36	-92.63	-102.87	0.78	-87.31	-103.31	0.97			낭위(郎位)12	태미원(太微垣)
1182	-88.00	-106.21	1.34	-89.19	-105.03	0.96	-78.95	-107.52	0.76			낭위(郎位)13	태미원(太微垣)
1183	-85.12	-110.25	1.27	-85.00	-109.24	1.23						낭위(郎位)14	태미원(太微垣)
1184	-81.27	-112.52	1.36	-81.85	-111.43	0.45	-70.58	-113.96	0.68			낭위(郎位)15	태미원(太微垣)
1185	-68.15	-91.64	1.56	-67.45	-90.68	1.43						상진(常陳)1	태미원(太微垣)
1186	-57.11	-96.26	1.78	-56.66	-96.06	1.14	-49.66	-96.04	1.27			상(相)1	자미원(紫微垣)
1187	-69.42	-100.07	1.34	-69.39	-99.70	0.90						상진(常陳)2	태미원(太微垣)
1188	-68.23	-107.70	1.57	-68.75	-107.21	0.80						상진(常陳)3	태미원(太微垣)
1189	-61.99	-106.73	1.45	-61.84	-106.02	0.84	-56.84	-105.42	0.70			상진(常陳)5	태미원(太微垣)
1190	-71.07	-116.81	1.54	-71.10	-115.69	0.78						상진(常陳)4	태미원(太微垣)
1191	-67.18	-124.58	1.42	-67.02	-124.33	1.10						행신(幸臣)	태미원(太微垣)
1192	-59.39	-128.89	1.59	-60.30	-128.99	1.10	-51.65	-129.04	1.07			태자(太子)	태미원(太微垣)
1193	-58.83	-114.28	1.46	-58.52	-113.74	0.99	-51.55	-115.60	1.02			상진(常陳)6	태미원(太微垣)
1194	-52.52	-120.67	1.67	-52.04	-120.66	0.97	-47.06	-120.62	0.74			상진(常陳)7	태미원(太微垣)
1195	-48.28	-112.39	1.42	-47.85	-112.21	0.97	-38.95	-112.73	0.97			대양수(大陽守)	자미원(紫微垣)
1196	-38.59	-103.93	1.35	-38.74	-105.29	0.93	-29.63	-106.05	1.08			세(勢)3	자미원(紫微垣)
1197	-43.03	-94.24	1.34	-43.28	-96.05	0.98	-34.15	-95.86	0.73			세(勢)4	자미원(紫微垣)
1198	-35.92	-93.17	1.39	-34.87	-95.90	0.64	-26.29	-95.32	0.93			세(勢)2	자미원(紫微垣)
1199	-49.45	-129.73	1.44	-48.82	-129.18	1.04	-40.32	-129.92	0.73			종관(從官)	태미원(太微垣)
1200	-22.16	-95.79	1.39	-21.49	-96.78	0.67	-13.46	-95.68	0.43			천뢰(天牢)6	자미원(紫微垣)
1201	-16.30	-96.62	1.49	-16.39	-96.43	0.81						천뢰(天牢)1	자미원(紫微垣)
1202	-25.66	-100.61	1.34	-25.45	-100.38	1.02	-17.69	-100.39	0.64			천뢰(天牢)4	자미원(紫微垣)
1203	-15.36	-102.66	1.30	-15.15	-102.91	0.91						천뢰(天牢)3	자미원(紫微垣)
1204	-25.16	-107.89	1.44	-24.72	-107.77	0.81	-16.78	-107.72	0.73			천뢰(天牢)2	자미원(紫微垣)
1205	-19.05	-107.35	1.37	-18.25	-107.18	1.27	-9.60	-106.65	0.77			천뢰(天牢)5	자미원(紫微垣)
1206	-5.45	-104.54	1.49	-5.16	-105.24	1.18	2.64	-104.86	0.56			태존(太尊) *태조본(천존, 天尊)	자미원(紫微垣)
1207	-29.35	-119.96	1.73	-29.33	-119.46	1.36	-20.68	-119.62	1.18	3569	3.14	삼태(三台)1-상태(上台)	태미원(太微垣)
1208	-34.27	-128.14	1.85	-34.11	-129.03	1.40	-24.88	-128.52	1.16	3594	3.60	삼태(三台)2-상태(上台)	태미원(太微垣)
1209	-36.74	-135.86	1.69	-36.31	-135.52	1.01	-29.08	-135.67	1.60			호분(虎賁)	태미원(太微垣)
1210	-38.47	-143.47	1.65	-38.06	-143.00	1.05	-28.31	-144.71	1.28	4357	2.56	태미우(太微右)5-상상(上相)	태미원(太微垣)

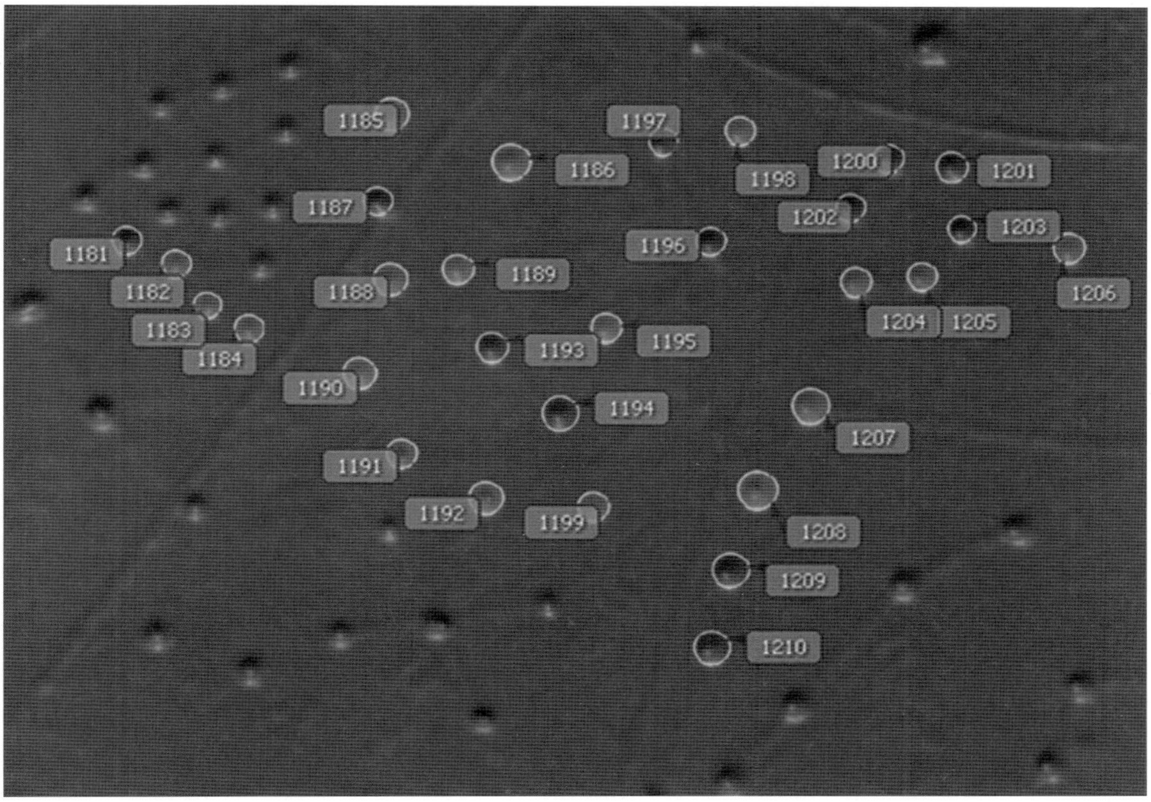
1185
1197
1186
1198
1200
1201
1187
1202
1203
1181
1196
1182
1188
1189
1206
1183
1204
1205
1184
1193
1195
1190
1194
1207
1191
1192
1199
1208
1209
1210

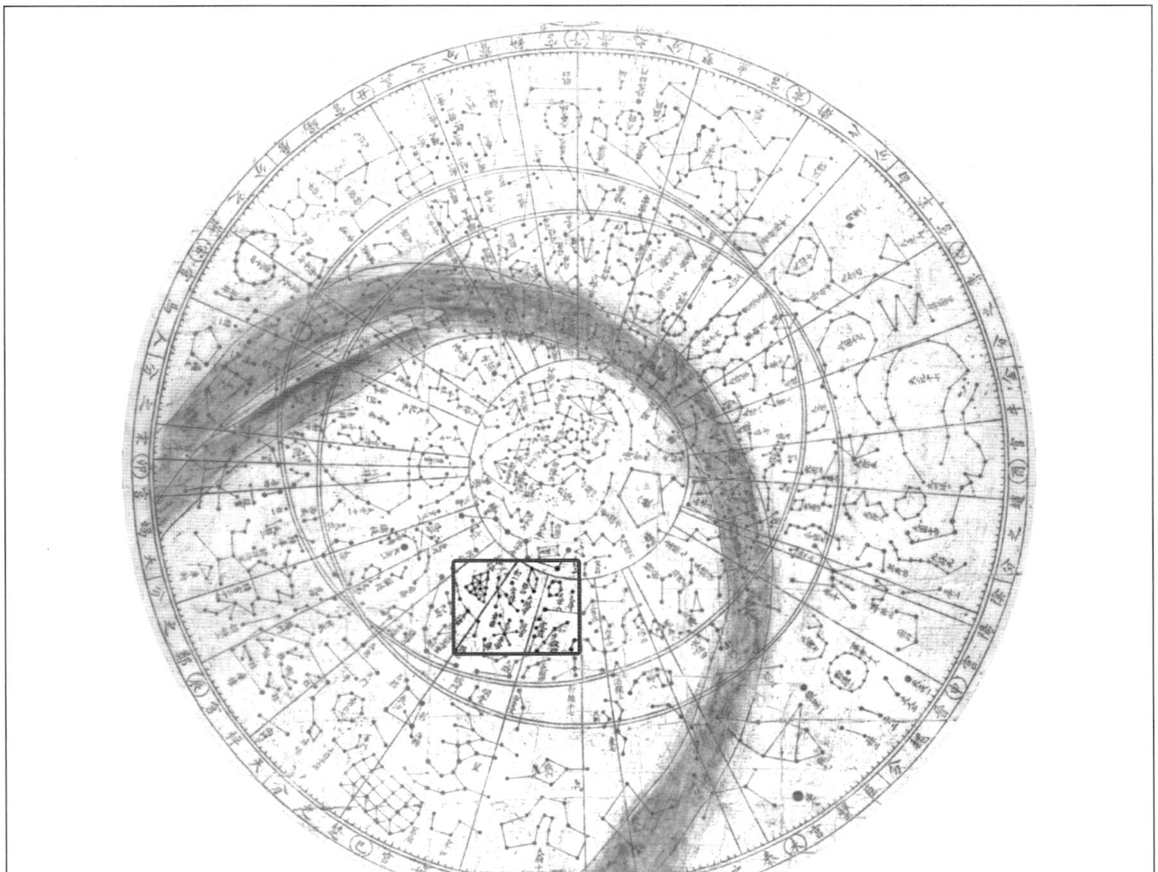

측정 번호	숙종본 앞면(1,467개)			태조본 앞면(1,464개)			태조본 뒷면(1,330개)			Park(1998)		별 이름	3원(垣) 28수(宿)
	X (Center)	Y (Center)	Radius	X (Center)	Y (Center)	Radius	X (Center)	Y (Center)	Radius	BSC	V-Mag.		
										375개 동정			
1211	-10.15	-131.64	1.68	-10.29	-131.85	1.11	-0.63	-132.21	0.76			소미(少微)1	태미원(太微垣)
1212	-20.52	-137.03	1.77	-20.64	-138.05	0.63						소미(少微)2	태미원(太微垣)
1213	-30.61	-148.95	1.77	-30.76	-148.53	1.06	-20.77	-149.79	0.97			소미(少微)3	태미원(太微垣)
1214	-36.69	-156.38	2.03	-36.07	-157.08	0.89	-32.86	-159.45	1.22			소미(少微)4	태미원(太微垣)
1215	-43.66	-158.26	1.89	-42.26	-158.66	1.03				4359	3.34	태미우(太微右)4-차상(次相)	태미원(太微垣)
1216	-4.22	-147.08	1.55	-5.11	-147.94	1.09	4.51	-147.89	0.75	4031	3.44	헌원(軒轅)11	성수(星宿)
1217	-7.05	-155.02	1.64	-6.99	-155.93	1.07	1.86	-155.46	1.46	4057	2.61	헌원(軒轅)12	성수(星宿)
1218	-3.97	-162.66	1.75	-3.84	-163.13	0.90	4.95	-163.64	1.07	3975	3.52	헌원(軒轅)13	성수(星宿)
1219	-3.97	-171.51	2.07	-2.46	-172.03	1.66	6.31	-172.04	1.56	3982	1.35	헌원(軒轅)14	성수(星宿)
1220	-3.49	-177.39	1.65	-2.05	-177.70	1.21				3980	4.37	헌원(軒轅)17	성수(星宿)
1221	-21.95	-179.89	1.79	-21.20	-180.94	0.88	-12.72	-181.31	0.94	4133	3.85	헌원(軒轅)16	성수(星宿)
1222	-26.10	-163.40	1.55	-25.84	-163.53	0.56	-15.08	-164.86	0.84			장원(長垣)1	태미원(太微垣)
1223	-35.78	-167.02	1.72	-35.13	-167.79	0.64	-24.65	-169.08	0.97			장원(長垣)2	태미원(太微垣)
1224	-44.17	-170.22	1.80	-43.37	-171.23	0.87	-33.32	-172.16	1.04			장원(長垣)3	태미원(太微垣)
1225	-48.33	-178.66	1.92	-47.45	-179.25	0.77	-49.31	-180.42	1.17			장원(長垣)4	태미원(太微垣)
1226	-54.32	-165.24	1.82	-53.59	-166.58	1.24	-43.86	-167.42	1.26	4399	3.94	태미우(太微右)3-차장(次將)	태미원(太微垣)
1227	-53.53	-138.77	1.59	-52.46	-138.85	0.85	-48.21	-138.89	0.84			오제(五帝)3	태미원(太微垣)
1228	-68.17	-131.44	1.66	-68.24	-132.11	0.86	-62.72	-133.03	0.84			오제(五帝)2	태미원(太微垣)
1229	-63.84	-140.89	1.66	-63.61	-140.21	1.12	-58.51	-140.97	1.60	4534	2.14	오제(五帝)1	태미원(太微垣)
1230	-59.45	-150.09	1.68	-59.15	-150.00	0.86	-53.70	-150.77	0.91			오제(五帝)5	태미원(太微垣)
1231	-72.66	-141.80	1.62	-72.55	-142.36	0.54	-71.25	-140.39	0.88			오제(五帝)4	태미원(太微垣)
1232	-81.03	-145.28	1.71	-81.22	-144.27	0.92	-80.42	-143.88	1.07	4608	4.12	병(屛)4	태미원(太微垣)
1233	-89.62	-141.78	1.58	-90.11	-141.59	1.38	-89.27	-139.74	1.25	4663	5.10	오제후(五諸候)5	태미원(太微垣)
1234	-63.17	-160.50	1.57	-62.96	-160.69	0.71	-58.03	-161.24	1.19	4515	4.85	병(屛)1	태미원(太微垣)
1235	-71.02	-164.09	1.57	-71.09	-164.60	0.58	-66.31	-165.57	1.11	4517	4.03	병(屛)2	태미원(太微垣)
1236	-81.33	-159.38	1.65	-81.04	-158.78	0.75	-80.53	-157.87	1.15	4589	4.66	병(屛)3	태미원(太微垣)
1237	-59.87	-177.59	2.15	-59.72	-178.33	1.01				4386	4.05	태미우(太微右)2-상장(上將)	태미원(太微垣)
1238	-88.03	-173.29	1.95	-87.80	-173.29	0.95	-81.31	-173.82	1.36	4540	3.61	태미우집법(太微右執法)	태미원(太微垣)
1239	-106.71	-168.22	2.06	-106.45	-167.63	0.73	-105.12	-166.72	1.12	4689	3.89	태미좌집법(太微左執法)	태미원(太微垣)
1240	-131.76	-155.26	2.12	-130.46	-154.87	1.18	-129.12	-155.93	1.30	4825	3.65	태미좌(太微左)2-상상(上相)	태미원(太微垣)

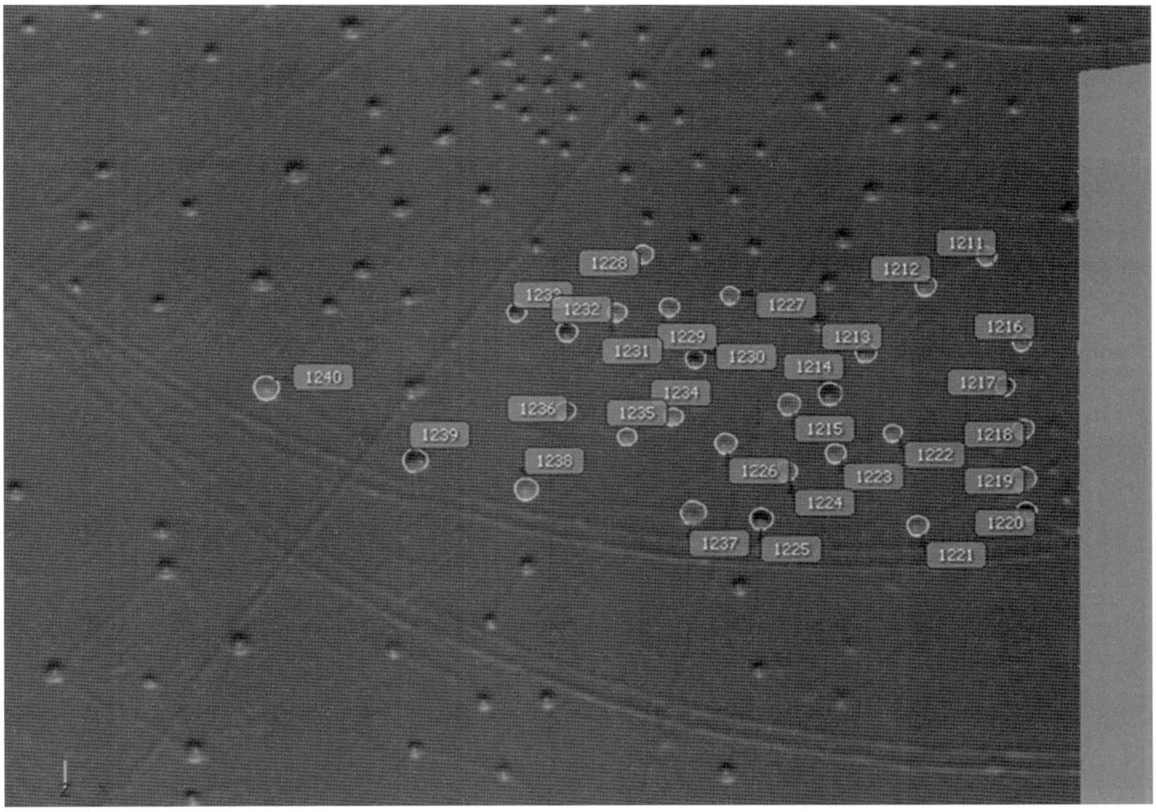
1211
1212
1228
1232
1227
1216
1229
1213
1231
1230
1214
1240
1217
1234
1236
1235
1215
1218
1239
1222
1238
1226
1223
1219
1224
1220
1237
1225
1221

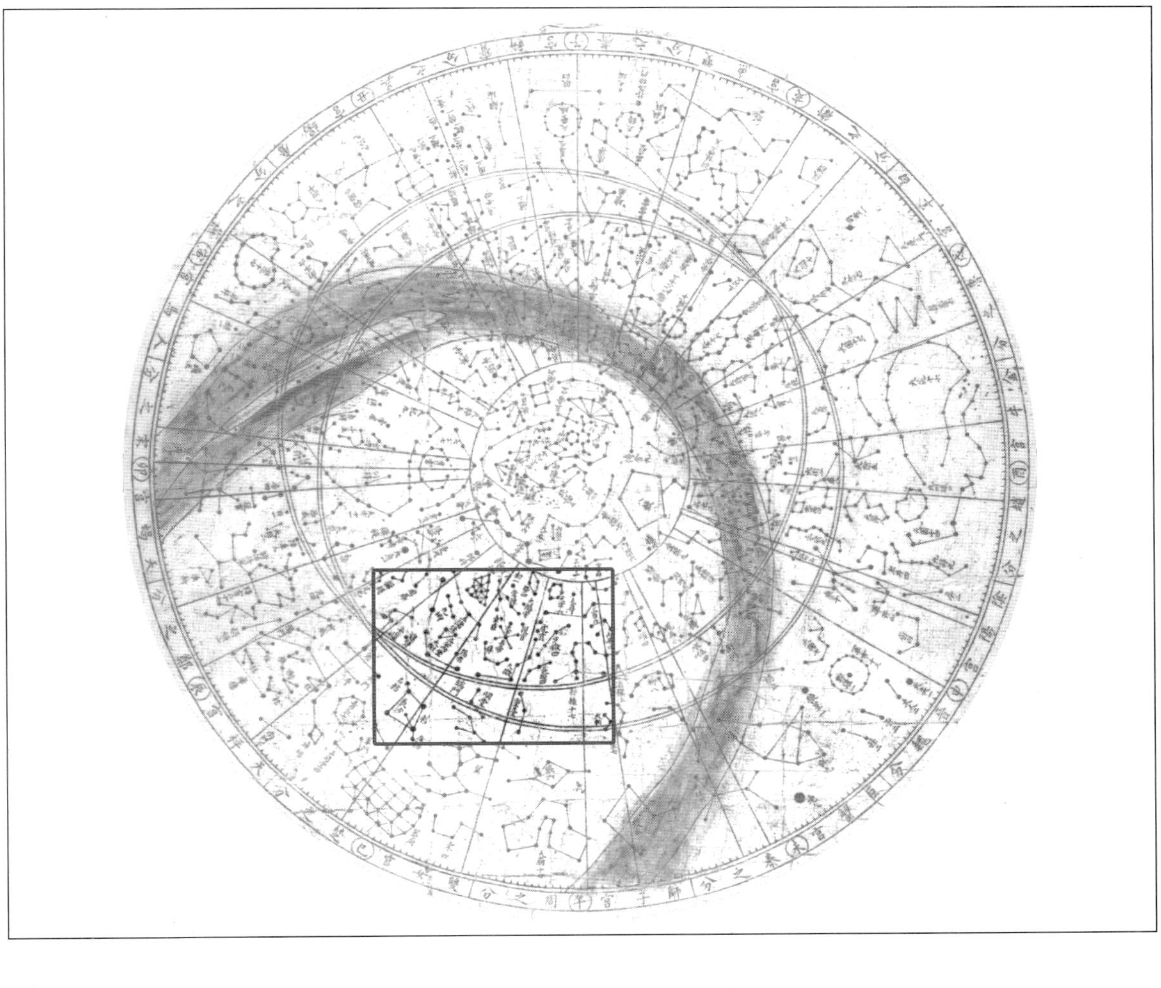

측정번호	숙종본 앞면(1,467개)			태조본 앞면(1,464개)			태조본 뒷면(1,330개)			Park(1998)		별 이름	3원(垣) 28수(宿)
	X (Center)	Y (Center)	Radius	X (Center)	Y (Center)	Radius	X (Center)	Y (Center)	Radius	BSC	V-Mag.		
										375개 동정			
1241	-107.05	-155.29	1.78	-109.25	-153.78	0.89	-105.87	-153.34	0.96	4695	4.96	알자(謁者)	태미원(太微垣)
1242	-86.07	-129.38	1.35	-86.78	-129.69	0.86	-86.10	-125.87	1.16	4697	4.74	오제후(五諸侯)4	태미원(太微垣)
1243	-94.98	-120.51	1.64	-95.12	-120.02	1.10	-93.65	-117.62	1.12	4792	5.02	오제후(五諸侯)3	태미원(太微垣)
1244	-107.84	-138.79	1.29	-106.92	-137.83	1.07	-104.79	-137.28	1.13			삼공내좌(三公內座)1	태미원(太微垣)
1245	-121.08	-140.45	1.40	-120.51	-139.96	0.81	-119.73	-140.31	1.12			삼공내좌(三公內座)3	태미원(太微垣)
1246	-115.59	-133.87	1.62	-114.95	-133.09	0.87	-113.47	-132.95	1.10			삼공내좌(三公內座)2	태미원(太微垣)
1247	-109.05	-122.94	1.54	-108.57	-121.88	0.92	-106.23	-120.39	1.15			구경(九卿)3	태미원(太微垣)
1248	-101.22	-109.90	1.39	-101.78	-109.46	0.74				4894	4.90	오제후(五諸侯)2	태미원(太微垣)
1249	-111.22	-113.77	1.53	-110.69	-112.63	1.29	-109.33	-110.79	1.26			구경(九卿)2	태미원(太微垣)
1250	-132.62	-135.78	1.71	-131.64	-135.64	1.20	-130.84	-135.76	1.36	4910	3.38	태미좌(太微左)3-차상(次相)	태미원(太微垣)
1251	-149.73	-140.03	1.38	-148.14	-139.67	1.28						진현(進賢)	각수(角宿)
1252	-144.89	-122.90	1.27	-143.68	-121.84	1.24	-141.47	-121.26	0.91			천전(天田)1	각수(角宿)
1253	-127.00	-116.69	1.70	-126.74	-115.71	1.15	-125.18	-115.22	1.35	4932	2.83	태미좌(太微左)4-차장(次將)	태미원(太微垣)
1254	-113.49	-105.07	1.37	-112.87	-104.02	1.04	-111.92	-102.47	1.35			구경(九卿)1	태미원(太微垣)
1255	-117.55	-90.96	1.74	-117.32	-90.04	1.28	-116.37	-89.09	1.35			태미좌(太微左)5-상장(上將)	태미원(太微垣)
1256	-128.46	-73.09	1.09	-128.04	-71.85	0.97	-125.40	-76.14	1.02			주정(周鼎)1	각수(角宿)
1257	-136.89	-74.79	1.11	-135.93	-72.61	1.48	-134.39	-77.08	0.96			제석(帝席)1	저수(氐宿)
1258	-131.48	-86.09	1.23	-131.05	-85.57	1.11	-127.81	-88.30	1.02			주정(周鼎)2	각수(角宿)
1259	-140.94	-95.73	1.31	-139.66	-95.44	0.82	-137.31	-99.23	1.00			주정(周鼎)3	각수(角宿)
1260	-148.76	-82.33	1.27	-148.37	-81.54	1.26						섭제(攝提)1-우(右)	항수(亢宿)
1261	-152.64	-90.78	1.40	-151.75	-90.30	0.93						섭제(攝提)2-우(右)	항수(亢宿)
1262	-159.12	-116.22	1.24	-157.44	-115.85	1.20						천전(天田)2	각수(角宿)
1263	-162.48	-125.23	1.44	-161.32	-124.44	1.24				5107	3.37	좌각(左角)2	각수(角宿)
1264	-163.59	-136.81	1.32	-162.87	-135.78	0.84				4963	4.38	평도(平道)1	각수(角宿)
1265	-178.07	-133.33	1.26	-178.20	-132.72	0.94				5150	5.01	평도(平道)2	각수(角宿)
1266	-185.74	-112.55	1.34	-185.38	-112.25	1.11	-187.49	-110.75	0.83			절위(折威)1	항수(亢宿)
1267	-178.42	-93.65	1.00	-178.42	-92.68	1.17	-180.79	-94.27	0.79			항지(亢池)3	저수(氐宿)
1268	-171.62	-90.53	1.23	-172.38	-89.87	1.22						항지(亢池)2	저수(氐宿)
1269	-160.10	-88.09	1.38	-160.13	-88.35	0.85						섭제(攝提)3-우(右)	항수(亢宿)
1270	-170.20	-83.49	1.23	-170.50	-81.96	0.49						항지(亢池)1	저수(氐宿)

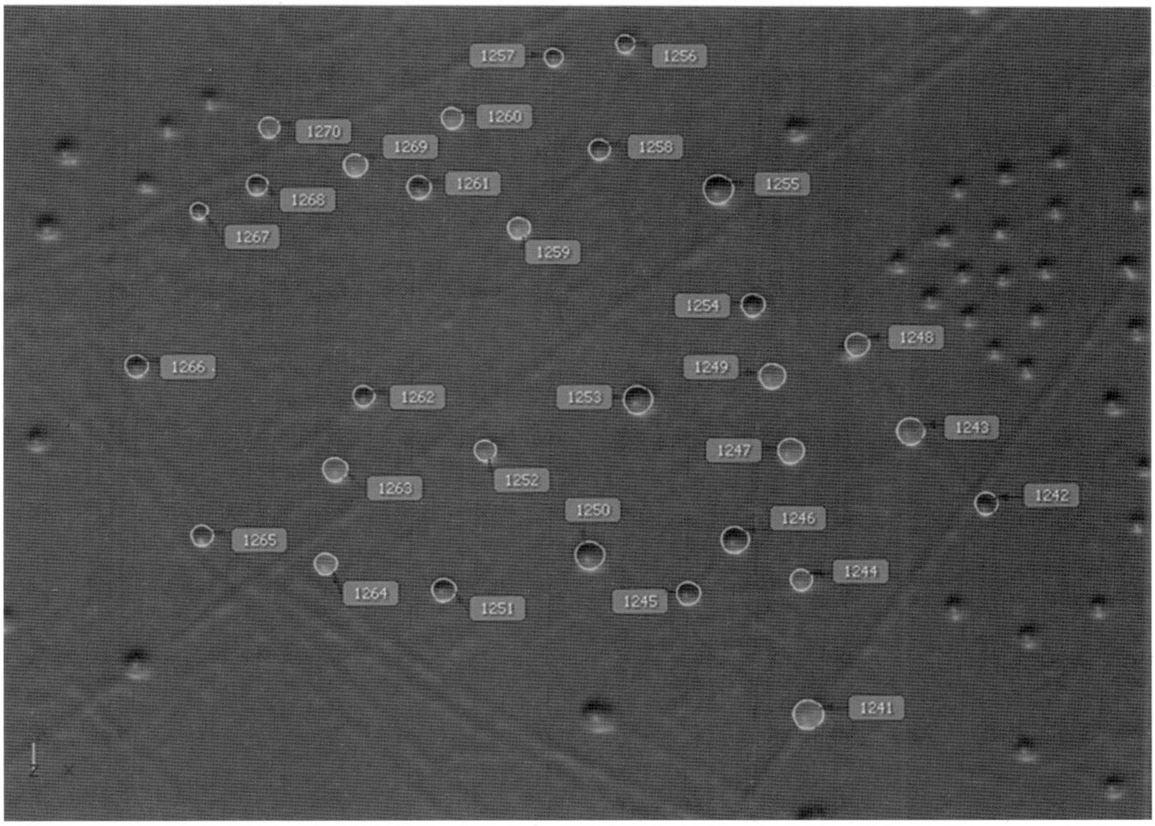
1257
1256
1270
1260
1269
1258
1261
1255
1268
1267
1259
1254
1248
1266
1249
1262
1253
1243
1247
1263
1252
1242
1250
1246
1265
1244
1264
1251
1245
1241

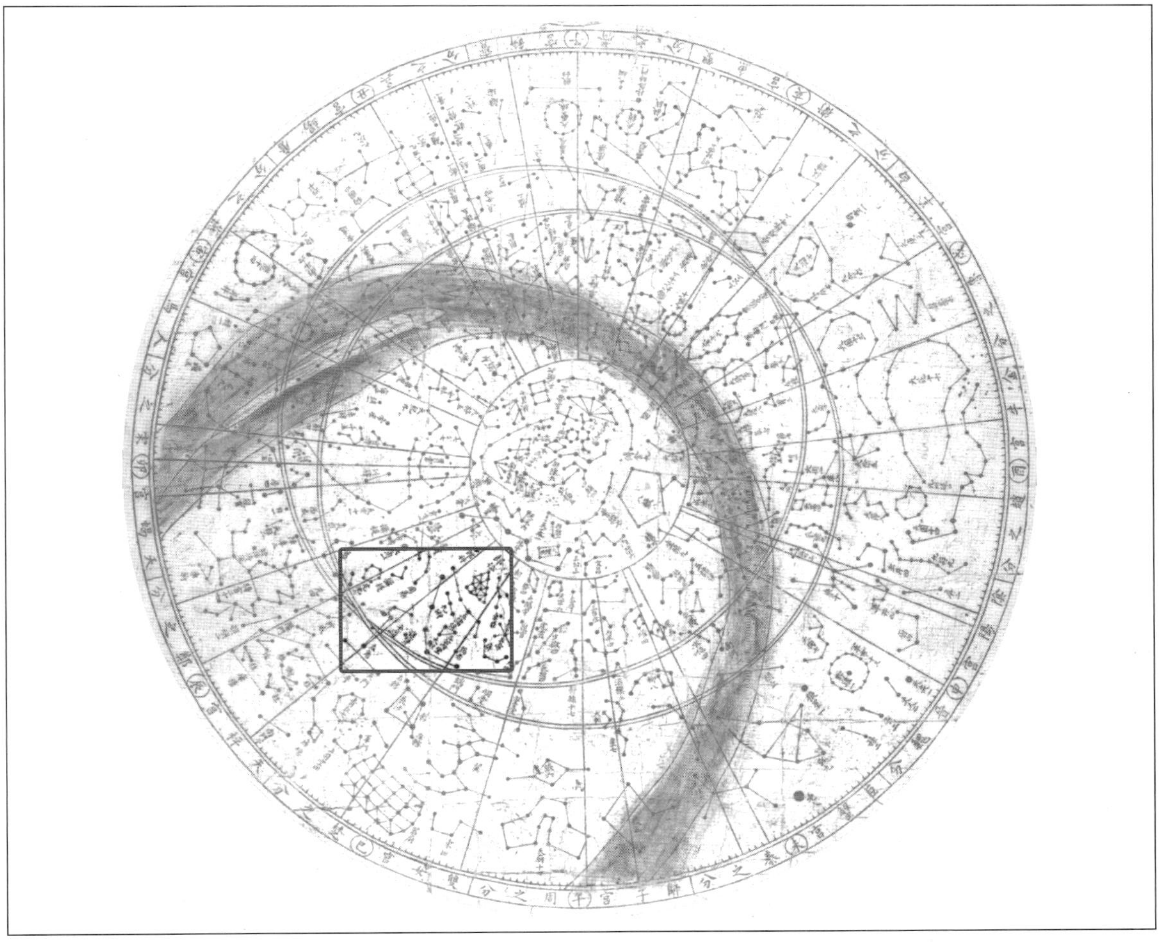

측정번호	숙종본 앞면(1,467개)			태조본 앞면(1,464개)			태조본 뒷면(1,330개)			Park(1998)		별 이름	3원(垣) 28수(宿)
	X (Center)	Y (Center)	Radius	X (Center)	Y (Center)	Radius	X (Center)	Y (Center)	Radius	BSC	V-Mag.		
										375개 동정			
1271	-177.17	-79.80	1.22	-177.67	-79.28	0.71						항지(亢池)6	저수(氐宿)
1272	-182.02	-83.25	1.27	-184.01	-83.77	0.51	-181.08	-87.50	0.80			항지(亢池)5	저수(氐宿)
1273	-184.65	-90.16	1.14	-184.27	-90.35	0.95	-180.78	-94.24	0.76			항지(亢池)4	저수(氐宿)
1274	-193.92	-86.20	1.50	-194.54	-84.95	1.48	-191.98	-89.00	1.61	5409	4.81	항(亢)3	항수(亢宿)
1275	-196.19	-95.58	1.40	-196.86	-96.04	1.62	-193.13	-99.90	1.73	5338	4.08	항(亢)2	항수(亢宿)
1276	-209.13	-86.92	1.73	-209.98	-87.33	1.67	-206.63	-90.69	1.83	5531	2.75	저(氐)1	저수(氐宿)
1277	-139.16	-60.27	1.16	-137.78	-59.71	1.28						제석(帝席)2	저수(氐宿)
1278	-148.92	-64.36	2.78	-149.72	-63.11	2.76	-147.78	-68.12	1.55	5340	-0.04	대각(大角)	항수(亢宿)
1279	-137.86	-49.07	1.63	-137.87	-48.19	1.23	-136.49	-51.67	0.99	5506	2.70	경하(更河)1	저수(氐宿)
1280	-148.50	-54.21	1.46	-149.14	-52.77	1.49						제석(帝席)3	저수(氐宿)
1281	-169.29	-59.82	1.34	-170.14	-59.56	0.82	-167.81	-62.50	1.19	5200	4.07	섭제(攝提)3-좌(左)	항수(亢宿)
1282	-162.06	-56.41	1.30	-162.75	-53.98	0.88				5185	4.50	섭제(攝提)2-좌(左)	항수(亢宿)
1283	-159.07	-48.95	1.42	-160.87	-49.43	0.95	-158.10	-52.09	0.80	5235	2.68	섭제(攝提)1-좌(左)	항수(亢宿)
1284	-144.10	-21.39	1.40	-144.91	-21.07	0.79	-144.30	-23.78	1.20	5867	3.67	천시십일(天市十一)7-주(周)	천시원(天市垣)
1285	-161.86	-33.80	1.22	-162.27	-34.32	0.82	-160.72	-36.86	1.29	5788	3.80	천시십일(天市十一)6-진(秦)	천시원(天市垣)
1286	-179.59	-25.46	1.35	-180.62	-26.66	0.95	-179.02	-30.07	1.38	5854	2.65	천시십일(天市十一)5-촉(蜀)	천시원(天市垣)
1287	-188.83	-20.43	1.47	-190.07	-21.08	0.94	-188.75	-24.51	1.15	5892	3.71	천시십일(天市十一)4-파(巴)	천시원(天市垣)
1288	-194.15	-59.82	1.72	-195.27	-59.84	1.46	-193.26	-63.26	1.93	5685	2.61	저(氐)4	저수(氐宿)
1289	-206.83	-58.07	1.75	-209.16	-58.48	1.40	-205.86	-61.69	1.78	5787	3.91	저(氐)3	저수(氐宿)
1290	-218.00	-70.56	1.71	-218.87	-70.57	1.88	-215.20	-73.94	1.65	5652	4.54	저(氐)2	저수(氐宿)
1291	-200.63	-44.33	1.29	-201.06	-45.46	0.86	-198.20	-47.72	0.96			천유(天乳)	저수(氐宿)
1292	-203.35	-23.29	1.30	-205.11	-24.10	1.35	-202.60	-25.75	1.11			서함(西咸)4	방수(房宿)
1293	-209.90	-30.41	1.46	-211.59	-31.59	0.50	-209.33	-33.19	1.12			서함(西咸)3	방수(房宿)
1294	-224.30	-38.62	1.46	-224.33	-38.44	0.78	-222.11	-41.02	1.25			서함(西咸)2	방수(房宿)
1295	-233.88	-39.95	1.51	-234.21	-40.99	1.12	-231.85	-43.09	1.29			서함(西咸)1	방수(房宿)
1296	-160.90	-0.74	1.63	-162.61	-1.95	0.84	-162.35	-4.75	1.20			열사(列肆)2	천시원(天市垣)
1297	-180.46	-6.09	1.39	-182.20	-6.29	0.70	-181.78	-10.36	1.28			열사(列肆)1	천시원(天市垣)
1298	-208.27	-4.00	1.52	-210.35	-5.19	0.92	-209.85	-8.28	1.53	6056	2.74	천시십일(天市十一)3-양(梁)	천시원(天市垣)
1299	-214.35	2.60	1.24	-217.35	1.83	0.90	-216.38	-1.80	1.18	6075	3.24	천시십일(天市十一)2-초(楚)	천시원(天市垣)
1300	-230.16	-0.50	1.86	-233.81	-0.79	1.41				5984	2.62	방(房)4	방수(房宿)

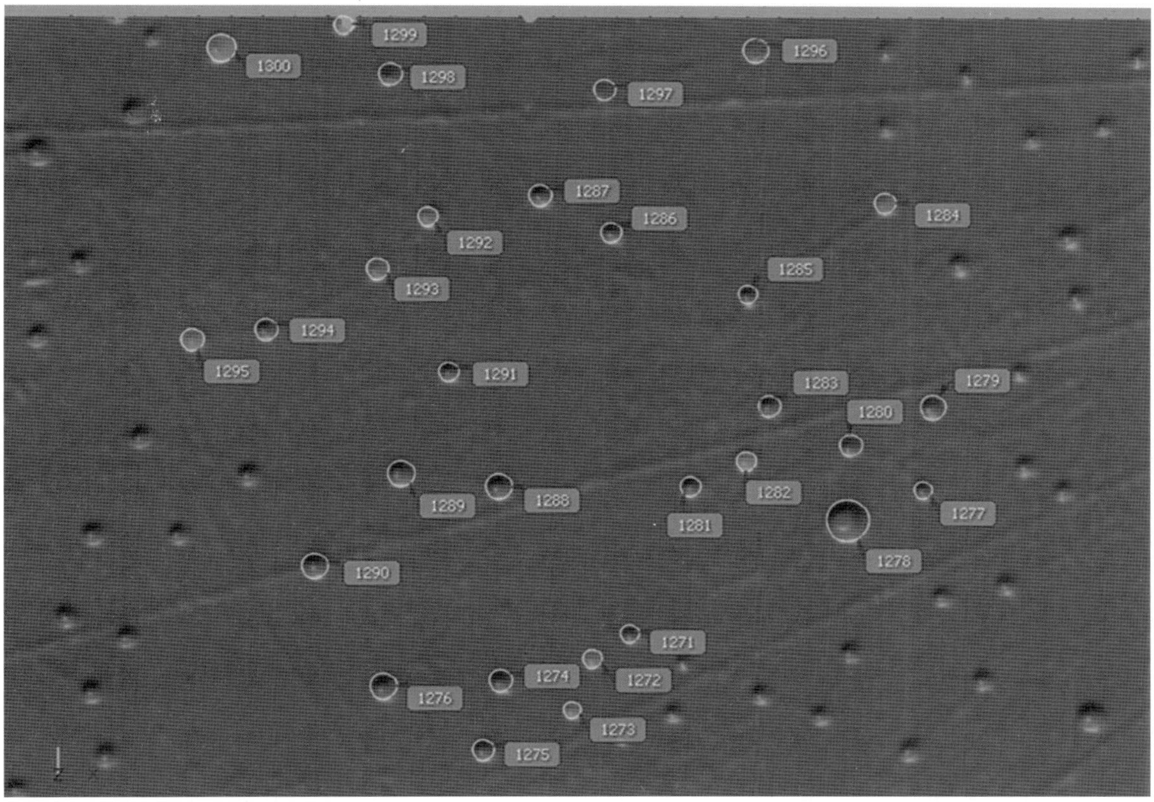
1299
1300
1298
1296
1297
1287
1286
1284
1292
1285
1293
1294
1295
1291
1283
1279
1280
1282
1289
1288
1281
1277
1278
1290
1271
1274
1272
1276
1273
1275

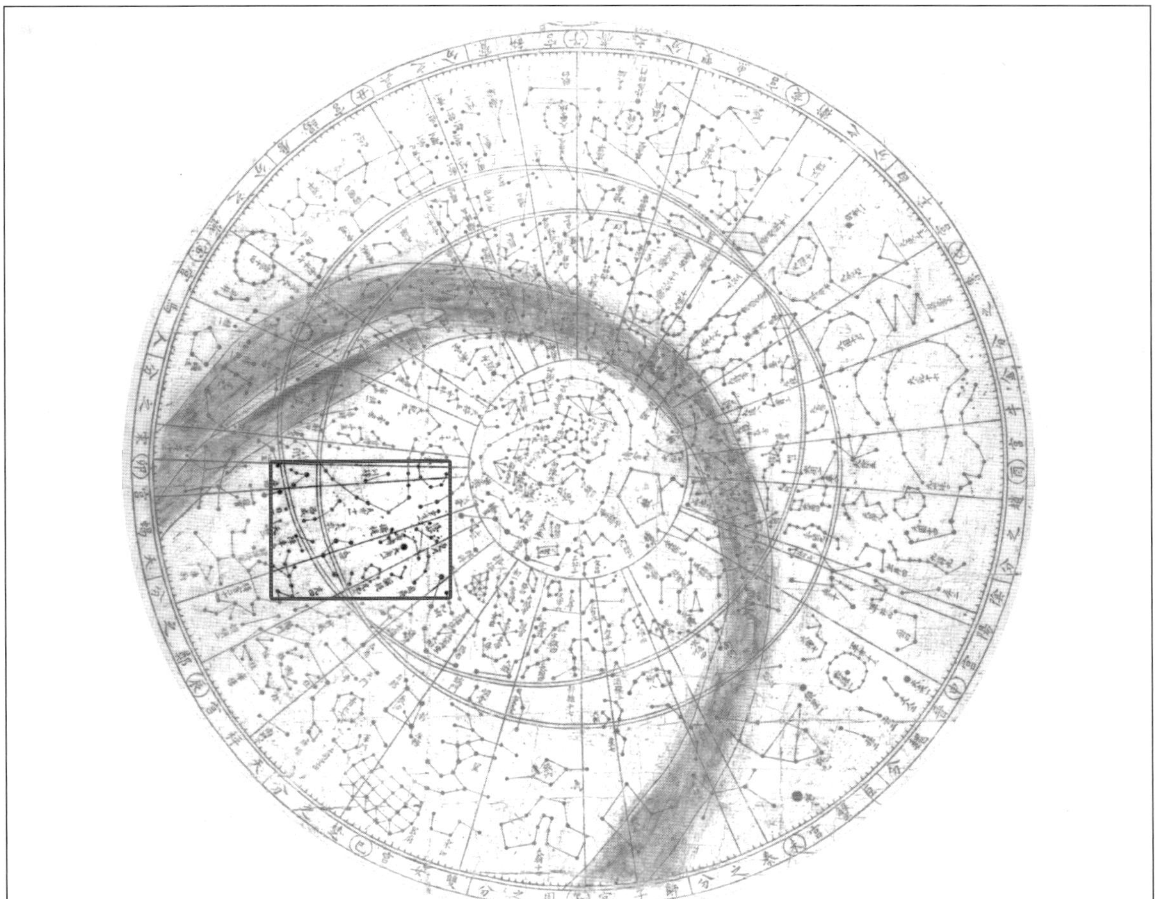

측정 번호	숙종본 앞면(1,467개)			태조본 앞면(1,464개)			태조본 뒷면(1,330개)			Park(1998)		별 이름	3원(垣) 28수(宿)
	X (Center)	Y (Center)	Radius	X (Center)	Y (Center)	Radius	X (Center)	Y (Center)	Radius	BSC	V-Mag.		
										375개 동정			
1301	-230.53	-0.37	1.92	-233.81	-0.79	1.41				5997	4.32	방(房)-구검(鉤鈐)2	방수(房宿)
1302	-241.32	-8.93	1.81	-243.86	-9.33	1.89	-241.15	-14.21	1.34	5953	2.32	방(房)3	방수(房宿)
1303	-226.71	-58.22	1.54	-227.24	-59.18	0.73	-224.87	-61.82	0.93			진거(陳車)1	저수(氐宿)
1304	-240.58	-53.12	1.33	-240.86	-53.88	0.89	-238.82	-56.36	0.83			진거(陳車)2	저수(氐宿)
1305	-253.83	-14.47	1.88	-255.42	-15.31	1.79	-253.04	-19.50	1.77	5944	2.89	방(房)1	방수(房宿)
1306	-267.09	-16.97	2.12	-269.05	-18.08	1.65	-266.70	-23.52	1.88	5928	3.88	방(房)2	방수(房宿)
1307	-279.25	-8.14	1.55	-280.97	-10.46	0.78	-279.29	-17.75	1.35			종관(從官)2	방수(房宿)
1308	-276.16	-23.76	1.64	-277.58	-25.00	1.00	-276.15	-31.69	1.25			종관(從官)1	방수(房宿)
1309	-290.18	-18.07	1.48	-291.66	-19.12	1.15	-292.07	-25.91	1.09			적졸(積卒)2	심수(心宿)
1310	-305.43	-8.98	1.98	-306.98	-10.75	1.27	-307.54	-17.45	1.58			적졸(積卒)3	심수(心宿)
1311	-320.18	-9.57	2.09	-321.64	-11.84	1.37	-321.58	-19.68	1.46			적졸(積卒)6	심수(心宿)
1312	-333.70	-11.73	2.02	-335.41	-15.08	1.04	-334.85	-22.96	1.04			적졸(積卒)5	심수(心宿)
1313	-305.75	-28.09	1.61	-306.98	-29.61	1.11	-306.08	-37.31	1.12			적졸(積卒)1	심수(心宿)
1314	-322.26	-26.14	1.66	-325.08	-27.99	1.15	-323.93	-36.93	1.08			적졸(積卒)4	심수(心宿)
1315	-248.47	-29.35	1.29	-249.72	-29.58	1.18	-247.32	-32.49	1.22			일(日)	방수(房宿)
1316	-253.86	-39.45	1.38	-254.46	-39.66	0.77	-252.22	-42.96	1.32			천폭(天輻)1	저수(氐宿)
1317	-265.22	-43.87	1.44				-263.44	-47.78	1.13			천폭(天輻)2	저수(氐宿)
1318	-280.84	-38.93	1.59	-282.44	-40.09	0.93	-280.07	-44.42	1.74			기관(騎官)24	저수(氐宿)
1319	-284.11	-48.17	1.47	-285.46	-49.81	1.18	-281.88	-54.27	1.56			기관(騎官)25	저수(氐宿)
1320	-294.19	-48.46	1.59	-295.45	-49.93	1.34	-293.07	-54.15	1.66			기관(騎官)26	저수(氐宿)
1321	-325.57	-48.34	1.45	-327.79	-51.03	1.20	-325.19	-55.73	1.53			기관(騎官)27	저수(氐宿)
1322	-235.63	-66.15	1.44	-235.56	-67.83	1.28	-232.76	-70.34	0.95			진거(陳車)3	저수(氐宿)
1323	-246.92	-66.14	1.50	-247.01	-67.34	0.98	-243.92	-70.62	1.11			기관(騎官)15	저수(氐宿)
1324	-242.33	-80.08	1.42	-242.04	-78.72	1.20	-241.15	-82.26	1.04	5528	4.32	기관(騎官)1	저수(氐宿)
1325	-250.15	-77.27	1.60	-250.84	-78.72	0.82	-249.28	-82.01	1.16			기관(騎官)16	저수(氐宿)
1326	-276.66	-62.50	1.62	-277.64	-63.41	1.58	-274.55	-67.71	1.42			기진장군(騎陳將軍)	저수(氐宿)
1327	-293.71	-69.36	1.45	-295.06	-70.87	0.88	-292.58	-74.96	1.23			기관(騎官)21	저수(氐宿)
1328	-306.62	-72.08	1.37	-306.98	-74.20	0.99	-304.51	-78.76	1.13			기관(騎官)22	저수(氐宿)
1329	-312.93	-78.29	1.32	-313.64	-79.90	0.82	-310.81	-85.06	1.18			차기(車騎)2	저수(氐宿)
1330	-323.09	-75.68	1.38	-323.47	-78.54	1.05	-321.67	-83.48	1.26			차기(車騎)1	저수(氐宿)

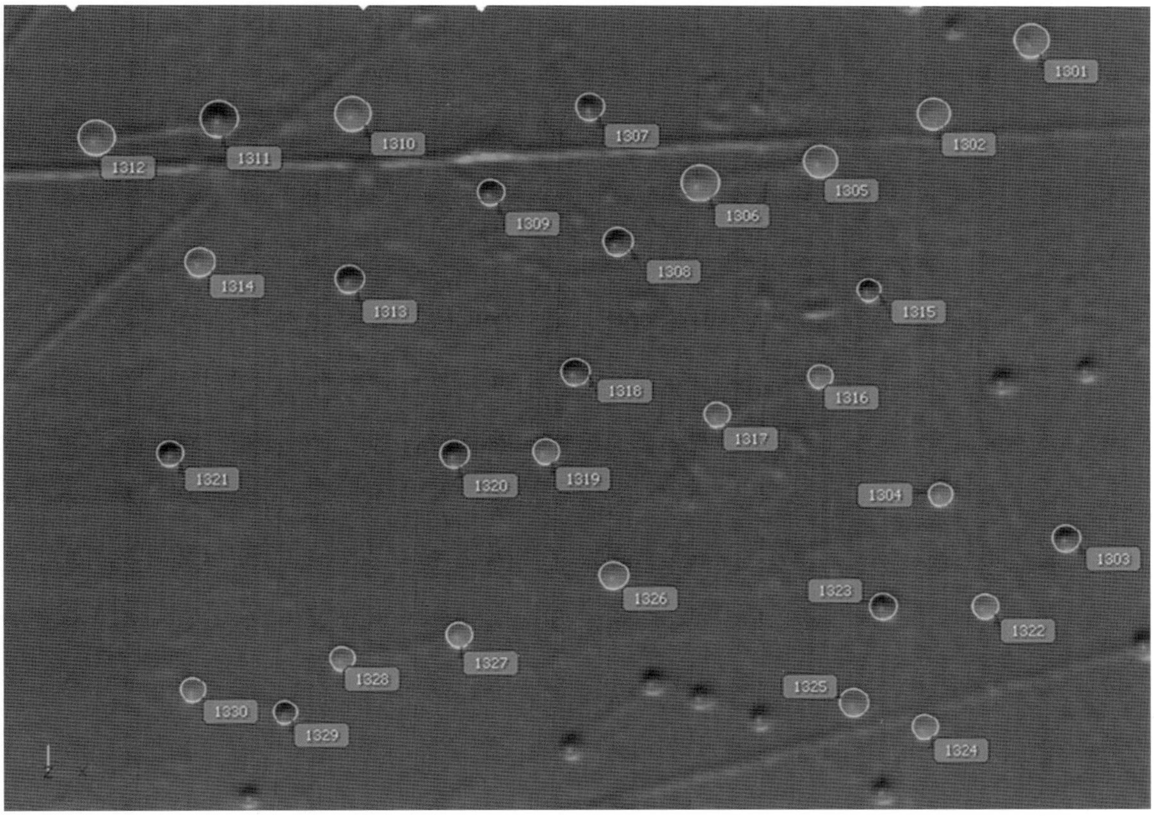
1301
1307
1312
1311
1310
1302
1305
1306
1309
1308
1314
1313
1315
1318
1316
1317
1321
1320
1319
1304
1303
1326
1323
1322
1327
1328
1330
1329
1325
1324

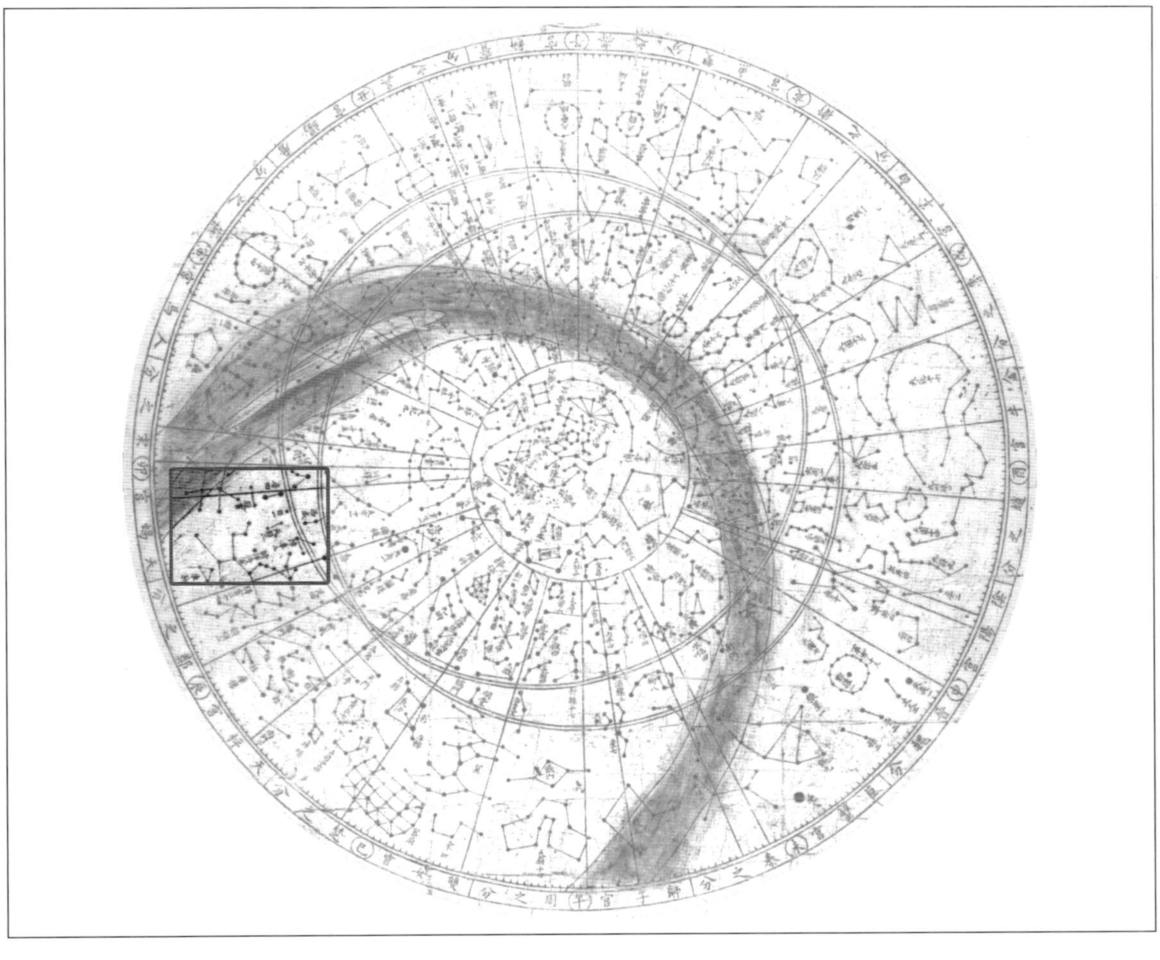

측정번호	숙종본 앞면(1,467개)			태조본 앞면(1,464개)			태조본 뒷면(1,330개)			Park(1998)		별 이름	3원(垣) 28수(宿)
	X (Center)	Y (Center)	Radius	X (Center)	Y (Center)	Radius	X (Center)	Y (Center)	Radius	BSC	V-Mag.		
										375개 동정			
1331	-316.88	-88.14	1.18	-317.48	-90.31	0.67	-314.56	-95.65	1.08			차기(車騎)3	저수(氐宿)
1332	-305.13	-93.12	1.40	-305.91	-95.30	0.60	-302.13	-100.60	1.09			기관(騎官)23	저수(氐宿)
1333	-281.37	-82.14	1.35	-282.17	-84.42	1.25	-280.00	-88.63	1.20			기관(騎官)20	저수(氐宿)
1334	-272.25	-74.81	1.44	-273.43	-75.96	1.13	-272.00	-80.72	1.02			기관(騎官)19	저수(氐宿)
1335	-266.93	-76.49	1.37	-267.57	-78.02	0.92	-266.28	-81.94	1.03			기관(騎官)18	저수(氐宿)
1336	-260.40	-78.75	1.34	-260.75	-81.10	0.87	-259.77	-84.69	1.01			기관(騎官)17	저수(氐宿)
1337	-246.84	-87.67	1.35	-247.54	-86.54	0.92	-245.21	-90.84	1.24	5571	2.68	기관(騎官)2	저수(氐宿)
1338	-244.96	-96.13	1.56	-244.47	-96.14	1.15	-242.49	-99.98	0.98	5576	3.13	기관(騎官)3	저수(氐宿)
1339	-256.90	-100.72	1.44	-257.15	-100.37	1.16	-255.41	-104.27	1.25	5776	2.78	기관(騎官)5	저수(氐宿)
1340	-244.86	-105.69	1.58	-244.99	-105.37	0.89	-242.30	-108.91	1.13	5695	3.22	기관(騎官)4	저수(氐宿)
1341	-208.77	-108.04	1.37	-208.77	-107.73	1.00	-204.90	-110.38	1.74	5315	4.19	항(亢)1	항수(亢宿)
1342	-220.87	-108.63	1.37	-220.13	-108.03	1.53	-216.97	-111.96	1.78	5359	4.52	항(亢)4	항수(亢宿)
1343	-232.80	-113.98	1.23	-232.45	-113.29	0.58	-228.38	-118.75	0.99			절위(折威)6	항수(亢宿)
1344	-242.45	-117.52	1.33	-241.33	-117.37	0.91	-237.86	-122.47	1.00			절위(折威)7	항수(亢宿)
1345	-223.15	-119.40	1.24	-223.53	-119.68	0.71	-219.49	-124.06	0.99			절위(折威)5	항수(亢宿)
1346	-214.95	-123.24	1.33	-214.19	-122.91	0.69	-210.15	-128.31	1.17			절위(折威)4	항수(亢宿)
1347	-204.58	-123.73	1.24	-203.80	-123.45	0.99	-199.11	-128.58	1.17			절위(折威)3	항수(亢宿)
1348	-197.36	-121.49	1.26	-196.76	-121.69	1.05	-192.02	-126.22	1.01			절위(折威)2	항수(亢宿)
1349	-255.30	-110.40	1.59	-255.98	-110.65	1.09	-252.48	-114.38	1.06			기관(騎官)6	저수(氐宿)
1350	-273.68	-106.51	1.52	-274.30	-106.55	1.06	-272.00	-110.95	1.42			기관(騎官)7	저수(氐宿)
1351	-279.31	-111.45	1.36	-279.46	-111.91	1.34	-276.34	-116.69	1.48			기관(騎官)8	저수(氐宿)
1352	-277.61	-120.39	1.58	-279.01	-121.07	1.15	-275.56	-125.29	1.51			기관(騎官)9	저수(氐宿)
1353	-293.70	-110.24	1.42	-293.41	-110.88	1.13	-291.96	-114.82	1.15			기관(騎官)10	저수(氐宿)
1354	-307.41	-107.41	1.57	-307.70	-108.87	1.06	-304.70	-113.65	1.15			기관(騎官)14	저수(氐宿)
1355	-309.28	-119.13	1.47	-309.45	-120.64	0.76	-305.94	-125.76	1.39			기관(騎官)12	저수(氐宿)
1356	-318.74	-115.85	1.53	-319.17	-117.26	1.03	-316.29	-122.38	1.20			기관(騎官)13	저수(氐宿)
1357	-297.43	-123.08	1.26	-297.93	-124.30	1.16	-294.29	-128.41	1.22			기관(騎官)11	저수(氐宿)
1358	-287.56	-128.76	1.19	-288.12	-129.54	0.76	-284.32	-135.53	1.34			돈완(頓頑)1	항수(亢宿)
1359	-256.50	-122.42	1.52	-256.94	-122.94	1.28	-253.11	-128.45	1.34			돈완(頓頑)2	항수(亢宿)
1360	-272.57	-132.99	1.47	-273.64	-133.58	1.58	-268.75	-140.05	1.71	5440	2.31	고루(庫樓)3	각수(角宿)

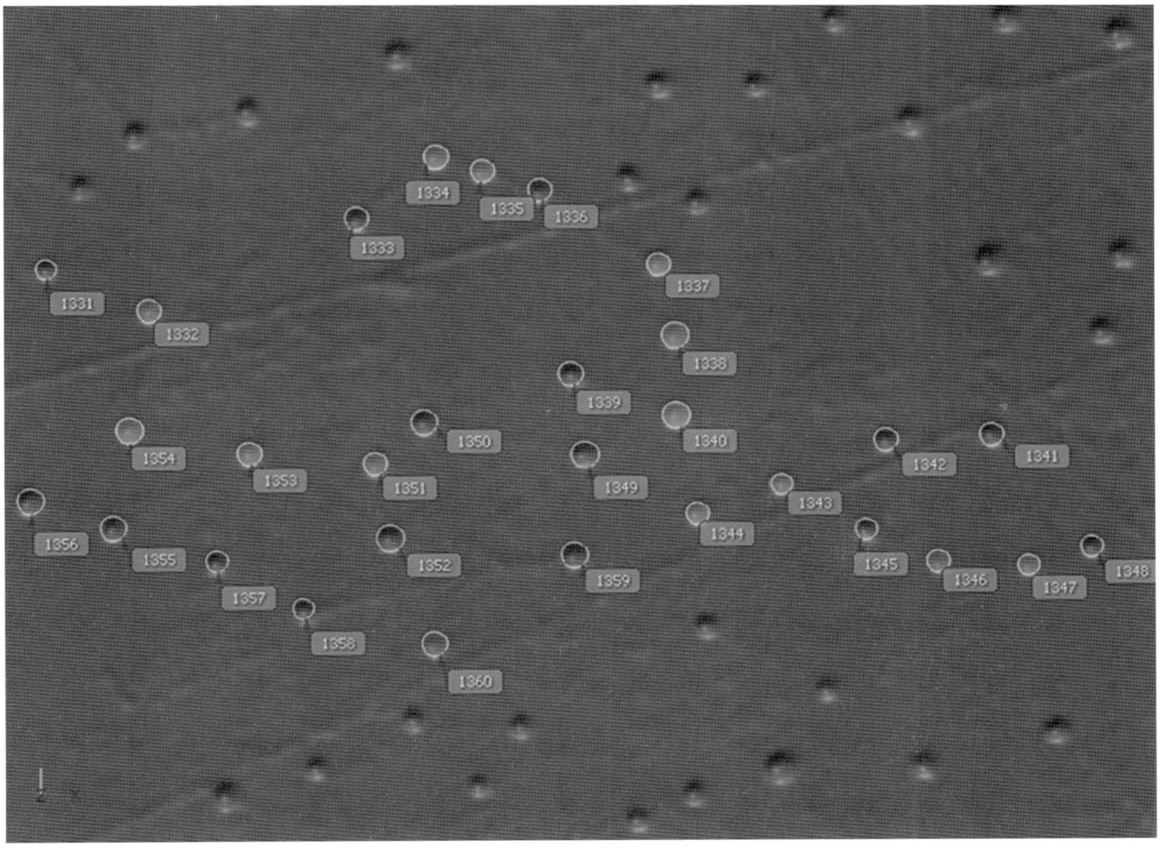
1331
1332
1333
1334
1335
1336
1337
1338
1339
1340
1341
1342
1343
1344
1345
1346
1347
1348
1349
1350
1351
1352
1353
1354
1355
1356
1357
1358
1359
1360

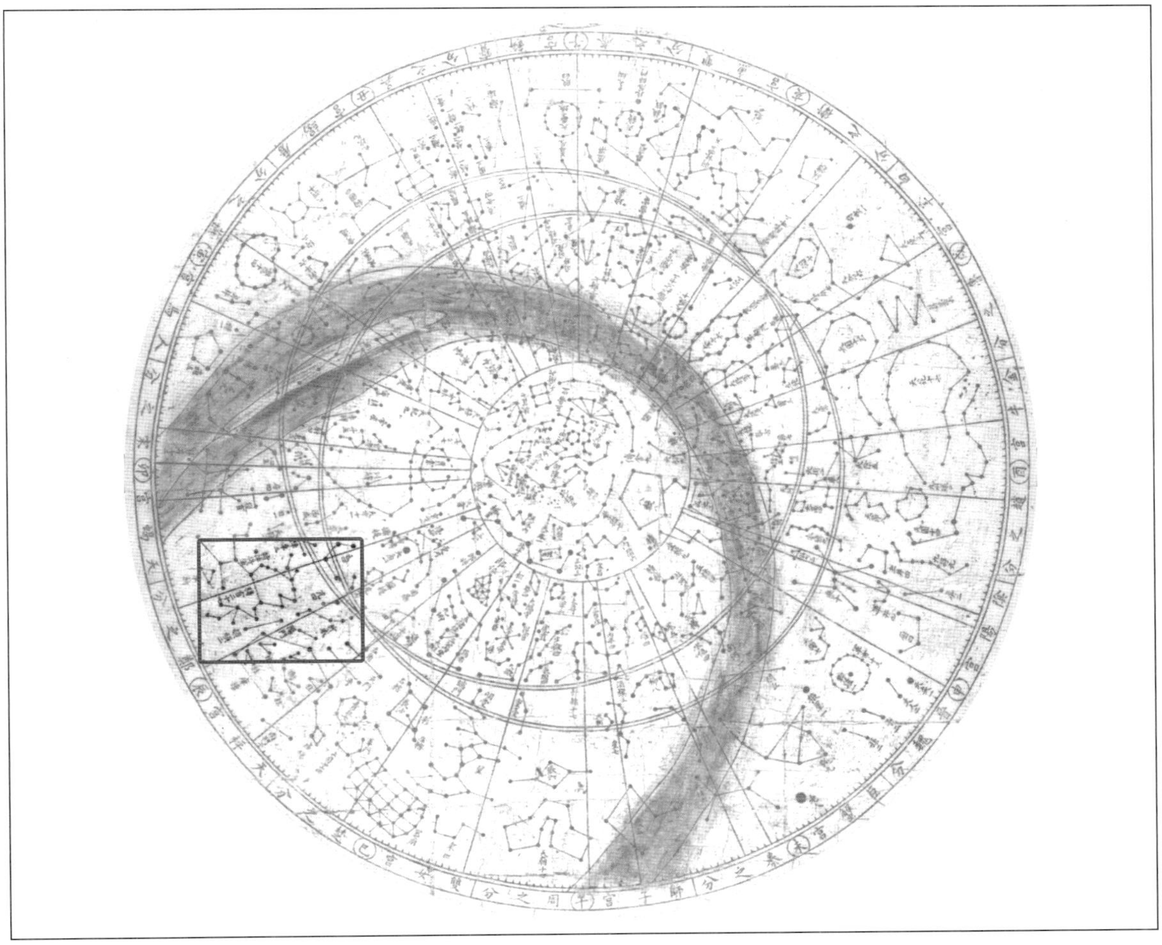

측정 번호	숙종본 앞면(1,467개)			태조본 앞면(1,464개)			태조본 뒷면(1,330개)			Park(1998)		별 이름	3원(垣) 28수(宿)
	X (Center)	Y (Center)	Radius	X (Center)	Y (Center)	Radius	X (Center)	Y (Center)	Radius	BSC	V-Mag.		
										375개 동정			
1361	-262.88	-142.92	1.32	-262.20	-143.65	0.91	-258.11	-148.96	1.34			주(柱)9	각수(角宿)
1362	-267.63	-149.95	1.27	-267.09	-149.90	0.83	-262.98	-155.54	1.23			주(柱)7	각수(角宿)
1363	-275.03	-142.00	1.31	-275.29	-142.98	0.78	-270.94	-148.07	1.22			주(柱)8	각수(角宿)
1364	-286.25	-147.83	1.25	-285.92	-148.01	0.76	-282.50	-153.84	1.21			주(柱)5	각수(角宿)
1365	-280.92	-158.98	1.22	-280.70	-159.46	0.79	-276.52	-165.73	1.21			주(柱)6	각수(角宿)
1366	-288.18	-158.57	1.23	-288.92	-159.96	0.84	-284.46	-165.77	1.24			주(柱)4	각수(角宿)
1367	-296.37	-150.98	1.63	-296.92	-151.27	0.59	-292.09	-157.22	1.50	5469	2.30	고루(庫樓)2	각수(角宿)
1368	-227.76	-138.51	1.29	-227.14	-139.35	0.74	-222.59	-144.06	1.27			양문(陽門)1	항수(亢宿)
1369	-185.67	-149.03	1.57	-184.12	-147.96	1.26	-181.63	-150.87	2.09	5056	0.98	좌각(左角)1	각수(角宿)
1370	-201.42	-143.63	1.42	-201.00	-143.79	1.33	-198.42	-145.39	1.25			천문(天門)2	각수(角宿)
1371	-216.78	-147.79	1.38	-217.05	-147.55	1.04	-214.06	-150.06	1.38			평(平)2	각수(角宿)
1372	-233.23	-147.63	1.58	-232.28	-147.59	1.39	-228.59	-152.68	1.75	5288	2.06	고루(庫樓)4	각수(角宿)
1373	-241.44	-130.81	1.36	-241.09	-130.42	0.87	-236.44	-136.69	1.23			양문(陽門)2	항수(亢宿)
1374	-243.01	-151.04	1.22	-242.32	-151.53	1.54	-239.57	-153.85	1.27			주(柱)12	각수(角宿)
1375	-238.05	-158.09	1.18	-236.93	-158.86	1.10	-234.28	-160.84	1.00			주(柱)10	각수(角宿)
1376	-249.53	-153.96	1.14	-248.99	-154.67	0.99	-247.00	-157.90	0.99			주(柱)11	각수(角宿)
1377	-255.42	-164.00	1.09	-254.01	-165.23	0.79	-251.35	-167.63	1.04	5285	4.36	형(衡)4	각수(角宿)
1378	-265.13	-172.14	1.18	-265.09	-173.33	0.99	-261.72	-176.75	1.19			주(柱)3	각수(角宿)
1379	-254.08	-174.41	1.11	-252.83	-174.91	0.66	-249.78	-178.50	1.08	5248	3.83	형(衡)3	각수(角宿)
1380	-243.45	-179.65	1.18	-241.58	-181.13	1.01	-238.42	-183.79	1.25	5190	3.41	형(衡)1	각수(角宿)
1381	-247.97	-185.13	1.19	-246.19	-185.81	0.83	-242.72	-189.01	1.35	5193	3.04	형(衡)2	각수(角宿)
1382	-257.83	-185.76	1.33	-256.79	-186.97	0.58	-254.02	-189.91	1.33			주(柱)1	각수(角宿)
1383	-267.39	-182.10	1.28	-266.10	-183.68	0.57	-262.98	-187.42	1.21			주(柱)2	각수(角宿)
1384	-272.02	-187.53	1.39	-270.51	-188.94	1.64	-266.00	-194.63	1.54	5231	2.55	고루(庫樓)1	각수(角宿)
1385	-233.64	-173.14	1.23	-231.79	-173.07	1.22	-229.14	-176.51	1.13			주(柱)14	각수(角宿)
1386	-174.13	-173.37	1.46	-173.11	-173.07	1.25	-169.18	-174.49	1.52			천문(天門)1	각수(角宿)
1387	-149.41	-180.31	1.24	-147.87	-180.35	1.28	-146.59	-179.59	0.94	4775	4.31	우할(右轄)	진수(軫宿)
1388	-148.75	-187.32	1.69	-146.25	-187.41	1.32	-145.09	-186.46	1.97	4630	3.00	진(軫)3	진수(軫宿)
1389	-136.52	-200.52	1.67	-134.14	-200.79	1.47	-133.59	-199.34	2.24	4662	2.59	진(軫)1	진수(軫宿)
1390	-151.45	-207.05	1.15	-149.80	-207.38	0.95	-148.46	-206.70	1.01			장사(長沙)	진수(軫宿)

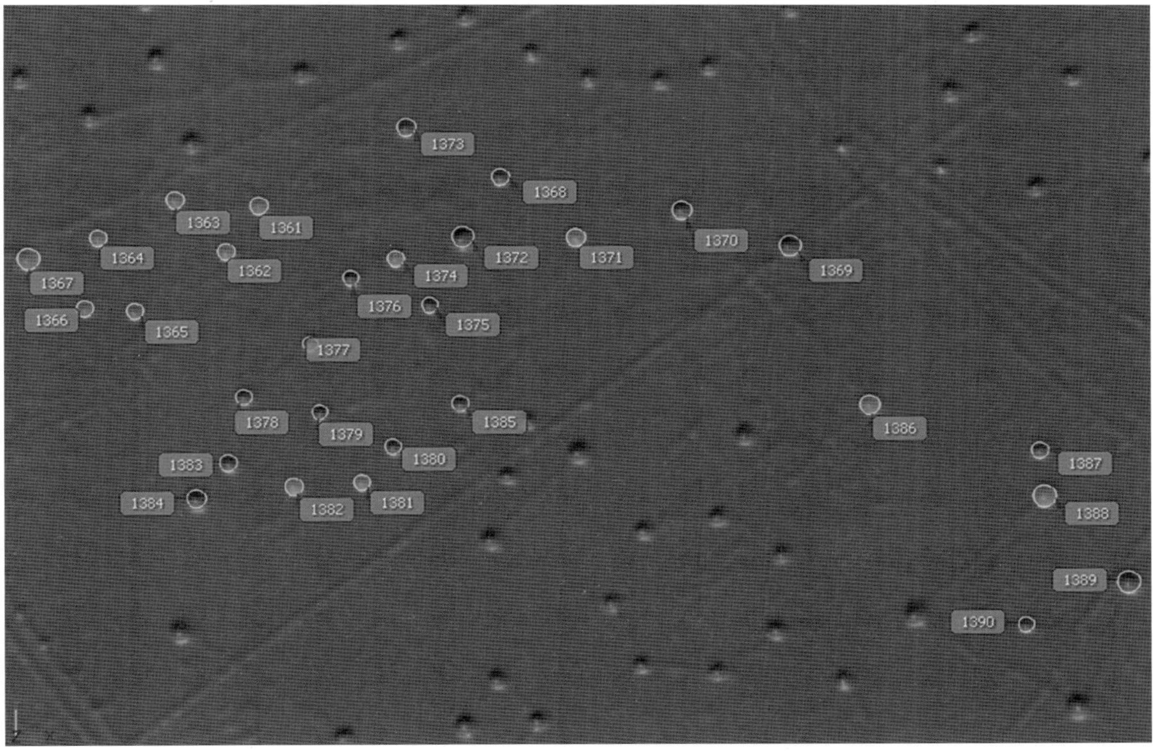
1373
1368
1363
1361
1370
1364
1372
1371
1369
1362
1374
1367
1376
1375
1366
1365
1377
1378
1379
1385
1386
1380
1383
1387
1384
1382
1381
1388
1389
1390

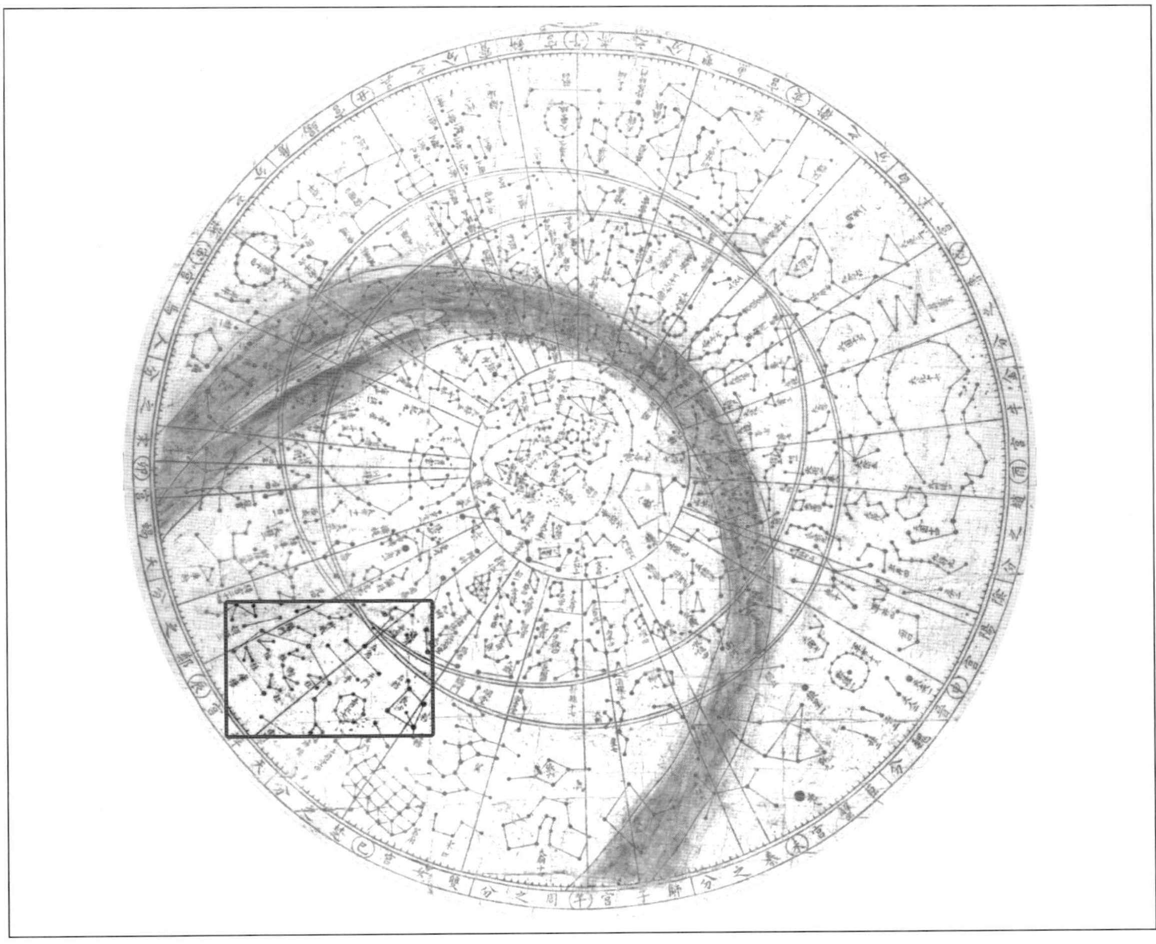

측정번호	숙종본 앞면(1,467개)			태조본 앞면(1,464개)			태조본 뒷면(1,330개)			Park(1998)		별 이름	3원(垣) 28수(宿)
	X (Center)	Y (Center)	Radius	X (Center)	Y (Center)	Radius	X (Center)	Y (Center)	Radius	BSC	V-Mag.		
										375개 동정			
1391	-144.06	-219.23	1.27	-143.24	-220.05	1.66	-141.26	-219.65	2.38	4757	2.95	진(軫)2	진수(軫宿)
1392	-167.77	-205.52	1.36	-165.55	-206.09	1.75	-164.38	-205.31	1.40	4786	2.65	진(軫)4	진수(軫宿)
1393	-144.65	-227.93	0.99	-143.32	-229.29	0.98	-141.78	-227.99	0.98	4623	4.02	좌할(左轄)	진수(軫宿)
1394	-192.33	-177.88	1.25	-190.41	-178.74	1.49						평(平)1	각수(角宿)
1395	-223.98	-175.61	0.98	-222.08	-175.90	0.63	-219.60	-179.13	0.90			주(柱)15	각수(角宿)
1396	-216.39	-180.40	1.35	-214.51	-181.30	2.35	-210.13	-183.34	1.78	5028	2.75	고루(庫樓)5	각수(角宿)
1397	-226.92	-184.14	1.10	-224.80	-185.09	0.99	-222.07	-187.36	1.29			주(柱)13	각수(角宿)
1398	-229.48	-193.89	1.29	-227.40	-194.07	0.71	-223.90	-196.97	1.28			고루(庫樓)6	각수(角宿)
1399	-196.28	-190.57	1.26	-194.48	-190.58	1.07						청구(青丘)3	진수(軫宿)
1400	-187.01	-196.16	1.16	-184.58	-196.60	1.05	-181.42	-197.63	1.23			청구(青丘)4	진수(軫宿)
1401	-187.78	-207.99	1.33	-185.55	-207.32	1.24	-182.59	-209.91	0.90			청구(青丘)5	진수(軫宿)
1402	-196.38	-214.35	1.22	-193.76	-213.72	0.58						청구(青丘)6	진수(軫宿)
1403	-207.47	-213.19	1.13	-205.07	-213.74	0.87	-201.80	-216.12	1.40			청구(青丘)7	진수(軫宿)
1404	-211.66	-203.71	1.22	-209.86	-203.95	1.39	-206.08	-206.04	1.06			청구(青丘)1	진수(軫宿)
1405	-206.97	-192.58	1.16	-205.01	-192.79	1.21	-202.40	-194.74	0.94			청구(青丘)2	진수(軫宿)
1406	-178.00	-215.46	1.09	-175.32	-216.18	1.20	-174.33	-215.84	1.04			군문(軍門)2	진수(軫宿)
1407	-167.63	-235.85	1.07	-165.04	-235.97	1.13	-163.38	-236.12	1.16			군문(軍門)1	진수(軫宿)
1408	-189.46	-226.90	0.93	-186.99	-226.97	1.11						토사공(土司空)1	진수(軫宿)
1409	-192.45	-236.50	0.98	-189.97	-236.97	1.23						토사공(土司空)2	진수(軫宿)
1410	-202.77	-239.93	1.05	-199.81	-240.83	1.29	-195.74	-243.20	1.30			토사공(土司空)3	진수(軫宿)
1411	-211.92	-230.22	1.11	-209.68	-231.44	1.33	-205.12	-233.62	1.51			토사공(土司空)4	진수(軫宿)
1412	-222.51	-221.65	1.13	-220.25	-222.39	0.82	-216.01	-225.75	1.03			고루(庫樓)8	각수(角宿)
1413	-228.66	-229.65	1.32	-226.08	-230.21	0.91	-222.54	-233.51	0.94			고루(庫樓)9	각수(角宿)
1414	-228.39	-215.22	1.13	-226.28	-215.50	0.95	-223.10	-218.57	0.95			고루(庫樓)7	각수(角宿)
1415	-233.12	-222.26	1.28	-231.32	-223.25	1.10	-227.65	-226.03	1.24			고루(庫樓)10	각수(角宿)
1416	-250.65	-224.15	1.54	-249.20	-224.50	1.16	-243.94	-227.91	1.23			남문(南門)1	각수(角宿)
1417	-274.37	-207.91	1.40	-272.48	-209.02	1.21	-269.25	-212.66	1.13			남문(南門)2	각수(角宿)
1418	-87.83	-186.74	1.27	-86.33	-187.31	0.87	-79.20	-188.24	1.22			명당(明堂)1	태미원(太微垣)
1419	-51.92	-190.46	1.34	-50.59	-189.80	1.12	-39.73	-191.61	1.39			영대(靈臺)1	태미원(太微垣)
1420	-48.84	-205.38	1.22	-47.71	-206.67	0.77	-36.13	-207.74	1.27			영대(靈臺)2	태미원(太微垣)

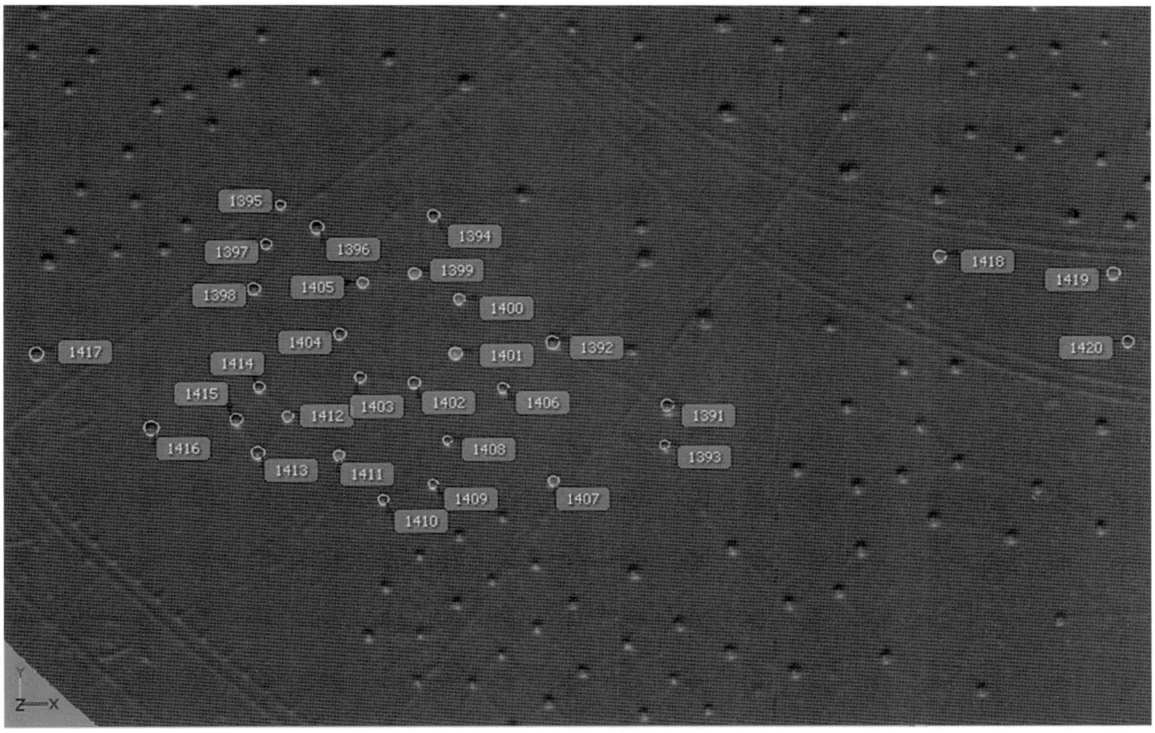
1395
1394
1397
1396
1418
1399
1419
1398
1405
1400
1404
1417
1401
1392
1420
1414
1415
1403
1402
1406
1412
1391
1416
1408
1393
1413
1411
1409
1407
1410
Y
Z
X

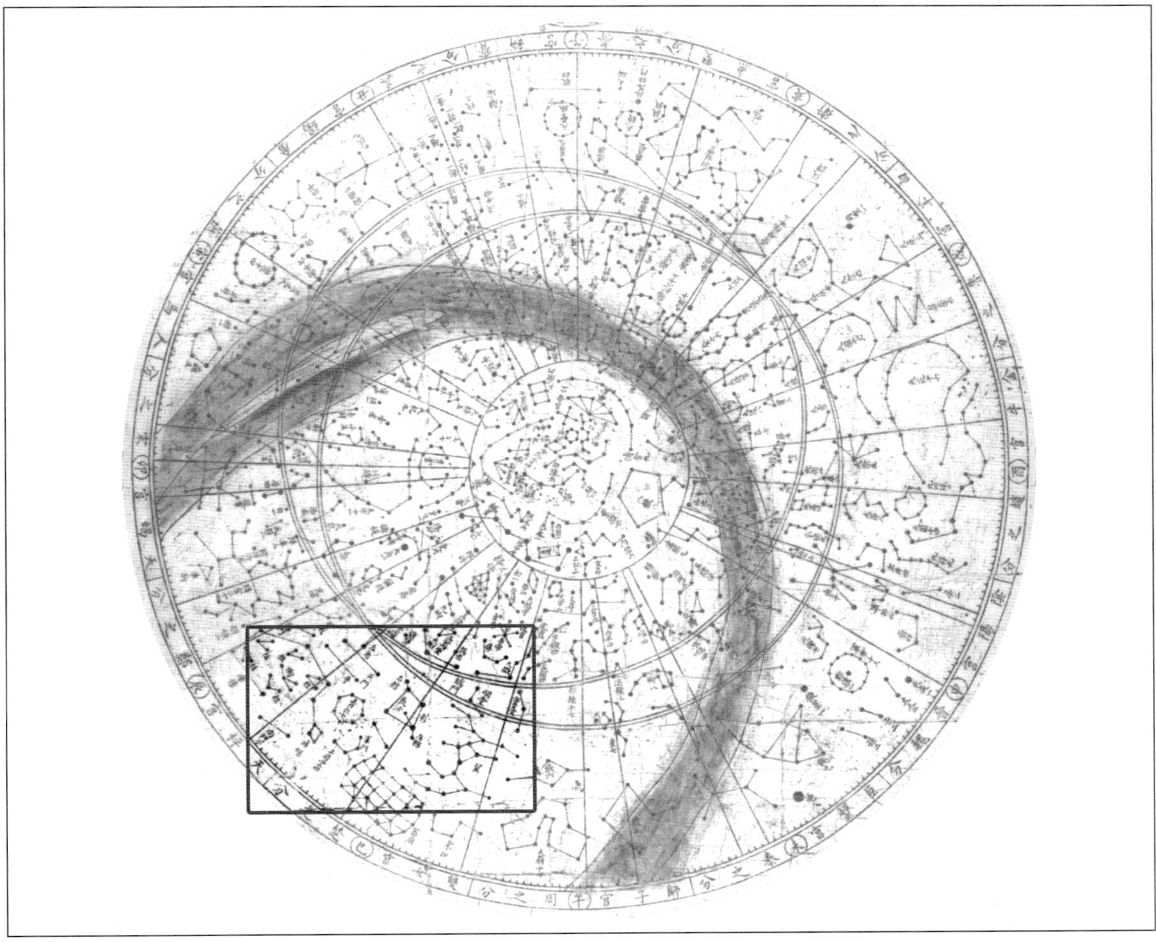

측정번호	숙종본 앞면(1,467개)			태조본 앞면(1,464개)			태조본 뒷면(1,330개)			Park(1998)		별 이름	3원(垣) 28수(宿)
	X (Center)	Y (Center)	Radius	X (Center)	Y (Center)	Radius	X (Center)	Y (Center)	Radius	BSC	V-Mag.		
										375개 동정			
1421	-94.03	-196.58	1.00	-93.42	-197.04	0.85	-85.73	-198.62	1.26			명당(明堂)2	태미원(太微垣)
1422	-84.52	-210.77	1.27	-82.45	-210.31	1.11	-73.96	-210.91	1.15			명당(明堂)3	태미원(太微垣)
1423	-95.22	-211.00	1.16	-94.48	-211.26	1.09	-85.93	-211.57	1.07			익(翼)12	익수(翼宿)
1424	-110.28	-201.77	1.23	-108.47	-201.66	0.86	-99.88	-203.03	1.02			익(翼)13	익수(翼宿)
1425	-54.17	-223.73	1.46	-52.67	-224.17	1.15	-40.84	-225.85	1.38			영대(靈臺)3	태미원(太微垣)
1426	-106.82	-219.60	1.25	-106.49	-220.04	1.22	-96.96	-221.72	0.94			익(翼)11	익수(翼宿)
1427	-91.93	-223.89	1.36	-90.36	-223.85	1.06	-81.03	-224.43	1.23			익(翼)10	익수(翼宿)
1428	-83.96	-231.96	1.32	-81.94	-232.53	0.95	-72.68	-232.38	1.15			익(翼)7	익수(翼宿)
1429	-67.51	-237.23	1.22	-66.39	-237.55	1.24	-53.85	-238.80	0.94			익(翼)8	익수(翼宿)
1430	-54.47	-246.25	1.24	-52.93	-246.74	0.75	-40.07	-247.67	1.14			익(翼)9	익수(翼宿)
1431	-95.54	-234.65	1.42	-93.95	-234.77	1.11	-84.56	-235.50	1.37	4382	3.56	익(翼)2	익수(翼宿)
1432	-104.67	-237.08	1.44	-104.77	-236.94	1.32	-94.16	-238.38	1.39	4405	4.08	익(翼)3	익수(翼宿)
1433	-117.35	-233.40	1.19	-116.53	-234.26	1.57	-106.72	-236.52	1.11			익(翼)6	익수(翼宿)
1434	-72.96	-248.27	1.33	-71.54	-248.73	0.89	-58.39	-250.02	1.14	4232	3.11	익(翼)5	익수(翼宿)
1435	-88.94	-244.25	1.48	-87.54	-245.68	0.68	-76.51	-245.94	1.25	4287	4.08	익(翼)1	익수(翼宿)
1436	-103.90	-250.72	1.53	-102.54	-251.32	1.47	-91.42	-252.80	1.35	4343	4.48	익(翼)4	익수(翼宿)
1437	-108.76	-259.92	1.25	-107.14	-261.19	1.40	-95.86	-262.38	1.07			익(翼)14	익수(翼宿)
1438	-118.79	-262.74	1.44	-117.94	-263.75	1.43	-105.55	-266.12	1.08			익(翼)17	익수(翼宿)
1439	-130.78	-250.28	1.16	-128.64	-251.23	1.37	-118.05	-253.33	1.00			익(翼)18	익수(翼宿)
1440	-98.81	-274.33	1.43	-97.19	-275.60	1.03	-84.61	-277.42	1.18			익(翼)15	익수(翼宿)
1441	-117.55	-277.64	1.40	-116.51	-278.59	0.88	-103.48	-281.22	1.18			익(翼)19	익수(翼宿)
1442	-131.01	-273.21	1.43	-129.62	-273.63	1.03	-116.14	-277.10	1.16			익(翼)20	익수(翼宿)
1443	-141.54	-267.01	1.30	-140.41	-268.33	1.34	-126.97	-272.28	1.11			익(翼)21	익수(翼宿)
1444	-150.97	-255.95	1.38	-149.93	-256.77	1.07	-138.14	-260.04	1.03			익(翼)22	익수(翼宿)
1445	-79.01	-281.71	1.31	-77.02	-282.78	1.02	-63.94	-283.84	1.23			익(翼)16	익수(翼宿)
1446	-63.02	-266.13	1.32	-62.17	-266.56	1.70	-52.50	-266.79	1.13	4171	4.91	장(張)6	장수(張宿)
1447	-40.48	-264.64	1.23	-39.30	-264.08	1.05	-27.93	-264.15	1.40	4094	3.81	장(張)3	장수(張宿)
1448	-28.23	-250.41	1.37	-27.98	-250.02	1.36	-17.61	-249.65	1.33	3994	3.61	장(張)2	장수(張宿)
1449	-25.22	-271.85	1.24	-24.10	-272.46	1.35	-12.91	-272.09	1.44			장(張)4	장수(張宿)
1450	-11.75	-258.97	1.39	-9.15	-258.55	1.61	0.77	-258.31	1.40	3903	4.12	장(張)1	장수(張宿)

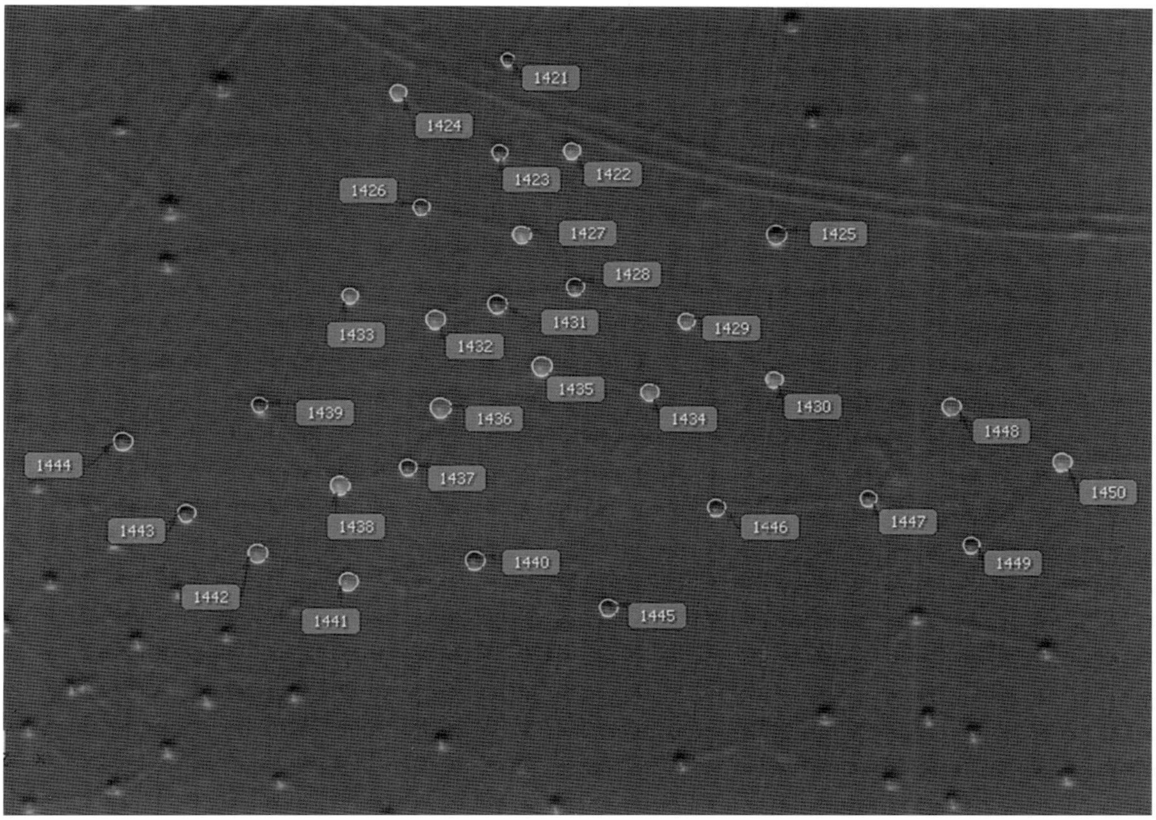
1421
1424
1423
1422
1426
1427
1425
1428
1433
1432
1431
1429
1435
1434
1430
1439
1436
1448
1444
1437
1450
1438
1446
1447
1443
1440
1449
1442
1441
1445

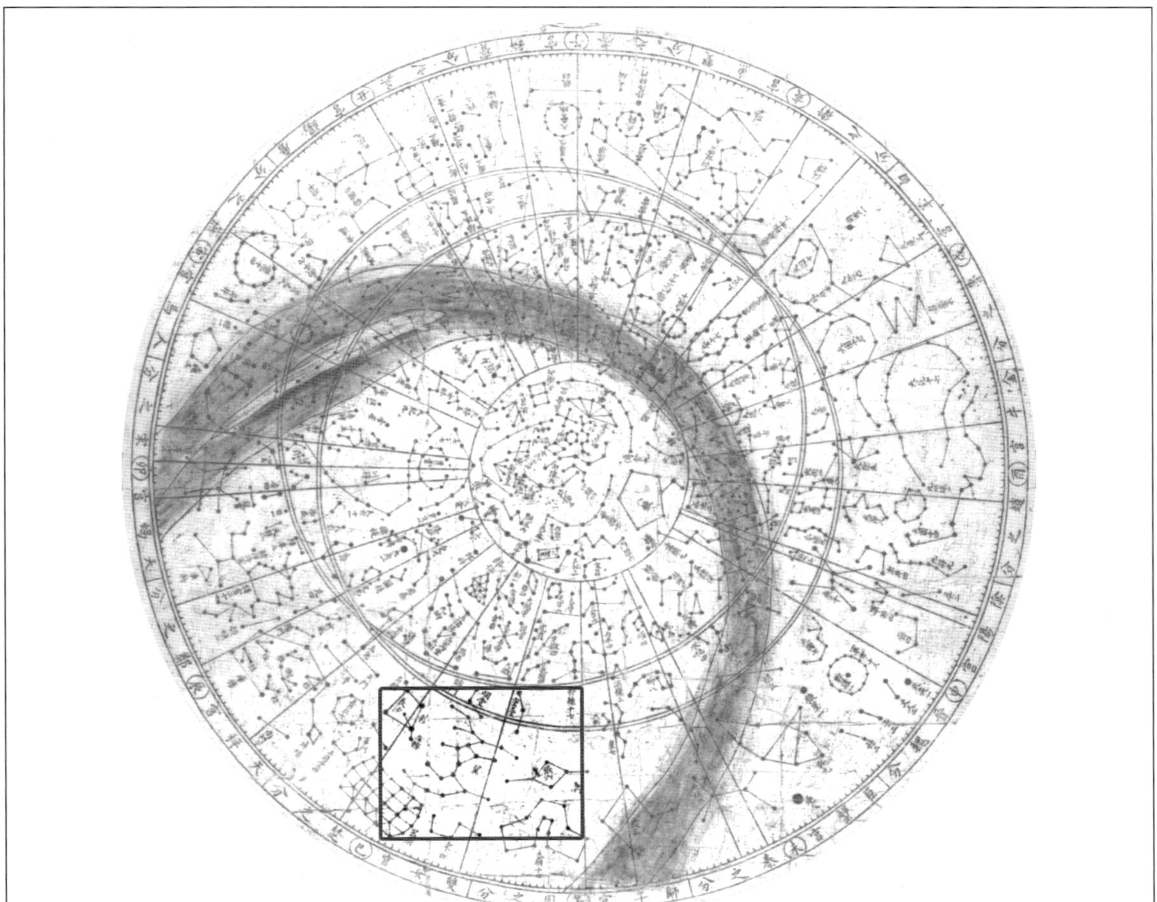

측정번호	숙종본 앞면(1,467개)			태조본 앞면(1,464개)			태조본 뒷면(1,330개)			Park(1998)		별 이름	3원(垣) 28수(宿)
	X (Center)	Y (Center)	Radius	X (Center)	Y (Center)	Radius	X (Center)	Y (Center)	Radius	BSC	V-Mag.		
										375개 동정			
1451	-14.17	-288.16	1.35	-12.33	-289.01	0.92	-2.66	-286.88	1.03			천묘(天廟)3	장수(張宿)
1452	-33.32	-282.89	1.25	-31.67	-282.32	1.33	-23.14	-280.78	1.06			천묘(天廟)4	장수(張宿)
1453	-46.73	-298.25	1.53	-45.86	-299.31	1.11	-34.72	-297.92	1.15			천묘(天廟)5	장수(張宿)
1454	-68.04	-305.62	1.35	-66.95	-306.24	1.27	-56.79	-306.04	1.16			천묘(天廟)6	장수(張宿)
1455	-10.88	-307.95	1.41	-9.90	-308.56	1.26	1.98	-306.70	1.07			천묘(天廟)2	장수(張宿)
1456	-3.66	-336.04	1.31	-1.43	-336.37	1.30						천묘(天廟)14	장수(張宿)
1457	-29.11	-323.38	1.37	-27.57	-323.71	1.56	-16.31	-323.00	1.17			천묘(天廟)13	장수(張宿)
1458	-27.98	-311.60	1.26	-26.50	-311.97	1.38	-15.47	-311.62	1.20			천묘(天廟)12	장수(張宿)
1459	-24.79	-301.00	1.12	-23.33	-300.90	0.92						천묘(天廟)11	장수(張宿)
1460	-31.67	-298.42	1.21	-30.50	-298.52	1.35	-19.52	-297.61	0.88			천묘(天廟)10	장수(張宿)
1461	-37.13	-308.42	1.21	-35.61	-309.02	1.09	-25.13	-307.79	1.03			천묘(天廟)9	장수(張宿)
1462	-40.32	-322.41	1.41	-38.30	-322.69	1.52	-27.32	-322.12	1.19			천묘(天廟)8	장수(張宿)
1463	-64.01	-326.14	1.31	-63.32	-326.07	1.32	-52.18	-326.43	1.11			천묘(天廟)7	장수(張宿)
1464	-86.93	-312.31	1.16	-85.95	-312.60	1.03	-71.19	-314.29	1.23			동구(東區)1	익수(翼宿)
1465	-103.75	-302.49	1.36	-102.04	-303.82	1.41	-89.14	-305.43	1.21			동구(東區)2	익수(翼宿)
1466	-111.52	-314.22	1.34	-109.98	-315.18	1.16	-95.70	-317.79	1.50			동구(東區)3	익수(翼宿)
1467	-127.52	-308.30	1.28	-127.20	-309.08	0.85	-113.19	-311.67	1.13			동구(東區)4	익수(翼宿)
1468	-125.54	-295.06	1.16	-124.78	-296.73	1.05	-111.33	-299.03	1.11			동구(東區)5	익수(翼宿)
1469	-135.47	-285.65	1.11	-134.69	-286.00	1.08	-128.56	-286.72	1.29			기부(器府)1	진수(軫宿)
1470	-142.79	-278.95	1.27	-141.48	-279.28	0.96	-134.52	-279.76	1.40			기부(器府)6	진수(軫宿)
1471	-152.34	-271.10	1.41	-151.29	-272.12	0.87	-144.31	-272.85	1.44			기부(器府)11	진수(軫宿)
1472	-163.64	-262.40	1.33	-161.08	-262.47	1.04	-155.23	-262.48	1.34			기부(器府)16	진수(軫宿)
1473	-171.44	-254.02	1.24	-168.84	-253.68	0.94	-163.99	-254.75	1.52			기부(器府)20	진수(軫宿)
1474	-178.05	-243.64	1.10	-175.52	-243.66	1.03	-170.80	-244.34	1.22			기부(器府)25	진수(軫宿)
1475	-186.87	-247.61	1.17	-184.15	-248.53	1.55	-179.60	-248.79	1.24			기부(器府)26	진수(軫宿)
1476	-180.51	-257.24	0.93	-178.07	-258.40	1.08	-172.29	-259.05	1.26			기부(器府)21	진수(軫宿)
1477	-170.90	-267.62	1.23	-168.30	-268.09	1.11	-161.42	-269.45	1.38			기부(器府)17	진수(軫宿)
1478	-161.54	-277.35	1.24	-159.08	-278.27	1.17	-152.26	-278.91	1.45			기부(器府)12	진수(軫宿)
1479	-148.90	-286.54	1.11	-148.14	-287.45	1.23	-141.08	-288.10	1.26			기부(器府)7	진수(軫宿)
1480	-138.42	-295.42	1.09	-137.08	-296.58	1.00	-130.03	-296.48	1.30			기부(器府)2	진수(軫宿)

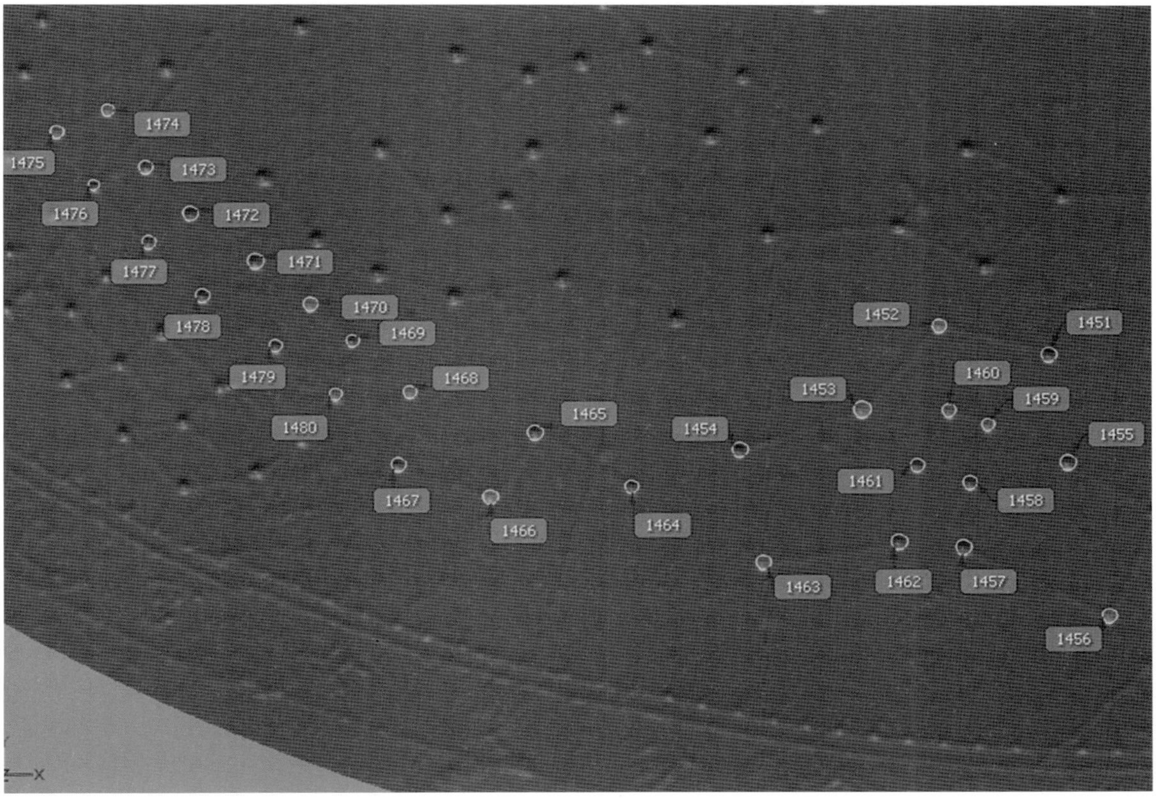
1474
1475
1473
1476
1472
1471
1477
1470
1478
1469
1452
1451
1479
1468
1460
1453
1459
1480
1465
1454
1455
1461
1458
1467
1466
1464
1462
1457
1463
1456

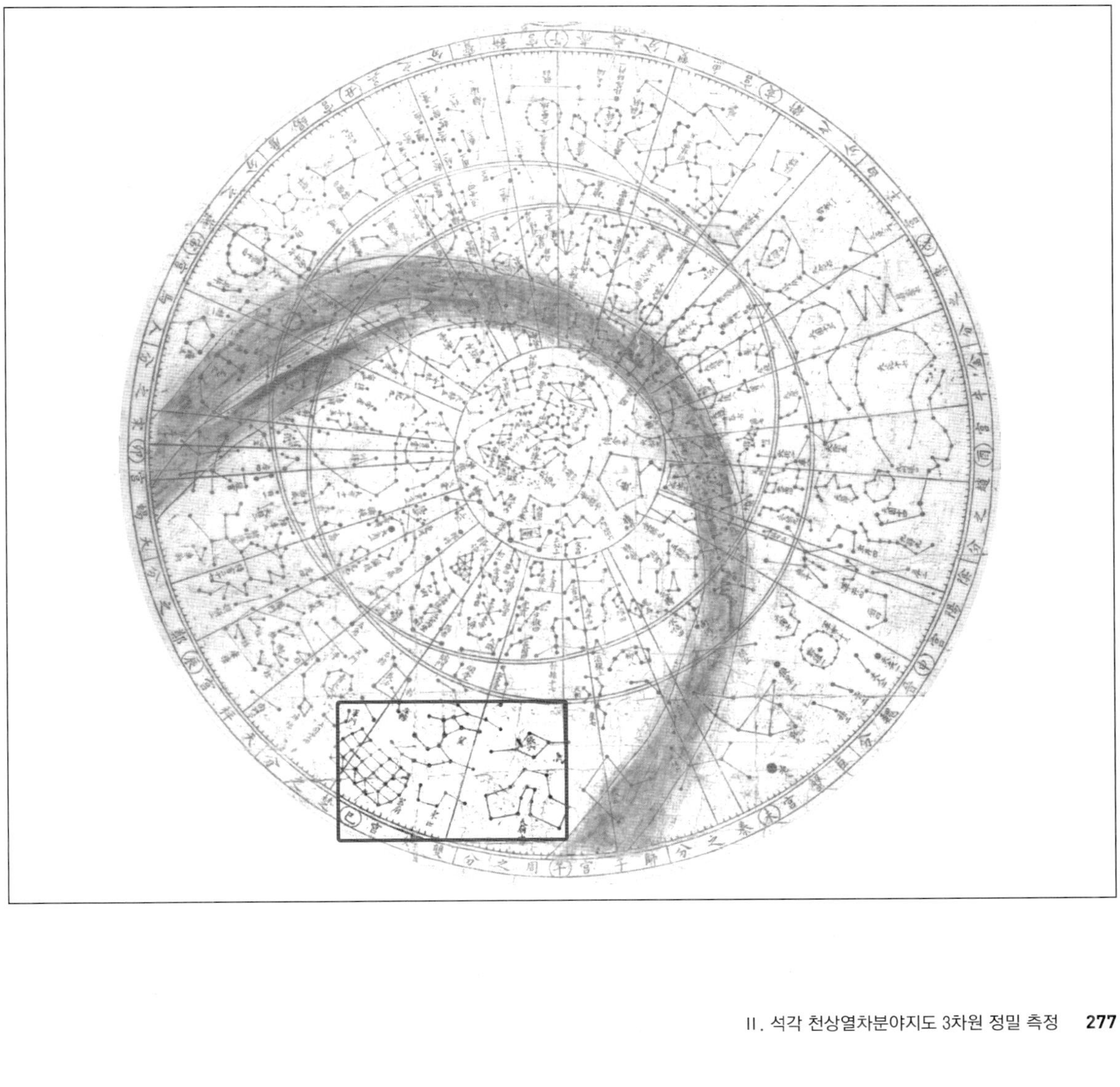

측정번호	숙종본 앞면(1,467개)			태조본 앞면(1,464개)			태조본 뒷면(1,330개)			Park(1998)		별 이름	3원(垣) 28수(宿)
	X (Center)	Y (Center)	Radius	X (Center)	Y (Center)	Radius	X (Center)	Y (Center)	Radius	BSC	V-Mag.		
										375개 동정			
1481	-144.27	-303.43	1.10	-142.59	-304.40	0.74	-134.95	-304.82	1.42			기부(器府)3	진수(軫宿)
1482	-158.54	-294.10	1.23	-155.25	-294.05	1.41	-148.77	-295.28	1.57			기부(器府)8	진수(軫宿)
1483	-168.70	-284.06	1.35	-165.28	-284.43	1.25	-158.74	-285.08	1.36			기부(器府)13	진수(軫宿)
1484	-178.15	-273.68	1.24	-176.15	-274.24	1.00	-168.58	-275.89	1.50			기부(器府)18	진수(軫宿)
1485	-187.53	-262.33	1.25	-184.87	-263.32	1.34	-179.04	-263.31	1.28			기부(器府)22	진수(軫宿)
1486	-195.19	-251.98	1.15	-192.28	-252.62	1.30	-187.53	-253.68	0.81			기부(器府)27	진수(軫宿)
1487	-202.43	-258.79	1.27	-199.87	-259.01	1.33	-194.55	-260.03	1.19			기부(器府)28	진수(軫宿)
1488	-195.11	-269.28	1.18	-191.75	-270.01	1.43	-185.55	-272.12	1.31			기부(器府)23	진수(軫宿)
1489	-184.22	-279.74	1.30	-181.50	-280.63	1.06	-175.12	-281.45	1.40			기부(器府)19	진수(軫宿)
1490	-176.00	-289.64	1.24	-173.25	-290.27	0.90	-165.88	-291.72	1.54			기부(器府)14	진수(軫宿)
1491	-164.87	-300.17	1.20	-161.10	-300.65	0.83	-154.13	-301.03	1.87			기부(器府)9	진수(軫宿)
1492	-152.18	-309.40	1.28	-151.59	-309.88	1.10	-143.54	-311.27	1.67			기부(器府)4	진수(軫宿)
1493	-164.90	-312.23	1.14	-161.76	-313.63	1.01	-154.18	-313.68	1.58			기부(器府)5	진수(軫宿)
1494	-175.32	-302.62	1.25	-172.35	-303.36	1.01	-165.32	-303.99	1.39			기부(器府)10	진수(軫宿)
1495	-185.14	-292.70	1.26	-182.24	-292.62	0.84	-174.97	-293.60	1.55			기부(器府)15	진수(軫宿)
1496	-195.58	-279.45	1.24	-192.98	-280.45	1.41	-185.56	-282.26	1.40			기부(器府)24	진수(軫宿)
1497	-205.83	-269.35	1.14	-204.35	-270.17	1.22	-196.99	-272.06	1.44			기부(器府)29	진수(軫宿)

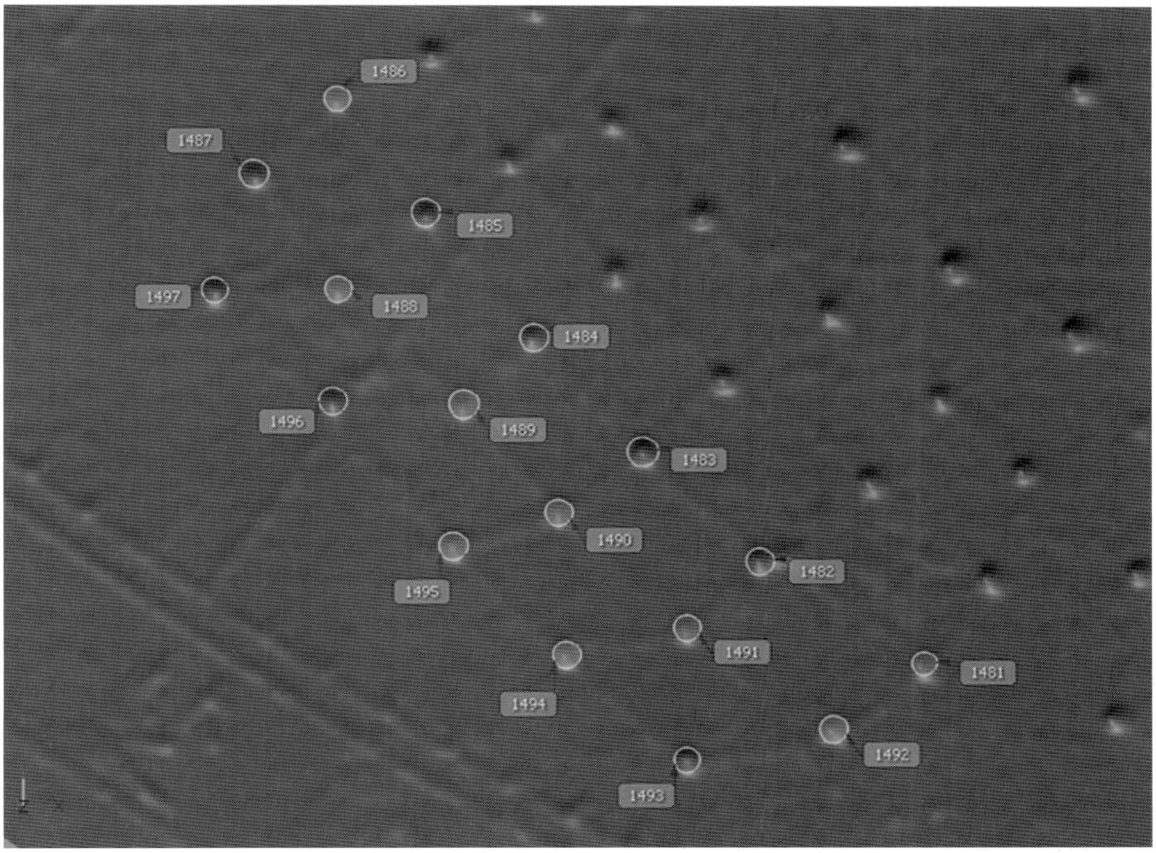
1486
1487
1485
1497
1488
1484
1496
1489
1483
1490
1495
1482
1491
1494
1481
1492
1493

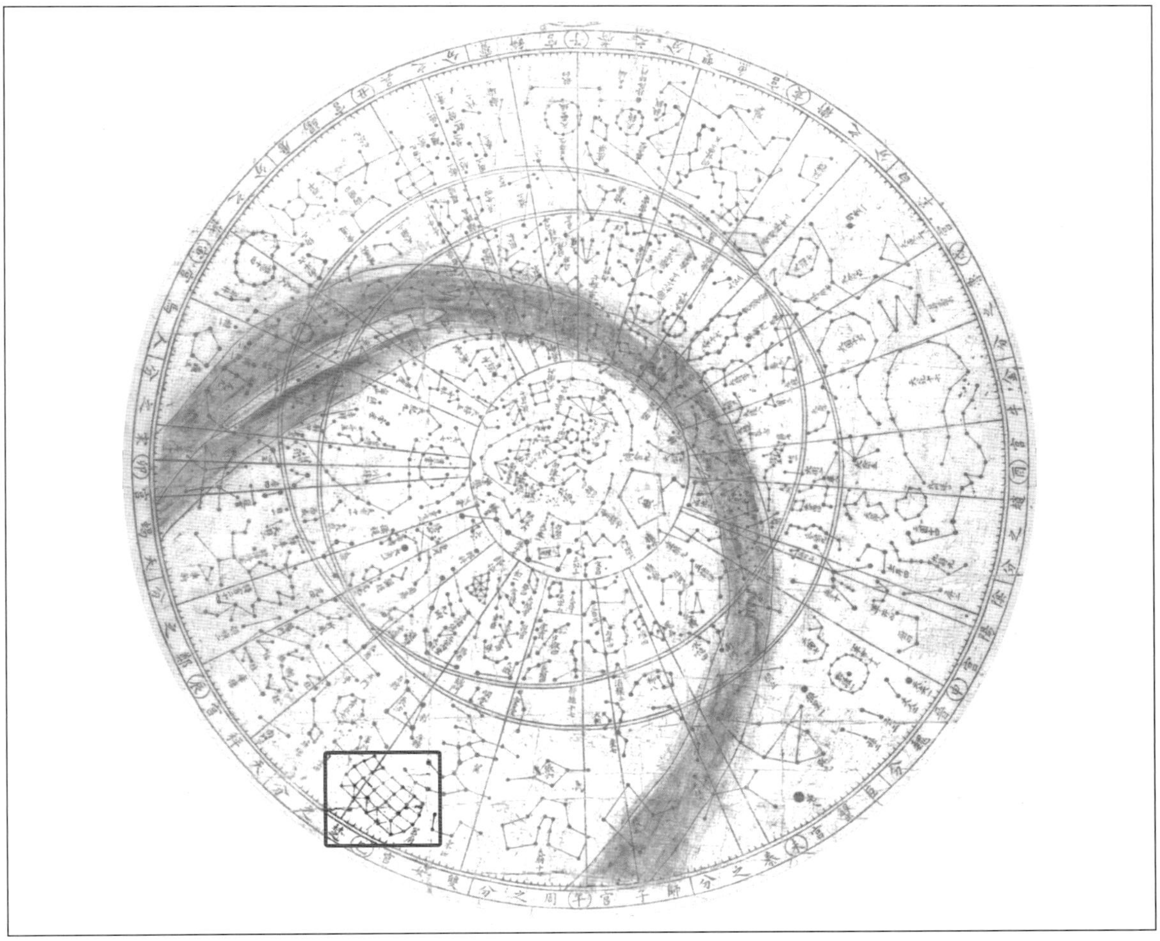

天象列次分野之圖

III

천문도 별자리 비교 분석

1. 한국과 중국의 3원 별자리 비교
2. 한국과 중국의 28수 별자리 비교
3. 태조본과 숙종본 석각의 성도 비교 분석

1. 한국과 중국의 3원 별자리 비교

<table>
<tr><th>구분</th><th colspan="2">자미원(紫微垣)</th></tr>
<tr><td rowspan="2">한국</td><td>천상열차분야지도(天象列次分野之圖, 1395)-164개</td><td>조선보천가(朝鮮步天歌)</td></tr>
<tr><td>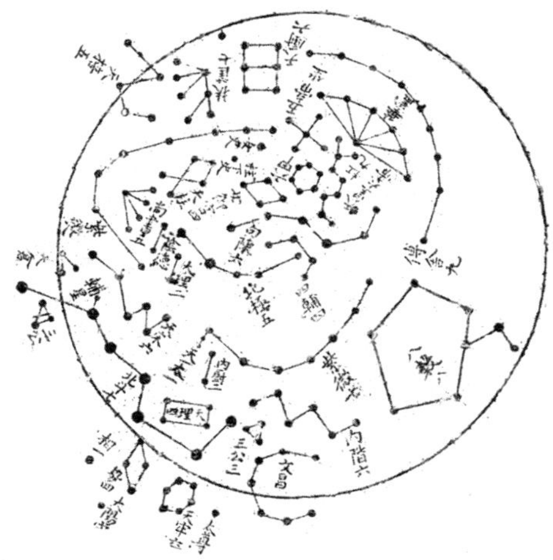</td><td>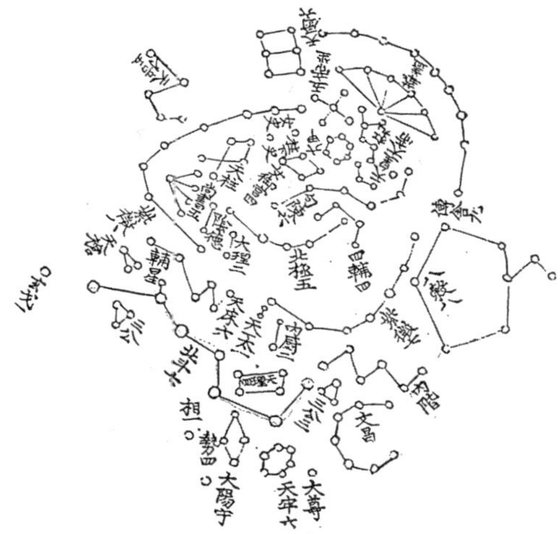</td></tr>
<tr><td rowspan="4">중국</td><td>소주천문도(蘇州天文圖, 1247)-163개</td><td>당보천가(唐步天歌)
수(隋): 581~618, 당(唐): 618~907</td></tr>
<tr><td>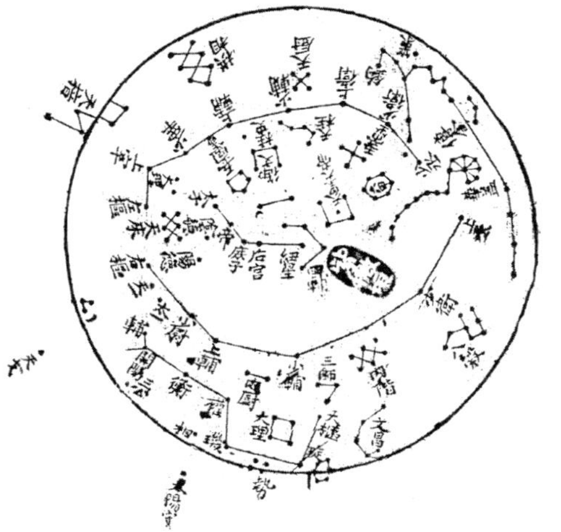</td><td>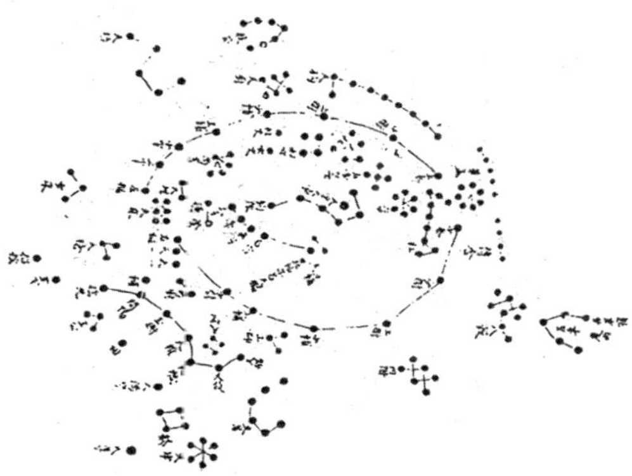</td></tr>
<tr><td>신의상법요(新儀象法要)
북송(北宋): 960~1126</td><td></td></tr>
<tr><td>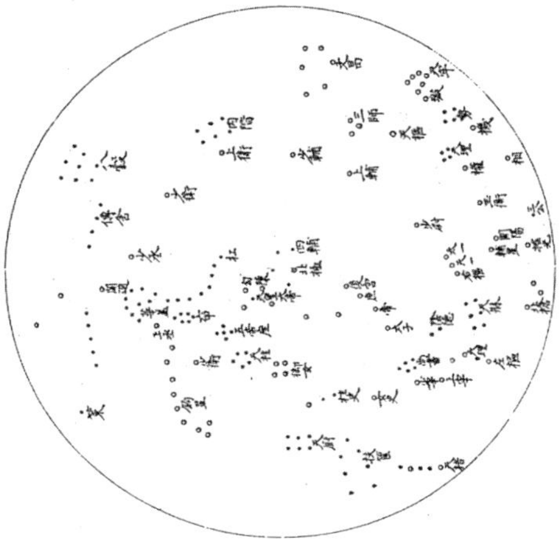</td><td></td></tr>
</table>

구분	태미원(太微垣)	
한국	천상열차분야지도(天象列次分野之圖, 1395)-78개	조선보천가(朝鮮步天歌)
	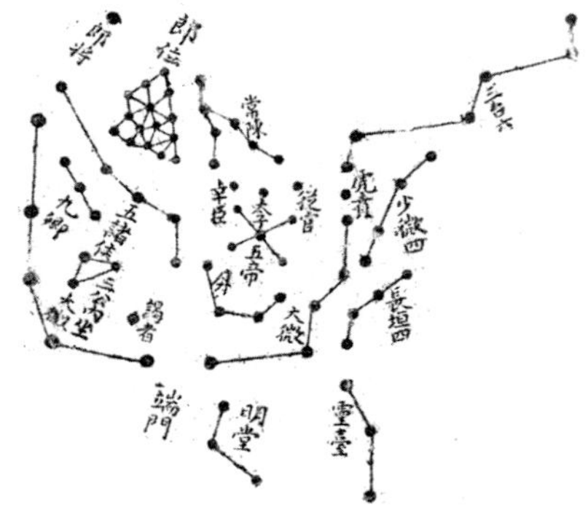	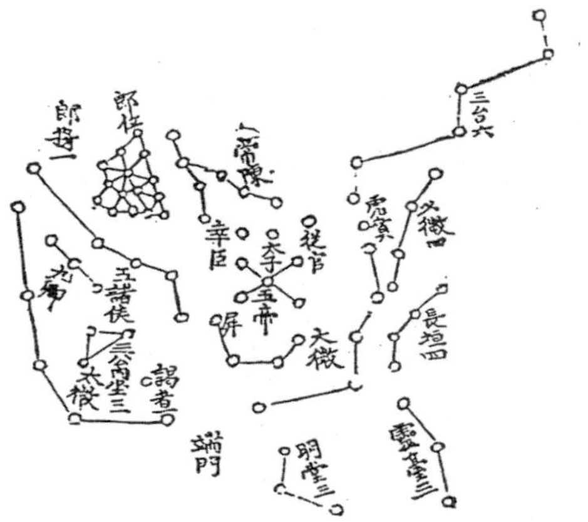
중국	소주천문도(蘇州天文圖, 1247)-77개	당보천가(唐步天歌) 수(隋): 581~618, 당(唐): 618~907
	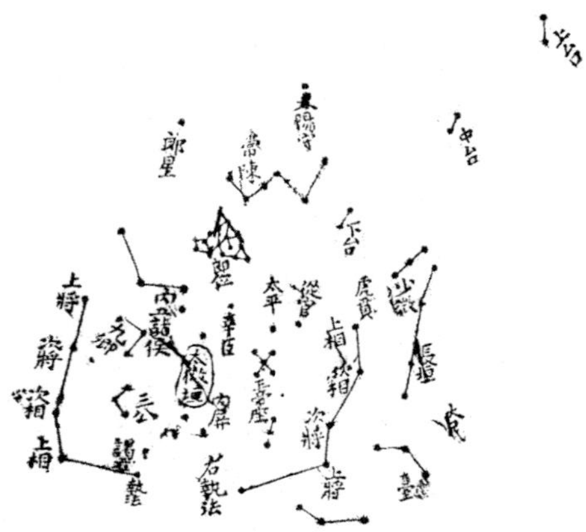	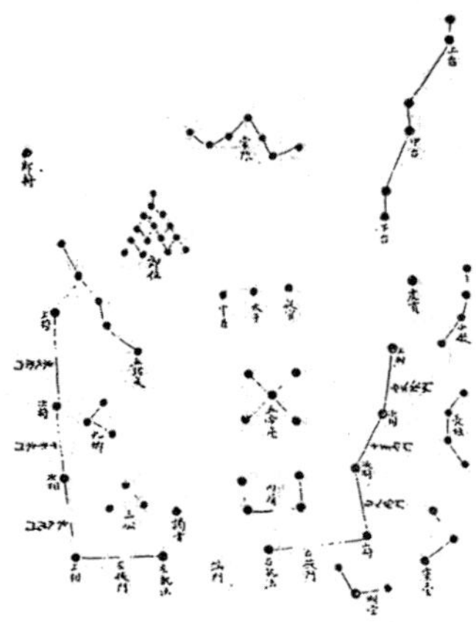
	신의상법요(新儀象法要) 북송(北宋): 960~1126	
	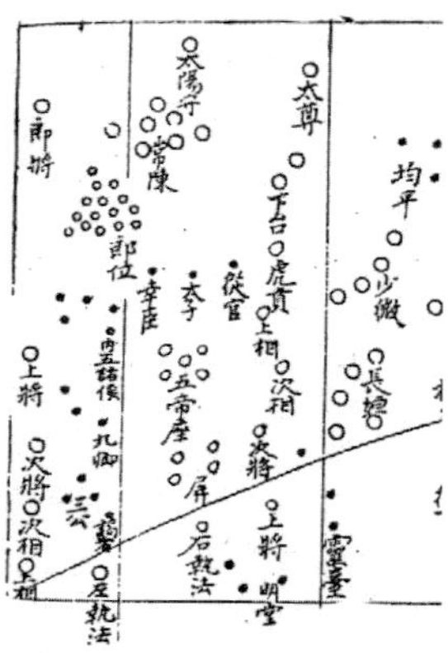	

구분	천시원(天市垣)	
한국	천상열차분야지도(天象列次分野之圖, 1395)-91개	조선보천가(朝鮮步天歌)
	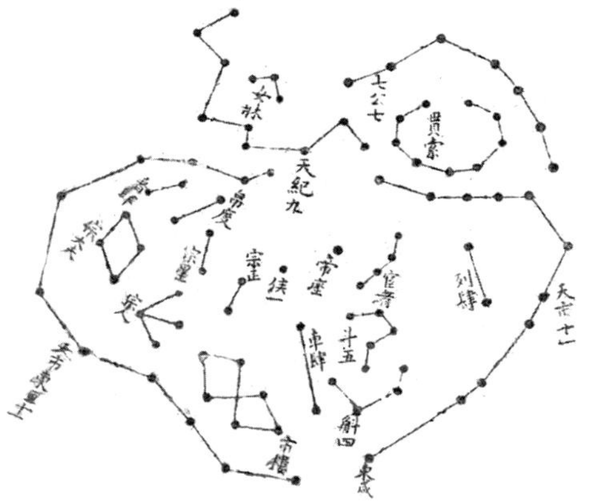	
중국	소주천문도(蘇州天文圖, 1247)-89개	당보천가(唐步天歌) 수(隋): 581~618, 당(唐): 618~907
	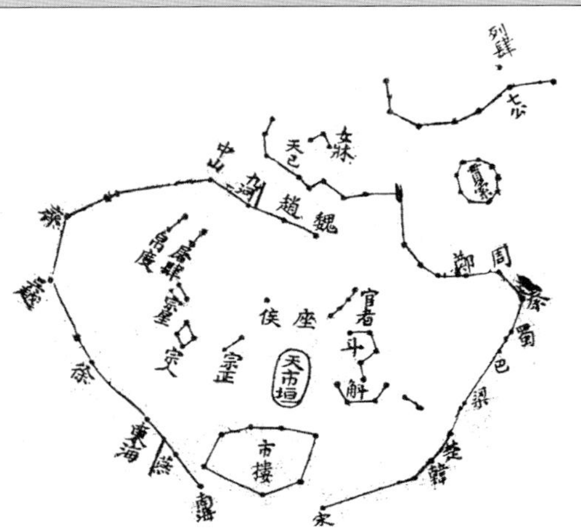	
	신의상법요(新儀象法要) 북송(北宋): 960~1126	
	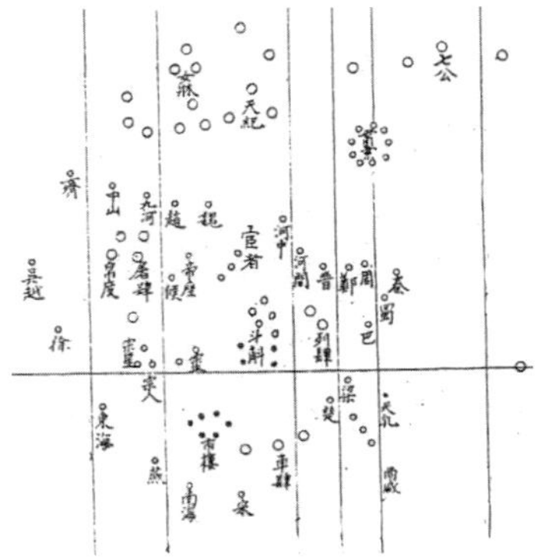	

2. 한국과 중국의 28수 별자리 비교

구분		동방칠수				
		각(角)	항(亢)	저(氐)	방(房)	
천상열차분야지도	별 이름	좌각(左角)	항(亢)	저(氐)	방(房)	
	개수	2	4	4	4	2
소주천문도	별 이름	각(角)	항(亢)	저(氐)	방(房)	구검(鉤鈐)
	개수	2	4	3	4	2
한국	천상열차분야지도	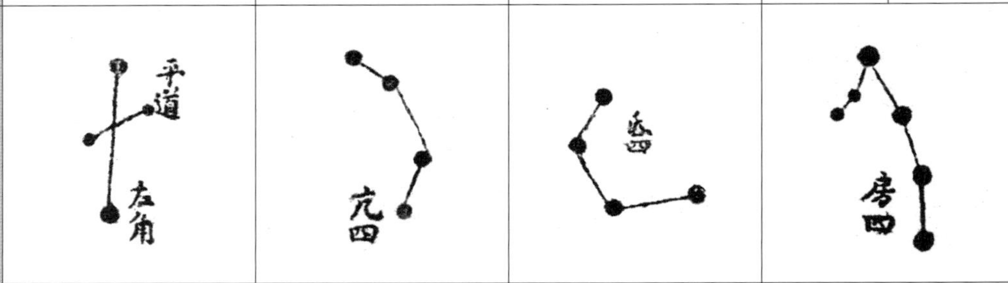				
	조선보천가	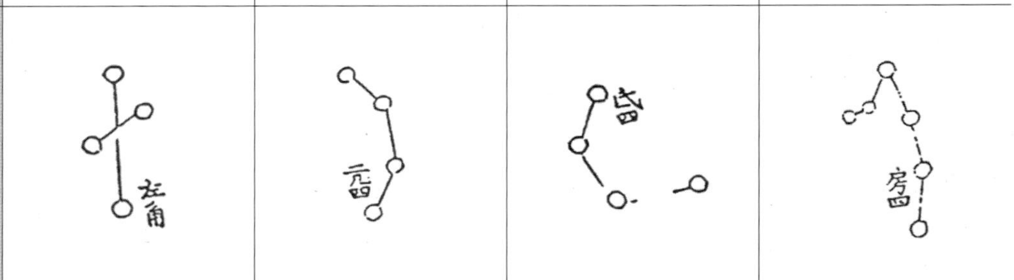				
중국	소주천문도	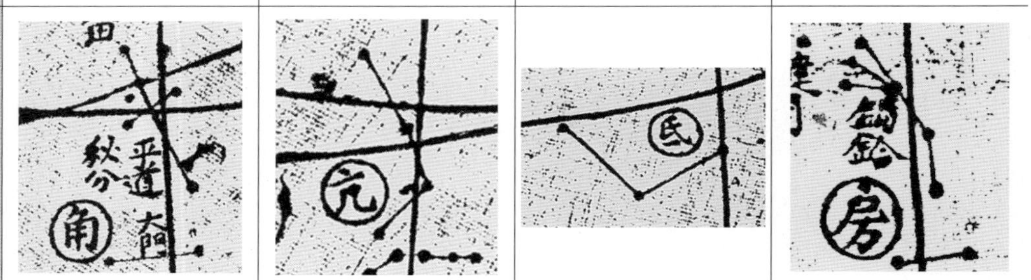				
	당보천가	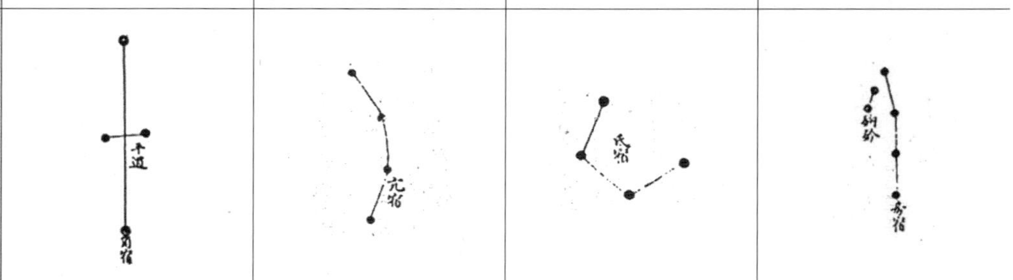				
	신의상법요	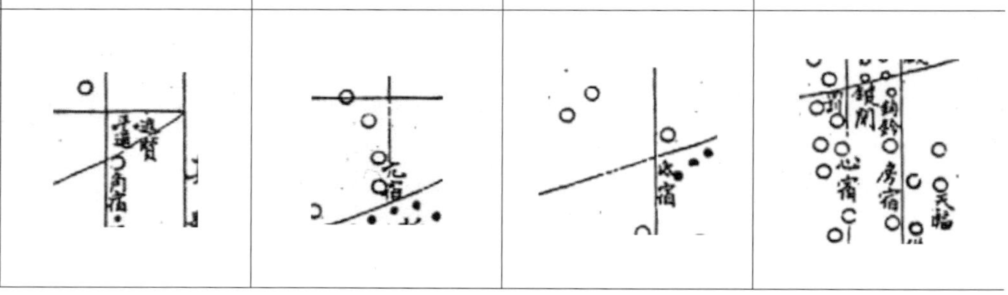				

<table>
<tr><th colspan="3" rowspan="2">구분</th><th colspan="4">동방칠수</th></tr>
<tr><th>심(心)</th><th colspan="2">미(尾)</th><th>기(箕)</th></tr>
<tr><td colspan="2" rowspan="2">천상열차 분야지도</td><td>별 이름</td><td>심(心)</td><td>미(尾)</td><td>신궁(神宮)</td><td>기(箕)</td></tr>
<tr><td>개수</td><td>3</td><td>9</td><td>1</td><td>4</td></tr>
<tr><td colspan="2" rowspan="2">소주 천문도</td><td>별 이름</td><td>심(心)</td><td colspan="2">미(尾)</td><td>기(箕)</td></tr>
<tr><td>개수</td><td>3</td><td>9</td><td>0</td><td>4</td></tr>
<tr><td rowspan="2">한국</td><td colspan="2">천상열차 분야지도</td><td></td><td></td><td></td><td></td></tr>
<tr><td colspan="2">조선보천가</td><td></td><td colspan="2"></td><td>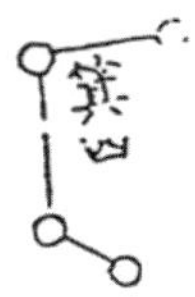</td></tr>
<tr><td rowspan="3">중국</td><td colspan="2">소주 천문도</td><td></td><td colspan="2">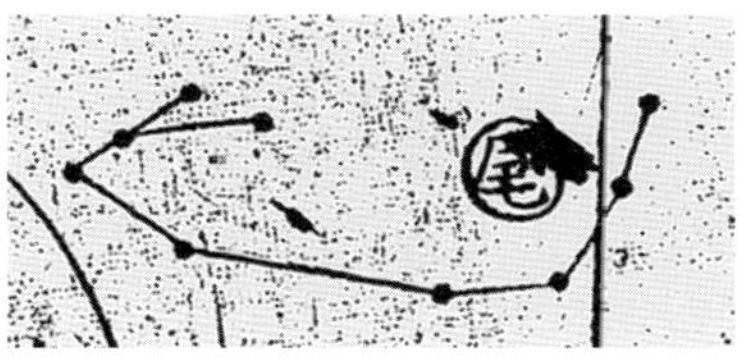</td><td>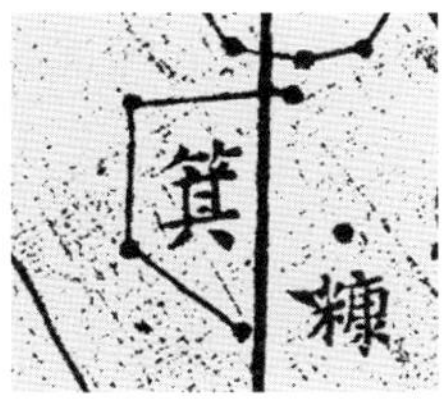</td></tr>
<tr><td colspan="2">당보천가</td><td></td><td colspan="2"></td><td></td></tr>
<tr><td colspan="2">신의상법요</td><td>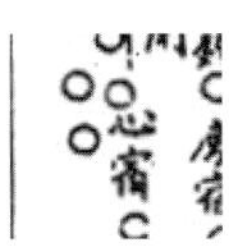</td><td colspan="2">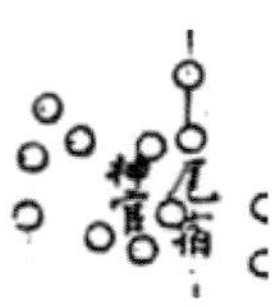</td><td>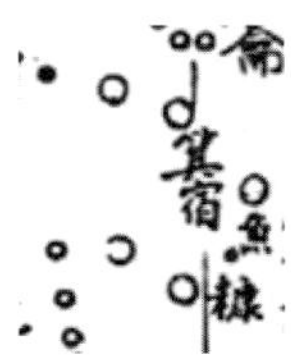</td></tr>
</table>

구분		북방칠수			
		두(斗)	우(牛)	여(女)	허(虛)
천상열차분야지도	별 이름	남두(南斗)	견우(牽牛)	수녀(須女)	허(虛)
	개수	6	6	4	2
소주 천문도	별 이름	두(斗)	우(牛)	여(女)	허(虛)
	개수	6	6	4	2
한국	천상열차분야지도				
	조선보천가	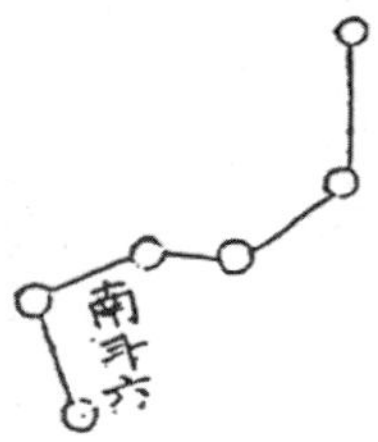		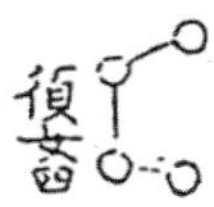	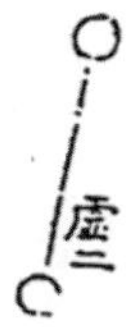
중국	소주 천문도	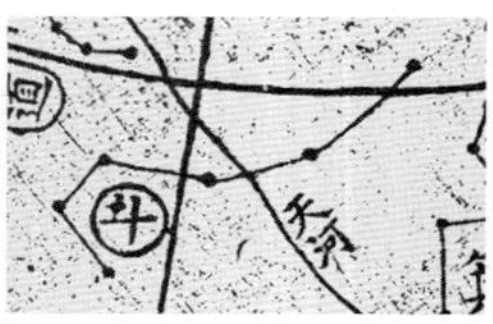	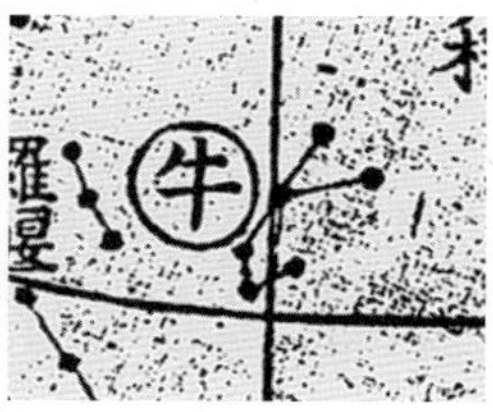	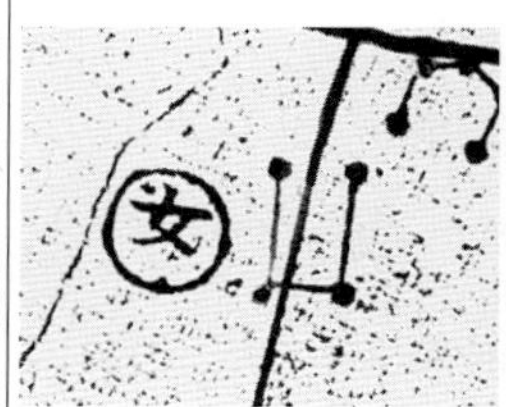	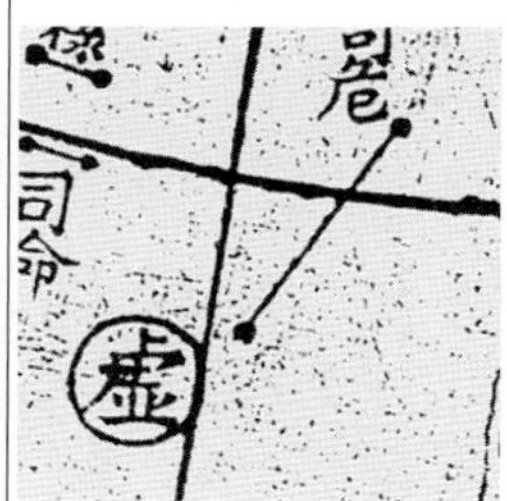
	당보천가				
	신의상법요	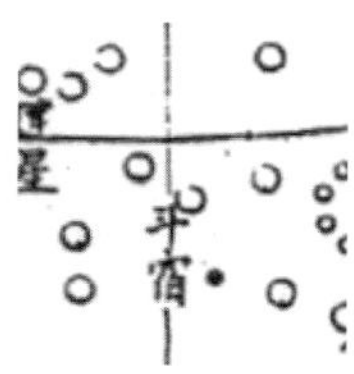	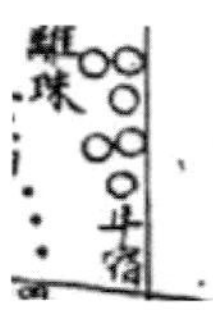	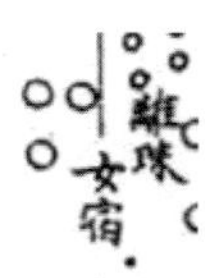	

<table>
<tr><th colspan="3" rowspan="2">구분</th><th colspan="3">북방칠수</th></tr>
<tr><th>위(危)</th><th>실(室)</th><th>벽(壁)</th></tr>
<tr><td colspan="2" rowspan="2">천상열차 분야지도</td><td>별 이름</td><td>위(危)</td><td>실(室)</td><td>동벽(東壁)</td></tr>
<tr><td>개수</td><td>3</td><td>2</td><td>2</td></tr>
<tr><td colspan="2" rowspan="2">소주 천문도</td><td>별 이름</td><td>위(危)</td><td>실(室)</td><td>벽(壁)</td></tr>
<tr><td>개수</td><td>3</td><td>2</td><td>2</td></tr>
<tr><td rowspan="2">한국</td><td colspan="2">천상열차 분야지도</td><td></td><td>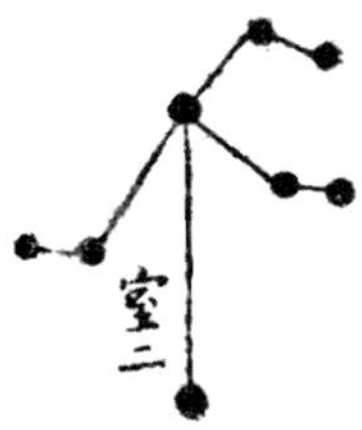</td><td></td></tr>
<tr><td colspan="2">조선보 천가</td><td>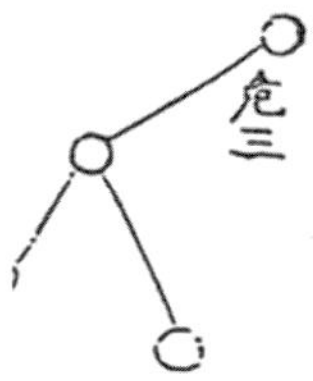</td><td>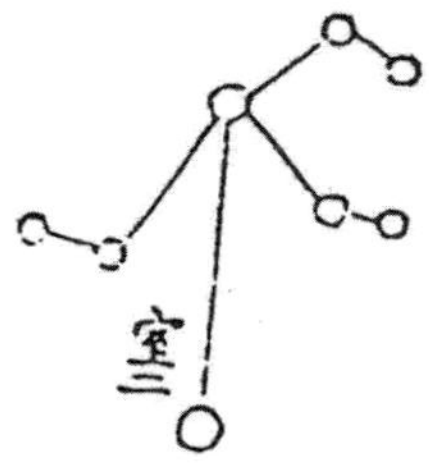</td><td></td></tr>
<tr><td rowspan="3">중국</td><td colspan="2">소주 천문도</td><td>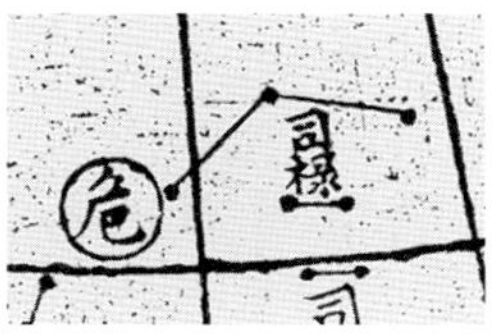</td><td>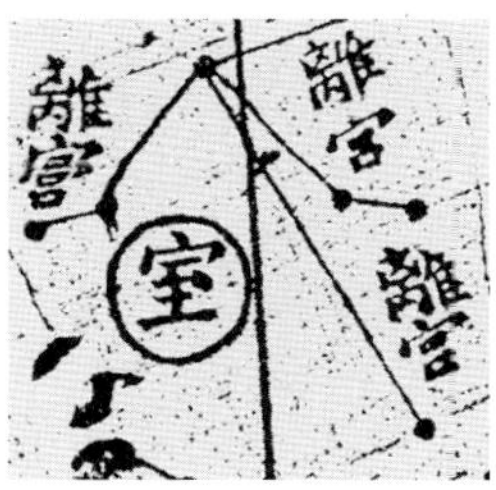</td><td>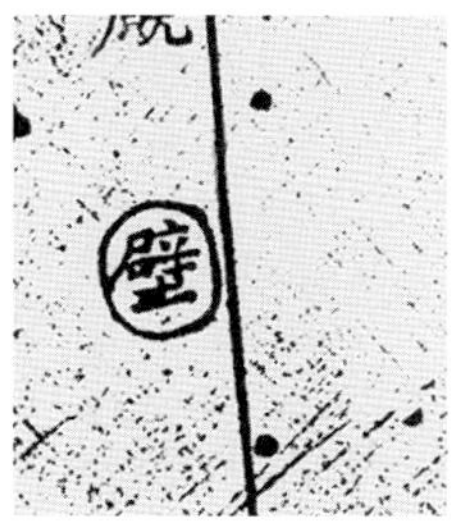</td></tr>
<tr><td colspan="2">당보천가</td><td>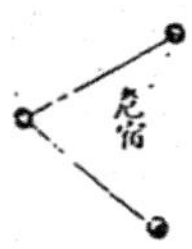</td><td>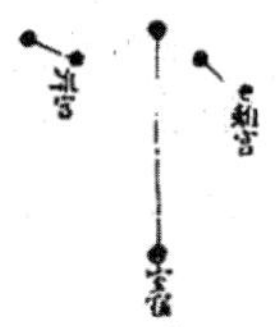</td><td></td></tr>
<tr><td colspan="2">신의상 법요</td><td>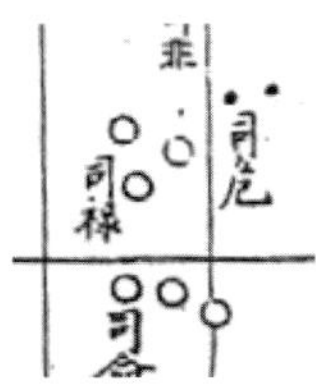</td><td>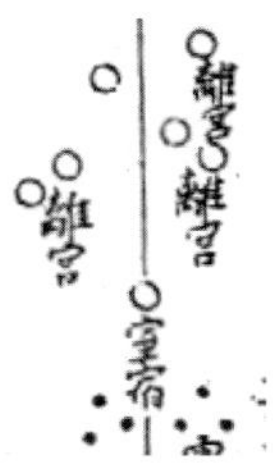</td><td></td></tr>
</table>

구분		남방칠수			
		규(奎)	루(婁)	위(胃)	묘(昴)
천상열차 분야지도	별 이름	규(奎)	루(婁)	위(胃)	묘(昴)
	개수	16	3	3	7
소주 천문도	별 이름	규(奎)	루(婁)	위(胃)	묘(昴)
	개수	16	3	3	7
한국	천상열차 분야지도				
	조선보 천가	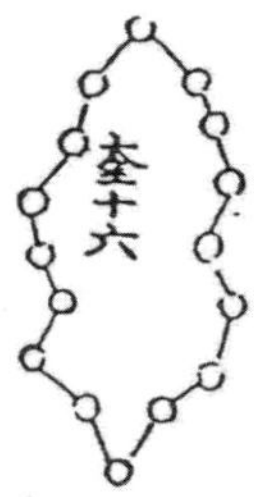	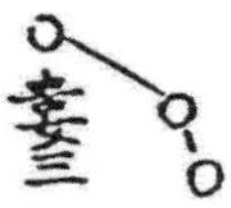	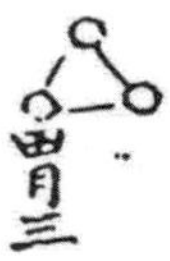	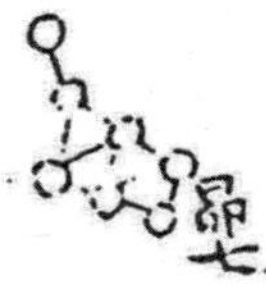
중국	소주 천문도				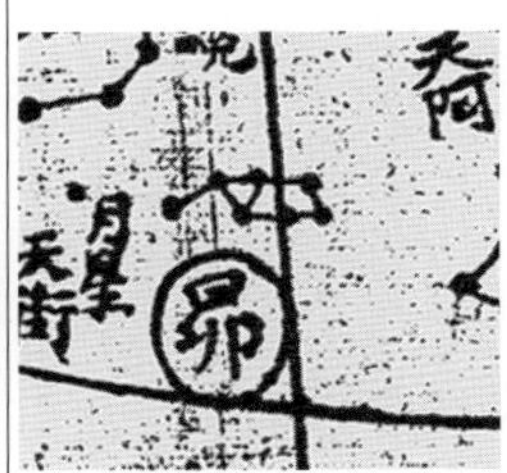
	당보천가				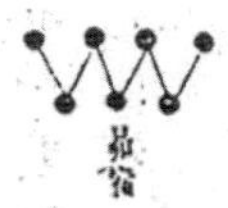
	신의상 법요	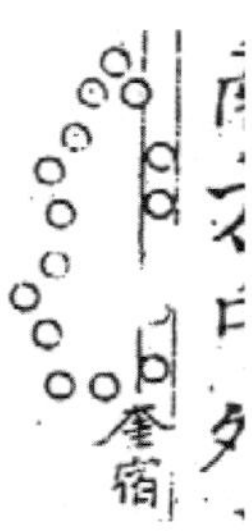	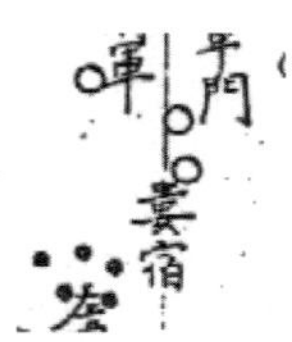	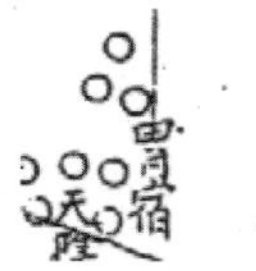	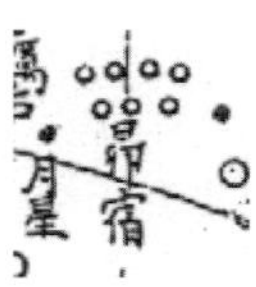

구분		남방칠수			
		필(畢)		자(觜)	삼(參)
천상열차 분야지도	별 이름	필(畢)		자(觜)	삼(參)
	개수	8	1	3	10
소주 천문도	별 이름	필(畢)	덕/부이 (聽/附耳)	자(觜)	삼(參)
	개수	8	1	3	10
한국	천상열차 분야지도				
	조선보천가	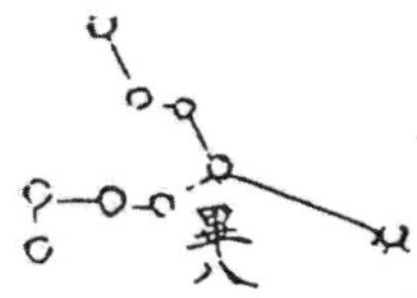		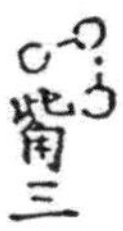	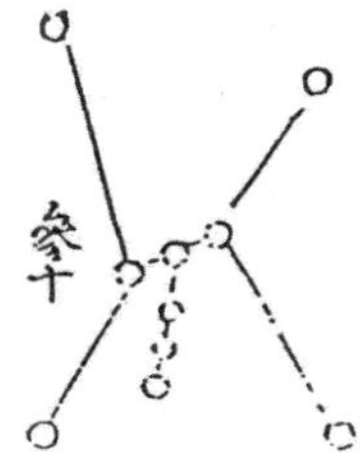
중국	소주 천문도			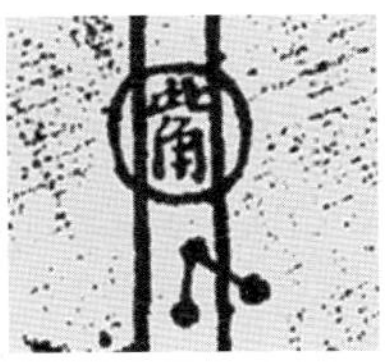	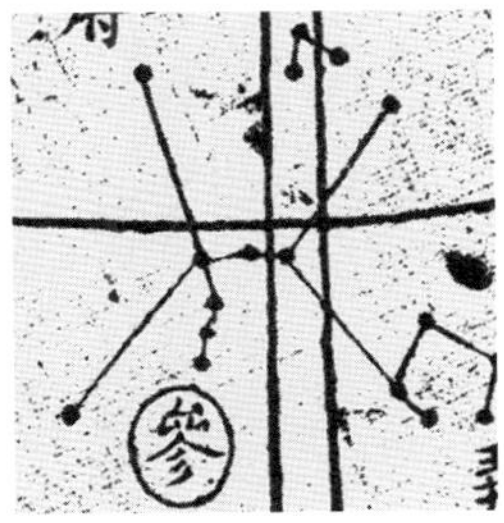
	당보천가				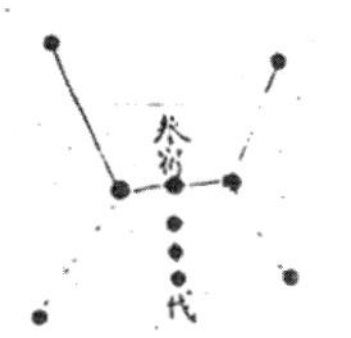
	신의상법요	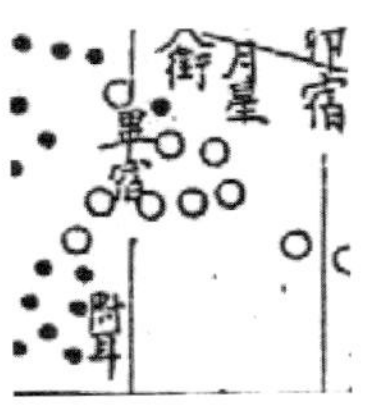		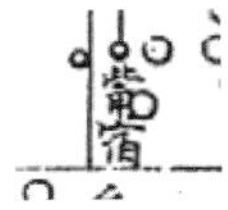	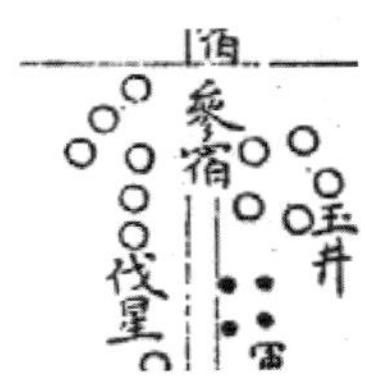

구분		서방칠수			
		정(井)		귀(鬼)	류(柳)
천상열차분야지도	별 이름	동정(東井)		귀(鬼)	류(柳)
	개수	8	1	5	8
소주천문도	별 이름	정(井)	월(鉞)	귀(鬼)	류(柳)
	개수	8	1	5	8
한국	천상열차분야지도				
	조선보천가	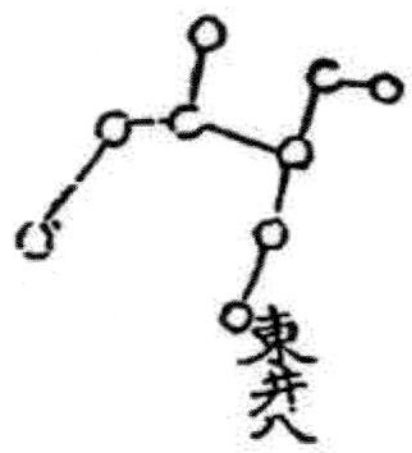		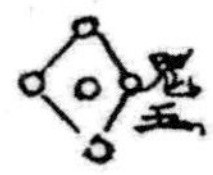	
중국	소주천문도	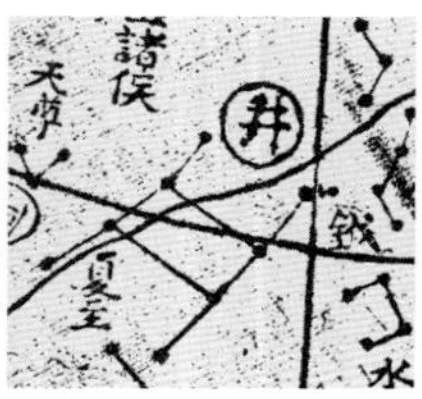		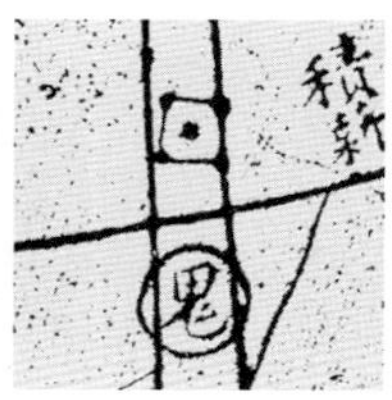	
	당보천가	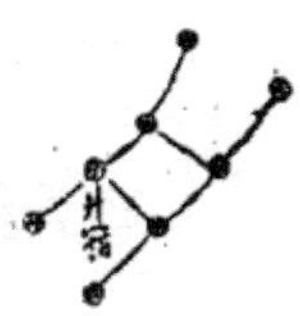			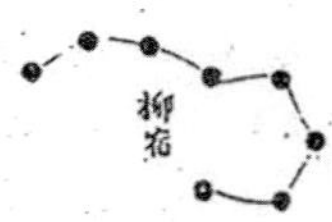
	신의상법요	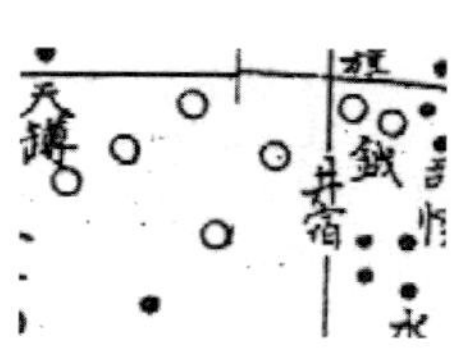			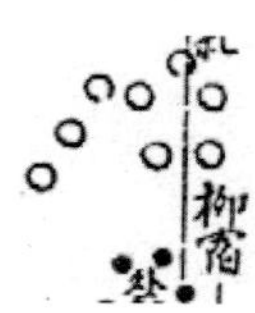

구분			서방칠수			
			성(星)	장(張)	익(翼)	진(軫)
천상열차 분야지도	별 이름		성(星)	장(張)	익(翼)	진(軫)
	개수		7	6	22	4
소주 천문도	별 이름		성(星)	장(張)	익(翼)	진(軫)
	개수		7 (6)	6	22	4
한국	천상열차 분야지도					
	조선보 천가		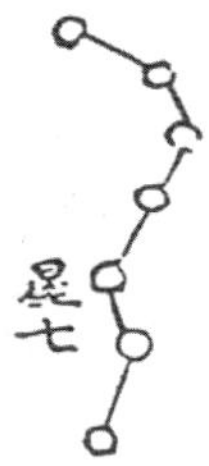			
중국	소주 천문도		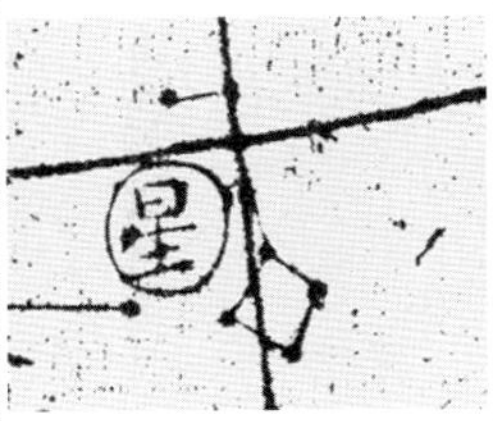	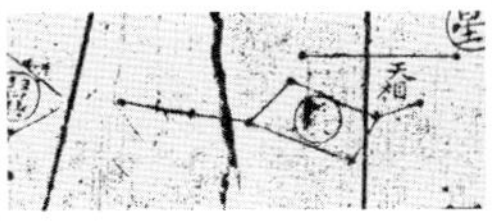	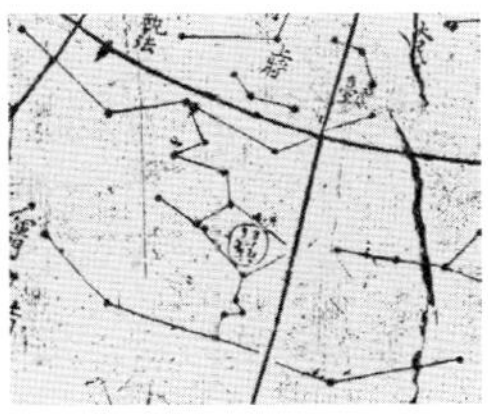	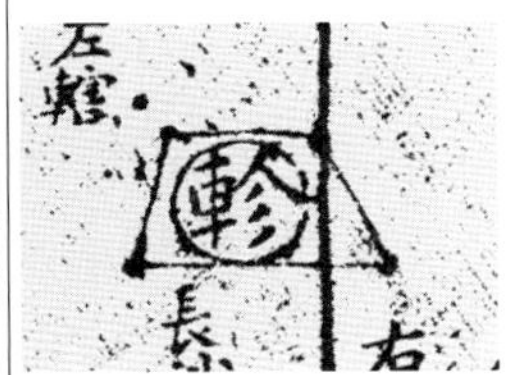
	당보천가			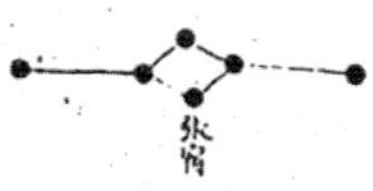	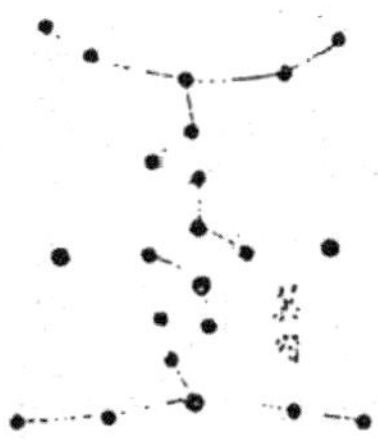	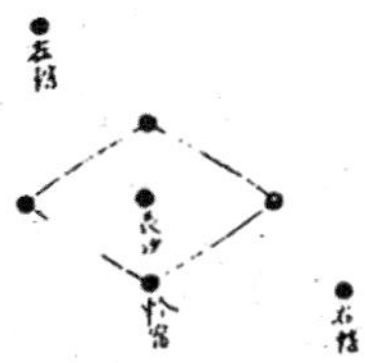
	신의상 법요		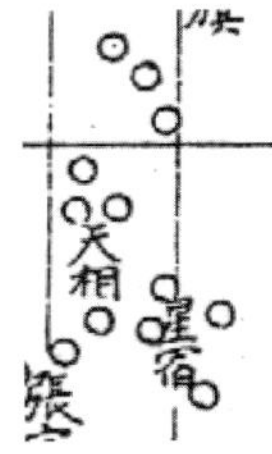	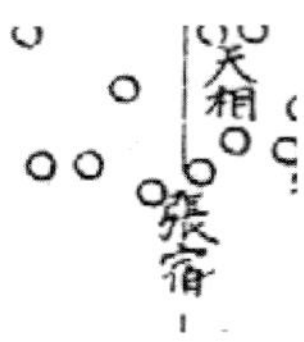	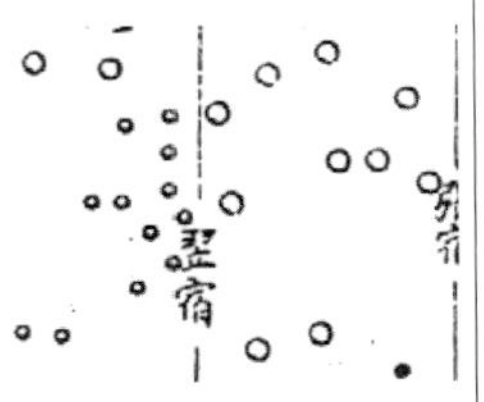	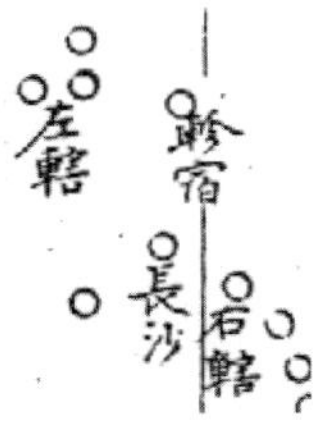

3. 태조본과 숙종본 석각의 성도 비교 분석

1) 태조본과 숙종본 별의 크기

(1) 태조본과 숙종본 별의 크기 분포

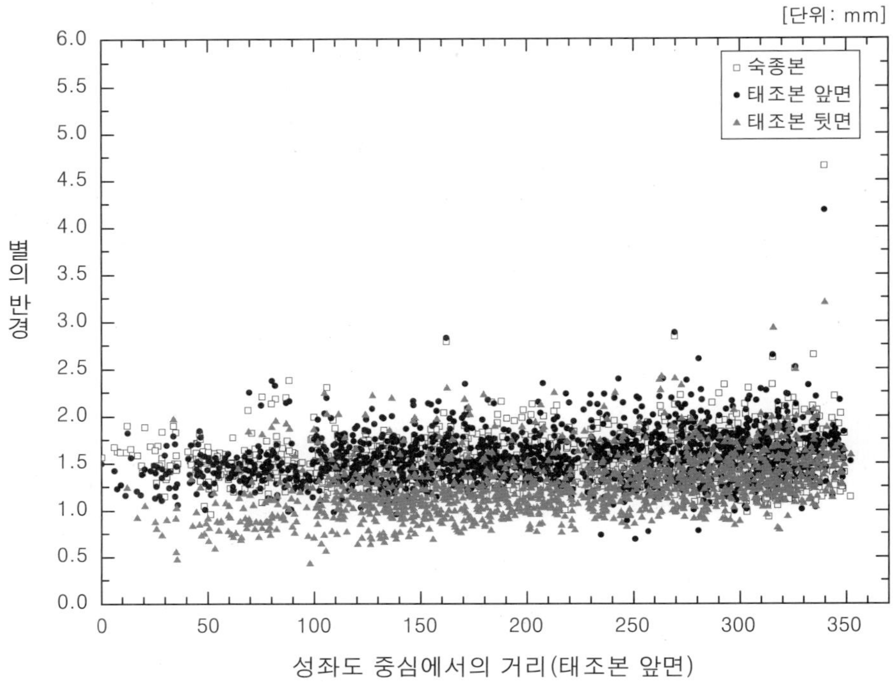

(2) 28수 별자리 수거성의 크기

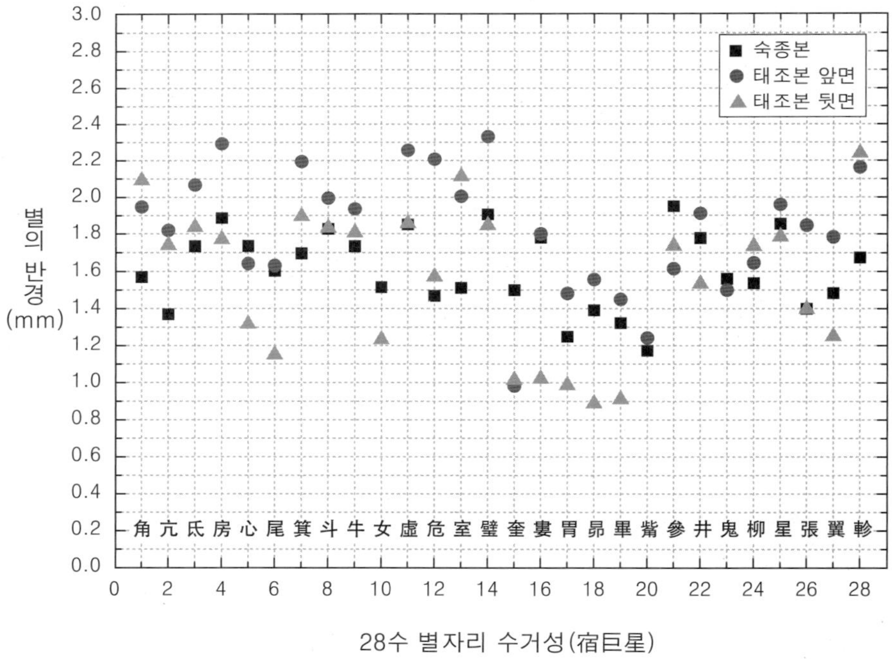

(3) 숙종본과 태조본 앞면의 별의 크기 차이

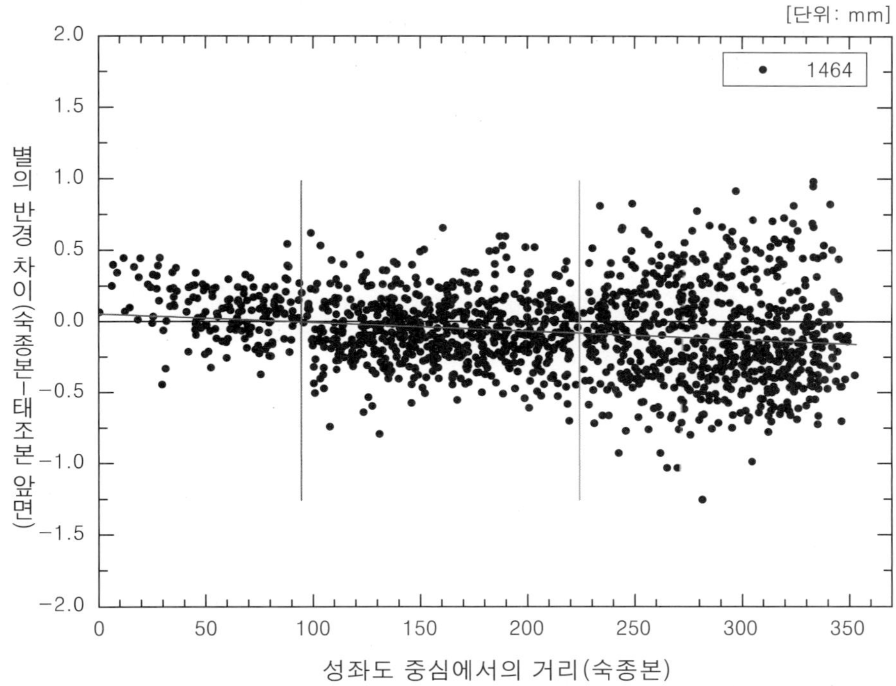

(4) 숙종본과 태조본 뒷면의 별의 크기 차이

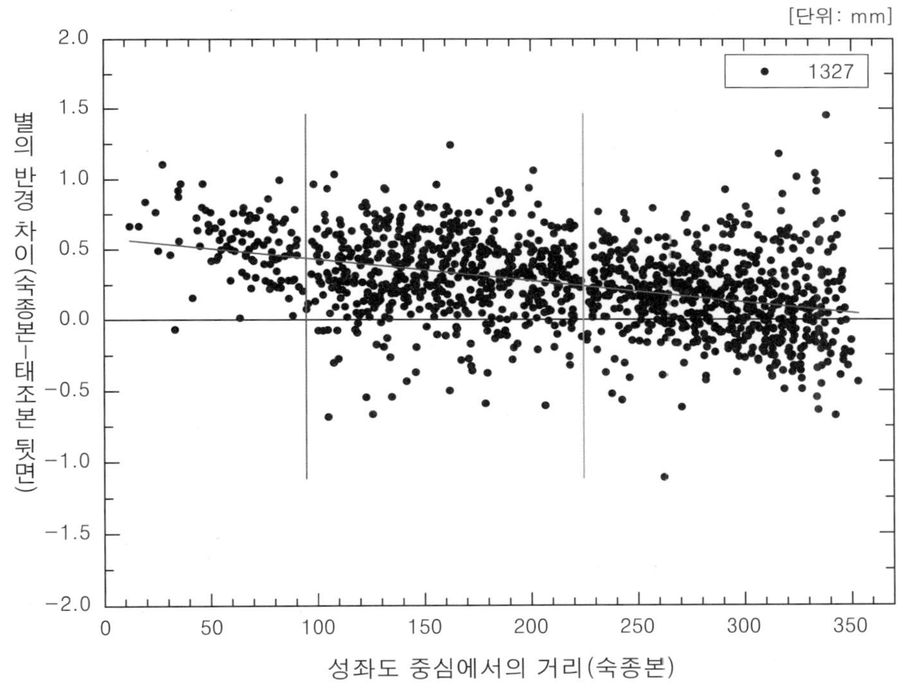

(5) 태조본 앞면과 태조본 뒷면의 별의 크기 차이

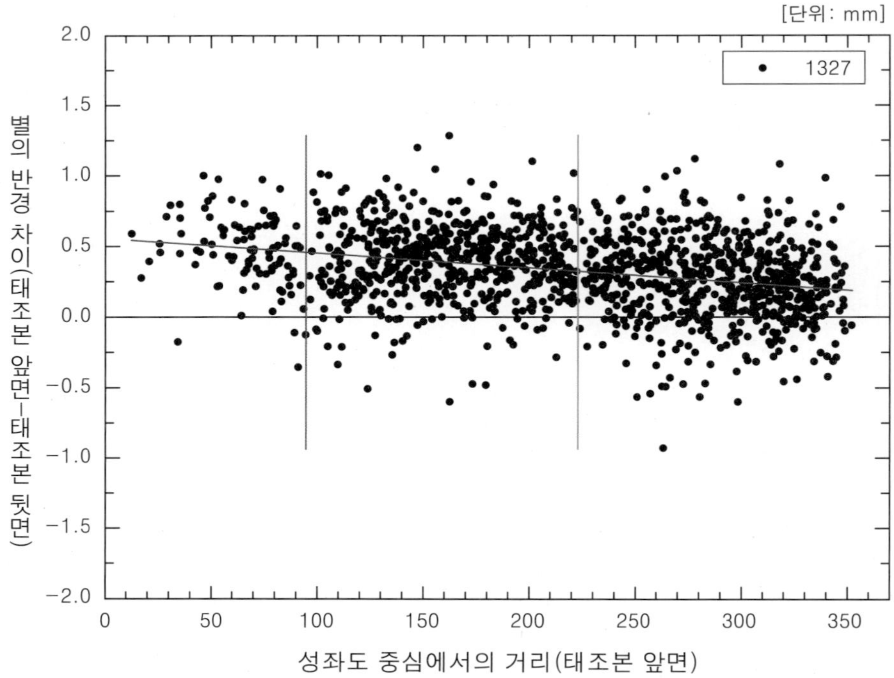

2) 별의 크기와 밝기

(1) 숙종본

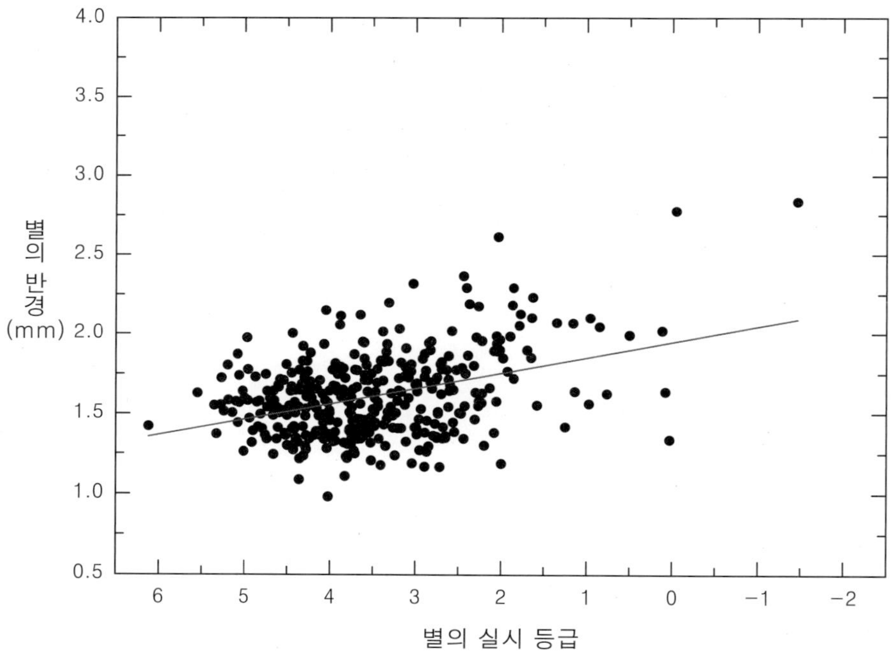

(2) 태조본 앞면

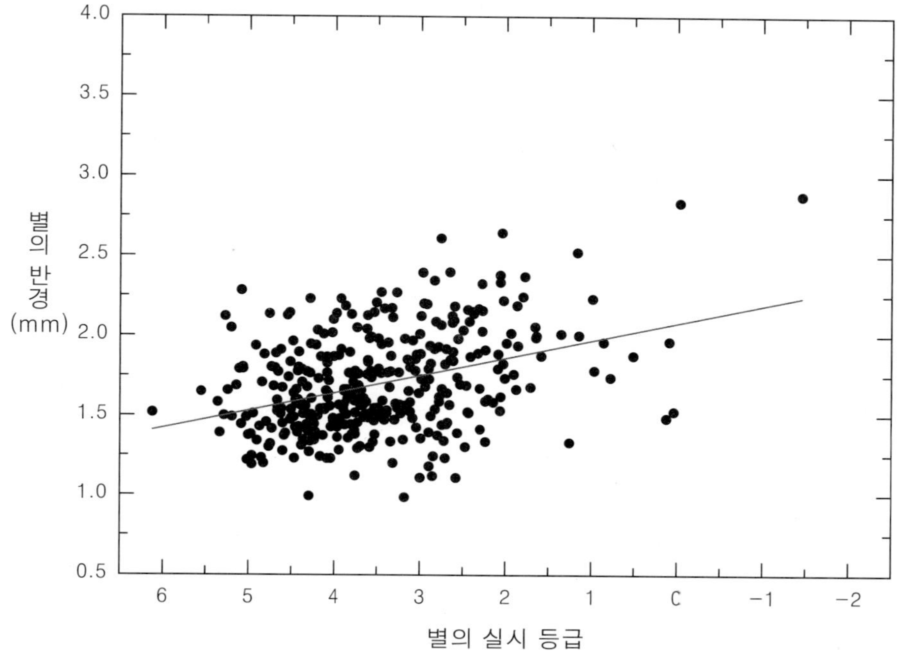

(3) 태조본 뒷면

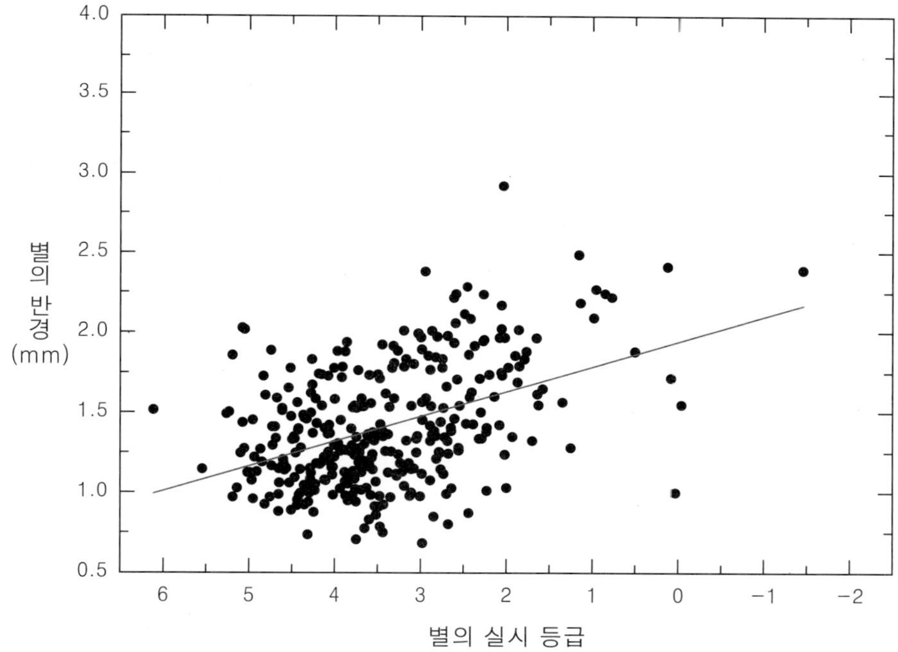

3) 태조본과 숙종본 별의 위치

(1) 숙종본, 태조본 앞뒤 면의 전체 별의 위치

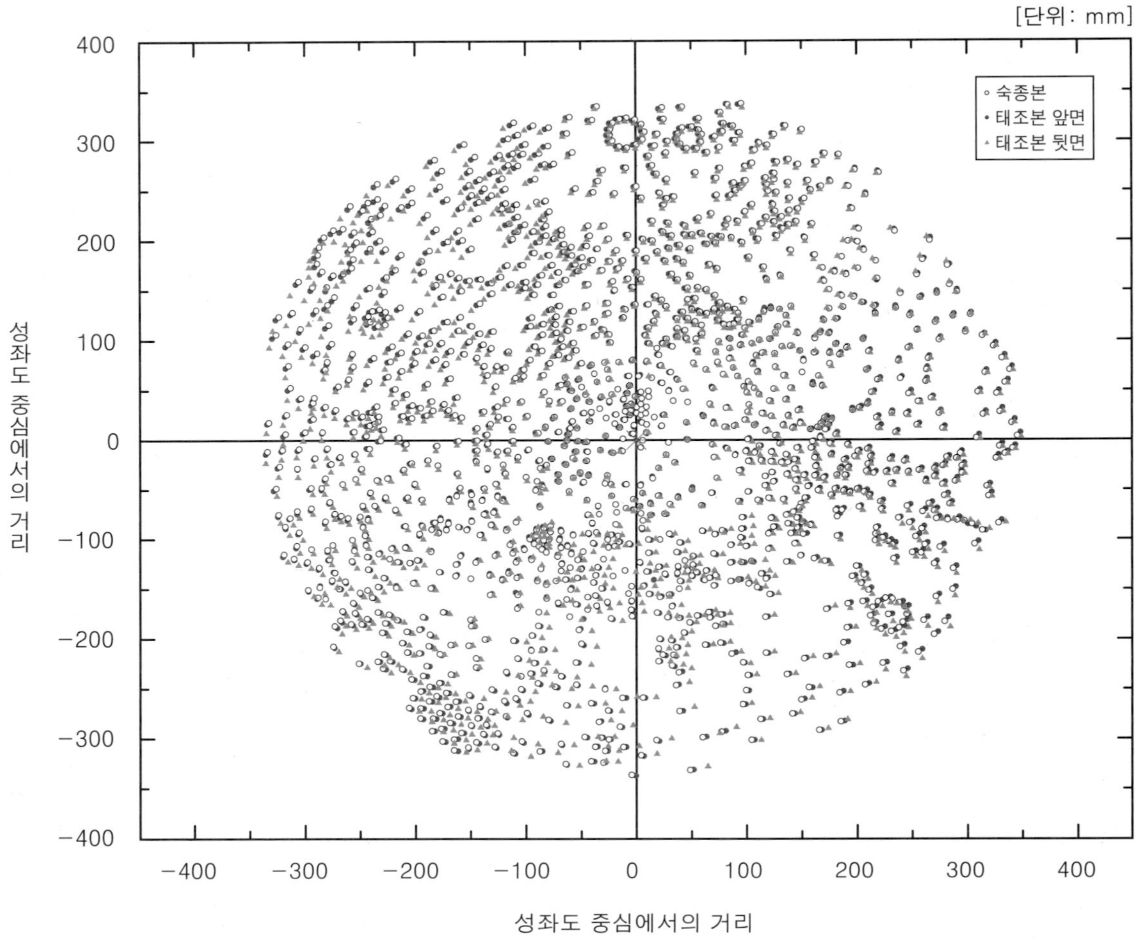

(2) 숙종본과 태조본 앞면 성도의 별의 위치 차이

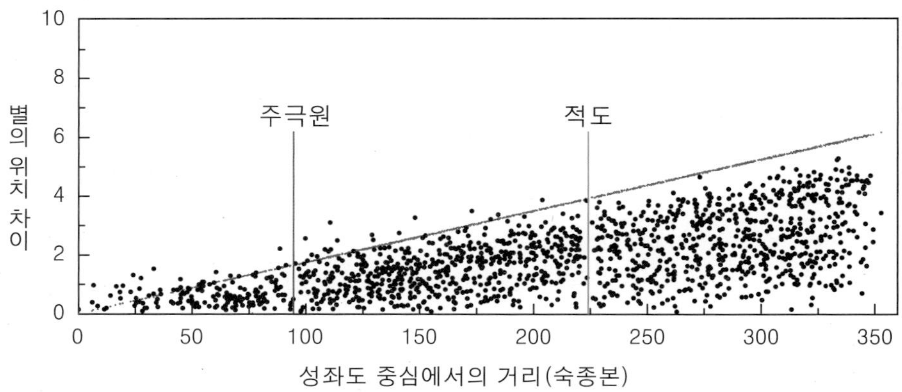

비스듬한 사선은 천구상에서 각거리(angular distance) 1°의 차이를 나타냄

(3) 숙종본과 태조본 뒷면 성도의 별의 위치 차이

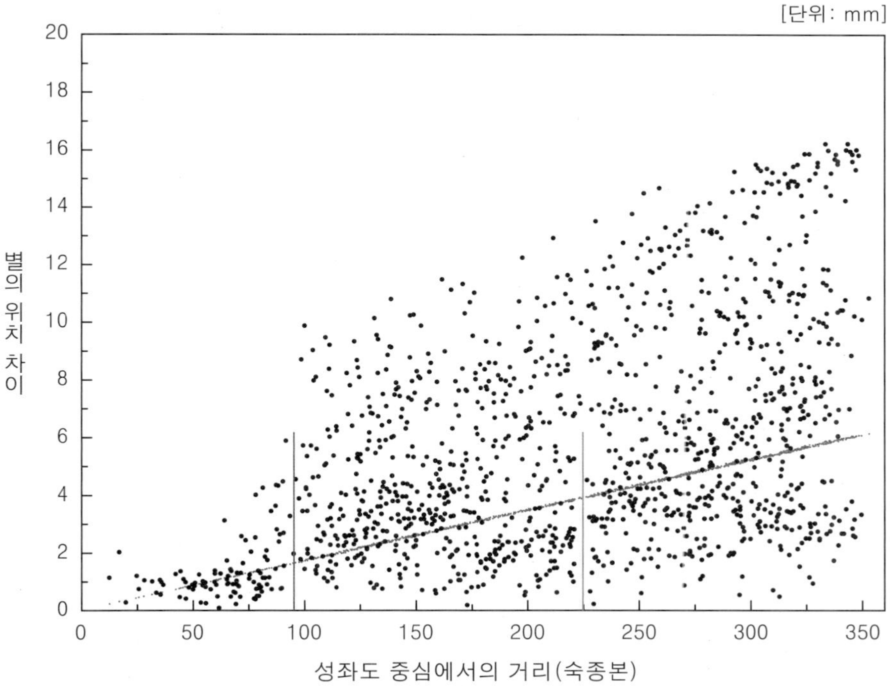

비스듬한 사선은 천구상에서 각거리(angular distance) 1°의 차이를 나타냄

(4) 태조본 앞면과 뒷면 성도의 별의 위치 차이

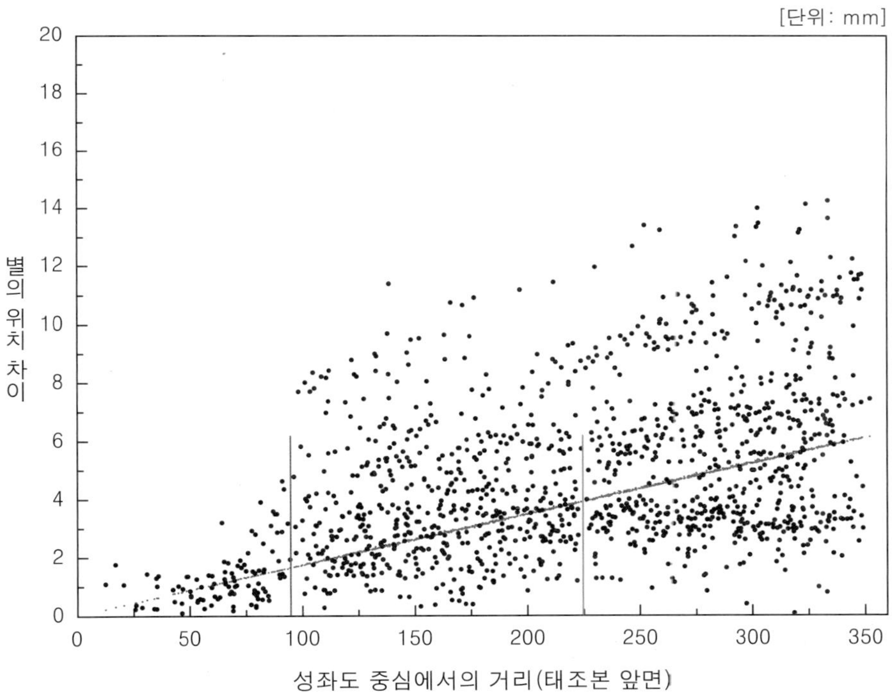

비스듬한 사선은 천구상에서 각거리(angular distance) 1°의 차이를 나타냄

양홍진(梁洪鎭)

한국천문연구원 선임연구원

E-mail: hjyang@kasi.re.kr

저자는 경북대학교에서 천문대기과학을 전공하고 동 대학원에서 「한국 고대 천문기록 분석」이라는 연구로 천문학 이학박사 학위를 받았다. 박사후 연구원을 거쳐 현재 한국천문연구원 선임연구원으로 재직하고 있다. 주요 연구 분야는 고천문 관측 기록과 전통 별자리이며, 동아시아 역대 유성과 유성우, 고려시대 흑점과 변광성, 고구려 무덤 별자리와 고인돌 별자리, 전통 동물 별자리 등을 연구해 발표하였다. 2005년에 발표한 「고려시대 물병자리 변광성 폭발 기록 연구」는 세계 4대 천문학 저널인 유럽천체물리학회지(A&A)의 표지 논문으로 선정되었으며, 2006년에는 고천문 연구로 제16회 '과학기술우수논문상'을 수상하였다. 현재는 고천문 관측 기록 연구를 비롯해 천문역사학과 천문고고학, 민속천문학 분야를 함께 연구하고 있으며 국립민속박물관, 국립과천과학관, 국립중앙과학관, 제주항공우주박물관 등에서 고천문 관련 유물 심사위원과 자문위원으로 활동하고 있다.

디지털 천상열차분야지도

초판 1쇄 2014년 11월 10일 | **초판 2쇄** 2017년 11월 28일

지은이 양홍진 | **펴낸이** 김상동 | **펴낸 곳** 경북대학교출판부

출판등록 1973년 10월 10일 ㉑97호 | **주소** 대구광역시 북구 대학로 80

전화 053-950-6741~3 | **팩스** 053-953-4692

이메일 press@knu.ac.kr | **홈페이지** http://knupress.com

ISBN 978-89-7180-411-7 93440

정가는 뒤표지에 있습니다.

파본은 바꾸어 드립니다.